CONTENTS

CONTENTS

PART 4. CAE 관련 기기 소개

PART 5. CAE 관련 업체 디렉토리

PART 6. 업체별 주요 CAE 소프트웨어 공급 제품 리스트

머리말

CAE(Computer Aided Engineering : 컴퓨터 활용 공학)는 컴퓨터 시스템을 이용하여 공학적인 분석(해석)을 수행하는 것을 말합니다.

이러한 CAE의 분야로는 구조해석, 열·유동해석, 전자기장해석, 진동·소음해석, 충돌·성형 해석, 최적화 해석과 1D 시뮬레이션 등이 있으며, 사출성형 해석, 주조해석 등 특화된 해석 소프트웨어들도 많이 사용되고 있습니다.

예측, 설계, 계획 수립 등을 위하여 현실적인 모델을 만들고 이를 이용하여 실제와 유사한 상황을 만들어내는 모의실험을 의미하는 시뮬레이션(Simulation) 중의 하나로 CAE가 포함되고 있으며, CAE의 또다른 이름으로 시뮬레이션이라는 말이 사용되고 있습니다.

CAE 업체들은 시뮬레이션이라는 공통 분모 속에서 새로운 트렌드로 외연을 확장하고 있습니다.

디지털 트윈은 CAE의 다른 이름으로 주목을 받고 있으며, VPD(가상제품개발)를 통해 개발일정 단축과 개발비용 절감을 하려는 노력 또한 이어지고 있습니다.

CAE 업체들은 외연을 넓히기 위해 자율주행 시뮬레이션과 3D프린팅이라고도 불리는 적층제조(AM) 시뮬레이션 분야에도 관련 제품들을 내놓고 시장을 확대하고 있습니다.

CAE 가이드는 이러한 다양한 흐름들을 제시하고, CAE의 분야별 이해에서부터 동향, 관련 소프트웨어, 공급 업체 소개, 제품리스트 등을 집대성하였습니다. 이번 책자에는 자료를 제공한 70여 업체, 200여개의 제품들이 수록되었습니다.

CAE의 주요 적용 분야가 주로 제조 산업인 만큼 기계 관련 해석 제품군이 주류를 이루고 있으나 건축, 전기전자, 조선, 플랜트 등 다양한 산업에서 사용이 이루어지고 있는 만큼 관련 제품들도 수록했습니다.

이 책자는 이론서는 아니며 다양한 업계의 흐름을 담고자 했기 때문에 일관성을 가지고 정리했다기 보다는 업계의 트렌드, 전문 기술 동향, 관련 업체 및 제품 정보 등을 한 눈에 볼 수 있는 가이드북으로서 자리매김하고자 합니다.

'CAE 가이드'는 급변하는 CAE 업계의 요구를 반영하여 지속적으로 업그레이드해 나갈 예정입니다. 첫 번째 시도인 만큼 부족한 점이 많지만 지속적인 업데이트를 통해 다양한 CAE 제품들과 업계의 트렌드를 담아냄으로써 업계 발전에 일조할 계획입니다. 현재 가이드북에 소개된 내용은 〈캐드앤그래픽스〉 잡지와 홈페이지를 통해 지속적으로 업그레이드해 나갈 것이므로 참여하고 싶으신 분은 본사로 연락주시기 바랍니다.

추후 더 좋은 내용으로 만나기를 기대하면서 이 책을 통해 4차산업혁명과 디지털 트랜스포메이션을 위한 변화의 대열에 핵심 축이라고 할 수 있는 CAE가 더욱 활성화될 수 있는 계기가 되기를 기원합니다.

최경화 국장

캐드앤그래픽스

CAE의 이해와 트렌드

CAE 정의와 이해

CAE(Computer Aided Engineering)는 제품 설계와 개발과정에 있어서 업무를 지원하는 컴퓨터시스템 또는 도구 등을 통칭한다. 이 글에서는 CAE에 대한 이해를 돕기 위해 CAE의 정의와 필요성, CAE의 역사, CAE 소프트웨어 분류와 CAE 역할의 변화 그리고 전망에 대해 살펴본다.

CAE의 정의

CAE(Computer Aided Engineering)는 제품 설계와 개발과정에 있어서 업무를 지원하는 컴퓨터시스템 또는 도구 등을 통칭한다. 구체적으로는 제품과 관련된 다양한 물리현상을 컴퓨터 상에서 시뮬레이션하는 업무로 구조해석, 기구해석, 열·유체해석, 전자장해석, 진동해석, 제어로직 진단해석, 최적화와 이들을 통합한 시스템시뮬레이션 등이 포함된다. 현재 제품생산에 있어서 신제품개발, 기존 제품의 효율 향상, 신뢰성 확보, 설계의 합리화, 고장 해결 등에 광범위하게 활용하고 있다.

시뮬레이션(Simulation)은 예측, 설계, 계획 수립 등을 위하여 현실적인 모델을 만들고 이를 이용하여 관측 또는 실험하는 작업이나 현실로 가정한 조건을 대입하여 실제에 근접한 상황을 만들어 내는 모의실험을 의미한다. 이러한 시뮬레이션에는 다양한 종류가 있지만 그 중 하나가 컴퓨터 시뮬레이션이고 CAE가 포함된다.

CAE 필요성

제품에 요구되는 성능과 요건이 지금같이 엄격하지 않았던 시대에는 재료역학이나 편람 등에 소개된 간이계산식, 각 회사 독자의 경험법칙을 포함한 계산식 등을 이용하여 계산기나 엑셀(EXCEL) 등을 이용하여 강도나 변형을 계산하고 목표 달성 여부를 판단하였다. 그러나 최근 제품에 요구되는 복합적인 성능을 만족하기 위해서는 지금까지 생각하지 못했던 시작품 제작시나 시장 출시 후 문제가 발생하여 단순 계산식 등에서는 고려하지 않은 기술 검토가 설계 단계에서 필요하게 되었다.

CAE를 이용하지 않고 시작품으로 성능을 검증한다면, (1)비용과 (2)시간이 소요되고 (3)불완전한 정보조차 얻을 수 없는 문제가 있다. CAE를 설계, 개발프로세스에 도입하여 시작품 검증 시험을 줄임으로써 (1)비용 절감, (2)개발기간 단축, (3)방대한 정보 획득이 가능하다. 또한 실험에서는 좀처럼 볼 수 없는 물리적 현상, 예를 들어 엔진 내부의 연소 상태 등도 시뮬

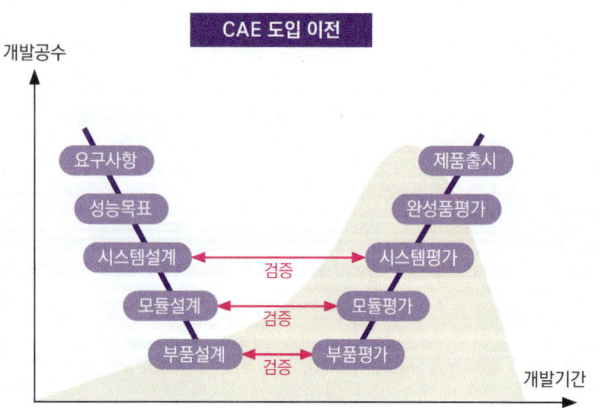
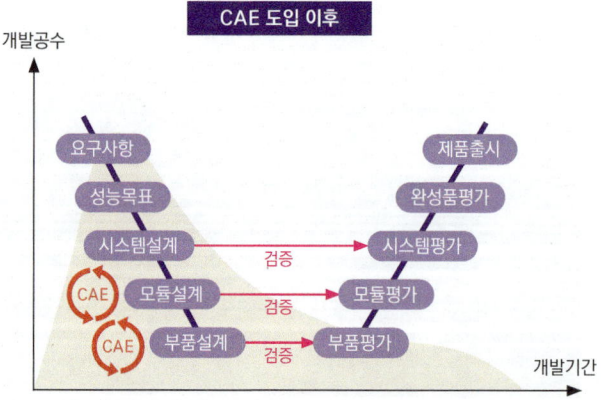

▲ CAE의 필요성

레이션을 이용하여 시각화 할 수 있기 때문에 제3자와의 원활한 커뮤니케이션과 정보 공유가 가능하다.

CAE를 도입하기 이전에는 제품 개발 시 마지막 단계에서 문제점 발생이 반복되기 때문에 부하가 편중되는 경향이 있지만, CAE를 도입하면 3D 데이터를 이용한 프론트로딩이 가능하여 시작 단계에서 문제점을 조기에 발견할 수 있고 대책마련과 부하를 분산시킬 수 있다.

CAE 역사

CAE의 개념은 1980년대에 미국 SDRC사(Structural Dynamics Research Corporation)를 설립한 Jason R. Lemon 박사가 제창한 개념으로 이후 크게 발전한 기술이다.

CAE = '해석'·'소프트웨어'라는 이미지도 있지만, 해석(Analysis)은 자연과학이나 공학 문제를 수식을 이용하여 근사적으로 해결하는 것(컴퓨터를 사용하지 않고 수계산으로도 가능), 또는 어떤 사물을 분해하여 그들을 성립하고 있는 성분과 요소를 명확히 분석하는 것이라고 할 수 있다. 단, CAE라는 말을 사용하는 경우에 따라서는 같은 의미로 사용하기도 한다. 또한 CAE가 도구(소프트웨어 또는 프로그램)로 사용되는 경우도 있다.

CAE 소프트웨어의 탄생기 : 1960년대 ~ 1970년대

CAE 소프트웨어는 상용 소프트웨어로는 구조해석의 선구자로 나스트란(Nastran)이 유명하며, 미국 항공 우주국(NASA)을 위해 1960년대 후반에 완성되었다. 그리고 1970년대 초부터 Nastran의 명칭으로 판매되게 된 것이 최초의 상용 구조해석 소프트웨어라고 할 수 있다.

기타 저명한 소프트웨어로는 비선형 해석 소프트웨어인 마크(MARC)가 있는데, 이는 1960년대 후반에 개발되어 1970년대에 상용화되었다. 유체해석도 1960년대부터 연구되어 최초의 상용 소프트웨어로는 피닉스(PHOENICS)가 3차원 범용 열·유체해석 소프트웨어로 1970년대 중반에 출시되었다. 따라서 최초의 상용 CAE 소프트웨어는 1970년 전후에 세상에 등장했다.

CAE 소프트웨어의 개발기 : 1980년대 ~ 1990년대

1980년대에는 DYNA3D, 아바쿠스(ABAQUS) 등의 새로운 소프트웨어가 많이 발표되었다. 그리고 1980년대 후반부터 그래픽스를 이용한 모델링, 결과 표시 등이 가능하게 되어 사용하기 쉬운 환경이 되었다.

1980년대는 슈퍼 컴퓨터와 VAX로 대표되는 미니 컴퓨터가 CAE용 컴퓨터로 사용되고, 1990년대에는 UNIX 워크스테이션의 등장으로 CAE의 계산 환경이 상당히 좋아졌다. 그러나 소프트웨어와 컴퓨터가 모두 고가인 관계로 국립 연구소나 대기업 등 연구 개발에 많은 투자가 가능한 조직에서만 사용할 수 있는 시대였다. 이 때문에 투자가 어려운 기업에서는 1970년대~1980년대에 대학의 연구실과 함께 자체 개발한 해석 소프트웨어로 구조해석, 전자장해석 등을 수행하였다. 항공기 개발에는 1970년대부터 유체해석 소프트웨어가 자체 개발되어 사용하고 있었다.

CAE 소프트웨어의 보급기 : 2000 년대 이후

1990년대 후반부터 범용 CAE 소프트웨어 이외에 사출 성형, 프레스 성형 등의 전용 소프트웨어가 등장했다. 또한 최적화와 연성 해석도 가능하게 되고 사용할 수 있는 소프트웨어의 종류도 매우 많아졌다. 또한 입자법의 소프트웨어도 등장하고 지금까지 어려웠던 교반이나 비말 현상 등의 해석, 분말에서 연속체로의 거동 해석이 가능하여 이용하는 분야가 확대되었다. 이에 따라서 CAE 소프트웨어는 자동차 산업, 항공기 산업, 그리고 정밀 기기, 산업 기계 등을 중심으로 사용하는 기업이 증가하였고, 설계 및 개발에 필수적인 도구로 자리 잡게 되었다.

1980년대에 자체 개발했던 사용자들도 2000년 이후로는 개발과 유지하는 것이 어려워지고 상용 소프트웨어가 자체 개발에 비해 상대적으로 낮은 가격과 고급 기능을 제공함에 따라서 많은 엔지니어들이 상용 소프트웨어를 사용하게 되었다. 다만 항공기의 유체해석이나 상용 소프트웨어에는 없는 특별한 해석이 필요한 경우에는 회사에서 자체 개발한 소프트웨어를 사용하고 있다. 이상은 주로 CAE를 전공하는 연구자나 엔지니어의 소프트웨어 환경에 대한 간단한 역사이지만, 2000년대에 들어서는 설계가 주요 업무인 엔지니어도 3차원 CAD에서 제공하는 간단한 구조해석, 유체해석이 가능한 설계자용 CAE 소프트웨어를 사용하게 되었다. 설계단계에서 빠른 해석 결과 요구에 따라서 CAD와 일체가 되어 모델링에서부터 결과 표시까지 가능한 환경이 되었다.

CAE 소프트웨어의 분류

CAE 소프트웨어에는 범용 소프트웨어와 전용 소프트웨어가 있고 이를 연성하기 위한 소프트웨어, 자동화/최적화를 위한 소프트웨어, 각종 시뮬레이션을 지원하기 위한 소프트웨어가 있다. 연성 해석, 최적화, 전·후처리는 각 CAE 소프트웨어와 함께 또는 조합하여 사용한다. 연성 해석은 구조와 유체, 전자기장 및 열 등의 여러 물리적 현상의 상호 영향을 고려한 해석이고, 최적화는 제한 조건을 만족하면서 목적 함수를 최대 또는 최소화하는 설계변수를 결정하며, 전·후처리는 각 해석에 필요한 메시 생성과 경계 조건을 설정하고 해석 결과를 가시화하는 기능을 수행한다.

CAE는 설계 문제에 따라 사용해야 한다. 유한요소법(FEM)이 주류인 구조해석, 유한체적법(FVM)이 주류인 열·유체 해석 등이 있고, 단독 또는 연성·연계를 통한 해석이 가능하다. 또한

원하는 결과의 상세도 및 활용도에 따라 0차원, 1차원, 2차원, 3차원의 각 해석을 조합할 수 있고, 또한 각각을 긴밀하게 연결시켜 해석이 가능하다.

CAE 역할의 변화

실험 대체 : 1995년까지

CAE 소프트웨어가 판매되기 시작한 1980년부터 문제 해결을 위해 CAE를 활용하기 시작하였다. 그러나 해석은 고도의 전문지식과 많은 노력이 필요했기 때문에 전문가만 수행하고 시작품이나 생산준비 단계인 설계프로세스 후반부에서 제한적인 이용에 그쳤고 해석에는 슈퍼컴퓨터나 대형컴퓨터가 필요했다.

■ 내구평가 불합격 시 대책마련에 활용(차기 설계의 문제를 미연에 방지 목적)
■ 선형, 정적 강도해석
■ 해석(모델링) 기간이 오래 걸림(1~3개월 정도 소요)
■ 대상부품을 한정
■ 전문가에 의한 해석

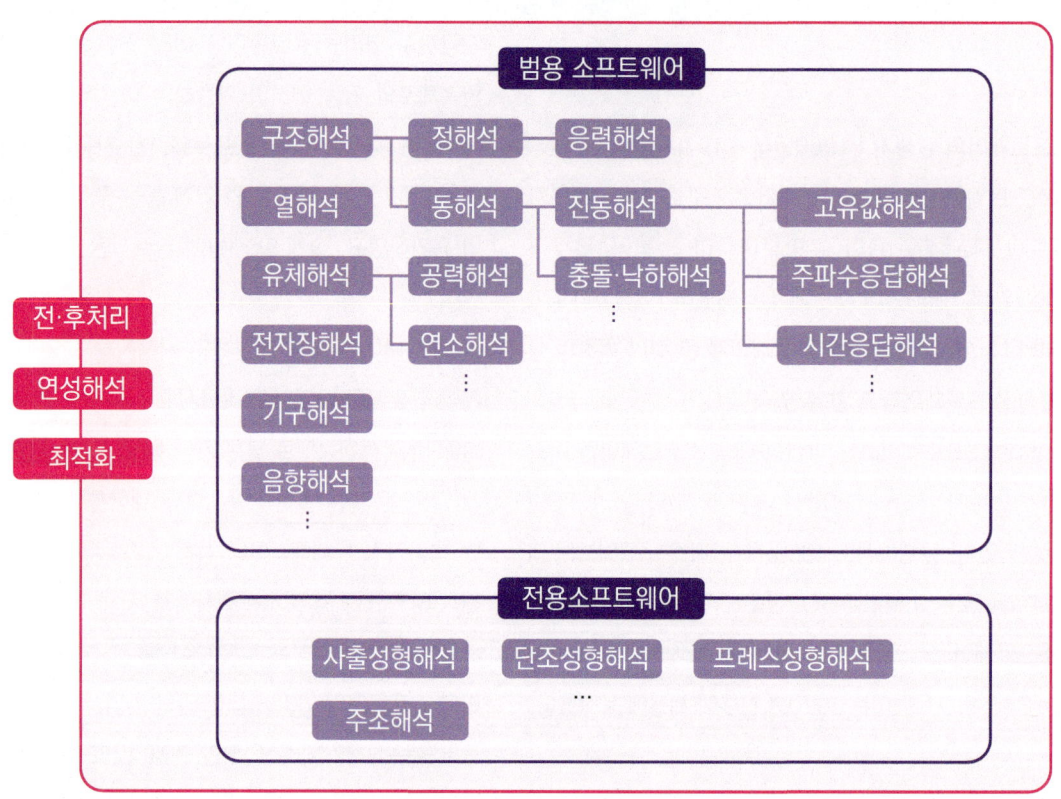

▲ CAE 소프트웨어의 분류

설계 검증 : 2000년까지

1990년대 후반에는 시작품 제작 횟수나 비용 절감 목적으로 실험을 대신하는 가상실험으로 사용하여 상세설계 단계까지 확장되었으나 여전히 해석전문가에 의한 사용이 주를 이루었다. 또한 계산서버로 UNIX용 컴퓨터를 널리 사용하게 되었다.

■ 개발프로세스, 프론트로딩
■ 시작품과 해석용 모델의 작성, 평가와 CAE에 의한 평가를 병행으로 실시(CAE 정확도 향상과 차기 설계 제안이 가능하도록 CAD(3D 모델링) 데이터를 해석모델로 직접 변환 가능
■ 선형, 정적 강도해석
■ 해석기간 단축(1주~1개월 정도 소요)
■ 부품부터 장비 수준까지 해석 가능(예: 엔진 전체 크기)
■ 설계자에 의한 해석

개념설계 : 2000년 이후

2000년대에 들어오면서 하드웨어와 소프트웨어가 발전하여 현재 주류가 된 설계프로세스 앞단계에서 문제점을 찾고 그 대책을 검토하여 개발기간을 단축하기 위한 목적으로 CAE 활용이 가속화하였다.

또한 해석전문가에 의한 기술의 심화와 함께 윈도우(Window)용 컴퓨터가 계산서버에도 사용되었기 때문에 CAE 사용자가 설계자로 확대되었다. 기획, 상세설계 단계로의 적용을 배경으로 CAE의 프론트로딩과 사용자 확대 또한 진행되었다. 한편으로는 CAE 작업 자체의 효율화에도 주목하여 반복 업무의 자동화나 최적화 기술이 구축되었다.

■ 하드웨어 성능향상과 함께 정확도 향상을 목적으로 모델의 대규모화
■ 유체해석에서는 OpenFOAM 등 오픈소스와 상용 클라우드 활용

CAE 전망

가상 제품 개발

기존의 CAE는 제품의 단순화된 형태와 특정 조건 하에서 해석을 수행했던 것에 반하여 향후 CAE는 전체 제품이나 제품이 사용되는 실제 사용 상황을 기반으로 한 해석, 즉 '가상 제품'을 해석 대상으로 하는 것이 요구되고 있다. 이를 위해서 구조 해석, 열·유동 해석, 전자기장 해석, 음향 해석 등을 융합한 멀티피직스(Multi-Physics)와 0차원, 1차원, 3차원, 실시간 등을 융합한 멀티스케일(Multi-Scale), Co-Simulation 등

폭넓게 적용하는 소프트웨어와 해석 기술이 필요하다. 동시에 고객의 제품 개발에 정통하고 다양한 CAE 기술을 복합적으로 사용하는 최적의 솔루션을 제공해야 한다.

제조 혁신

CAE는 단순히 해석하여 결과를 평가하는 기술에 그치지 않고 혁신에 필수적인 전략적 기술이 되고 있다. 치열한 경쟁 환경에서 살아 남기 위해 지금까지와는 다른 발상으로 혁신을 일으키기 위한 제품 개발이 요구되고 있다. 따라서 CAE는 최적화 및 데이터 마이닝, 빅 데이터, AI 등의 다양한 새로운 기술과 조합하여 고객의 혁신을 지원하는 솔루션이 필요하다.

개발프로세스 전환

CAE는 제품 개발 프로세스에 깊이 침투하여 개발의 시작 단계부터 생산 기술을 포함한 출하 단계까지 적용되고 있으며, 가까운 장래에 '가상 제품' 주도의 개발 프로세스가 확립될 것으로 예상한다. 이를 위해 CAE는 PLM과 PDM 등의 설계 근간인 데이터베이스와 연동하여 원활하게 데이터를 교환하거나 '가상 제품 라이프 사이클'의 관리가 요구되고 있다. 또한 설계자가 CAE를 적극적으로 사용할 수 있도록 자동화 및 전용 시스템의 구축도 중요하다.

민승재 교수
한양대학교 미래자동차공학과
이메일 seungjae@hanyang.ac.kr

CAE의 확장과 새로운 트렌드

CAE 업체들은 시뮬레이션(Simulation)이라는 공통 분모 속에서 새로운 트렌드로 외연을 확장하고 있다.
디지털 트윈은 CAE의 다른 이름으로 주목을 받고 있으며, 자율주행 시뮬레이션과 적층제조(AM) 시뮬레이션 분야에도 관련 제품들을 내놓고 시장을 확대하고 있다. 이러한 새로운 트렌드에 대해 살펴보고자 한다.

ADAS에서 자율주행차량 시뮬레이션까지

내연기관 차량에서 하이브리드를 거쳐서 이제는 수소 및 전기차 시대가 도래하였다. 차량의 전자 장비의 증가는 이미 소비자도 몸에 익숙해질 정도로 많아졌고, 이에 따라 첨단 주행 안전 보조 기술(ADAS) 등의 기술은 상용화되었다. 여기에 맞추

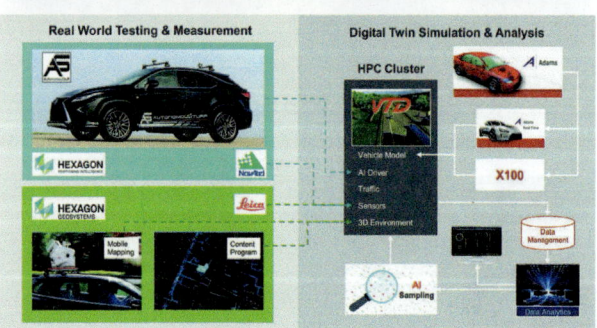

어 시뮬레이션 기술도 발전하고 부응하고 있다.

차량동역학 해석 기술과 제어 알고리즘의 통합을 이루었고, 이러한 기술을 이용하여 많은 제어 로직을 시험 테스트 차량이 완성되기 전 단계에서부터 가상의 환경에서 시험, 검증을 해볼 수 있게 되었다. 이에 더 나아가 이제는 차량의 자율 주행 기능 검증 및 개발을 위한 Simulation 환경을 제공하고 있고, 가상의 차량, 가상의 주변 환경, 가상의 다양한 센서를 포함한 자율 주행 차량 시뮬레이션을 이미 해외 선진사와 국내 여러 많은 연구 기관에서 연구 중에 있다.

여기에는 주변 실제 환경을 가상의 세계로 구현하는 기술과 다양한 센서(LiDAR, Radar, Camera, Ultra sonic 등)가 물리적 현상을 Simulation 할 수 있는 기술이 구현되어야 한다. 이러한 센서의 빛 또는 전파 등이 실제 세계와 동일하게 가상의 시뮬레이션이 이미 Real Time(실시간) 환경 속에서 가능한 기술이 나왔다. 또한 수많은 시나리오를 시뮬레이션 하기 위한 고성능 컴퓨터(HPC)와 클라우드(Cloud) 환경을 지원하고 있으며, 현재 최첨단 기술이 바로 적용되는 분야이기도 하다.

금속 3D프린팅(Metal 3D Printing)

전통적인 금속부품의 생산방법은 주조, 단조, 절삭가공, 압출 등의 방법으로 제품을 생산하였다면, 적층가공기술은 3D도면과 재료, 레이저 등을 소스로 하는 적층장비만 있으면 바로 제품화가 가능하다. 따라서 누구나 도면만 있으면 제품을 생산할 수 있는 적층제조기술이 '제조업의 인터넷 혁명'으로 불리우며 전세계인의 관심을 한 몸에 받고 있다. 기존 전통방식으로 제조가 불가능한 입체냉각몰드, 항공기부품 등을 더욱 경량화하는

방향, 그리고 개인 맞춤형 의료용 부품 등으로 새로운 시장영역을 꾸준히 확장하고 있다. 기존 제조공법으로 제조가 불가능한 제품을 만든다는 제조업의 패러다임 변화와 전통적인 제조공정 혁신을 이끌 능력은 여전히 유효하다

적층 가공법을 적절하게 구현하면 재료 낭비를 크게 줄이고, 생산 단계 및 재고 보유량을 줄이며, 조립에 필요한 개별 부품의 양을 줄일 수 있다. AM(Additive Manufacturing)은 특정 분야에서 제조를 완전히 재정의할 수 있는 잠재력을 가지고 있다. 물론 모든 크기의 제조업체들은 기존의 제조 방식에 대한 보완책으로 3-D 인쇄를 진지하게 고려하고 있다.

현재 금속 3D 프린팅 공정 관련한 기술은 PBF(Powder Bed Fusion), DED(Direct Energy Deposition), MBJ(Metal Binder Jetting)으로 크게 대별할 수 있다. PBF 방식이 가장 기술 성숙도가 높은 공정으로 실제 산업 현장에서 적용이 되고 있다. DED 방법은 대용량 파트를 제작할 수 있다는 장점으로 Cladding, 파트 보수(Repair) 등에 적용되고 있다. MBJ 방식의 프린팅 기술은 저렴한 비용으로 대규모 양산에 적합한 방법으로 주목받고 있는 기술이다.

PBF(Powder Bed Fusion)

PBF 방법은 금속 분말 소재(Powder)를 파우더 베드에 아주 얇은 레이어로 수평으로 평평히 깔고 고출력의 산업용 레이저(laser)나 전자빔(Electron Beam)을 조형하고자 하는 모델에 선택적(selective)으로 조사하여 용융(melting)시켜 적층(Additive Manufacturing)하는 기술이다. 현재 가장 활발히 활용되는 금속 3D 프린팅 기술로 작은 구조물에서 중형 크기의 파트(up to 400x400x600mm)를 생산할 수 있다.

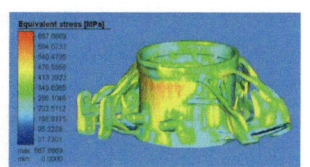

DED(Direct Energy Deposition)

DED 방법은 고출력 레이저 빔을 금속 표면에 조사하면 순간적으로 용융지가 생성되는 동시에 금속분말도 공급되어 실시간으로 적층하는 방식으로 우리가 잘 알고 있는 용접 방식과도 유사한 공정으로 기존 제품에 덧붙여 적층시켜 나갈 수 있어 보수작업에도

활용할 수 있다. 큰 파트(up to several meters)까지 생산할 수 있으나 일반적으로 표면이 거칠어 기계 가공이 필요하다. 금속 분말 소재(Powder)를 사용할 수 있으며 비용 절감을 위해 분말 대신 와이어(wire)와 아크(Arc)를 사용하는 WAAM(Wire Arc Additive Manufacturing) 방식도 적용된다.

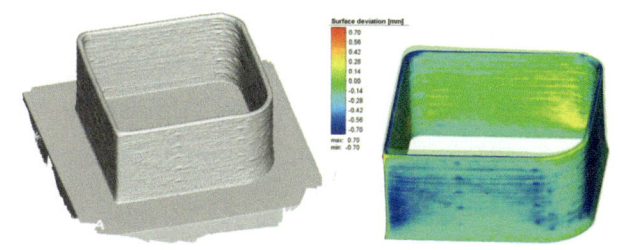

MBJ(Metal Binder Jetting)

상대적으로 비용이 싸고 복잡한 형상을 고정도로 프린팅 할 수 있으며 매우 빠른 프린팅 공정이 장점이므로 대량 생산에 적합하다. 소결 공정에서 상대 밀도가 60%에서 95%까지 치밀해진다는 장점이 있으나, 소결 공정에서 수축(Shrinkage)이 발생하여 초기 설계 대비 출력물의 크기가 작아진다는 단점이 있다. 이를 위해서는 프린팅 초기 단계에서 시뮬레이션을 이용한 보상설계가 필요하다.

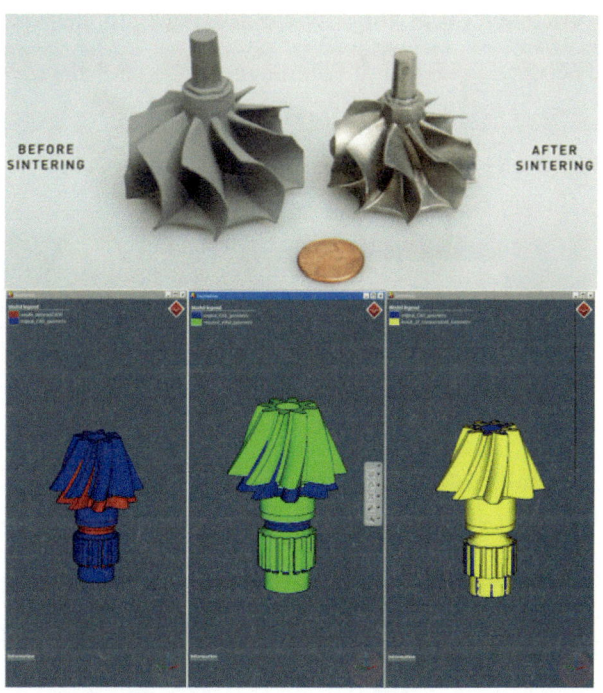

MSC Software의 Simufact Additive는 PBF, MBJ 방식의 프린팅을 시뮬레이션 할 수 있고, DED 방식의 프린팅 시뮬레이션은 Simufact Welding으로 공정 해석을 수행할

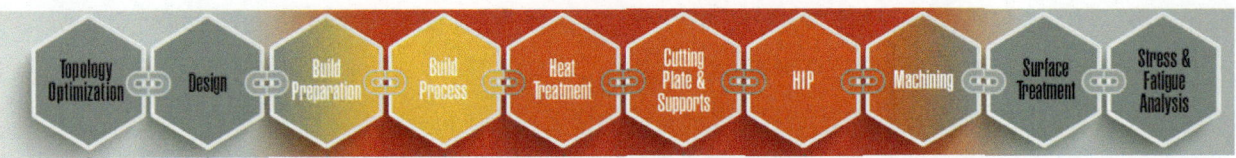

'금속 3D프린팅 방식 PBF & DED 기술방식 비교' 사이트에서 일부 발췌 https://m.blog.naver.com/mechapia_com/221565499731

수 있다. 또한, Simufact를 사용하여 열처리에 의한 응력완화 및 베이스 플레이트 커팅 및 서포트 제거를 위한 변형 예측 및 HIP (Hot Isostatics Press) 처리를 시뮬레이션 할 수 있으며 자동 변형 보상 설계도 지원한다.

Fiber Reinforced 3D Printing

현재 제품으로 출시되는 폴리머 3D 프린팅 방식은 FFF, FDM, SLS 등으로 대별할 수 있다.

FFF(Fused Filament Fabrication), FDM(Fused Deposition Modeling) 방식은 가장 많이 사용하고 있는 폴리머 적층 제조 방식으로, 필라멘트 형태의 열가소성 폴리머를 노즐 안에서 녹여 Layer를 적층해나가는 3D 프린팅 방법이다. 다양한 소재 적용이 가능하며 단순한 구조로 인해 대형화에 용이하고 다양한 산업분야에 적용이 가능하다. 열가소성 필라멘트 내부의 Bead, Fiber 등의 첨가제를 추가하여 소재의 기계적 물성을 증가시킬 수 있다. Layer 적층에 의해 표면 조도의 퀄리티가 높지 않기 때문에 프린터 컨트롤 정밀도를 높여 표면 조도의 개선이 중요하다.

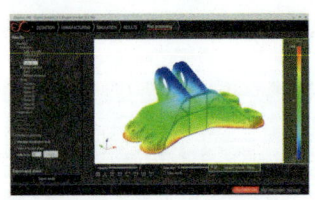
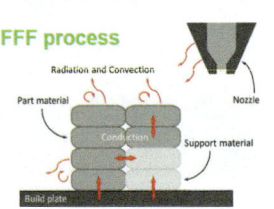

SLS(Selective Laser Sintering) 방식은 분말 기반 3D 프린팅 기술로, 베드에 도포되어 있는 파우더에 선택적으로 레이저를 사용하여 소재 레이어를 소결, 가열하여 결합시키고, 이 과정을 반복하여 적층하는 방법이다. 소결되지 않은 원재료 분말들이 지지대 역할을 하기 때문에 Support(지지대)가 필요 없다. 조형 속도가 빠르며 하나의 베드에서 다양한 구조물을 동시에 적층 제조할 수 있다. 복잡하고 내구성 있는 부품의 생산 분야에 적합하다. 원료마다 가열 온도, 레이저 조작과 같은 장

비 공정 세팅에 큰 비용이 발생하기 때문에 시뮬레이션이 반드시 필요하다.

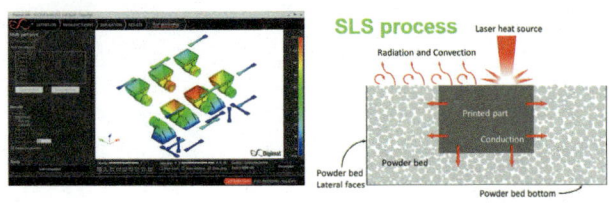

Digimat AM(Additive Manufacturing)은 (Reinforced) Polymer 3D 프린터를 이용한 적층 제조 시 3D 프린팅 성형 결과를 예측할 수 있는 솔루션이다. 멀티 스케일 물성 모델링 기술을 적용하여 정확한 재료 물성을 사용한 적층 제조 현상의 시뮬레이션을 수행하고, 다양한 공정 변수(프린팅 속도, 챔버 온도, 성형 시간 등)를 고려하여 성형 후에 발생할 수 있는 제품 거동들(열변형, 기공, 잔류응력)을 예측한다. 이러한 시뮬레이션 기술로 사용자의 3D 프린팅 시행착오를 줄일 수 있고, 최적의 성형 조건을 찾아낸다.

특히 적층 제조를 위한 재료 엔지니어링, 프로세스 시뮬레이션(FFF, FDM, SLS), 성형 해석 결과를 활용한 구조해석과의 연계와 같은 Full Workflow 시스템을 구축할 수 있다.

최근 고강도, 고강성 폴리머 소재의 적층 제조 3D 프린터가 개발되는 트렌드에 따라 Continuous Fiber Reinforced Polymer 3D Printing 시뮬레이션 기술을 개발하고 있으며, 소재 및 구조물의 내부 결함의 영향을 고려하기 위한 CT Scan과의 연계도 개발되고 있다.

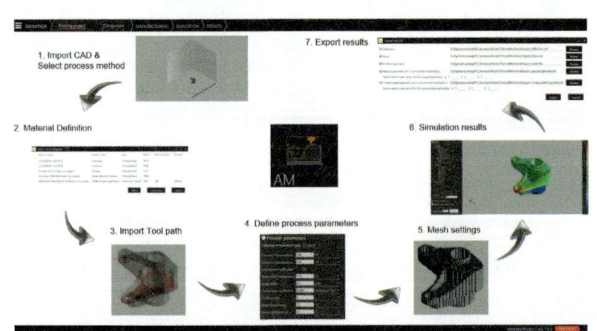

디지털 트윈

전반적으로 모든 디지털 트윈(Digital Twin)의 목표는 자산 효율성을 높이고 관련 성능 정보와 함께 현재 및 과거의 플랜트 구성을 디지털로 표현하는 것이다. 데이터 중심 의사 결정이 일반화되어 여러 부서와 디지털 트윈 데이터를 쉽게 공유하면 협업이 증가하고 운영 리스크가 줄어든다. Hexagon 솔루션은 사람들이 산업 자산을 설계, 엔지니어링, 구성, 운영 및 유지 관리할 수 있도록 지원하고, Project Twin, Operational Twin 및 Situational Awareness 솔루션은 자산 소유자와 운영자가 자산 라이프사이클 전반에 걸쳐 디지털 트윈 생태계를 구축하고 유지함으로써 운영 우수성을 지속적으로 확보할 수 있도록 지원한다.

최근에는 제품의 라이프사이클 단계별 설계(Design) 디지털 트윈, 제조(Manufacturing) 디지털 트윈, 검사(Quality Inspection) 디지털 트윈을 구성하고 통합하는 솔루션이 필요하다. 헥사곤은 ViLMa(Virtual Lifecycle Management)라는 개념하에서 통합해서 관리한다. 이것의 목적은 비용에 효율적인 제품 라이프사이클을 위한 스마트 제조를 지원하는 것이다.

가상 라이프사이클 제조(ViLMa) – Virtual Lifecycle Manufacturing 엔지니어링 프로세스 백본은 설계, 엔지니어링, 프로토타이핑 및 제조 등 전체 제품 라이프사이클의 다양한 단계를 연결한다. 사용 중인 다양한 도구 간의 데이터 교환을 수용하고 가상 세계를 물리적으로 측정된 현실과 연결한다. 적절한 시기에 적절한 장소에 올바른 정보를 제공하는 것을 통해, 조립된 제품의 최대 품질을 제공하기 위한 모든 시정 조치를 가능한 한 조기에 고려할 것을 보장한다. 최대 비용 절감을 달성하기 위해 제품 수명 주기의 루프 수를 대폭 줄인다.

ViLMa 시스템 내에서 자동차 산업에서의 제조와 관련된 다양한 응용프로그램들을 연결한다. 예를 들어, 자동차의 BIW 조립 공정에서 일반적인 워크플로우 중 하나가 입증되었다. 즉, 실시간 생산 품질 데이터 관리 및 조립 시뮬레이션의 상호 작용이 표시된다. 여기에는 애플리케이션 간의 데이터 흐름 자동화, 고급 반자동 모델 빌드업, 실제 및 공칭 지오메트리 간의 편차 상세 분석(가상 및 물리적으로 측정된 부품에 대한) 등이 포함된다.

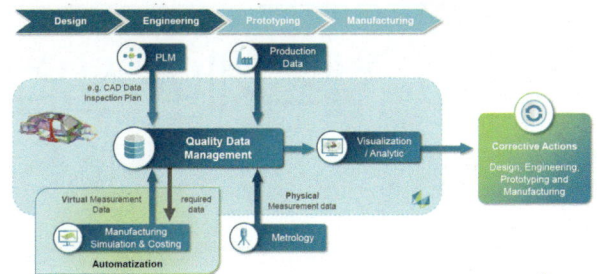

Concept of ViLMA : Application to BIW

또한, 디지털 트윈을 위한 실시간 시뮬레이션 기술이 필요하다. CAE와 데이터 관리, AI, 머신 러닝 그리고 점차 연결 수준이 높아지고 있는 제조 수명주기가 만나 급속한 혁신과 생산성 향상을 이루며 점점 복잡해지는 설계 과제를 해결할 수 있도록 업계 역량을 발전시키고 있다. CADLM의 AI 지식과 기술은 헥사곤의 스마트 제조 솔루션 포트폴리오를 더욱 강화시켜 줄 것이다. 초기 설계 단계 이상의 작업에 데이터를 투입하는 방식으로 재료 낭비를 줄이고 제품 설계 혁신, 제조 생산성, 제품 품질 및 환경 지속 가능성을 개선한다. 헥사곤은 CAE 데이터 기반 디지털 트윈을 쉽게 구축하고 AI 관련 기술을 접목한 실시간 시뮬레이션 툴(ODYSSEE)을 제공한다. 이를 통해 더 가속화된 디지털 트윈을 구축할 수 있다.

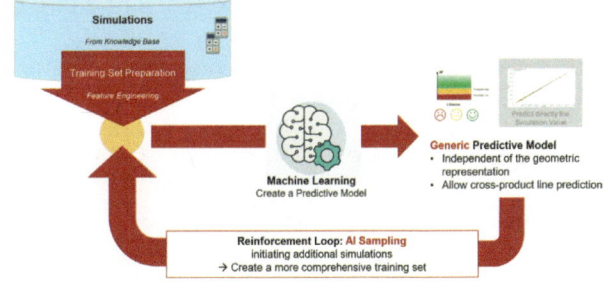

이재규 상무
한국엠에스씨소프트웨어
jaegue.lee@mscsoftware.com

헬스케어 산업의 기술 트렌드와 CM&S 적용 사례

의료기기 인증은 더욱 까다로워지고 임상 시험군의 확보도 점차 어려워지고 있는 상황으로 과거와는 다른 이러한 새로운 이슈들이 등장함에 따라 미래 의료 기술의 패러다임이 변화하고 있다. 이에 따라 사용 측면에서 환자에게 안전하면서도 비용 측면에서 경제적인 동시에 빠르고 혁신적인 해결책을 찾을 수 있는 컴퓨터 모델링과 시뮬레이션(Computational Modeling & Simulation 이하, CM&S) 등 새로운 기술에 대한 요구가 커지고 있다.

헬스케어 산업의 기술 트렌드 변화

의료 기술은 모든 사람의 삶의 질을 개선하고 의료 비용을 효과적으로 사용하기 위해 환자의 치료에 보다 능동적으로 접근해야 한다. 그러나 인구가 고령화 되면서 새롭고 다양한 병리 현상들이 지속적으로 나타나고 환자마다 특이성과 다양성이 다르게 나타나 빠른 치료가 어렵기 때문에 이로 인한 사회적 비용도 계속 증가하고 있는 추세이다. 의료기기 인증은 더욱 까다로워지고 임상 시험군의 확보도 점차 어려워지고 있는 상황으로 과거와는 다른 이러한 새로운 이슈들이 등장함에 따라 미래 의료 기술의 패러다임이 변화하고 있다.

이에 따라 사용 측면에서 환자에게 안전하면서도 비용 측면에서 경제적인 동시에 빠르고 혁신적인 해결책을 찾을 수 있는 새로운 기술에 대한 요구가 커지고 있다. 실제로 미국과 유럽 등에서는 의료기기의 성능과 안전을 평가하기 위해 기존의 인

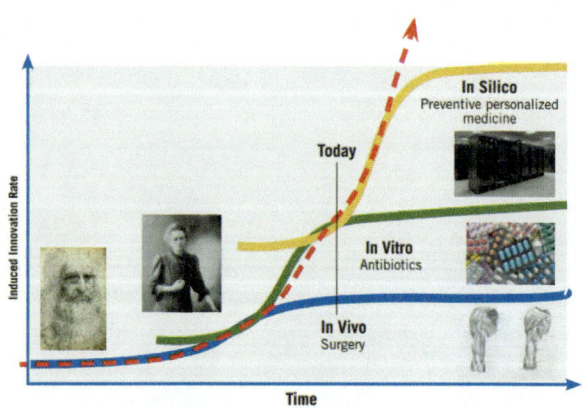

그림 1. 인실리코(In Silico) 접근 방식은 인비보(in vivo) 및 인비트로(in vitro) 테스트를 보완하여 혁신 속도를 높일 것으로 전망[1]

비보(In Vivo), 인비트로(In Vitro) 테스트 외에 컴퓨터 모델링과 시뮬레이션(CM&S)을 활용하는 인실리코(In Silico) 테스트가 증가하고 있다. 〈그림 1〉과 같이 앞으로는 그 상승폭이 더욱 더 커질 것으로 예상된다.

CM&S란?

CM&S는 고체역학, 유체역학, 전자기역학 등의 수학적 모델을 기반으로 리얼 월드 시스템(Real world system)의 물리 현상을 컴퓨터를 이용하여 해석하고 결과를 분석하여 제품의 설계 및 검증, 평가 단계에 이르기까지 엔지니어링 전반에 걸쳐 폭넓게 적용되고 있는 시뮬레이션 기술을 의미한다.

기계, 항공, 자동차, 화학플랜트 등 일반 제조 산업 분야에서는 이미 오래전부터 사용되어 왔으나 사회가 더욱 발전하고 각 산업이 서로 밀접하게 융합되면서 더 많은 분야에서 필요성이 요구되고 있다.

최근에는 개인 건강 관리와 환자 맞춤형 치료를 목적으로 지속적인 모니터링과 진단을 하는 경우가 점차 증가함에 따라 첨단 디지털 기술과 접목된 웨어러블 기기의 사용이 늘면서 빠르게 변화하는 의료기기 시장의 요구에 부합할 수 있는 필요 기술의 하나로 CM&S가 더욱 주목받고 있다.

따라서 헬스케어 산업에서도 새롭고 혁신적인 의료기기를 개발하고 인체 적합성 평가를 사전에 검토하여 안전성과 신뢰성을 확보하는 새로운 도구로써 CM&S 기술이 또 다른 기회를 창출할 수 있을 것으로 보여진다.

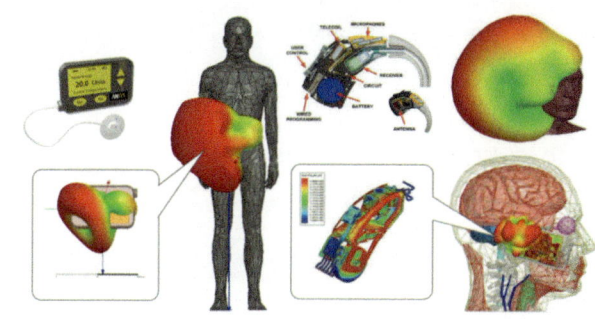

그림 2. CM&S를 이용한 의료기기의 사례 [2, 3]

CM&S 개발 상황

이미 미국과 유럽 등에서는 의료기기의 안전성과 유효성을 평가하고 규제 승인을 얻기 위해 주요한 증거들로 활용해 왔던 기존의 벤치 테스트 대상실험(Bench test), 동물시험(Animal study), 임상시험(Clinical trial)의 결과물 외에도 이제는 디지털 리소스를 사용하여 더 빠르게 반복적인 설계와 위험 제거 프로세스를 수행할 수 있는 CM&S 기술이 기존 증거들의 모델을 보완할 수 있는 강력한 도구로 인식되고 있다.

다양한 국제 표준 기관에서는 의료기기 컴퓨터 모델의 신뢰성을 확보하기 위한 방안들이 구체적으로 개발되고 있다. 미국의 경우도 2018년에 발표된 ASME V&V 40을 통해 컴퓨터 모델의 신뢰도를 평가하기 위한 프레임워크를 제시하고 있으며, US FDA는 CM&S 결과물의 규제 평가를 지원하기 위한 가이드라인을 제시해 나가고 있다.

이제 헬스케어 산업에서 CM&S는 제품개발 단계에서부터 활용되어 시험평가 전에 발생할 수 있는 오류를 사전에 파악할 수 있으며, 테스트만으로는 확인이 불가능한 부분의 데이터까

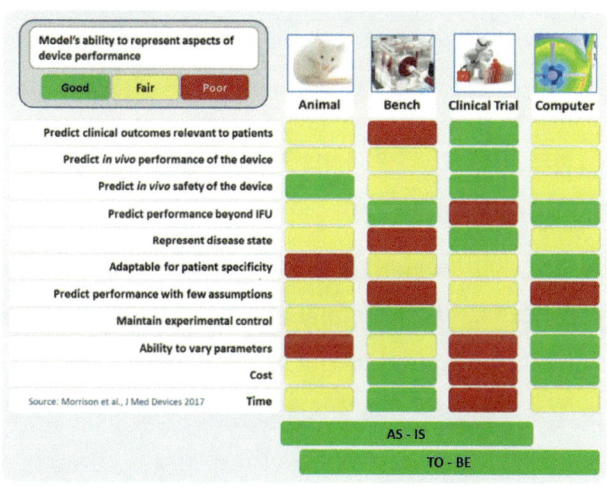

그림 3. 의료기기 성능 평가를 위한 증거사용 모델들의 활용 능력 범위 [4]

지도 획득하여 의사 결정을 위한 정확한 분석 값을 제공할 수 있을 것이다.

CM&S 활용 방식

물론 인체에 직접적인 영향을 미치는 의료기기인만큼 CM&S를 적용하여 제품을 개발하고 안전성을 평가하는데 여전히 많은 부분이 벤치테스트, 동물시험, 임상시험을 기반으로 진행되고 있지만, 기존의 전통적인 테스트 방법들도 하나의 모델로 본다면 분명히 강점과 약점이 있으므로 앞으로 CM&S 기술은 앞서 언급한 바와 같이 기존 증거들의 모델을 보완하는 도구로서의 역할을 충분히 수행할 수 있을 것으로 예상한다.

만약 의료기기의 인비보 성능을 예측하는 경우, 임상시험은 장치와 인체 사이의 상호작용을 이해하기 위해 가장 좋은 증거의 원천이 될 것이다. 그러나, 테스트를 통해 장치 성능에 영향을 미치는 다른 매개변수와 어떻게 연관되고 있는지를 알기 원한다면 어떻게 해야 할 것인가? 이때 CM&S 기술은 개발자가 그 모델과 관련된 입력 매개 변수를 직접적으로 변화시켰을 때 의료기기가 어떻게 작동할 것인지 이해하는데 도움이 되는 결과물을 얻을 수 있는 가장 좋은 방법이 될 수 있다.

즉, 실물 프로토 타입을 활용했던 과거의 디자인-빌드-테스트 패러다임과 차별화되는 버추얼 프로토타입의 활용을 통해 제품 개발 초기에 가상의 환경에서 테스트를 수행하여 최적의 디자인 포인트를 찾아내고 단일 프로토 타입을 구축하기 전에 문제점이 있는 설계 후보군을 식별해 냄으로써 초기 타당성 타임 라인을 단축할 수 있다.

뿐만 아니라 의료기기의 개발 성공을 예측하는데 도움을 줄 수 있는 규제 의사 결정 단계에서 CM&S가 사용되는 실질적인 기회까지 확장될 수 있을 것이다. 또한 제품의 재설계 및 리콜 시 문제 해결에도 적극적으로 사용되고 있어 CM&S는 매우 높은 수준의 활용 가치를 창출할 수 있다.(그림 4)

아직 국내에서는 CM&S 결과물들이 규제 승인 절차에서 참고 자료로만 일부 사용되고 있고 무엇보다도 의료기기의 전산 해석 모델의 신뢰성 확보를 어떻게 할 것인가에 대한 구체적인 가이드라인이 확보될 필요가 있겠으나, 이제는 다양한 이슈들로 인해 국내 헬스케어 산업에서도 CM&S를 규제 의사 결정 과정의 일부로 사용이 가능하도록 하려는 움직임들이 나타나고 있다.

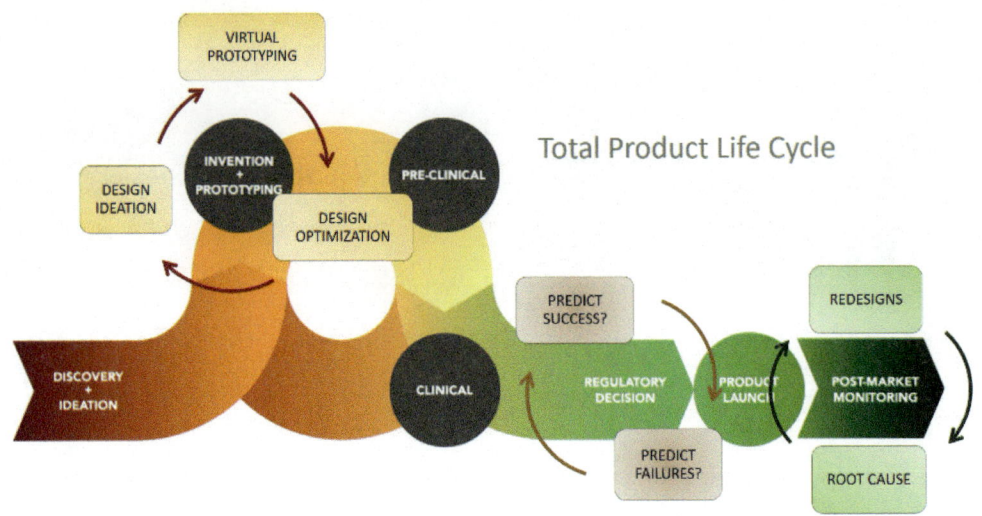

그림 4. 모델링 및 시뮬레이션이 활용 가능한 의료기기 개발 전 주기[1]

대표적인 CM&S 활용 사례

지금까지 헬스케어 산업에서 나타나고 있는 새로운 트렌드와 함께 경제적이고 안전하며 신뢰할 수 있는 의료기기 개발을 위한 혁신적인 도구로써 컴퓨터 시뮬레이션이 수행할 수 있는 역할을 살펴보았다. 이제 실제 의료기기 개발에 적용된 분야별 대표적인 CM&S 활용 사례를 정리해 보고자 한다.

① 혈류 및 심혈관 문제 해결을 의한 의료 장치 – 사례) 스텐트 [5, 6, 7]

■ 목적 : 스텐트 이식 시 혈관벽의 손상을 최소화하고 스텐트에 가해지는 반복 하중에 의한 피로 평가를 통해 사용 수명이 길고 우수한 스텐트 형상 최적 설계

■ 결과 : 혈관 내 혈류 속도, 압력 및 전단력 분포와 스텐트의 변형 및 응력 분포 확인으로 구조적 안전성 및 혈류 개선 효과

와 스텐트 팽창에 의한 혈관과 플라크의 거동 특성 파악

② 근골격계 임플란트 및 보철물 설계 – 사례) 고관절 임플란트 [8, 9]

■ 목적 : 임플란트에 미치는 복잡하고 미세한 동적 거동의 영향을 파악하여 환자별 최적 임플란트 수술 후, 환자의 빠른 회복과 일상 생활로의 복귀

■ 결과 : 비선형성을 갖는 물성과 인체의 다양한 움직임으로 인한 외부 하중 고려한 구조적 영향 평가로 잠재적 임플란트 위치에 대한 다양한 해석으로 형상 최적화

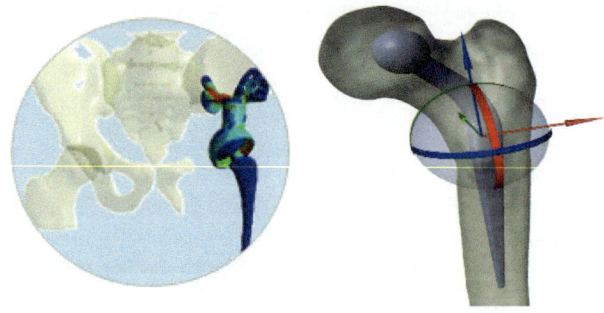

③ 환자 진단/ 모니터링 기기의 환자 안전성 및 성능 평가 – 사례) MRI 장비 [7, 9]

■ 목적 : MRI 검사 시, 안전한 이식형 임플란트 제작을 위한 사전 테스트로 이식형 의료기기 사용 환자의 고주파 노출로 인한 전자파흡수율(SAR) 예측 및 환자 위험도 확인

■ 결과 : 자기장에 의한 고주파 및 열해석으로 전자파흡수율(SAR) 및 이식 의료기기 주변의 인체 표면 온도 예측으로 MRI 사용시 이식형 의료기기 사용 환자의 안전성 확인

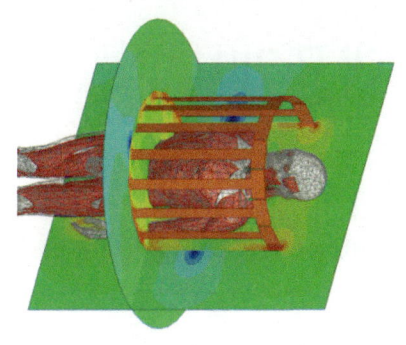

④ 병원 혹은 가정에서의 환자 케어용 의료기기 개발 – 사례) 건조 분말 흡입기[7, 8]

■ 목적 : 만성호흡기 환자를 위한 치료기로 미세한 건조 분말이 흡입기 벽면이나 환자의 입에 영향을 주지 않으면서 폐 표면으로의 전달 효과가 큰 흡입기 디자인 개발

■ 결과 : 상부 공기 통로에서의 입자 거동 분석으로 분말 입자가 정체되지 않도록 흐름 개선을 위한 형상 변경 및 캡슐 내 잔류량 확인으로 약품 전달 효과 확인 가능

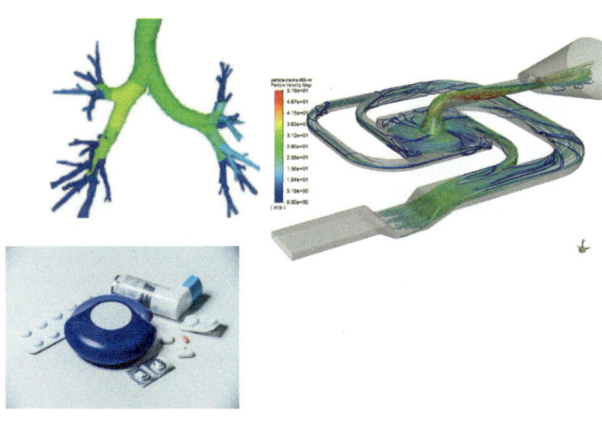

맺음말

앞서 CM&S 적용 사례에서 알 수 있듯, 의료기기는 사용 목적에 따라 매우 다양하기 때문에 제품 설계를 위한 해석을 진행할 때는 제품에 따라 구조, 유동, 전자장 및 광학 등 다양하면서도 고도화된 물리 모델들을 적용하거나 혹은 구조–유동 해석, 혹은 구조–열–전자장 해석 등과 같이 다중 물리 현상의 상호작용을 고려하는 멀티피직스 해석을 수행하기도 한다. 또한, 제품의 통합 분석을 위한 버추얼 프로토타입을 위해서는 시스템 레벨의 해석이 함께 수행되어야 할 경우도 있다.

태성에스엔이와 앤시스는 의료기기 개발에서 필요로 하는 다양한 물리 현상을 해석할 수 있는 전문적인 해석 솔루션들을 제공하며 헬스케어 산업 및 학계와 밀접한 협력 관계를 유지해오고 있다. 앞으로도 컴퓨터 시뮬레이션이 의료기기 개발에 있어 활용 가치를 더욱 높이기 위한 방법들을 지속적으로 확대해 나갈 것이다.

참고문헌(Reference)

1. In Vivo, In Vitro, In Silico!, By Thierry Marchal, Director Healthcare Industry Marketing, Ansys Advantage, Volume IX, Issue 1, 2015

2. Digital System Prototyping for Medical Devices, White Paper, Ansys Inc, 2020

3. I hear you, By Casey Murray, Senior Radio Frequency Design Engineer, Starkey Hearing Technologies, Ansys Advantage, Volume IX, Issue 1, 2015

4. An Overview of Regulatory Frameworks for Computational Modeling and Simulation in Healthcare, Mark Horner, Ansys Inc., TSNE Medical Device Seminar, 2021

5. Change of heart, By Joël Grognuz, Team Leader Multiphysics, CADFEM, Ansys Advantage Vol. VIII Issue2, 2014

6. Prediction of stent endflare, arterial stresses and flow patterns in a stenotic artery, M. R. Hyre, R. M. Pulliam & J. C. Squire, Ansys, Technical Paper.

7. Medical Devices Design and Development Solution Overview, Ansys Inc., 2021

8. Innovation Through Simulation for Healthcare, Ansys Inc., 2019

9. Ansys Solutions for the healthcare Industry, 2016

나혜령 전문위원
태성에스엔이 기술본부
hrna@tsne.co.kr

자동차 산업에서의 가상제품개발 혁신

지난 10년 동안 미래 모빌리티(Mobility)는 연결(Connectivity), 자율주행(Autonomous), 공유(Sharing) 및 전동화(Electrification)라는 CASE와 이 모두를 지능적으로 연결하는 사업 모델로 발전하고 있다. 자동차 업체는 이를 바탕으로 파괴적이고 지속가능한 모빌리티를 개발하기 위해 노력하고 있다.

최적의 성능을 발휘하기 위한 CASE 모델

CASE 모델이 최적의 성능을 발휘하기 위해서 새로운 비즈니스 모델과 디지털 트랜스포메이션(Digital transformation, DX)은 다음과 같이 입증되는 가치와 ROI(Return on investment)로 돌아와야 된다.

■ 비용 희생 없이 주행거리 확보가 가능한 고성능 배터리 및 경량(lightweight) 설계
■ 설계 초기 단계에서의 제조 프로세스의 경험 및 검증
■ 보다 안전한 운전 경험을 위한 연결, 센싱 및 보고
■ 최적의 승객 안락감과 에너지 소비의 최적화

이를 처음부터 올바르게 확보하기 위해서는 패러다임의 전환이 필요하며, 가상 프로토타이핑(Virtual prototyping, VP)과 하이브리드 트윈(Hybrid Twin, HT)을 활용하여 초기부터 지속적으로 전 주기 제품성능(Product Performance Lifecycle, PPL)을 평가하는데 초점을 두어야 한다.

참고로 ESI그룹의 HT 및 PPL 개념은 다음과 같다.

① 차량 엔지니어링, 제조 및 어셈블리 작업에서 서비스 프로세스 엔지니어링과 유지 보수까지 연결하고 ② 안전하고 신뢰할 수 있는 차량 및 제조 프로세스를 정의하고 제공하고 ③ 물리적 프로토타입(Physical prototype)의 의존도를 줄여 최고의 제품 품질과 전 주기 제품 성능을 달성할 수 있어야 한다.

입증된 가치와 ROI로의 전환을 위한 완성차 업체(OEM)들의 주요 과제는 〈그림 1〉과 같이 크게 5가지로 크게 나눌 수 있다. 이를 해결하면서 차량 출시 기간의 단축을 위해 OEM들은 차량 개발 프로세스에서 엔지니어링과 제조의 결합을 강화하는 데 많은 노력을 기울이고 있다. 그러나 개발주기 내내 올바른 결과를 얻기 위해 적절한 시기에 올바른 입력을 제공하는 것은 아주 어려운 해결 과제다.

세계 자동차시장의 패러다임은 환경규제 강화로 인해 고효율 친환경자동차로 전환되고 있으며, 우리나라도 2023년까지 온실가스 70g/km, 평균연비 33.1km/L로 기준을 강화하는 행정예고를 하였다. 자동차 연비 및 온실가스 배출기준 강화는 모든 OEM의 포트폴리오를 전기화(Electrification)로 전환시키고 있으며, 차량 경량화를 위한 경량 차체 및 섀시 구조에 대한 요구가 더욱 증가하고 있다.

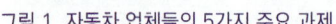

그림 1. 자동차 업체들의 5가지 주요 과제

■ 성능 엔지니어링-성능 평가에 있어서 성형과 접합이력의 결합으로 다중물리도메인, 엔드 투 엔드 접근(그림 7)

• 정확한 제조 효과(성형 및 접합)의 고려로 보다 정확한 성능 평가로 성능 최적화 및 BIW 및 섀시 어셈블리 성능에 대한 확신

• 프로토타입 시험에서 예상치 못한 파단 문제로 인한 추가적인 물리적 프로토타입 제작 감소

• 서비스 상태에서의 파단 예방

그림 7. 제작된 상태로의 BIW 및 섀시 성능 검증

■ 개발 프로세스 상에서 가상 어셈블리(Virtual Assembly)

정확한 단품 제조 해석 결과를 성능 및 어셈블리 평가의 입력으로 사용함으로써 프로세스의 최적화(그림 8)

• 선행생산단계에서의 어셈블리 프로세스의 지원

• 물리적 프로토타입의 시험과 트라이아웃 감소

• 초기 개발 단계에서 가상시험을 통합함으로써 전 어셈블리 평가 프로세스의 최적화

• 스탬프, 주조 및 복합재의 성형 해석을 지원하여 금형/지그 정의 및 보정 결정을 예측

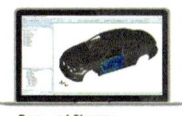 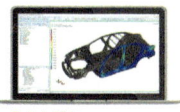 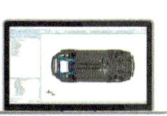

그림 8. 클로저, BIW 및 섀시 치수 정도

• 성공사례 : 닛산(Nissan)-새로운 경량 소재에 대한 엔지니어링 리드 타임 최대 50 % 단축

닛산 그린 프로그램의 차량 중량 감소 목표를 해결하기 위해 다중소재(알루미늄, 스틸 및 복합재 어셈블리)의 사용을 연구하였다. 닛산 엔지니어는 복합재 성형에 ESI 시뮬레이션 솔루션을 사용하여 사출성형(Injection molding)과 압축성형(Compression molding)의 새로운 공법을 개발하여 제조라인의 효율성을 크게 향상시켰다. ESI 시뮬레이션 솔루션은 설계 요구 사항 및 생산 목표를 만족하는 경량 재료 유형을 설계 초기에 결정하는데 기여했다.

이는 새로운 제조 프로세스를 개발하기 위해 일반적으로 비용과 시간이 많이 소요되는 시행 착오의 감소로 이어져, 엔지니어링 리드 타임을 최대 50%까지 줄이는데 성공했다. 닛산은 탄소 섬유 부품 제조의 돌파구를 마련했다는 성공사례를 2020년 말에 공개적으로 발표했으며, 2시간이 걸리던 탄소섬유강화 부품의 성형을 2분으로 단축하여 성형 시간을 80% 줄였다고 했다. 또한 복잡한 형상의 부품을 제조할 수 있어 차량 당 평균 80kg의 중량을 감소했다고 했다. ESI Contributes to Nissan's Breakthrough in Carbon Fiber Parts Production for Safer and Lighter Vehicles(https://www.esi-group.com/company/news/esi-contributes-to-nissans-breakthrough-in-carbon-fiber-parts-production-for-safer-and-lighter-vehicles)

■ 양산 및 차량운용까지를 포함: 에셈블리 솔루션의 엔드-투-엔드 체인으로 전 제품 개발 주기를 포괄

• 어셈블리 솔루션의 엔드 투 엔드 체인으로 전 제품 개발 주기를 포괄

• 시뮬레이션, 데이터 및 AI를 결합한 HT 접근으로 제조 변수의 최적화 및 유지보수 예측으로 생산성 향상

[참고] 하이브리드 트윈 및 제품성능 주기관리

하이브리드 트윈(Hybrid Twin, HT)

〈그림 9〉에서 보는 바와 같이 HT는 가상 트윈(Virtual Twin, VT)과 디지털 트윈(Digital Twin, DT)의 결합이며, VT는 물리기반 시뮬레이션 모델(Physics-based simulation model)이라고도 한다. 모두 엔지니어링 세계에서는 훌륭한 가치를 가지며, 새로운 설계 해법을 발견하고 사전 조치를 취하여 위험을 감소시키기 위한 노력이다. 그러나 일반적으로 이 둘은 분리된 독립체로 사용되고 있으므로 이를 함께 사용하여 서로의 성능을 강화할 필요가 있다.

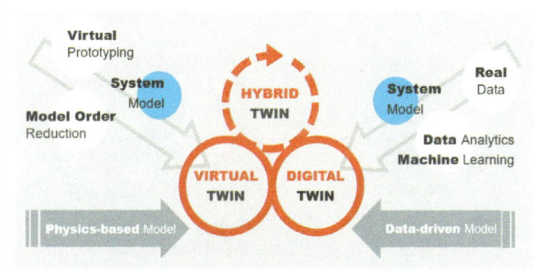

그림 9. 하이브리드 트윈: 가상 트윈과 디지털 트윈 결합

HT 개념은 DT데이터를 사용하여 VT의 한계를 해결하기 위해 ESI에서 제안하였다. 특히, VT는 복잡하고 큰 시스템을 다룰 때 종종 현실에서 벗어나는 경우가 있으며, 이러한 시스템을 모델링하는 데 필요한 전산 자원과 시간은 시간/비용 측면에서 비 실용적이고 비 현실적이다. DT는 센서를 사용하여 방대한 양의 실제 데이터를 수집하고 저장하므로 이의 활용은 VT의 시뮬레이션 에러를 줄이는 데 많은 도움이 된다. VT모델 만의 한계를 HT는 DT데이터를 활용하여 VT의 오류를 제거할 수 있어 결과적으로 대규모 시스템 또는 시스템의 체계를 연구할 수 있게 만든다.

HT모델은 강력한 설계 및 제품 개발 도구이며, 여기에 인공지능(Artificial Intelligence, AI)과 기계 학습(Machine Learning, ML) 알고리즘을 통합하여 더 개선하고 확장할 수 있다. 이러한 접근 방식은 미래의 탄력적이고 신뢰할 수 있는 제품 개발을 가능케 한다. 복잡하고 상호 연결된 제품 개발, 시뮬레이션 기반 제품 개발 기업 및 대규모 시스템을 개발하는 기업은 HT 접근 방식의 이점을 누릴 수 있으며, 자세한 엔지니어링 분석가 및 컨설팅 업체의 요약 및 의견은 다음 링크를 참조하기 바란다.(https://www.lifecycleinsights.com/hybrid-twin-combining-the-virtual-and-digital-twin/)

제품성능주기관리(Product Performance Lifecycle, PPL)

차량은 강성/강도, 충돌안전, 내구, 소음 및 안락감 등을 포함한 다양한 엔지니어링 영역(Multi engineering domain)에서 성능을 시험/검증하여야 된다. 전통적으로 각 엔지니어링 영역은 다른 엔지니어링 영역과 별도로 이를 시뮬레이션을 하기 위한 각각의 기술, 방법 및 프로세스를 가지고 있지만, 각 영역은 물리적 시험(Physical Test) 이전에 차량 성능을 예측/평가한다는 동일한 최종 목표가 있다. 그러나 제품에 초점을 둔 제품수명주기관리(Product lifecycle management, PLM)는 ① 모든 관련된 영역에 걸친 빠른 시뮬레이션을 빠르게 수행할 수 있는 능력과 ② CASE 시스템의 모든 상세 기능이 동기화되고 일치하는 지의 확인에 대한 기능이 빠져 있다.(그림 10)

PPL은 제품 개발 및 제조프로세스 뿐 아니라 운용중인 제품 성능의 도출을 목표로 개발한 개념으로 VP와 단일코어모델(Single core model)은 물리적 시험과 프로토타입을 없애거나 줄여 다운타임(Down time)을 최소화하는 패러다임의 전환이 될 것이다.

그림 10. 제품 성능 라이프사이클

맺음말

〈그림 11〉에서 보는 바와 같이 단일 데이터소스에서 통합 개발을 하고자 하는 단일코어모델은 프로세스 효율성을 향상시킨다. 해석의 단일 정의 하에서 모든 시뮬레이션 이해 관계자는 단일코어모델에 기여하고 각자의 영역으로 가져올 수 있다. 기존의 모델링 기술과 비교하여 단일코어모델은 새로운 의사결정 기술이다. 자동차 연구개발 조직은 초기 및 전 제품주기에 걸쳐 다양한 환경에서 개발 차량의 제작, 조립 및 성능을 디지털 방식으로 경험하고 검증할 수 있으며, 다중 도메인 제품 개발에서 시뮬레이션의 복잡성을 효율적으로 관리하여 지속적인 혁신이 가능하며, 최종 제품의 성능에 우선 순위를 둘 수 있다.

① 설계 변경사항이 단일코어모델에 통합(피드백 루프)되어 데이터간 단절 최소화와 비용 및 시간 감소, ② 모델링 관련 시간 단축 및 수동적이고 힘든 설계 도메인 간 통합 노력 감소, 및 ③ 가상 제조 및 어셈블리 분석을 설계 시뮬레이션에 통합할 수 있어 설계 프로세스의 일관성 유지 및 융합이 가능하다.

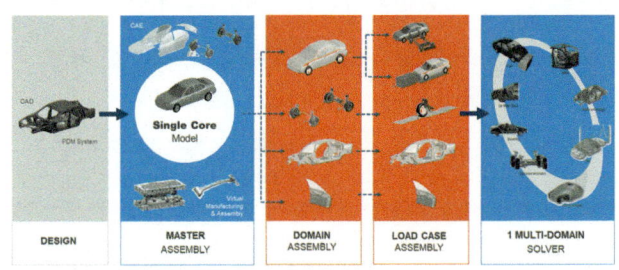

그림 11. 모든 개발 팀을 위한 단일 소스

이진희 전무
한국이에스아이
ljh@esi-group.com

사출성형 CAE 적확성 향상을 위한 실용적이고 과학적인 방법

CAE는 제조 환경을 가상현실로 설계, 가공, 제작하여 검증할 수 있어 제조 프로세스를 가속할 수 있고 품질을 향상할 수 있다. 이러한 CAE 역할을 수행하기 위해서 필요한 기술은 CAE 예측의 적확성과 최적화이다. 이 글에서는 실제 사출성형 공정과 CAE 예측의 편차가 발생하는 원인과 CAE 적확성 향상을 위한 방법에 대하여 설명한다.

CAE의 필요성

일반적인 제조 프로세스는 '아이디어-컨셉-설계-제조-판매'로 이어진다. 이 프로세스를 더 빠르게 완료하고, 저렴한 비용으로 품질을 높일수록 더 많은 이익을 얻을 수 있다. 따라서 각 단계의 납기와 품질을 높이기 위한 혁신적인 프로세스 개발을 위해 시간과 자금을 투자하는 것으로 기업은 경쟁력을 강화하고 있다.

그러나 오늘날 빅데이터, 데이터 사이언스, 클라우드 컴퓨팅, 모바일 및 소셜 네트워크, 협업 경쟁력과 같은 기술 트렌드는 더 나은 의사결정 시스템과 최적화된 프로세스를 요구하고 있다. 품질 문제가 발생하면 기업은 제품 리콜로 인한 시간과 비용과 같은 단기적인 영향뿐 아니라 브랜드, 시장 점유율, 주가와 같은 장기적인 영향을 미친다.

이러한 품질 문제를 해소하기 위해 제조 전 설계를 검증하기 위한 방법론 즉, 설계와 제조를 융합하는 기술이 CAE(Computer Aided Engineering: 컴퓨터 응용 공학)이다. 제조를 고려한 설계는 제조 현장에서 발생하는 시행착오를 미리 시뮬레이션에서 검증하여 개선할 수 있어 높은 품질을 짧은 납기로 제조할 수 있다.

사출성형 CAE의 이해

사출성형 공정은 복잡한 구조 형상과 여러 기능을 구현할 수 있으며, 아름다운 외관 처리 및 대량생산까지 가능하기 때문에, 다양한 분야에서 활용되고 있다. 그러나 혁신적인 제품을 구현하기 위한 프로세스는 복잡하고 정밀성을 요구하고 있어 성형 가능구간이 좁고, 변수가 많아 성형하기가 까다롭다.

또한 강도를 높이기 위해 플라스틱 소재에 탄소 섬유나 유리 섬유를 첨가제로 사용하면서 뒤틀림과 같은 휨 변형으로 인한 치수 불량이 발생된다. 이러한 불량의 원인을 제조 전에 예측하고 개선하는 것이 CAE의 목표다.

과거의 CAE는 제조 환경을 모사하는 소프트웨어의 많은 가정으로 인한 한계, 물성 측정 기술의 부족, 낮은 컴퓨터 성능으로 인한 메시(Mesh) 숫자와 실험 횟수 부족으로 제한된 환경으로 정성적인 예측 즉, 경향성을 파악하는 수준에 머물러 왔다. 여기서 목표는 최소한의 실험으로 최대의 효과를 얻는 것이며, 정밀성에 필요한 정량적인 예측의 신뢰성에 문제가 제기되어 왔다.

그러나 2021년을 기준으로 사출성형 CAE는 40년 넘게 제조 환경을 모사할 수 있는 소프트웨어가 업그레이드되고 있으며, 다양한 상황을 고려한 플라스틱 유변 물성 측정 기술을 확보하였고, 매년 수많은 물성이 측정되고 있다. 급격히 성장한 컴퓨터 성능으로 인하여 메시 제한 수준이 확장되고 많은 실험을 통한 통계적 접근이 가능하여, CAE 적확성을 확보할 수 있는 기반 기술이 발전되었다.

사출성형 제품의 품질은 금형, 수지, 성형조건, 환경에 의해 영향을 받는다. 이러한 다양하고 복잡한 변수의 조합이 양품 범위를 벗어나면 불량이 발생한다. 일반적으로 불량을 해결할 방법은 각 분야 및 사람마다 다르며, 각자의 과거 경험 즉, 노하우에 의존하는 경우가 많다.

문제 해결과 관련된 많은 변수 중 가장 효과적인 변수를 찾아 최적의 조건으로 변경하는 것은 누구나 원하는 바이지만 모든 제품과 수지 물성, 금형을 경험할 수 없으며, 이미 경험한 제품이라도 다양하고 복잡한 상호 작용의 관계를 사람이 이해하는 것은 불가능하다. 사출 불량 문제를 해결하기 위한 범용적인 방법은 이미 널리 알려졌지만, 하나의 문제를 해결하기 위해 공정 조건이나 제품 설계를 변경할 경우 다른 문제가 발생하기도 한다.

그 예는 다음과 같다.

> ■ 싱크마크를 개선하기 위해 보압을 높이면 그 문제는 개선이 되지만, 변형 문제나 치수 문제가 발생할 수 있다.
> ■ 리브의 두께를 기본 살 두께의 50~75%로 설계하면 싱크마크는 개선되지만, 리브와 기본 살 두께의 편차로 인해 수축 편차로 이어지고 휨이 발생한다.
> ■ 미성형이 발생하여 수지의 용융 온도를 높이면 점도가 낮아져 성형은 될 수 있지만, 온도가 상승하면서 발생하는 가스로 인한 외관 불량이나 열화에 의한 탄화 현상이 발생할 수 있다.

사출성형 CAE 적확성 개선

CAE 결과를 평가할 때 정확성, 신뢰성, 적확성 등 다양한 용어를 혼용해서 사용하고 있다. 적확성의 적(的)은 목표, 과녁을 의미하며 조금도 틀리거나 어긋남 없이 정확하고 확실하다는 뜻으로 CAE 결과를 평가할 때 적합한 용어이다. 정확성의 정(正)은 바르고 확실한 성질을 뜻하고 있어 "정확한 방법으로 CAE를 운영한다"고 사용하기에 적합하다. 신뢰성은 굳게 믿고 의지할 수 있는 성질을 뜻하기 때문에 "CAE 적확성을 향상하여 신뢰성을 높이자"라고 사용하기에 적합하다.

대부분의 CAE 엔지니어들은 CAE 적확성 확보를 위한 방법론 즉, 벤치마킹에 대한 고민을 하고 있다. 벤치마킹은 예측된 결과와 실제 결과를 비교하여, 품질 변수를 평가하는 것이다. 결과적으로 나중에 의사 결정을 할 때 실제와 해석이 달라서 발생할 수 있는 위험을 방지하고, 소프트웨어를 사용할 수 있는 자신감과 경험을 얻을 수 있다. 몰드플로우(Moldflow)의 설립자인 콜린 오스틴(Colin Austin)은 1970년대 후반 일본 도쿄에서 도시바를 위해 최초로 문서화된 CAE 벤치마킹을 수행했다(Moldmakingtechnology, 2021)고 한다.

벤치마킹을 성공적으로 수행하기 위해서 주요한 변수를 정의하고 고려해야 한다. 즉, 생산 중인 성형품의 사출 현상을 그대로 복제할 수 있는지를 확인하는 것이다. 이것이 가능하다면 CAE 상태에서 변경 사항이 생산 부품에 적용될 경우에도 동일하게 복제될 것이라는 확신을 가질 수 있다. 불량을 개선하기 위해 제품디자인 및 금형 구조를 변경하여 해결할 수도 있고, 사출 조건을 변경하여 개선할 수 있다.

제품 개발 초기 단계에서 변수 수정이 쉽게 가능한 제품 디자인에서 CAE를 활용하여 성형성 검증 및 불량 요인을 미리 제거하기 위해 다양한 설계 옵션을 평가해야 한다. 그러나 CAE 결과를 얼마나 신뢰할 수 있을까? 그 대답은 때에 따라 다르다. 아래와 같은 핵심 정보와 데이터를 확보하고 분석할 수 있는 경험을 가진 엔지니어가 있는가에 따라 결과물의 신뢰 수준은 달라질 수밖에 없다.

> ■ CAE를 위한 검증된 재료 물성은 확보했는가? 확보를 못했다면 대책은 강구했는가?
> ■ 우리가 적용하려는 공정이 CAE 가정에 어긋나거나 벗어나지는 않는가?
> ■ CAE와 실제 결과에 대한 비교 경험을 통해 상관관계를 파악하였는가?
> ■ CAE 범위와 불량 요인에 따른 주요한 변수를 이해하고 있는가?
> ■ 초기 제품 디자인에서 변경된 최종 수정 모델링을 확보하고 있는가?
> ■ 금형을 고려한 파팅라인 및 빼기 구배 모델링을 확보하고 있는가?
> ■ 사출성형기의 성능 및 사출 환경과 조건을 이해하고 있는가?
> ■ 실물에 대해 정확한 측정 결과를 확보했는가?
> ■ CAE 절차는 결과 분석 전에 검증되었는가?
> ■ CAE 결과는 적절한 가시성 및 속성으로 표현되었는가?
> ■ CAE는 선행 연구 단계, 양산 단계, 문제 해결을 위한 단계에 따라 다르게 접근하여 검증하고 있는가?

2019년 6월 27일에 개최된 한국금형비전포럼 컨퍼런스에서 국내 최고의 전자회사 두 곳의 사장과 부사장은 발표에서 CAE는 제조 프로세스로 표준화되었지만 CAE 해석 정확도가 불일치하며, 이론과 실제의 결과 데이터의 적확도 향상이 목표라고 강연 중 설명하였다.

〈그림 1〉은 사출성형 CAE의 다양한 변수들을 연꽃 기법으로 나타냈다. 이 변수들은 모두 사출성형의 변수이자 CAE 적확성과 연관되어 있다. 사출성형 CAE는 다양한 물성 정보와 사출기, 공정변수, 그리고 형상 정보를 유한요소로 나누어 가정 기반의 지배방정식을 이용하여 계산한다. 이러한 조건이 맞지 않는다면 CAE 결과를 보장할 수 없다. 간단한 예로 플라스틱 물성 정보는 오토데스크 몰드플로우에 약 11,000개 이상 저장되어 있지만(Autodesk Moldflow Help, 2021), 측정 품질은 물성마다 다른 수준을 이루고 있다.

사출성형 CAE 결과를 검증하는 방법은 실제 사출과 CAE 결과를 직접 비교하는 것이 일반적이다. 그러나 복잡한 상관관계를 갖는 검증이 필요할 때, 검증 방법을 〈그림 2〉와 같이 세부적으로 나눌 필요가 있다. CAE 결과를 직접적으로 비교하는 검증은 충전 패턴이나 정체 현상, 웰드라인 위치, 사출 압력, 압력이력, 싱크마크, 변형 및 수축을 비교할 수 있다.

그러나 실험 결과와 같이 CAE 결과를 개선하고 싶다면, CAE 절차에 따른 검증을 진행해야 한다. 절차에 따른 검증은 CAE 작업이 올바른 방법으로 적용되었는가를 검증하는 프로

세스로 아래와 같은 항목을 검증해야 한다.

- 모델링은 최종 모델링이 적용되었는가?
- 금형을 고려한 모델링인가?
- 메시의 경우 형상을 대표할 수 있는 개수를 갖추었는가?
- 종횡비는 적절한가? ★ 메시 진단 후 문제는 없는가?
- 듀얼 도메인 메시의 경우 두께 인식은 적절하게 되었는가?
- 3D 메시의 경우 레이어는 적절한가?
- 플라스틱 수지의 물성은 어느 범위로 측정되었는가?
- 대표값 범위는 어떠한가?
- 휨 예측 시 기계적 물성은 측정되었는가?

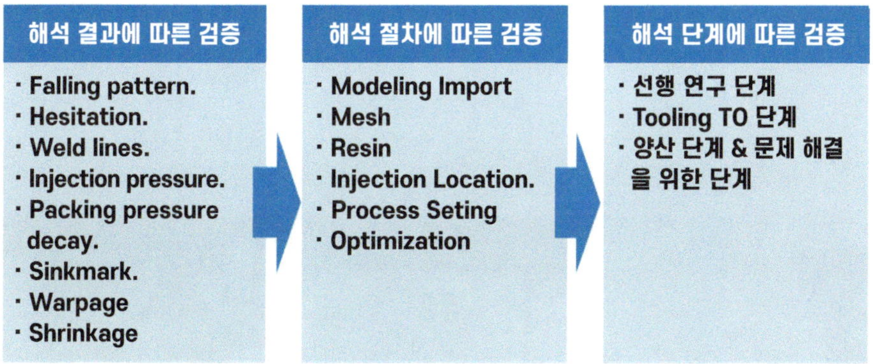

해석 범위와 목표는 해석 단계에 따라 다르다.

선행 연구 단계의 경우 아직 정확한 금형 설계 정보를 확보하지 않은 상태로 정확한 예측보다 초기 결정 단계에서 주요한 의사결정을 내릴 수 있는 내용에 초점이 맞춰져 있어야 한다.

그러나 양산단계나 문제해결에서는 정량적인 예측 및 문제 해결을 할 수 있는 방법론을 확보해야 한다.

결과적으로 일정한 품질의 CAE 결과를 확보하기 어렵기 때문에 이전 프로젝트의 경험을 통계적인 분석으로 기대하는 결과 도출이 필요하다.

그림 2. 해석 결과/절차/단계에 따른 다양한 검증 방법

그림 1. 연꽃 기법을 활용한 사출성형 CAE 적확성 변수

사출성형 CAE 적확성 개선 최신 사례

앞서 언급한 일반적인 CAE 적확성 개선 방법 외에 〈그림 3〉은 냉각 채널 메시를 3D로 적용하는 형상적응형 냉각 기능을 이용한 사례이다. 빔 메시로는 구현할 수 없는 넓은 판 냉각 구조를 정확히 표현하기 위해서는 이러한 기능을 이용해야 한다. 또한 핫러너 구조를 단순히 빔 메시로 적용하지 않고 핫러너 매니폴드를 3D메시로 적용할 경우 히터 요소에 의한 금형 열전달을 보다 정확하게 계산할 수 있다.

〈그림 4〉는 핫러너 매니폴드와 금형이 만나는 위치의 열전달 결과를 나타내어 각 위치 별 온도를 명확하게 도출하여 검토할 수 있다. 또한 〈그림 5〉와 같이 사출성형 초기 생산 단계에서부터 천이 금형 온도 계산을 통해 정상상태의 온도까지 상승하는데 필요한 사이클이 얼마인지 확인할 수 있다.

최근 사출기 제조사인 엔젤(Engel)사에서는 Sim Link라는 애플리케이션을 통해 사출기와 CAE를 직접적으로 연결하는 시스템을 개발하여 출시를 앞두고 있다. 사출기의 사출 조건을 CAE로 입력하거나, CAE 조건을 사출기로 입력하는 양방향 데이터 전송이 가능한 시스템이다.

시뮬레이션을 실제 생산 공정과 연결함으로써 향후 전체 제품수명주기에서 CAE가 중심적인 역할을 할 것이며 기계 설정, 공정 설정 및 프로세스 최적화를 가속화하여 생산성을 크게 향상시킬 것으로 예상된다. 즉 CAE를 통해 최적화된 매개 변수를 설정, 데이터 기록으로 변환하여 사출성형기에서 직접 사용이 가능하며, CAE에서 가져온 매개 변수는 생산 공정을 위한 사출성형기에 맞게 계량, 사출속도, 보압, 쿠션, 석백 등이 자동 조정된다.

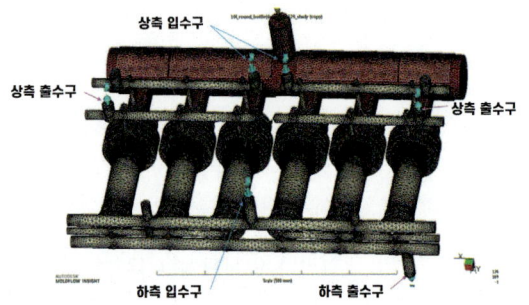

그림 3. 핫러너 매니폴드 및 형상적응형 냉각 메시 구현 사례

그림 6. 엔젤사의 Sim link를 통한 사출성형 CAE와 사출기의 연결

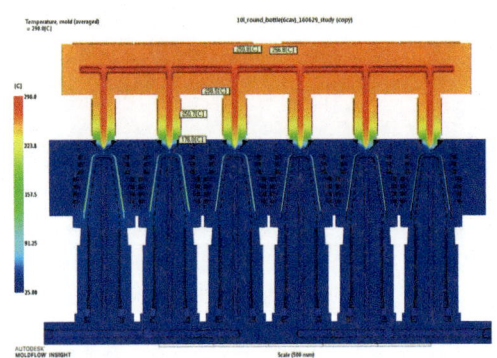

그림 4. 핫러너 매니폴드 및 형상적응형 냉각 해석 결과

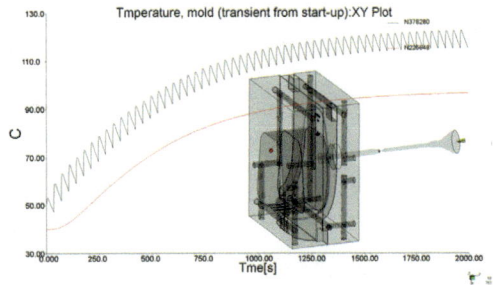

그림 5. 핫러너 매니폴드 및 형상적응형 냉각 메시 구현 사례

결과적으로 완전한 데이터 일관성을 보장하고 시간이 많이 걸리고 오류가 발생하기 쉬운 데이터를 기계에 수동으로 입력하지 않아도 된다. 공정 변수와 측정 결과를 사출성형기에서 다시 CAE로 가져올 수 있으며, 시뮬레이션을 사용하여 진행중인 생산 프로세스의 분석 및 최적화에 대한 새로운 접근 방식 쉽게 조정될 수 있으며, 시뮬레이션의 품질이 향상시킬 수 있다.

시뮬레이션을 통해 바람직하지 않은 프로세스 설정을 심층 분석할 수 있어 빠르고 정확하게 적용할 수 있으며, 최적화된 공정 데이터를 사출기 제어 장치로 가져올 수 있다. 이디앤씨와 엔젤코리아(Engel Korea)가 Sim link를 활용하여 Airbag cover 제품에 대하여 사출 테스트를 진행하였다. 현재 Sim link는 사출성형 CAE 소프트웨어 중 오토데스크 몰드플로우만 지원하고 있다.

몰드플로우를 활용하여 시뮬레이션을 통해 유동선단의 면적으로 고려한 Ram speed를 적용하여 사출기 시스템에 전송하는데 문제가 없음을 확인했으며, 사출기 실제 성능을 고려한

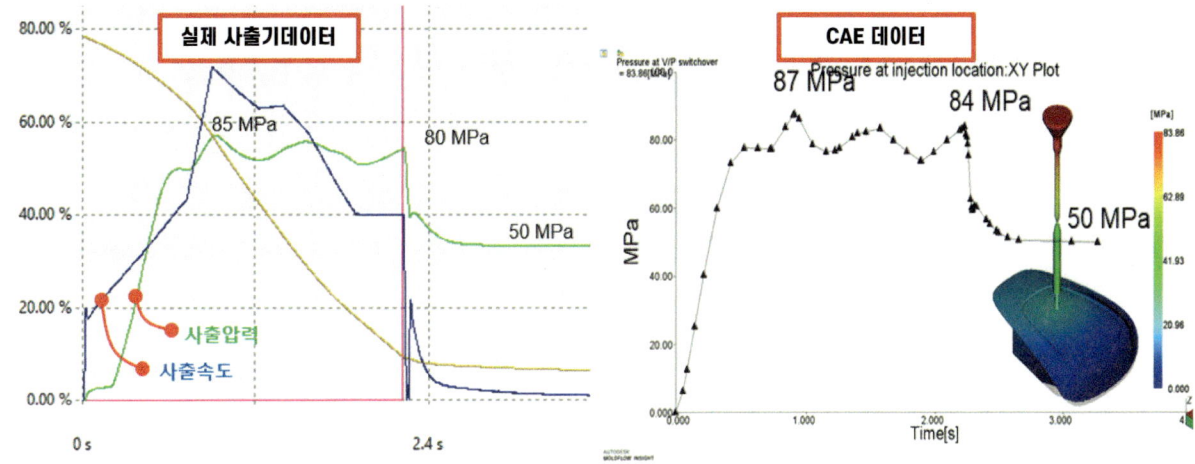

그림 7. Sim link를 이용한 사출성형 CAE 진행 결과

CAE를 적용하기 위해 Ram speed 및 보압의 지연 시간과 같은 값을 몰드플로우로 Import하는 부분이 가능함을 확인하였다. 결과적으로 〈그림 7〉은 실제 사출기 데이터와 CAE 데이터의 사출 압력을 비교한 결과 매우 근사하게 나타남을 확인할 수 있다.

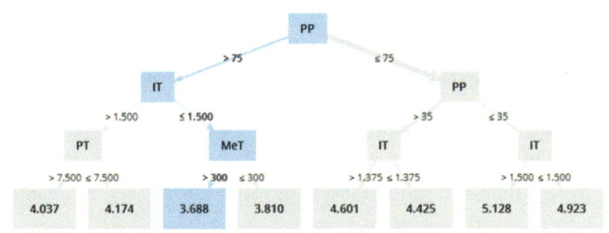

그림 8. CAE 및 의사결정나무를 활용한 사출성형 조건 최적화

위와 같이 적확성이 확보된 사출성형 CAE를 통한 사출 조건 최적화는 〈그림 8〉과 같이 머신러닝 기법 중 의사결정나무를 적용하여 변형이 최소화되기 위한 성형 조건을 추천하고 설명할 수 있다.

또한 CAE 데이터 기반으로 데이터를 추출하고, ANN(Artificial Neural Networks: 인공신경망)으로 알려진 MLP(Multi-layer Perceptron: 다층퍼셉트론)를 적용하여 예측 모델링

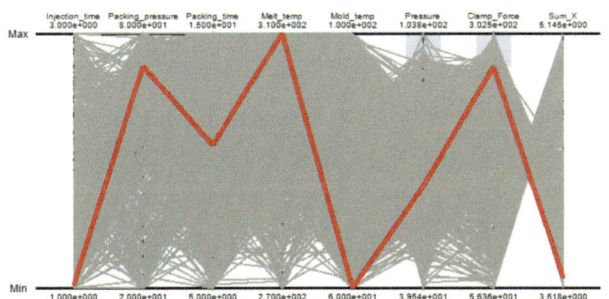

그림 9. CAE 데이터 기반 HMA 및 MLP를 활용한 사출성형조건 최적화 결과

을 만들고, HMA(Hybrid Metaheuristic Algorithm: 하이브리드 메타휴리스틱 알고리즘)를 활용하여 구속조건을 만족하는 최적의 사출성형 조건을 〈그림 9〉와 같이 도출할 수 있다.

맺음말

빅데이터, 데이터 사이언스, 클라우드 컴퓨팅, 모바일 및 소셜 네트워크, 협업 경쟁력과 같은 기술 트렌드는 더 나은 의사결정 시스템과 최적화된 프로세스를 가능하도록 돕는다. 사출성형 분야도 시행착오를 최소화하고 혁신적인 제품 개발을 위해 설계와 제조를 융합하는 기술로 CAE는 제조 프로세스에 깊이 안착하였다.

CAE는 제조 환경을 가상현실로 설계, 가공, 제작하여 검증할 수 있어 제조 프로세스를 가속할 수 있고 품질을 향상할 수 있다. 이러한 CAE 역할을 수행하기 위해서 필요한 기술은 CAE 예측의 적확성과 최적화이다. 이 자료는 실제 사출성형 공정과 CAE 예측의 편차가 발생하는 원인과 CAE 적확성 향상을 위한 방법에 대하여 설명하였다. 향후 독자 여러분의 상황에 맞게 확장한다면 사출성형 최적화의 완성도가 더욱 높아질 것으로 기대된다.

황순환 이사
이디앤씨
peter.hwang@ednc.com

동역학 시뮬레이션, 왜 필요한가 ?

동역학(Dynamics)은 힘이 균형을 이루지 못하여 힘이 남고, 이렇게 남은 힘이 어떤 일을 일어나게 하는 경우를 다룬다. 동해석은 물체나 시스템의 움직이는 상태를 해석한다. 이때, 움직임을 표현하기 위해 시간 또는 주파수를 고려한다. 동해석은 정해석 보다 고려하는 변수가 많기 때문에 일반적으로 문제가 복잡하다. 이 글에서는 동해석의 필요성과 동해석 사용시 얻게 되는 혜택에 대해 살펴본다.

역학과 시뮬레이션

그림 1. 5대 역학

기계공학(Mechanical engineering)의 기본은 역학(Mechanics)이다. 역학에는 정역학, 동역학, 고체역학(재료역학, 구조역학), 유체역학, 열역학 등이 있다. 교과 과정에서는 정역학과 동역학을 먼저 배운다.

정역학(Statics)은 모든 힘이 균형을 이루고 있어서 아무 일도 일어나지 않는 경우를 다룬다. 반면 동역학(Dynamics)은 힘이 균형을 이루지 못하여 힘이 남고, 이렇게 남은 힘이 어떤 일을 일어나게 하는 경우를 다룬다. 이론을 공부할 때는 대부분 정역학보다 동역학이 복잡하고 어렵다고들 한다.

역학에 정역학과 동역학이 있는 것처럼 시뮬레이션에는 정해석(정적해석, Static Analysis)과 동해석(동적해석, 동역학 해석, Dynamic Analysis)이 있다. 정해석은 물체나 시스템에서 힘이 평형을 이룬 정상상태(Steady state)를 해석한다(영어로는 'Solve'라고 하기도 하며, '시뮬레이션한다'고도 표현함). 이 상태는 시간이 아무리 흘러도 어떤 변화도 없는 상태다. 따라서 시간에 대한 변화를 고려하지 않는다.

이에 반해 동해석은 물체나 시스템의 움직이는 상태를 해석한다. 이때, 움직임을 표현하기 위해 시간 또는 주파수를 고려한다. 동해석은 정해석 보다 고려하는 변수가 많기 때문에 일반적으로 문제가 복잡하다. 이것이 동해석이 정해석보다 많은 해석 시간과 노하우가 필요하다고 말하는 이유다.

시뮬레이션을 활용하는 사람들은 정해석을 상대적으로 쉽다고 생각하며 더 많이 사용하는데, 이렇게 된 원인을 2가지로 추정해 볼 수 있다.

① 정해석이 동해석보다 익숙하다. 왜냐하면 교과과정에서 동역학보다 정역학을 먼저 배우는 경우가 많다. 또한 동역학은 깊이 들어가면 복잡해지기 때문에 기초만 배우고 넘어가는 경우가 많다.
② 정해석이 동해석보다 비용(시간, 노력, 금전)이 적게 든다고 생각한다. 왜냐하면 책과 논문에서 동해석이 정해석보다 많은 해석 시간과 노하우가 필요하다고 배웠기 때문이다.

많은 경우, 대학에서 정해석을 제일 먼저 배우게 된다. 애니 듀크는 〈결정, 흔들리지 않고 마음먹은 대로〉에서 사람은 먼저 접한 정보를 나중에 접한 정보보다 옳다고 생각하는 편향을 갖는 경우가 많다고 했는데, 이런 편향이 정해석과 동해석 중에 어느 것을 선택할 것인가의 경우에도 적용되는 것으로 보인다.

즉, 정해석을 먼저 알게 된 사람은 나중에 동해석이 필요한 상황을 만나도 정해석으로 충분하다고 주장할 수 있다. 물론 그 반대 상황도 가능하다. 동해석을 먼저 알게 된 사람은 나중에 정해석으로 충분한 상황을 만나도 동해석을 해야만 한다고 주장할 수 있다. 상황에 따라 실제로 어느 것이 더 이득인지 올바로 판단하기 위해서는 정보의 편향에 신경을 써주어야 한다.

정보의 양을 보면 정해석과 동해석의 차이가 더욱 뚜렷해진다. 인터넷이나 관련 문헌을 찾아보아도 정해석에 대해 얻을 수 있는 정보량이 훨씬 많은 편이다. 이것도 정해석 쪽으로 선택을 치우치게 만드는 원인이 된다.

그런데 실제로 정해석만으로 충분할까? 이 질문에 대한 답을 살펴보고자 한다. 이 글의 목적은 상대적으로 부족한 동해석에 관한 정보를 제공함으로써 독자가 정확한 판단을 할 수 있도록 도와주는데 있다.

정해석과 동해석의 차이

정해석과 동해석의 개념적인 차이는 앞에서 설명했으므로 이번에는 수식을 사용해서 그 차이를 설명해 보겠다. 아래와 같은 힘의 공식과 스프링 공식을 살펴보자.

> ■ **힘의 공식:** F= ma (m은 질량, a는 가속도)
> ■ **스프링 공식:** F= kδ (k는 스프링 상수, δ는 스프링 변형량)

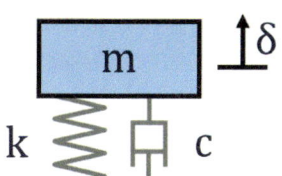

그림 2. 단순 스프링 모델

스프링 공식의 원형은 F= kδ+ma+cv인 힘의 방정식이다. 여기서 속도(v)와 가속도(a)는 시간(Time)에 관계된 항이다. 움직이지 않는 상태라고 하면 ma와 cv를 0으로 보고 생략할 수 있다. 그러면 이 식은 F= kδ가 된다. 이 방정식을 푸는 것이 정해석이다. 이에 반해 동해석은 생략하는 항목 없이 F= kδ+ma+cv 전체를 푼다.(간단한 수식으로 차이를 설명하기 위해 상미분방정식 형태를 사용하였으나, 실제로 복잡한 문제를 풀 때는 선형대수방정식을 사용한다.)

여러 종류의 시뮬레이션 방법 중 구조해석에서, 정해석은 F= kδ를, 동해석은 F= kδ+ma+cv를 푼다. 이중 동해석 방법에는 모드해석, 조화응답해석, 강제진동해석, 스펙트럼 해석, 과도해석(Transient Analysis) 등이 존재한다.

수식에서 보이는 것처럼 정해석은 동해석의 일부분이다. 시간에 따른 변화가 없다고 가정했기 때문에 수식이 간단해졌고, 컴퓨터 계산을 빠르게 할 수 있는 장점이 있지만, 그만큼 결과에서 얻을 수 있는 정보가 제한적이다.

동해석을 사용해야 하는 이유

이미 시장에 출시한 제품에서 결함이 발견되면 상당한 비용을 지출해야 해야 한다. 기계에 발생하는 결함은 항복, 균열, 진동, 소음 등이 있다. 이런 문제를 방지하기 위해서 제품을 출시하기 전에 모든 것을 검토할 수 있으면 좋겠지만 실제로 모든 항목을 빠짐없이 검토하기 어렵다. 따라서 문제가 발생했을 때, 그 문제

를 분석해 보면 그 원인이 질량, 또는 관성인 경우가 많다.

시뮬레이션을 이용하여 문제가 발생하기 전, 혹은 발생한 후에 분석을 하더라도 정해석만을 사용하면 질량 또는 관성 때문에 일어나는 문제를 찾아내지 못할 수 있다. 질량과 움직임을 고려하지 않아서 발생하는 다양한 문제는 다음 3가지로 분류할 수 있다.

> ① 시제품이 테스트 중에 깨졌습니다!
> ② 이상한 진동(Vibration)이 발생합니다!, 이상한 소리가 납니다!
> ③ 사용 중인 제품에서 균열(Crack)이 발생했습니다!

시제품이 테스트 중에 깨졌습니다

이 경우는 구조물에 발생한 응력이 항복응력을 초과하여 영구변형이 일어났거나 데미지(Damage)가 커서 파손이 빨리 일어난 경우다. 문제의 원인으로 동하중을 고려하지 못한 것을 들 수 있다.

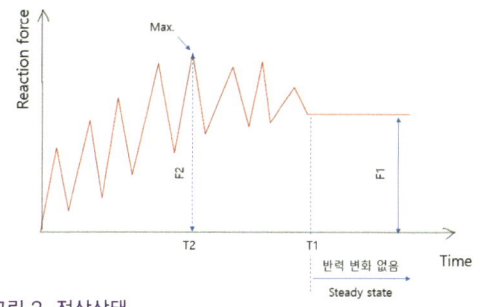

그림 3. 정상상태

〈그림 3〉은 움직이는 구조물이 정지할 때까지의 반력 변화를 보여준다. 구조물은 T1에서 정지했고 이후 변화가 없다. 정적 상태일 때의 반력은 F1이다. 그런데 그림에서 보이는 것처럼 동적 상태에서 F1보다 더 큰 반력 F2가 발생했다. 움직이는 상태에서의 반력이 정적상태보다 더 큰 경우가 있는 것이다. 이런 경우 정해석 결과로만 판단하면 잘못된 설계를 안전한 설계로 잘못 판단할 수 있는 셈이다.

정적상태(평형상태)보다 동적상태(움직이는 상태)에서 큰 반력이 발생하는 이유는 질량(관성) 때문이다. 물론 정해석을 사용할 때도 질량 때문에 발생하는 반력을 제대로 예측해서 사용하면 되겠지만 움직이면서 진동을 하기 때문에 이를 제대로 예측하는 것은 상당히 어렵다. 하지만 동해석에서는 질량의 이동에 따른 반력 변화가 자동으로 계산에 고려되기 때문에 사용하는 사람이 문제를 고민할 필요가 없다.

다음과 같은 사례를 예로 들어보자. 〈그림 4〉는 물류자동화에 사용되는 스태커(Stacker)의 동해석 결과다. 구조물이 움직이는

동적상태에서의 반력이 정적상태보다 큰 것을 확인할 수 있다.

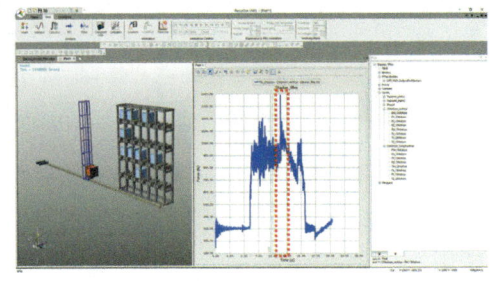

그림 4. 스태커의 동해석 결과 https://youtu.be/1f7zLPkr-Vk

이상한 진동(Vibration)이 발생합니다!, 이상한 소리가 납니다!

진동은 움직임이다. 그런데 정해석은 움직이지 않는 것을 전제로 하기 때문에 진동을 확인할 수 없다. 즉 진동을 보려면 동해석을 사용해야만 한다.

동해석 중에서 과도해석을 설명하고자 한다. 다른 동해석 방법은 주파수를 변수로 사용하여 문제를 해석(Solve)하는 반면, 과도해석은 시간을 변수로 사용하여 문제를 해석한다. 시간을 변수로 사용하여 문제를 해석하는 방법은 주파수를 이용하는 방법보다 세밀하게 진동을 분석할 수 있다. 왜냐하면 주파수 해석은 일부 주파수 만을 사용하지만, 과도해석은 모든 주파수를 포함하고 있는 시간을 사용하기 때문이다.

주파수 해석을 이용하여 이상한 진동, 이상한 소리의 원인을 찾을 경우, 분석할 주파수 범위를 적절하게 선정하지 못하면 문제의 원인을 찾기가 어려울 수 있다. 기계는 움직이는 부품의 위치와 속도, 접촉 발생 여부에 따라 고유주파수가 계속 달라지기 때문에 이를 충분히 고려해 주어야 하기 때문이다. 하지만 과도해석은 기계가 움직이면서 고유 진동수가 변해도 이를 자동으로 계산에 반영하기 때문에 별도로 이 문제를 고민할 필요가 없다.

기존에 주파수를 사용하는 방법인 모드 해석으로 진동, 소음 문제를 검증하고 있었음에도 불구하고 제품에서 분제가 발생한 후에야 문제의 재발을 막는 방법으로 추가로 과도해석을 채택하는 경우가 많다. 다음 사례를 통해 확인해 보자.

공장자동화 제품을 생산하는 A사에서 만든 시제품에서 굉장히 듣기 싫은 소음이 발생했다. 문제를 해결하기 위해 A사는 소음을 측정하고 이로부터 문제가 되는 주파수를 찾았다. 그 후 이 주파수를 모드해석 결과와 비교하여 문제가 되는 진동 모드를 찾고 어디에서 문제가 발생하는지를 확인하였다. 이를 바탕으로 공진을 회피할 수 있도록 설계를 변경해서 문제를 해결하였다.

여기까지는 많은 회사가 접근하는 일반적인 방법이다. 그런데 A사는 당장의 문제를 해결하는 것에서 멈추지 않고 앞으로 이런 문제의 재발을 막으려면 어떻게 해야 할 지 고민했다.

재발 방지 방법으로 시뮬레이션이 언급되었지만 A사에는 앞에서 본 것처럼 정해석과 모드 해석이 이미 업무 프로세스에 들어가 있었기 때문에 그것으로 충분하다고 생각했다. 문제가 발생한 시제품도 모드 해석을 통과했었다. 그런데도 문제가 발생한 것이다.

그러던 중 A사는 아직 사내에 채택하지 않은 과도 해석에 눈길을 주었다. 하지만 지금까지는 업무 프로세스에 정해석과 모드 해석만이 들어가 있었기 때문에 A사에는 과도 해석을 할 수 있는 사람이 없었다. 사실 과도 해석 경험자가 없다는 것이 과도 해석에 눈길을 늦게 준 이유이기도 했다. 사내에서 자체적으로 평가할 수가 없었기 때문에 A사는 과도 해석을 전문으로 하는 외부 전문가를 찾았다. 그래서 A사는 과도 해석 전문 회사인 B사에 문제를 의뢰했다.
B사에 처음 의뢰한 문제는 이미 발생한 문제를 재현하는 것이었다. A사는 먼저 과도 해석을 통해 문제를 사전에 발견할 수 있는지를 확인하고 싶었던 것이다. B사가 만든 과도 해석 모델은 문제를 재현해 냈다. 이 과정에서 A사는 자사 제품의 시뮬레이션의 정확도를 높이는데 필요한 기술을 B사로부터 습득했다.

이후 A사는 시뮬레이션 프로세스에 과도 해석을 추가했고, 진동과 소음 문제를 줄일 수 있었다. 이상이 A사의 예를 들어 설명한 과도 해석의 도입 과정이다. 그런데 모드 해석으로는 왜 문제를 찾을 수 없었으며, 과도 해석으로는 어떻게 문제를 찾을 수 있었을까?

모드 해석에서 문제를 찾지 못한 것은 고려하지 못한 상황이 있기 때문이다. 기계 시스템은 움직이면서 부품의 위치 자세 등이 바뀌는데 이에 따라 시스템 고유주파수도 달라진다. 발생 가능한 모든 상황을 미리 예측해서 모드 해석을 한다면 문제를 미리 확인할 수도 있었겠지만 실제로 이렇게 하기는 불가능 하다. 실수가 있기 마련이다. 그래서 사전에 예싱한 시나리오에 문제 상황이 포함되어 있지 않으면 문제를 확인하지 못할 수 있다.

하지만 시간을 사용하는 과도 해석은 모든 부품이 시간에 따라 직관적으로 움직이면서 시스템의 고유주파수가 바뀌는 상황도 스스로 만들어 낼 뿐만 아니라, 특성의 변화를 계산에 자동으로 반영하기 때문에 사용자의 개입이 없어도 세밀한 검토가 가능하다. 그래서 과도해석은 필요한 특성만 제대로 입력하면 정상적인 상황이건, 문제 상황이건 그대로 재현될 가능성이 높다.

〈그림 5〉는 FA(공장자동화), 모션 컨트롤(Motion

control)에서 많이 사용하는 볼 스크류의 고유진동수가 너트의 위치에 따라 달라지는 것을 보여준다.

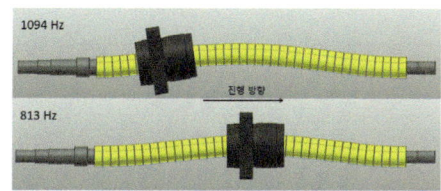

그림 5. 너트 위치 변화에 따른 볼 스크류의 고유 진동수 변화

사용중인 제품에서 균열(Crack)이 발생했습니다!

기계에 일어나는 파손에는 정적 파손과 피로 파손이 있다. 이 장의 내용은 그 중에서도 피로 파손에 초점을 맞추어 보고자 한다. 어떤 사람들은 피로 파손 문제를 푸는 피로 해석을 구조해석의 '끝판왕'이라고 하기도 한다. 피로 해석은 그만큼 어렵지만 꼭 필요하다.

앞서 두 장의 내용은 결함이 설계 검토 단계에서 걸러지던가 늦어도 시제품 단계에서 발견되는 경우였지만, 이번에는 문제가 제품이 출시된 이후에 발생한다. 즉, 앞의 경우보다 더 심각한 상황으로 볼 수 있다.

그림 6. 동해석을 이용한 피로해석 결과

정적 파손은 정해석(정적강도해석)으로도 찾아낼 수 있지만, 피로 파손을 찾아내기 위해서는 동해석인 피로해석을 해야 한다. 정해석을 수행해서 얻은 응력 분포로 파악한 취약 부위와 피로해석으로 파악한 손상 부위가 다를 수 있기 때문이다. 다시 말해, 정해석만 사용할 경우 피로 파손 문제를 파악하지 못할 수 있다.

앞에서 설명한 진동과 마찬가지로 피로해석에도 시간영역을 사용하는 방법과 주파수 영역을 사용하는 방법이 있다. 이 중 주파수 영역에서 표현되는 하중을 이용하는 방법을 '진동피로해석'이라고 한다.

진동피로해석은 시스템 반응을 선형으로 가정하기 때문에 시간영역을 사용하는 방법보다 계산이 간단하다고 알려져 있다. 그리고 PSD(Power spectrum density)를 사용해서 주파수를 특정할 수 없는 랜덤 진동(Random vibration)에 대한 피로해석을 할 수 있다.

시간영역을 사용하는 방법 (Time domain approach)은 일반적으로 시계열로 취득한 데이터의 양이 많아서 컴퓨터로 처리하기에 부담이 된다고 소개하고 있는데, 이론적으로는 맞

는 얘기지만, 요즘은 컴퓨터 성능이 많이 좋아져서 실제 사용에는 별다른 부담이 없는 경우도 많다.

진동피로해석은 시스템의 반응을 선형으로 가정하지만 시간에 대한 하중 변화를 고려할 때는 이런 가정을 하지 않기 때문에 충격, 접촉 및 다른 비선형 반응도 고려해서 피로해석을 수행할 수 있는 장점이 있다.

〈그림 7〉과 〈그림 8〉은 건설장비의 피로 파손 사례와 시간에 대한 변형률(strain)의 변화를 보여준다. 이 사례는 동역학 소프트웨어 리커다인(RecurDyn을 이용하였다.

https://functionbay.com/6U5gkH

그림 7. 건설장비의 피로 파손 사례(출처: Virtual Excavator를 이용한 작업하중 예측 기술 개발, 두산인프라코어, 2017 RecurDyn User Conference)
https://support.functionbay.com/ko/user-conference/13

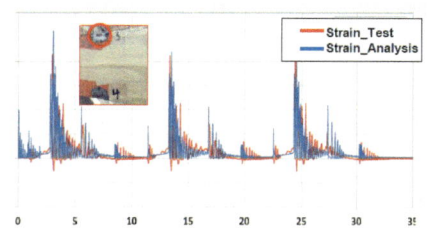

그림 8. 휠로더 푸시링크의 시간에 대한 변형률의 변화

이 글에서 '동해석을 사용해야 하는 이유'에 대해 시작할 때 언급했던 각각의 문제에 있어 동해석이 어떻게 도움이 되는지를 알 수 있었다. 이 글에서 소개한 동해석을 사용할 때 얻는 혜택은 다음과 같다.

① 정확한 동하중을 사용하게 되기 때문에 제품의 안전성을 높일 수 있다.
② 주파수를 빠짐없이 조사하게 되기 때문에 진동 문제를 정확하게 찾아 낼 수 있다.
③ 충격과 같은 비선형 하중을 받는 제품도 피로 수명을 예측할 수 있다.

차태로
펑션베이 중국사업본부에서 리커다인의 중국 비즈니스를 책임지고 있다.
taero@functionbay.co.kr

다물체 동역학 사례

이 글에서는 다물체 동역학 사례로, 먼저 동역학-유체 연성해석을 통한 HEV 변속기의 오일 윤활 경로 최적화 사례를 알아보고, 제품 내구성 향상을 위한 CV조인트 부트의 설계 개선 사례를 소개한다.

사례 1. 다물체 동역학-유체 연성을 통한 HEV 변속기의 오일 윤활 경로 최적화

변속기 내의 오일은 고속 회전 부품의 마모 진행을 최소로 하기 위한 윤활 작용과 함께 각 부품의 발열 현상에 대응하는 적절한 냉각제의 역할도 가지고 있다. 하지만, 오일의 양이 필요 이상으로 많을 경우 각 회전 부품에 대한 저항 요소로 작용하며, 이는 차량의 연비에 악영향을 미칠 수 있다.

이번 사례에서는 다음과 같은 문제점 및 요구 사항을 해결하기 위해 RecurDyn(리커다인)과 Particleworks(파티클웍스)를 이용한 연성 해석을 활용하게 되었다.

- 비효율적인 오일 윤활로 인한 변속기의 성능 하락
- 기존 제품 대비 향상된 윤활 성능에 대한 요구
- 변속기 내부의 윤활유 거동을 볼 수 없어 윤활 성능을 평가하기 어려움
- 다양한 디자인과 여러 동작 조건을 시제품을 통해 검토하는데 과도한 시간과 비용 소요

우선 동역학 해석 소프트웨어인 RecurDyn을 이용하여 변속기 전체 모델에 모션을 적용한 동역학 모델을 구성하였다. 그리고 이 모델에 입자법 기반 CFD 소프트웨어인 Particleworks를 이용하여 오일의 유체를 모델링 한 후, 동역학 모델과 유체 모델 간의 연성 해석(Co-Simulation)을 수행하였다.

이러한 시뮬레이션 결과는 실제 변속기의 벤치 테스트 결과와 비교 검증되었으며, 이를 통해 세부 파라미터를 튜닝하는 과정을 거쳤다. 이렇게 만들어진 가상 모델을 이용하여 설계 요소 변경에 따른 오일 거동을 가시적, 정량적으로 분석하는데 활용했으며 차량의 가감속, 회전과 같은 다양한 운전 조건 변화에 따른 결과 역시 분석할 수 있었다.

가상 모델을 통해 변속기 내부 오일 유동의 가시화 및 수치 결과 출력을 통해 변속기 설계 초기 단계에 필요한 오일 경로의 형상을 최적화하였고, 오일에 의한 저항력의 정량적 예측을 통해 최적의 변속기 오일 양 역시 제안할 수 있었다.

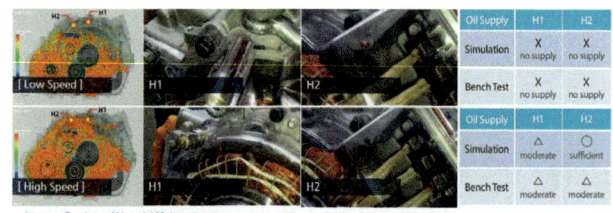

그림 1. 오일 공급량에 관한 실제 모델과 해석 간의 비교

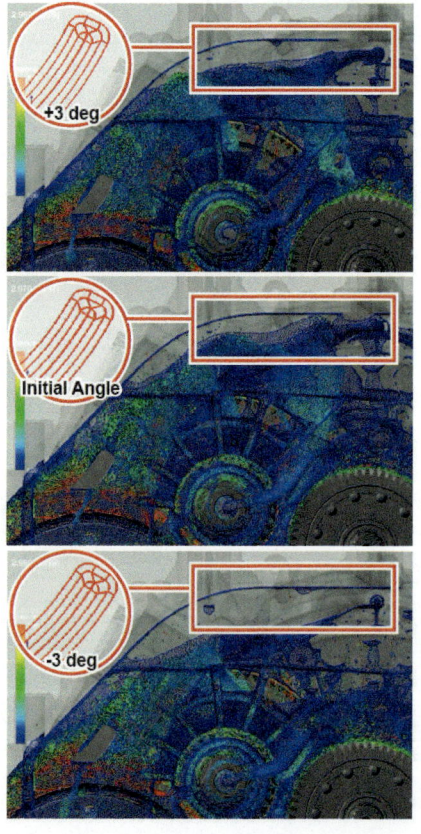

그림 2. 가이드 형상에 따른 오일 거동

결과적으로 실험을 통해 가시화할 수 없었던 변속기 내부의 거동을 RecurDyn과 Particleworks의 연성 해석을 통해 재현하고 이를 가시화할 수 있었다. 또한 다양한 설계 조건 및 동작 조건에 대한 정량적인 평가를 수행할 수 있었고, 이를 통해 설계에 소요되는 시간과 비용을 절감할 수 있었다.

사례2: 제품 내구성 향상을 위한 CV조인트 부트의 설계 개선

미국의 한 CV 조인트 제조사는 고객으로부터 이전보다 큰 각도에서 동작할 수 있는 CV 조인트의 개발을 요청받았다. 기존의 CV 조인트의 동작 조건은 이미 한계에 가까웠기에 이전보다 큰 각도에서 동작시킬 경우 CV 조인트 부트에 파손이 발생했다.

따라서 CV 조인트 제조사는 이러한 문제를 해결한 새로운 디자인의 CV 조인트를 개발하고자 하였다. 이를 위해 RecurDyn의 유연 다물체 동역학 기술(MFBD)를 이용하여 CV 조인트 부트의 동작을 가상 모델로 재현하고 파손 문제를 해결하고자 하였다.

이 사례의 경우, 플라스틱으로 만들어진 조인트 부트를 모델링하기 위해서는 유연체의 변형은 물론, 부트의 주름 간의 접촉과 같은 복잡한 비선형성을 고려해야 했기에 유한요소해석으로는 이를 재현하는 것이 쉽지 않았다. 이에 MFBD기술을 이용하여 조인트 부트는 유연체로 모델링하고 그 외의 부품은 강체로 모델링함으로써 모델링 시간과 시뮬레이션 시간을 절감할 수 있었다.

그림 3. 부트의 움푹 패이는 현상(dimple) 재현

그림 4. RecuDyn으로 접촉이 발생하는 주름의 개수를 정확히 예측

결과적으로 유연체로 구성된 부트의 주름 간의 접촉은 물론, 회전 중인 부트가 움푹 들어가는 비선형 거동을 성공적으로 재현함으로써, 실제 제품에서 발생하던 파손 현상과 거의 일치하는 결과를 얻을 수 있었다. 제조사는 이렇게 재현된 모델을 바탕으로 새로운 부트 설계를 가상 모델로 검증하였고, 이를 통해 파손이 발생하지 않음을 확인할 수 있었다.

이 사례에 대한 발표 영상은 다음 링크에서 확인할 수 있다.

https://functionbay.com/3TcbWA

그림 5. CV Half Shaft의 강체 모델링

그림 6. MFBD 해석을 위한 부트의 격자 모델

김상태 팀장
펑션베이 경영그룹 마케팅팀에서 팀장으로 재직 중이다. 리커다인의 글로벌 마케팅 및 기획을 담당하고 있다.
santae.kim@functionbay.co.kr

MBD 관점에서의 다물리 해석에 대한 접근법

최근 아니 이미 수년전부터 CAE 분야에서 하나의 큰 화두로 떠오른 단어가 바로 다물리(Multi-physics, 멀티피직스)이다. 이 단어는 경우에 따라 Interdisciplinary라고 불리기도 하지만 근본적으로는 같은 목적을 가지고 사용되는 경우가 많다.

CAE에서의 다물리(Multi-physics)

컴퓨터를 이용한 엔지니어링 시뮬레이션(CAE, Computer-aided Engineering)이 수십 년 전 많은 과학자들에 의해 발명 및 제안되고, 이러한 기술들이 다양한 상업용 혹은 비상업용 소프트웨어 형태로서 여러 분야의 엔지니어들에게 제공되어 오면서, 각각의 방법론들 혹은 그 방법론을 기반으로 한 소프트웨어들은 일반적으로 단일 물리 기반의 엔지니어링 문제들에 집중해 왔다.

그 대표적인 방법론들이 우리가 익히 알고 있는 FEM(유한요소 해석: Finite Element Method), CFD(전산 유체 역학: Computational Fluid Dynamics, 그리고 MBD(다물체 동역학: Multibody Dynamics)라고 볼 수 있다. 이 방법론들은 우리 주위의 일상적 사물들 혹은 주변 환경을 구성하고 있는 고체 및 액체(혹은, 기체) 형태의 대상 물질에 대해 자연의 물리 법칙에 기반한 방정식을 기반으로 특정 조건에서의 그 거동을 계산하여 예측하고, 필요한 정보에 대해 수치적, 또는 최신의 그래픽 기술을 이용한 가시화된 형태로 그 결과를 보여주는 기능을 제공하고 있다.

다물체 동역학과 CFD를 이용한 새로운 접근

앞에서 언급한 방법론들 중 이 글을 통해 언급하고자 하는 MBD는 완벽한 고체 물질(탄성력이 존재하지 않는, Body)들의 집단과 각 Body의 상호 동작을 정의하는 구속 조건들(Joint 및 Contact)과 Body-Joint-Contact으로 구성된 집단(Assembly)에 가해질 수 있는 외부 힘(Forces)에 의해 각 구성 요소들 간의 유기적 관계를 통해 하나의 시스템 전체가 나타내는 거동을 예측하기 위한 목적으로 사용되었다.

최근 MBD를 기반으로 한 일부 사용 소프트웨어들은 '완벽한 고체' 뿐만 아니라, 세상에 존재하는 실제 물질이 가진 유연체적 특성까지 고려한 '탄성 특성을 가진 고체'를 그 기본 Body로 정의하고 있다. 이 배경에는 일반적으로 FEM에서 사용되는 비선형 유한요소법 또는 선형화 된 모드해석법 등이 적용되어 있다.

앞에서 언급한 다물리라는 단어에서 유추할 수 있듯이, 최신의 CAE 기술들은 기존과 같이 단일의 물리 영역에만 집중하지 않고 있다. 그 대표적인 시도가 FSI(Fluid Structure Interaction) 방법론이다. 이 단어는 말 그대로 CFD와 대표적 구조해석 방법론인 FEM이 상호 연계되어 현상을 풀어내는 접근법을 설명하고 있다. 사실, 초기의 FSI에 대한 시도는 격자(Mesh) 기반의 전통적 CFD 해석법인 FVM(Finite Volume Method)과 구조물의 정적 해석에 집중하는 FEM 간의 상호 연계 해석에서 비롯되었다.

예를 들자면, 움직임이 없는 교각과 교각 주변을 흐르는 강물 혹은 바닷물 간의 상호 작용을 예측하기 위해 제안된 방법이라고 보면 좀 더 이해가 쉬울 것 같다. 하지만, 이 초기의 접근법은 격자(Mesh)가 가진 특성으로 인하여 구조물(Structure)의 거동이 매우 정적일 때만 시도가 가능하다는 한계를 보였다. 따라서, 이 방법의 응용 범위도 매우 제한적일 수밖에 없었다.

MBD는 FEM과 다르게 모든 복잡한 '움직임을 가진' 물체(Body) 및 그 집단(Assembly)에 대해 특화되어 있다. 이는 뉴턴의 물리 법칙을 계산하는 데 있어서 물체의 움직임을 예측하기 위해 적합한 라그랑지(Lagrangian) 접근법을 응용한다. 이는 움직이는 물체 각각의 질점에 관심을 두고 문제 해결에 접근하는 개념으로서 일반적인 유한요소법이 채용하는 오일러(Eulerian) 접근법과는 차이가 있다.

마침, CFD에 대한 전통적 계산법과는 다른 입자법 기반(Particle-based)의 새로운 유체 해석 방법론들이 최근 10년 사이 소개되고 주목받기 시작했다. 그 대표적 부류가 SPH(Smoothed Particle Hydrodynamics)와 MPS(Moving Particle Semi-Implicit, 혹은 Moving Particle Simulation)이다. 여기서 인용되고 있는 입자(Particle)는 원자나 분자와 같은 실제 입자 자체를 의미하기보다는 특정 유체의 고유한 물질 특성을 지니면서 일정의 체적(Volume)을 가진 질점(Material Particle)이라고 보는게 맞다. 이러한 태생적 배경과 함께 입자법 기반 CFD 해석법은 MBD와 마찬가지로 라그랑지 접근법을 기반으로 계산을 수행한다.

특히, 대표적 MBD 소프트웨어 중 하나인 리커다인(RecurDyn, 펑션베이 개발)은 이러한 특성에 주목하고, 2013년부터 대표적 MPS 기반의 CFD 소프트웨어인 파티클웍스(Particleworks, Prometech Software사 개발)와 보다 범용성이 높고, 현실적 응용이 가능한 FSI 구현을 위하여 두 소프트웨어가 긴밀하게 통신할 수 있는 기술을 개발하기 시작했다. 두 소프트웨어 모두 물리 현상을 풀어내는데 있어 각 움직임 주체들이 질점인 점에 착안을 하여 복잡한 움직임을 갖는 고체(탄성체 포함)와 그 주변을 흐르는 액체의 상호 작용에 대해 매우 적절하고 빠르게 계산하고 예측할 수 있는 방법을 제시했다.

그림 1. 차량 머플러 내부를 통과하는 기체와 유체의 흐름에 의해 내부 격벽들이 진동하는 모습

두 소프트웨어가 가진 개별적 특징의 조합은 초기 FSI에서 시도되었던 정적 물체와 그 주변의 유체 흐름에 따른 상호 작용을 예측하는데 적합할 뿐만 아니라, 매우 빠르고 복잡한 거동을 가지는 동적 물체와 그 주변을 흐르는 유체 사이의 상호 작용을 매우 정확히 예측하는데도 탁월한 성능을 보여준다.

특히, 최근에는 차량용 변속기 내부의 빠르게 회전하는 기어

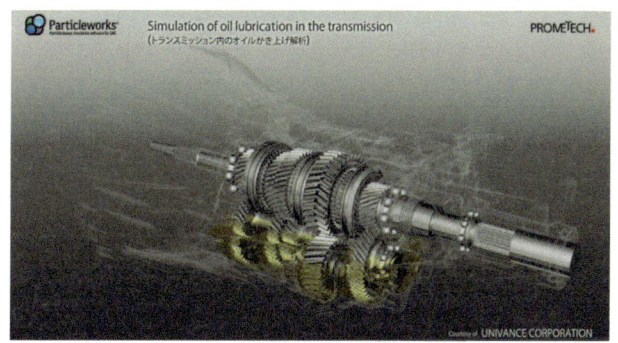

그림 2. 변속기 내부 오일 유동 해석(변속기 모델: Univance Corporation)

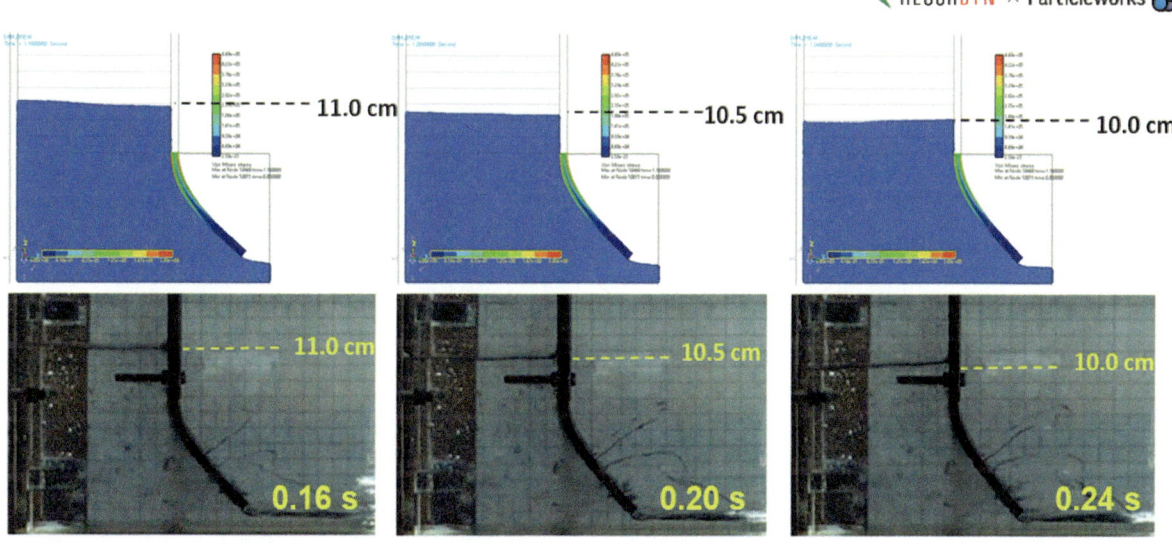

그림 3. 유연체(합성고무)와 유체의 연성해석 및 실험과의 비교
(실험 이미지 출처: Rafiee, A., Thiagarajan, K.P., 2009. An SPH projection method for simulating fluid-hypoelastic structure interaction. Computer Methods in Application Mechanics and Engineering 198, 2785–2795.)

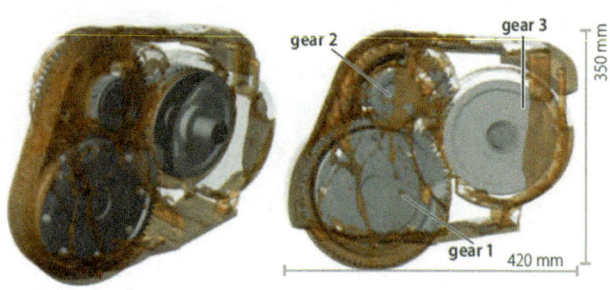

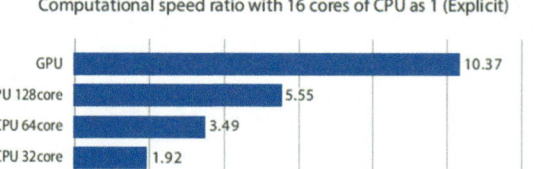

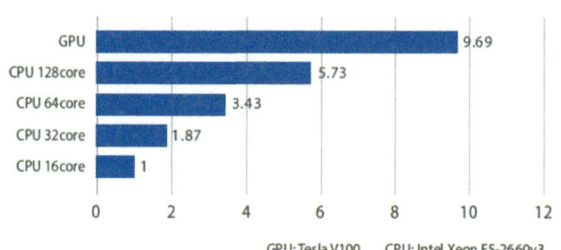

Gear rotation speed		Fluid property	
Gear 1	500 rpm	Density	800 kg/m³
Gear 2	1739 rpm	Kinematic viscosity coefficient	1×10^{-5} m²/s
Gear 3	1771 rpm	Surface tension coefficient	0.03 N/m

그림 4. GPU와 CPU의 속도 성능 비교(출처: Prometech Software)

의 영향에 따른 오일의 비산 및 흐름을 가시화하여 최적의 냉각을 위한 오일 순환 유로 설계 등에 많은 도움을 주고 있으며, 또한 오일 저항에 따른 동력 손실들을 수치적으로 쉽고 빠르게 예측하는데도 많이 활용되고 있다.

GPGPU를 이용한 고속 다물리 시뮬레이션

마지막으로, 이러한 새롭게 제시된 방법론은 최신의 GPGPU(General Purpose Graphics Processing Units)의 장점을 최대한 활용하고 있다. GPGPU(이하 GPU)는 기존의 CPU 기반 클러스터 PC 대비(일반적으로 멀티 노드 고성능 컴퓨터) '가격대비 성능'이 뛰어나다. 단일 GPU 개체 내부에 많게는 수 천개 이상의 연산 코어를 내장하고 있으므로, 거대한 CPU 노드들을 이용하여 별도의 공간을 차지하면서까지 연산 장치 시설을 갖추지 않고도, 일반적인 워크스테이션에 간단히 포함시켜 편리하게 사용이 가능하다.

실제로 앞에서 언급한 리커다인과 파티클웍스의 연계 해석을 위해 CPU와 GPU를 이용하여 성능 비교를 한 결과를 보면, GPU를 이용해 계산했을 때가 더 빠른 연산속도를 보이는 것을 알 수 있다.(그림 4) 최근 GPU의 성능 개선 라이프 사이클은 더욱 짧아져, GPU의 속도 성능은 소프트웨어의 성능과 더불어 급속도로 빨라지고 있다. 이러한 발전은 더 복잡한 다양한 FSI 문제를 더 빠르게 반복적으로 해석할 수 있는 환경을 제공하고 있다.

■ 다양한 리커다인x파티클웍스 연성 해석 사례
  - 차량의 물웅덩이 통과 시의 입수 및 배수현상 분석
  - 연료탱크 내의 연료의 거동 및 그에 따른 영향 분석
  - 고점성 액체의 교반
  - 파워트레인의 오일슬로싱 관련 해석
  - 세탁기 진동 평가 및 저감 설계 검증
  - 윤활유의 온도에 따른 점성 상태와 부하 토크의 관계 평가

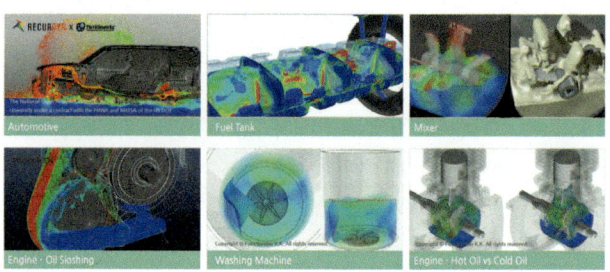

그림 5. 리커다인이 선택한 다물리

다음 링크에서 리커다인과 파티클웍스를 이용한 다양한 멀티피직스 해석 사례를 동영상으로 확인할 수 있다.

https://youtu.be/gE5nW_7n3vs?t=501

신동협 팀장
평션베이 사업그룹에서 신규 사업 개발, 전략 파트너 관리, 글로벌 영업 관리, 그리고 리커다인의 비즈니스 전문가로 활동 중이다.
bng747@funtionbay.co.kr

PART 2

분야별 CAE 동향 인터뷰

구조 해석 연세대 박노철 교수

동역학 해석 김성수 충남대학교 교수

유동 해석 김종암 서울대학교 교수

사출성형 해석 이병옥 아주대학교 교수

진동/소음 해석 김양한 카이스트 명예교수

최적설계 최동훈 한양대학교 명예교수

주조 해석 황호영 한국생산기술연구원 수석연구원

충돌/성형 해석 김흥규 국민대학교 교수

소성가공 홍석무 국립공주대 교수

전자기장 해석 김창완 건국대학교 교수

가상제품개발(VPD) 박귀영 현대자동차 상무

박노철 연세대학교 기계공학부 교수

구조해석의 이해와 동향

박노철 교수는 구조진동해석, 충격해석, 전자기해석을 기반으로 자동차, 전자기기, 국방시스템 등의 다양한 산업체 협력 연구와 원자로, 배관, 건식저장기기 등의 기계구조물에 대한 진동 및 동역학 연구를 진행하고 있다. 진동 및 광메카트로닉스 연구실(Vibration and Opto-Mechatronics Lab)을 운영하고 있다.

구조해석이란 무엇인가.

구조해석은 강도, 변형, 진동, 소음, 온도 분포 등의 구조물 특성을 해석하는 방법이다. 사용자가 필요로 하는 구조물의 특성에 따라서 정적해석, 고유진동해석, 낙하충격해석, 피로해석, 좌굴해석 등의 다양한 구조해석을 수행할 수 있다. 구조해석은 선형해석과 비선형해석으로 분류할 수 있다. 재료적으로 탄성 범위내의 선형성을 나타내고 기하학적으로 미소변형을 다루는 문제에서 선형해석이 이용된다. 선형 구조해석은 해석 대상으로 하는 시스템의 조건이 비교적 간단하고 해석 비용도 적기 때문에 유한요소해석법이 가장 실용화가 진행된 분야라고 할 수 있다. 반면, 비선형 구조해석은 구조물의 변형 응답이 외력에 비례하지 않는 시스템에 대한 해석이다. 시스템의 비선형 원인은 재료적 비선형, 기하학적 비선형, 접촉의 비선형 3가지가 있다. 비선형성이 높을수록 직관적인 응답 예측이 어렵기 때문에 구조해석의 역할이 크다고 할 수 있다.

구조해석은 주로 어떠한 분야에서 응용되고 있는가.

구조해석은 다양한 분야에서 널리 사용되고 있다. 제조업 분야에서는 구조물의 내구성평가, 구조안전진단을 위하여 특히 구조해석을 많이 이용한다. 제조업에서 큰 부분을 차지하는 분야 중 하나인 자동차 분야에서도 진동, 소음, 충격, 내구성 평가를 위하여 구조해석을 다양하게 사용하고 있다. 제조업뿐만 아니라 의학연구 분야에서도 구조해석이 많이 이용되고 있다. 구조해석을 통하여 미세 골절이 생긴 다리 뼈의 균열이 지속적인 하중이 가해질 때마다 어떻게 확장될 것인지 예상할 수 있다. 그리고 요즘에 구조해석은 열유동해석, 전자기해석 등의 다른 해석과 연계하여 유체유발진동 해석, 자기부상열차 해석 등 복합적인 문제에 대한 솔루션을 도출하는데 활용되고 있다.

구조해석을 하게 되면 어떠한 이점이 있는가.

만약 기계를 설계한 후 구조해석이란 과정이 없다면 설계한 기계의 불량을 검토할 때 전적으로 엔지니어의 경험이나 실제 기계를 제작한 후 시험에 의존할 수밖에 없다. 이런 경우 설계 및 개발 기간의 연장과 비용의 증가로 기업에게는 큰 손실을 초래할 수 있다. 설계 단계에서의 구조해석은 제품의 구조 안전성을 충분히 확보하는 기초 설계(형상, 재료, 결합 조건 등)를 할 수 있다. 즉, 구조해석을 활용하는 경우 제품 성능이나 특성을 제작 전 미리 예측하여 개발 기간, 비용을 절감할 수 있기 때문에 제조업에서 실험 대신 구조해석 기술을 도입, 비용을 절감하고 있다.

최근 구조해석과 관련한 해석 분야의 트렌드는 어떠한가.

구조해석 역시 유한요소법을 기반으로 한다. 많은 구조해석 프로그램들이 기존에는 범용성을 목적으로 개발되었다면 최근에는 더욱 복잡하고 전문적인 지식을 요구하는 구조해석에 대한 요구가 높아지고 있다. 가령, 유체-구조 상호작용(FSI)과 같은 멀티피직스 문제에 대한 솔루션 도출, 사용자가 의도하는 구조적 특성이 반영되는 유저 서브루틴, 복합 재료의 파괴 모드를 예측하는 확장된 유한요소법(XFEM)이 있다. 그리고 타깃 시스템에 대한 구조해석과 센서로 수집된 물리적 데이터를 결합하여 유지 보수, 향후 설계 방향 등에 대한 피드백을 제공하는 방식으로도 트렌드가 변화되고 있다.

김성수 충남대학교 메카트로닉스공학과 교수

동역학 해석의 이해와 동향

김성수 교수는 유연다물체 동역학 순환공식으로 미국 아이오와 대학교에서 박사학위를 취득했으며, 미국 Univ. of Iowa Center for CAD에서 범용 다물체 동역학 프로그램을 개발한 바 있다. 아시아 다물체 동역학 학회 이사로 활동하고 있고, IMSD International Association of Multibody System Dynamics) 회장을 역임한 바 있다. 연구분야는 실시간 다물체 동역학을 위한 효율적인 공식 개발이며, 현재 해저 건설 로봇 시뮬레이터를 위한 실시간 다물체 동역학 모델 개발 등을 수행 중이다.

다물체동역학이란 무엇인가.

여러 개의 물체(강체 또는 유연체)로 이루어진 시스템의 운동을 다루는 학문을 다물체 동역학이라고 한다. 컴퓨터를 이용한 계산역학의 한 분야라고 생각할 수 있다. 예로는 로봇시스템, 차량 시스템 등을 들 수 있다.

다물체동역학 해석은 주로 어떠한 분야에서 응용되는가.

움직이는 시스템 모두에게 적용이 가능하다고 할 수 있다. 차량의 동역학적 해석을 통한 설계분야, 유연다물체 기술을 이용한 기계 시스템의 내구수명 해석분야, 로봇과 같은 메카트로닉스 시스템의 제어기 검증분야, 철도차량의 차륜과 궤도 접촉현상과 같은 접촉동역학분야, 가상현실 차량 시뮬레이터 또는 가상현실 로봇 원격 조종과 같은 실시간 다물체 동역학 분야, 인체 모델 동역학 해석을 통한 생체역학분야에서 응용되고 있다.

다물체동역학 해석의 이점은 무엇인가.

개념설계 단계에서의 아이디어 검증뿐만 아니라, 상세 설계 분야에서 가상 시제(virtual prototype) 해석을 통한 실제 시험 검증의 빈도를 줄이면서 설계 검증을 하면, 실제 시험에 드는 비용과 시간을 절약할 수 있어 대단한 이점이 있다.

다물체동역학 해석과 관련한 트렌드는 어떠한가.

첫째로는 다물리 연성 해석과 같은 통합 해석 방향, 두번째로는 4차 산업혁명 시대에 CPU 성능 향상에 따른 실시간 다물체 동역학 응용 분야의 활성화로 생각할 수 있다. 특히 다물체 동역학 기반의 실시간 변수 및 상태 추정기(가상 센서) 분야를 통한 디지털 트윈 생성 및 학습 기반 실시간 모델 개발이 새로운 기술 분야로 연구되고 있다.

다물체동역학 관련 향후 전망은 어떠한가.

다른 CAE 분야와 마찬가지로, CPU 성능향상에 따라서, 보다 복잡하고 정교한 모델의 적용이 가능해지고 있기 때문에, 디지털 모델 기반 제품 설계의 신뢰성 향상에 다물체 동역학 기술이 더욱 더 기여를 하리라 생각된다.

CAE 분야의 발전을 위한 제언이 있다면.

다물체 동역학 분야는 다행히 국산 소프트웨어가 있어서 무척 고무적이다. 하지만, CAE 분야의 지속적인 발전을 위해서는 새로운 기술의 소프트웨어 적용과 실질적인 사례 연구 등이 필요하다. 다물체 동역학 분야는 국제학술대회를 통해서, 벤치마크 문제를 지속적으로 생성을 해서 새로운 기술 개발자들이 자신의 기법들을 비교 검증을 할 수 있도록 하고 있다. 다른 CAE 분야도 이러한 노력들이 있는지는 모르겠으나, 향후는 보다 학계와 산업체의 통합된 CAE 벤치마크 문제 발굴 및 적용들이 필요할 것이다.

김종암 서울대학교 항공우주공학과 교수

유동 해석의 이해와 동향

김종암 교수는 지난 20여 년간 유한체적법 및 고차 정확도 수치기법, 공력 최적설계 및 유동제어 기법 개발을 비롯하여 개발한 수치 기법들의 공학적 응용 및 코드개발에 이르는 폭넓은 연구를 수행하고 있다. 이를 통해 전산유체역학 분야의 선도 연구자로서, 한국전산유체공학회(KSCFE) 회장, 한국산업응용수학회(KSIAM) 회장을 역임했고, 현재 한국항공우주학회(KSAS) 수석부회장, 미국항공우주학회(AIAA) associate fellow를 맡고 있으며 AIAA fluid dynamics technical committee, 국제 전산유체역학 학회(ICCFD) scientific committee에 참여하는 등 국내외적으로 전산유체역학 분야의 학문적 발전에 이바지하고 있다.

유동 해석이란 무엇인가.

'유동 해석'은 전산유체역학(CFD; Computational Fluid Dynamics)의 이론 및 방법을 적용하여 유동의 지배방정식을 계산하는 것을 약칭하는 표현이다.

CFD란 유체 현상을 편미분 방정식으로 표현한 지배 방정식(governing equations)을 차분화(discretization)하고, 이를 컴퓨터를 활용하여 수치적으로 계산함으로써 유동의 물리적 현상을 이해하고 분석하는 학문이다. 유체 현상을 표현하는 지배방정식은 유동에 대한 물리적, 수학적 난이도에 따라 potential, Euler, Navier-Stokes, Boltzmann 방정식 등 여럿이 있으나, 유동의 연속성과 점성/난류 효과를 고려할 수 있는 Navier-Stokes 방정식이 가장 대표적으로 많이 사용된다. 지배방정식을 선택한 후, 유동장을 유한한 개수의 격자로 분할한다. 이후 지배방정식의 차분화를 거쳐 각 격자에서의 압력, 밀도, 속도 등과 같은 물리량의 차분방정식을 얻을 수 있으며, 이를 컴퓨터를 활용하여 반복계산 함으로써 유동장에 대한 정보를 얻게 된다.

유동해석은 주로 어떤 분야에서 응용되고 있는가.

CFD의 초창기에는 주로 2차원 날개 익형이나 3차원 날개 주위의 유동해석 등 항공 또는 기계공학 분야에서 주로 사용되어 왔으나, 컴퓨터의 발달과 더불어 1990년대 이후로는 대부분의 공학 및 광학 분야에서 필수적인 도구로 자리매김하고 있다.

현재 CFD는 항공, 우주, 자동차 및 기계, 해양, 환경, 전기전자, 핵물리, 생체의학 등 폭 넓은 학문 분야의 유동 현상을 규명하고, 더 나아가 각 산업 분야에서의 제품을 개발, 제작할 때에 핵심적인 역할을 수행한다. 더하여 CFD는 단상(single-phase) 유동 해석을 넘어서 다상(multi-phase) 유동, 다화학종(multi-species) 유동 및 연소(combustion/burning) 등과 결합하여 다물리-다학제 학문으로 확장되어 발전하고 있다. 컴퓨팅 하드웨어 및 소프트웨어의 발전은 현재 진행형이기 때문에, CFD의 역량과 활용 가능성은 미래에도 매우 넓다고 할 것이다.

유동해석의 이점은 무엇인가.

CFD는 실험 중심의 유체역학의 대안으로써 많은 이점을 갖고 있다. 먼저 실험을 위한 모형 제작, 계측 장비 등 유동 현상을 관측하는 과정에서 많은 인적, 물적 자원을 요구하지 않는다는 장점이 있다. 장시간에 걸친 넓은 영역에서의 유동 현상을 모사하기 위해서는 CFD 또한 많은 컴퓨팅 파워와 시간을 요구할 수 있으나, 이는 풍동 시험을 통해 실험적으로 접근하는 것보다 훨씬 효율적인 경우가 많다.

또한 유동 현상을 관찰하는 과정에서 유동 조건, 형상 조건과 같은 실험 조건을 변경하기가 상대적으로 용이하기 때문에, 실험에 비해 쉽게 다양한 조건에서의 유동장에 대한 다양한 정보를 얻을 수 있다. 게다가 CFD를 통해 얻은 유동장의 수치 결과는 언제든 가시화가 가능하며, 이를 이용하여 유동의 자세한 특성을 파악할 수 있다는 장점도 있다.

최근 유동 해석 분야의 트렌드는 어떠한가.

최근의 유동 해석 연구는 복잡한 환경에서의 유동 현상을 반영하기 위한 정밀한 유동 모델링을 도입하여, 실험으로 구현하기 어려운 조건에서의 유동 현상을 분석하는 데에 초점을 맞추고 있다. 예를 들면, 아폴로 우주선, 소유즈 우주선, 우주왕복선, 최근 스페이스 X의 크루 드래곤까지 우주에서 지구로 진입하는 우주선은 초속 7km에서 12km로 가속한다. 물체 표면 공기는 가열되어 8000 K 이상의 온도까지 치솟는데, 이 때 이를 구성하는 산소와 질소가 해리됨은 물론 산소와 질소 원자의 이온화까지 발생한다. 이처럼 공기를 구성하는 화학종이 변화하는 문제를 해석할 때 일반 기체 해석에서 사용하는 이상기체 상태방정식을 사용할 경우 정확도가 크게 저하되는 문제가 발생한다. 따라서 이러한 문제를 해결하기 위해서는 기체의 구성요소 간 화학반응을 고려할 필요가 있다.

우주 여행이 상업화되고 있고, 극초음속 무기 체계에 대한 관심도가 높아지고 있는 상황에서 극초음속 유동에 대한 연구는 CFD를 활용하여 많이 이루어지고 있으며, 보다 정확한 해석을 위하여 많은 연구가 이루어지고 있다. 또한, 다상 유동(multiphase flow)은 두 가지 이상의 상(phase)이 공존하는 유동 현상으로, 나노 단위에서부터 거시적으로는 우주에 이르기까지 어디에나 존재하는 자연 현상이다. 대표적인 다상 유동으로 공동(cavitation) 현상을 들 수 있는데, 이는 액체의 압력이 증기압보다 낮아져 발생하는 상 변화 현상이다. 수중에서 고속으로 회전하는 프로펠러 근처에서 기포가 관찰되는 이유는 국소적으로 압력이 낮아져 액체 내부에서 기체인 공동이 발생했기 때문이다. 이러한 공동 현상은 주변 물체에 손상을 가하거나 성능 저하 등의 문제를 야기하기 때문에, 설계/개발 시 이에 대한 분석이 필요하다. 특히, 우주 발사체 터보펌프의 경우 일반적인 물과 달리 액체산소/액체수소와 같은 극저온 유체를 작동 유체로 사용하기 때문에, 터보펌프 내부의 정확한 공동 유동 해석을 위해서는 이상기체 기반이 아닌 실 매질 상태방정식을 적용해야 한다. 더불어, 공동 현상은 압력 변화로 유발되나, 열과 질량 전달이 발생하는 복잡한 물리 현상이므로, 이를 정확하게 예측하기 위한 해석 기술이 요구된다. 극저온 유체 설비가 필요한 발사체 공급계뿐만 아니라, 원자력발전소 내 원자로 사고 예측과 같이 실험적으로 접근이 어려운 대상 유동 분야에 대해 CFD가 활발하게 활용되고 있다.

유동해석은 항공/해양/운송과 같은 다양한 산업분야에 적용되고 있으며, 특히 제품의 성능을 향상시키기 위한 목적으로도 활용되고 있다. 이는 수학적으로 봤을 때 비행기의 양력 최대화, 선박의 항력 최소화 같은 제품의 성능과 관련된 수치를 최적화(optimization) 하는 문제이며, 이 과정에서 수치해석 기반의 유동해석과 유전자 알고리즘 또는 경사하강법 등의 최적화 알고리즘이 결합되어 활용되고 있다. 기존에는 설계 경험을 가진 설계자가 경험과 감에 의지해 최적의 형상을 제안하였다면, 이러한 설계 과정을 자동화하여 더욱 뛰어난 공력 성능을 가진 형상을 효율적으로 얻기 위해 최적설계가 사용된다. 설계변수와 제약조건이 많을수록 최적설계의 난이도가 높아지기 때문에 많은 설계변수와 제약조건을 효율적으로 다루기 위한 다양한 기법들이 연구되고 있다. 더불어 유동해석 측면에서만 최적설계를 하는 것을 넘어서, 다양한 분야와 결합하여 여러 목적을 동시에 달성하기 위한 최적설계인 다분야 최적설계(MDO)도 널리 적용되고 있다. 유동현상은 다른 물리현상과 영향을 주고받기 때문에, 그 영향의 정도와 개발 목적에 맞도록 다른 현상과 연계하여 분석할 수 있다. 예를 들어, 공력 성능이 뛰어나면서도 가볍고 튼튼한 시스템을 설계하는 경우에는 유체-구조 연성해석(fluid-structure interaction analysis)을 적용할 수 있다. 이러한 해석 기법을 최적 설계 과정에 적용하면 두 가지 물리현상에 대한 정밀한 분석을 바탕으로 요구되는 목적함수와 제약조건을 모두 만족시키는 최적설계를 수행할 수 있다.

컴퓨팅 성능의 발전과 함께 유동해석은 더욱 복잡한 유동 현상을 더욱 정밀하게 해석하는 쪽으로 나아가고 있다. 이를 위해, 기존 기법보다 높은 계산 정확도를 가지는 고차정확도 수치 기법을 개발하는 연구, 인공지능을 도입하여 수많은 유동해석 결과들을 바탕으로 기존 유동 모델링을 개선하거나 새로운 유동 모델링을 수립하고자 하는 연구들이 수행되고 있다. 현재, 산업계에서 표준으로 사용되는 유한체적법 기반의 수치기법은 장시간의 비정상(unsteady) 해석을 필요로 하는 복잡하고 세밀한 유동 물리 현상에 대해서는 계산의 정확도 및 신뢰성 측면에서 명확한 한계를 가진다. 정밀기기 또는 자동차, 항공기, 선박 등에서 발생하는 유동 물리 현상을 정밀하게 분석하고, 차세대 운송시스템을 설계하는데 활용하기 위해서는 한 차원 높은 수준의 계산 정확도가 요구되는데, 고차정확도 수치기법이 이런 요구를 만족시킬 수 있다. 고차정확도 수치기법은 유한요소법을 기반으로 하여 기존 유한체적법에 비해 높은 정확도를 얻으면서 계산 시간은 줄일 수 있는 장점이 있어 차세대 전산유체 해석 기법으로 널리 연구되고 있다.

현재 고차정확도 수치기법과 관련해서 기법의 정확도를 유지하면서 계산 속도를 더욱 향상시키기 위한 연구가 활발히 수행 중이다. 대표적으로 불연속 갤러킨(Discontinuous Galerkin) 기법, 플럭스 재구성(Flux Reconstruction) 기법과 같은 수치기법이 개발되고 있으며,(그림 1) 이외에도 대규모 분산 병렬 프로그래밍을 적용하거나, CPU-GPU 이종간 프로그래밍을 적용해 계산 성능을 향상시키기 위한 연구가 활발히 진행되고 있다.

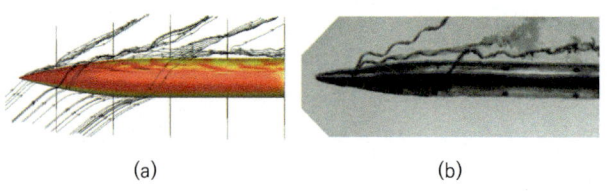

(a)   (b)

그림 1. 고차정확도 불연속 갤러킨 방법을 이용한 대규모 박리를 동반한 고받음각(40도) 비행체의 LES 해석 결과; (a) 전산 해석 결과, (b) 유동 가시화 실험 결과(Luo et al. 1998)

2010년내 들어 컴퓨터 비전 분야에서 급부상하기 시작한 기계학습/딥러닝 기반의 인공지능은 현재 시점에서는 거의 모든 분야에서 활용되고 있다. 유동해석 분야에서도 기계학습을 활용하여 기존의 유동 모델링을 개선하거나 새로운 유동 모델링을 개발하는 연구들이 시도되고 있다. 기계학습을 이용한 유동 모델링 연구는 크게 고성능 유동해석 기법 개발, 저비용-고효율 공력 성능 추정 연구로 나뉜다. 난류모델이나 화학반응/다상유동 등 복잡한 유동을 위한 해석 기법을 기계학습을 통해 개선하는 연구가 활발히 수행 중이다. 또한 형상 변화에 따른 공력 성능 변화를 학습하여 고비용의 실험 및 유동 해석을 수행하지 않고도 복잡한 형상에서의 공력 성능을 빠르게 예측하려는 연구도 활발히 수행되고 있다.(그림 2)

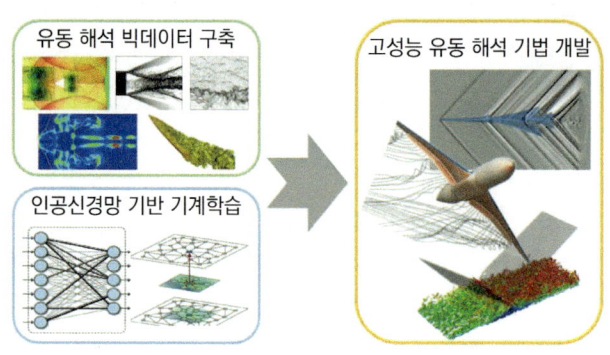

그림 2. 기계학습을 이용한 고성능 유동 해석 기법 개발 연구 흐름도

유동해석 분야 향후 전망

유동해석 분야 향후 전망은 현재 장시간 복잡한 유동 현상을 효율적으로 해석하기 위한 방안이 고차정확도 수치기법과 기계학습/딥러닝을 이용한 유동 모델링 연구에서 나올 것으로 보고 있다. 고차정확도 수치기법의 경우, 계산 효율성을 높이기 위한 많은 노력과 발전된 알고리즘으로 날개와 동체가 있는 일반적인 항공기 형상에서의 큰 와류 모사(Large Eddy Simulation; LES)를 하는 정도까지 이르렀고,(그림 3) 조만간 더욱 복잡한 형상에도 적용이 가능할 것으로 보인다.

현재 NASA에서는 2030년까지 exaFLOPS 수준의 CFD 해석이 가능하게 될 것으로 보고, 이를 달성하기 위한 로드맵을 제안하였는데, 주로 비정상 와류를 포착할 수 있는 scale-resolving 해석에 초점을 두고 있다. 고차정확도 수치기법의 높은 계산 정확도와 효율성이라는 강점은 scale-resolving 해석에 큰 이점을 가지므로 이를 달성할 수 있는 후보로서 널리 연구되고 있으며, 현재의 신입 표준인 유한체적법 기반 수치기법을

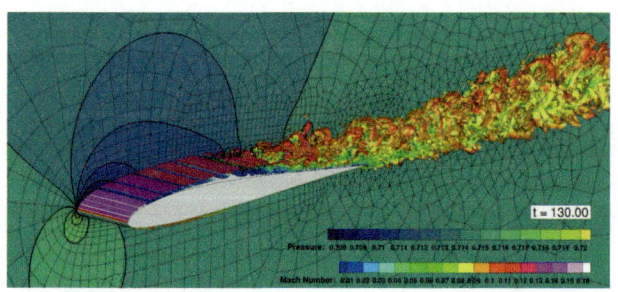

그림 3. 고차정확도 불연속 갤러킨 방법을 이용한 익형(SD7003) 위 박리 유동의 LES 해석 결과

대체하는 차세대 산업 표준으로서 자리매김할 것으로 예상한다.

이에 반해 기계학습을 이용한 유동 모델링 연구는 아직 초기 단계에 있다. 사진 인식이나 함수값 예측에 활용되는 기계학습 기법을 유동해석에 적용하는 수준이다. 하지만 기존의 유동 모델링 기법은 유동 현상의 난해함으로 인해 한계에 이르렀다고 판단되므로, 유동 모델링을 수립하는 새로운 패러다임으로 수많은 해석/실험 데이터를 기반으로 기계학습을 활용하는 방법론은 점차적으로 주목 받을 것으로 예상된다. 특히 학계와 산업계에서 보유하고 있는 양질의 유동 해석 및 실험 데이터들이 빅데이터 수준으로 축적되어 있기 때문에 기계학습을 활용하기에 최적인 환경이며 앞으로 큰 발전을 기대할 수 있는 분야라고 할 수 있다.

CAE 분야의 발전을 위한 제언 – 국산 CAE 프로그램 개발에 대한 관심과 투자 필요

해외에서는 Fluent, PowerFLOW 등과 같은 유명 상용 프로그램들과 SU2, OpenFOAM, 등의 오픈 소스 코드들이 다수 개발되어 전세계적으로 사용되고 있고, 프로그램 사용자 커뮤니티가 구축되어 있어 프로그램의 개선 및 유지보수가 원활하게 이루어지고 있는 상황이다. 이와 달리 국내의 경우, 많은 대학교 및 연구소들이 수준 높은 CFD 해석 기술들과 이를 바탕으로 개발된 in-house 코드들을 보유하고 있음에도 불구하고, 상용 프로그램 수준으로 발전되지 못하고 자체 연구에만 적합한 형태로 남아 사용되고 있는 안타까운 실정이다. 이는 유동 해석 프로그램을 필요로 하는 연구소 및 산업체들이 국산 상용 해석 프로그램 개발에 투자하기보다는 바로 해석 결과를 제공해 줄 수 있는 해외 상용 프로그램을 선호하고 있기 때문이기도 하다. 이러한 흐름은 국산 상용 프로그램의 성장을 상대적으로 억제시키고 해외 상용 프로그램에 대한 의존성을 강화시켜, 결과적으로 국내 CAE 산업 또는 기술의 장기적 발전에도 부정적인 영향을 미칠 수 있다.

이를 해결하기 위해서는 어렵더라도 국산 상용 프로그램의 개발을 위한 노력과 투자가 지속적으로 이루어졌으면 하는 바람이다. 서울대가 경원테크와 협력하여 공동 개발하고 있는 유동 해석 프로그램인 ACTFlow(All-speed Compressible Turbulent Flow solver) [Lee et al. 2020]가 하나의 예가 될 수 있을 것이다. 십수 년간의 오랜 연구를 통해 높은 수준의

유동 해석 기법을 보유하고 있었던 서울대는 다양한 CAE 프로그램의 개발/유통 경험이 있는 경원테크의 협력과 산업체 및 연구소들의 연구 프로젝트를 통한 투자를 바탕으로 연구/개발 목적으로 사용할 수 있는 유동 해석 프로그램을 개발할 수 있었다. 이는 산업계에서 표준으로 사용되는 유한체적접 기반의 유동 해석 프로그램으로 복잡한 형상을 쉽게 다룰 수 있는 비정렬 혼합 격자계를 채택하고 있고 다양한 최신 수치 기법(그림 4)을 통해 아음속/천음속/초음속을 포함한 전마하수 유동을 정확하게 해석할 수 있어, 항공/우주, 조선/해양, 기계, 에너지 등 다양한 산업 분야에 사용할 수 있는 프로그램으로 성장하였으며, 향후 다양한 연구 프로젝트에 사용될 것으로 기대되고 있다.(그림 5)

CAE 프로그램을 필요로 하는 산업체 및 연구소가 당장의 편의성을 위해 상대적으로 큰 비용을 들여 해외 상용 프로그램을 구매하고 사용하는 것보다는 국내 CAE 산업의 성장에 기여할 수 있도록 국산 상용 프로그램 개발에 보다 적극적이고 꾸준한 관심과 투자가 이루어지면 좋을 것이다. 이는 CAE 분야의 성장 이외에도 추후 국산 CAE 프로그램이 고가의 해외 상용 프로그램들을 대체하게 됨에 따라 경제적 이득을 얻을 수 있는 효과적인 방법이라고 본다.

Category	Details	
Basic solver structure	All-speed compressible flow with low Mach number preconditioning	
	Density-based solver (Euler / laminar / turbulent flows)	
	Unstructured overset grid with mixed elements	
Spatial discretization	Inviscid flux schemes	RoeM / AUSMPW+ / Roe / AUSM+
	Flux limiting schemes	MLP-u1 / MLP-u2 / MLP-u2 (new)
		Barth / Venkatakrishnan
Time integration	Explicit time integration	Explicit Euler / TVDRK3
	Implicit time integration	BDF2 / ESDIRK64
	Linear Algebra	LUSGS / GMRES with preconditioning
Boundary condition	Far-field / wall / inflow / outflow / symmetry	
Turbulence model	RANS turbulence model	SA / k-ω SST / k-ω WD+ / realizable k-ε with/without wall function
	Unsteady eddy simulation model	Hybrid RANS-LES (DES, DDES), LES
	Transition model	$\gamma - Re_\theta$
Etc.	Modularization by Object-Oriented Programming	
	Automatic grid partitioning with load-balancing	
	MPI, MPI-I/O	

그림 4. ACTFlow에 적용된 수치 기법

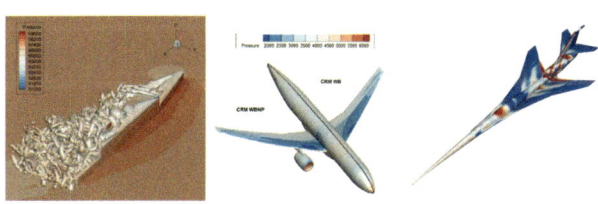

그림 5. ACTFlow를 통해 얻은 해석 결과
(왼: 아음속 함정 갑판 유동, 가운데: 천음속 민항기, 오른: 초음속 비행체)

이병욱 아주대학교 기계공학과 교수

사출성형 해석의 이해와 동향

이병욱 교수는 사출성형 분야의 전문가로, 사출성형 공정분석 및 공정최적화, 사출성형 공정 CAE 분석, 금형 냉각채널 설계자동화, 고분자의 유변학적 물성 측정 및 분석, 각종 고분자 재료의 성형 및 가공분야 등을 연구해 왔으며, 한국 유변학회장을 역임한 바 있다.

현재는 아주대학교 기계공학과에서 사출성형과 금형설계, 플라스틱 성형분야를 가르치며 연구하고 있다.

사출성형해석이란 무엇인가.

'사출성형해석'은 사출성형을 위한 금형설계와 공정을 컴퓨터에서 모사할 수 있는 프로그램이다. 사출성형해석이 가능하기 이전의 제품 개발은 엄청난 비용과 시간을 필요로 하였다. 제품설계 이후 이에 알맞은 금형을 설계, 제작하여 사출성형기에서 성형품을 얻기까지 엄청난 비용과 시간이 들지만, 이렇게 얻어진 결과가 기대한 성능이나 품질을 만족시키지 못하는 경우 오류를 찾아내고 수정을 하여 다시 개발 프로세스를 진행하는 것은 큰 투자를 필요로 하였다. 따라서 사출성형해석 출현 이전의 사출성형기술은 Black magic이라 부를 정도로 경험에 대한 의존이 크고 제품의 품질 또한 매우 높은 수준을 달성하기 어려웠다. 사출성형해석은 이와 같은 엄청난 개발 비용을 획기적으로 감소하고 제품의 품질을 크게 향상할 수 있도록 해주는 역할을 한다. 초기 사출성형해석은 일부 선진 업체를 중심으로 운용되었으나 현재는 대부분 사출성형 업계에서 표준적으로 설치 운용되고 있다. 또한 금형을 발주하거나 성형품 제조 능력을 확인할 때 업체의 능력을 판단하는 표준적인 자료로서 사출성형해석 자료를 요구하기도 한다. 그러나 아직 사출성형 해석 프로그램의 높은 가격과 운영 엔지니어의 부족으로 사출 성형 업계에 저변확대가 크게 이루어졌다고 볼 수는 없다.

사출성형해석의 이점은 무엇인가.

사출성형해석은 초기 제품설계와 금형설계 그리고 공정최적화 등 사출성형 전반에 걸친 분야에 대한 예측 기능을 제공한다. 제품설계 단계에서는 제품의 변형과 사출공정에 따른 문제점 발생 여부를 확인할 수 있도록 하며, 금형설계에서는 러너와 게이트 설계, 냉각회로 설계와 그에 따른 제품 품질 확인 등을 할 수 있도록 해 준다. 공정최적화를 위해서는 최적 공정변수의 설정, 공정변수에 따른 제품 품질 변화 그리고 사출성형기의 적정 압력 수준 등을 예측할 수 있게 해준다. 그리고 이 모든 예측의 정확도를 높이고 가능하게 해주는 자료로서 수지의 물성자료, 금형의 물성자료, 사출기의 제원자료 등이 필요하다.

사출성형해석의 특징은 무엇인가.

사출성형해석의 가장 큰 특징은 기존의 범용 해석과 달리 사출성형이라는 특정 기술에 적합하게 통합적인 환경을 만든 점이다. 사출성형해석은 유동해석, 열전달해석, 구조해석 등의 해석 요소를 사출성형 상황에 알맞도록 모두 갖추고 있으며 이들 각 해석 프로그램이 각 사출성형 단계에서 적절하게 운용될 수 있도록 순서와 조건 등을 유기적으로 통합하였다. 따라서 각 해석에 필요한 구체적인 조건 설정과 이해가 부족한 엔지니어도 비교적 쉽게 다룰 수 있는 장점이 있다.

이해를 돕기 위한 비교 설명을 하자면, 범용 해석에서는 경계 조건과 필요한 모든 조건들을 사용자가 구체적으로 설정해주어야 하고 결과를 이해하기 위해 해당 분야의 전문지식을 필요로 한다. 그리고 해석 결과를 다른 종류의 해석으로 연결하여 원하는 결과를 얻으려면 자료를 이전 변환하기 위한 지식과 경험을 필요로 한다. 그러나 사출성형해석은 사출성형 공정과 관련된 지식을 가진 엔지니어가 마치 실제 사출성형을 실행한 것과 비슷한 결과를 얻을 수 있게 해준다.

사출성형해석의 트렌드에 대해 소개한다면.

사출성형해석은 사출성형 관련 기술의 발전에 따라 새롭게 발전하는 기술을 지원할 수 있도록 발전하고 있다. 사출성형은 특유의 고속생산과 자동화의 장점에 따라 소재도 변화하고 공정도 복합화 되어가고 있다. 최근 들어 경화성 소재인 액상 실리콘 고무의 사출성형이 크게 발전하고 있으며, 이를 기존 열가소성 소재와 동일한 금형에서 순차적으로 성형하여 복합적인 기능을 가지는 제품을 빠르게 생산하는 복합공정이 발달하기도 한다. 또한 고강성 경량화 소재의 수요가 증가함에 따라 복합재료가 주목을 받고 있는데 기존 방법으로 제품을 생산하려면 많은 시간이 필요하여 이를 사출성형으로 대체하기 위해 열경화성수지 복합재료(thermoplastic composites)의 사출성형 수요가 증가하고 있다. 이는 기존의 사출성형 공정으로 해결하지 못하는 복합공정을 필요로 하는데, 이와 같은 복합공정에서 발생하는 유동과 열전달 그리고 변형 해석이 새로운 사출성형 해석에서 지원되기도 한다. 사출성형해석은 이와 같이 새로운 소재와 복합적인 공정도 기존의 사출성형을 다루듯이 통합된 해석을 진행하도록 해준다.

사출성형해석의 지속 발전을 위한 필요 사항은 무엇인가.

사출성형해석이 지속적인 신기술과 소재의 개발에 대응하기 위해 필요한 사항은 크게 두 가지로 구분할 수 있다.

첫째는 해석 정확도의 향상이다. 사출성형해석의 정밀도를 결정짓는 중요한 요소는 소재의 비선형성이다. 플라스틱 수지는 점성과 탄성을 모두 지닌 점탄성 특징을 보인다. 유동상태에서는 점성이 탄성에 비해 크게 주도적인 역할을 하지만 온도가 낮아짐에 따라 탄성이 크게 작용한다. 현재는 이 점탄성 특징을 정확하게 살려 해석을 진행할 수 있는 능력이 다소 부족한 편이다. 물론 높은 정밀도를 위한 해석을 필요로 한다면 어느 정도

까지는 가능하겠으나 이는 비현실적인 해석시간을 필요로 하므로 이는 생산도구로서 사출성형해석의 특징을 위협하는 단점이 된다. 따라서 현실적인 자원의 한계 내에서 필요한 해석 정밀도의 향상이 큰 숙제이다.

또 한 가지 해석 정확도의 향상을 저해하는 요소로서 열전달 해석에서 실제적인 상황의 구현이 아직 부족하다. 플라스틱 수지의 변형과 물성에 가장 큰 영향을 주는 것은 온도이다. 따라서 온도 계산의 정확성은 해석 정밀도에 큰 영향을 주는데, 열이 전달되는 경로에 있는 열접촉저항의 구현이 부족하다. 사출성형해석에서는 금형을 하나의 금속 덩어리로 간주하고 해석하지만 실제로 모든 금형은 분할 구조를 가지고 있다. 분할된 금형 부품들의 맞닿은 표면에서는 일반적인 열전달 현상을 크게 방해하는 열접촉저항이 존재한다. 그러나 열접촉저항은 금형이 조립된 상황에 의존하는 특징을 가지고 있어 예측이 불가능하다. 이와 같이 실제 현상을 정확하게 해석에 반영하기에는 아직 부족한 해석 기술의 발전을 필요로 한다.

두번째는 타 해석기술과의 연동성이라고 볼 수 있다. 사출성형도 크게 보아 제조기술의 한 방법이고 궁극적으로는 제품의 품질과 생산성을 높이는 것이 목표이다. 사출성형해석이 관련된 모든 제조기술에 관한 해석을 자체적으로 모두 포함할 수는 없으며, 필요한 경우 기존의 다른 해석 프로그램과 유기적인 연동을 필요로 한다.

기존에 발달한 해석 프로그램들은 개별적인 기능을 가지고 있지만 통합적인 사출성형해석에 비해 더 다양하고 정밀한 특징을 가지고 있을 수 있다. 보다 정밀한 예측을 위해 다른 해석 프로그램과 연동성을 강화하는 것은 전체적인 예측 정확도를 향상하는 빠른 방법이기도 하다. 지금도 다양한 해석 프로그램과의 연동이 이루어지기는 하지만 더욱 확장된 연동 기능이 발전하기를 기대한다.

사출성형해석의 전망과 발전을 위한 제언이 있다면.

사출성형해석은 현재 진행되고 있는 4차 산업혁명과 더불어 보다 더 정확하고 사용하기 편리하면서 전체적인 데이터 기반 생산 시스템의 일부로서 발전할 것이다. 사용자 인터페이스도 직관적으로 강화되며 결과를 보는 방법도 통합적인 증강현실 기술과 결합하여 진화할 것으로 본다.

김양한 카이스트 기계공학과 명예교수, SQAnd 의장

진동/소음 해석의 이해와 동향

김양한 교수의 연구분야는 음향학이며, Sound visualization 및 manipulation 관련 분야의 학술적 개척자로서 상용화에 결정적인 역할을 하였다. 2015년 비영어권 학자 최초로 미국음향학회에서 로싱상을 수상하며 음향학의 대가로 인정받았다. 공학과 서양화 혹은 그림과의 관계를 통하여 새로운 발상을 하고 제품을 생각해 내는 방법을 제안하고, 관련 강의를 개설 주목을 받은 바 있으며, 음향기술 스타트업 SQAnd의 의장으로 활발한 활동을 하고 있다.

진동/소음 해석이란 무엇인가.

진동/소음 해석이란 진동 즉 떨리는 현상, 소음, 듣기 싫은 소리가 어떻게 발생하고 전파되는가를 이해하기 위한 분석적 방법을 이야기 한다. 발생원인을 잘 알기 위해서는 진동/소음을 일으키는 물체 혹은 구조물에 대한 이해가 필요함은 물론 어떤 원인에 의하여 진동/소음이 발생하는가 알아야 할 것이다.

바이올린이나 기타 같은 현악기를 예로 들어 생각해 보면 이해가 쉽다. 현악기를 가진하는 원인은 활을 문질러서 현을 떨리게 하고 이 떨림이 울림통을 떨리게 하고 다시 이 떨림이 공기로 전파되어 공기 입자의 진동에 의하여 전파되는 것을 상상할 수 있다. 현을 튕겨서 나는 소리, 진동의 경우도 비슷한 과정을 거칠 것이다.

해석을 한다는 것은 어떻게 진동이 만들어지는가, 즉 현을 떨게 하는 힘이 어떻게 현으로 전달되고 현의 떨림이 구조물로 전달되는가 하는 것을 분석하는 모든 작업을 이야기 한다. 구조물들이 어떻게 연결되어 있고 서로 떨림을 전달하는지 분석하여야 할 것이다. 상당히 복잡한 작업을 하여야 할 것을 상상할 수 있는데 컴퓨터와 관련 소프트웨어의 발달로 해석 작업의 많은 부분이 상용 프로그램으로 가능한 시대이다,

상용 프로그램을 사용할 때 매우 유의해야 할 점은 진동/소음에 대한 기초적인 이해 없이 상용 프로그램에 의존하면 위험한 예측을 할 수 있다는 것이다. 이러한 오류를 방지하기 위하여 상용 프로그램에 익숙해 지는 사전 해석 작업, 일종의 학습과정을 반드시 거쳐야 한다. 예를 들면 구조물 해석을 위하여 상용 유한요소법 프로그램을 이용할 경우 매우 잘 알려진 구조물부터 차례로 연습하는 과정이 필요하다. 이때 유사한 실험을 통하여 물리적 느낌을 갖는 것은 매우 추천할 만하다. 공학적 느낌이 해석을 지원 보완해 주고 또 해석이 공학적 느낌을 발전시켜주는 주고 받는 과정이 중요하다.

진동/소음 해석은 주로 어떠한 분야에서 응용되고 있는가.

응용분야는 소리가 문제가 되고 떨림이 관심 대상인 전 분야라 할 수 있다. 자동차 등 운송기계 분야로부터 바이오 센서 등의 분야까지 광범위 하다. 우주 산업은 물론이고 아주 작은 물체의 진동 문제도 해석적인 방법이 매우 유용하다. 특히 센서를 이용하기 어려운 경우 해석적인 방법을 통하여 간접 특정을 하거나 물리적 이해 정도를 증가시키는 데 매우 유용하다.

진동/소음 해석을 하게 되면 어떠한 이점이 있는가.

우선 연구 개발 기간을 효율적으로 관리할 수 있다. 효율적 관리를 위해서는 해석된 결과를 잘 이해하고 사용할 수 있는 진동/소음 해석 결과 분석의 능력이 매우 중요하다. 마치 병원에서 각종 영상 데이터를 분석 해석하는 의사가 매우 중요하듯이 측정 해석의 결과를 이해하는 능력이 중요하다. 해석과 실험 혹은 측정은 상호 보완적이다. 보통 측정 혹은 실험은 많은 경우 해석에 비하여 시간이 많이 걸리고 경비가 큰 편이다. 해석을 통하여 시간을 단축하고 필요한 실험의 스케일이나 종류를 줄일 수 있다.

최근 진동/소음 해석과 관련한 해석 분야의 트렌드는 어떠한가.

해석 분야의 일반적인 트렌드는 사용 편의성의 증가, 정밀도 증가 등의 방향으로 볼 수 있다. 진동의 경우 각종 경계조건 등을 입력하는 것이 어려운 경우가 많은데 적절한 예를 프로그램에서 예시하거나 기존의 데이터를 제공하여 편리하게 사용할 수 있게 한다.

진동/소음 해석 관련 향후 전망은 어떠한가.

향후 전망은 해석 프로그램이 보다 전문가 형에서 일반형으로 발전할 것이다. 해석 프로그램 자체에 일종의 학습 과정을 넣는다거나 AI 기능을 보완하는 추세이다.

소위 4차 산업혁명의 시대, IoT의 시대에 진동/소음은 매우 중요한 분야로 인식되고 있다. 모든 기계에 센서가 부착되어 이 센서에서 측정된 데이터가 중요한 산업의 기초적인 재료로 사용되는 시대에 진입하였다. 자동차나 발전기 선박 항공기 로봇 등 모든 진동/소음 발생 기계에 센서가 부착되고 여기서 나오는 신호를 자동으로 중앙 데이터 관리 시스템에서 관라하여 대상 기계의 정밀 관리 유지 보수에 사용할 수 있을 것이다. 이러한 데이터를 이용하여 현재는 상상하기 어려운 산업도 출현할 것이다. 진동/소음 해석은 이러한 소위 Digital Transformation 시대에 측정 분야의 파트너로서 성장할 것이다. 중앙에 모인 데이터를 해석 프로그램을 이용하여 대상 기계의 관리 등에 적용할 수 있다.

초음파 카메라 – Ultrasound Camera

112채널의 마이크로폰 및 음향 시각화 기술을 활용한 초음파 진단 장비
가스 누출 및 전기 아크의 발생을 빠르고 쉽게 찾을 수 있는 직관적인 솔루션

BATCAM 2.0 – 화면 내 가스 누설 측정 결과

전력 설비의 부분 방전 측정 모습 및 측정 결과

상태 감시 시스템 – Condition Monitoring System

풍력발전기 내 상태를 감시하도록 진동 센서를 모니터링
여러 풍력발전기의 상태를 서버에서 원격 모니터링

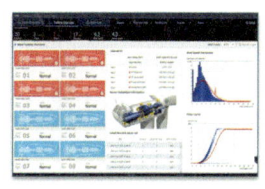

풍력발전기 상태 감시 및 분석

해상 풍력발전기 및 모니터링 SW

사진제공 : 에스엠인스트루먼트

최동훈 한양대학교 명예교수 / 피도텍 CEO

최적설계의 이해와 동향

최동훈 명예교수는 한양대학교 기계공학부에서 32년 간 '최적설계' 분야의 교육, 연구, 산학과제를 수행하여 국내외 전문 학술지에 약 230편을 게재하였으며, 산학과제를 204건 수행하고 2018년 1학기에 정년 퇴임하였다. 현재는 2003년에 설립한 피도텍의 대표로서 국산 소프트웨어 업체로서 입지를 다져가고 있다. 피도텍은 'DX(디지털 전환) 구현을 위한 통합최적설계 및 인공지능 서비스 기술을 개발하는 소프트웨어 하우스'로서 기술을 선도하고 있다.

최적설계란 무엇인가.

산업제품 '설계'란 '제품에 요구되는 모든 설계요구 사항들을 만족하는 설계변수들의 값을 결정'하는 것을 의미한다. 설계요구사항들은 목적함수 및 구속조건으로 구성된다.

'최적설계'란 모든 구속조건들을 만족하며 목적함수 값을 최소화/최대화하는 설계변수들의 값을 컴퓨터를 이용한 '최신 설계기술'을 활용하여 얻는 것을 의미한다. 이러한 설계기술은 '최적화 기법을 이용한 설계기술', '메타모델(머신러닝 모델; surrogate) 기반 최적화 기술', '불확실성을 고려한 최적화 기술'을 포함한다.

최적설계는 주로 어떠한 분야에서 적용되는가.

최적설계는 공학 모든 분야에 적용된다. 항공우주 분야, 자동차 분야에서 '최적설계'를 수행하는 것은 필수 사항이 되었으며, 에너지, 가전, 건축토목, 전기전자, 유체기계, 조선해양플랜트, 재료공학, 3D프린팅, 제조공정 설계, biomedical(생체의학), 배터리 등 다양한 분야에서 활발히 적용하고 있다. 각 분야의 전문 학술지에 '최적설계'를 적용한 논문들이 게재된 것을 쉽게 찾아볼 수 있다.

최적설계의 이점은 무엇인가.

모든 산업체가 원하는 Q/C/D(Quality, Cost, delivery) 향상 효과, 즉 제품 품질 제고, 원가 절감, 개발기간 단축 효과를 얻을 수 있다.

또한, '설계자의 노하우(know-how)에 주로 의존한 기존 trial-and-error 설계 방법 대비, 합리적인 시간에 최선의 설계 결과를 도출함으로 제품의 경쟁력을 높이는 이점이 있다.

그리고 기존 trial-and-error 설계 방법의 경우에는 '설계 절차 및 방법론'이 설계자의 경험 및 직관에 주로 의존하므로 PLM과 같은 산업체의 자산으로 보관되고 재활용될 수 없으나, '최적설계'를 하면 '설계 절차 및 방법론'이 컴퓨터를 이용한 산업체 자산으로 재활용될 수 있는 이점이 있다.

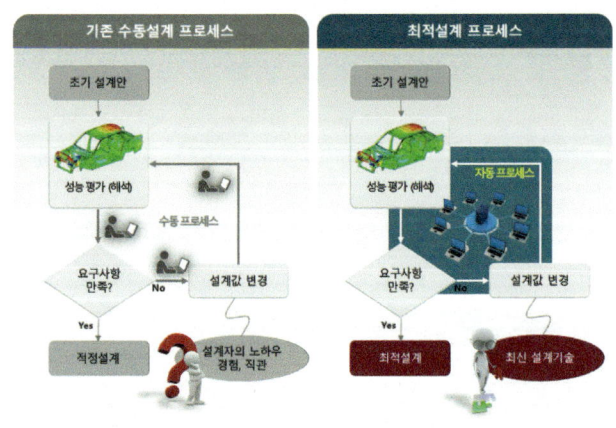

▲ 기존 수동설계 프로세스 대비 최적설계 프로세스

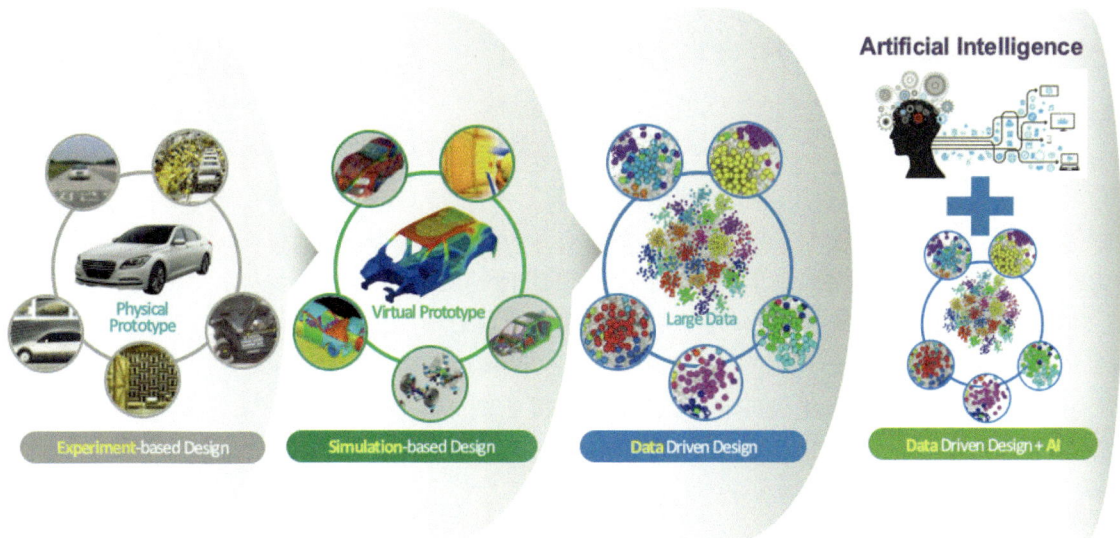

4차 산업혁명 : **실험/CAE**를 활용한 제품설계 분야 ➔ **"빅데이터"** 및 **"인공지능"** 기술 활용한 설계

▲ 공학설계의 메가트렌드

공학설계 분야의 메가트렌드에 대해 소개한다면.

최근 공학설계 분야의 메가트렌드는 '실험 기반 설계'를 거쳐 'Simulation 기반 설계'가 대세이며, 최근 'AI 활용 데이터 기반 설계'가 대두되고 있다.

신제품을 개발할 때는 'Simulation 기반 설계'가 계속 사용될 것이고, 특정 제품에 대한 설계 데이터가 축적되면 'AI 활용 데이터 기반 설계'를 적극 활용하게 될 것이다. 이 경우 '최적설계'의 수행은 당연히 수반된다.

최적설계 관련 향후 전망은 어떠한가.

대부분의 산업제품 설계는 다양한 분야의 해석 결과들을 동시에 고려하여 설계할 것을 요구하는데, 기존의 '주요 분야 순순차적 설계' 대신, 분야 간 상충성을 통합적으로 고려하여 설계하는 '통합최적설계'를 적극 활용할 것이다.

공학 시스템 개념 설계를 위한 Model-Based Systems Engineering(MBSE)의 발전에 따라 '시스템 개념 설계를 위한 최적설계'가 일반화될 것이다.

인공지능/머신러닝/딥러닝(AI/ML/DL) 기술은 모든 분야에서 혁신적인 적용을 가능하게 한다.

'최적설계' 기술에 대한 지식이 없는 일반 설계자들도 제품 설계를 위해 사용할 수 있는 'AI 기반 최적설계 소프트웨어'가 출시되어, democratization of design optimization을 향유하게 될 것이다.

CAE 분야의 발전을 위한 제언이 있다면.

세계적인 경쟁력을 가지기 위하여 탁월한 한 업체보다 우수한 여러 업체의 협력이 매우 중요한 시대가 되었다. 따라서 상호 존중을 바탕으로 한 유관 업체의 연합이 긴요하다.

매우 빠르게 발전하고 있는 CAE 분야의 신기술 적용을 위하여, 제조업체 엔지니어의 업무량 조정을 통하여 신기술을 탐구하고 파악할 수 있는 시간이 주어져야 한다. 그리고 신기술 도입 시 발생할 수 있는 의미 있는 실패를 용인하는 기업 문화가 정착되어야 중장기적 관점에서 기업의 ROI 신장과 수월성을 담보할 수 있을 것이다.

황호영 한국생산기술연구원 수석연구원

주조 해석의 이해와 동향

황호영 박사는 고등학교 〈주조설계〉 교재를 공동 저술하였고, 한국생산기술연구원 스마트액상성형부문 소속으로, 주조공정 해석 소프트웨어를 국내 최초로 공동 개발하였으며 현재까지 중소기업에 보급하고 있다. 국내외 중소기업을 대상으로 '주조공정해석 기술의 중요성'에 대한 세미나를 정기적으로 개최하고, 과학기술연합대학원대학교 교수로 인재 양성에도 주력하고 있다. 주요 연구분야는 주조공정 해석 기술개발과 인공지능 기반 공정 최적화 연구 등이다.

주조 해석이란 무엇인가.

주조는 용탕(금속을 로(도가니)에서 용해한 액상 금속)을 불투명한 주형(Mold)에 부어서 형상을 만드는 공정이다. 주조공정 해석은 컴퓨터에서 주조 과정을 분석(제품의 어떤 부분이 먼저 용탕이 충전되는지, 가장 마지막에 충전되는 부분은 어디인지, 충전 과정동안 액상 금속의 온도가 얼마나 내려가는지, 원하는 형상(제품)을 만들기 위해 형틀 내부에 비어 있는 부분의 공기가 원활하게 배출되는지, 제품의 어떤 부분으로 용탕을 공급하는 것이 좋은지 등)하는 목적으로 사용한다. 금속은 재용해하여 다시 사용할 수 있기 때문에 요즘 환경 문제가 많이 발생하는 플라스틱과 달리 재활용(Recycle)에 유리하다.

주조는 수천 년 전부터 장신구, 종, 동상, 무기 등의 제조에 사용되어 왔지만 아직까지 결함이 없는 제품을 만들기가 까다로운 공정이다. 액상 금속은 온도가 높을수록 부피가 커지고 액체에서 고체로 바뀌는 응고과정에서 부피 수축을 한다. 만들고 싶은 형상의 치수로 형틀(주형)을 만들면 응고가 끝나고 수축 때문에 원하는 치수 보다 작은 제품이 만들어지게 된다. 따라서 수축될 정도를 미리 예상하여 조금 크게 만들고 후가공을 통해 정확한 치수로 만들어야 한다. 또한 응고 과정에서 액상 금속보다 낮은 온도에 있는 주형과 접촉하고 있는 제품의 외곽에서 먼저 응고되고 두께가 두꺼운 부분이 늦게 응고되면서 이 두꺼운 부분에서 수축 결함이 발생한다. 이 과정에서 금속의 조직이 겉 표면과 중앙부에서 다른 조직이 생성되고 제품의 기계적 특성(경도, 인장강도, 항복강도, 연신율 등)이 제품의 표면과 두꺼운 부분이 다르게 만들어진다.

이러한 제품에 원하지 않는 오류(결함)가 발생하지 않게 하려면 컴퓨터로 주조공정을 해석하고 주조방안(용탕을 공급하기 위한 경로(탕도)와 수축될 부피를 보급해 줄 압탕(Riser), 공동부(Cavity)의 공기를 원활하게 배출할 벤트(Vent)를 어디에 설치할지, 제품을 만들고 나서 변형을 가장 적게 만들지 등)을 빠르게 변경하면서 가장 좋은 주조방안을 찾는 목적으로 활용한다.

모래 또는 금속으로 형틀은 제작하고 용탕을 만들어 주입하여 제품을 만들고 제품을 절단하거나 표면의 결함을 확인하고 결함이 있을 경우 다시 주형을 만들고 결함이 없을 때까지 반복하는 것은 아주 많은 시간과 비용이 발생한다. 하지만 컴퓨터를 이용한 주조공정해석으로 사전에 결함이 발생할 위험을 최소화한 다음 그 주조방안으로 제품을 실제 주조하여 시행착오를 줄일 수 있기 때문에 주조를 하고 있는 기업에서는 주조공정 해석이 필수적인 도구라고 할 수 있다.

이러한 이유 때문에 제품의 생산을 발주하는 기업이 생산할 기업으로부터 주조방안과 주조공정 해석 결과를 요구하고 좋은 제품을 안정적으로 생산하기 위해 충분한 검토가 이루어진 주조방안으로 생산하도록 요구하고 있다.

주조 해석은 주로 어떠한 분야에서 응용되는가.

주조 해석은 금속을 용해하여 형틀에 부어서 형상을 만드는 모든 주조(Casting) 공정에서 사용될 수 있다. 주조공정은 크게 분류하면 모래로 형틀을 만드는 사형주조와 금속으로 형틀을 만드는 금형 주조로 분류할 수 있고, 용융하여 주입하는 금속의 종류에 따라 철계(주철, 주강)와 비철계(Al, 마그네슘(Mg), 동(Cu) 등) 주조로 나눌 수 있다. 또 용탕을 금형에 주입할 때 중력에 의해 주입하는 중력주조와 용탕에 압력을 가하는 고압주조, 저압주조, 진공주조 등으로 분류할 수 있다.

주조는 자동차, 조선, 중공업, 전기·전자 부품의 생산에 많이 활용되고 있다. 이러한 부품은 육면체, 원기둥으로 만들고 기계 가공을 이용하여 만들 수 있지만 저렴하게 부품을 생산할 수 있는 공정인 주조를 이용하면 대량으로 동일한 형상을 만들 수 있어서 많이 활용되어 왔다.

컴퓨터의 CPU 연산속도 향상과 RAM 메모리의 증가와 전산유체해석(Computational Fluid Dynamics) 기술의 발달로 현장의 주조공정을 해석하는 기술도 비약적으로 발전하고 있으며 실제 주조현장의 거의 모든 주조공정을 컴퓨터로 해석을 할 수 있도록 주조공정 해석 기술도 발전하였다.

주조 해석을 하게 되면 어떠한 이점이 있는가.

앞에서 언급한 바와 같이 주조 초기에는 시행착오를 통해 제품에서 발생하는 결함을 제거하는 활동을 하였다. 즉, 비슷한 형상을 만들었던 경험을 바탕으로 먼저 형틀을 만들고 제품을 주조하여 평가를 하고 결함이 있을 경우 형틀 또는 주조방안을 변경하면서 양산에 적합한 주조방안을 확보하는 방향으로 제품을 생산하는 방식으로 진행하여 왔다. 하지만 산업화 초기의 대량생산이 아니라 최근 다품종 소량 생산을 할 때는 이런 시행착오적인 방식의 작업을 고수하면 좋은 방안을 찾을 때까지 손실이 많이 생길 수 있다.

이럴 때 컴퓨터로 가상공간에서 미리 다양한 방안을 검토하고 최적의 제품을 생산할 방안을 찾은 다음 제품을 생산할 때 가장 불량이 작고 안정적으로 생산할 수 있는 주조방안을 사전에 충분히 검토하고 실제 주형을 제작하여 생산하는 것이 개발기간도 단축할 수 있고 제품 개발 비용을 최소화하는 과학적인 방법이다.

최근 주조 해석과 관련한 해석 분야의 트렌드는 어떠한가.

주조를 주된 업무로 하는 기업은 사람들에게 3D 업종으로 인식이 되면서 현장에서 근무할 젊은 인력을 구하기 어렵고, 현장 엔지니어들도

본인의 경험(암묵지)을 후세대에 이전하기를 꺼려하는 경향(본인이 경쟁력을 가지고 있는 기술을 공유하기 기피하는)이 있어서 이들이 가지고 있는 암묵지를 형식지로 만드는 노력이 많이 진행되고 있다. 즉, 사람의 경험을 토대로 주조방안을 설계하는 과정을 컴퓨터상에 가상의 전문가를 만들고 그 전문가가 기존의 기업에 축적된 방안을 검토하고 최적화하는 연구들이 국내외에서 활발하게 연구되고 있다. 컴퓨터가 제품의 형상(크기, 두께 등)을 인식하고 자동으로 용탕이 제품으로 흘러 들어가는 경로를 설계하거나 수축이 발생할 위험 위치에 압탕(Riser), 칠(Chill)을 추가하거나 방안의 크기와 위치를 자동으로 최적화하는 자동 주조방안 설계 기술이 개발되어 일부 공정의 현장에서 사용되고 있다.

주조공정 해석에서 결함이 발생할 것인지를 예측하는 결함예측 인자도 많이 개발되고 있으며 아주 큰 결함만이 아니라 작은 결함(미세 수축공)의 발생을 예측할 수 있을 정도로 주조공정 해석 기술이 빠르게 발달하고 있다.

최근에는 인공지능 기술이 빠르게 발달하면서 주조현장에서 취득된 센서 정보(온도, 압력, 속도, 시간, 진동 등)를 분석하고 불량과 연계하여 어떤 공정조건에서 가장 불량이 낮은 제품을 생산할 수 있는지 공정조건을 최적화하는 연구들도 많이 이루어지고 있으며 실제로 좋은 성과를 냈다는 보고도 많이 있다.

전산유체해석을 이용하지 않고 비슷한 형상의 용탕 충전과정을 인공지능이 분석하고 용탕 충전과정을 예측해 주는 기술도 최근에 많은 국가에서 개발되고 있다.

주조 해석 관련 향후 전망은 어떠한가?

몇 개의 대기업이 주조공정해석 소프트웨어를 인수하여 제품의 모델링부터 각종 주조 공정별 해석과 주조 불량을 예측하고 주조 방안을 최적화하는 방향으로 개발되고 있으며, 해석의 정확도도 많이 향상되고 있다. 하지만 비싼 가격으로 소프트웨어를 공급하고 매년 구입가격의 20~30%의 라이선스 비용이 발생하기 때문에 신제품 개발 및 불량률 감소에 가끔 활용하는 중소기업은 소프트웨어 구입 및 유지보수 비용이 부담이 될 수 있다.

꼭 필요하지만 활용할 주조공정 해석을 담당할 젊은 엔지니어를 확보하기 어렵고, 유지 보수에 부담이 큰 중소기업은 활용을 하고 싶지만 활용할 수 없게 되었다. 최근의 자동차 산업이 전통의 내연기관에서 전기/수소차로의 급변으로 내연기관 자동차 부품을 생산하던 기업은 빨리 생산 품목을 변경하여야 하는 위기 환경에 놓이고 있다.

김흥규 국민대학교 자동차공학과 교수

충돌/성형 해석의 이해와 동향

김흥규 교수는 GM이 자동차 엔지니어를 양성하기 위해 국민대와 맺은 '페이스(PACE)' 산학 협력 프로그램을 주도하는 등 자동차 분야 인재 양성에 주력하고 있으며, 〈CAE표준용어집〉 등을 편찬한 바 있다. 주요 연구분야는 금속 미세구조를 고려한 성형해석 기술 개발, 경량 판재 온간 성형 및 해석 기술 개발, 탄소복합재 차량 부품의 최적 구조설계 및 성형/충돌해석 기술 개발, 모빌리티 경량화 구조 설계 및 성형 기술 개발 등이다.

충돌/성형 해석이란 무엇인가.

충돌해석은 빠른 속도로 움직이는 차량이 다른 차량이나 구조물과 충돌할 때 차체에 발생하는 소성 변형 또는 파괴 거동을 유한요소해석으로 예측하는 것이다. 성형해석은 금속 소성가공 또는 플라스틱 사출성형을 비롯한 제조 공정의 모사를 위한 해석으로서, 금속 성형해석은 이론적 측면에서 금속 구조물의 충돌해석과 매우 유사하다. 따라서 충돌해석용 CAE 해석 소프트웨어가 금속 판재의 성형해석에도 사용될 수 있다.

충돌/성형 해석은 주로 어떠한 분야에서 응용되고 있는가.

충돌해석은 자동차 차체 구조 부품의 설계와 안전성 평가에 주로 사용된다. 부품 설계 단계에서는 부품의 가상 설계 모델을 대상으로 충돌 시 거동을 평가하여 설계 타당성을 판단한다. 많은 시간과 비용을 요구하는 실차 테스트 대신에 차량 설계 모델에 대한 충돌해석을 수행함으로써 빠르고 경제적으로 차량을 설계할 수 있다.

성형해석은 금속의 프레스성형 또는 플라스틱의 사출성형의 공정 설계와 최적화에 사용된다. 최적의 재료와 공정 조건을 도출함으로써 원하는 스펙의 제품 생산에 걸리는 시간과 비용을 크게 단축할 수 있다.

충돌/성형 해석을 하게 되면 어떠한 이점이 있는가.

차량 안전 성능 평가를 위한 실차 충돌 시험을 위해서는 많은 시간과 비용이 필요하다. 반면 충돌해석은 실제 시험에 비해 훨씬 적은 시간과 비용으로 다양한 설계 변수를 고려한 효율적 차량 설계를 할 수 있다.

성형해석의 이점은 고가의 툴링/금형 제작에 드는 시간과 비용을 줄이고, 성형 공정의 시행착오를 줄여 고품질의 제품을 제조할 수 있다는 것이다.

충돌/성형 해석과 관련한 트렌드는 어떠한가.

충돌해석 분야에서는 최근 차량 제조에는 철강뿐만 아니라 경량 금속, 플라스틱, 복합재 등 다양한 소재가 사용되고 있다. 충돌 시 차량 구조물은 일반적인 재료 시험보다 혹독한 조건에 놓이게 되므로, 이를 고려한 재료 물성 모델 개발이 요구되고 있다.

성형해석 분야에서는 금속 소성가공이나 플라스틱 사출성형에 대한 전문 해석 인력이 부족한 상황에서, 사용하기 쉽고 결과를 빨리 예측할 수 있는 성형 해석 기술이 요구되고 있다.

충돌/성형 해석 관련 향후 전망은 어떠한가.

충돌해석 분야에서는 최근 전기차, 수소차, UAM과 같은 미래 모빌리티가 등장하면서 새로운 전용 차체 플랫폼이 국내외에서 개발되고 있다. 새로운 차체 구조의 충돌 안전성 평가와 설계 최적화가 필요하므로 관련 전문 지식과 해석 소프트웨어 활용 능력은 더욱 중요해질 것이다.

성형해석 분야에서는 최근 자동차와 모바일 제품에는 철강, 알루미늄, 플라스틱, 복합재, 유리 등 다양한 소재가 적용되고 있다. 따라서 금속 성형, 플라스틱 사출, 복합재 성형 등 다양한 성형해석 소프트웨어 활용 능력과 기반 지식을 보유한 전문 인력은 더욱 주목을 받을 것이다.

홍석무 국립공주대 미래자동차 공학과 교수

소성가공의 이해와 동향

홍석무 교수는 뮌헨공대에서 자동차 소성 분야 박사학위를 수행했으며, 삼성전자 글로벌기술센터에서 금속성형기술 파트장을 역임했다. 학회활동으로 기계학회, 자동차학회, 소성학회에서 주로 활동하고 있고, 저서로는 소성가공공정의 거시적 모델링, 소성가공시뮬레이션, 전산이용설계, 프레스 성형 이론 및 해석, 재료 역학 등이 있다. 최근 고급 소성이론 기반 CAE 및 재료 물성 결정 등의 연구과제를 수행하고 있다.

소성가공이란 무엇인가.

여러 가지 금속 가공법 중에서 절삭하는 가공법과 비절삭 가공법으로 크게 나누고, 비절삭 가공은 넓은 범주로 금속성형가공, 분말가공, 세라믹 및 유리성형, 플라스틱 성형 등이 포함된다. 금속 재료의 특성 중 재료에 탄성한계를 넘어서 외력을 가하면 내부 응력에 의해 복원되지 않는 영구적인 변형이 남는 것을 소성 변형(塑性 變形, plastic deformation)이라고 하는데 공구, 금형 등을 이용하여 금속의 소성 변화를 유도하는 성형가공(Forming)을 소성가공이라 한다.

소성가공은 주로 어떠한 분야에서 응용되고 있는가.

소성가공은 기계 부품 전반에 거쳐 응용된다. 특히, 자동차 부품에 많이 사용된다. 소성 가공은 압연(rolling), 압출(extrusion), 인발(Wire Drawing), 단조(Forging), 판재 성형(Sheet metal forming) 등의 가공법으로 세부 구분된다. 예를 들어 자동차 한 대를 만들 때 소성가공을 거치는 재료·부품은 60%가 넘는 비중을 차지한다. 원가에서 차지하는 비율은 최소 35% 이상이고 차체 섀시(뼈대), 스티어링 휠(핸들), 범퍼 빔 등 구조물·부품은 전부 소성가공을 거치게 된다. 자동차뿐 아니라 항공기, 선박, 철도, 건설장비, 중공업, 발전소, 휴대폰, TV 등 거의 모든 산업기기·부품에 활용된다고 볼 수 있을 것이다.

소성가공의 이점은 무엇인가.

소성가공은 절삭가공에 비해 조직이 치밀하고 강한 성질을 갖게 되고 주조 공정에 비해 치수가 정확한 장점을 갖게 된다. 특히, 자동차 및 전자 제품 분야에서 소성가공은 금형을 이용하기 때문에 대량 생산 및 생산성에 가장 큰 이점을 가지게 된다.

소성가공 분야의 트렌드와 전망은 어떠한가.

소성가공 분야뿐만 아니라 전체 제조기술 분야에서는 환경규제 강화, 에너지 부족 심화, 고령화 등의 트렌드에 맞춰 자원 고갈에 대응하기 위한 기술. 공정 개발에 집중하고 있다. 자동차 분야에서는 자동차 차체 경량화에 맞춘 고강도 철강의 소성 가공(예를 들어 hot press forming)과 경량 합금 소재의 소성가공 기술 개발(고강도 알루미늄 합금의 가공 기술)이 이루어지고 있다.

국내 소성 가공의 매출액은 세계 4위권의 수준으로 높은 기술을 보유하고 있다. 하지만, 노동집약적인 생산 기술에서 벗어나 자동화, 디지털화를 위한 전환이 필요하다.

CAE 분야의 발전을 위한 제언이 있다면.

구조해석 범용 소프트웨어(ABAQUS, Ansys, MSC 등) 소성 가공 특화 프로그램으로는 단조와 판재성형으로 크게 구분되며, 대표적인 단조 소프트웨어로는 DEFORM, Forge, AFDEX 등이 있으며 판재 성형 분야로 PAMSTAMP, LS-DYNA, Autoform 등이 사용되고 있다. 이러한 소프트웨어들이 대기업에서 많이 사용되고 있지만 중견 및 중소 기업에서는 인력 및 소프트웨어 비용이 큰 부담으로 작용하여 널리 사용되지 않는 실정이다. 국가 정책으로 소부장 대학 지원 과제 또는 국가 무료 지원 사업을 통해 널리 사용되기를 희망한다.

박귀영 현대자동차 디지털엔지니어링센터 상무

가상제품개발(VPD)의
이해와 동향

현대자동차에서는 기존의 단순한 아날로그 정보들을 디지털로 변환하는 것을 넘어 현재 자동차산업 패러다임인 복잡성을 해소하기 위해 가상차량개발(Virtual Vehicle Dev.)을 위한 전략을 수립하고, 이를 위해 다양한 디지털 엔지니어링 방법론을 가지고 적용해 나가고 있다.

박귀영 상무는 현대자동차 해석담당 겸 차량해석실장, 버추얼차량개발실장 등을 거쳐 현재는 디지털엔지니어링센터장을 맡고 있다.

가상제품개발(VPD)이란 무엇인가.

기존의 제품개발이 실물 기반의 개발이었다면, 가상개발은 모델 기반의 개발로 정의할 수 있다. 이는 주로 실물을 활용하여 개발의 중요한 의사결정을 수행하던 것을, 모델을 활용하여 수행하는 체계로의 '개발 방식의 혁신'을 의미한다. 물론, 실물이나 모델만을 100% 활용하는 개발은 불가능하다. 즉, 가상제품개발(VPD, Virtual Product Development)은 실물과 모델을 동등한 지위로 하이브리드하게 운영하며, 효율적으로 개발의 완성도를 확보하는 방법이라고 할 수 있다. 간혹, 가상제품개발이 실물 시제품 제작 없이 개발하는 프로토리스(protoless)를 의미한다고 오해하는 경우가 있으나, 실물과 모델의 운영 비율은 제품의 특성과 가상개발의 성숙도에 따라 선략적으로 선택하는 것이지, 개발 방식 자체를 의미하는 것은 아니다.

가상제품개발을 하게 되면 어떠한 이점이 있는가.

모빌리티 개발에 있어 가상개발의 이점은 크게 두 가지이다. 첫째는 효율성이다. 실물 기반의 개발은 제작과 검증의 과정에서 많은 일정과 비용이 소요된다. 따라서, 모델 기반의 개발 적용으로, 개발일정의 단축과 개발비용의 절감을 기대할 수 있다.

둘째는 복잡성의 해소이다. 자율주행 시대를 맞아, 개발 단계

©현대자동차

에서 사전에 고려해야 하는 시나리오가 거의 무한대로 증가하는 등 개발의 복잡성은 급격히 심화되고 있다. 이러한 복잡성을 실물 개빌로 모두 대응하는 것은 헌실적으로 불가능에 가끼우므로, 미래 모빌리티 환경 변화에 따른 가상개발의 도입은 선택이 아닌 필수라고 할 수 있다.

최근 차량 개발과 관련한 해석 분야의 트렌드는 어떻게 변화하고 있는가.

차량 개발에 있어 시뮬레이션 분야의 변화 트렌드는 크게 두 가지이다.

첫째, 시뮬레이션 영역이 확장되고 있다. 종래부터 충돌, 내

구, NVH 등 차량의 핵심 기본성능 개발을 위해 CAD 형상 데이터를 기반으로 하는 3D CAE가 활용되어 왔다. 이에 더해, 최근에는 에너지관리, 자율주행 등 새로운 고객가치를 더하는 성능의 개발이 더욱 요구되고 있고, 이를 대응할 수 있는 기능 데이터 기반의 1D 시뮬레이션 활용이 확대되고 있다.

둘째, 시뮬레이션의 대상 범위가 확대되고 있다. 기존의 시뮬레이션은 주로 완성차 레벨로 성능을 예측하고 검증하는 목적으로 활용되었다. 그러나 V형 모델로 대표되는 시스템 엔지니어링의 확대에 따라, 완성차 성능을 시스템/부품 단위로 Target Cascading 하고, 순차적/다면적으로 강건하게 검증하는 방식에 활용하는 추세로 변화하고 있다.

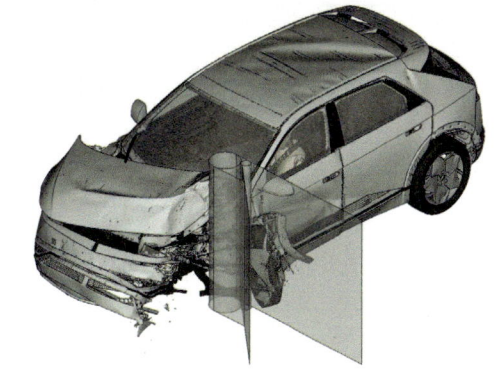

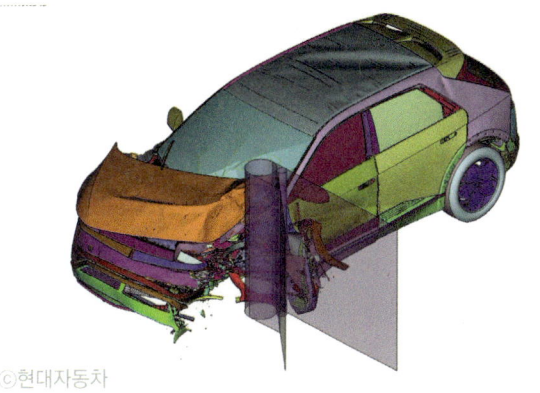

ⓒ현대자동차

가상제품개발을 위한 프로세스 혁신 전략과 방법론에 대해 소개한다면.

가상개발은 모델을 이용하는 개발이라고 정의할 수 있다. 그런데, 모델을 구성하기 위해서는 데이터가 필요하다. 그리고, 그 데이터가 원활하게 활용되려면, 이를 투명하게 관리하고 추적할 수 있는 IT 인프라도 필요하다. 즉, 가상개발을 통한 '개발 방식의 혁신'은 단독으로 추진될 수 있는 것이 아니라, 데이터 중심의 '일하는 방식의 혁신'과, 언제/어디서나 편하게 접근할 수 있는 '업무 환경의 혁신'이 함께 추진되어야 한다. 이와 같은 세 가지 혁신 방향은 디지털 전환을 위한 핵심 구성 요소이다. 따라서, 가상개발을 단순히 시뮬레이션 기법이나 정합성 중심의 개발로 한정하여 접근하면 매우 느리거나 실패할 수밖에 없으며, 디지털 엔지니어링의 관점에서 포괄적이고 전략적으로 추진해야 한다.

모빌리티 생태계 변화에 따라 CAE 분야에서도 주목해야 하는 기술이나 향후 변화가 필요한 부분이 있다면 무엇이 있는가.

종래의 시뮬레이션은 주로 제품의 양산 이전에 성능이나 품질을 확보하는데 활용되었으므로, 고객이 모빌리티를 구매하는 시점에 최고의 상품성을 제공하는 것에 기여해 왔다. 그러나 모빌리티 생태계는, 단순히 좋은 상품성을 고객에게 제공하는 '제품' 중심에서, 제품을 소유하고 있는 전 기간동안 고객이 최상의 가치를 지속적으로 누릴 수 있게 하는 '서비스' 중심으로 급격히 변화하고 있다. 따라서, 양산 이후에도 개인화 된 고객별 활용 패턴을 잘 분석하고 예측하여, 항상 업데이트 된 차량의 상품성을 제공할 수

있는 기술이 필요하다. 이를 위해, 차량의 데이터를 실시간으로 모니터링하고 AI를 활용하여 분석하는 SVM(Smart Vehicle Monitoring) 기술이 시뮬레이션 모델과 결합하여 미래 가치를 예측하고 사전 대응하는 디지털 트윈 기술로 급격히 발전할 것으로 예상한다.

CAE 분야의 발전을 위한 제언이나 기타 하고 싶은 이야기가 있다면.

대부분의 산업 분야에서 가상개발의 적용이 쉽지 않은 대표적인 이유로 'CAE 정확도의 부족'을 얘기하곤 한다. 그러나, 물리적/수학적 가정, 수치해석의 정식화 과정, 산포 이슈 등의 사유로, CAE 결과는 이론적으로도 실제 현상과 절대 같을 수 없다.

또한, CAE는 모델 기반 개발 방식의 대표적인 기법으로서 가상제품개발의 중요한 구성 요소임은 틀림 없으나, 그 전부가 아님을 주지해야 한다. 따라서, 더 이상은 해묵은 정확도 이슈에 매몰되지 않고, CAE를 어떻게 '활용'하는 것이 가상제품개발에 가장 효율적인 것인지 고민하는 것이, CAE 분야의 발전에도 긍정적인 방향이라고 생각한다.

김창완 건국대학교 기계공학부 교수

전자기장 해석의 이해와 동향

김창완 교수는 유한요소해석, 다물체동역학, 최적설계를 기반으로 다양한 산업체 연구를 진행하고 있으며, 나스트란을 시작으로 미국에서 직접 다양한 CAE 소프트웨어 개발에 직접 참여한 바 있다. 다중물리해석 및 최적설계 연구실(Multi-physics Analysis and Design Optimization (MADE) Lab)을 운영하고 있다.

전자기장 해석이란 무엇인가.

전자기장(electromagnetic field)은 벡터장인 전기장과 자기장을 총칭하는 단어이고, 전기장/전기력 선속(電束)밀도/자기장/자기력 선속밀도를 통틀어 일컫는다.

전기력 선속밀도와 자기력 선속밀도가 시간에 따라 변화하는 경우에는 전기장과 자기장은 서로 영향을 미치므로, 전기장과 자기장을 별개의 것으로 생각할 수 없다. 시간에 따라 변화하지 않는 경우에는 전기장과 자기장은 각각 정전기장(靜電氣場)과 정자기장(靜磁氣場)으로도 불리며 독립적이다. 전자기장이 파동으로서 공간을 전파할 경우, 이를 전자기파라 부른다.

지배 방정식은 맥스웰방정식(Maxwell equation)이며 전기와 자기의 발생, 전기장과 자기장, 전하 밀도와 전류 밀도의 형성을 나타내는 4개의 편미분 방정식이다. 각각의 방정식은 앙페르 회로 법칙, 패러데이 전자기 유도 법칙, 가우스 법칙, 가우스 자기 법칙으로 불린다. 전자기장은 벡터장으로서, 보통 전기장을 E, 전기력선속밀도를 D, 자기장을 H, 자기력선속밀도를 B로 나타낸다. 이러한 시배방정식들을 FEM(유한요소법), BEM(경계요소법), MOM(모멘트법), FDTD(유한차분시간영역법) 등의 수치해석기법을 이용하여 근사해를 계산한다.

전자기장해석은 어떠한 분야에서 응용되는가.

전통적으로 전자기장 해석은 많은 산업분야중에서 전기 & 전자 제품 설계 시 매우 중요하게 다루어져 왔다. 회전하는 기계(모터, 발전기)에서부터, Sensor, Actuator, Power Generator, Transformer System 그리고 MEMS(Micro Electro Mechanical System)에 이르기까지 그 적용이 매우 광범위하고 다양하다.

최근에는 친환경 자동차 개발 및 보급이 증가함에 따라 전기 모터에 대한 기계적 특성 분석이 중요해지고 있고, 이를 위해서 자동차 산업에서 전자기장 해석이 점점 중요해지고 있다.

전자기장 해석을 하게 되면 어떠한 이점이 있는가

전자기장 해석을 통해 개발하는 제품의 주파수 특성에 적합한 해석이 가능하다. 모터, 발전기, 솔레노이드, 영구자석, 센서 등과 같은 Low frequency 영역 해석과 안테나 등 라디오 주파수 영역의 기기, 전자기파의 방사 해석 등과 같은 High-frequency 영역 해석이 가능하다. 또한 전자기장 해석을 통해 전자기력을 계산하여 기계제품 진동해석의 가진력으로 활용이 가능하다. 그리고 철손, 동손 등과 같은 손실열을 계산하여 기계제품의 발열 특성 및 방열 설계에도 활용이 가능하다.

진자기장 해석 괸련 향후 전망은 이띠한기.

전기자동차, 하이브리드 자동차와 같은 친환경 자동차의 핵심부품인 전기모터에 대한 관심이 점점 증가하고 있다. 전통적으로 전자기장 학문의 주축이었던 전기공학 또는 전자공학 엔지니어 뿐만 아니라 이제는 기계공학 엔지니어들도 전자기장 해석에 관심을 갖기 시작했다. 이러한 산업체들의 수요에 따라 많은 CAE 소프트웨어들이 전자기장 해석 기능을 추가하였으며 많은 전기-기계 제품들의 설계 및 해석에 도움을 주고 있어 전자기장 해석 기반 다중물리해석 기능이 확대되면서 중요해질 것으로 판단하고 있다.

주요 CAE 소프트웨어 소개

멀티피직스 해석, 구조 해석

Abaqus

개발 Dassault Systèmes, www.3ds.com

자료 제공 다쏘시스템코리아, 02-3270-7800, www.3ds.com/ko / 노드데이타, 02-595-4450, www.nodedata.com / 메이븐, 02-852-2555, www.swmaven.co.kr / 브이이엔지, 070-7770-5590, www.veng.co.kr / 브이피케이, 02-6230-7200, plm.vpkcorp.com

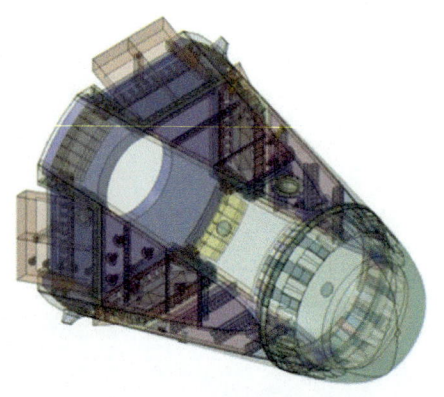

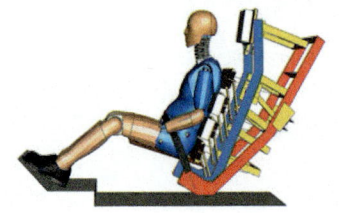
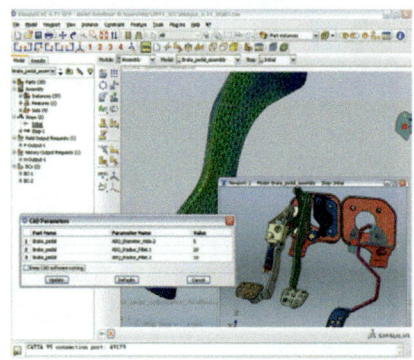

다쏘시스템 SIMULIA 브랜드의 주요한 제품 중 하나라고 할 수 있는 Abaqus는 광범위한 산업 부문에서 엔지니어링 상의 일상적 문제와 정교한 문제를 모두 해결할 수 있는 강력하고 완전한 다중 물리 통합 해석 솔루션이다.

Abaqus는 완벽하게 모듈화되어 있어, 해석 대상에 따라 다양하게 나타나는 형상적 특성, 재질적 특성 및 작용 하중 특성을 정확하게 고려하여 해석 모델을 정의할 수 있고, 다양한 분야에 대한 해석이 가능하다.

또한, 점진적으로 해석 수행의 필요성이 일고 있는 비선형 해석에 가장 적합한 도구로 Abaqus는 높은 수준의 선형 및 비선형 내연적(Implicit)/외연적(Explicit) 해석 기능, 복잡한 접촉 기능을 정확하게 구현하고, 복잡한 신소재 재질 모델을 사용자에게 제공하고 있다.

이외에도 열과 구조, 구조와 음향 등 다중 물리 해석 기능과 함께 이종 해석 솔루션과 연계할 수 있는 Co-simulation 기능을 이용하여, 그 적용 범위를 좀 더 확장하고 보다 다양한 분야에 사용할 수 있다.

이러한 해석 기능과 더불어 다양한 CAD와 연결성 강화, 고성능 계산 처리 기능의 확대, 다양한 가시화 기능은 사용자가 Abaqus를 사용하는데 많은 도움을 제공하고 있다.

음향/소음 해석

Actran

개발 Free Field Technologies, www.fft.be

자료 제공 한국엠에스씨소프트웨어, 031-719-4466,
www.mscsoftware.com/kr

소음해석 기법은 대부분의 공학 분야에서 사용하고 있다. 그 이유는 간단하다. 너무 시끄럽거나 귀에 거슬리는 소리가 나는 제품을 허용할 수 있는 산업군은 없기 때문이다.

Actran은 운송장비, 항공우주, 국방, 일반 기계류, 소비자용 상품 등 다양한 산업군에서 점점 엄격해지는 소음 규제를 만족하고, 새로운 설계안이 기업의 트레이드 마크와 같은 상징적인 소리를 일관되게 낼 수 있도록 돕는다.

풍부한 모델링 기능과 고성능의 솔버로 인해 엔지니어들은 구조 소음과 유동 소음 문제를 제한된 일정 내에 모두 해결할 수 있다. 또한 Actran의 사용자 친화적이며 원하는 방식으로 바꿀 수 있는 사용 환경을 이용하여, 어떠한 제조 과정에도 소음 수치해석을 강건하고 효율적으로 통합하여 사용할 수 있다.

■ 강한 소음 부하와 진동으로 인한 구조-음향 피로(vibro-acoustic fatigue) 예측

응용 사례

■ 동력 전달 장치, 기어박스, 전기차 소음 등의 소음 예측
■ 엔진 흡기 및 배기 시스템의 소음 특성 평가
■ 사이드 미러 및 공조 시스템의 유동-구조-소음 해석
■ 타이어 및 패스-바이 소음 평가 및 그에 대한 흡차음재 최적화
■ 흡차음재를 적용한 차량 전체 모델의 NVH 성능 평가 및 흡차음재 최적화를 적용하여 차량 내부 음향 쾌적성 향상
■ 주파수에 따라 달라지는 흡차음재 효과를 고려한 다층 구조물의 소음 감소효과 예측
■ 전달 경로 분석 및 설계 변경안 효과 비교
■ 설치 효과(구조물 진동, 흡음효과 등)를 고려한 팬 소음 평가
■ 오디오 장비의 종합 성능 평가
■ 항공기 흡기 및 배기소음 흡음대책 및 나셀(nacelle) 설계 최적화
■ 항공기 동체의 유동 소음 전파 현상 예측
■ 수중 음향 전파

적용 효과

■ 최신 HPC 기술을 적용하여 최적화 과정을 단축하면서, 설계안의 소음 성능 예측 및 현상 이해를 통한 개선
■ 전용 파일 드라이버와 유연한 API로 인해 기존의 제품 설계 과정에 소음 성능 평가 과정을 매끄럽게 통합
■ 원하는 방식으로 변경할 수 있는 사용 환경을 이용하여 소음 해석의 강건성과 생산성을 향상

주요 기능

■ 소음 해석 전용 후처리 기능(극좌표 그래프, 3차원 지향성 맵, 기여도 그래프, 다양한 소음 지표)이 포함된 향상된 결과 가시화 기능을 지원하는 그래픽 유저 인터페이스
■ 국제 표준 소음 지표(ISO 3744, ISO 3745, SAE J1074, IEC 61672-1) 내장
■ 사용자 정의 방식의 프로세스 및 요구조건에 기반하여 원하는 방

식으로 변경할 수 있는 사용환경
■ 계산의 효율을 높이고 사용자의 격자생성 업무를 최소화하기 위한 솔버 기반 적응형 자동 메시 기술
■ 시계열(time-domain) 기반인 다물체 동역학 Adams나 전산 유체역학 도구인 scFLOW 결과를 이용할 수 있는 통합된 Co-Simulation 지원
■ MSC Nastran과 같은 구조해석 결과를 이용한 Co-simulation 지원
■ 정적 매질이나 Complex flow 에서의 소음 전파 및 방사 해석
■ Adaptive Perfectly Matched Layer(APML)나 무한요소(Infinite Elements)를 이용한 자유 음장 방사 해석
■ 좁은 유체 영역에서 발생하는 Visco-Thermal 효과에 의한 소음 감소 현상 모델링
■ Direct frequency 기법 및 Modal frequency 기법을 이용한 구조-소음 연성 해석
■ **풍부한 구조-요소** : Solid, Shell, Beam, Spring, Rigid

body, 다층 복합재 구조물 등
■ 다공재를 모델링하기 위해 Biot 이론에 기반한 Poro-Elastic 요소 지원
■ 능동 소자를 모델링하기 위한 Piezo-electric 요소 지원
■ **다양한 랜덤 가진원 지원** : Diffuse Sound Field, Turbulent Boundary Layer 등
■ 1차 및 2차 요소를 지원하는 2D, 3D, 축대칭 해석
■ Steady CFD 결과나 Unsteady CFD 결과로부터 유동 소음원을 추출하여 난류 유동에 의해 발생하는 소음 예측(SNGR 기법, Lighthill과 Möhring analogies 기법)
■ CFD 전용 결과 파일에 대한 인터페이스 지원
■ 유한요소기법과 Virtual SEA 기법에 기반하여 저/중/고주파수 해석 가능
■ Direct 솔버와 Iterative 솔버뿐 아니라 주파수 응답 해석을 빠르게 풀 수 있는 KRYLOV 솔버 지원
■ 고주파수 대형 모델을 풀기 위한 GPU 가속 기능 제공

데이터 관리

MaterialCenter

개발　MSC Software, www.mscsoftware.com/kr

자료 제공　한국엠에스씨소프트웨어, 031-719-4466, www.mscsoftware.com/kr

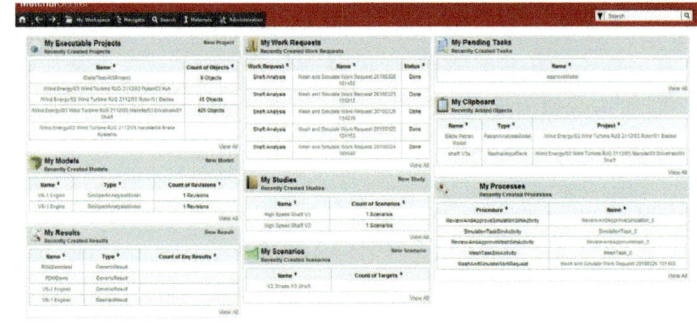

MaterialCenter : 재료의 라이프 사이클 관리

MaterialCenter는 재료 전문가를 기계 시뮬레이션에 연결하기 위해 설계된 재료의 라이프 사이클 관리(Material Lifecycle Management) 시스템이다. MaterialCenter는 통합 프로세스에서 데이터를 포착하여 기업 및 제품 라이프 사이클 전체에서 완전한 추적성을 보장한다. 고유한 프로세스 및 데이터 요구사항을 해결하고 합금, 엘라스토머, 플라스틱, 복합재 등과 같은 복합적 재료의 제품 혁신을 주도한다. MaterialCenter는 많은 상업용 CAE 제품과 직접 작동하며

산업 전반에 걸쳐 엔지니어에게 온디맨드 상업용 데이터뱅크를 제공한다.

전세계 글로벌 제조업체들의 축적된 경험을 바탕으로 탄생한 MaterialCenter는 물리적인 시험, 멀티스케일 재료 모델링, 재료 적용 승인 작업 흐름 및 시뮬레이션 준비 데이터 해석 등 재료에 관련된 모든 활동을 관리할 수 있다. 이를 통해 통합된 프로세스 환경 내에서 재료에 대한 이력관리가 가능해져 엔지니어가 승인된 재료만을 사용할 수 있도록 보장해준다. 이는 해석의 신뢰도를 높여줄 뿐 아니라 수작업 재료 선정에 소요되는

엄청난 시간의 단축 및 데이터 소실을 방지해 줄 수 있어, 엔지니어들이 혁신적인 신제품 개발에 집중할 수 있도록 지원한다.

복합 재료의 개발 시간과 비용 절감은 모든 기업이 경쟁력을 유지하고 시장을 선점하는데 있어 매우 중요하다. 이를 실현하기 위한 강력한 도구는 복합재료를 예측하고 가상으로 테스트하는 Integrated Computational Materials Engineering (ICME) 시뮬레이션이다. 분만 아니라 기업에서 이 방법을 적용하면 가상 데이터(ICME)와 물리적 데이터 검증 모두에서 포착하고 검증해야 하는 데이터의 양을 신속하게 인식할 수 있다. MaterialCenter와 Digimat과의 새로운 혁신적인 제품 통합을 통해 기업의 주요 과제를 해결할 수 있다.

강력한 데이터 관리 솔루션인 MaterialCenter와 가상 재료 시뮬레이션 및 예측 솔루션인 Digimat VA를 함께 사용하면 강력한 솔루션이 생성된다. ICME를 적용하여 물리적인 테스트의 양을 줄임으로써 비용과 개발 시간을 줄일 수 있을 뿐만 아니라 생성된 방대한 양의 데이터를 관리하고 비교, 해석 및 검증이 가능하게 하려는 업계의 주요 과제도 해결할 수 있다. 예를 들어, 재료의 자격 검증은 항상 시뮬레이션과 함께 물리적 테스트를 수행해야 한다. 두 제품의 강력한 통합을 통해 두 데이터 세트를 비교하고 추적성 및 연결을 유지하며 물리적 특성과 시뮬레이션의 속성을 쉽게 비교할 수 있다.

주요 기능

■ 대시보드를 통해 재료 데이터 관리 프로젝트의 신속한 평가 및 관리 감독
■ 작업 요청 및 승인 워크플로를 통해 지속적인 프로젝트 추적
■ 자료 추적 기능(Audit Trail)을 통해 모든 재료 관련 프로세스, 입력 및 출력 문서화
■ 구현된 데이터 관리에 대한 프로세스 지향 자동화 접근 방식으로 수동 데이터 입력 작업 최소화
■ 도표, 곡선, 이미지 등 모든 데이터 유형에 대한 데이터 검색과 검색 및 비교를 위한 강력하고 직관적인 인터페이스
■ 데이터 관리 프로세스에 대한 웹 기반 인터페이스로 분산형 데이터 작성 및 유지 관리 가능
■ 내장된 작업 대기열 인터페이스를 통해 재료 시뮬레이션 프로세스의 실행 최적화
■ 엑셀, Digimat 및 타사 애플리케이션과의 통합으로 PROSTEP OpenPDM 기술을 이용한 재료 데이터 처리 PDM 통합 지원

■ 모든 데이터 트랜잭션 자동 포착
■ 웹 기반 구성으로 신속한 구현 가능
■ 여러 글로벌 위치를 지원하는 구성 가능

적용 효과

■ 신속한 구축 및 IT 지원 비용 절감
■ 추적 가능한 통합 프로세스에서 도출된 승인된 재료의 일관된 소스를 사용하여 데이터 관련 비효율성 감소
■ 즉각적인 생산성 향상을 보장하는 신속한 구축 방법
■ 변화하는 조직의 요구에 적응하여 유지 관리 및 IT 비용을 줄이는 확장 가능한 솔루션

10xICME solution

10xICME(Integrated Computational Materials Engineering) 솔루션은 기업이 재료 개발 프로세스에서 많은 비용을 절감할 수 있도록 지원한다. 재료 개발과 활용 프로세스의 비즈니스 및 엔지니어링 과제를 모두 해결하기 위해 고안되었다.

전세계 글로벌 제조업체 및 재료 공급업체와 협력하여 개발된 10xICME는 플라스틱, 복합재료, 세라믹을 비롯한 광범위한 재료와 사출 성형, 자동 섬유 배치 및 적층 제조와 같은 제조 프로세스에 적용할 수 있다. MSC는 10배의 생산성, 10배의 품질, 10배의 비용 절감 및 10배의 빠른 출시 시간에 대한 ROI 제공을 목표로 한다.

동역학 해석

Adams

개발 MSC Software, www.mscsoftware.com/kr

자료 제공 한국엠에스씨소프트웨어, 031-719-4466,
www.mscsoftware.com/kr

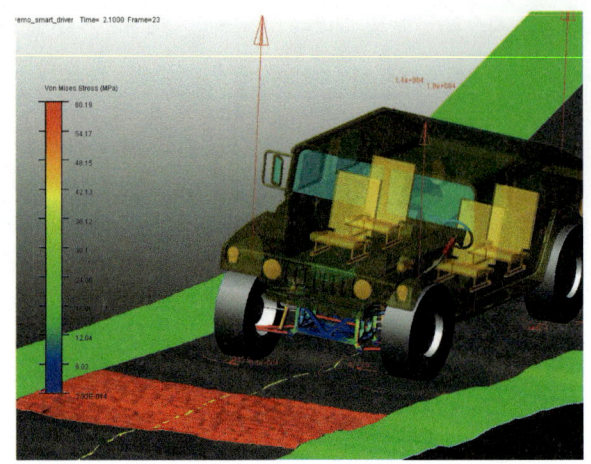

Adams는 다물체 동역학 시뮬레이션 연구에 도움을 주는 MSC Software를 대표하는 핵심 소프트웨어이다. 제조업체는 통상 제품 개발 단계에서 매우 늦은 시점까지, 실제 시스템 성능을 이해하는 데 어려움을 겪는다. 개발 단계에서 단품이나 서브 시스템 단위의 검증을 완료했더라도, 전체 시스템 단위의 테스트 및 검증이 늦어지면 결국 더 많은 시간과 비용이 들어간다.

Adams는 다물체 동역학(MBD) 상을 수상한 소프트웨어로서 초기에 시스템 단위로 설계 검증을 가능하게 하고, 엔지니어링 효율성을 높이고, 제품 개발 비용을 절감할 수 있다. 엔지니어는 동작, 구조, 작동 및 제어를 비롯한 여러 분야간 복잡한 상호 작용을 평가하고 관리하여 최적의 성능을 구현하는 제품을 설계할 수 있다. 광범위한 해석 능력과 함께 Adams는 고성능 컴퓨팅 환경(HPC) 활용으로 대형 모델 시뮬레이션에 대해서도 최적화되어 있다.

다물체 동역학 시뮬레이션 기술을 활용하여 Adams는 빠른 시간 안에 FEA 솔루션이 필요한 정보를 추출할 수 있고, Adams에서 실제 제품의 운용 환경을 구현하여 얻어낸 결과를 FEA에 적용하면 보다 높은 정확도를 기대할 수 있다. Adams를 사용하면 엔지니어는 시뮬레이션 결과를 확인하기 위해 계산이 완료될 때까지 기다릴 필요가 없다. 시뮬레이션이 실행되는 과정에도 실시간으로 애니메이션 및 그래프를 확인할 수 있기 때문에 시간을 절약할 수 있다. 최적설계를 위해 설계 변수, 제약 조건 및 목적함수를 정의한 다음 Adams를 통해 자동으로 최적 설계 업무를 수행할 수 있다.

Adams/Car

■ 실제 테스트를 위한 프로토타입 생산 이전에 모델을 통한 성능 예측 및 개선 가능
■ 실제 프로토타입 테스트보다 빠르고 저렴한 비용으로 설계 변경 및 분석 가능
■ 다양한 케이스를 더 빠르고 쉽게 적용 및 검토 가능
■ 실제 시험장에서 발생할 수 있는 센서 오류로 인한 데이터 손실이나 악천후로 인한 테스트 시간 손실에 대한 우려 없이 안전한 환경에서 작업 가능

Adams/Machinery

■ 기어, 베어링, 벨트, 체인, 전기 모터 및 캠 등 일반적인 기계 부품의 고정밀 시뮬레이션
■ 빠른 모델 해석을 통한 생산성 향상
■ 자동화를 통해 모델 생성, 수정 작업이 용이
■ Adams/Postprocessor에서 쉽게 결과 출력 가능

주요 기능

- STEP, IGES, DXF, DWG, Parasolid 등의 CAD 파일 포맷 지원
- 파트 연결 정의를 위한 광범위한 조인트 및 구속 라이브러리
- 제품 운영 환경을 모사하기 위한 어셈블리의 내/외력 정의
- 유연체 파트, 제어 시스템, 조인트 마찰 및 슬립, 유공압 액추에이터, 매개 변수적 설계 관계를 통한 모델 구체화 작업
- 외부 FEA 소프트웨어에서 MNF 파일을 가져올 필요 없이 자체적으로 유연체 생성 가능
- 설계변수, 제약조건, 목적함수 정의를 통해 최적의 설계 가능
- 구조 해석을 위해 사용하는 선형 모델 및 복잡한 하중 이력 데이터 자동 생성
- 모달 유연체와 강체 지오메트리의 모든 조합 간 2D 및 3D 접촉 해석을 지원
- 복잡한 대변위가 발생하는 모델에 대한 포괄적인 선형 및 비선형 결과 출력
- Adams-Marc Co-Simulation을 통해 비선형성을 갖는 유연체 해석 가능
- FE part를 사용한 비선형 빔 모델 생성 가능

Adams Real Time

- HIL 테스트 환경에서 실제 장비와 가상 모델을 연결하여 시스템 상호 작용 테스트 가능
- DIL 테스트 환경에서 실제 운전자와 가상 모델을 연결하여 차량 및 운전자 성능 평가
- Adams와 VTD Co-Simulation을 통한 고주파 응답 자율주행 해석 가능

고성능 컴퓨팅(HPC)

- 병렬 처리를 통한 Adams/Tire 연산속도 향상
- SMP 지원
- 최신의 선형 해석 기능
- 수동 변환을 대체하기 위한 고정밀도 Adams-MSC Nastran 변환 유틸리티 제공
- 운동방정식의 더 빠른 수치적분을 위한 HHT 적분기 탑재

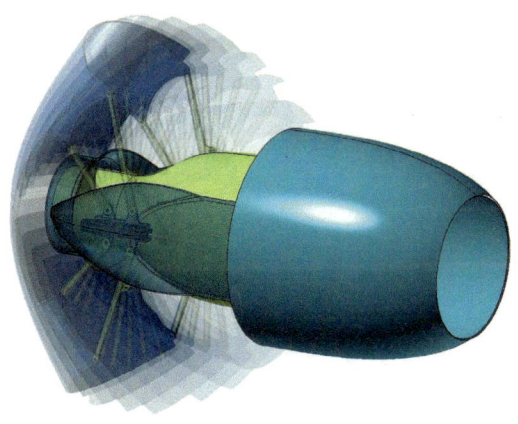

멀티피직스 해석

ADINA

개발 ADINA, www.adina.com

자료 제공 에이블맥스, 02-539-5212,
www.ablemax.co.kr

ADINA는 구조, 유체, 열전달, 전자기장 등에 대한 단독 해석뿐 아니라 유체-구조 연성 해석, 열-구조 연성 해석, 열-유체-구조 연성 해석 등의 다중 물리 현상 해석에 특화된 소프트웨어이다.

ADINA의 비선형 구조해석 솔버는 NX Nastran의 솔버에 사용되기도 했다.(solution 601/701)

볼트 해석

BoltApp

개발 NEWTONWORKS, www.newtonworks.co.jp

자료 제공 에이블맥스, 02-539-5212,
www.ablemax.co.kr

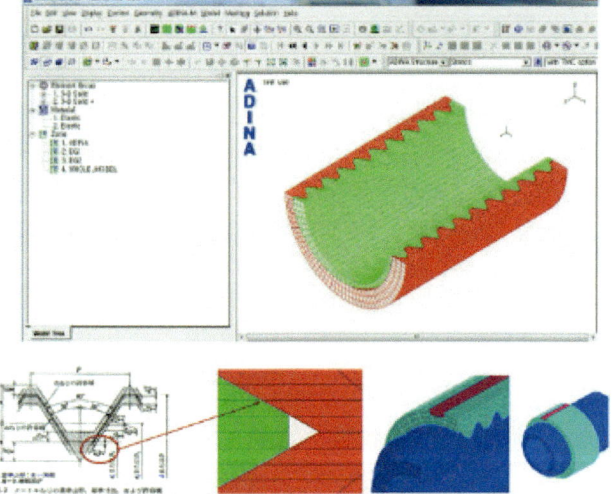

BoltApp은 볼트와 너트의 나사산을 구현한 mesh 생성 프로그램이다.

JIS 규격 라이브러리를 내장하고 있으며 ADINA, NASTRAN, ABAQUS 등의 프로그램과 호환된다.

또한 피치, 나사선의 윤곽선 등 간단한 형상 정보의 입력만으로 볼트/너트 격자를 생성할 수 있다.

절삭 해석 및 최적화

AdvantEdge

개발 Third Wave Systems Inc.,
www.thirdwavesys.com

자료 제공 오비피이엔지, 031-287-4078,
www.obp.co.kr

AdvantEdge

MACHINING MODELING TO DRIVE INNOVATION

SPEED-UP TIME-TO-MARKET	IMPROVE TOOL PERFORMANCE	BOLDLY INNOVATE	EASY TO USE	MARKET SUPPORT
• Reduce design iterations • Simulate more designs • Focus your experimental results for faster decision making	• Push your tools to the limit • Analyze stress, temperature & heat flow • Virtually test your tools on new materials	• Leverage High Performance Machining techniques • Create your own processes with user-defined kinematics	• Designed for non-FEA experts • 20+ parametric process setups available • Automated report generation	• Widely used in aerospace, automotive, energy, medical & cutting tool companies • 140+ validated material models

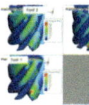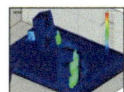

AdvantEdge는 미국의 Third Wave Systems사에서 개발된 절삭가공 해석만을 목적으로 상용화한 해석 소프트웨어로, 금속에 대한 절삭가공 현상을 유한요소법으로 해석할 수 있다.

절삭 현상을 유한요소법을 사용하여 시뮬레이션하려면 변형 속도가 고속인데다 공구와 피삭재가 접촉하여 발생하는 마찰열 및 피삭재의 소성 발열 현상을 동시에 고려해야 하므로 매우 어려웠다. 그리고 금속은 고온이 되면 열 연화(軟化)를 일으키기 때문에 열과의 연성 해석은 필수이다.

AdvantEdge는 해석 대상을 절삭 현상으로 특화하여 이들의 연성된 상태를 고려함으로써, 절삭 현상을 보다 쉽게 시뮬레이션할 수 있게 하였다. 또한 유한요소법을 사용한 시뮬레이션에서 작업하기 번거로운 메시 작성 등의 유한 요소 취급을 줄인 소프트웨어이기 때문에, FEM에 익숙하지 않은 절삭가공 기술자일지라도 쉽게 사용할 수 있는 장점이 있다.

공구 개발과 절삭 조건의 선정(공구회사)

절삭공구의 개발 공정은 크게 소재 개발과 형상 개발로 구분할 수 있다. 공구의 형상은 그 자체로 특허를 출원하는 무한 경쟁 시대에 들어서 있다. 공구 형상은 주어진 절삭 조건에서 낮은 절삭부하, 칩 처리, 발열 제어 등 공구의 성능 및 수명에 큰 영향을 미치며, 이는 절삭 가공의 효율성과 매우 밀접한 관계가 있다. AdvantEdge는 실험 횟수를 대신하며, 시뮬레이션을 통해 절삭 현상을 매우 자세하게 고찰하고 이를 개발과 연계시켜 보다 빠른 제품 개발을 수행할 수 있도록 보조한다.

공구 선정과 절삭 조건의 검증(가공 기업, 공구 수요 기업)

절삭 가공에 의해 제품을 생산하는 기업들은 자체적으로 공구/절삭 가공 관련 기술팀을 보유하고 있는 경우가 많다. 이들은 자사의 생산 공정에 적합하고 최적화된 공구를 선정하거나 개발사에 의뢰하고, 또한 대량 생산 투입 전에 가공 조건에 대한 검증, 트러블 슈팅이 필요하다. 새로운 소재에 대한 도전, 당연한 생산원가 절감이 오랜 경험만으로 해결되기에는 다소 버거운 세상이 되었다.

AdvantEdge는 절삭 가공 현장의 용어를 사용한다. 새로운 소재에 대한 새로운 공구의 적용과 이의 칩 처리를 위한 절삭 조건의 검증은 무수한 시제 가공의 횟수를 줄이고, 보다 생산성 높은 절삭 현장이 될 수 있도록 도와준다.

다양한 절삭 공정 및 피삭재 물성

AdvantEdge는 이론/개념적 빠른 연구를 위한 이차원 모델과 실제 형상과 같은 3D 모델로 선반, 밀링, 드릴링, 탭, 보링 등 다양한 절삭 공정 외에 사용자 정의에 의한 상대운동(기어 가공 등)도 모델링하여 해석할 수 있다. 또한 150 여종 이상의 피삭재 물성 라이브러리를 제공하며, 계속하여 업데이트되고 있다.

Output Data

AdvantEdge는 신뢰도 높은 절삭력을 계산한다. 칩의 발생과 변형, 공구의 온도 분포 및 변형량, 피삭재의 잔류 응력 등 절삭이 일어나는 아주 짧은 순간의 현상을 시각화하고 다양한 데이터를 제공한다. 이 데이터들은 공구의 수명 평가에 매우 중요하게 사용된다.

소성가공 성형 해석

AFDEX

개발 및 자료 제공   엠에프알씨, 055-755-7529,
www.afdex.com

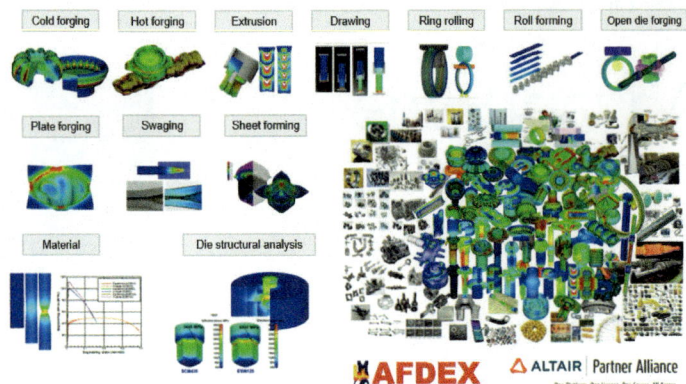

AFDEX는 단조, 인발, 압출, 압연, 판단조, 자유단조, 링롤링 및 기타 특수공정 등 소성가공 공정에 적용할 수 있는 해석 소프트웨어이다.

주요 특징

- ■ 해석 결과의 정확성 및 빠른 계산 시간
- ■ 복잡한 형상에 대한 요소망 생성 및 자동 요소망 재구성
- ■ 성형 해석과 동시에 단류선 실시간 예측
- ■ 사용성이 편리한 GUI 제공(Pre/Post-processor)

주요 기능

- ■ 탄열점소성 유한요소법(Elastothermoviscoplastic FEM)을 이용한 체적 및 판재 소성가공 공정 해석
- ■ 성형 해석과 동시에 단류선 결과의 실시간 확인
- ■ 단조품 단류선 정량화 기술을 이용한 단조 공정 최적 설계
- ■ 설계 도면의 소재/금형 자동 분류 및 프로젝트 설정
- ■ AFDEX_MAT을 통한 재료의 물성 분석(인장시험 및 압축시험 데이터를 이용하여 유동응력 획득)

도입 효과

- ■ 제품 개발 기간 단축 및 개발비 절감
- ■ 과잉 하중, 단류선 불량, 결육, 크랙 등 여러가지 결함의 사전 예측을 통한 불량률 감소
- ■ 금형의 크랙/마모 원인 분석 및 공정 최적화를 통한 금형 수명 향상
- ■ 설계자의 엔지니어링 기술 향상

주요 고객 사이트

- ■ **Global partner** : Altair

도장 해석

ALSIM Paint Shop

개발 ESS Engineering Software Steyr GmbH, www.essteyr.com

자료 제공 쎄딕, 02-2624-0079, www.cedic.biz

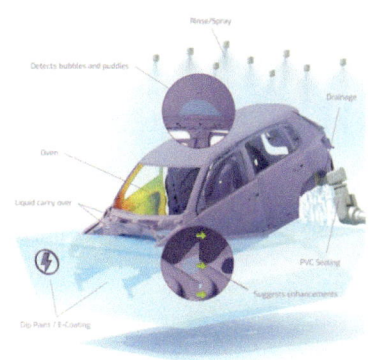

ALSIM Paint Shop은 제품 도장 성능 평가를 위한 시뮬레이션 소프트웨어로, 컨베이어 속도, 전압, 에너지, 페인트 소모량 등의 최적화를 통해 효율적인 도장 공정 프로세스 및 라인을 구축할 수 있도록 지원할 뿐만 아니라 설계 단계에서 도장 성능을 검토하여 설계에 반영함으로써 설계 기간 단축 및 비용 절감을 추구할 수 있다.

자동차 생산 공정에서 가장 비싸고, 에너지 소모가 많은 공정 중 하나가 도장 공정이다. 공정 중 도장 방법, 페인트 배출, 공기방울 생성, 도장 두께, 열처리, 실링 등이 중요하다. 도장 공정은 매우 복잡하고, 많은 단계를 거치므로 시뮬레이션을 이용하지 않고 문제를 발견하기 어렵다. ALSIM Paint Shop은 도장 공정에서 발생할 수 있는 문제를 도출하고, 제품의 최적 설계가 가능한 소프트웨어이다.

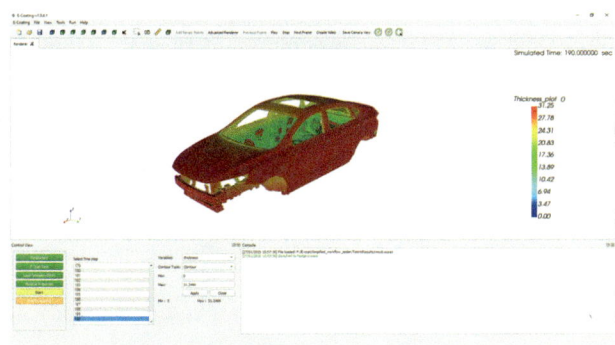

▲ ALSIM Paint Shop 소프트웨어

주요 모듈

■ E-Coating(전착도장)

■ Drainage(페인트 배출)

■ Oven(도장 후 열처리)

■ Sealing(실링)

■ Flood Wax(왁스)

주요 특징

■ 정확하고 정밀하게 도장 전 공정 시뮬레이션

■ 복잡한 형상에 대해 손쉬운 시뮬레이션

■ 자동화 프로세스를 통한 설계 시간 단축

■ 설계 개선을 위한 제안

응용 사례

차체 BIW 도장 시뮬레이션 사례로 제품에 고르게 도장이 되었는지 가시화를 통해 직관적으로 평가할 수 있으며, 도장 공정 개선 및 제품의 최적 설계를 위한 결과들을 제공한다.

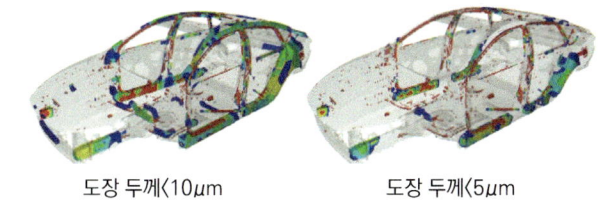

도장 두께<10μm   도장 두께<5μm

▲ BIW 도장 시뮬레이션 결과

기대 효과

ALSIM Paint Shop 소프트웨어를 통해 도장 공정 프로세스 최적화가 가능하며, 설계자들은 제품 설계시 도장 특성을 조기에 예측함으로써 설계 및 도장 공정의 효율성을 극대화하여 제품 개발 기간의 단축 및 비용을 절감할 수 있다.

유동 해석

Altair CFD

개발 및 자료 제공 한국알테어, 070-4050-9200,
www.altair.co.kr

Altair CFD는 유체 역학 문제를 해결하기 위한 포괄적인 솔루션을 포함하고 있다. 건물의 열 해석, 차량의 공기 역학 예측, 기어 박스 오일링 최적화, 냉각 팬 소음 문제 등 다양한 유체 유동을 예측하고 시뮬레이션하는 것을 지원한다.

Altair CFD에는 주요 CFD 기술이 포함되어 있어, 엔지니어가 산업 또는 분야에 관계없이 모든 유체 문제를 해결할 수 있다.

Altair CFD 솔버

Altair AcuSolve - 범용 유체 역학 솔버

전체 범위의 유동, 열 전달, 난류 및 비압축성 흐름과 아음속 압축성 흐름에 중점을 둔다. 유체의 유동장을 파악하기 위해 각종 재료 모델들을 사용할 수 있고, 유동 해석에 필요한 난류 모델을 제공한다. 또한 고체 및 유체 모두에서 열 전달을 분석하기 위한 기능들을 포함하고 있다.

Altair nanoFluidX - 입자 기반 유체 역학 솔버

입자 기반(SPH : Smoothed Particle Hydrodynamics)의 nanoFluidX는 복잡한 형상에서의 복합적인 유체 유동을 예측한다. 회전축/기어로 이루어진 파워트레인 시스템에서 오일의 거동을 예측하고, 각각의 시스템 구성요소에 가해지는 힘과 토크를 분석할 수 있다. GPU 사용 환경에 최적화되어 있기 때문에 계산 처리 시간을 최소화한다.

Altair ultraFluidX - LBM 기반 공기 역학 솔버

승용차 및 대형차량, 건물 및 환경의 공기 역학적 특성을 초고속으로 예측할 수 있다. 래티스 볼츠만법(LBM : Lattice Boltzmann Method)은 GPU와 같은 대규모 병렬 아키텍처에 적합하기 때문에 처리시간이 매우 빠르다. 최첨단 GPU 최적화 알고리즘을 활용하여, 복잡한 형상의 대형 모델인 경우에도 단일 서버에서 overnight 해석을 통해 빠르게 실행할 수 있다.

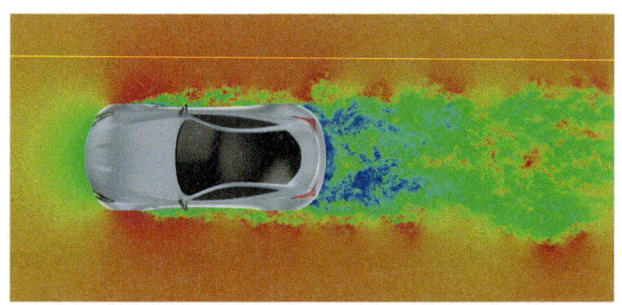

ElectroFlo - 전자/열 CFD 소프트웨어

ElectroFlo는 까다로운 전자기기 냉각 및 기타 EDA 열 관리 애플리케이션을 시뮬레이션할 수 있는 CFD 기반 열 해석 시뮬레이션이다. CFD 전문가가 아닌 사용자도 사용하기 쉽고 전도, 자연 및 강제 대류, 복사 및 복합 열 전달 문제를 해결할 수 있다.

Altair FlowSimulator - 통합 열유체시스템 설계 시뮬레이션

FlowSimulator는 CAD 통합 환경 내에서 유체 및 열 시스템에 대한 여러 학문 분야간의 모델링 및 최적화를 제공하는 3D 설계 도구이다. FlowSimulator는 항공기가 활주로에서 이륙 및 착륙까지 전체 비행 주기가 실제로 어떻게 작동하는지 시뮬레이션하는 것을 비롯해 의료, 기관차 및 재생 에너지 등 다양하고 복잡한 열 시스템 애플리케이션에 대한 모델링을 단순화하는 데 사용하고 있다.

이러한 솔루션은 모두 단일 라이선스 내에서 사용할 수 있으므로, 회사는 소프트웨어 비용을 최소화하면서 광범위한 애플리케이션을 활용할 수 있다.

입자 해석

Altair EDEM

개발 및 자료 제공   한국알테어, 070-4050-9200,
www.altair.co.kr

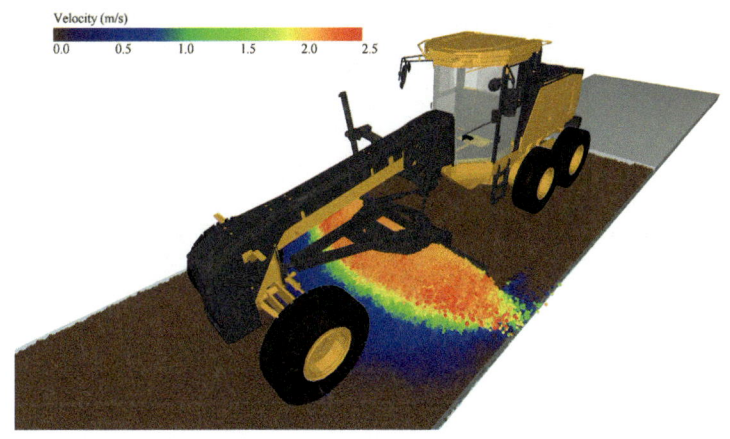

EDEM은 입자 거동에 영향을 미치는 다양한 물리적 현상에 대해 시뮬레이션하는 소프트웨어이다.

이산요소법(DEM : Discrete Element Method) 기반인 EDEM은 중공업, 농업, 광업 및 제약, 화학, 식품 가공까지 광범위한 산업 분야에서 기계 설계, 재료 취급 및 제조 효율성을 최적화하는 데 도움을 준다. 많은 중공업 기업들이 트럭 차체, 굴삭기 등 벌크 자재를 처리하는 장비의 가상 테스트를 진행하고 있으며 제약, 화학, 소비재 포장 제품 회사 등에서 사용하고 있다.

세부 구성 요소

EDEM은 EDEM Creator, Simulator, Analyst 등 3가지로 구성되어 있다.

- ■ **EDEM Creator :** EDEM 시뮬레이션 모델을 설정하기 위한 전처리기
- ■ **EDEM Simulator :** 빠르고 효율적인 시뮬레이션 솔버
- ■ **EDEM Analyst :** 시뮬레이션을 검토하고 분석하는 후처리 환경

주요 특징

- ■ **재료 모델 라이브러리 액세스 :** 암석, 광석, 토양 및 분말을 나타내는 EDEM의 광범위한 재료 모델을 사용하여 재료가 어떻게 설계에 영향을 미치는지 이해하고 빠르고 쉽게 시뮬레이션을 할 수 있다. 이는 실제 시제품 제작에 대한 의존도를 크게 줄이고 장비의 생산성 및 신뢰성을 높일 수 있다.
- ■ **다른 CAE 도구와의 연계 해석 :** 알테어의 AcuSolve(CFD), MotionSolve(MBD), OptiStruct, SimSolid(FEA)와 같은 CAE 툴과 결합한 연계 해석이 가능하다. 기계 설계, 재료 취급 및 제조 효율성을 최적화하기 위한 더욱 강력한 해석 환경을 제공하고 있다.
- ■ **EDEM API를 사용한 사용자 정의 :** EDEM 시뮬레이션은 EDEM API를 사용하여 자신만의 맞춤 물리를 작성하여 사용자 정의를 할 수 있다.

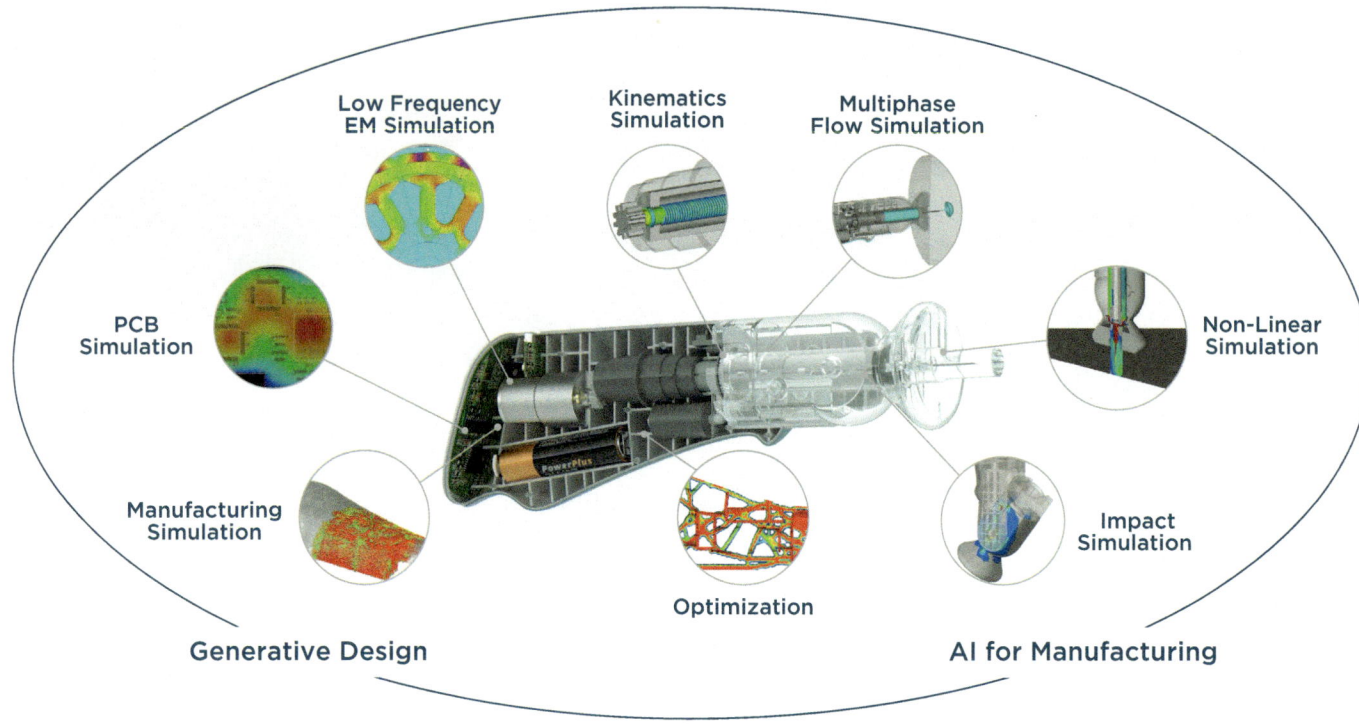

ALTAIR SIMULATION
For Everything

알테어는 전체 제품 개발 라이프 사이클에서 시뮬레이션 기반 설계를 가능하게 하는 직관적이고 강력한 소프트웨어 제품군을 제공합니다. 특히 필요한 조건 내에서 가장 효율적인 디자인을 찾아내는 제너레이티브 디자인에 특화되어 있습니다. 또한 데이터 기반의 메타 모델을 만들어 복잡한 현상의 최적해를 효율적으로 도출합니다.

알테어의 시뮬레이션 기반 설계

알테어는 오랫동안 '시뮬레이션 기반 설계'를 내세우며 손쉬운 사용성을 기반으로 제조 시뮬레이션 솔루션을 통합적으로 제공하고 있습니다. 모든 기술 수준의 사용자가 설계단에서 쉽고 정확한 시뮬레이션을 할 수 있도록 지원합니다.

알테어 솔버 활용한 빠르고 정확한 해석

알테어는 업계에서 가장 포괄적인 솔버 포트폴리오를 보유하고 있습니다. 구조 해석, 충돌 해석, 다물체 동역학 해석, 입자 해석, 유동 해석, 전자기 해석, PCB 해석을 비롯해 수치 해석에 필요한 모든 솔루션을 동일한 라이선스로 제공합니다.

제너레이티브 디자인

위상최적화(Topology Optimization)는 제너레이티브 디자인의 핵심 기술이며, 컨셉 단계에서 활용할 수 있는 대표적인 최적화 기법입니다. 알테어가 독보적인 제너레이티브 디자인 기술을 이용하면 예상 하중, 사용 가능한 설계 공간, 재료 및 비용과 같은 설계 매개 변수를 고려하여 설계 공간으로부터 최적화된 구조를 손쉽게 개발합니다.

데이터 기반의 메타 모델 활용

3D 시뮬레이션을 통한 제품 검증 과정은 일반적으로 많은 시간과 비용이 소요됩니다. 알테어는 복잡한 해석 모델을 대체하는 메타 모델을 생성하여 제품의 성능을 실시간으로 예측하고, 모델 별로 결과값을 검증하고 비교합니다. 알테어의 최적화 솔루션 Altair HyperStudy는 시뮬레이션에 DOE(Design of Experiments)를 적용하여 데이터를 생성 및 증강하고, 고급 Fitting 기능을 활용하여 메타 모델을 확보합니다. 메타 모델링 과정에서 알테어의 데이터 분석 솔루션인 Altair Knowledge Studio와 연계하여 머신러닝 기술을 기반으로 다양한 문제를 해결할 수 있습니다.

△ ALTAIR   Altair Engineering, Inc. All Rights Reserved. / altair.co.kr / Nasdaq: ALTR / Contact Us 070-4050-9200

시뮬레이션으로 제조 생산 효율성을 향상시킬 수 있나요?
Altair Inspire Manufacturing Solution은 가능합니다.

주조 해석
Altair Inspire Cast

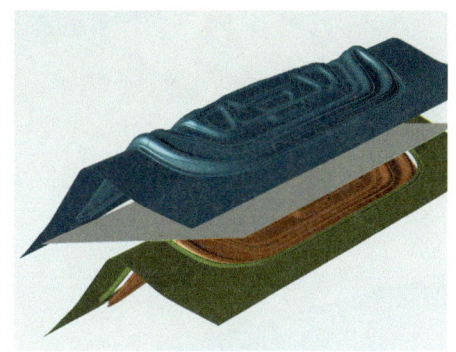

판재 성형 해석
Altair Inspire Form

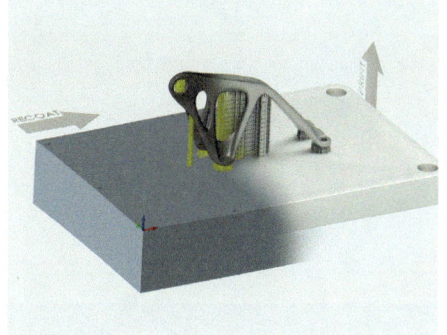

적층 제조
Altair Inspire Print 3D

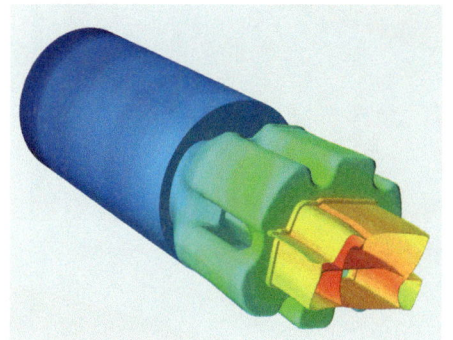

압출 해석
Altair Inspire Extrude

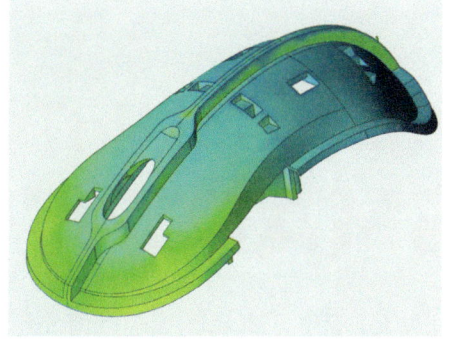

사출 해석
Altair Inspire Mold

폴리우레탄 발포 성형
Altair Inspire PolyFoam

제품을 설계할 때 제조업체는 비용, 개발 및 생산 속도, 품질 유지와 관련된 문제에 직면합니다. 설계 엔지니어는 CAD 툴과 시뮬레이션 모델 사이를 오고 가는 번거로움을 피하고, 설계를 신속하게 평가해서 최적의 설계를 하고자 합니다.

알테어는 설계 엔지니어들이 제품의 타당성을 직접 평가하고, 다양한 가상 테스트를 할 수 있는 제조 시뮬레이션 패키지를 제공합니다. 사용자는 단순하고 직관적인 Altair Inspire 사용자 환경에서 설계 검증을 할 수 있습니다.

특정 제조 제약 조건이 있는 최적화 기술을 사용하여 더 우수하고 효율적인 제품을 설계할 수 있습니다. 제품 제조 가능성을 위한 알테어의 제조 솔루션은 자동차, 항공우주, 전자, 제약 및 중공업을 포함한 여러 산업에서 사용하고 있습니다.

사용 편리성
직관적인 GUI는 해석 초보자도 쉽게 사용할 수 있습니다.

유연한 확장성
적층 제조, 주조, 사출 성형 금속 성형, 압출 등 다양한 시뮬레이션이 가능합니다.

5 STEP
5단계 워크플로우로 효과적으로 결과를 확인할 수 있습니다.

인공지능과 데이터 분석, IoT를 하나로
ALTAIR SMARTWORKS

Altair SmartWorks는 확장 가능한 개방형 IoT 플랫폼입니다. PaaS(Platform as a Service) 또는 온프레미스로 제공되며, 조직 내 다양한 팀들이 복잡한 문제를 해결하고, 데이터를 기반으로 비즈니스 가치를 창출할 수 있는 협업 환경을 제공합니다. 알테어는 설계 엔지니어가 AI 및 머신러닝을 제품 설계 개발 단계에서 활용하도록 지원합니다.

Altair Monarch는 데스크톱 기반의 셀프 서비스 데이터 전처리 솔루션으로서 PDF 및 반정형화된 텍스트 파일을 포함한 모든 데이터에 액세스, 정리, 전처리 및 혼합하는 가장 쉬운 방법을 제공합니다.

Altair Knowledge Studio는 유연한 개방형 예측 분석 및 머신러닝 플랫폼으로 정확하고 효율적이며 민첩하게 비즈니스 문제를 해결하고 결과를 예측합니다. AutoML 기반으로 일반 비즈니스 사용자도 손쉽게 머신러닝을 활용할 수 있습니다.

Altair Panopticon은 실시간 데이터 모니터링 및 분석 어플리케이션을 코딩없이 구축할 수 있는 플랫폼입니다. 드래그 앤 드롭으로 시각화 차트를 자유롭게 추가해 쉽고 빠르게 대시보드를 생성할 수 있어 조직의 효율적인 의사결정을 돕습니다.

Data Analytics for Manufacturing - Rolls-Royce 활용 사례
세계 3대 항공 엔진 제조업체 롤스로이스는 비용 절감과 리드 타임 단축을 위해 알테어 데이터 솔루션을 활용하였습니다. 실시간 데이터와 과거 데이터로 구조 해석을 수행할 때 구조적 무결성을 유지하면서 엔진 무게와 질량을 줄이는 것이 목표였습니다. 결과적으로 롤스로이스는 알테어의 로우코드 기반 머신러닝 모델링 플랫폼에서 AI 기술을 활용해 설계 시간을 20% 단축하고 수백만 유로를 절감하였습니다.

비즈니스 팀
코드 작성 없이 팀 전체에 데이터 기반 인사이트를 공유할 수 있습니다.

데이터 전문가
확장 가능한 기능을 활용해 AI 증강 분석을 개발할 수 있습니다.

SW 개발자
복잡한 자동화를 대규모로 관리할 수 있습니다.

모델 기반 설계를 위한 시스템 모델링 솔루션
ALTAIR COMPOSE & ALTAIR ACTIVATE

제품을 개발할 때는 복잡한 시스템을 모델링 해야 합니다. 하위 시스템 및 환경과의 상호 작용까지 고려하기 위해서는 유연하며 목적 지향적인 모델링 플랫폼이 필요합니다. 알테어는 수학, 신호 기반, 물리적 구성 요소 및 3D 모델링 기술을 통합함으로써 모델 중심의 개발을 지원합니다.

Altair Compose는 수치 해석 및 프로그래밍 환경을 제공하는 공학용 소프트웨어로, 수치 연산과 알고리즘 개발, 다양한 데이터 유형의 분석 및 시각화를 지원합니다. 엔지니어링과 CAE 관련 전/후처리 속도를 높이고 재료 모델링을 지원하고 최적화 수행 및 제어 시스템을 개발하는 기능도 제공합니다. 산업 표준과 호환되는 OML(Open Matrix Language)으로 사용하기 쉽고 호환성이 좋습니다. 추가적인 코드 요구 없이 에러를 간소하고 빠르게 해결해 사용자들이 코드를 빠르게 디버깅할 수 있도록 돕습니다.

Altair Activate는 시스템 통합 플랫폼입니다. 시스템 시뮬레이션 및 제어 엔지니어가 다분야 시스템을 모델링하고 시뮬레이션, 최적화할 수 있도록 지원합니다. 사용자는 모델 기반 개발을 활용하여 모든 설계 요건이 충족되는지, 시스템 수준에서 다양한 분야의 시뮬레이션을 통해 제품 성능 최적화 할 수 있습니다. Activate의 직관적인 블록 다이어그램 환경에서 드래그앤드롭 방식으로 손쉽게 실제 시스템 기능의 작동 데모를 빠르게 만들 수 있습니다. 또한 프로토타입의 반복을 줄여 비용을 효과적으로 절감할 수 있습니다.

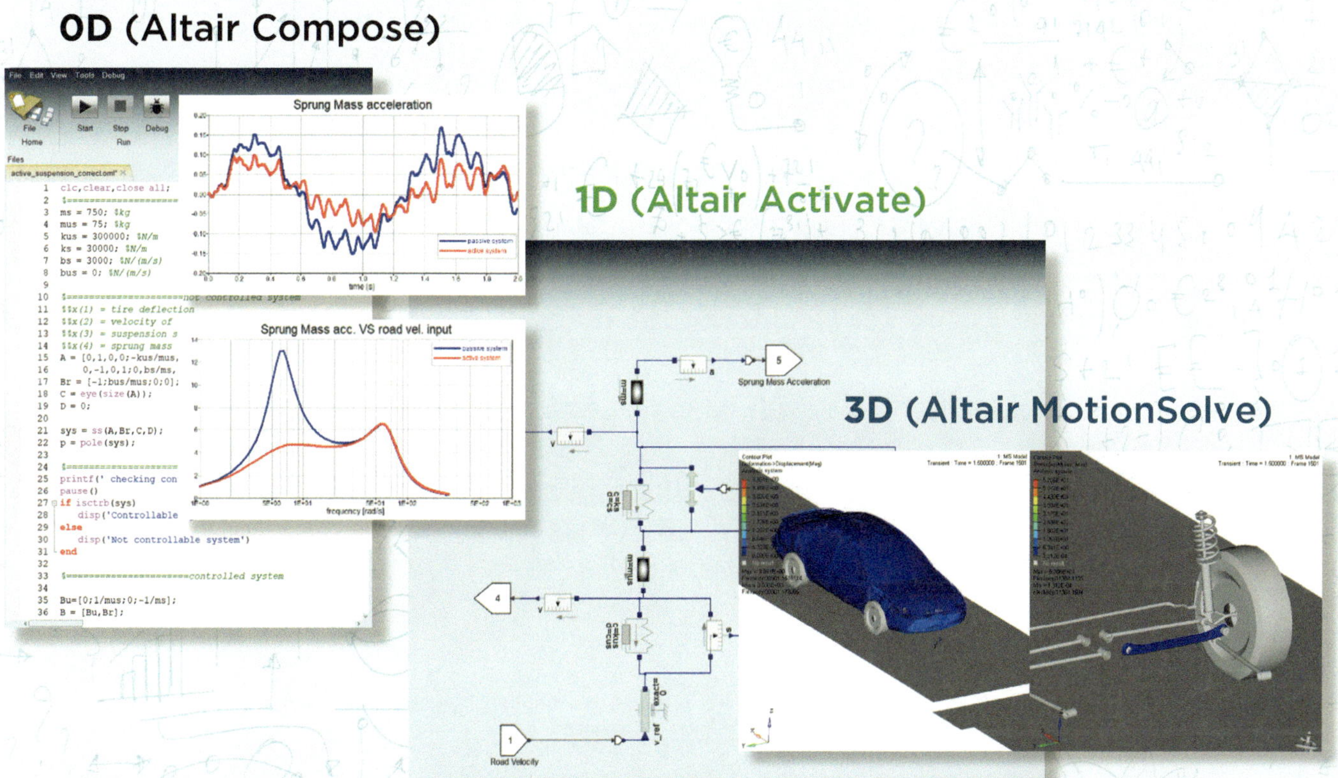

OD 모델링부터 3D 모델링까지 빠른 제품 개발을 위한 이상적인 시스템 통합 환경을 제공합니다.

전자기 해석

Altair Feko

개발 및 자료 제공   한국알테어, 070-4050-9200,
www.altair.co.kr

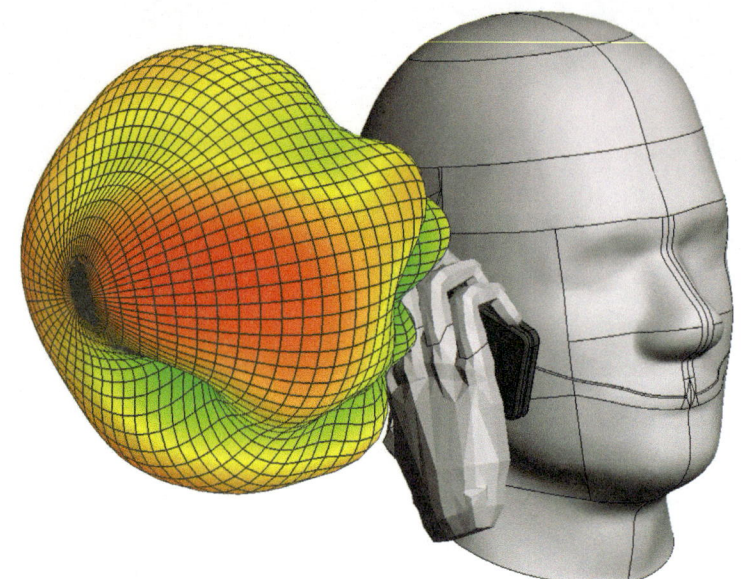

Feko는 5G를 포함한 무선 연결을 최적화하고, 전자기 호환성(EMC)을 보장하고, 레이더 단면(RCS) 및 산란 분석을 수행할 수 있도록 광범위한 고주파 전자기 애플리케이션 세트를 처리한다.

안테나 시뮬레이션 및 배치, 무선 범위, 네트워크 계획 및 스펙트럼 관리에서 전자기 호환성(EMC/EMI), 레이돔 모델링, 생체 전자기 및 RF 장치에 이르기까지 광범위한 전자기 문제를 효과적으로 분석할 수 있다. Feko는 항공 우주, 방위, 자동차, 통신 및 가전 제품을 포함한 여러 산업에서 전 세계적으로 사용하고 있다.

주요 특징

■ **머신러닝을 활용한 설계 최적화** : 안테나 설계 및 배치 애플리케이션을 위한 실험에 머신러닝을 활용하여 빠르고 지능적인 최적화를 수행할 수 있다.

■ **전문화된 특수 솔루션** : Feko는 신뢰성 높은 기술로 증명되고 있는 특성 모드 분석(CMA) 솔버를 상업적으로 최초로 적용했다. 또한 케이블 모델링, 배열 간섭, 초음파 시스템, 가상 테스트 드라이브 및 비행 등 솔루션도 제공한다.

주요 기능

■ **하이브리드 솔버** : Feko는 복잡하고 규모가 큰 문제를 효율적으로 해석할 수 있는 하이브리드 솔버를 제공한다. 여기에는 스펙트럼 관리 및 무선 네트워크 계획을 위한 Altair WRAP, 안테나 설계 및 배치, 레이돔 모델링하는 newFASANT, 무선 전파 및 무선 네트워크 검증을 위한 Altair WinProp를 포함하고 있다.

■ **완벽한 연결 워크플로** : Feko는 빠르고 정확한 전파 모델을 적용하여 설치된 안테나 성능과 무선 커버리지 및 계획 분석을 결합한 워크플로를 제공한다.

전자기 해석

Altair Flux

개발 및 자료 제공 한국알테어, 070-4050-9200,
www.altair.co.kr

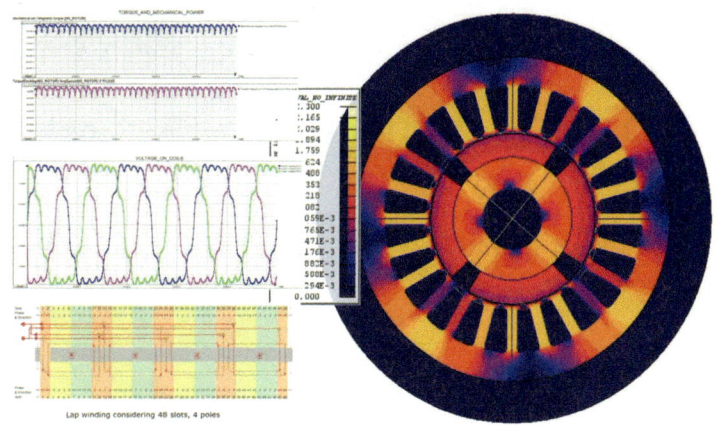

Lap winding considering 48 slots, 4 poles

Flux는 전자기와 열의 특성, 정상 상태 및 과도 상태를 시뮬레이션하는 소프트웨어이다.

Flux는 설계자로 하여금 프로토타입 제작 횟수를 줄이면서 더 짧은 시간에 최적화된 고성능 제품을 생성할 수 있도록 지원한다. Flux는 알테어의 멀티피직스 최적화 플랫폼과의 강력한 커플링을 통해 하위 시스템의 즉각적인 상호작용을 해하고 전체 설계 프로세스를 간소화한다.

주요 특징

■ **광범위한 사용 분야** : 자기, 전기, 열 커플링 해석, 역학 커플링, 고조파 및 과도 현상 해석 등 다양한 분야에서 사용하고 있다.

■ **유연성** : Flux의 개방된 환경에서 스크립팅 도구와 매크로 작성 기능, 멀티파라메트릭 해석 등 다양한 옵션과 도구를 제공한다. 모델과 솔버를 세밀하게 조정하고 시뮬레이션 프로세스를 효율적으로 캡처 및 자동화한다.

주요 기능

■ **쉽고 유연한 메시 생성** : Flux는 2D 및 3D 상황에서 혼합하여 사용할 수 있는 여러 메시 기술을 제공하여 사용자가 정확한 메시를 신속하게 얻을 수 있도록 한다. 알테어의 HyperWorks나 SimLab에서 구성한 복잡한 형상의 메시를 가지고 올 수 있고, 복잡한 3D CAD 입력 파일을 효율적으로 처리할 수 있다.

■ **고성능 계산을 위한 고급 물리적 특성** : 전자기 장치의 저주파 동작을 시뮬레이션하기 위한 폭 넓은 물리적 모델을 제공한다. 전자계 해석, 열 해석, 열 커플링(전자계-열, 자기-열), 내장형 전기 회로 및 강체 운동 기능 등을 포함한다.

■ **멀티피직스** : Flux는 복잡한 3D 모델을 효율적으로 처리하고 솔빙하며, SimLab의 멀티피직스 환경에서 전자기-진동 연계 해석을 위한 작업과정을 쉽게 자동화할 수 있다.

피로 해석

Altair HyperLife

개발 및 자료 제공 한국알테어, 070-4050-9200,
www.altair.co.kr

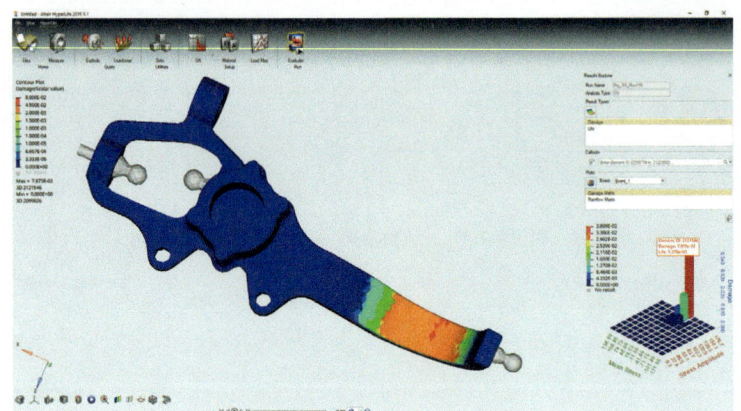

HyperLife는 손상 및 피로 수명을 빠르고 안정적으로 계산할 수 있다.

대부분의 FEA 결과 파일과 직접 사용할 수 있고 내구 해석에 필요한 포괄적인 도구 세트를 제공한다. 내장된 물성 데이터베이스를 통해 광범위한 산업 응용 분야에서 반복적으로 하중이 적용될 때의 피로 수명을 예측할 수 있다. 또한, 사용자 친화적인 그래픽 인터페이스에서 손쉽게 피로도 예측이 가능하다.

주요 특징

■ **사용하기 쉬운 GUI :** HyperLife의 직관적인 GUI는 사용자에게 효율적인 작업을 도와준다. 초보자도 쉽게 학습하고 피로 수명 예측을 수행할 수 있다.

■ **솔버 중립적인 프레임워크 :** 다양한 솔버에서 얻은 FEA 결과 데이터를 입력 파일로 사용할 수 있다.

■ **내장형 물성 데이터베이스 :** 내장된 물성 데이터베이스에는 재료 곡선을 추정 및 생성하기 위한 500개 이상의 세트와 유틸리티가 있어, 사용자가 라이브러리 상에서 원하는 물성을 선택할 수 있다. 세션 상에서 데이터베이스의 피로 물성을 불러오거나 새로운 물성을 생성할 수 있다.

주요 기능

■ **피로 해석 설정 검토 :** 피로 해석 수행 전에 설정을 미리 검토할 수 있다. 해석이 완료되면 결과를 불러와서 손상 및 파단 사이클 횟수를 시각화해 볼 수 있다. 그리고 이전 단계에서 설정을 다시 수정한 후에 동일한 형상을 가지고 다시 해석할 수 있어 신속한 의사결정이 가능하다.

■ **신호 처리 :** 로드맵 유틸리티에서 단순하지만 강력한 신호 처리를 제공한다. FEA 하중 케이스를 피로 하중 이력 파일과 페어링하기 위해 자동 또는 수동으로 내구성을 도출할 수 있다.

■ **피로 수명 해석 :** 사용 가능한 피로 수명 모듈로는 Uniaxial SN/EN, Multiaxial SN/EN, Dang Van(FOS), Weld Fatigue, Spot Weld, Seam Weld, Vibration Fatigue가 있다.

제조 공정 해석

Altair Inspire 제조 시뮬레이션 제품군

개발 및 자료 제공 **한국알테어, 070-4050-9200, www.altair.co.kr**

알테어는 제조업체가 제품 타당성을 미리 평가하고, 시뮬레이션 기반 제조를 통해 제조 프로세스를 최적화할 수 있도록 제공한다. Inspire 제조 시뮬레이션 제품군은 하나의 통합된 사용자 인터페이스에서 사용할 수 있어 더욱 편리하다. 사용자는 제조 프로세스 초기에 설계를 검증할 수 있을 뿐만 아니라 특정 제조 제약 조건이 있는 최적화 기술을 사용하여 더 우수하고 효율적인 제품을 설계할 수 있다.

Altair Inspire Cast - 주조 해석 시뮬레이션

Altair Inspire Cast는 제품 설계자에서 파운드리 엔지니어에 이르기까지 초보자와 전문가 모두에게 적합한 도구이다. 공정 프로세스 템플릿은 중력 주조, 고압, 저압 다이 캐스팅 및 경동 주입을 시뮬레이션 하는 5가지 쉬운 단계를 제공한다.

Altair Inspire Form - 금속 성형 시뮬레이션

Altair Inspire Form은 판금 성형, 세부 공정 분석 및 가상 시험을 위한 통합 솔루션을 제공한다. 스탬핑 시뮬레이션 환경에서 엔지니어는 확장성이 뛰어난 소프트웨어의 솔버를 사용하여 재료 성형성, 두께 감소율, 주름, 스프링백을 정확하게 분석할 수 있다. 솔버는 다단 성형을 지원하며 현대적이고 직관적인 사용자 인터페이스에서 고품질 부품을 생산할 수 있다.

Altair Inspire Print3D - 적층 제조 시뮬레이션

알테어의 적층 제조 소프트웨어는 고유한 프로토타입 제작을 넘어 생산 설계를 지원하는 강력한 시뮬레이션을 제공한다. Altair Inspire Print3D는 재료 사용, 인쇄 시간 및 후 처리를 줄여 제품 개발 비용을 절감할 수 있다. 또한 선택적 레이저 용융(SLM) 부품의 설계 및 공정 시뮬레이션을 위한 빠르고 정확한 도구 세트를 제공한다.

Altair Inspire Extrude - 압출 해석 시뮬레이션

Altair Inspire Extrude는 금속 및 고분자 압출 시뮬레이션을 위한 사용하기 위한 플랫폼이다. Inspire Extrude Metal을 사용하면 프로파일 형상 확인, 스크랩 예측, 웰드 위치 확인, 입자 크기 분석 등 다양한 압출 결함을 확인할 수 있다. Inspire Extrude Polymer를 통해 사용자는 고분자 재료에 대해 압출 제품의 형상과 공정 변수의 상호 작용하는 방식에 대한 이해를 높일 수 있다.

Altair Inspire Mold - 사출 성형 시뮬레이션

Altair Inspire Mold를 사용하면 5단계 워크플로를 통해 사출 성형을 쉽게 수행할 수 있다. 사출 제품의 사출성형 테스트, 검증, 수정은 소프트웨어 내의 기능으로, 사출 성형 부품 제조 가능성을 평가할 수 있는 통찰력을 제공한다. 변형, 싱크 마크 및 미성형과 같은 일반적인 제조 결함은 금형이 제작되기 전에 제품 설계자와 엔지니어가 수정할 수 있다.

Altair Inspire PolyFoam - 폴리우레탄 발포 성형 시뮬레이션

Altair Inspire PolyFoam을 사용하면 폴리우레탄 성형 및 발포 공정을 조기에 효율적으로 시뮬레이션하여 제품 품질과 주기 시간을 개선, 스크랩 및 금형 재작업 비용을 줄일 수 있다. 이 제품은 여러 원액을 동일한 금형에 동시에 주입할 수 있으며 다양한 공정조건에 대해 빠르고 정확하게 시뮬레이션 한다.

다물체 동역학 해석

Altair MotionSolve

개발 및 자료 제공   한국알테어, 070-4050-9200,
www.altair.co.kr

MotionSolve는 다물체 시스템 시뮬레이션을 수행하여 움직이는 제품의 동적 반응을 예측하고 성능을 최적화한다.

MotionSolve로 기구, 동역학, 정적, 준정적, 선형 및 진동 해석을 수행할 수 있다. 엔지니어와 설계자는 모션에 기인한 실제 영향을 고려해, 제품이 안정적으로 작동하고 내구 요건을 충족하며, 과도한 진동이 발생하지 않는지를 미리 확인할 수 있다.

주요 특징

■ **기계 및 매커니즘 시뮬레이션** : MotionSolve는 수천 개의 접촉을 포함할 수 있는 복잡한 시스템을 쉽게 모델링하고 해석할 수 있도록 도와준다. 빠른 결과를 얻기 위해 병렬 처리를 이용하며, 자동 보고서 작성 기능이 있어 시스템 거동을 쉽게 검토 및 파악하여 빠르게 공유할 수 있다.

■ **다양한 해석 분야와 co-simulation** : 모션과 FEA 툴을 결합하여 유연체를 불러오고 작동 하중을 내보낼 수 있고, 알테어의 1D 툴인 Activate와 결합하여 다분야 시스템 시뮬레이션을 할 수 있다. 또한, CFD 솔버인 AcuSolve와 결합하여 유체 효과(공기 역학 또는 슬로싱)를 시뮬레이션할 수 있다.

주요 기능

■ **다양한 모델링** : MotionSolve는 다물체 시스템을 모델링할 수 있는 풍부한 모델링 요소를 지원한다. CAD, FE, 컨트롤, 1D, 시뮬레이션, 유압, CFD 및 최적화와의 통합 기능을 지원한다.

■ **시스템 거동 연구** : MotionSolve는 시스템의 동적 거동을 평가하고 실제 상황에서 제어 시스템의 성능을 개선하기 위한 옵션을 제공한다. 여기에는 동역학 문제를 풀기 위한 Implicit/Explicit, Stiff/Non-stiff, DAE/ODE 등 수치 적분 방법과 모션 구동 시스템에 대한 기구학 해석 등을 포함한다.

■ **차량 동역학 및 내구 NVH 시뮬레이션** : MotionSolve는 자동차 분야에 특화된 도구들이 포함되어 있다. 실제 차량을 쉽게 구성할 수 있게 해주는 차량 라이브러리를 제공하고, 반차량 해석 및 전차량 주행 시뮬레이션을 수행할 수 있다. 실제와 유사한 조건으로 테스트하면서 설계상의 장단점을 사전에 파악할 수 있다.

구조 해석

Altair OptiStruct

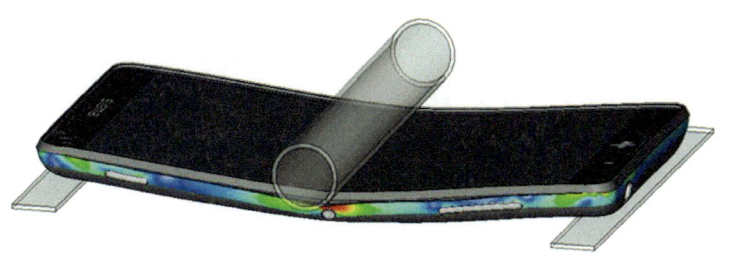

개발 및 자료 제공 한국알테어, 070-4050-9200,
www.altair.co.kr

OptiStruct는 구조 설계와 최적화 분야에서 업계를 선도하며 가장 널리 사용되고 있는 구조해석 솔버이다.
설계 프로세스에 전략적으로 배치되어 강도, 강성, 진동 및 피로 특성과 같이 다양한 성능 메트릭에 대해 구조를 최적화하여 혁신적이고 효율성이 뛰어나며 경량화된 설계를 지원한다.

주요 특징

■ **포괄적인 해석 분야** : OptiStruct는 선형, 비선형, 진동, 음향, 피로 및 멀티피직스 해석을 위한 포괄적인 솔버이다. 정확하고 빠르며 CPU및 GPU에서 뛰어난 확장성을 보여준다.
■ **업계를 선도하는 최적화** : OptiStruct는 제작 가능성을 고려하면서 대규모의 설계 성능 메트릭 세트를 사용하여 위상부터 형상까지 프로세스 전체에 최적화를 적용한다.
■ **단일 모델 다중 성능 워크플로** : 단일 모델을 사용하여 여러 분야의 특성(예 : 강도, 진동, 피로)을 분석하고 최적화하여 작업 흐름을 간소화하고 반복적인 작업을 줄이며 오류를 최소화한다.

주요 기능

■ **비선형 해석** : 효율적인 접촉 알고리즘, 볼트 및 개스킷 모델링, 초탄성 재료 및 열 해석을 포함한 포괄적인 비선형 해석을 지원한다.
■ **진동 및 음향 분야 해석:** 고유한 기능과 특수 솔버(AMSES 및 FASTFR)가 통합되어 있어, 구성 요소에서 전체 차량에 이르기까지 효율적인 진단 분석이 가능하다.
■ **멀티피직스** : 유체-구조(OptiStruct-AcuSolve) 및 전자기-구조 (OptiStruct-Flux) 등의 상호작용을 더욱 정확하게 이해하기 위한 결합된 멀티피직스 솔루션을 제공한다.

충돌 해석

Altair Radioss

개발 및 자료 제공 한국알테어, 070-4050-9200, www.altair.co.kr

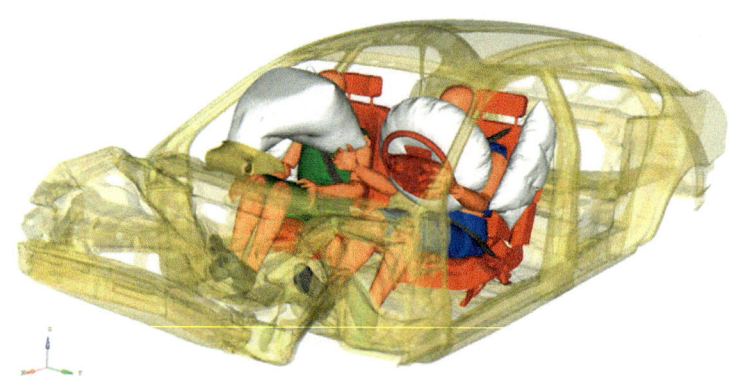

　　Radioss는 비선형적인 문제에 대한 제품 성능을 평가하고 최적화하는 충돌 해석 솔버로, 복잡한 설계의 내충격성, 안전성 및 제조 가능성을 향상시킨다.

　　Radioss는 30년 넘게 자동차 충돌 및 안전, 충격 및 낙하 테스트, 터미널 탄도, 폭발 효과 및 고속 충격에 대한 업계 표준으로 자리잡았다. R&D 센터는 물론 자동차, 항공 우주, 전자 및 국방 기업에서 인정받은 Radioss를 사용하면 충돌 방지, 휴대폰 낙하 해석 또는 차량에 대한 폭발 효과와 같은 복잡한 환경에서 결합된 멀티피직스 현상을 이해하고 효율적으로 예측할 수 있다.

주요 특징

■ **입증된 자동차 분야 전문성** : 차량 승객 안전 시뮬레이션을 하기 위해 유한 요소 더미, 배리어 및 임팩터 모델의 대규모 라이브러리를 직접 활용할 수 있다.

■ **최적화를 위한 손쉬운 확장** : 알테어의 전 제품을 모두 사용 가능한 환경을 통해 모델링 및 시각화는 물론 효율적인 최적화까지 가능하나, HyperStudy를 이용하여 실제 성능을 향상시키기 위한 실제 최적화 및 강건성 연구가 가능하다.

주요 기능

■ **차량 탑승자 안전** : Radioss는 충돌 안전 시험 설비 및 모델 분야 선도업체와의 파트너십을 통해 광범위한 툴셋도 제공하고 있다. 또한 충돌 안전 시뮬레이션을 위한 모델링 환경을 제공하는 HyperCrash를 통해 효과적인 모델링 작업이 가능하다.

■ **배터리 전기 자동차(BEV)** : 충돌 이벤트, 도로 잔해 충격, 그리고 전기 단락, 열 폭주와 화재 위험으로 인한 물리적 파손 등으로 인한 침입 등을 효과적이고 정확히 모사하기 위한 배터리 및 모듈 매크로 모델을 제공한다.

■ **에어백 전개** : FVM(Finite Volume Method) 기술을 활용하여 에어백 전개를 위한 훨씬 빠르고 정확한 솔루션을 제공한다.

멀티피직스 해석

Altair SimLab

개발 및 자료 제공　한국알테어, 070-4050-9200,
www.altair.co.kr

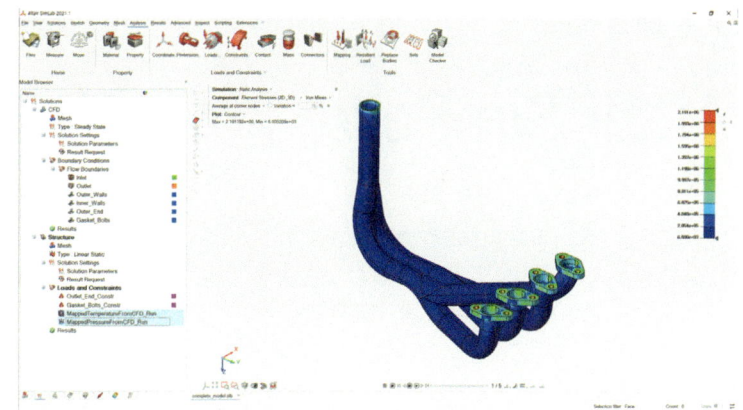

SimLab은 제품에서 발생하는 다양한 물리 현상(유동, 구조, 전자, 열)을 동시에 고려할 수 있는 멀티피직스 시뮬레이션 환경을 제공한다.

하나의 GUI에서 모든 작업이 이루어져 각 해석 간의 결과 데이터의 정보 이동, 할당이 원클릭으로 처리되며, 보다 정확한 해석 결과를 도출할 수 있다. 제품의 실험, 제조 전에 가상의 시뮬레이션으로 현상 예측 및 최적화가 가능하기 때문에 개발 단계에서 비용을 최소화할 수 있으며, 멀티피직스 시뮬레이션 기법은 해석, 실험에 대상이 되는 전 제품에 적용이 가능하다.

주요 특징

■ **녹화를 통한 자동화 프로세스 구현** : 녹화 기능을 활용해 자동화 스크립트를 생성하고 반복 작업을 최소화할 수 있다. 높은 정확도와 일관성을 위해 솔리드메싱, 모델 설정, 솔버 실행 및 후처리 작업 등을 수작업으로 진행할 필요가 없다.

■ **직관적인 사용자 환경** : 해석 타입과 관계 없이 동일한 GUI에서 모든 작업을 수행하기 때문에, 포괄적인 멀티피직스 문제에 대한 결과를 쉽고 빠르게 도출할 수 있다.

주요 기능

■ **멀티피직스** : 고도로 자동화된 모델링 기능을 이용하여 구조, 열, 전자 및 유체 해석에 대한 멀티피직스 설정을 할 수 있으므로, 유한요소 모델을 생성하고 결과를 해석하는데 소요되는 시간을 대폭 줄일 수 있다. 14개의 다양한 해석 타입을 지원하며 로컬 또는 클라우드에서 실행할 수 있다.

■ **자동화** : 강력한 피처 인식 알고리즘, 자동화 템플릿 및 직관적인 그래픽 사용자 환경으로 모델 구성을 획기적으로 향상시킨다.

■ **CAD 커플링** : 양방향 CAD 커플링을 통해 형상 수정, 부품 변형 및 어셈블리 업데이트를 손쉽게 관리할 수 있다.

구조 해석

Altair SimSolid

개발 및 자료 제공   한국알테어, 070-4050-9200,
www.altair.co.kr

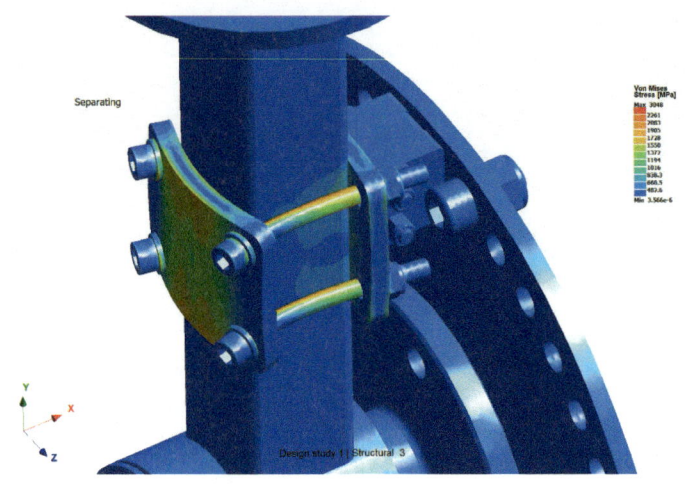

SimSolid는 모든 제품의 개발 초기 단계에 구조 성능을 평가할 수 있는 Meshless법 기반의 구조 해석 솔버이다.

해석 엔지니어는 물론 설계자도 복잡한 형상과 대형 어셈블리를 지오메트리 가공 없이 원본의 데이터로 바로 구조 해석을 수행할 수 있다. 기존 대비 구조 해석을 위한 모델링, 솔빙, 결과 확인 시간을 80% 이상 절감할 수 있다.

주요 특징

■ **형상 단순화 생략** : SimSolid에 적용된 독자적인 Meshless 기술을 통해 설계자가 의도한 형상 그대로 해석을 진행할 수 있다.

■ **복잡한 대형 어셈블리 해석** : SimSolid는 정밀하지 않은 지오메트리도 허용하며, 심솔리드의 어셈블리 연결 기능은 지오메트리 사이의 불완전한 접촉면을 다루는데 있어 유용하다.

■ **짧은 시간 내에 정확한 결과 확인** : SimSolid는 일반 데스크톱 PC에서도 여러 설계 사양들을 빠르게 해석하여 비교해볼 수 있다. 또한 개별 부품 수준에서 정확도를 지정할 수 있어 어떠한 수준의 세부 사항이 요구되더라도 신속하게 분석할 수 있다.

주요 기능

■ **지원하는 시뮬레이션 유형** : 선형 정적 해석, 모달 해석, 비선형 정적 해석(재료 및 기하), 열해석, 열-응력 연성 해석, 선형 동적 해석(시간, 주파수 및 랜덤 응답) 등 다양한 유형의 솔루션을 제공한다.

■ **다양한 연결/경계 조건 지원** : 모든 일반적인 연결(볼트/너트, 접합, 용접, 리벳, 슬라이딩)을 포함한 스마트한 커넥션 정의를 지원하기 때문에, 다양한 시나리오를 신속하게 확인해볼 수 있다.

■ **뛰어난 CAD 연결성** : CATIA, NX, PTC/Creo, Inventor, Fusion 360, SOLIDWORKS, SolidEdge, Onshape, JT, STEP, VDA, Parasolid, ACIS, PLMXML, CGR, STL 등 모든 일반적인 CAD 파일 형식을 지원한다.

최적화

AMR

개발 및 자료 제공　피도텍, 02-2295-3984,
www.pidotech.com

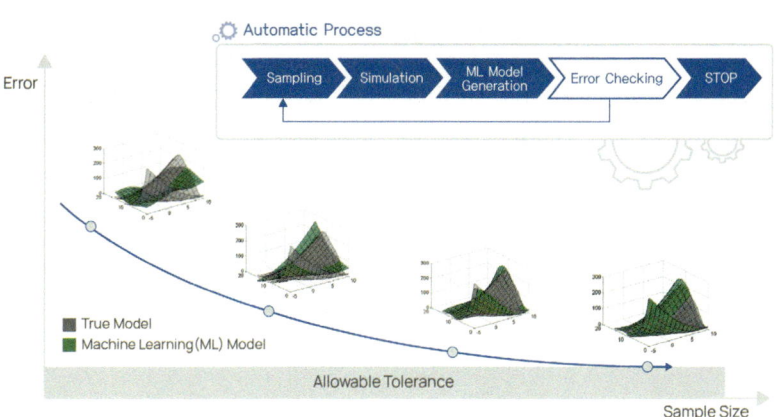

머신러닝 기술의 발달에 따라 데이터 기반 예측 모델 생성 기술은 디지털 트랜스포메이션을 이루는 성패를 좌우한다.

AMR을 통해 샘플링, 메타모델링, 머신러닝 등의 전문 지식 없이도 예측 오차를 줄이기 위해 데이터를 추가하면서, 가장 적합한 예측 모델로 스스로 진화하는 예측 모델 생성 프로세스를 경험할 수 있다.

주요 특징

Outlier Filter

잘못된 소수의 데이터로 인해 전체 예측 모델의 정확성이 훼손되는 것을 막기 위해, 효과적인 Outlier 제거 필터를 제공한다.

ML Model Generation AI

신뢰성 있는 데이터를 기반으로 가장 정확성이 높은 예측 모델을 구축할 수 있도록, 피도텍의 고유한 기술로 개발된 AI 기반 예측 기술(Bruce)을 활용한다.

Rule-based Sequential Sampling Manager

최소한의 샘플로 가장 정교한 예측 모델을 생성하기 위해, 최신 순차적 샘플링 기술들의 장점에 피도텍만의 노하우를 적용한 샘플링 기법을 제공한다.

ML Model Export Manager

생성된 예측 모델의 확장성을 높이기 위해, 별도의 라이선스 없이 다양한 형태(엑셀, PIAnO 모델, 실행파일 등)로 배포할 수 있는 기능을 제공한다.

도입 효과

접근성 확대

예측 모델을 생성하기까지 필요한 배경지식(실험계획법, 메타모델링, 예측 모델 오차 분석 등)을 전문적으로 배울 필요가 없어 사용상의 진입 장벽이 낮다.

M/H 절감

데이터 생성부터 예측 모델 구축까지의 과정이 자동으로 진행되므로 공수가 절감된다.

빅데이터 생성 프로세스 구축

AMR은 데이터 생성 프로세스가 자동화되므로 Data-Driven Design으로 발전하기 위한 데이터 확보 시스템으로 활용될 수 있다.

복합소재 성형 해석

ANIFORM

개발   애니폼소프트웨어, www.aniform.com

자료 제공   씨투이에스코리아, 02-2063-0113, www.c2eskorea.com

ANIFORM Suite는 네덜란드의 AniForm Engineering BV에서 개발한 복합재 라미네이트의 성형성을 예측하는 CAE 소프트웨어이다. AniForm의 사명은 처음부터 올바른 복합재 성형 프로세스를 구현을 가능하게 하는 시뮬레이션 도구를 제공하여 우주항공, 자동차 산업 및 소비자 제품에 이르기까지 모든 산업 분야에서 복합 소재 개발에 들어가는 비용 및 시간을 절약하여 광범위한 적용을 지원하는 것이다. ANIFORM 소프트웨어는 혁신적이며 창조적인 복합소재 성형해석 솔루션이다.

제품의 주요 특징

AniForm은 복합소재 엔지니어가 초기 제품 설계 단계에서 잠재적인 가공 문제를 예측하고 성형 분석 후에 구조 분석과 관련된 새로운 재료 특성을 예측할 수 있도록 제공한다. AniForm은 FEM 기반의 복합재 성형해석 프로그램이다. 주요 사용 분야는 항공 산업 70%, 자동차 산업 20%, 일반 분야 10% 등이다. AniForm의 주요 특징은 다음과 같다.

- 복합재 포밍 시뮬레이션
- 라미네이트 구성(Cut, darts, 맞춤 적층)
- 소재 핸들링 수정(자중, 홀더, 집게, 스프링 구성을 통한 소재 경계 조건 설정 가능)
- 소재 성형 물성 시험 결과를 기반으로 한 소재 데이터 카드 생성 및 제공
- 해석 결과(섬유 배향 및 두께)를 활용한 성형-구조 연계 해석 지원

주요 기능

AniForm에서 해석 가능한 복합재 제조 공정은 상하부 강체 금형을 활용한 Rigid tooling, 막을 활용한 membrane forming, 소재를 가열 후 성형을 하는 공정인 Hot drape forming 및 상부

금형을 분할하여 형상이 복잡한 경우에 사용되는 다단 성형(Sequential forming)이 포함되어 있다. 소재 구성은 어떤 한 형상이라도 해석이 가능하며 주름을 완화 시키기 위한 Cut 및 Dart 기능을 사용 가능하며 항공 분야에 많이 적용되는 Pad-up(맞춤 적층 기능) 영역도 해석에 반영할 수 있다. 소재의 핸들링 구성도 집게, 스프링, 홀더 기능들을 적절히 반영하여 공정 최적화에 필요한 요소들을 사전에 파악할 수 있다.

도입 효과

실제 복합재 제조 공정에서 한 번에 올바른 프로세스 구현을 가능하게 하는 시뮬레이션 도구 제공함으로써 시행 착오 최소화로 부품 설계에서부터 공정 설계를 거쳐 완제품 생산으로 이어지는 전체적인 주기를 줄일 수 있다. 따라서 복합재 부품 개발에서 AniForm의 주요 기능들을 반영하면 저비용 및 시간 단축 달성이 가능하다.

주요 고객 사이트

■ **국내 :** 한국카본, 서울대학교, 경상대학교, 한국탄소산업진흥원 등

▲ 해외 주요 고객

3D 디자인

Ansys 3D 디자인 제품군

개발 Ansys, www.ansys.com

자료 제공   앤시스코리아, 02-6009-0500, www.ansys.com/ko-kr / 인터그래텍, 02-3472-5599, www.igtech.co.kr
태성에스엔이, 02-3431-2442, www.tsne.co.kr / 한국시뮬레이션기술, 031-903-2061, kostech.co.kr

Ansys 3D 디자인 솔루션은 직관적이고 신속한 사용자 경험을 제공함으로써 더욱 효율적이고 원활한 제품 설계 워크플로 구축을 지원한다. 설계 팀은 더 짧은 시간에 더 많은 디자인을 혁신하고, 신속하게 디자인을 탐색하며, 실시간 시뮬레이션을 통해 실제 제품 성능에 대한 통찰력을 얻을 수 있다.

실시간 설계 시뮬레이션은 물론 높은 정확성을 자랑하는 Ansys의 해석 기술이 누구나 사용할 수 있는 쉬운 단일 인터페이스에 함께 제공되어, 엔지니어가 설계 변경에 대한 피드백을 쉽게 확인하고 반영할 수 있다.

주력 제품

■ Ansys Discovery : 설계 엔지니어를 위한 해석 시뮬레이션 툴
■ Ansys Discovery SpaceClaim : 콘셉트 모델링 및 시뮬레이션을 위한 3D 모델링 툴

Ansys Discovery

Ansys Discovery는 지오메트리 생성, 편집과 동시에 즉각적으로 해석 결과를 제공한다. 설계 엔지니어나 CAE 미경험자라도 쉽게 유체, 구조, 열, 모드 해석을 수행할 수 있다.

■ 신속한 설계 탐색이 가능한 실시간 시뮬레이션
■ 높은 사용 편의성과 속도를 제공하여, 자세한 설계 및 검증 작업을 수행하기 이전에 설계 옵션의 신속한 반복 가능
■ 하나의 툴로 구조, 유체, 모달, 열 애플리케이션에 대한 연구 가능
■ 학습과 사용이 쉬워, 해석 전문가가 아니더라도 셀프 학습 및 시뮬레이션 작업 가능

Ansys Discovery SpaceClaim

■ 3D 부품, 어셈블리, 도면의 쉽고 빠른 개념 모델링 및 설계가 가능하며, 자유로운 CAD 데이터 불러오기 및 편집 가능
■ 어떤 STL 파일이든 수초 내에 리버스 엔지니어링 또는 오토 서피스 가능
■ 3D 프린팅을 위한 모델을 준비, 최적화 및 편집
■ 빠르게 제조 설비를 제작하거나 공정 계획을 수립하고, 툴 패스 생성을 위한 모델을 최적화 및 수정 가능
■ 판금 설계, 가져오기, 펼치기, 최적화 등의 판금 작업 지원

전기전자 해석

Ansys Electromagnetics 제품군

개발 Ansys, www.ansys.com

자료 제공 앤시스코리아, 02-6009-0500, www.ansys.com/ko-kr / 디엔디이, 051-920-2480, www.dnde.co.kr / 태성에스엔이, 02-3431-2442, www.tsne.co.kr

Ansys Electromagnetics 솔루션 제품군을 활용함으로써 테스트 비용을 최소화하고, 규정 준수를 보장하며, 신뢰성을 개선하고, 제품 개발 시간을 대폭 단축할 수 있다.

Ansys 시뮬레이션 솔루션을 통해 제품 설계의 가장 중요한 측면을 해결할 수 있다. 안테나, RF, 마이크로파, PCB, 패키지, IC 설계 또는 전자 기계에 대한 업계 최고의 시뮬레이터를 제공한다. 제품의 설계 시 전자기, 온도, SI, PI, 기생, 케이블 및 진동 문제 해결에 도움을 준다.

전자기장 해석 솔루션 제품
주력 제품

■ **Ansys Electronics** : 전자기, 회로 및 시스템 시뮬레이션 통합 플랫폼
■ **Ansys HFSS** : RF 및 무선 설계를 위한 3D 전자기장 해석 툴
■ **Ansys Maxwell** : 전동기, 액츄에이터, 센서, 변압기 등 전자기 장치 해석 툴
■ **Ansys SIwave** : 전력·신호 무결성, EMI 해석 설계 플랫폼
■ **Ansys Icepak** : 전자장비 냉각 해석 툴

주요 제품

■ **Ansys Motor-CAD** : 전동기 설계 해석 툴
■ **Ansys EMA3D Cable** : 케이블 모델링 전용 툴
■ **Ansys Q3D Extractor** : 전자부품용 기생 파라미터 추출 소프트웨어

Ansys HFSS

Ansys HFSS는 DC 근처에서 테라헤르츠에 이르기까지 모든 주파수에 대응하는 3차원 전자계 시뮬레이터이다. 업계 표준인 유한요소법 솔버를 비롯한 모든 솔버를 구현하여, 여러가지 전자기징 문제를 해결할 수 있다. Ansys HFSS는 GUI, Adaptive Auto Mesh, 대규모 문제에 사용 가능한 솔버로서 고급 해석 환경을 제공한다.

적용 분야

■ 안테나 해석
■ RF/마이크로파/밀리미터파 해석
■ 신호/전원 무결성 해석
■ EMC/EMI 해석

Ansys SIwave

Ansys SIwave는 PCB 및 BGA 패키지의 신호 및 전원 무결성, EMI 해석 소프트웨어이다. 전자계 CAD에서 가져온 디자인의 PDN 및 멀티비트 신호 해석을 적층 구조에 특화된 해석 방법으로 단시간 내에 처리할 수 있다. 또, 3D 전자계 해석 소프트웨어에서 사용 가능한 3D 솔리드 모델을 생성하는 기능도 갖추고 있다.

적용 분야

■ **프린트 배선판** : Rigid, Build up
■ **BGA 패키지** : 와이어 본드, Chip, SiP, PoP

Ansys Maxwell

Ansys Maxwell 2D/Maxwell 3D는 모터 및 액추에이터, 인덕터, 트랜스, 자기 센서를 비롯한 각종 전자 기계 제품 개발을 위한 전자계 해석 툴이다. 해석 대상의 전자기장 움직임을 시각적으로 판단할 수 있고, 발생하는 전자기력, 토크 및 인덕턴스, 커패시턴스와 같은 설계 파라미터의 자동 계산 기능이 있어, 실험 결과의 수치 평가도 손쉽게 조작할 수 있다.

Ansys Maxwell에는 세련되고 사용하기 쉬운 GUI를 비롯해 안정된 정밀 해석이 가능한 고성능 Adaptive Auto Mesh와 Solver가 내장되어 있어, 초보자도 유한요소 해석 전문가처럼 간단한 조작만으로 정밀한 해석 결과를 얻을 수 있다.

적용 분야

■ **전자 기계** : 모터(회전형 모터, 리니어 모터), 발전기, 액추에이터, 릴레이 스위치 등
■ **코일** : 인덕터, 트랜스, 리액터, 솔레노이드, 유도 가열기, 무선 급전, RFID, 스마트키 엔트리 등
■ **센서** : 자기 센서, 리졸버, 자기 실드, 자기 헤드, 정전 터치 패널 등
■ **자석** : 착자, 감자 등
■ **기타** : 콘덴서, 케이블, 절연애자 등

Ansys Simplorer

Ansys Simplorer는 대규모 파워 일렉트로닉스 시스템에 특화된 다중 도메인 시스템 시뮬레이터이다. 모터 및 액추에이터의 설계, 드라이버 회로 설계, 아날로그/디지털 제어 설계 등을 통합한 멀티 테크놀로지 솔루션을 제공한다.

Ansys Icepak

Ansys Icepak은 전자 기기 설계 기술자용 열 유체 해석 기능을 제공한다. 하나의 GUI에서 모델링, 계산, 결과 확인을 모두 할 수 있다. Ansys 유한체적법 기반 유체 해석 엔진인 Ansys Fluent를 유체 해석 솔버로 내장하여 계산 안정성이 높다.

적용 분야

■ 반도체 패키지, 프린트 기판, 케이스, 파워 일렉트로닉스 기기, 서버실 등 다양한 해석 대상에 대해 전도, 대류, 복사를 포함한 열해석 가능

유동 해석

Ansys Fluids 제품군

개발   Ansys, www.ansys.com

자료 제공   앤시스코리아, 02-6009-0500, www.ansys.com/ko-kr
디엔디이, 051-920-2480, www.dnde.co.kr / 태성에스엔이, 02-3431-2442, www.tsne.co.kr

Ansys 전산 유체 역학(CFD) 솔루션은 엔지니어들이 더 빠르고, 더 나은 결정을 내릴 수 있도록 돕는다. Ansys의 CFD 시뮬레이션 제품은 전 세계 다양한 고객들로부터 이미 검증되었으며, 뛰어난 컴퓨팅 성능과 정확한 결과로 높은 평가를 받고 있다. 제품의 성능과 안전성을 향상시키면서 개발 시간과 노력을 줄일 수 있다.

수 있으나, Ansys의 통합 운영 환경인 Ansys Workbench 에서도 사용할 수 있다. Ansys Workbench를 통해 Ansys 의 다른 CAE 소프트웨어와 데이터 공유는 물론 형상 변경 등의 최적화 및 유체-구조, 유체-전자기 연성 해석을 편리하게 수행할 수 있다.

유동해석 솔루션 제품

주력 제품

■ **Ansys Fluent** : 범용 전산 유체 역학 툴
■ **Ansys CFX** : 고성능 전산 유체 역학 툴
■ **Ansys Chemkin-Pro** : 상세 화학 반응 해석 툴

주요 제품

■ **Ansys EnSight** : 3D 후처리기 및 시각화 툴
■ **Ansys Forte** : 엔진 연소 해석 툴
■ **Ansys Polyflow** : 유한요소법 점성/점탄성 유체 해석 소프트웨어
■ **Ansys FENSAP-ICE** : 항공기 결빙/제빙 해석 소프트웨어
■ **Ansys Turbo Tools** : 회전 기계 블레이드 시뮬레이션

Ansys Fluent

Ansys Fluent는 글로벌 1위의 사용률을 자랑하는 CFD(전산 유체 역학) 소프트웨어이다. CFD 해석 초보자부터 전문가까지 광범위한 요구에 맞춰 손쉽게 사용할 수 있는 다양한 기능을 갖추고 있다.

Ansys Fluent는 CFD 소프트웨어로서 단독으로 실행할

수치 해석과 주변 기능

■ 2차원 평면, 2차원 축대칭, 회전을 수반하는 2차원 축대칭 및 3차원 유동
■ 정상/비정상 유동
■ 메시 생성, 어댑티브 메시(Adaptive Mesh), 메시의 모핑(Morphing), 중첩 메시(Overset Mesh)

물리 모델 및 물성

■ 비점성 유동, 층류, 난류
■ 뉴턴 유체, 비뉴턴 유체
■ **강제/자연 대류 열 전달, 고체/유체 연성 열 전달, 복사 열 전달** : 복사 열 전달과 관련된 6가지 모델링 방법이 탑재되었다. 특히, 범용성이 뛰어난 Discrete Ordinates 방법은 광학 해석(거울 반사, 고체 내 투과, 계면 굴절, 비등방성 산란)이나 물성치 파장 의존성에도 사용할 수 있다. 대규모 해석 시 계산 부하를 줄여줌과 더불어 병렬 컴퓨팅 지원을 제공한다.
■ **화학 물질 혼합, 연소 및 화학 반응** : 화학 반응용으로 다양한 스티브 솔버(표면 반응 포함)를 제공한다. 화학 반응 및 난류 모델을 병용할 수 있는 EDC 모델이나 PDF 전송 모델을 탑재했다.
■ **자유표면류/다상 흐름 모델, 분산상 라그랑주식(Lagrangian) 추적 계산**

데이터 액세스 및 사용자 정의

- **데이터 가져오기** : 각종 메시 생성 소프트웨어와 CAE 소프트웨어에서 메시, 데이터를 가져올 수 있다.
- **데이터 내보내기** : 다양한 시각화 소프트웨어나 CAE 소프트웨어로 메시, 데이터를 내보낼 수 있다.
- **사용자 정의 방정식**
- **사용자 정의 함수(UDF)** : C언어 소스 코드로 유연하게 사용자 정의 가능

Ansys CFX

Ansys CFD 솔루션은 20년 이상 다양한 산업군의 기업들이 사용하고 있다. 특히 펌프, 팬, 압축기, 가스터빈, 수력터빈 등 회전 기계 및 다상 유동 관련 엔지니어링 분야에서 신뢰와 성과를 쌓아왔다.

Ansys CFX는 다중물리 분야에서도 강점을 발휘하여, 높은 신뢰도와 정확한 해석 그리고 빠르고, 강력한 성능을 제공한다.

수치 해석 및 기능

- 2차원 및 3차원 유동
- 정상/비정상 유동
- 메시 분할, 어댑티브 메시(Adaptive Mesh), 이동 변형 메시, 중합 메시
- 유체-구조 연성해석

물리 모델 및 물성

- **층류/난류** : Ansys Fluent와 같이 여러가지 난류 모델과 벽면 처리 방법을 탑재하고 있으며 층류에서 난류로의 천이 모델, 박리나 대류 열 전달 예측에 적합한 SST 모델을 탑재한 것이 특징이다.
- 뉴턴 유체, 비뉴턴 유체
- 강제/자연 대류 열 전달, 고체/유체 연성 열 전달, 복사 열 전달
- 화학 물질 혼합, 연소 및 화학 반응
- **자유표면류/다상 흐름 모델, 분산상 라그랑주식(Lagrangian) 추적 계산** : 다양한 모델을 탑재했으며 수치 해석의 안정성(용적 분율 연성 가능), 기포 직경화(Multiple size group: MUSIG)가 특징이다. 또한, 강건한 다상 유동 해석 기능을 기반으로 한 Cavitation 모델도 제공한다.
- 상 변화 모델
- 팬, 라디에이터, 열 교환기를 대상으로 한 집중 상수 모델

- **회전 기계** : 전용 전/후처리기, 정밀하고 강력한 솔버, 중요한 주변 기능(난류 모델, 로터-스테이터 간섭, 증기 물성, 유체-구조 연성, 주기 변동 모니터링) 등 기능 탑재
- **음향 모델** : 직접 계산법(CAA), 음향 해석 소프트웨어와 연성을 비롯하여, 단독 팬에 대한 정상 수치 해에서 음향 스펙트럼을 출력할 수 있는 로손 모델을 특징으로 한다.
- 유체-고체 간 열 이동을 계산할 수 있는 다공성 모델(Porous Model)

데이터 액세스 및 사용자 정의

- **운용 환경** : 단독으로 실행할 수도 있으나 Ansys Workbench의 CAE 통합 해석 환경에서도 사용 가능하다. 타사 CAE 제품과 데이터 공유, 최적화, 유체-구조 연성 해석도 용이하다.
- **데이터 가져오기** : 각종 메시 생성 소프트웨어와 CAE 소프트웨어에서 메시, 데이터를 가져올 수 있다.
- **데이터 내보내기** : 다양한 시각화 소프트웨어나 CAE 소프트웨어로 메시, 데이터를 내보낼 수 있다.
- **사용자 정의 함수** : 장소, 시간, 물리량 의존적인 경계 조건, 물성치, 초기 조건 등을 외부 데이터 표에서 읽거나 GUI에서 직접 수식을 정의하여 간단하게 사용 가능

광학 해석

Ansys Optics & Virtual Reality 제품군

개발 Ansys, www.ansys.com

자료 제공 앤시스코리아, 02-6009-0500, www.ansys.com/ko-kr / 태성에스엔이, 02-3431-2442, www.tsne.co.kr

빛의 전파와 그 영향을 모델링하는 것은 제품 성능과 인간의 편안함, 인식 및 안전성을 측정하고 확인하는 데 매우 중요하다. Ansys Optics & VR 솔루션은 시스템의 광학 성능을 시뮬레이션하고, 최종 일루미네이션 효과를 평가하며, 조명 및 재료 변화가 실제 조건에서 외관 및 제품의 품질에 미치는 영향을 예측 및 검증한다.

광학 & VR 솔루션 제품

주력 제품

■ Ansys SPEOS : 광학 시스템 설계 및 성능 모델링 소프트웨어
■ Ansys VRXPERIENCE : 자율주행차의 가상 환경 테스트 시뮬레이션 소프트웨어
■ Ansys OMD : 재료 표면 및 매질의 광학 특성 정밀 측정 장비 솔루션

주요 제품

■ Ansys Lumerical : 광학, 전기, 열 형상의 상호작용을 고려한 포토닉스 모델링 소프트웨어

Ansys SPEOS

Ansys SPEOS는 광학 시스템 설계, 최적화 및 검증 툴이다. 가상 모델에서 조명을 켜고 3D로 전파되는 빛을 직관적으로 확인할 수 있다. 고객의 요구사항에 맞게 설계된 lightguide, 렌즈 등의 광기구를 초기부터 올바르게 시뮬레이션하여 설계 반복 시간을 단축하고, 의사 결정 프로세스를 더욱 가속화할 수 있다.

SPOES는 성능 사양을 충족하기 위해 강력한 해석 기능과 UV~FIR 스펙트럼 전반의 조명 평가를 제공하여, 인간의 시각 능력에 기반하여 높은 정합성의 시각화 기능을 제공한다.

■ 광학 부품을 모델링하고, 물리적으로 정확한 색도계 및 광도계 연구를 수행하여 조명 시스템을 검증
■ 광학 성능 자동 최적화를 통한 최적의 결과 도출
■ 조명 시스템의 성능과 외관에 대한 고급 해석 수행
■ SPEOS Human Vision을 통해 빛, 색상 및 재료에 대한 인지 시뮬레이션

Ansys Lumerical

Ansys Lumerical은 광학, 전기, 열 현상의 상호작용을 고려하여 복잡하고 어려운 포토닉스 문제까지도 모델링할 수 있는 전문 소프트웨어이다. Ansys Lumerical의 제품, 솔버 및 상호 운용성은 서로 원활하게 연동되어 있어, 제품군 간의 유연한 상호 운용성을 통해 소자의 다중 물리 시뮬레이션, 시스템 레벨에서의 광집적회로 시뮬레이션을 할 수 있고, 타사의 설계 자동화 및 생산성 툴과 결합할 수 있다. 또한, Automation API를 통한 Python 기반의 자동화와 고품질의 포토닉스 파운드리를 위한 컴팩트 모델 라이브러리(CML)도 지원한다.

- **FDTD** : 3D 전자기 시뮬레이터
- **STACK** : 평면박막(Multilayer) 광학 시뮬레이터
- **FDTDK** : 가속기
- **MODE** : 광도파관(Waveguide), 커플러 시뮬레이터
- **CHARGE** : 3D 전하 이동 시뮬레이터
- **HEAT** : 3D 열 전달 시뮬레이터
- **DGTD** : 3D 전자기 시뮬레이터
- **FEEM** : 유한 요소 광도파관(Waveguide) 시뮬레이터
- **MQW** : Quantum Well Gain 시뮬레이터
- **INTERCONNET** : 광집적회로 시뮬레이터

Ansys VRXPERIENCE

Ansys VRXPERIENCE Sensor는 높은 정확도의 실시간 물리 기반 카메라 시뮬레이션이 가능하다. 실제 카메라 모델을 시뮬레이션할 수 있는 카메라의 파라메트릭 모델이 포함되어 있으며, 렌즈 시스템, 이미저 및 전처리기와 같은 모든 구성 요소를 시뮬레이션한다. 시뮬레이션은 렌즈 시스템의 광학적 특성(왜곡, 색수차 등) 및 이미저의 광전자적 특성(컬러 필터 어레이, 암전류 노이즈 등)과 함께 가시 범위 내 환경의 광학적 특성을 고려한다.

또한, 모든 유형의 라이다 기술(scanning, solid-state, flash 등)을 소프트웨어에서 파라미터화할 수 있다. 강력한 그래픽 시각화 기능을 통해 광학 및 기능 작동을 단일 주행 시뮬레이터에 연결하여 복잡한 ADAS 시스템과 자율 주행 차량을 가상으로 평가할 수 있다.

Ansys VRXPERIENCE Sensor는 레이더 모델 또한 제공한다. 레이더 시스템의 가상 설계, 테스트 및 검증을 용이하게 하는 자동차 애플리케이션에 적합하다. 다양한 주파수 및 측면 각도에 대한 대상(자동차, 트럭, 인프라 등)에 대한 일관된 RCS(레이더 단면) 데이터를 기반으로 복잡한 시나리오의 레이더 에코를 실시간으로 시뮬레이션한다.

Ansys VRXPERIENCE Perceived Quality는 SPEOS 조명 시뮬레이션과 인터페이스하여 스튜디오 설계자에게 물리 기반 조명 시뮬레이션을 제공한다. 빛을 기반으로 하는 Ansys VRXPERIENCE Perceived Quality는 '실제로 보는 것을 얻을 수 있는' 솔루션이다. 높은 정확성과 상호작용성을 특징으로하며, 최적화된 계산을 통해 확장 가능한 스펙트럼 및 물리 기반의 렌더링을 제공한다.

Ansys VRXPERIENCE Sound는 특정 사운드의 물리적 파라미터를 엔드유저의 청각 인지와 연결하는 고성능 툴이다. 일반적인 분석 기능도 제공하여 유저가 시간 도메인과 주파수 도메인 모두에서 신호를 연구할 수 있다. 또한, VRXPERIENCE Sound는 다양한 사운드 구성 요소를 분리 및 수정하여 인지에 미치는 영향을 평가하기 위한 혁신적인 시간-주파수 분석 및 처리 기능을 제공한다.

플랫폼

Ansys Platform 제품군

개발 Ansys, www.ansys.com

자료 제공 앤시스코리아, 02-6009-0500, www.ansys.com/ko-kr / 한국시뮬레이션기술, 031-903-2061, kostech.co.kr / 태성에스엔이, 02-3431-2442, www.tsne.co.kr

Ansys Platform 솔루션은 디지털 트랜스포메이션을 위한 시뮬레이션, 최적화 및 엔지니어링 비즈니스 간의 연결고리를 지원한다. Ansys Platform 제품군은 다중물리, 시스템 및 최적화, 데이터 관리를 위한 솔루션이다.

특히, 설계를 최적화하는 비용 효율적인 방법을 찾는 엔지니어링 팀에게 매력적인 기능들을 제공한다. 온디맨드 시뮬레이션, 프로세스 통합, 워크플로 자동화 및 시뮬레이션 데이터 관리를 위한 툴이 포함되어 있다. Ansys Platform 솔루션은 확장성과 구성이 뛰어나며, 기업 내 팀들 간의 엔지니어링 협업을 강화하며 더 빠른 혁신을 가능하게 하여 작업 방식을 변화시킬 것이다.

주력 제품

■ **Ansys optiSLang** : 자동화된 시뮬레이션 워크플로에서 설계를 평가하는 데 사용되는 CAD/CAE(컴퓨터 지원 설계 및 엔지니어링) 도구를 통합하는 PIDO(Process Integration and Design Optimization) 솔루션
■ **Ansys Minerva** : 엔터프라이즈급 시뮬레이션 프로세스 정리 및 데이터 관리(SPDM : Simulation Process and Data Management) 솔루션
■ **Ansys Granta** : 재료 정보 관리 솔루션
■ **Ansys Cloud** : 클라우드 기반 시뮬레이션 솔루션

Ansys optiSLang

자동화된 시뮬레이션 워크플로에서 설계를 평가하는 데 사용되는 CAD/CAE(컴퓨터 지원 설계 및 엔지니어링) 도구를 통합하는 PIDO(Process Integration and Design Optimization : 프로세스 통합 및 설계 최적화) 솔루션이다.

■ **PROCESS INTEGRATION(해석 업무에서의 프로세스 정립)** : A → B로 가는 정해진/반복적인 해석 작업을 자동화
■ **DESIGN OPTIMIZATION** : 여러 입력값을 가지고 출력값(해석 결과)이 최적의 모델일 때에 대한 결과를 제공함

주요 기능

Ansys Minerva

Ansys Minerva는 엔터프라이즈급 시뮬레이션 프로세스 정리 및 데이터 관리(SPDM : Simulation Process and Data Management) 솔루션으로 중요한 시뮬레이션 데이터를 보호하고 시뮬레이션 팀을 지원한다. SIMULATION PROCESS(시뮬레이션 업무 프로세스 정리) 및 DATA MANAGEMENT(설계, 테스트, 재료, 해석 등 여러 팀이 효율적, 원활한 협업 지원)를 위한 솔루션으로 타사 툴과의 원활한 통합, 활용이 가능하다.

Ansys Granta

Ansys Granta 제품군은 조직의 Material Intelligence를 확보, 보호 및 활용할 수 있도록 개발되었다. Ansys는 기업이 회사의 재료 정보를 디지털화하고, 제품에 적합한 재료를 선택하고, 재료 교육을 위한 리소스를 제공할 수 있도록 지원한다.

Ansys Granta는 기업이 사내 Material Intelligence를 실현할 수 있도록 설계된 다양한 재료 정보 관리 소프트웨어를 제공한다. Ansys Granta MI는 기업 전체의 일관성 있는 업무를 위해 선도적인 CAD, CAE 및 PLM 시스템과의 통합을 제공하여 회사의 귀중한 재료 데이터를 생성, 제어 및 저장하는 확장 가능한 솔루션을 제공한다.

Ansys Granta Selector를 통해 더 스마트한 재료 선택이 가능하다. 애플리케이션에 가장 적합한 재료를 선택할 수 있도록 포괄적인 데이터베이스에서 다양한 재료 속성을 절충한다. 방대한 재료 데이터 라이브러리에 액세스하여 시뮬레이션 정확도를 높일 수 있다.

■ Process Automation
■ Optimization & Uncertainty Quantification
■ Design of Experiments & Sensitivity Analysis
■ Ansys Minerva Integration

구조 해석

Ansys Structures 제품군

개발 Ansys, www.ansys.com

자료 제공 앤시스코리아, 02-6009-0500, www.ansys.com/ko-kr / 디엔디이, 051-920-2480, www.dnde.co.kr / 태성에스엔이, 02-3431-2442, www.tsne.co.kr

Ansys는 모든 엔지니어가 복잡한 구조 엔지니어링 문제를 더 빠르고 효율적으로 해결할 수 있도록 구조 해석 소프트웨어 솔루션을 제공한다. 엔지니어는 Ansys 구조 해석 솔루션을 사용하여 유한 요소 해석(FEA)을 수행하고, 구조 역학 문제에 대한 솔루션을 사용자 정의 및 자동화하고, 여러 설계 시나리오를 해석할 수 있다. 설계 주기 초기에 시뮬레이션 소프트웨어를 사용함으로써 기업은 비용을 절감하고 설계 사이클을 줄일 수 있으며, 제품을 더욱 빠르게 시장에 출시할 수 있다.

구조 해석 솔루션 제품

주력 제품

- ■ Ansys Mechanical : 범용 구조 해석 툴
- ■ Ansys Motion : 고급 다물체 동역학 솔버
- ■ Ansys Additive Suite : 종합 적층 제조 소프트웨어
- ■ Ansys Additive Print : 인쇄 부품 응력 및 왜곡 예측

주요 제품

- ■ Ansys Autodyn : 폭발, 충격에 의한 부하 반응 해석
- ■ Ansys ACT : 워크플로 자동화
- ■ Ansys LS-Dyna : 하중에 대한 소재의 반응 양해법 시뮬레이션
- ■ Ansys nCode Design Life : 최첨단 피로 수명 해석 시뮬레이션
- ■ Ansys Additive Prep : 적층 제조 구축 준비 툴
- ■ Ansys Sherlock : 전자 설계 해석 자동화 툴

구조해석 솔루션 기능

정적 구조 해석

- ■ 선형 정적 해석
- ■ 비선형 정적 해석
- • **재료 비선형** : 탄소성, 초탄성, 점탄성, 점소성, 크립, 콘크리트, 주철, 스웰링, 형상 기억 합금, 개스킷, 다공성 재료

- • **기하학적 비선형** : 큰 비틀림, 대변형
- • **요소 비선형** : 접속 요소(면-면, 선-면, 점-면, 점-점, 박리), 비선형 스프링 요소, 비선형 감쇠 요소, 콤비네이션 요소, 볼트 장력 요소, 개스킷 요소, 인터페이스 요소

선형 동적 해석

- ■ 랜덤 진동 해석
- ■ 모드 합성법(CMS)
- ■ 회전체 동역학
- ■ 응답 스펙트럼 해석
- ■ 주파수 응답 해석
- ■ 시간 이력 응답 해석
- ■ 모달 해석

비선형 동적 해석

- ■ 음해법 시간 이력 응답 해석
- ■ 양해법 시간 이력 응답 해석(낙하 및 충돌)

좌굴 해석

- ■ 선형 고유값 좌굴 해석
- ■ 비선형 좌굴 해석

피로 해석

- ■ 응력 및 수명/변경화 수명의 관계(S-N 곡선)에 근거한 방법 : 응력 수명 피로(고주기 피로, 저주기 피로), 랜덤 진동 피로(PSD에 의한 진동 부가)

위상 최적화

- ■ 제약 조건에 따라 구조물의 위상을 최적화하는 기법 : 정적 구조 해석에 따른 최적화, 모달 해석 결과에 따른 최적화

기타 해석 기능

- ■ 파괴 해석, 균열 진행 해석
- ■ 강제 운동 해석
- ■ 2D/3D Rezoning

구조해석

ATENA

개발 Cervenka Consulting, www.cervenka.cz

자료 제공 씨앤지소프텍, 02-529-0841,

www.cngst.com

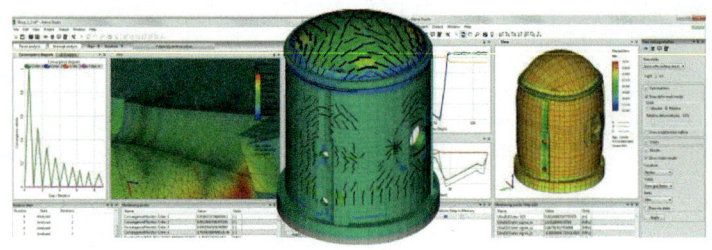

ATENA는 콘크리트 균열, 파괴 및 보강을 포함한 콘크리트 및 철근 콘크리트 구조물의 실제 거동을 분석 및 시각화해주는 소프트웨어이다.

균열은 콘크리트에서 부득이하게 발생되는 현상이다. 구조물의 설계시에 미고려 또는 시공 시 부주의 등 여러 원인에 의해 예기치 못한 균열이 발생할 수 있으며, 이러한 균열발생은 종종 구조물의 안정성에 영향을 끼치는 문제로 발전하는 경우도 있다. 따라서 콘크리트 구조물을 설계하고 시공하는 기술자들은 최대한 균열발생을 감소시켜 품질을 높여야 하며, 이는 사회적 요구이기도 하다. 이에 균열에 관한 사전 예방조치를 통해 균열발생을 감소시키고, 이러한 균열저감 노력을 통하여 시공 시 하자발생을 방지하고 하자보수에 투입되는 추가비용을 절감함으로써 경제성과 사용수명 연장을 도모한다.

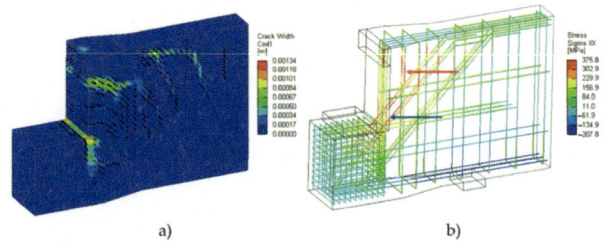

a)   b)

ATENA는 위험 단면의 철근 보강 설계 검증에 탁월하다. 경제적인 철근 콘크리트 구조물 설계를 위해 ATENA는 균열로 인한 내부 힘 재분배를 자동으로 고려하여 철근 비용을 절감할 수 있다.

기존 구조의 내구성 성능 평가와 추가 적재 하중 용량을 찾는 데 도움이 된다. 철근 콘크리트 구조물 또는 최신 시멘트 재료에 대한 고급 및 선도적 연구를 지원한다.

주요 기능

■ 철근 콘크리트 구조물의 비선형 해석 또는 후처리의 모든 단계에서 균열 및 균열 패턴의 사실직인 시각화를 지원한다.

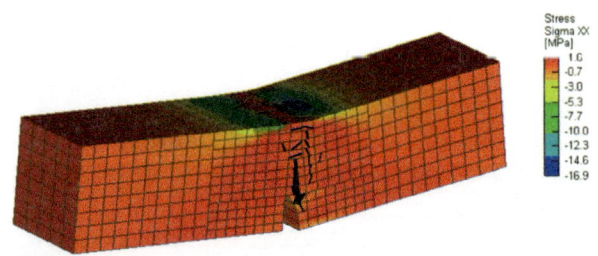

주요 특징

ATENA는 콘크리트의 실제 거동과 균열진전 현상을 3차원 그래픽을 통하여 사실적으로 이해하고 분석하기 의한 콘크리트 균열예측 프로그램이다.

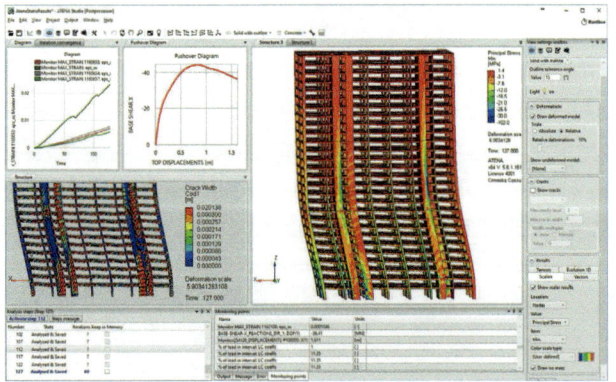

■ 균열 패턴을 외부 표면 및 내부에도 표시할 수 있다. 보다 사실적인 시각화를 위해 보이는 균열 만 필터링 할 수 있다.

■ 유한 요소 방법 및 파괴 역학에 기반한 콘크리트, 보강재, 강재, 암반, 지반 및 석재를 위한 고급 재료 모델 지원

■ **최신 섬유 보강 콘크리트(FRC) 재료의 분석 지원 :** SHCC, ECC, HPRFC, UHPFRC, APIS

■ 진동 또는 지진에 의한 구조물의 균열, 파괴 및 내구성을 해석할 수 있다.

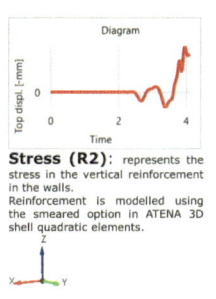
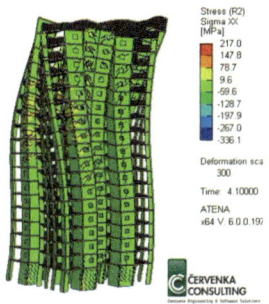

■ 콘크리트 구조물의 폭열 및 화재 또는 수화열에 의한 구모물 손상 및 균열을 시뮬레이션 할 수 있다.

■ 철근 정착 모델은 화재해석 시, 철근 부식 또는 폭열으로 인한 부착강도의 영향을 고려할 수 있다

■ PSC, PC 교량이나 구조물의 내구성 및 균열 해석을 위한 Prestressing 및 외부 케이블을 지원한다.

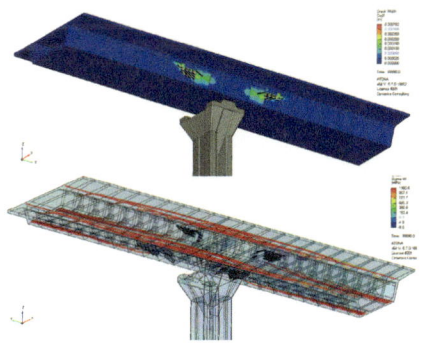

■ 내구성 및 부식 해석을 위한 염화물 침투, 탄산화 및 부식 모델링을 입력 매개 변수를 보다 쉽게 정의할 수 있다

■ 임의의 철근 배근은 불연속 철근 또는 분산 보강 철근으로 콘크리트 모델에 쉽게 모델링할 수 있다.

■ 콘크리트의 3D 프린팅 모델링을 시뮬레이션 할 수 있다. 최종 강도, 신뢰성 및 내구성에 대한 인쇄 프로세스의 효과를 고려하여 인쇄 프로세스 중 구조적 안정성 또는 최종 구조물의 안전성을 시뮬레이션하고 검증하는데 사용할 수 있다.

도입 효과

철근 콘크리트는 여러 가지 재료의 복합작용에 의한 합성작용으로 구성되어 있기 때문에 구조물에 발생하는 균열은 여러가지 요인에 의한 불확실성을 띠고 있어, 완전히 균열을 제어하기는 매우 어려우며, 부득이하게 어느 정도는 허용하고 있다. 이에 사전예방이 가장 중요한데 구조적 균열의 경우는 주변의 여건을 고려한 구조물 계획, 적정한 외부하중의 산정 등을 통하여 허용 균열폭 이하의 사용성을 만족시킬 수 있도록 설계 및 시공되어야 하며, 비구조적 균열의 경우는 시공 전후 점검을 통해 균열을 저감시키고 균열 발생 시 적합한 보수공법으로 신속히 보수하도록 한다.

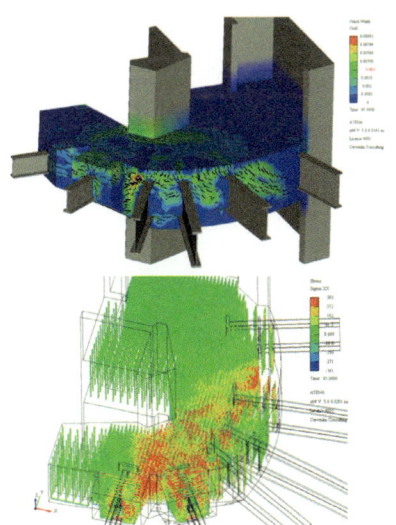

ATENA 프로그램을 사용하면 신규건설 또는 기존 구조물에서 발생될 수 있는 다양한 균열 원인과 균열 진전 현상을 쉽게 3차원 시각적으로 발견하고 원인을 분석하여 진단 및 구조물 유지관리를 간편하게 하고 경제성과 사용수명 연장 및 안정성을 도모할 수 있다. 또한 현장 안전 진단과 검토에 따른 시간과 비용을 대폭 절약할 수 있다.

구조 해석, 사출성형 해석, 유동 해석, 최적화

Autodesk CAE 솔루션

개발 Autodesk, www.autodesk.com

자료 제공 오토데스크코리아, 02-3484-3400, www.autodesk.co.kr

오토데스크의 CAE 솔루션은 정확한 해석을 통해 엔지니어나 해석 전문가들이 제품을 예측하고 검증, 최적화하도록 지원한다.

Autodesk Inventor Nastran

유한 요소 해석 소프트웨어인 Inventor Nastran(인벤터 나스트란)은 선형 및 비선형 응력과 동적 해석, 열 전달 등 다양한 해석 유형의 시뮬레이션을 지원한다. Inventor Nastran은 오토데스크의 주요 제조 솔루션인 Product Design & Manufacturing Collection(제품 설계 및 제조 컬렉션)에서 제공된다. Inventor Nastran을 3D 설계 소프트웨어 Inventor(인벤터)와 활용해 설계 단계에서 한층 강화된 시뮬레이션을 지원, 초기 제품 기획 단계에서 발생할 수 있는 문제점을 해결할 수 있다.

Autodesk Moldflow

플라스틱 사출 및 압축 성형 시뮬레이션 소프트웨어 Moldflow(몰드플로우)는 플라스틱 부품 설계, 사출 성형 설계 및 제조 공정 개선을 돕는다.

최근 Moldflow에는 기존 기능의 범위를 확장시키면서 솔루션의 정확도를 높여주는 새로운 기능들이 추가됐다.

펌프에서 금형까지 전체 냉각수 유동 기록을 분석 및 확인할 수 있는 냉각수 유동 해석, 결과 검토를 더욱 쉽게 도와주는 공유 뷰, CAD 복구 및 형상 단순화는 클라우드 연결로 연결하여 Fusion 360을 통해 지원된다.

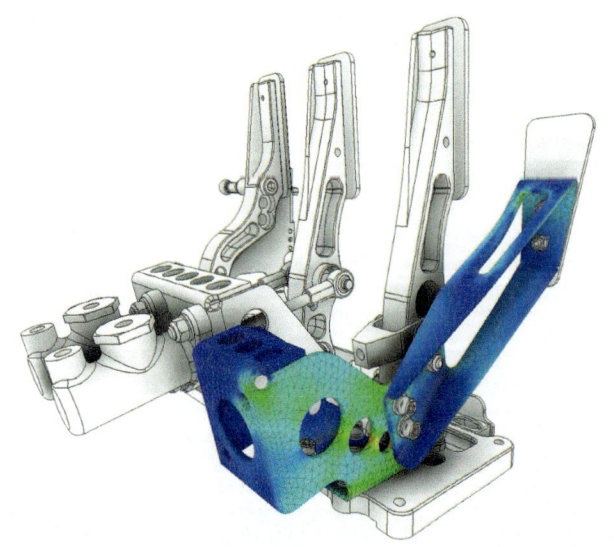

▲ 오토데스크 Inventor Nastran

▲ 오토데스크 Moldflow

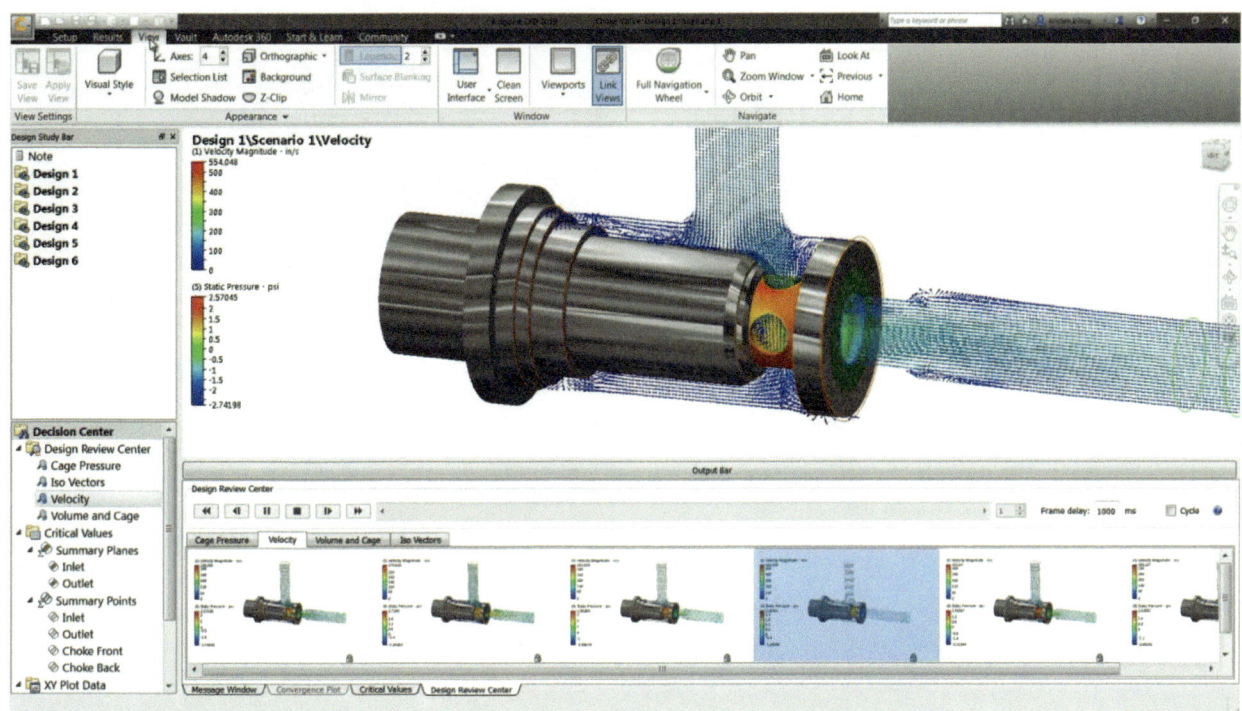

▲ 오토데스크 CFD

Autodesk CFD

전산 유체 역학 소프트웨어 CFD는 제품 제조에 앞서 제품의 성능을 예측하고, 설계 최적화, 동작 검증 등을 도와주는 시뮬레이션 도구를 제공한다. 클라우드 기반의 해석을 지원하고 Fusion 360과도 연결 가능하다. 이 밖에도 복합재 CAE 솔루션인 Helius Composite(헬리우스 컴포지트)는 단순 구조 솔루션을 사용해 적층판 및 구성요소의 동작을 시뮬레이션할 수 있다. 적층판을 설계하고 테스트 빈도와 무게 감량을 돕는다.

Autodesk Fusion 360

오토데스크는 3D CAD, CAM, CAE 그리고 PCB 기능 모두를 단일 소프트웨어로도 제공하고 있다. 제품 개발을 위한 클라우드 기반의 통합 소프트웨어 'Fusion 360(퓨전 360)'은 디자인, 설계, 시뮬레이션, 협업 및 기계 가공 기능까지 결합된 통합 제품으로, 컨셉 설정에서 제작까지 단일 소프트웨어로 진행할 수 있다. Fusion 360으로 3D 모델을 생성하고 시뮬레이션 할 수 있다. 클라우드 해석을 지원하여 컴퓨터의 사양에 관계없이 언제, 어디서든 제품 성능을 확인하고 오류를 확인할 수 있다. 이외에도 AI(인공지능) 기반 설계 기술인 '제너레이티브 디자인(generative design)' 기능을 비롯, 어드밴스드

시뮬레이션, 5축 가공 장비 시뮬레이션, PCB 쿨링 해석도 단일 소프트웨어에서 제공한다.

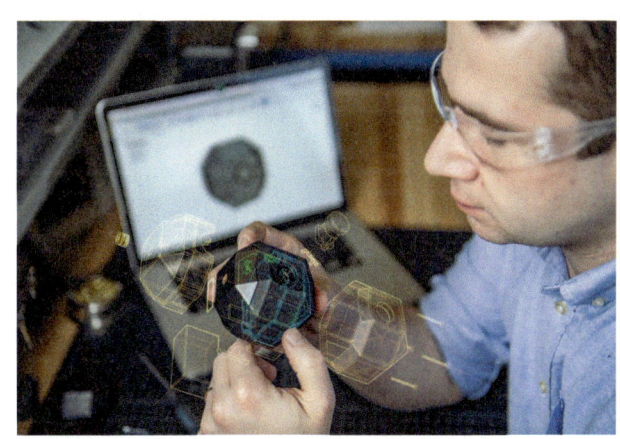

▲ 오토데스크 Fusion 360

박판성형 해석

AutoForm Software Solution

개발 AutoForm Engineering GmbH Switzerland,
https://www.autoform.com

자료 제공 오토폼엔지니어링 코리아, 02-2113-0770,
https://www.autoform.com/kr

AutoForm Software Solution

AutoForm은 박판 성형과 차체(Body in White) 조립 공정의 엔지니어링, 평가 및 개선을 위한 포괄적인 플랫폼을 제공한다. 일상 업무의 사용을 위해 설계된 AutoForm의 소프트웨어 솔루션은 엔지니어링 작업처리량을 높이고 최적의 제품 생산을 보장한다. AutoForm 소프트웨어 솔루션은 다음과 같다.

AutoForm Forming

AutoForm Forming은 박판 성형 공정과 제품을 디지털 상으로 계획하고 및 검증하기 위한 다양한 범위에 걸친 강력한 기능을 지닌 소프트웨어 제품 포트폴리오를 제공한다.

■ **AutoForm-StampingAdviser** : 생산 가능한 박판 제품 엔지니어링
■ **AutoForm-Sigma** : 프로세스 최적화
■ **AutoForm-DieDesigner** : Die Face의 빠른 생성
■ **AutoForm-Compensator** : Springback을 고려한 금형 형상의 최적화
■ **AutoForm-Trim** : 트림 라인 및 블랭크 아웃라인의 최적화

CAD-내장형 제품

CAD-내장형 모듈을 개발하여 AutoForm의 박판 성형 공정 시뮬레이션에 대한 전문성과 CAD의 강력한 설계 기능을

함께 결합하였다.

■ **AutoForm-ProcessDesigner**[forCATIA] : CATIA V5/V6 환경 내 공정 설계를 위한 표준 공법 포함
■ **AutoForm-QuickLink**[forCATIA] : AutoForm과 CATIA간의 쉬운 데이터 교환

TriboForm

금형 코팅, 윤활제, 소재 표면 특징이나 새로운 박판 소재의 효과를 빠르게 시뮬레이션할 수 있다. TriboForm은 AutoForm 제품군을 강화하고 보완한다.

이상의 모든 모듈이 AutoForm-Explorer 환경에서 AutoForm-FormingSolver로 구동된다.

AutoForm Assembly

AutoForm Assembly 소프트웨어는 공차 및 품질 관리, 공정 엔지니어링과 실제 양산의 트라이아웃 및 수정 루프를 포함하는 전체 차체(Body in White) 조립 공정 어셈블리 워크플로를 지원한다.

사용자가 차체 조립 공정을 AutoForm 소프트웨어로 구현함으로써 차체 양산 공정에 대한 심층적인 통찰력을 얻을 수 있으며, 대체 부품 및 조립 공정 프로세스를 신속하게 평가하고 치수 편차의 원인을 파악하여 효과적인 대응 조치를 취할 수 있다.

AutoForm-HemPlanner

AutoForm-HemPlanner는 효과적인 헤밍 공정 계획을 위한 소프트웨어로, 헤밍 공정 정의 및 최적화와 해석에 필요한 툴(Tool) 지오메트리를 보다 쉽게 생성할 수 있다. AutoForm-HemPlanner는 테이블 및 롤 헤밍 공정을 효율적으로 설계할 수 있다.

AutoForm-FormFit

AutoForm-FormFit은 차체 공정의 치수 정확도를 위한 파트 형상 수정 소프트웨어로, 차체 조립공정에서 파트 형상을 수정하여 치수 적합성을 달성할 수 있다. 초기 엔지니어링 단계에서 Auto-Form-FormFit을 사용하면 어셈블리에서 하나 또는 여러 부품의 설계 분석 및 어셈블리의 치수 정확도에 미치는 영향을 분석할 수 있다.

프로세스 엔지니어링 후반에 조립 공정으로 인한 스프링백 효과를 보정하고, 새로운 타깃 형상을 도출하며, 금형 부품 성형 공정을 조정할 수 있다. 이러한 새로운 접근 방식을 통해 보정 전략의 효과를 크게 향상시켜 조립 공정에서 치수 적합성을 달성할 수 있다. 램 업(Ramp-up) 단계 및 양산 중에 AutoForm-

FormFit을 사용하면 대체 조립 공정 레이아웃을 평가하고 측정된 스캔 데이터를 기반으로 조립 문제에 대한 효과적인 대응책을 찾을 수 있다.

보정 전략 개발 : 금형 보정 및 확인을 통한 조립 공정의 정확도 향상

AutoForm Forming으로 계산된 응력, 변형 및 스프링백은 어셈블리 분석 연구에 사용된다. AutoForm Assembly를 통해 사용자는 어셈블리 프로세스로 인한 제품 편차를 추가로 분석하고, 치수 정확도에 가장 큰 영향을 미치는 부품을 결정할 수 있다. 결과적으로, 단일 부품에 대한 새로운 타깃 형상을 결정하여 어셈블리의 최종 치수 적합을 달성할 수 있다. 이러한 새로운 타깃 형상은 전체 보정 전략을 조정하는데 중요하며, 현장의 트라이아웃 횟수를 크게 줄일 수 있다.

AutoForm Assembly를 사용하면 사용자는 설계된 부품으로부터 어셈블리의 편차를 분석하고 치수 정확도에 가장 큰 영향을 미치는 부품을 파악할 수 있다. 그 후, 보정 전략을 통해 허용 오차 내에서 최소한의 노력으로 목표한 어셈블리 형상을 생성할 수 있다.

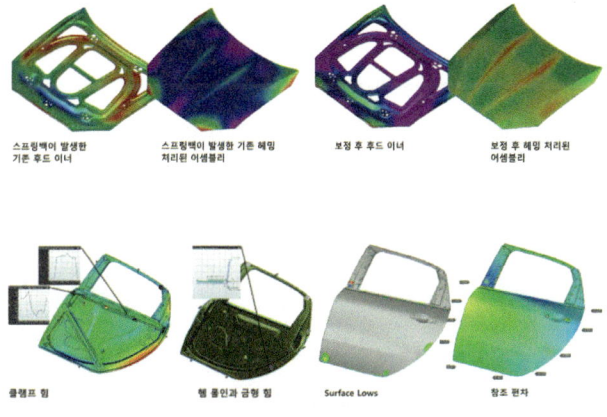

스프링백이 발생한 기존 후드 이너 | 스프링백이 발생한 기존 헤밍 처리된 어셈블리 | 보정 후 후드 이너 | 보정 후 헤밍 처리된 어셈블리

클램프 힘 | 헴 롤인과 금형 힘 | Surface Lows | 창조 편차

주조 해석

AnyCasting

개발 및 자료 제공 애니캐스팅소프트웨어,
www.anycasting.com

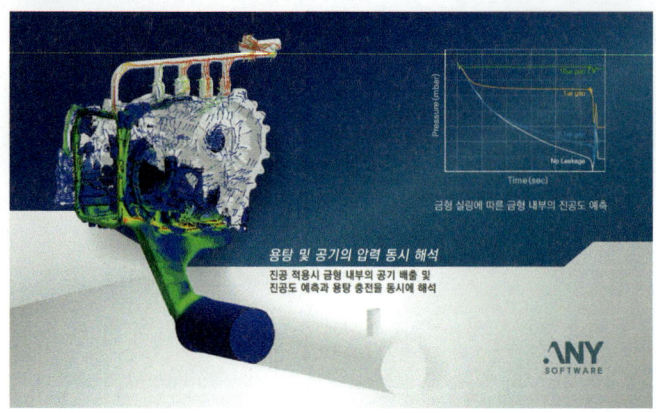

용탕 및 공기의 압력 동시 해석
진공 적용시 금형 내부의 공기 배출 및
진공도 예측과 용탕 충전을 동시에 해석

금형 실링에 따른 금형 내부의 진공도 예측

애니캐스팅소프트웨어는 엔지니어링 소프트웨어 개발업체로 AnyCasitng, AnyTX 및 AnyDESIGN 등의 개발 및 컨설팅을 수행하고 있다.

AnyCasting ver 6.7은 고압 다이캐스팅, 저압 주조 및 사형주조 등 모든 주조 공정에 적용 가능한 소프트웨어이다.

주요 특징

■ FVM 기반으로 열유동, 응고 및 변형 해석 수행 가능
■ Real Flow를 통한 정확한 유동 계산 및 다양한 수축 파라미터를 통한 높은 정확도
■ 주조 공정의 주요 결함 확인 가능하며, 실제의 공정조건을 최대한 반영 가능

주요 기능

해석 기능상의 특장점

■ **기포 결함** : 용탕 충전 중 발생하는 고립되는 기포 압력, 가스량 및 산화물 예측
■ **수축 결함** : 용탕의 응고 중 발생하는 수축에 의한 결함 예측
■ **열변형/크랙** : 주조 완료 후 제품 온도차이에 의한 열변형/크랙 등 예측
■ **다양한 공정별 특수 기능**
• Core Gas : 중자에서 발생되는 가스의 량 및 이동경로 추적
• **국부가압 핀** : 국부가압 핀(Squeeze pin)을 적용한 수축 변화 해석 가능
• **소착/리크** : 금형 표면의 소착 및 제품의 리크 발생 여부 예측
• **고진공 효과** : 진공 장비를 고려한 실제 진공 조건 입력 후 진공 효과 예측
• Hot Tearing Intensity : 대형 잉곳 공정의 제품 중심부 크랙 예측

전처리기의 편의성

■ **Auto Mesh** : 제품 두께를 인식하여 얇은 부위의 격자 밀도를 높게 자동 격자 생성
■ **Simple Gate** : 주조 방안 설계 전 간단한 주입구 설정으로 빠르게 용탕 흐름 검토 가능
■ **Material Property Generator(MPG)** : 금속의 성분에 따른 열물성 계산을 통하여, 신규합금 및 개량합금의 정확한 초기조건 반영 가능

도입 효과

■ **제품 형상 및 주조방안 최적화** : 개발 제품 사전 해석을 통한 제품의 주조성 검토 및 형상 최적화가 가능하며, 주조방안도 최적화 가능
■ **불량률 감소** : 양산제품의 경우 불량원인 분석을 통한 불량률 감소
■ **설계 이력 DB화** : Trial & Error 방식의 제품 개발에서 주조 해석을 통한 주조 방안 설계로 변경되고, 주조 방안 설계도 데이터베이스화 가능
■ **원청 대응 자료** : 설계 변경 및 조건 변경 등에 있어 과학적 근거 자료 제시 가능
■ **내부 협업 자료 사용** : 개발/작업자 간 주조 조건 및 방안 설계 시 정확한 증기 지료로 시용

주요 고객 사이트

■ **자동차** : 현대자동차(2 copy), GM, NISSAN(5 copy) 등 원청업체 및 대부분의 1차 벤더에 보급
■ **전기/전자** : 삼성전자(5 copy) 및 LG전자(5 copy) 등의 원청업체와 스마트폰/가전분야의 주조업체에서 활용
■ **중공업/정밀기계** : 현대중공업, 두산중공업 등의 업체에서 활용
■ **연구소/대학** : 국내외 주조 관련 대부분의 대학에 보급

구조 해석

AUTOPIPE

개발 벤틀리시스템즈, www.bentley.com

자료 제공 벤틀리시스템즈코리아, 02-557-0555,
www.bentley.com/ko

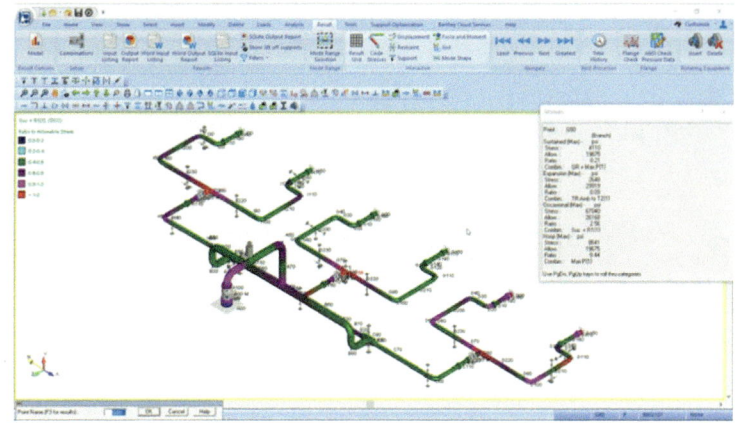

AutoPIPE는 배관 응력 해석 소프트웨어이다. 가장 엄격한 원자력 표준에 이르기까지 정적 및 동적 하중 조건하에서 배관 코드 응력, 하중, 변형을 계산하기 위한 설계 및 해석 프로그램이다.

주요 특징

비선형 수압 검사 해석, 통합 벽 관통 열 경사도, 기본 제공 유체 과도 해석, 열 휨 또는 성층, 지진 응답 스펙트럼 인벨로핑과 같은 고급 해석 기능을 통해 1, 2, 3등급 원전 배관계의 설계 시간을 단축시킨다. 해당 기능은 프로세스, 전력, 석유 및 가스, 원전, 지하, 해양 및 해저 배관로에도 사용된다.

주요 기능

■ **배관 응력 해석 및 시각화:** 정적인 하중 순서화 비선형 해석을 통해 엔지니어링 설계의 안전성에 대한 확신을 제공한다. 열, 지진, 바람, 동하중 사례를 포함한 다양한 하중 시나리오를 검사하는 해석을 수행한다. 응력, 굴절, 힘, 모멘트를 즉시 확인할 수 있다.

■ **배관 응력 변위 및 충돌 확인:** 온도, 지진 또는 기타 극한 하중 조건과 같은 하중 사례로 인한 배관 응력 변위를 결정하여 플랜트 모델 정확도를 향상시킨다. 배관과 구조물에 적용되는 하중 조건을 해석한 다음 Navigator나 OpenPlant Modeler를 사용하여 충돌을 평가하고 해결할 수 있다.

■ **산업 코드 및 표준 준수:** 전력, 원자력, 해양, 화학, 석유 및 가스 산업 프로젝트는 30가지가 넘는 글로벌 설계 표준을 준수

해야 한다. ASME, 영국, 유럽, 독일, 일본, 러시아, API, NEMA, ANSI, ASCE, AISC, UBC, ISO 및 WRC 지침 및 설계 제한 기준을 통합한다.

■ **배관 설계 및 모델링:** 파라메트릭 구성 요소 카탈로그를 기반으로 국제 배관 사양에 맞게 3D 배관 시스템을 설계, 모델링 및 해석한다. 3D 배관 모델을 배관 응력 해석 도구와 통합하여 설계 품질과 설계 생산성을 향상시킨다. 배관 모델의 전체 엔지니어링 무결성과 품질을 개선시킨다.

■ **배관 응력 해석을 위한 구조 모델 참조:** STAAD.Pro에서 구조 모델을 생성하여 설계 데이터를 재사용하고 보다 현실적이고 완전히 통합된 양방향 배관 및 구조 해석을 위해 AutoPIPE로 구조 모델을 가져온다. 배관 서포트 하중이 적용된 최종 배관 모델을 Bentley STAAD 모델로 가져올 수도 있다.

도입 효과

배관, 구조 모델 및 결과를 신속하고 간편하게 생성, 수정, 검토하여 시간을 절약할 수 있다. 온도, 바람, 파도, 부력, 눈, 지진, 과도기 하중에 대한 고급 선형 및 비선형 해석 기능을 제공하는 하나의 애플리케이션에서 정적, 동적 해석을 수행하여 시간을 훨씬 더 절약할 수 있다.

주요 고객 사이트

한국전력기술, 현대엔지니어링, 현대건설, GS건설, SK 건설, 삼성엔지니어링, 대림산업, 현대중공업, 삼성중공업 외 다수

1D 해석

AVL CRUISE M

개발 AVL, www.avl.com

자료 제공 한국AVL, 02-580-5800, www.avl.com

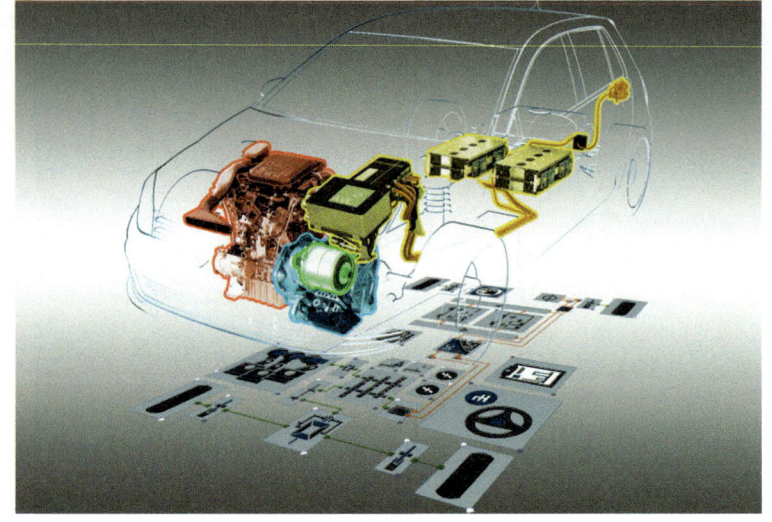

AVL CRUISE M은 다중 물리(Powertrain, Hydraulics, Electric, Thermal etc.) 1D 시스템 시뮬레이션 소프트웨어이다.

차량 및 선박, 항공을 포함한 다분야 동력 시스템의 부품 상세 및 통합 시스템 모델링부터 시뮬레이션, 결과 후처리까지 통합적으로 진행할 수 있다.

제품의 주요 특징

■ 시스템의 연비 및 성능 예측
■ 콘셉트 스터디
■ 시스템 레이아웃 설계
■ 제어기 플랜트 모델

주요 기능

■ 모델 생성 마법사
■ Multi-rate 해석
■ DoE
■ Post Processing
■ 모델 컴파일
■ 연동 해석

도입 효과

■ 제품 개발 과정의 프론트로딩을 통한 시간 및 비용 절감
■ 기존의 내연기관 파워트레인 콘셉트에서 전동화 파워트레인 콘셉트로 전환이 용이

주요 고객 사이트

현대자동차, KEFICO, 현대위아, 쌍용자동차, 한국에너지공단 등에서 AVL CRUISE M을 사용하고 있다.

멀티피직스 해석, 유동 해석

AVL eSUITE

개발 AVL, www.avl.com

자료 제공 한국AVL, 02-580-5800, www.avl.com

AVL eSUITE는 xEV의 개발 및 가상 검증을 위한 Bundle 솔루션으로 모터, 감속기, 파워트레인, 배터리, 연료전지 시스템의 1D, 3D 해석에 적용할 수 있다.

주요 특징

1개의 라이선스로 AVL EXCITE, AVL CRUISE M, AVL FIRE M이 포함된 3개의 AVL 솔루션을 사용할 수 있다.

주요 기능

- 모터 및 감속기 NVH 해석
- 차량 파워트레인 콘셉트 해석
- E-drive 효율 및 성능 해석
- 배터리, 연료전지 성능 해석

도입 효과

xEV 개발 시간 단축 및 비용 절감이 가능하다.

주요 고객 사이트

현대자동차 등에서 AVL eSUITE를 사용하고 있다.

다물체 동역학 해석

AVL EXCITE

개발 AVL, www.avl.com

자료 제공 한국AVL, 02-580-5800,
www.avl.com

AVL EXCITE는 파워트레인의 설계 및 다물체 동역학 해석을 위한 소프트웨어로, 파워트레인 해석을 위한
강체 및 탄성체 기반의 NVH, Strength 등 다물체 동역학 해석을 지원한다.

주요 특징

■ 탄성체 보디, 기어, 하우징 등을 기반으로 한 다물체 동역학 해석 툴
■ 열부하를 고려한 윤활 접촉 및 failure 평가
■ 다양한 기어 및 볼 베어링 타입의 조인트 제공

주요 기능

AVL EXCITE는 파워트레인 설계를 위한 콘셉트 해석(cam, crankshaft 설계 등)부터 상세 모델 개발을
위한 3D 유한요소 모델 기반 NVH, strength 해석이 가능하다.

도입 효과

■ 파워트레인 및 다물체 시스템의 강도 및 NVH 특성 분석 및 문제 현상 재연
■ 접촉 파트(기어, 베어링, 마운트 등) 및 보디 관련 다양한 설계 변수 최적화

주요 고객 사이트

현대자동차, 현대위아, 현대중공업, 두산인프라코어, GM Korea 등에서 AVL EXCITE를 사용하고 있다.

유동 해석, 전자기장 해석

AVL FIRE M

개발 AVL, www.avl.com

자료 제공 한국AVL, 02-580-5800, www.avl.com

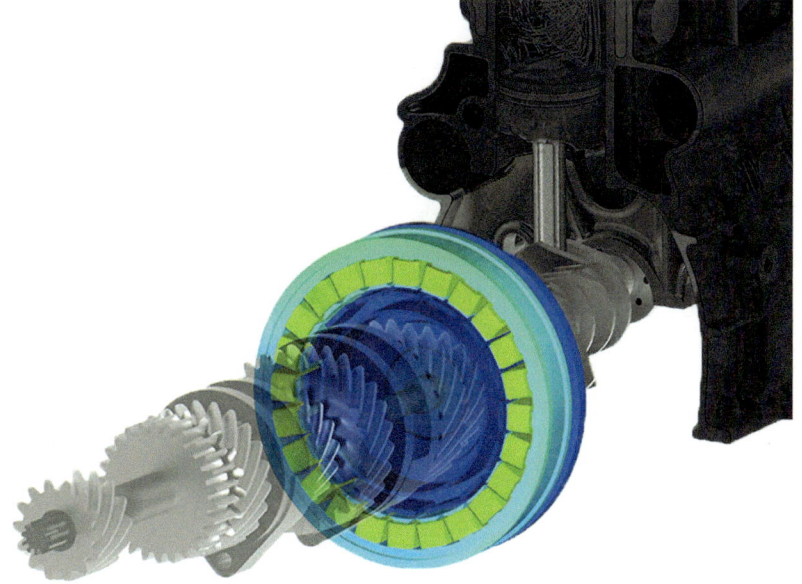

AVL FIRE M은 AVL의 30년이 넘는 자동차 시뮬레이션 노하우가 집약된 소프트웨어로, 내연 기관 및 전동 분야 개발을 모두 지원하는 3D CFD(Computational Fluid Dynamics) 시뮬레이션 솔루션이다.

AVL FIRE M은 내연기관, EAS, 배터리, E-motor, 연료전지의 3D 열유동 해석을 지원한다.

주요 특징

- ■ 자동차 특화 FVM 기반 유동 해석
- ■ 다양한 애플리케이션 및 산업에서 까다로운 유동 문제를 효율적으로 해결
- ■ 열전달 및 열부하 문제에 대한 정확한 시뮬레이션
- ■ 애플리케이션 방법 개발과 함께 적격하고 작업 지향적인 소프트웨어 지원

주요 기능

AVL FIRE M은 내연기관 및 EAS, 배터리, E-motor, 연료전지의 3D 열유동해석이 가능하다.

도입 효과

AVL FIRE M은 엔진(내연기관), E-motor, 차량 후처리 장치, 배터리, 연료전지 전용 해석 모듈을 보유하고 있다.

주요 고객 사이트

현대자동차, 현대중공업 등에서 AVL FIRE M을 사용하고 있다.

다물체 동역학 해석

AVL VSM

개발   AVL, www.avl.com

자료 제공   한국AVL, 02-580-5800, www.avl.com

AVL VSM은 KnC 데이터를 이용한 차량 효율성과 주행 감각의 균형을 위한 차량 동역학 해석 툴이다.

주요 특징

- 가상 프로토타입을 사용하여 효율성과 구동 속성의 균형 유지
- 경쟁력 있는 주행 성능 지원
- 브랜드 운전 특성 개발 지원
- 실제 프로토타입 없이 운전 시뮬레이터에서 차량 개념을 경험
- 성능 및 랩 타임 예측 가능
- 차량 목표를 달성하기 위한 최고의 기술 선택
- 프로토타입 차량의 필요성 감소
- 시장 출시 시간 단축
- 개발 루프 감소

주요 기능

AVL VSM은 동역학 및 RDE, Lap Time 해석 등의 기능을 제공한다.

도입 효과

AVL VSM은 KnC 데이터로 간편한 동역학 모델링 및 시뮬레이션 해석을 할 수 있다.

주요 고객 사이트

현대자동차 등에서 AVL VSM을 사용하고 있다.

터보기계 해석

AxSTREAM

개발　SoftInWay, www.softinway.com

자료 제공　한국시뮬레이션기술, 031-903-2061, kostech.co.kr

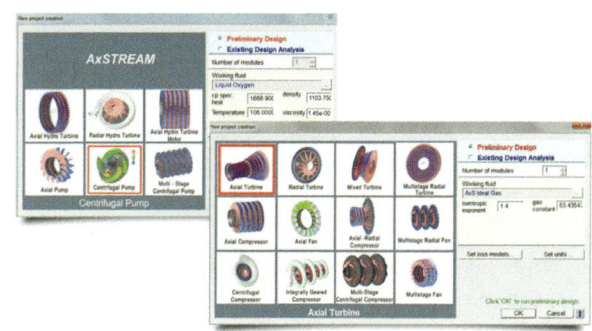

주요 특징

AxSTREAM은 터보머신의 예비설계 단계부터 1D/2D 유동해석, 최적화, 3D 모델 수정 작업, 3D CFD/구조 해석까지 설계와 성능 분석/검증을 위한 모든 작업이 하나의 GUI에서 진행된다.

주요 기능

AxSTREAM-Turbomachine : 터보머신 설계 및 분석

AxSTREAM의 예비설계 단계는 입출구 조건만 정의하면 다양한 형태의 예비설계를 빠른 시간 내에 제시해 줌으로써, 특정 설계기준을 위한 선택폭이 넓고 예비설계 도출을 위한 접근이 매우 용이하다.

디지털 트윈을 생성하기 위한 모듈을 이용하여 기존의 터보머신을 디지털화하여 가상 테스트 및 최적화를 수행할 수 있다.

AI를 도입한 최적화를 제공하고 있으며 최적 기준을 만족할 때까지 반복적인 계산이나 작업이 필요한 경우 AxSTEAM의 프로그램들과 타사의 툴을 연계하여 자동으로 수행하도록 설정할 수 있다.

- 운전조건에 대한 예비설계 제시
- Meanline/Streamline Calculation
- Off-Design 분석
- DoE 방법을 이용한 최적화
- 3D Blade 디자인
- 3D 구조/CFD 해석
- 다양한 포맷을 위한 형상 데이터 export
- CAD 형상에 대한 디지털 트윈 생성

AxSTREAM-RotorDynamics&Bearings : 회전동역학 해석 및 베어링 설계

회전체 기계에 대한 안정성 확보를 위해 회전동역학 분석을 할 수 있다.

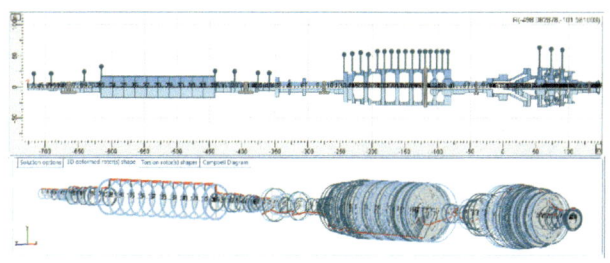

- Static Deflection Analysis
- Critical Speed Analysis
- Critical Speed Map Analysis
- Stability Analysis
- Unbalance Response Analysis
- Modal Torsional Analysis
- Time-Transient Torsional Analysis

또한, 로터와 관련한 다양한 타입의 베어링 설계를 지원환다.

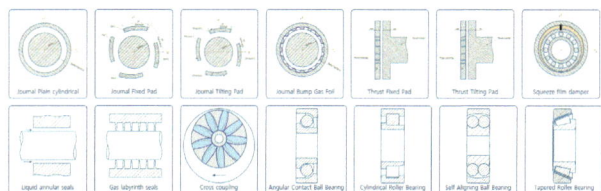

- Journal/Thrust Bearing Type 설계
- Steady State 해석
- Stability 해석
- Map Analysis

AxSTREAM-NET

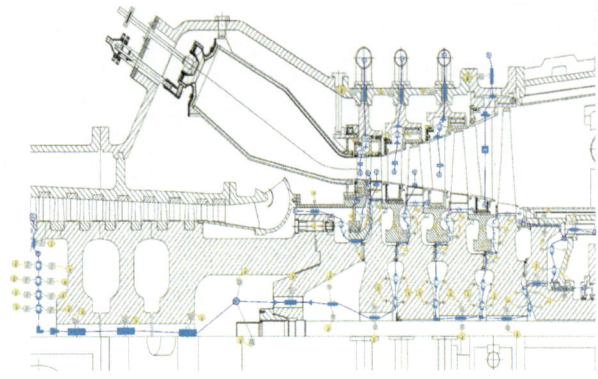

3D 형상 데이터가 필요없으며, 터보머신의 2차 유로 및 블레이드 냉각 시스템을 1D 요소로 모델링함으로써 열유체 해석을 수행한다.

■ 열전달 및 열대류 고려
■ 유로에 대한 체적 고려
■ 압력 손실 고려
■ Swirling 고려

AxCYCLE : 사이클 해석

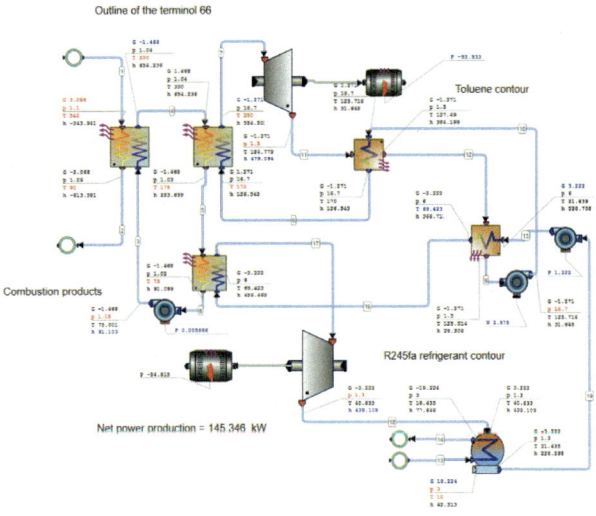

터보머신을 포함한 전체 시스템의 heat balance를 계산하여 각 요소 별 입/출구의 열적 파라미터를 계산하며, 두 가지 이상의 작동유체를 사용하는 combined cycle 해석이 가능하다.

■ 사이클 모델링
■ Off-design 분석(터빈 및 압축기의 성능맵 고려 가능)

■ DoE를 이용한 최적화 분석
■ 경제성 분석
■ Transient Analysis(2021년 내 개발완료 예정)

도입 효과

AxSTREAM은 터보차저와 같은 소형 머신을 포함해 다양한 타입의 대형 터보머신을 설계할 수 있는 기능을 제공하고 있으며, 타 소프트웨어와의 연계를 통해 데이터의 자동 송/수신과 최적화를 수행할 수 있다. 각 회전기계의 상세설계는 물론이고 최적의 유지보수와 특수한 사용목적에 대한 최적설계가 가능하여 수명기간 동안의 비용절감과 효과적인 사용을 기대할 수 있다.

주요 고객 사이트

고등기술연구원, 두산중공업, 부산대학교, 세아엔지니어링, 한국기계연구원, 한국생산기술연구원, 한국에너지기술연구원, 한국원자력연구원, 한국전력연구원, 한전KPS 등에서 AxSTREAM을 사용하고 있다.

유동 해석

BARAM

개발 및 자료 제공 넥스트폼, 070-8796-3019,
www.nextfoam.co.kr

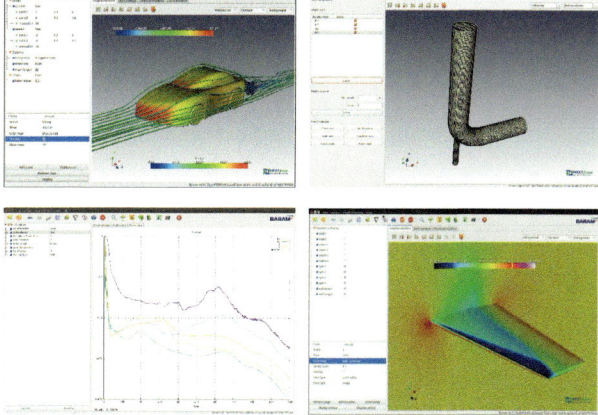

넥스트폼이 개발한 공개 소프트웨어 : 열유체 시뮬레이션의 대중화

전산유체역학을 이용한 열, 유체 시뮬레이션은 산업체의 제품 개발분 아니라 안전, 환경, 의료 등 매우 다양한 분야에서 필요성이 커지고 있다. 그 중 대부분은 상용화된 프로그램의 사용권(라이선스)을 구매하여 사용하고 있으며, 높은 라이선스 비용은 열유체 시뮬레이션의 걸림돌이 되고 있다. 전산유체역학 기술은 1980년대부터 본격적으로 개발되기 시작한 오래된 기술로 해석 코드의 개발에 높은 기술력이 필요한 것은 아니다. 많은 대학이나 연구소들에서는 자체 개발한 코드를 사용하고 있으며 이 중 일부는 오픈소스 라이선스를 통해 소스코드까지 공개되어 있다. 그럼에도 불구하고 상용 프로그램의 의존도가 높은 이유는 사용상의 편의성, 솔버의 안정성, 기능의 다양성 등의 문제 때문이다. BARAM은 이런 문제들을 해결하여 누구나 별도 라이선스 구매 없이 쉽게 열유체 시뮬레이션을 할 수 있는 것을 목표로 개발되었다.

솔버는 OpenFOAM을 기반으로 하고 있다. OpenFOAM은 훌륭한 솔버들을 제공하고 있지만 격자의 품질에 따라 안정성과 정확성이 크게 영향을 받는 단점이 있다. BARAM은 이런 문제를 해결한 nextFoam이라는 패키지를 개발하여 사용하고 있다. 그리고 그래픽 사용자 환경 없이 리눅스 터미널에서 사용해야 하는 불편함을 해결하기 위해 그래픽 사용자 환경을 개발하였고, 윈도우즈 시스템에서 사용이 가능하도록 하였다. 현재는 열전달, 비압축성 유동, 압축성 유동, 화학종 확산 시뮬레이션이 가능하며 앞으로 다상유동, 반응유동, 입자유동 등 다양한 분야로 확장할 계획이다. BARAM에 개선이 필요한 부분이나 기능 추가가 필요한 것들은 넥스트폼으로 연락하면 최대한 빨리 수정하여 업데이트하거나 다음 버전에 반영하고 있다.

나를 위한 프로그램 개발의 기반

열유체 시뮬레이션 분야는 매우 다양하지만 실제 사용자는 특정 문제들만 계산하는 것이 대부분이다. 따라서 자신의 문제에 특화된 시뮬레이션 프로세스와 사용자 환경을 만들어 사용하면 업무 효율성을 획기적으로 높일 수 있다. 공개소스 프로그램인 BARAM이 자신만의 전용 프로그램 제작을 위한 기반으로 널리 활용될 수 있기를 기대한다.

제품의 주요 기능

- ■ 압력기반 비압축성 유동/자연대류, 복사열전달을 포함한 열전달/화학종 확산 해석
- ■ 밀도기반 고속 압축성 유동 해석, 공력데이터 획득을 위한 일괄 작업(Mach, AOS, AOS sweep)
- ■ 사용자 정의 스칼라 해석
- ■ MRF, Porous media, Sliding mesh, fixed velocity zone
- ■ 옥트리 기법을 사용한 격자 생성(cfMesh, snappyHexMesh)
- ■ 타 코드의 격자 변환(msh/cas, ccm, gmsh, ideasUnv)
- ■ 다양한 후처리 기능 및 Paraview 사용
- ■ Linux, Windows(Windows Subsystem Linux 사용) 지원
- ■ 다양한 문제에 대한 예제 제공, 사용자 매뉴얼과 OpenFOAM 매뉴얼 제공

유동 해석

BarracudaVR

개발 CPFD software, www.cpfd-software.com

자료 제공 경원테크, 031-706-2886, www.kw-tech.com

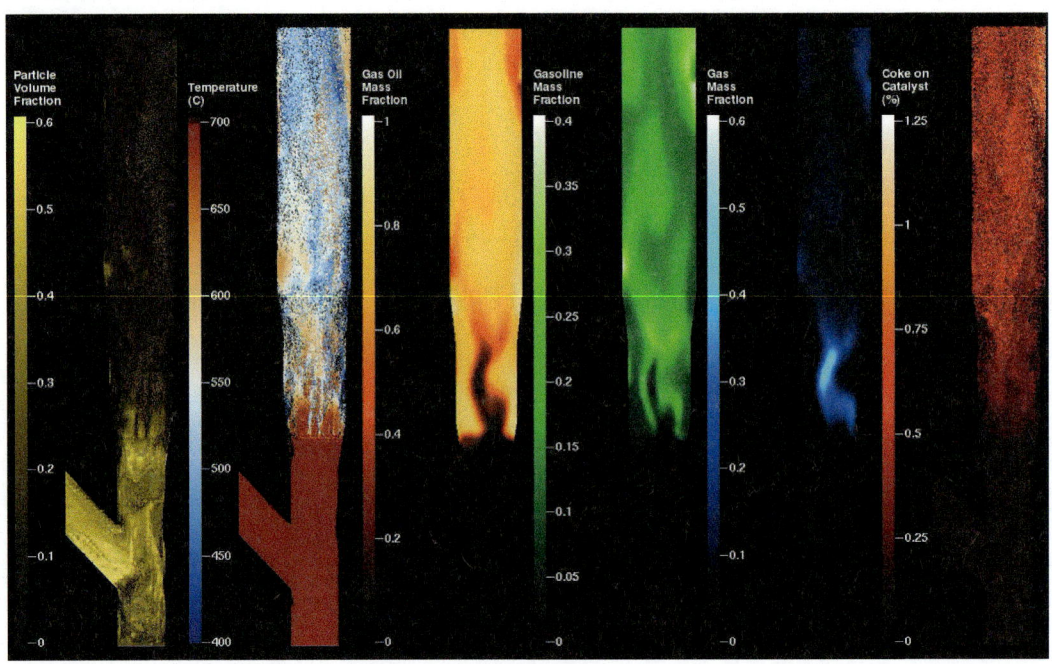

BarracudaVR은 Fluidization 응용시설의 생산성 및 신뢰성을 극대화하기 위해 반응기 내부의 particle 및 작동 유체의 거동과 열화학적 변화를 수치적으로 모사하는 simulation tool로서, simulation을 통한 engineering approach로 trial&error를 감소시킬 수 있다.

제품의 주요 특징

Eulerian & Lagrangian 수치기법 혼용

MP-PIC(Multi-Phase Particle In Cell) 기법은 Fluidization 현상에 대해서 Eulerian/Eulerian continuum models과 Eulerian/Lagrangian discrete model의 장점만을 융합시킨 수치 기법이다.

Control volume(Cell)에서 Particle과 Fluid에 대한 continuum

conservation equation를 계산한 후, Lagrangian particle에 mapping하여 particle의 상태 및 거동을 계산한다.

PSD(Particle Size Distribution)

BARRACUDA는 초기 조건으로, 각각의 particle 군집에 대한 분포를 입력할 수 있으며, 이러한 분포함수는 각종 지배 방정식의 해를 통해서 각 cell 및 particle에 업데이트되므로, 유저는 Eulerian, Lagrangian 관점의 결과를 각각 확보할 수 있다.

Particle Collisions, Particle-wall Deflections

일반적인 Continuum 관점의 Fluidization flow model은 실제 particle을 가속시키는 요소 중에 하나인 solid stress를 고려할 수 없으며, 관련하여 Phase Momentum Exchange도 모델

링되어 있다. 그러나 BARRACUDA는 Solid Stress가 직접 적용되며, Momentum Exchange 정의도 실제 물리적 지배방정식에 근거하고 있다.

LES

BarracudaVR는 LES를 기본 난류 모델로 채택하고 있다. 그럼에도 불구하고, 최적화된 격자 시스템에 의해서 RANS 모델에 비하여 계산 시간에 큰 손해를 수반하지 않는다.

Chemical Reaction

일반적인 homogeneous Reaction뿐만 아니라 heterogeneous reaction에 대한 적용이 가능하며, multi-material particle을 적용시킬 수 있어 순수한 물질의 입자 반응뿐만 아니라 석탄과 같은 입자의 반응도 가능하다. 또한 volume-averaged뿐만 아니라 개별 입자의 Discrete reaction도 지원하여 입자 반응에 적합하도록 설계되어 있다.

Particle Collisions, Particle-wall Deflections

Barracuda는 병렬계산을 위하여 GPU를 사용하며 일반적으로 GPU는 코어 자체의 명령어 처리 성능이 떨어지지만 수천개 이상의 코어를 확보할 수 있고 이로 인해 CPU 대비 8배 이상의 성능을 향상시켰다.

다양한 경계조건

일반적으로 상업용 반응기의 스케일은 너무 커서 현실적으로 해석이 불가능하다. 따라서 이를 보완하기 위하여 시간에 따른 유량, 온도, 압력 등을 조절뿐만 아니라 두 개 이상의 경계를 연결하여 다양한 조건을 해석할 수 있다.

주요 활용 분야
산업 분야

■ CFBC/BFB/Gasifier/Steam reformer/Chemical looping combustion/Emission trends & reduction
■ FCC regenerator/FCC Riser/FCC stripper/Afterburn/Upstream Oil & Gas/Cement industry

활용 분야

■ 성능저하의 원인 파악, 운전조건 변경, 반응기 형상변경 및 운전조건 변경에 따른 위험부담 최소화
■ 제품 생산량 및 한계점 예측, 배출가스 생성의 경향 및 배출가스 감소(e.g., NOx, SOx, CO)
■ Start-up, turndown, troubleshooting, 유동화 패턴(spouted-bed, bubbling bed, turbulent bed)
■ Gas와 particle의 체류시간 및 분포
■ Particle 사이즈에 따른 비말 동반율, Particle과 gas의 mixing 프로파일
■ 온도 프로파일(hot or cold spots), Solid flux, circulation rates, choked flows
■ 벽면과 내부의 마모 위치, Cyclone loading, Reactor 신뢰도 평가
■ 제품의 수율, 전환율, 질적향상, Scale-up, 반응기 형상 최적화, 연료변경

주요 고객 사이트

■ SK innovation, RIST, 남부발전, 전력연구원, POSCO, 생산기술연구원 등

인공지능

BruceEYE

개발 및 자료 제공 피도텍, 02-2295-3984,
www.pidotech.com

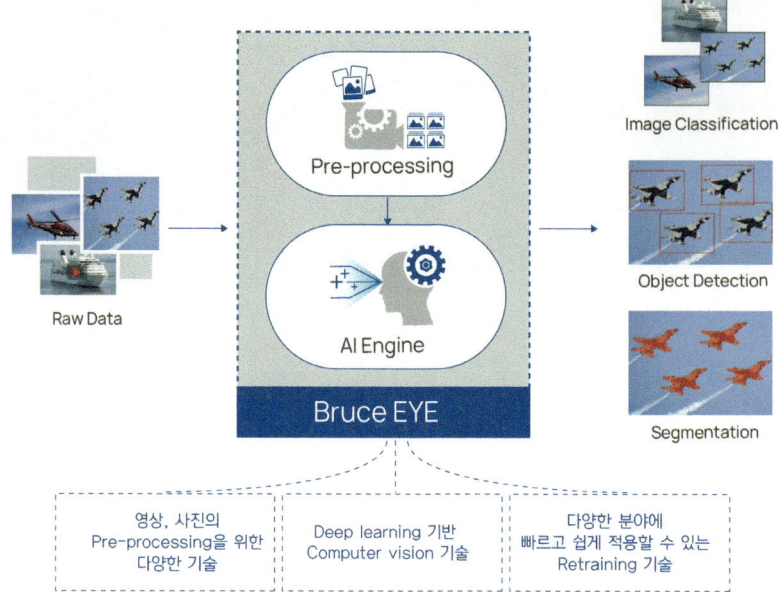

BruceEYE는 데이터를 정확하게 인식 및 가공하고, 이를 기반으로 데이터에 가장 적합한 딥러닝 모델을 학습함으로써 고객 요구에 맞는 서비스를 제공하는 맞춤형 딥러닝 기반 컴퓨터 비전 기술이다.

제품의 주요 특징

Flexible Data Pre-processing

다양한 이미지 전처리 기술을 기반으로 데이터를 정확하게 인식/가공하여, 빠르고 정확하게
딥러닝 모델을 학습한다.

Adaptive Deep Learning model

탑재된 다양한 알고리즘 중 데이터에 가장 적합한 딥러닝 모델을 선별하여 학습한다.

UI Customization

다양한 도메인의 라벨링 툴을 보유하고 있으며, 직관적이고 편의성이 극대화된 사용자 친화적 UI를 제공한다.

도입 효과

■ 24시간 지속적인 모니터링으로 넓은 지역 및 다수의 운영 시스템을 효율적으로 감시/관리할 수 있다.
■ 사람이 판별하기 어려운 대상을 실시간으로 빠르고 정확하게 판별한다.
■ 다양한 산업 현장에서의 이상 징후 감지 및 경보 발령을 통한 신속한 현장 대응이 가능하다.
■ 관리 및 운영비 절감, 기술의 고도화를 통해 기업 경쟁력을 강화할 수 있다.

인공지능

BruceMentor

개발 및 자료 제공　피도텍, 02-2295-3984, www.pidotech.com

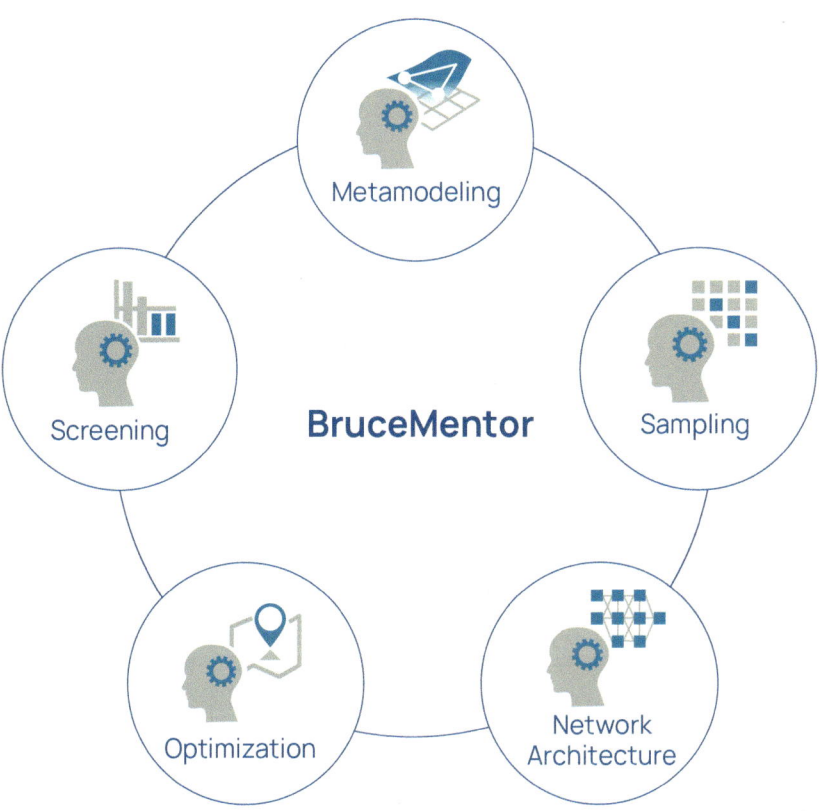

▲ BruceMentor의 적용분야

BruceMentor는 고객이 처한 상황에 가장 적합한 설계 기법을 자동으로 선택해주는 공학 설계 맞춤형 인공지능이다.

주요 특징

- ■ 데이터에 가장 적합한 메타모델을 자동으로 선택해준다.
- ■ MLP의 Network Architecture를 자동으로 결정해준다.
- ■ EDT의 Hyperparameter를 자동으로 결정해준다.
- ■ 주요 설계변수를 자동으로 선택해준다.

도입 효과

전문 지식 없이도 최신 설계 기법을 활용할 수 있게끔 도와준다.

다양한 최신 설계 기법의 사용자 지정 파라미터를 자동으로 결정해줌으로써 최상의 결과를 도출할 수 있도록 도와준다.

인공지능

BruceSIM

개발 및 자료 제공   피도텍, 02-2295-3984,
www.pidotech.com

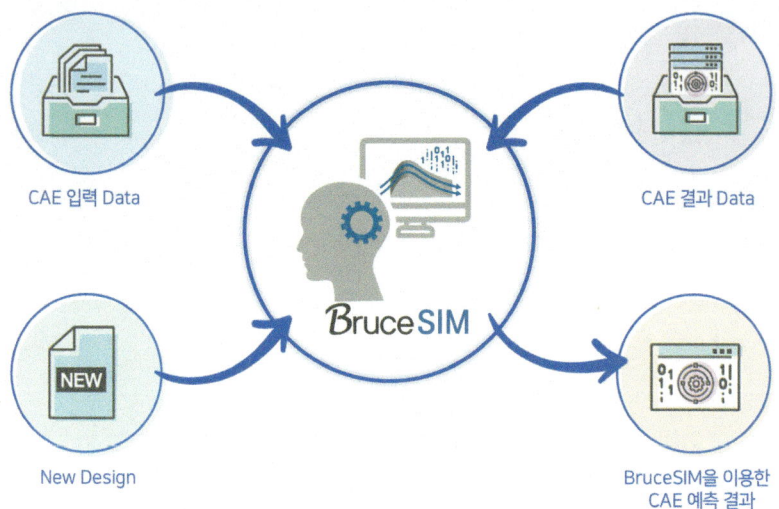

BruceSIM은 딥러닝을 이용하여 빠르고 정확하게 CAE 결과를 예측할 수 있는 Customized Service이다.

.

주요 특징

CAE 해석 데이터 전처리

BruceSIM은 가공되지 않은 CAE 해석 데이터로부터 고객이 예측하고자 하는 CAE 결과를 효과적으로 추출하고 딥러닝에 적용할 수 있도록 전처리를 수행한다. BruceSIM에 예측하고자 하는 CAE 결과만 알려주면 된다.

PIAnO를 이용한 CAE 해석 데이터 축적

CAE 해석 데이터가 없거나 부족하면, PIAnO의 CAE 해석 자동화를 이용하여 CAE 해석 데이터를 효과적으로 축적할 수 있다. 일일이 설계자가 CAE 해석을 수행하지 않아도 많은 CAE 해석 데이터를 한 번의 PIAnO 실행으로 얻을 수 있다.

최적의 딥러닝 방법 적용

BruceSIM은 CAE 결과의 특징을 파악하여 결과 예측의 정확도를 최대화할 수 있는 최적의 딥러닝 방법을 적용하여 딥러닝을 수행한다.

빠른 CAE 결과 예측

BruceSIM은 CAE 해석 1회 소요시간과는 비교할 수 없을 만큼 빠르게 CAE 결과를 예측한다.

실무에 쉽게 적용 가능한 CAE 결과 예측 툴 제공

BruceSIM은 고객이 실무에서 쉽게 사용할 수 있도록 고객 맞춤 툴을 제공한다. 툴을 실행하고 예측하고 싶은 설계만 입력하면, 바로 예측 결과를 확인할 수 있다.

도입 효과

CAE 결과 예측 효율성 향상

보유한 CAE 해석 데이터를 이용하여 효과적으로 CAE 결과를 예측할 수 있다.

실무 적용성 향상

고객 맞춤 CAE 결과 예측 툴을 이용하여 쉽게 실무에서 사용할 수 있다.

인공지능

BruceTS

개발 및 자료 제공 피도텍, 02-2295-3984,
www.pidotech.com

다양한 패턴의 시계열 Data   새로운 시계열 데이터

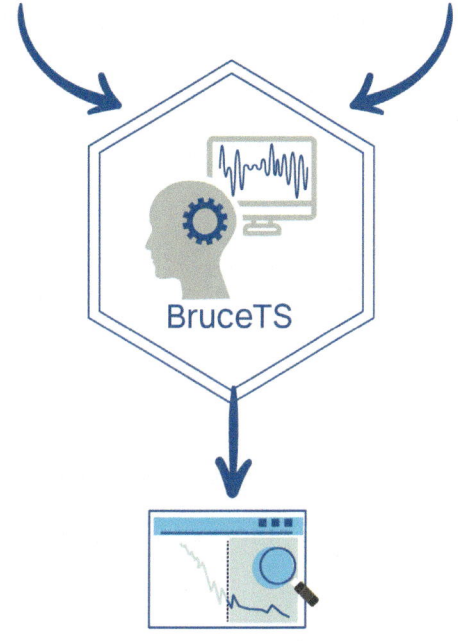

입력된 새로운 데이터에 대한
미래 현상 예측 결과

　BruceTS는 딥러닝을 이용하여 빠르고 정확하게 시계열 (Time Series) 데이터를 예측할 수 있는 Customized Service이다.

주요 특징
시계열 데이터 전처리
　가공되지 않은 시계열 데이터를 사용된 딥러닝 모델에 효과적으로 학습할 수 있도록 데이터 전처리를 수행한다.

미래 현상 예측
　실제 실험 없이도 주어진 시계열 데이터만을 이용하여 이후에 발생할 시스템의 현상을 예측할 수 있다.

최적의 딥러닝 방법 적용
　시계열 예측에 적합한 최신·최적의 딥러닝 방법을 적용하여 딥러닝을 수행한다.

실무에 쉽게 적용 가능한 CAE 결과 예측 툴 제공
　고객이 실무에서 쉽게 사용할 수 있도록 고객 맞춤 툴을 제공한다. 툴을 실행하고, 예측하고 싶은 설계만 입력하면, 바로 예측 결과를 확인할 수 있다.

도입 효과
시계열 예측 정확성 향상
　보유한 여러가지 패턴의 시계열 데이터를 이용하여 정확하고 신속하게 시계열 예측이 가능하다.

실무 적용성 향상
　고객 맞춤 시계열 예측 툴을 이용하여 쉽게 실무에서 사용할 수 있다.

필라멘트 와인딩 해석

Cadfil

개발 Crescent Consultants Ltd, www.cadfil.com/index.html

자료 제공 씨투이에스코리아, 02-2063-0113, www.c2eskorea.com

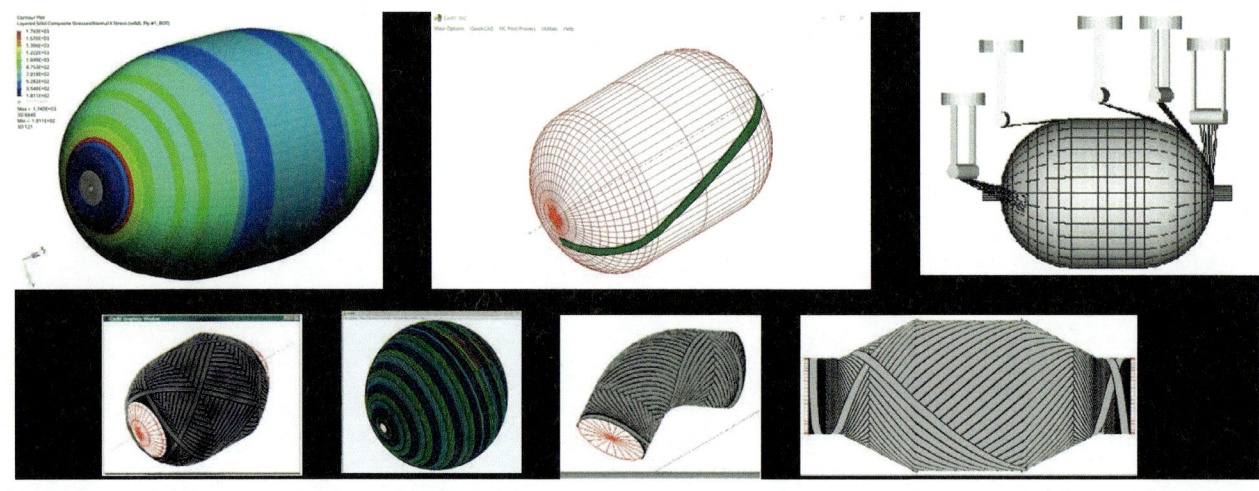

수소연료전지전기차(FCEV) 안전성에 대한 소비자 관심이 증가하고 있는 가운데 압축수소가스를 저장할 수 있는 연료탱크 제작에도 관심이 집중되고 있다. 기존 차량용 연료 탱크의 경우 금속으로 이루어져 있어서, 700bar 고압의 수소 충전 시 금속 피로도가 발생되어 짧은 수명으로 이어진다. 그러므로 경량화 이점을 가지고 있는 동시에 복원력까지 뛰어난 복합재 형태인 섬유강화플라스틱 소재가 압축수소저장용기에 적합하다. 다양한 환경에서 압축수소저장용기의 안정성을 확보하기 위해서는 공정 및 구조 시뮬레이션을 통해 제품 설계에 대한 사전 검증 절차가 진행되어야 한다.

1983년도에 설립된 Crescent Consultants는 필라멘트 와인딩 오프라인 프로그래밍 시스템 Cadfil 제품을 개발하여 40년에 가까운 경험을 바탕으로 최신 윈도우 시스템에서 작동하는 세계 최고의 와인딩 소프트웨어이며 글로벌 고객 기반의 변화하는 요구를 충족하기 위해 지속적으로 개발 진행에 있다.

제품의 주요 특징

캐드필(Cadfil)은 컴퓨터로 제어되는 필라멘트 와인딩 장비를 위해 와인딩 패턴 및 장비 경로를 생성할 수 있는 독립 소프트웨어이다. Cadfil FEA interface Export Options 기능을 통해 유한 요소 형상 정보와 같은 데이터를 작성하여 구조 해석 프로그램으로 가져올 수 있다.

Cadfil은 현재 나스트란(Nastran) 벌크 데이터 파일(BDF), ESACOMP 형식 및 수많은 테이블 형태의 데이터 형식을 포함하는 다양한 솔루션을 제공한다. 또한 나스트란(Nastran), 파트란 (Patran), 피맵(Femap), 하이퍼웍스(HyperWorks), 옵티스트럭트(Optistruct), 아바쿠스(ABAQUS) 및 앤시스 (ANSYS)와 같은 시스템에서 사용하도록 Cadfil에서 데이터 생성이 가능하다. 따라서, Cadfil은 특정 형상에 대해서 최적화된 와인딩 패턴 및 섬유/장비 경로 설계를 완료하고, 이후 선택한 구조 해석 프로그램에서는 사용자가 하중, 구속 조건 및 해석 제어 옵션과 같은 다른 속성을 별도로 작성해야 한다.

Cadfil 소프트웨어는 2축부터 범용 6축 로봇까지 포함한 다양한 컴퓨터 제어 필라멘트 와인딩 장비의 유형 및 제어 시스템에 맞게 구성할 수 있다.

주요 기능

맨드릴(Mandrel) 및 장비 이간거리(Envelope) 생성

- X, R 좌표의 형태로 데이터 포인트의 입력에 의해 정의 가능(X는 맨드릴의 회전축을 따른 위치이며 이 위치에서 구성 요소의 반경은 R로 정의)
- DXF 포맷 파일 등을 통해 CAD 프로그램(예 : 오토캐드)에서 가져 오기 기능 포함
- 구조 해석을 위해 3차원 표면 메시 자동 생성
- 장비 이간거리에 대한 기본 값 자동 생성

섬유(Fiber) 경로 설정

- 축 대칭 맨드릴 원점 기준으로 초기 시작점 및 섬유 방향을 입력하면 섬유의 경로 결정
- 안정적이고 슬립이 없는 경로로 섬유를 맨드릴에 감기 위해 측지(geodesic) 및 마찰 수정 측지(frictionally modified geodesic) 경로 생성 가능
- 측지 경로 : 해당 표면 위의 최단 거리에 따라 표면의 두 점을 연결하는 궤도로서 섬유가 이 경로로 당겨질 경우 미끄러지지 않으며, 섬유를 안정적으로 유지하기 위해 마찰은 필요하지 않음
- 마찰 수정 측지 경로 : 측지 경로에서 편차의 방향 및 양은 형상 및 맨드릴-섬유-수지 간의 마찰에 의해 결정됨

장비(Payout) 경로 설정

- 구성 요소 표면의 섬유 경로를 와인딩 장비가 이동하도록 구속된 정격 제어 표면(장비 이간거리)에 매핑하는 절차
- 섬유 경로 데이터 파일을 읽고 맨드릴 기준으로 장비 위치 계산
- 하나의 층에 대한 최소 두께 및 섬유의 총 길이 표시
- 맨드릴을 완전히 덮는데 필요한 최소 사이클 수를 계산
- 여러 경로를 장비에서 자동 순서로 감기 위해 하나의 와인딩 프로그램의 끝을 다음 와인딩의 시작 부분에 연결하는 경로 결합(joining path) 생성
- 일련의 payout 파일을 결합 후 제어 파일(control file : *.CTL)에 합침
- payout path 데이터를 그래픽으로 나타내 기계 위치, 밴드 구조 확인이 가능하며 와인딩을 애니메이션으로 재생 가능

수치 코드 변환(post-processing) 및 와인딩 제어 장비 전송

- 제어 파일(control file) 사용을 통해 장비 제어(Numerical Control : NC) 데이터를 편집할 필요 없이 모든 레이어에 대해 완벽한 와인딩 프로그램 생성 가능
- 관련 와인딩 장비 컨트롤러와 호환되는 기계 명령어로 변환되며, 특정 와인딩 장비 유형 및 요구 사항에 대해 구성 가능함
- NC 가공 프로그램은 ASCII 형식 파일이며 모든 Cadfil 데이터 파 일과 마찬가지로 쉽게 편집 가능
- 독점 파일 전송 소프트웨어 통해 NC 컨트롤러에 NC 파일 전송된 후 와인딩 장비 제조업체의 지침에 따라 프로그램 실행

도입 효과

Cadfil은 필라멘트 와인딩 장비를 제어할 수 있도록 정확도 높은 CNC 가공 프로그램을 생성하기 위한 CAD 패키지이다. 또한, 성형 해석 결과를 바탕으로 FEA 인터페이스를 통해 제품의 구조, 충돌 및 충격 해석을 다양한 구조 해석 툴과 연계해 섬유 배열에 대한 정보를 보다 정확하게 해석에 반영될 수 있다.

주요 고객 사이트

- 바스텍, KENC, 가천대학교, 현대라이프보트, 태광후지킨, 피코산업, 현대자동차 등

유동 해석, 사출성형 해석

CADMOULD
& VARIMOS

개발   SIMCON, www.simcon.com

자료 제공   INCOS, 031-263-5770, www.3dx.co.kr

독일에 본사를 둔 Simcon은 사출 성형 최적화 시뮬레이션 전문 소프트웨어 회사이다. 1988년 설립 이후, 전 세계적으로 운영되는 6,000여개 이상의 고객과 협력하여 얻은 1만 2,000개 이상의 성공적인 프로젝트에서 얻은 노하우와 경험을 사출 성형 시뮬레이션과 관련된 모든 작업에서 강력한 파트너가 되고 있다.

Simcon은 시뮬레이션 소프트웨어 CADMOULD & VARIMOS를 통하여 모든 사출 성형 프로젝트를 위한 맞춤형 솔루션을 제공한다. CADMOULD & VARIMOS는 금형 제작자, 사출 성형기, 제품 설계자 및 금형 설계자의 요구 사항을 충족하도록 설계되었으며, 사출 성형 프로젝트에 대한 모든 관련 데이터를 빠르고 쉽게 계산한다.

제품의 주요 특징

CADMOULD-Fast

독특한 Mesh 알고리즘으로 개발되어 플라스틱 사출 해석에 최적화되어 있다. 시뮬레이션의 정확성과 속도면에서 강점을 갖고 있으며, 또한 Multicore System을 지원하여 VARIMOS를 이용한 DOE해석/최적화 해석 등 많은 Case의 동시 해석 시뮬레이션 시 효과를 증대시킬 수 있다.

CADMOULD-Automated Optimization

인공지능을 통해 고성능의 3D-F 사출 성형 시뮬레이션 알고리즘이 탑재된 최적의 조건을 VARIMOS에서 제공받을 수 있다.

VARIMOS를 통하여 해석 시뮬레이션을 Batch만 진행하면, 엔지니어는 그 결과를 토대로 최적의 조건을 결정하는데 큰 도움이 된다.

CADMOULD-Simple

CADMOULD의 작업 환경은 단순하고 직관적이다. 비디오를 통한 실습 중심의 교육 과정이 있으며, Online Academy, Webinar 등의 전문 교육을 제공한다.

주요 기능

CADMOULD

사출 성형 공정 최적화를 위한 시뮬레이션을 제공한다.

- **Fill(유동 해석)** : 충진 단계 시뮬레이션
- **Pack(보압 해석)** : 충진 완료 후 보압 단계 시뮬레이션
- **Warp(변형 해석)** : 제품 형상 변형 시뮬레이션
- **Unwarp** : 변형 해석 완료 제품의 CAD 데이터 내보내기
- **Cool(냉각 해석)** : 상세한 수축 및 변형을 하기 위한 냉각 시뮬레이션
- **T-Box(금형 열 해석)** : 금형 열 해석 시뮬레이션
- **2K-Insert(이중 사출 & Insert 사출)** : 이중 사출 및 Insert 사출 시뮬레이션
- **Structural FEM(응력 해석)** : 제품 내부 Insert의 응력 시뮬레이션
- **Foam(발포 사출)** : 발포 사출 성형 시뮬레이션
- **Rubber(고무 성형)** : 고무 사출 성형 시뮬레이션

VARIMOS

가상 사출 성형 시뮬레이션을 체계적인 실험 및 지능형 최적화를 연결하여 지오메트리 및 프로세스 매개 변수를 변경함으로써, 자동으로 수축 및 휨에 관하여 최적의 결과값을 제공한다.

도입 효과

시간 절약

- 부품 및 금형의 개발 단계를 효과적으로 단축하고 단순화한다. 생산을 위해 CADMOULD는 사이클 시간을 최대 30%까지 줄여준다.
- VARIMOS는 가능한 가장 짧은 생산주기를 달성하기 위해 사출 온도 및 사출 압력과 같은 공정 매개 변수를 변경한다.

비용 절감

- CADMOULD는 이미 개발 초기 단계에서 제품 디자인의 타당성을 검증하여 최고의 제품 디자인을 찾을 수 있다. 이로 인해 금형 수정 및 샘플링 비용이 최대 50%까지 절감된다.
- VARIMOS의 실험 해석에 의한 시뮬레이션 결과는 지능형 해석을 통해 자동으로 최적화하여 결과를 제공한다.

작업 촉진

- CADMOULD에서 관련 매개 변수의 CAD 독립적 변형을 통해 사출 성형 공정을 빠르고 안정적으로 구성하기 위한 최상의 결정을 내릴 수 있다.
- VARIMOS는 실험 해석을 통해 반복되는 재해석 시뮬레이션 횟수를 줄이고, 부품 품질 요구 사항을 준수하여 금형 제작과의 협력을 향상시킬 수 있다.

응력 해석

CAESAR II

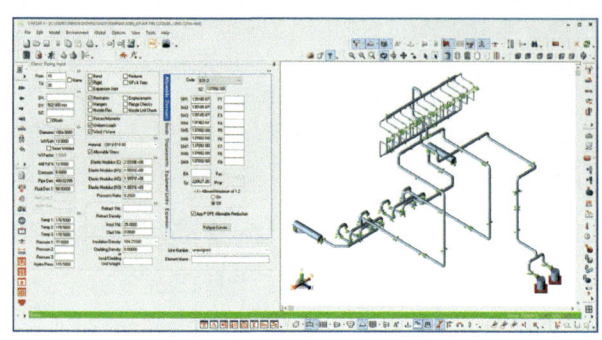

개발 HexagonPPM, www.hexagonppm.com

자료 제공 이노액티브, 02-6249-4307, www.innoepc.com

배관응력 해석은 복잡한 작업이며, 하나의 프로젝트에는 많은 수의 배관 시스템이 있다. 이러한 배관 시스템의 응력 해석을 진행하기 위해서는 많은 시간과 비용이 발생한다. 자중, 내압, 열응력, 바람, 지진 등의 다양한 조건에서 배관계의 안정성을 검토하는 정확하고 빠른 솔루션인 CAESAR II를 사용하여 응력 해석을 진행하기 위한 시간을 줄여주고, 정확한 해석 결과를 얻음으로써 업무 효율을 극대화할 수 있다.

주요 특징

HexagonPPM의 CAESAR II는 1984년 소개된 이래 폭넓게 사용되는 배관응력 해석 소프트웨어이다. CAESAR II는 새로운 배관 시스템을 미리 점검하거나 기존 시스템의 문제 점검, 특수한 아이템을 가진 배관 시스템을 해석할 수 있다. 설계한 배관 시스템이 반복적인 사용에도 무리가 없는지에 대한 피로해석 부분이나, 실제 운영될 때에 배관 시스템의 문제 발생 여부를 먼저 확인하는 작업이 Stress Analysis(배관응력 해석)의 가장 큰 필요성일 수 있다. 이를 체계적으로 구현할 수 있는 프로그램이 CAESAR II이다.

주요 기능
정적, 동적 해석

■ 해당 코드 또는 장비 공급 업체 허용에 따라 규정된 노즐 부하 준수가 필요한 라인(열교환기, 압력용기, 펌프 연결 시스템).
■ 동적 부하가 적용되는 라인(relief lines, line with large pressure drop at control valves, surge pressure, slug flow, water hammer, modal, harmonic, response spectrum 등)
■ 모든 배관 시스템(강철, FRP, GRP, Fiberglass로 이루어진 모든 배관계)
■ 바람, 파도, 지진, 서포트 해석

다양한 배관 및 기기, 재질 국제 코드 지원

■ **Piping Codes**
• ASME B31.1/ B31.3/ B31.8/ B31.9
• BS7159/ ISO 14692
■ **Equipment Codes**
• API 560/ 610/ 617/ 661
• NEMA SM 23/ WRC 107/ 537/ 297
■ **Wind & Seismic Codes**
• ASCE/ IBC/ UBC/ KHK
■ **Material Databases**
• 광범위한 배관 재질을 지원하고 있으며, 데이터베이스에 없는 재질의 경우 사용자가 직접 물성치를 입력하여 새로운 재질을 쉽게 생성, 관리할 수 있다.

최신의 그래픽 기술로 쉽고 빠른 모델 생성

CAESAR II는 배관응력 해석을 위하여 데이터를 쉽게 입력하고 표시할 수 있다. 또한 입력한 데이터를 각 요소별로 변경하거나, 데이터 세트를 선택하여 쉽게 변경할 수 있다.(배관, Flange, Valve, Equipment etc.)

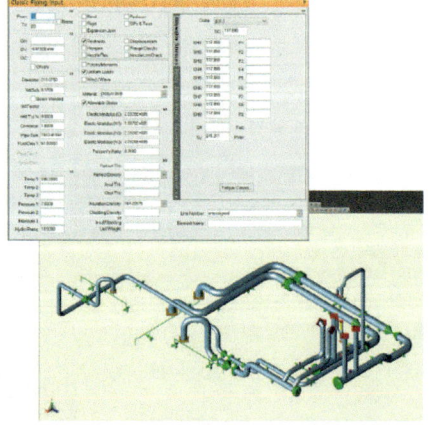

최신 그래픽 모듈은 해석 결과로부터 문제가 되는 곳을 신속하게 나타내고 배관 시스템을 변경할 수 있는 아이디어를 제공한다. 어떠한 하중조건에서도 해석 모델을 만들어내고 동적인 배관 애니메이션이 가능하다.

데이터 오류검사와 사용자 정의 리포트 생성

오류검사 기능을 통하여 사용자가 입력한 데이터의 정확성을 판별하여 Human Error를 최소화한다.

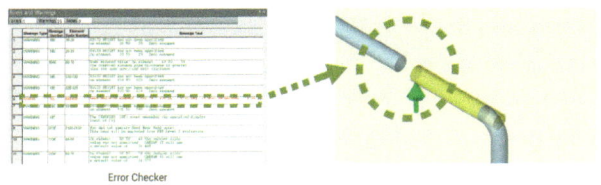

Error Checker

리포트를 간결하고 명확하게 엑셀 또는 워드로 출력하여 문서화한다.

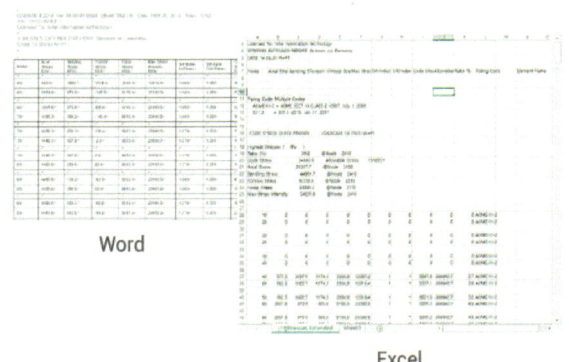

Word

Excel

Expansion Joint, Spring Support Database & 설계

Expansion Joint 11개와 Spring Support 38개의 제조사 데이터베이스를 지원하고, 이를 통해 쉽고 빠른 모델링과 최적 설계가 가능하도록 도와준다.

매립배관 해석

몇 가지 토양 데이터 입력만으로 자동으로 빠르게 매립배관 모델을 생성하고, 해석을 수행할 수 있다.

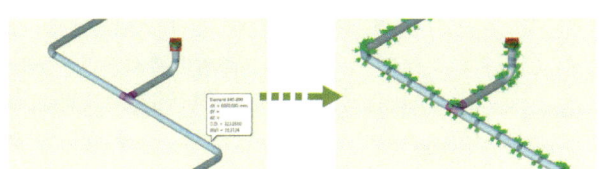

Steel Structure 모델링 지원

배관 분만 아니라 스틸(Steel) 구조물 또한 고유의 강성을 가지고 있어, 배관모델과 연결하여 보다 정밀한 해석 결과를 얻을 수 있도록 도와준다.

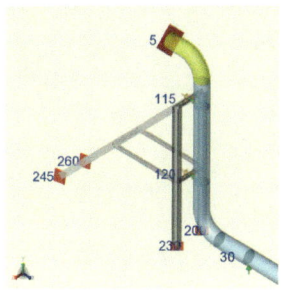

배관과 Support 구조물을 연결한 모델

Isometric 자동화

해석한 모델을 기반으로 Stress Isometric 도면을 자동으로 생성할 수 있다.

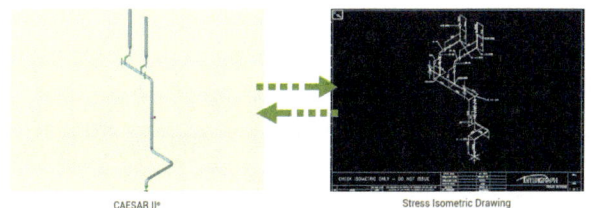

CAESAR II®

Stress Isometric Drawing

도입 효과

공정변수(운전변수)를 고려한 배관 시스템 최적화

지진의 가속도와 하중에 대한 여러 조건에 따라 발생되는 최대 응력을 해석한 결과에 따르면, 항상 동일한 지점에서 최대 응력이 발생되는 것이 아니라 가속도의 크기와 하중에 대한 여러 케이스에 따라 다른 지점에도 발생할 수 있다. 발생하는 응력을 각 절점에 따라 정확하게 해석할 수 있으며, 구간이 아닌 전체 배관에 대하여 응력이 집중되는 여러 절점의 해석이 가능해 응력이 집중되는 지점에 대한 대책을 세울 수 있다는 장점이 있다.

국제기준에 맞는 안정적인 배관 시스템 설계

1900년대 이후로 수행한 작업을 기반으로 전세계 엔지니어들에게 신뢰받는 공식이 적용된 설계 코드와의 빠른 비교 적용이 가능하다. 또한 최신의 국제코드를 기반으로 해석을 수행할 수 있다.

배관 장비의 대형사고 예방

CAESAR II의 배관응력 해석 통하여 설계된 배관 시스템을 시뮬레이션하여 안전성을 검토하고 사고를 예방할 수 있다.

피로 내구 해석

CAEfatigue

개발 MSC Software, www.mscsoftware.com/kr

자료 제공 한국엠에스씨소프트웨어, 031-719-4466,
www.mscsoftware.com/kr

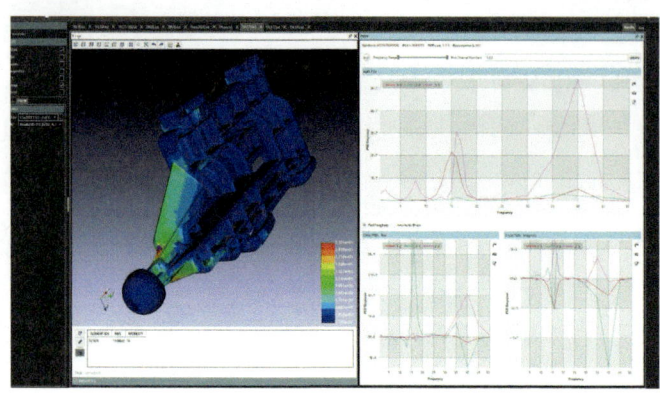

CAEfatigue : 유한요소기반의랜덤응답해석및내구시뮬레이션

CAEfatigue는 유한요소 기반의 랜덤 진동 응답 계산 및 피로 해석 솔버로 시간과 주파수 영역에서 정하중 및 동하중을 받는 구조물의 피로 수명을 쉽고 빠르게 계산할 수 있다. 유한요소 해석 프로그램은 응력이 집중되는 핫스팟 위치를 알려줄 수 있지만, 그 자체로는 핫스팟이 피로 파괴에 중요한 영역인지 또는 피로에 문제가 될지 판단하기는 어렵다. 내구 엔지니어는 CAEfatigue를 사용하여 시간 의존 하중 또는 주파수 의존 하중의 다양한 조합에 대해 제품 수명을 정확하게 예측할 수 있다. 또한, 프로세스 플로우 GUI를 사용하여 명령어 입력 없이 몇 번의 클릭만으로 피로 해석을 수행하고 결과 분석을 단시간에 완료할 수 있다.

CAEfatigue는 랜덤 응답(변위, 속도, 가속도, 힘)을 계산하고, 구조물의 어떤 영역에서 다른 영역으로의 전달되는 하중을 계산(하중 케스케이딩)하고, 랜덤하중을 받는 구조물의 이음(rattle) 발생에 대한 간섭 파악 기능을 제공한다. 하중이 다양한 방향으로 구조물에 가해지는 경우, 이를 한 방향의 시험 하중으로 대체할 수 있는 등가 손상 근사 하중을 계산하는 기능도 있다. 이 근사 하중은 복잡한 실제 시험 하중을 단순 하중으로 대체하여 시험 시간을 단축시키고 단순화하는데 매우 유용하다.

CAEfatigue는 응력 해석에 사용된 유한요소 모델 설정을 동일

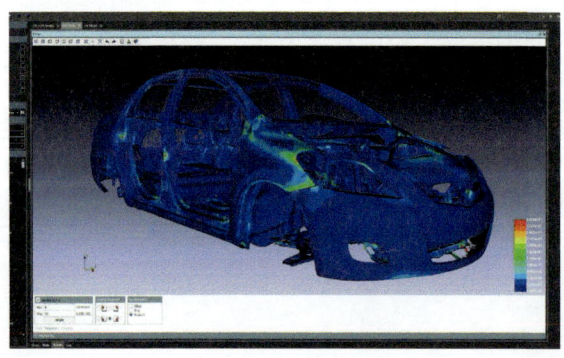

하게 사용하여 포괄적인 랜덤 응답 해석 및 피로 해석을 수행할 수 있다. CAEfatigue의 친화적인 GUI 통합 환경에서 CAE, 동적 해석 및 피로 해석을 완벽하게 수행하고 손쉽게 관리할 수 있다.

주요 기능

■ 직관적인 윈도우용 GUI 및 강력한 프로세스 플로우 기능(피로해석 전/후 처리 기능 탑재)

■ 초고속 솔빙 속도 : 피로해석 모델의 크기와 적용하고자 하는 하중 개수에 제한이 없는 첨단 Running Sum 기술로 처리 시간이 매우 빠름

■ 시간 신호 PSD 변환 툴셋(TIME2PSD) : 다중 채널, 다중 이벤트에 대한 시간 영역의 하중 데이터를 대각성분과 비대각성분으로 이루어진 PSD 하중 매트릭스로 변환하는 강력한 하중 컨디셔닝 및 변환 도구

■ 주파수 영역 피로 해석 : 다양한 랜덤 하중(랜덤 하중, 사인 온 랜덤, 사인, 사인 스윕, 고조파 사인 등)이나 결정론적 하중을 포함한 랜덤하중 조합을 지원. 랜덤 하중을 받는 구조물의 부품 간 충돌을 감지(rattle 감지) 지원, 입력 하중을 다른 부품으로 캐스케이드하여 추가 해석에 사용. 다중 PSD 하중을 단일 PSD 하중이나 단일 사인파로 단순화시켜 계산한 근사 하중으로 시험 하중 최적화에 사용

■ 다양한 구조해석 솔버(MSC Nastran, Marc, Abaqus, Ansys)를 지원 : 준 정적, 과도해석 또는 모달 과도해석 등의 구조해석 결과를 지원하여 시간 및 주파수 영역에서 피로해석 가능

■ 하중 스케쥴러 : 시간에 따라 변하는 다양한 하중을 편리하게 생성 가능.(블록 하중, 사인, 사각, 삼각, 톱니, 사인 스윕, X-Y쌍 등) RPC 또는 CSV 파일로부터 시간 하중을 바로 생성. 생성된 하중은 RPC/RSP/ CSV/TXT 또는 BDF(TABLED1) 형식의 개별 이벤트로 변환 지원

■ 용접 피로해석 : 시간 영역과 주파수 영역 모두에서 스폿 및 심 용접의 피로수명 계산을 지원. 또한, 주파수 영역에서 사용자가 지정한 용접 형상에 대해 해석을 수행 가능

■ 고주기 피로와 저주기 피로 모두 사용 가능

■ 동일한해석에서응력-수명(S-N) 및 변형률-수명(e-N) 곡선을 함께사용가능

■ S-N, e-N, Cyclic 및 컴포넌트 피로 곡선 등 광범위한 피로수명 데이터 베이스를 제공

최적화

CAESES

개발　Friendship systems, www.caeses.com

자료 제공　경원테크, 031-706-2886,
www.kw-tech.com

CAESES는 'CAE System Empowering Simulation'의 약자로, 궁극적인 목표는 최적의 flow-exposed products를 설계하는 것이다. 특히 Geometry 생성 과정에서 자동화가 필요한 시뮬레이션 엔지니어에게 도움이 될 수 있다. CAESES는 CFD 기반의 형상최적화를 위한 매개변수 모델링과 형상변형 전문 소프트웨어로서 최적화 소프트웨어와의 연동 및 범용 CFD 소프트웨어와 연동할 수 있는 통합플랫폼을 제공한다.

제품의 주요 특징

매개변수 모델링(Parametric modeling)

CAESES에서 매개변수를 사용하여 모델링하는 것으로 모델 전체를 변수화하여 형상을 생성한다. 또한 매개변수의 값에 따라 자동으로 형상이 만들어지며, 자유롭고 다채로운 형상변형이 가능하다.

또한 위치, 크기, 체적, 효율 등의 구조적 제한뿐만 아니라 및 성능적인 제한된 범위를 CAESES가 유지하면서 최적의 형상을 생성하는 것도 가능하여 제품 설계자에게 다양한 설계 가능성을 제공해 준다.

형상변형(Shape Deformation)

기존에 설계된 형상을 이용하여 형상을 변형하는 방법으로 형상의 일부분을 Morphing이나 Free Form Deformation으로 변환하여 형상변형이 가능하다.

최적화 통합 개발 환경 제공 및 ANSYS Workbench 지원

CAESES는 CFD 기반의 형상 최적화 매개변수 모델링뿐만 아니라, 다양한 CFD 소프트웨어(ANSYS, Star-CCM+, OpenFOAM, NUMECA 등), 최적화 소프트웨어(optiSLang, SIMULIA, HEEDS, PIAnO 등)를 CAESES GUI 내에서 제어할 수 있는 통합 개발 환경을 제공한다. 분만 아니라 ANSYS Workbench 내에서 CAESES를 활용하는 것도 가능하다.

주요 활용 분야

항공 우주 산업 분야

항공 우주 산업 분야는 최적의 설계가 필요한 많은 분야 중의 하나로서 CAESES를 활용할 수 있는 여러 응용 분야가 많이 있다. 터보 펌프, 외부 공력 설계, 가스터빈 관련 중요 부품의 최적화 등 여러 부품 및 전체 시스템에 대한 최적화 진행 시, CFD 기반의 매개변수 모델링 최적화 소프트웨어인 CAESES는 항공 우주 산업 분야에 최적의 솔루션을 제공한다.

자동차 및 일반 산업 분야

자동차 파워 트레인, 엔진 내부 중요 부품의 최적화, 각종 터보 기계의 최적화 설계는 연비 규제 등의 전세계적인 환경문제로 인한 요구 사항에 가장 적합한 솔루션을 CAESES는 개발 담당자에게 제공할 수 있다. 또한 일반 산업 분야의 최적 형상 설계 및 원자력 발전 설비와 같이 최적의 설계 부품이 사용되는 산업 분야에 CAESES는 사용되고 있다.

주요 고객 사이트

■ 현대자동차, 서울대, 건국대, 경상대 등

용접 해석

Cast-Designer Weld

개발 C3P Software, www.cast-designer.com

자료 제공 캣솔루션, 02-1688-4374,
www.catsolutions.co.kr

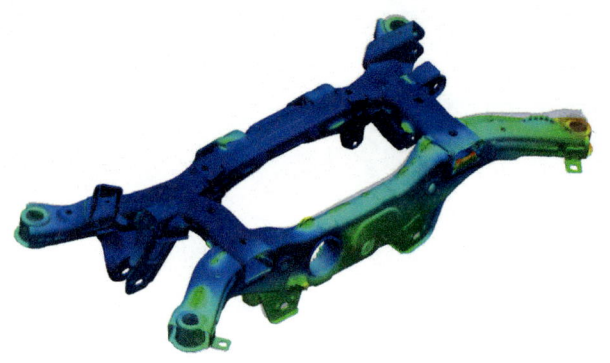

Cast-Designer Weld는 웰드/용접 산업에 특화된 소프트웨어이다. 웰드/용접 정밀 해석 뿐만 아니라 3D 웰드 비드 설계 기술과 웰드 공정의 설계, 제품 접합의 소재 분석 기능까지 탑재하고 있으며, 아크용접(TIG/MIG/MAG 등), OSLW, YAG, SPOT 등 모든 용접 공정에 대응한다.

주요 기능

웰드 설계

Weld 계산기

- **용접성 : 재료간의 용접 능력을 분석하여 용접 프로세스를 검증**
- 냉각시간, 예열온도, 용접재료의 수량
- 위상 변화 밸런스
- HAZ 경도, 인장 강도

스마트 웰드 최적화

CO2 연속 웨이브 레이저 용접, Nd: YAG 레이저 용접 및 비소모성 아크 용접 공정을 위한 최적의 용접 분석을 지원한다.

- 웰드 주위의 온도
- 웰드 크기(폭, 깊이, 단면 등)
- 공정 파라미터
- 금속 두께의 영향

웰드/용접 해석

- 열, 금속 충전, 응고 및 냉각 공정의 물리적 현상과 기계적 거동을 시뮬레이션
- 열, 유동, 응력 및 미세 구조 솔버가 완전히 연동
- 완전 자동 메시 기능
- 다양한 열원 모델
- 용접 시퀀스 설계 및 시뮬레이션을 위한 프로세스 환경설정
- FEM, FVM 듀얼 솔버 기술로 완전 연동
- 자동 최적화 기능 지원(DOE, GA, PSO)
- CAD 엔진 탑재로 설계 파라미터 연동 가능

웰드 기술

다양한 열원

- Double ellipsoid heat source
- 2D Gaussian heat source
- 3D Gaussian heat source
- 3D uniform heat source
- 3D Conical heat source
- 3D print heat source
- Combined heat source
- FSW heat source

다중 웰드 디자인 및 해석

Multi Pass 웰드 조인트는 결함이 자주 발생하기 때문에

부품에서 매우 중요한 부분이다. 잔류 인장 응력은 구조 수명과 취성 파괴 저항성에 부정적인 영향을 미친다.

Cast-Designer Weld는 다중 웰드의 용접 시퀀스 및 간헐적 용접 설계를 구현하고 왜곡, 잔류 응력이나 기타 문제를 해소하는 최적의 설계값을 도출한다.

조인트 템플릿

■ MAG/MIG 강철, 레이저 용접 및 알루미늄에 대한 30개 이상의 조인트 템플릿 제공
■ 사용자가 새로운 템플릿 생성 가능

다양한 웰드 기능

웰드 어셈블리

대형 구조물의 용접 조립 시뮬레이션을 수행하기 위한 쉬운 프런트 엔드 역할 기능을 제공한다.

■ 열주기, 재료 상태의 변화, 응력, 소성 병형, 열 변형, 재료의 항복 응력 및 과도 용접 시뮬레이션과 관련된 모든 결과
■ Gantt 다이어그램을 이용한 용접 공정 시각화
■ 용접 순서, 냉각, 클램핑, 릴리스 시간을 최적화

FSW – 마찰 교반 용접

FSW는 재료를 녹이지 않고 두개의 마주 보는 공작물을 결합하는 공정이다.

Cast-Designer Weld는 FSW 이후 잔류 왜곡, 잔류 응력 및 미세 구조를 예측할 수 있다.

스팟 용접

전자기학, 열 전달, 야금 및 역학을 통해 시뮬레이션하고 결과를 제공한다.

웰드 견적 계산

용접 프로세스에 관련된 상세 견적서 기능을 제공한다.

사용자는 통화, 공정, 인력 비용 및 용접 공정, 제조 비용 및 기타 운영 비용을 계산하고 견적서로 생성할 수 있다.

용접 최적화

DOE, GA, PSO를 기반으로 다중 기준 비선형 최적화를 실행할 수 있다.

■ **다중 기준 목표 :** 변형, 변위, 응력 및 온도 등을 포함한 모든 물리적 문제를 최적화
■ **다중 설계 또는 공정 변수 :** 허용되는 설계요소는 부품 치수, 용접 비드 치수와 같은 CAD 파라미터이거나 재료 속성, 용접 속도, 용접 전류 및 전압 또는 고정력, 릴리스 시간 및 용접 시퀀스 순서와 같은 공정 파라미터도 가능

도입 효과

Cast-Designer Weld는 웰드/용접 산업에 특화된 소프트웨어이다. 웰드/용접 정밀 해석뿐만 아니라, 3D 웰드 비드 설계 기술과 웰드 공정의 설계, 시퀀스 제어, 제품 접합의 소재 분석 기능까지 탑재하여 고객이 원하는 제품을 생산하기 위한 최적의 웰드 방안을 찾아낼 수 있다.

주요 고객 사이트

삼성전자, 현대, AUDI, Nissan, Honda, Fiat, NASA, Rolls-Royce, Bosch, Renault, MAGNA, Posco, Daewoo를 비롯해 자동차, 전자 등 다양한 산업에서 사용하고 있다.

주조 해석

Cast-Designer

3D Casting part   Gating system design   Process analysis & optimization

개발   C3P Software, www.cast-designer.com

자료 제공   캣솔루션, 02-1688-4374, www.catsolutions.co.kr

Cast-Designer는 캐스팅/주조 산업에 특화된 소프트웨어이다. 게이팅 시스템(주조방안 설계)을 지원하고 유동, 응고, 변형에 이르기까지 캐스팅 업계의 다양한 경험을 가지고 있다. 또한, AI 기술을 통해 자동 최적화를 지원한다.

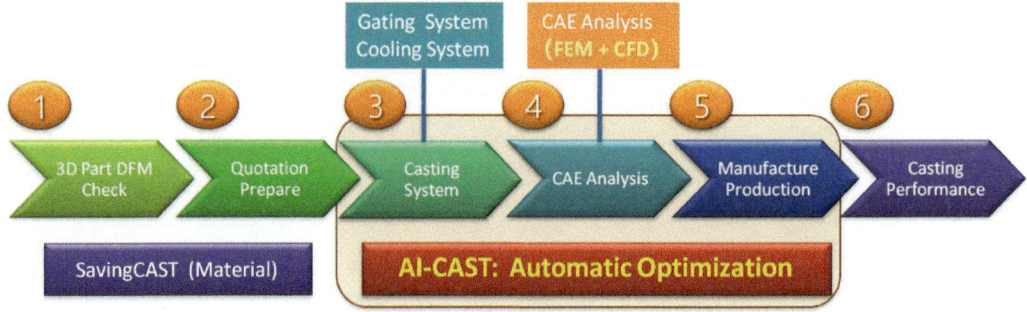

주요 기능

DFM 분석

제품 분석 도구인 Geo-Designer를 지원한다.

- CAD 모델의 기본적인 설계 요소 초기 검증
- 주조 예측을 위한 MDI/HDI 분석 도구
- 라이저 설계 및 지원 도구
- 3분 안에 초기 열 분석을 통한 수축 기포 사전 예측

다이캐스팅 주조방안 설계

50년의 산업 경험과 NADCA 표준 권장사항을 토대로 게이팅 주조방안 설계 및 마법사 기능을 구현했다.

- 주조방안의 PQ 그래프 검증 기능
- 적정 충진 시간과 게이트 유속 자동 계산
- 1차/2차 속도 제어 권장 수치 자동 계산
- 냉각 채널 계산기
- 오버플로 디자인 계산기

■ 스프루, 게이트, 런너, 벤트, 등 게이팅 주조방안 설계 요소 모델링 기능

■ 설계 템플릿 기능 지원 및 사용자 템플릿 생성 기능

■ **캐스팅 존 분석 도구** : 게이트 밸런스 설계 분석

■ **샷 슬리브 설계 도구** : 충진율에 따른 속도 제어값 자동 계산

■ **프리 스타일 3D 모델링 기능** : 손으로 그리는 듯한 자유롭고 빠른 응답의 설계도구

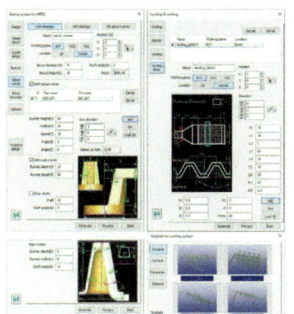 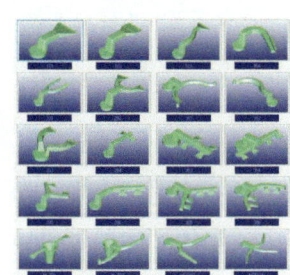

Detail components design   Parametrically defined "Template Gating Designs"

중력/사형 주조 방안 설계

KBE 지식기반 데이터 탑재로 중력 주조 방안 설계를 지원한다.

■ **스마트 라이저** : 수축기포와 열간 밸런스를 고려한 라이저 자동 설계 기능

■ **스마트 칠**

■ **프리스타일 게이팅 설계** : 손으로 그리는 듯한 자유로운 설계 도구

■ **냉각 설계 마법사** : 냉각 영향력 분석 도구와 연동해 실시간 분석 설계

■ 설계 템플릿 기능 지원 및 사용자 템플릿 생성 기능

■ DISA 게이팅 설계

캐스팅 해석

■ **3D hexa, Tetra 메시 기술과 자동 메시 기술**

■ **어셈블리 메시 기술을 통해 CAD가 불완전하더라도 자동 대응**

■ **유동 해석**

• 충진 결과, 유속, 온도, 압력 결과

• 고립 가스 분석 : 내부 기포, 표면 기포 결과

• 게이트 밸런스

• 유동 재료 분석

• 최대 압력 결과

• 금형 마모

■ **고화 해석**

• 응고 결과, 온도, 시간.

• 금형 온도 변화

• 수축 기포

• SDAS, Dendrite Arm Spacing

• Pin Squeeze

■ **응력/변형 해석**

• 변형 결과

• 변형 보정 해석

• Stress, Strain

• Fatigue, Hot Tearing 등

■ **재질 분석**

• Ferrite

• 강도 분석 Hardness

• Grain Radius

■ **고급 유체 해석**

• FVM 기반의 고급 CFD 해석으로 FEM 메시와 해석 연계 작업 지원

• 표면 장력 효과, 점성 전단 응력 연산

• 유동 현상의 정확도 향상

• 보다 정밀한 가스 기포 예측

생산 조건 최적화

사이클 타임, 다이 냉각 및 가열 조건을 시뮬레이션한다.

■ 적정한 열균형이 되도록 사이클 타임을 제어하여 최적화 공정을 계산

■ 다이 스프레이, 냉각, 가열 등 일련의 공정을 포함

■ 최소의 비용으로 최적의 결과를 도출하도록 생산 비용 계산

■ 센서를 통해 제어되는 목표값 설정

AI 방안설계 최적화

GA 알고리즘을 바탕으로 하는 Cast-Designer 방안설계 최적화 기능을 제공한다.

■ 게이팅 방안 설계 기능의 파라미터 공유

■ 최적화 목표값으로 물리적인 문제점(유동 흐름, 온도, 응력, 변형, 재료성질, 등)을 복수로 설정 가능

■ 설계 변수 값을 다양하게 복수로 설정 가능

■ Generic Algorithm

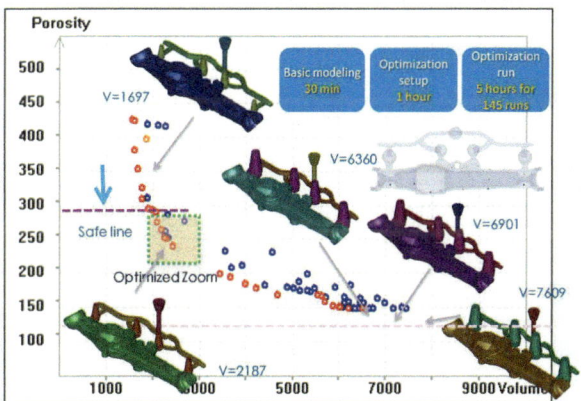

구조해석 연동

- 캐스팅 해석과 연동되는 구조해석 기능
- 성형으로 인한 기포와 변화된 재질을 그대로 적용한 구조해석
- 단일 소프트웨어에서 데이터 이동없이 바로 해석
- 외력, 회전, 체결 등의 조건 설정

Cellular Automation

- 캐스팅 조직화 정밀해석
- 합금강이 응고될 때 생성되는 조직과 그 확산을 계산
- 조직화에 따른 미세기포와 그 분포를 예측
- 기공의 핵 생성, 확률적 핵 생성, 확산 제어 성장, 미세 가스
- 캐스팅 고화 해석과 연계한 해석 가능

다양한 기능 지원

- 고압 캐스팅, 저압 캐스팅
- Semi-Solid Casting
- Gravity Sand Casting, Gravity die casting, Gravity DISA, Gravity Tilt pouring
- Centrifugal casting
- Lost-form casting
- Vacuum Casting, Core bowling, Gore gas, Wax injection
- Microstructure analysis for iron, steel, Al, Mg
- Buoyancy Driven flow

도입 효과

Cast-Designer는 잠재적인 유동, 고화, 문제가 있는 부품 특징을 예측하고 초기 설계 단계에서 주조 시스템을 평가해 주조 설계를 최적회할 수 있다. 시뮬레이션에 대힌 검힘이 부족하더라도 KBE 데이터를 통해 빠르게 설계, 해석을 수행할 수 있다.

주요 고객 사이트

삼성전자, 현대, AUDI, Nissan, Honda, Fiat, NASA, Rolls-Royce, Bosch, Renault, MAGNA, Posco, Daewoo, 등 자동차, 전자 등 다양한 산업에서 사용하고 있다.

고객과 더불어 성장하는 것에 그 목표를 두고 있습니다.

플라스틱 성형 해석
Moldex 3D

다이캐스팅 해석
Cast Designer

다중물리 해석, CFD
Simcenter3D
FloEFD , STAR - CCM+

판재 성형 해석
AI - FORM

용접 해석
Cast-Designer Weld

전문적인 2D & 3D CAD 솔루션

다양한 용역 서비스
해석 및 역설계 등

구매 및 문의
1688-4374

㈜ 캣솔루션
경기도 광명시 새빛공원로 67
광명역자이타워 A - 1510호

멀티피직스 해석

CFD-ACE+

개발 ESI, www.esi-group.com

자료 제공 한국이에스아이, 02-3660-4500,
www.esi-group.com

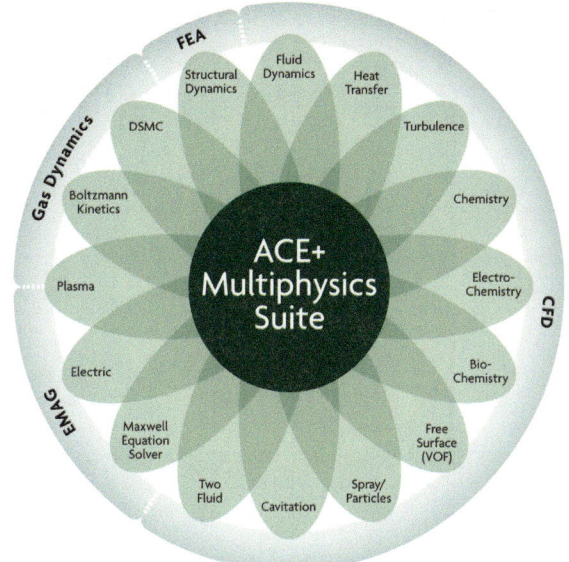

ESI의 전산 유체 역학(Computational Fluid Dynamics : CFD) 솔루션은 컴퓨터를 이용하여 제품 형상과 이를 둘러싸는 기체 및 액체의 상호 작용을 시뮬레이션 하는 기술이다.

CFD 해석은 주로 초기 시제품을 제작하는 설계 과정에서 수행되며, 컴퓨터 기술의 발달과 더불어 초고속 슈퍼 컴퓨터로 더욱 복잡하고 어려운 문제에서도 솔루션을 찾을 수 있다.

ESI의 CFD 솔루션은 단순 유동 문제 뿐만 아니라 복잡한 물리현상이 동시에 수반되는 Multi-Physics 문제에 대한 진보된 솔루션을 제공한다. 예를 들어, 화학 반응과 유동 해석을 동시에 고려하거나, 분자 역학과 유한 요소를 결합하는 해석 등 다양한 물리 현상의 편미분 방정식을 결합하여 문제를 해결할 수 있다.

또한 오픈 소스 코드를 이용한 CFD 솔루션을 함께 제공하여, 비용적인 한계로 인하여 CFD 솔루션을 도입하기 어려운 고객에게 합리적인 솔루션을 제공하고 있다. 이는 합리적인 비용으로 개발 제품에 CFD 솔루션을 적용하여 조금 더 효과적인 제품 개발을 가능하게 한다.

제품의 주요 기능 및 특징

CFD-ACE+는 범용 전산 열유체 해석 프로그램으로 유체 흐름을 수반하는 모든 문제를 모델링하고 해석할 수 있으며, 특히 여러가지 물리 현상을 복합적으로 수반하는 문제 해결에 있어 정밀한 솔루션을 제공한다.

CFD-ACE+는 다양한 물리 현상에 대한 솔버를 탑재하고 있어, 필요에 따라 솔버를 선택하여 해결하고자 하는 문제에 맞는 다물리 현상을 해석할 수 있다.

주요 적용 분야

- 자동차 내/외부 열유동
- 우주/항공/선박/운송수단
- 반도체/플라즈마/화학반응/전기전자
- 연료전지/배터리
- 생채화학/미소유체/마이크로펌프/다상유체

클라우드 및 VR

Ceetron Cloud Private, Ceetron Analyzer Desktop

개발 Ceetron AS, https://ceetron.com

자료 제공 라온엑스솔루션즈, 031-785-3007, www.raonx.com

■ **Visual Workflow** : www.youtube.com/watch?v= 6righfmNDrs&ab_channel=CeetronAS
■ **VR & AR** : www.youtube.com/watch?v=C6-BwID6ftU&ab_channel=CeetronAS, www.youtube.com/watch?v=wkqJZNkUTFs&ab_channel=CeetronAS

한국과학기술기획평가원(KISTEP)이 최근 발간한 '2021년 비대면 사회의 10대 미래 유망 기술' 보고서에 따르면 코로나19 대유행으로 사회적 거리두기, 원격수업, 온라인 쇼핑 등 기존 생활양식에 큰 변화가 이미 시작되어 빠른 속도로 비대면화가 진행될 것으로 전망한다.

Ceetron은 다양한 결과 포맷을 지원하고 보안이 강화된 클라우드를 통해 이해관계자들과 데이터를 공유할 수 있는 실시간 협업 플랫폼이다. 또한 VR과 AR을 지원하므로 비대면 사회의 새로운 트렌드를 제공한다.

제품의 주요 특징

Ceetron은 CAE(Computer Aided Engineering) 데이터를 공유하고 활용하는 솔루션이다. 업계 특성상 보안에 민감하고 폐쇄적인 환경에 설계자와 해석자 간의 데이터 공유 문제를 해결을 위한 목적으로 다양한 메이저 CAE 솔루션 결과를 하나의 플랫폼에서 확인하고 클라우드를 통해 공유할 수 있다. 아래 그림과 같이 각기 다른 목적을 가지고 있는 인원들과 데이터 공유와 VR을 통한 회의로 시간, 공간의 제약을 탈피하여 보다 원활한 의사소통을 가능케 한다.

주요 기능
새로운 워크플로

현재의 일반적인 워크플로에서 데이터 공유를 위해 상당한 시간을 할애하고 있는 데다가 비상호작용성의 2차원 정보만 공

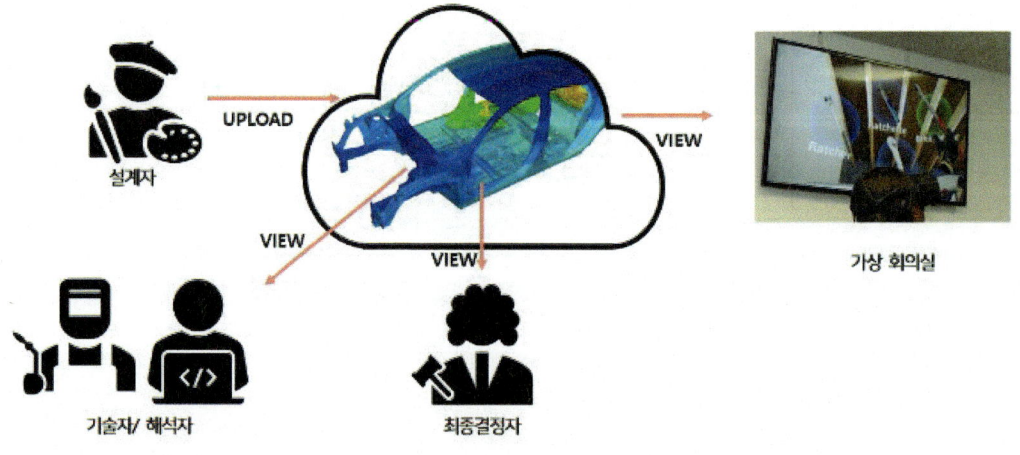

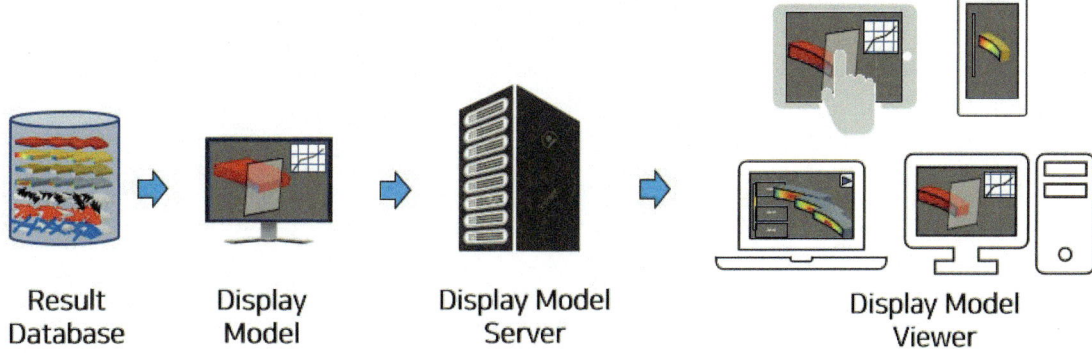

| | Result Database | | Display Model | | Display Model Server | | Display Model Viewer |

유를 하기 때문에 원활한 의사소통이 어려우며, 재확인 또는 디자인 변경에 따른 보고서 작성을 위해 다시 시간을 소모하는 행위가 반복되고 있다. Ceetron은 일반적인 워크플로의 혁신을 위해 새로운 비주얼 워크플로 체계를 고안하였으며, 클라우드를 기반으로 하여 문서작업 없이 필요한 정보만 보여주는 디스플레이 모델을 간편하고 빠르게 공유할 수 있게 되었다.

결과파일 경량화와 공통 포맷 변환

일반적인 CAE 환경에서 사용되는 다양한 Solver의 파일들을 경량화하여 저장공간의 통합 및 표준화로 효율적인 워크플로를 구축할 수 있다.

다양한 결과 포맷 지원

하나의 플랫폼에서 다양한 형식의 결과를 확인할 수 있으므로 결과 확인을 위해 새로운 소프트웨어를 도입하거나 교육 등의 비용을 절감할 수 있다.

Abaqus Version 2020	ABAQUS Input File (*.inp)
	ABAQUS Binary Result File (*.fil)
	ABAQUS ODB File (*.odb)
ANSYS 2019R2	ANSYS Binary Result File (*.rst *.rth *.rfl)
	ANSYS CDB File (*.cdb)
CGNS data base Version 3.1	CGNS File (*.cgns)
Ensight 6 and Gold Casefile format	Ensight CASE File (*.case)
LS-Dyna Version 970.0	LS-DYNA Keyword File (*.k *.key)
	LS-DYNA state database (*.d3plot *.ptf)
FEMAP 10.	Femap File (*.neu)
FLUENT Version 16.0	FLUENT Mesh File (*.cas *.dat)
MSC.MARC	MSC/Marc Post File (*.t16 *.t19)
MSC.NASTRAN 2016 NX/NASTRAN 12	NASTRAN OUTPUT2 (*.op2 *.bin)
	NASTRAN Bulk Data File (*.dat *.bdf)
IDEAS NX Series 11	IDEAS Universal File (*.unv *.univ)
PTC/Mechanica FEM Neutral File	PTC Analysis (*.neu)
Tecplot File	Tecplot File (*.plt)
OpenFOAM, version 2.0	OpenFoam Case File (*.foam)
VTU/VTM/PVD	VTU/PVD File (*.vtu *.pvd)
	PVTU File (*.pvtu)
	VTM/PVD File (*.vtm *.pvd)
Altair/HyperMesh H3D files	Hyperworks H3D File (*.h3d)
기타	STL File (*.stl *.sla)
	Cgeo File (*.cgeo)
	Transvalor File (*.fg3 *.fg2 *.fr3 *.may *.in3 *.th3 *.don)

SPDM 또는 내부 물리적 서버에 연동

기존 SPDM(Simulation Process & Data Management)이나 내부 HPC와 연계하여 Process 표준화 및 자동화가 가능하다.

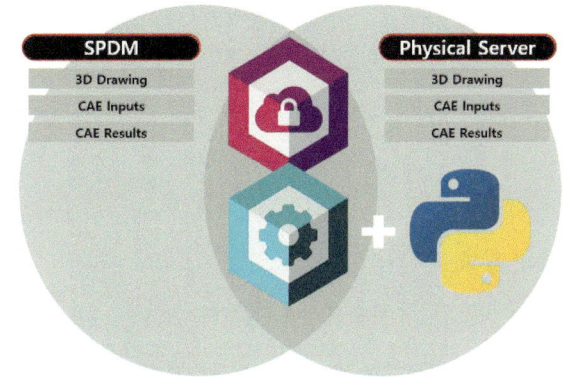

Python API 제공

제공된 API를 이용하여 사용자가 원하는 자동화 및 맞춤형 Template을 생성할 수 있다.

도입 효과

앞서 언급한 주요 기능들은 비대면 시대에 기존과 다른 새로운 업무 방식으로의 변화를 꾀할 수 있으며, 이를 통하여 전체적인 시수와 비용 절감, 그리고 원활한 소통을 통한 업무 효율성을 높일 수 있을 것이다.

주요 고객 사이트

■ LG전자, BASF, Wärtsilä, Brembo, Federal Mogul, Mitsubishi, Equinor, Airbus, Ansys, Autodesk, SAP, Simscale, DNV GL, Transvalor, DEP, HBM nCode, JSOL, Virtual Motion

터보기계 설계

CFturbo

개발 CFturbo, www.cfturbo.com

자료 제공 경원테크, 031-706-2886,
www.kw-tech.com

CFturbo는 빠르고 손쉽게 impeller를 포함한 volute, channel과 같은 주변 설계까지 가능한 터보기계 개념 설계 소프트웨어이다. *.iges, *.step, *.dxf와 같은 범용 포맷으로 변환이 가능하며, 주요 CAD 소프트웨어나 범용 CFD 소프트웨어로 형상 데이터를 직접 내보낼 수 있다. 또한 배치모드를 이용한 최적화 프로그램과 연동이 가능하다.

제품의 주요 특징

고품질의 터보 기계 부품 설계에 빠르게 적용 가능

터보 기계(펌프, 팬, 압축기, 터빈) 설계에 고려되는 모든 설계인자를 실시간으로 반영하여 신속한 설계가 가능하다. 각 설계 인자에 대한 수정을 실시간으로 3D 모델 형상을 만들어 주어, 터보 기계 설계를 할 때 보다 직관적으로 형상을 확인하면서 설계가 가능하다.

최신 터보기계 설계이론의 완벽한 적용

터보 기계(펌프, 팬, 압축기, 터빈) 등과 관련된 고전이론부터 최신 설계이론까지 설계에 반영할 수 있도록 지속적인 업그레이드를 제공한다.

CAE 및 CFD 소프트웨어 제품과의 완전한 연동 기능 제공

CAD 및 CFD 소프트웨어와의 완전히 연동되어 CFD 해석에 필요한 초기 조건, 경계 조건, 격자 조건 등을 CFturbo 내에서 설정하고 CFD 소프트웨어에 전달하여 불필요한 추가 작업으로 인한 시간 낭비를 줄여준다.

주요 활용 분야

펌프 (Pump)

축류형 펌프, 원심형 펌프, 인듀서가 있는 원심형 펌프, 사류 펌프, Swage 펌프 등의 설계가 가능하다.

팬 (Fan & Blower)

축류형 팬, 냉각 팬, 원심형 팬, 시로코 팬 등의 설계가 가능하다.

압축기

다단 압축기, 원심형 압축기, 원심형 압축기 등의 설계가 가능하다.

터빈

원심형 터빈, 축류형 터빈의 설계가 가능하다.

다단 터보기계

최대 5단까지의 다단형 터보 기계를 한번의 설정으로 설계 가능하다.

주요 고객 사이트

■ 한화에어로스페이스, LG전자, 효성굿스프링스, 현대트랜시스, 현대케피코, 명화공업, KIST, 생기원 등

공정 해석

COMPRO

개발　CONVERGENT Manufacturing Technology Inc

자료 제공　씨투이에스코리아, 02-2063-0113, www.c2eskorea.com

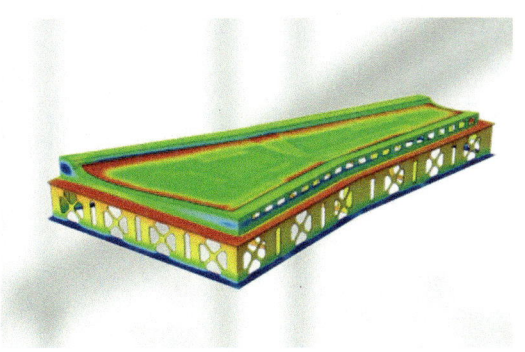

CONVERGENT Manufacturing Technology Inc는 1998년도 설립됐으며, 전문적인 오토클래이브 프로그램인 COMPRO, CPA-TA, COHO 시리즈를 제공하고 있다. 주요 개발자들은 보잉사 출신의 전문 엔지니어들로 구성되어 있으며 선진기술과 항공, 방산, 자동차 관련산업에서 요구하는 솔루션을 즉각적이면서도 전문적인 서비스를 제공하기 위해 세계적인 판매와 서비스 네트워크를 갖추고 있으며 한국에서는 C2ES Korea가 독점 판매 권한을 가지고 있다.

제품의 주요 특징

Convergent는 복합소재 제품의 제조 주기를 단축하고 견고한 프로세스를 생성하여 제조 위험을 줄이는데 도움이 되는 소프트웨어 및 하드웨어를 제공한다. Convergent의 제품과 서비스는 업계 고유의 것이 아니며 첨단 복합 소재 제조에 관련된 모든 사람들을 위해 고안되었다. 고객은 재료 공급 업체, 도구 및 장비 제조업체에서 부품 제조업체에 이르기까지 전반적인 복합재료 산업체이다.

주요 기능

COMPRO Simulation Software

■ COMPRO는 기하학적으로 복잡한 구조의 공정 분석을 위해 설계되었다.
■ 고급 공정 시뮬레이션 기능을 제공하기 위해 ABAQUS 및 MARC와 같은 상용 범용 유한 요소 소프트웨어를 사용한다. 그리고 RAVEN과 동일한 재료 라이브러리를 사용한다.

CPA-TA Simulation Software

■ CPA-TA(Composites Producebility Assessment - Thermal Assessment) 플러그인은 제조 과정에서 부품에 열 문제가 있을 수 있는 위치를 식별하는데 사용된다.

■ CATIA Composites Workbench에 통합되어 있으며 설계자가 부품 설계 과정에서 피할 수 없는 재설계를 최소화하기 위해 사용된다.

COHO Gas Flow and Vacuum Leak Detection System

■ COHO는 고급 센서 및 소프트웨어 기술을 결합하여 bags, tools 및 vacuum systems의 가스 누출을 신속하게 감지하고 현지화할 수 있다.
■ 시스템의 배기 공기 및 현장에서 휘발 물질을 현장에서 실시간으로 측정할 수 있으므로 생산 지원 및 공정 설계 및 공정 최적화에 매우 유용하다.

Raven Simulation Software

■ RAVEN은 빠르고 쉬운 공정 분석을 위해 설계되었다. 포인트 및 drill-throughs에서 열 분석을 수행하고 특성 전개를 연구할 수 있다.
■ RAVEN을 사용하면 외부 소스에서 데이터를 가져올 수 있으며 분석을 단순화하는 강력한 플로팅 및 검사 도구를 제공한다.

도입 효과

모든 복합재료 공정의 열처리, 경화/결정화, 특성 변화, 잔류 응력 형성 및 변형을 시뮬레이션을 제공하여 공정 프로세서를 매우 효율적으로 제공한다. 또한 경화 사이클 사양을 시뮬레이션을 통해 제공하기 때문에 테스트와 시행착오를 대폭 줄일 수 있으며 이에 따른 금형을 제작할 수 있다. 이를 바탕으로 가장 표준화되고 성공적인 사례의 도출이 가능하다.

주요 고객 사이트

■ 대한항공, 한국항공우주산업, 항공대학교, 한화에어로스페이스, 보잉사, 록히드마틴, 노드롭, 사프란, 도레이 등

멀티피직스 해석

COMSOL Compiler

개발 COMSOL, www.comsol.com

자료 제공 알트소프트, 02-547-2344, www.altsoft.co.kr

COMSOL Compiler를 사용하면 COMSOL Multiphysics 소프트웨어에서 제공하는 Application Builder로 만든 애플리케이션(App)을 윈도우, 리눅스, 맥OS 운영 체제에서 사용할 수 있도록 독립형 실행 파일로 컴파일할 수 있다.

컴파일된 애플리케이션은 COMSOL Multiphysics나 COMSOL Server 라이선스 없이 실행할 수 있으므로 개인의 재량에 따라 배포할 수 있다. Application Builder의 실행 파일 설정을 변경하여 사용자만의 스플래시 화면과 데스크톱 아이콘을 구성할 수 있다. 컴파일된 애플리케이션을 실행하면 스플래시 화면이 나타난다.

COMSOL Compiler는 LiveLink for Simulink, Material Library, File Import for CATIA V5 제품을 제외한 나머지 제품들의 기능을 포함한 애플리케이션을 컴파일할 수 있다. 컴파일된 앱은 클러스터 계산 기능이나 배치(batch) 기능을 지원하지 않는다.

주요 특징

■ COMSOL Multiphysics에서 만든 애플리케이션을 독립형 애플리케이션으로 컴파일
■ 컴파일된 애플리케이션은 윈도우, 리눅스, 맥 운영체제에서 모두 실행 가능
■ 암호화 또는 시간제한 기능으로 애플리케이션 보호

주요 기능

COMSOL Multiphysics에서 만든 애플리케이션을 실행할 때 COMSOL Server에서 진행하는 방식이 아닌 독립형으로 애플리케이션을 만들 수 있도록 컴파일한다. 컴파일을 진행하면 파일확장자가 *.exe(윈도우), *.sh(리눅스), *.app(맥OS)로 전환이 되며, 해당 운영체제에서 바로 실행할 수 있다.

컴파일된 애플리케이션은 공간 제약 없이 어느 컴퓨터에서나 실행할 수 있다. 또한, 컴파일한 애플리케이션은 암호 또는 시간제한을 활용해서 보호장치를 지니고 있어, 외부로 유출되더라도 안전하게 보안유지를 할 수 있다.

도입 효과

단지 해석 결과만을 보고자 하는 사용자가 해석 전문가에게 의뢰를 할 때 해석 전문가는 사용자의 요청에 따라 매번 해석을 진행하고 사용자에게 피드백을 준다. 이러한 과정에서 사용자는 결과를 얻기에 불편함이 있다.

이를 해소하기 위해서 해석 전문가는 COMSOL Multiphysics에서 만든 모델을 애플리케이션화 하고 이를 COMSOL Compiler를 통해서 독립형 실행 파일을 만들어 사용자에게 전달을 하면, 사용자는 해석 전문가의 도움 없이도 개인 컴퓨터에서 여러 매개변수를 변경하면서 다양한 결과를 신속히 얻을 수 있는 이점이 있다.

주요 고객 사이트

삼성, LG, 현대, 포스코, SK를 포함한 국내 기업체, 국내 연구소 및 출연기관, 서울대, 연세대, 고려대, KAIST, POSTECH을 포함한 국내 대다수의 교육기관에서 COMSOL Compiler를 사용하고 있다.

멀티피직스 해석

COMSOL Multiphysics

개발 COMSOL, www.comsol.com

자료 제공 알트소프트, 02-547-2344, www.altsoft.co.kr

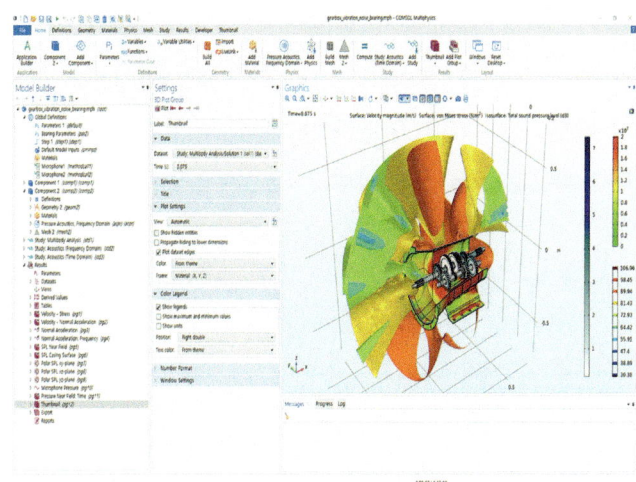

모델링 소프트웨어의 공급사이자 개발사인 COMSOL은 1998년 FEMLAB을 시작으로 주요 제품인 COMSOL Multiphysics를 제공하고 있다. COMSOL Multiphysics는 복합적인 다중 물리현상(Multiphysics) 해석을 위해 유한요소법(FEM)을 기반으로 수치 해석하는 시뮬레이션 소프트웨어로서, 과학자나 엔지니어, 초보자부터 전문가까지 모델링 진행 과정을 쉽게 파악할 수 있는 통합형 GUI를 제공하고 있다.

통합형 GUI는 모델 구성의 전체적 흐름을 파악할 수 있는 Model Builder와 모델링 중 각 부분마다 값을 즉시 입력 또는 조정할 수 있는 COMSOL Desktop이라고 불리는 독자적인 환경으로 구성되어 있다. 또한, 통합형 GUI를 통해 형상 그리기, 물성/경계 조건 입력, 메시 생성, 해석, 결과 출력 등의 모든 단계를 쉽게 다룰 수 있다. 이를 이용하면 모델 접근성이 한결 쉬워지며, 불필요한 부분을 생략할 수 있다.

COMSOL Multiphysics의 확장 모듈은 여러 분야의 선정의된 인터페이스를 제공한다. 이를 이용하면 열/유동, 전자기, 구조, 음향, 화학반응, 전기화학, 최적화 등 멀티피직스(다분야)의 물리현상을 해석하기 위한 모델 구성을 빠르게 처리할 수 있다. 또한, 확장 모듈을 통해 유체-전자기-열-구조-음향 등 다중물리 관점의 다양한 문제를 풀 수 있도록 관계식을 제공하고 있으며, 서로 다른 물리현상을 사용자가 직접 선택하여 상관관계를 구현할 수도 있다. 그리고 편미분방정식(PDE) 및 상미분방정식(ODE)를 입력하여 다른 물리현상과 연동하여 사용할 수 있다.

주요 특징

COMSOL Multiphysics의 주요 특징은 아래와 같다.

■ 전처리, 솔버, 후처리가 통합된 통합 GUI 환경 지원

■ 다방면의 인터페이스(물리지배식)을 갖춘 모듈 제공

■ 다중물리현상(멀티피직스)을 구현할 수 있는 내장 다중물리지배식 지원

■ 내장 물리식 이외에 직접 PDE를 구현

■ 타 CAD 소프트웨어(SolidWorks, Inventor, Pro/Engineer, AutoCAD, Revit, Creo Parametric, SolidEdge)와의 연동

■ MATLAB, Simulink와의 연동

■ Excel, PowerPoint와의 연동

■ 제한 없는 CPU, 코어 지원

■ Floating Network License(FNL)를 통한 무제한 노드 자원을 활용한 클러스터 가능

■ 다양한 후처리 지원

■ 수치해석 모델을 독자적 GUI 환경을 갖춘 애플리케이션(App)으로 전환

주요 기능

COMSOL Multiphysics의 통합형 GUI 환경으로 하나의 GUI에서 여러 방면의 물리현상을 고려할 수 있는 물리식을 계산할 수 있으며, 소프트웨어에서 지원하는 49가지의 모듈의 연동을 통해 제한 없는 멀티피직스를 구현할 수 있다. 또한, 7가지 CAD 소프트웨어와의 연동을 통한 형상 처리, MATLAB, Simulink, 엑셀을 통한 확장 연산해석, VBA, JAVA, C, MATLAB 언어를

통한 COMSOL Multiphysics와의 연동 해석을 통해서 다양한 시뮬레이션을 진행할 수 있다. 그리고, COMSOL Multiphysics에서 만든 모델을 독자적 GUI를 지닌 어플리케이션(APP)으로 만들어서 다른 사용자가 쉽게 모델 해석 결과를 볼 수 있다.

체해서 시뮬레이션을 고려할 수 있다. 또한, 현장 제품에서 생기는 다양한 문제를 시뮬레이션을 통해 개선하고, 제품 생산 효율을 극대화할 수 있다.

도입 효과

국내뿐만 아니라 전세계적으로 멀티피직스를 고려하는 연구소, 업체, 학교에서 COMSOL Multiphysics를 도입하여 실제적으로 일어나는 다양한 현상에 적용할 수 있으며, 실험을 대

주요 고객 사이트

삼성, LG, 현대, 포스코, SK를 포함한 국내 기업체, 국내 연구소 및 출연기관, 서울대, 연세대, 고려대, KAIST, POSTECH을 포함한 국내 대다수의 교육기관에서 COMSOL Multiphysics를 사용하고 있다.

멀티피직스 해석

COMSOL Server

개발   COMSOL, www.comsol.com

자료 제공   알트소프트, 02-547-2344, www.altsoft.co.kr

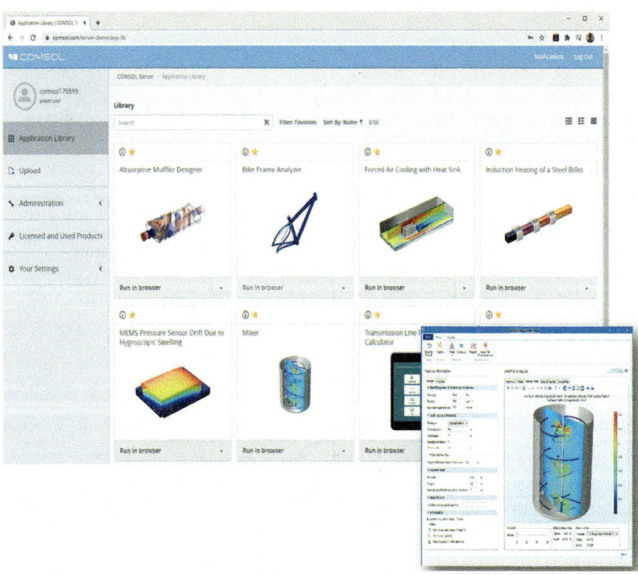

COMSOL Server는 조직 내의 해석 전문가COMSOL Server는 조직 내의 해석 전문가가 COMSOL Multiphysics로 만든 모델을 이용해서 구축한 애플리케이션(App)을 배포하고 실행하기 위한 플랫폼으로서 시뮬레이션의 이점을 조직 전체에서 활

용하는데 도움이 된다. 즉, R&D 작업 과정을 간소화하고, 여러 부서에서 효율적으로 공유하며, 사용자의 요구에 신속하게 대응할 수 있다.

COMSOL Server용 웹 인터페이스에는 업로드한 애플리케이션, 사용자 계정, 사용자 그룹 및 다중 프로세서 사용에 대한 액세스를 관리할 수 있는 관리 도구가 포함되어 있다. 관리자가 인정한 최종 사용자는 웹 브라우저 또는 COMSOL Client를 통해 업로드, 액세스 및 COMSOL Server의 애플리케이션 목록에 보관된 애플리케이션을 실행할 수 있다.

해석 전문가가 모델을 앱으로 변환하면 전반적인 시뮬레이션, 설계 및 제조 작업 과정이 향상된다. 시뮬레이션 전문가는 다른 공동 작업자 또는 사용자에게 요청 받은 같거나 약간 다른 모델 해석을 더 이상 다시 해석할 필요가 없으며, 시뮬레이션의 이점을 더 큰 그룹의 사람들에게 전달할 수 있다.

자체 계산 앱을 만들기 위해서 해석 전문가는 COMSOL Multiphysics에 내장된 Application Builder(윈도우용)를 이용하면 된다. 조직 내의 많은 사람들이 이러한 앱에 접근할 수 있도록 하려면 COMSOL Server를 활용하면 된다.

COMSOL Server를 설치하여 부하를 분산시킬 수 있다. 이 경우 하나의 컴퓨터가 사용자 계정 및 액세스 관리하기 위한 주 서버로 설정되고, 다른 컴퓨터가 보조 서버로서 계산에 사용된다. 또한, 단일 라이선스 관리자에 의해 제어되는 여러 개의 기본 및 보조 서버 세트를 보유할 수 있으며, 이는 해당 시스템에 할당된 계산 리소스만을 사용하려는 팀이 있는 경우에 유용하다.

또한, COMSOL Server에서 클러스터 컴퓨팅 기술을 사용하면 다양한 클러스터 아키텍처에서 실행되도록 앱을 구성할 수 있다. 계산 작업량을 분산시키도록 만들어진 앱의 경우 대규모 매개변수 스윕 또는 대형 모델에 대해 병렬 계산을 실행할 수 있다. COMSOL Server 라이선스는 라이선스 추가 비용 없이 무제한 코어 및 컴퓨팅 노드에서 즉시 사용할 수 있다.

사용자가 웹 브라우저(구글 크롬, 파이어폭스, 인터넷 익스플로러, 마이크로소프트 엣지 또는 사파리) 또는 COMSOL Client를 통해 앱을 실행하면 접속한 컴퓨터 또는 모바일 장치 자원을 이용해서 멀티피직스 계산을 수행할 필요가 없다. 모든 작업은 서버 컴퓨터에서 수행한다. 중앙 집중화된 허브를 통해 앱의 접근 및 사용을 제어하므로 변경 사항이나 업데이트를 모든 사용자가 즉시 사용할 수 있다.

주요 특징

- COMSOL Multiphysics에서 만든 애플리케이션 실행
- 다양한 웹 브라우저에서 실행
- 관리 모드를 통해 애플리케이션, 사용자, 사용자 그룹 제어
- 클러스터 지원
- 사용자 한 명당 최대 4개의 애플리케이션 실행 가능
- PC, 모바일, 태블릿에서 접속 가능

주요 기능

해석 전문가가 직접 만든 애플리케이션을 COMSOL Server에 업로드한 후, 사용자가 어느 장소에서든지 COMSOL Server에 접속할 수 있으면 해당 애플리케이션을 실행할 수 있으며, 원하는 결과를 얻을 수 있다. 또한, 컴퓨터 대신 모바일이나 태블릿을 통해서 COMSOL Server에 접속할 수 있어 해석을 하는데 있어서 공간 제약이 없다.

도입 효과

해석하고자 하는 모델을 COMSOL Multiphysics를 이용해서 해석을 수행하지만, 모델 현상에 맞는 물리 인터페이스 및 여러 해석 조건을 직접 설정해야 한다. 하지만, 현장에 있는 사용자가 이러한 모든 것을 고려해서 해석하기에는 제약이 있으므로, 해석 전문가에게 요청을 해서 결과를 얻다. 이러한 과정을 반복적으로 이루어지면 해석 전문가에게 할당되는 작업량이 많으므로, 현장 사용자로서는 불편할 수 밖에 없다.

이러한 불편함을 해소하기 위해서 해석 전문가가 관련 애플리케이션을 만들어서 COMSOL Server에 등록을 하면, 현장 사용자는 해석 전문가에서 요청하는 대신 애플리케이션을 통해서 원하는 결과를 기존보다 신속하게 얻을 수 있는 이점이 있다.

주요 고객 사이트

삼성, LG, 현대, 포스코, SK를 포함한 국내 기업체, 국내 연구소 및 출연기관, 서울대, 연세대, 고려대, KAIST, POSTECH을 포함한 국내 교육기관에서 COMSOL Server를 사용하고 있다.

유동 해석

Cradle CFD

개발 Software Cradle, www.cradle-cfd.com

자료 제공 한국엠에스씨소프트웨어, 031-719-4466,
www.mscsoftware.com/kr
쎄딕, 02-2624-0079, www.cedic.biz

멀티피직스 중심의 전산 유체 역학(CFD) 소프트웨어인 Cradle CFD는 실용적인 최신의 전산 유체 역학, 시뮬레이션 및 시각화 소프트웨어 솔루션을 제공한다. 빠른 처리 속도 실현, 정교한 기술, 높은 사용자 만족도로 입증된 실용성으로, Cradle CFD는 열 및 유체 문제를 해결하기 위해 자동차, 항공우주, 전자, 건물 및 건축, 토목 공학, 팬, 기계 및 해양 개발과 같은 다양한 애플리케이션에서 사용되고 있다.

Cradle CFD는 구조, 음향, 전자기, 기계, 1D, 최적화, 열환경, 3D CAD 및 기타 분야의 분석 도구들과 Chained Simulation 또는 Co-Simulation 기능을 포함하고 있어 사용자가 여러 분야에 걸친 엔지니어링 문제를 효율적으로 해결할 수 있게 한다. Cradle CFD는 시각적으로 강력한 시뮬레이션 그래픽을 생성하여 그 결과를 쉽게 이해할 수 있게 하는 후처리 기능을 통해 어떤 수준의 기술을 가진 사용자라도 시뮬레이션의 수준 높은 후처리 결과로부터 설계에 대한 귀중한 통찰력을 얻을 수 있게 한다.

Cradle CFD 솔루션은 다음 제품으로 구성된다.

scFLOW

scFLOW는 비정형화된 메시를 사용하여 복잡한 형상을 정확하게 표현하는 차세대 CFD 툴이다.

고품질 다면체로 복잡한 모델의 메시를 생성하는 전처리기와 개선된 안정성 및 빠른 속도를 보장하는 솔버가 탑재되어 사용자에게 간소화된 작업 흐름을 제공하는 scFLOW는 항공우주

및 자동차 공기역학, 팬, 펌프 및 기타 회전 장비의 성능, 전자 장치의 설계 문제, 다상 현상, 해양 프로펠러 캐비테이션 및 다양한 문제를 효과적으로 해결할 수 있다.

MSC Software의 Marc, MSC Nastran, Adams 및 Actran과 결합된 Co-Simulation 및 Chained Simulation을 통해 유체, 구조, 음향 및 멀티피직스로 보다 현실적인 결합 및 다분야에 걸친 해석이 가능하다.

scSTREAM

scSTREAM은 Cartesian 또는 원통형 타입의 메시를 사용하여 메시를 쉽게 생성하고 짧은 시간에 고속 시뮬레이션을 수행할 수 있도록 하는 범용 목적의 CFD 툴이다.

대규모 계산을 가능하게 하는 메시 특성 및 해석 시스템으로 인해 scSTREAM은 사용자가 전자 장치 및 실내 환경의 열 문제, 바람 흐름 및 열섬 현상과 같은 엔지니어링 문제를 해결해야 하는 광범위한 시뮬레이션을 처리하는데 유용하다.

HeatDesigner

HeatDesigner는 전자 냉각 열 해석을 위해 특별하게 설계된 구조(Cartesian) 메시 열 유체 해석 소프트웨어이다.

HeatDesigner는 scSTREAM 범용 구조 메시 열 유체 소프트웨어 제품의 핵심 기술을 사용한다. HeatDesigner는 정확한 유동 필드를 예측하기 위한 형상의 미세한 곡률의 정밀한 재현이 필요 없이 해석이 가능한 애플리케이션이다. HeatDesigner는 1억 개 이상의 요소를 가진 메시를 처리하여 결과를 도출한다. scSTREAM과 같이, HeatDesigner의 주요 장점은 빠른 시간 계산과 적은 메모리 사용량이다.

scPOST

scPOST는 포괄적인 다용도 데이터 시각화 소프트웨어로, 초보 및 전문 사용자가 다양한 해석 결과의 가시화를 즉각적으로 생성할 수 있도록 지원한다. 공유 가능한 가벼운 포맷 기능이 있어 보다 나은 몰입형 데이터 시각화 경험을 위한 가상현실을 지원한다. 유체 역학 결과와 더불어 Actran, Adams, MSC Nastran 및 Marc의 다른 시뮬레이션 결과를 scPOST에서 결과를 가시화할 수 있도록 지원한다.

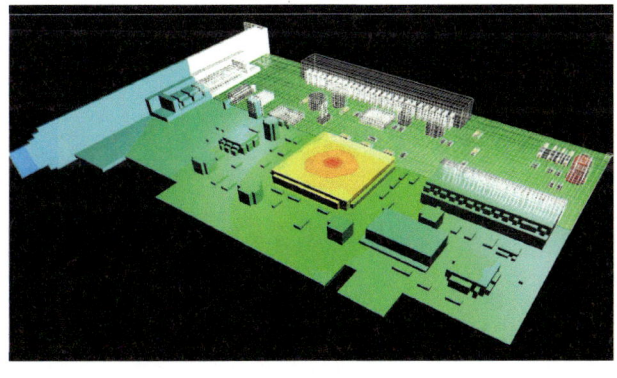

주요 기능

■ 주요 3D CAD 소프트웨어 및 가장 보편적인 중간 데이터 포맷(Parasolid XT, STEP 및 기타)에서 데이터 가져오기
■ 압축성(밀도 기반 솔버) 및 비압축성(압력 기반 솔버) 유동 해결 가능
■ VF 및 FLUX 방법에 의한 열복사 효과 고려
■ 불연속 메시, 중첩 메시, 객체 이동 기능을 통해 객체 회전 및 동작, 결과로 발생된 유동 및 열 평가 가능
■ 유체 힘에 의해 강체가 수동적으로 변환되거나 회전되는 경우 6자유도 동작 평가 가능
■ 기체와 액체 간 인터페이스 기하학을 계산하는 자유면 기능
■ 자유면 해석을 수행하여 비등 및 응결, 열 전도, 잠열 및 기체-액체 상변화 평가
■ 기체와 액체 간 상변화, 고체화, 용해, 유동 간 상호 작용 및 잠열로 인한 열 전달 결과 분석
■ 온도 변화 및 고체 내 수분 증발/전도에 따른 습도 및 결로 계산
■ 수중 프로펠러 고속 회전의 캐비테이션 및 침식 가능성 평가
■ 입자의 유체와 기체의 결합 해석을 가능하게 하는 DEM(입자법)을 이용한 대상 해석 수행
■ 직경 크기, 밀도, 낙하 속도 및 입자와 유체 간의 상호작용에 영향을 받는 입자 거동 시뮬레이션
■ 벽 표면에 고착할 때의 액상화 확인
■ 하전 입자에 대한 전기장의 외부 힘 및 영향 고려
■ 전자회로 설계용 CAD에서 생성된 Gerber 데이터와 같은 배선 패턴을 가져와 모델 생성
■ 과도 열 저항 측정으로 얻은 온도 변화에 대한 결과를 구조 기능(열 저항-열 용량 특성)으로 전환하여 열 모델을 정확하게 생성
■ 자연광 및 인공 조명이 비추는 물체의 밝기에 대한 지향성 효과를 평가하고 고려하기 위한 조도 해석
■ 태양의 위치가 경도, 위도 및 날짜에 의해 자동으로 계산되는 태양 복사열을 분석하기 위한 기후 데이터(ASHRAE 및 NEDO) 참조
■ 인체와 주변 환경의 온도 및 습도 변화를 분석하는 온도 조절 모델(JOS)
■ 쾌적도(PMV 및 SET*), 열 응력 정도(WGBT), 환기(SVE) 추정
■ 매핑 기능으로 주변 영역의 넓은 범위를 경계 조건으로 적용하여 계산 부하 최소화
■ Cradle Viewer : 사용자가 쉽게 액세스하고 시뮬레이션 데이터를 공유할 수 있는 가상 현실을 지원하는 가벼운 뷰어 애플리케이션
■ 전문가가 아닌 사용자에게 Cradle CFD 솔루션을 사용하게 하여 사용자가 작업 흐름을 고도로 자동화할 수 있도록 하는 풍부한 자동화 API 세트
■ 수상 경력이 있는 강력한 시각화 후처리 기능

구조 / 열 해석

Creo Simulation Live

개발 PTC, www.ptc.com

자료 제공 선도솔루션, 02-2082-7870,
www.sundosolution.co.kr

설계자는 더욱 단순하고 속도가 빠르며 기능성이 뛰어난 제품을 최초 생산 시에 저렴한 비용으로 생성해야 한다는 부담을 항상 느끼고 있다. Creo Simulation Live에서는 설계와 관련된 결정을 할 때 해당 결정과 관련된 실시간 피드백을 제공한다. 쉽게 사용 가능하며, 속도가 빠르고, 3D CAD 모델링 환경에 완벽하게 통합되었다.

이제는 더 빠르게 작업을 반복하고, 더 많은 옵션을 생성할 수 있으며, 설계의 신뢰도를 높일 수 있다. 설계를 변경할 때마다 몇 초 내에 해당 변경 사항이 분석된다. 이처럼 설계 과정의 편이성과 속도가 개선될 뿐 아니라, 설계 지침이 워크플로우의 일반 요소로 제공한다. 따라서 형상을 간소화하거나 메시를 생성하거나 여러 창 간을 이동할 필요가 없다.

그러면 최고의 설계를 더욱 빠르게 작성할 수 있으며 설계 엔지니어 전용으로 개발된 도구의 이점을 활용할 수 있다.

주요 특징

Creo Simulation Live에서는 CAD 환경에서 설계를 진행하는 동안 설계에 관한 피드백을 실시간으로 받을 수 있다. 더 이상 자신의 설계가 실제 사용 환경에서 어떻게 성능을 발휘할 지를 짐작할 필요가 없다. 반복 설계 작업을 빠르게 수행하고, 필요에 따라 설계를 자유롭게 변경 적용하고, 올바른 정보와 피드백에 입각하여 최선의 결정으로 내렸다는 확신을 얻을 수 있다.

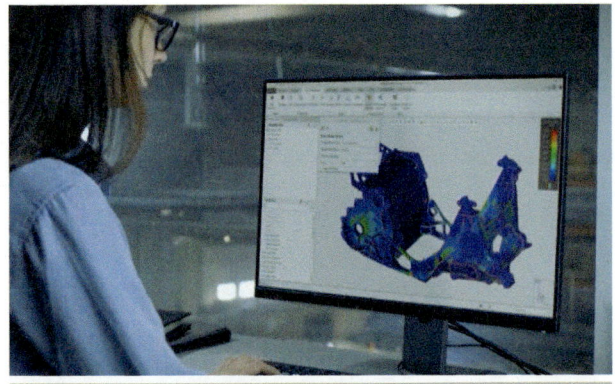

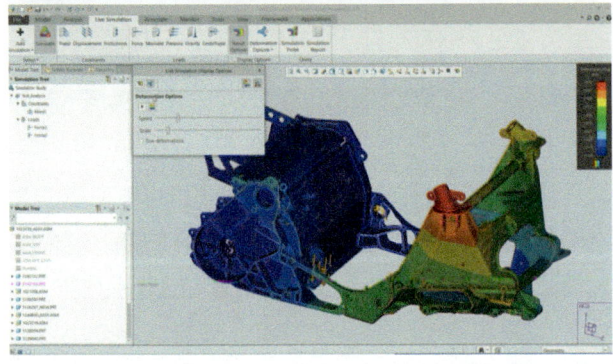

■ **실시간**: 부품과 어셈블리의 시뮬레이션 결과가 모델링 환경에 즉시 표시

■ **대화식**: 사용자가 피처를 편집하거나 생성하면 분석이 동적으로 업데이트

■ **신뢰도**: ANSYS 기술이 사용되므로 신뢰도를 높일 수 있는 효과.

■ **사용 편의성**: 몇 분 내에 첫 번째 시뮬레이션을 실행 가능

주요 기능

구조해석 비교

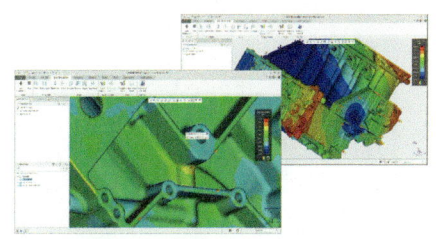
Creo Simulation Live

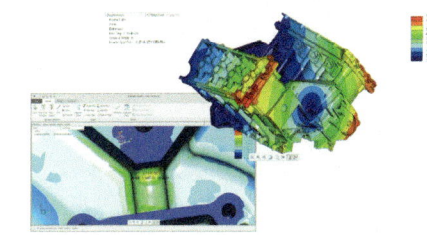
전통적 FEA 방식

	Creo Simulation Live	전통적 FEA	오차비율
max displacement	0.6829e-3 mm	0.7266e-9 mm	6%
Stress at Ref point	7.5067e-02	8.513e-2	12%
Time for single solution	<10 sec	3 hours	1080X

열전달 해석 비교

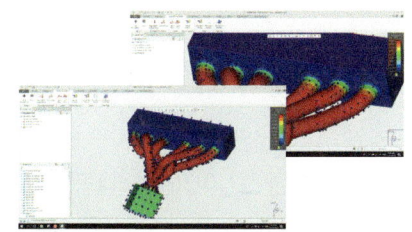
Creo Simulation Live

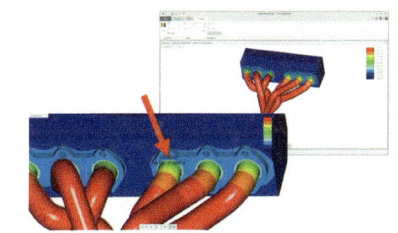
전통적 FEA 방식

	Creo Simulation Live	전통적	오차비율
Max temperature	708.1 ℃	722.0 ℃	1.9%
Ref point temp.	305.5 ℃	301.4 ℃	1.3%
Solution Time	<1 sec	1 minute	60x

모달 해석 비교

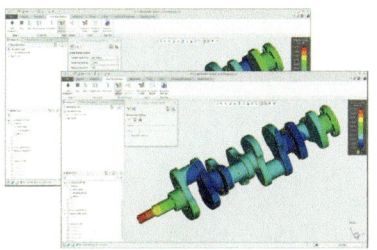
Creo Simulation Live

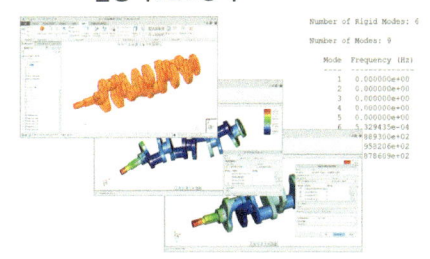
전통적 FEA 방식

	Creo Simulation Live	전통적 FEA	오차비율
Mode 1	293.3 Hz	288.9 Hz	1.5%
Mode 3	595.6 Hz	587.9 Hz	1.3%
결과소요시간	3 sec	3 minutes	60x

도입 효과

실시간 빠르게 문제점 파악

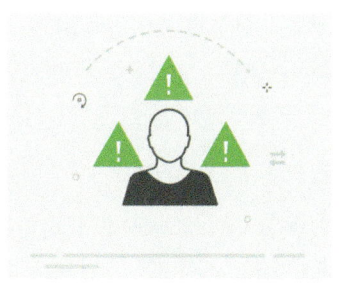

적은 수로 프로토타입 생성

기간 단축으로 더 혁신적인 디자인 개발

전자기장 해석

CST Studio Suite

개발 Dassault Systèmes, www.3ds.com

자료 제공 다쏘시스템코리아, 02-3270-7800, www.3ds.com/ko
노드데이타, 02-595-4450, www.nodedata.com

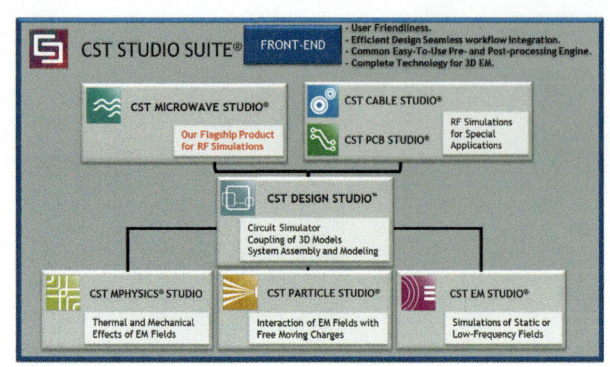

CST는 전기장/자기장(전자기장)에 대한 현상을 분석할 수 있는 해석 툴로서, CST Studio Suite라고 하는 하나의 GUI 내에 총 8가지의 제품과 22개 이상의 특화된 solver 및 분석 방법을 제공하고 있다.

CST MICROWAVE STUDIO는 고주파 대역의 3D 전자기장 해석을 위한 시뮬레이터로 Antenna, Filter, Coupler와 같은 Microwave & RF 분야에 대한 해석을 진행할 수 있으며, 3D로 PCB 또는 시스템의 동작 특성 및 영향을 분석 하는 SI, PI, EMI/EMC/ESD 분야에 대한 해석을 매우 정확하고 빠르게 진행할 수 있다.

CST EM STUDIO는 DC 및 저주파 대역에 대한 해석을 할 수 있는 3D 전자기장 시뮬레이터로 Sensor, Motor, Actuator, Transformer 등에 대한 해석이 가능하다

CST PARTICLE STUDIO는 3D 전자기장 내에서 Charged Particle Dynamics 해석을 빠르고 정확하게 할 수 있는 시뮬레이터로 Accelerator, Collectors, Magnetron, Klystrons, Gyrotron 등 다수의 application에 대한 해석이 가능하다.

PCB 전용 전자기장 해석 시뮬레이터인 CST PCB STUDIO는 CST BOARDCHECK를 포함하여 복잡한 PCB의 Rule Checking 및 Signal Integrity / Power Integrity / De-cap optimization에 대한 분석을 빠르고 정확하게 진행할 수 있다.

CST CABLE STUDIO는 Cable의 신호 전달 특성 및 EMC 해석을 진행하기 위한 시뮬레이터이다. 항공기, 자동차, 선박, 건물 그리고 소비가전 기기 등에 사용하는 Cable bundle과 3D 기구체, PCB 등이 포함된 상태에서의

Lightning, HIRF, EMP 등 E3(Electromagnetic Environmental Effects) 문제 및 EMI/EMC 문제에 대한 분석이 가능하다.

회로 시뮬레이터인 CST DESIGN STUDIO는 단순 회로 해석분만 아니라 3D Model과 회로 간 연계 해석을 진행할 수 있어, 시스템 해석이 가능한 다목적 프로그램이다.

CST MPHYSICS STUDIO는 CST MICROWAVE STUDIO, CST EM STUDIO, CST PARTICLE STUDIO의 전자기장 해석 결과를 thermal source로 가져와 열 해석, 구조 해석을 진행할 수 있게 한다.

CST의 모든 제품은 단일 GUI에서 Modeling, CAD Import, Meshing, Solving, Post-processing 기능이 모두 구현되어, CAD 파일을 불러오거나 meshing 등을 위한 외부 interface나 tool이 필요하지 않고, 단 한 번의 모델링으로 여러 해석 기법을 통한 해석이 가능하다. GUI 내의 모든 메뉴는 리본 메뉴 구성으로 되어 있어 모델링 및 셋업을 직관적으로 진행해 볼 수 있다. 분석 순서에 따라 탭을 전환하면 필요한 도구를 쉽게 찾아 볼 수 있고, 사용자 편의를 위해서 도구 모음을 직접 만들어 사용할 수 있으며, Customize된 template 구성을 지원하여 분석할 내용에 따른 초기 조건 설정을 자동으로 할 수 있고, 처음 사용하는 사용자도 사용하기 쉽도록 직관적으로 메뉴들이 구성되어 있어 빠르고 쉽게 툴을 익힐 수 있다.

CST Studio Suite는 휴대폰, 자동차, 항공우주, 국방, 전자전, 군함, 캠코더, 컴퓨터, 네트워크기기, 메모리, 반도체, MRI 등의 의료기기 및 Bio-EM, LCD/PDP, Touch screen sensor, 플라즈마 장비 등 소비가전에서부터 전문화된 정보 기기까지 다양한 분야에 적용할 수 있다.

열처리 해석

DANTE

개발 DANTE Solutions, dante-solutions.com

자료 제공 브이이엔지, 070-7770-5590,
www.veng.co.kr

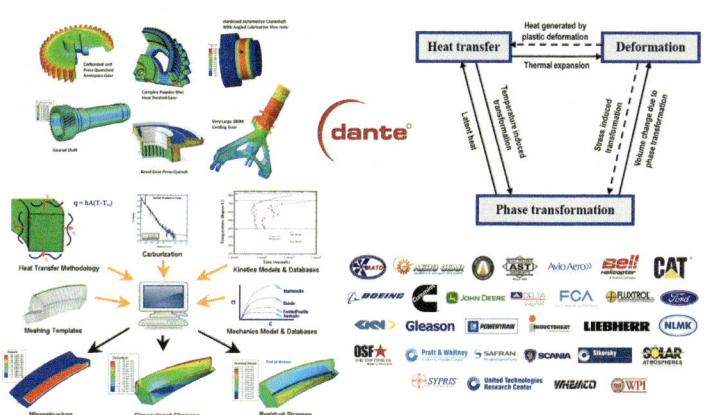

DANTE는 DANTE Solutions(OH, USA)에서 개발한 소프트웨어이다. DANTE Solutions는 컨설팅 및 소프트웨어 회사로서, 금속 파트 및 구성요소에 대한 금속 프로세스 엔지니어링 및 열응력 해석을 전문으로 한다. 1982년 창업인인 B. Lynn Ferguson 박사가 변형 제어 기술로 시작한 이 회사는 DANTE 열처리 시뮬레이션 소프트웨어로 최고의 열 공정 모델링 회사로 발전했다. DANTE는 SIMULIA Abaqus와 인터페이스를 통해 사용할 수 있다.

주요 특징

DANTE는 최신 기술의 열처리 해석 시뮬레이션 소프트웨어로써, 이를 사용해서 열처리 과정의 제품 품질 향상 및 공정 설계 개선을 촉진할 수 있다.

DANTE를 사용하여 열처리 후 주어진 부분의 잔류 응력 상태, 최종 체적비, 경도 및 부품 왜곡 등을 예측할 수 있다. DANTE 분석 도구는 다상 물질 구성 모델을 확산 및 마르텐사이트 상 변태(martensitic phase transformation) Kinetic 모델과 직접 연결한다.

DANTE의 열처리 시뮬레이션 기능에는 금속 공학자, 공정 엔지니어, 열처리기사 및 설계자가 사용하기 위해 가열, 침탄, 담금질, 가스 담금질, 스프레이 담금질, 프레스 또는 고정식 담금질 및 템퍼링이 포함된다. 또한 DANTE는 널리 사용되는 전처리기 및 후처리기와 인터페이스된다.

다른 관점에서의 열처리에 대한 이해, 즉 철강의 열처리 과정을 이해할 수 있도록 해준다.

철강의 열처리는 원재료를 완제품으로 만드는데 있어서 가장 중요한 단계이다. 하지만 그동안 열처리 공정에서 일어나는 현상을 완벽하게 이해하기는 어려웠다. DANTE 열처리 소프트웨어 사용자는 금속 재료의 관점에서 열처리 공정을 이해할 수 있다.

DANTE는 정확하고 유용한 열처리 모델을 위해, Phase transformation models, Multiphase mechani-cal models, TRIP models, Mixture law 등을 제공한다.

또한 DANTE는 유저 서브루틴, 프로세싱 데이터베이스, 물성 데이터베이스 등을 제공한다.

주요 고객 사이트

■ BOEING, CAT, JOHN DEERE, FORD, GM, Pratt & Whitney, SCANIA, Gleason 등

소성 해석

DEFORM

개발 SFTC, www.deform.com

자료 제공 솔루션랩, 042-628-0789,
www.solution-lab.co.kr

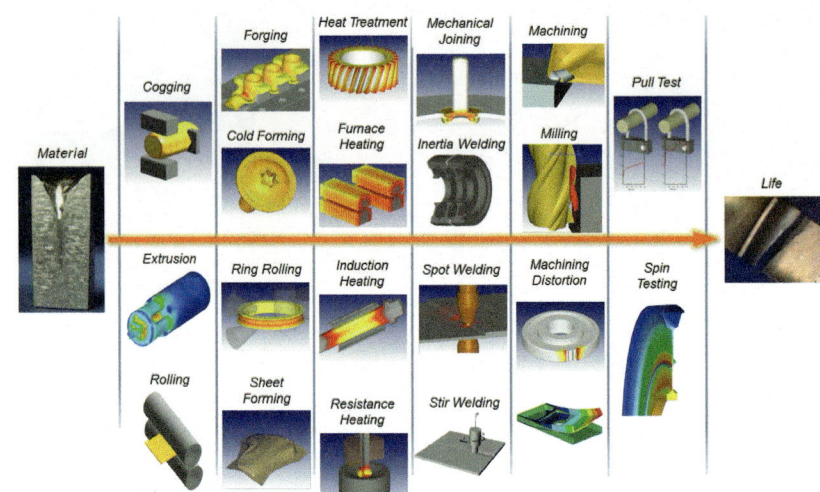

DEFORM은 유한요소법(FEM)을 이용하여 소성 가공 공정을 해석하는 엔지니어링 프로그램으로, 현재 관련 분야에서 전 세계적으로 널리 사용되고 있는 소프트웨어이다. DEFORM을 이용한 공정 해석은 30여년 이상 수많은 기업 및 기관에서 제품 및 공정 연구개발에 활용되어 왔으며, 비용과 품질 개선에 크게 기여해 왔다. 또한 DEFORM 해석 결과의 신뢰성은 수많은 연구 논문을 통해 입증되었다.

기존의 전통적인 단조, 압출, 압연, 인발 등의 소성가공 분야는 물론 절삭, 열처리, 재결정, DOE/최적화 등 연관 분야의 해석까지 통합 분석이 가능하도록 시스템이 구축되어 있다.

제품의 주요 특징

- 소성가공에 특화된 통합 환경
- 최적화된 메시 생성 및 왜곡된 요소의 자동 리메시
- 시험 데이터에 기반한 재료 물성 데이터 제공
- 일반 소성가공과 더불어 열처리 등에 따른 재료 조직 예측 가능 (상변태, 재결정, 집합조직 등)
- 비선형 문제의 수렴성이 매우 뛰어남
- 공정별로 특화된 솔버 및 메시 기법 사용

주요 기능

- 소성가공에 특화된 전/후처리
- 소성가공에 특화된 솔버(Implicit/Explicit, Lagrangian/ALE and etc)
- 자동 요소망(Mesh) 생성
- 재료 DB 및 기타

도입 효과

- 최적의 공정 설계, 결함 분석 및 해결 방안 도출
- 개발 기간 및 비용 절감

주요 고객 사이트

- 현대자동차, 현대위아, LG전자, 포스코, 현대제철, 한국생산기술연구원, 한국재료연구원 등

복합재 해석

Digimat

개발 eXstream Engineering, www.e-xstream.com

자료 제공 한국엠에스씨소프트웨어, 031-719-4466, www.mscsoftware.com/kr
씨투이에스코리아, 02-2063-0113, www.c2eskorea.com

Digimat은 복합재료 공급자 및 사용 업체들에게 최신의 비선형 멀티스케일 재료-구조 모델링 기법을 이용하여 정확한 재료의 물성 예측 및 구조해석을 돕는 솔루션이다.

Digimat의 복합재 모델링 기술은 Micro 단위의 재료 거동에 기초하여 기계적, 온도, 전기적 특성을 계산하여 정확한 거동을 예측하고, 제조 공정, 재료 설계 및 구조해석 사이의 격차를 해소할 수 있는 최적화된 솔루션을 제공한다.

Digimat은 공정 해석의 결과인 섬유 배향, 잔류 응력, 웰드라인, 공극 밀도를 사용하여 복합 재료의 정확한 비선형 성능을 계산하고 구조 해석 소프트웨어와의 연계 기능을 제공한다.

Digimat 모듈

■ **Digimat-MF** : 평균 균질화(Mean-Field Homogenization) 이론을 이용하여 복합재료의 비선형 거동을 예측, 구조해석 연계 물성으로 사용한다.(Stiffness, Failure, Creep, Fatigue, Conductivity)

■ **Digimat-FE** : 재료의 구성을 가상의 대표체적(RVE)에서 모델링하여 유한요소 해석을 통해 복합재료의 비선형 거동을 예측한다.

■ **Digimat-MX** : 글로벌, 국내 소재사 재료 물성(Digimat MF data, 시험 data) DB가 3만 8,000여개 등록되어 있으며, 재료 공급사와 사용자 간의 물성 모델 교환을 통해 구조해석 사용 지원, 리버스 엔지니어링 기능으로 시험 결과와 유사한 물성 모델링 최적화

■ **Digimat-CAE** : 재료의 물성 모델(Digimat MF)과 매핑(Digimat MAP) 결과를 반영하여 구조 해석에서 사용할 수 있는 소재의 물성 인터페이스를 제공한다.

■ **Digimat-MAP** : 성형 해석(사출, 드레이핑 등) 결과(Fiber Orientation, Weldline, Residual stress 등), 3D Scan 결과를 구조해석 모델에 매핑

■ **Digimat-HC** : Micro-mechanical 모델링 기법을 사용하여 Honeycomb Sandwich Panel Foam 설계(3&4 points 벤딩/전단 특성 분석)

■ **Digimat-RP** : Digimat Material database/Automapping/CAE-Injection, Structure 과정을 통합한 번들로 성형 해석과 구조 해석을 연계하는 하나된 GUI 형태 기능 제공

■ **Digimat-VA** : 연속섬유 강화 복합소재(CFRP)의 물성을 ASTM 규격의 시편 모델을 이용하여 유한요소 해석으로 가상 분석(A&B-basis 허용값, 복합소재 Laminate의 강성 및 강도 예측)

■ **Digimat-AM** : 재료의 물성과 구조물의 형상, 프린터의 Tool path를 이용하여 FFF, FDM, SLS 적층 제조 방식의 3D Printing 시뮬레이션(변형, 기공, 잔류 응력, 온도 분포 등)

주요 기능

■ 복합 재료 모델에 대한 전체론적 접근 방식(재료, 물리학, CAE 기술)

■ 복합재료, 다상재료에 대한 거동의 평가 및 예측

■ 평균 균질화(Mean-Field Homogenization), RVE 등의 기법으로 멀티스케일 재료 모델링

■ 재료 모델의 저장, 검색 및 재료 공급자와 사용자 간의 안전한 모델 교환을 제공하는 재료 DB 제공

■ 섬유 강화 플라스틱, 금속, 세라믹, 나노 및 샌드위치 패널을 포함한 광범위한 복합 재료 물성 모델링 지원

■ 단일 또는 반복하중 정의로 재료 물성에 대한 가상 시험 기능 제공

■ 소재 선형/비선형, 파손, 크립, 피로, 온도 및 변형률 거동 분석

■ 주요 FEA 솔버와의 연동 지원

• Marc, MSC Nastran, Abaqus, ANSYS, LS-Dyna, PAM-CRASH, Optistruct, RADIOSS, SAMCEF 등

■ 주요 공정 해석 소프트웨어 해석 결과 매핑 지원

• Moldflow, Moldex3D, ANIFORM, SIGMASOFT, 3D TIMON, MAGMA, VOLUME GRAPHICS 등

적용 효과

■ 재료 물성의 거동에 대한 이해와 최적화 수행이 가능하며, 제조공정 및 Micro-mechanics 특성을 고려한 정확한 구조해석 수행

■ 다상 복합재료 소재에 대한 비선형 멀티스케일 물성 모델링 수행

■ 제조공정 통해 제작된 구조물과 FEM 간의 격차 줄여 정확도 개선

판재성형 해석

Dynaform

개발 ETA, www.eta.com

자료 제공 한국시뮬레이션기술, 031-903-2061,
kostech.co.kr

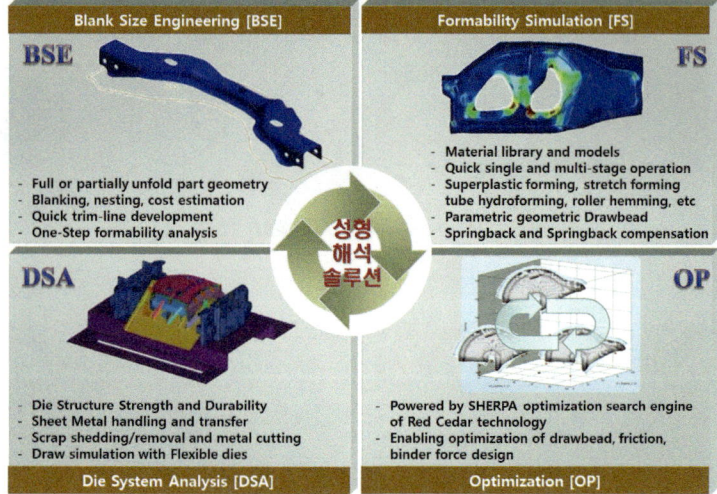

Dynaform은 금형 시스템 시뮬레이션 솔루션이다. 제품을 사용하여 테스트 기간을 단축하고, 비용을 절감하며 생산성을 높이고, 다이 시스템 설계에 대한 신뢰성을 확보할 수 있다. 하나의 인터페이스에서 전체 금형 시스템을 구성할 수 있으며, 설계단계에서 모든 세부 사항을 시뮬레이션하고 최고의 성형부품 품질과 제조 공정을 구성할 수 있다. 또한 비용 추정, 견적, 금형평가 및 성형성 분석을 엔지니어에게 제공한다.

Dynaform의 모듈은 다음과 같다.

- Blank Size Estimation(BSE)
- Formability Simulstion(FS)
- Die Evaluation(D-Eval)
- Die System Analysis(DAS)
- Optimization Platform(OP)

BSE

최소 스크랩으로 소재를 최대활용하기 위한 판재 네스팅과 함께 판재 크기를 정확하게 추정하기 위한 솔루션이다. 이 모듈을 통해 Thining, 두께 변형, 주/부 변형을 예측하고 성형한계곡선(FLD)을 생성할 수 있다. 사용자는 간단한 조작으로 부품 설계가 가능하며, 네스팅 최적화로 재료의 최대활용이 가능하다.

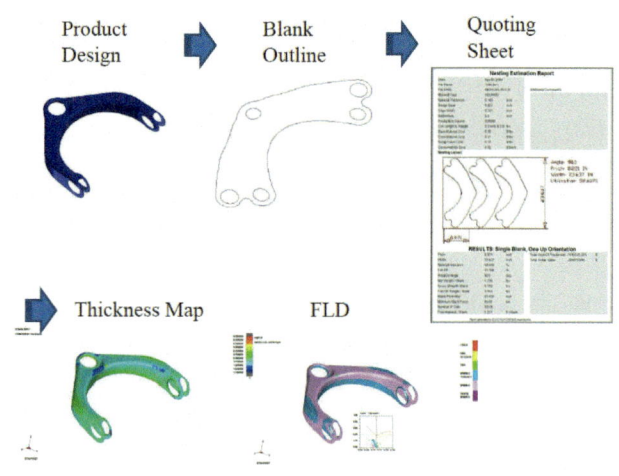

FS

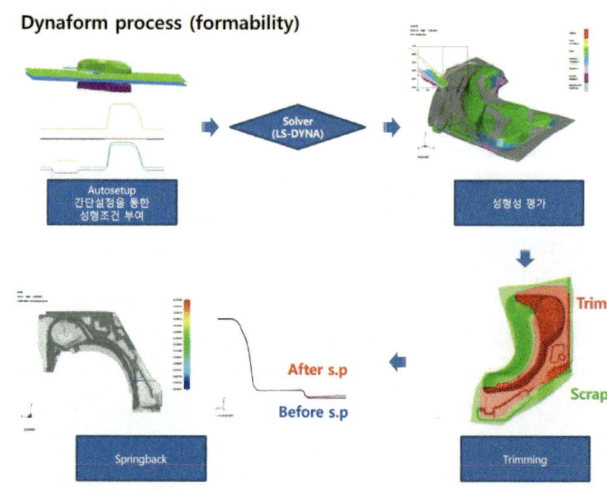

단일 및 다단 공정 금형설계의 빠른 개발 및 검증을 가능하게 한다. FS는 잠재적 문제를 밝혀내고 LS-DYNA를 기반으로 최적화 설계를 진행할 수 있다. 사용자는 최적화를 사용하여 설계 영역을 정의하고 제품 설계를 개선할 수 있다.

D-Eval

이 모듈은 CAD 기반 툴링 및 엔지니어링 설계를 지원하고 분석하기 위해 개발되었다. 제품 설계 사이클의 초기 설계 엔지니어를 위해 개발되어, 설계 프로세스의 초기 단계에서 부품의 제조 가능성을 예측할 수 있다. 엔지니어가 적절한 소요시간 내에 신뢰할 수 있는 성형성 결과를 확보할 수 있는 INCSolver를 포함한다.

재 이송, 취급에 이르기까지 다이 시스템을 간소화하는데 효과적이다.

OP

Red Cedar Technology에서 개발한 최적화 검색엔진인 SHERPA를 활용하는 최적화 플랫폼 모듈(OP)을 사용하여 판금 성형 최적화가 가능하다. 다년간 Dynaform은 금속 스탬핑을 위한 시뮬레이션으로 툴링 엔지니어에 사용되었지만, OP 사용으로 문제 영역을 정의하는 것 이상으로 설계 솔루션을 도출할 수 있다.

DSA

다이 시스템 설계에 대한 유한요소 접근방식은 다이 생산 라인 내에서 다양한 문제를 예측하고 해결하는 효율적인 방법이다. DSA는 스크랩 낙하 및 제거와 다이 구조 통합 분석에서 판

SSR (Scrap Shedding & Removal)	SMTH (SheetMetal Transferring & Handling)	DSI (Die Structure Integrity)
✓ Falling off scraps hole ✓ 활송장치에 끼임 예측 ✓ 활송장치 취약부 예측 ✓ 트림 다이 개발 비용 절감 효과	✓ 이송장치 흡입구의 설계 방안 예측 ✓ 소재 이송시 충돌을 예측하고 부정확한 이송으로 인한 에러를 예측 ✓ 이송장치 설계 방안 예측	✓ 성형 시 다이의 응력 예측 ✓ 다이의 피로해석

충돌 해석

Dytran

개발　MSC Software, www.mscsoftware.com/kr

자료 제공　한국엠에스씨소프트웨어, 031-719-4466,
www.mscsoftware.com/kr

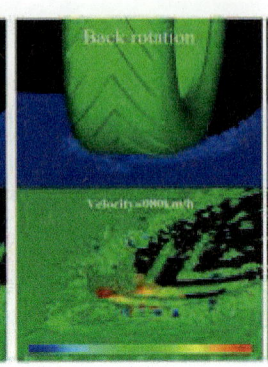

Dytran : 외연적 비선형 유한요소해석 및 유체-고체 연성 해석

Dytran은 충격 혹은 충돌과 같이 짧은 시간 동안 발생하는 복잡한 비선형 거동을 해석하는 외연적(Explicit) 유한요소 해석 소프트웨어이다. Dytran은 엔지니어가 설계의 구조적 무결성을 연구하여 최종 제품이 고객의 안전, 신뢰성 및 규제 요건을 충족하는지 확인할 수 있도록 지원한다.

Dytran은 단일 해석 환경에서 구조, 재료의 흐름 및 고체-유체 연성 해석 기능을 제공한다. Dytran은 고유한 커플링(Coupling) 기능을 사용하여 유체 및 대변형 재료를 사용하는 구조 요소에 대하여 하나의 연속적인 시뮬레이션으로 통합 분석할 수 있으며, 복잡한 문제에 대하여 현실적인 솔루션을 제공한다.

■ 과도 구조 해석 : Dytran은 외연적 솔버 기술을 활용하여, 크고 복잡한 과도 동적 문제에 대하여 보다 빠른 솔루션을 제공한다. 또한 사용자가 솔리드, 쉘, 빔, 멤브레인, 커넥터 및 강체를 포함한 다양한 요소를 사용하여 구조물을 모델링할 수 있다.

■ 비선형 재료 : Dytran은 비선형 응답과 파손을 모형화할 수 있는 광범위한 재료 모델을 제공한다. 사용 가능한 재료 모델에는 비선형 탄소성 모델, 항복 모델, 상태 방정식, 파손/스폴 모델, 폭발성 연소 모델과 복합 재료 모델 등이 있다.

■ 접촉 해석 : 강력한 접촉 해석 기능을 통해 여러 부품과 조립품 간의 상호 작용을 모델링한다. 또한 마찰 없는 접촉, 마찰 효과와 함께 미끄러짐 및 분리가 있는 상호 작용도 모델링할 수 있다. 단일 표면 접촉 기능은 구조물이 스스로 접힐 수 있는 구조물의 좌굴을 모델링할 수 있다.

■ 유체-구조 연성 해석 : Dytran은 라그랑지안 솔버와 오일러 솔버를 이용하여 단일 모델에서 유체의 거동과 유체 거동에 의한 구조적 반응에 대하여 해석한다. 유체와 구조물 사이의 상호 작용은 구조물에 생성한 커플링 표면(Coupling Surface)을 통해 이루어진다.

■ 고성능 컴퓨터 활용 : 최신 수치해석 방법과 고성능 컴퓨터 하드웨어를 활용하여 생산성을 높일 수 있다. 데스크톱 컴퓨터에서 슈퍼컴퓨터까지 다양한 컴퓨터 환경에서 해석을 수행할 수 있으며, 사용자는 병렬 처리 기능을 통해 더 빠른 솔루션을 얻을 수 있다.

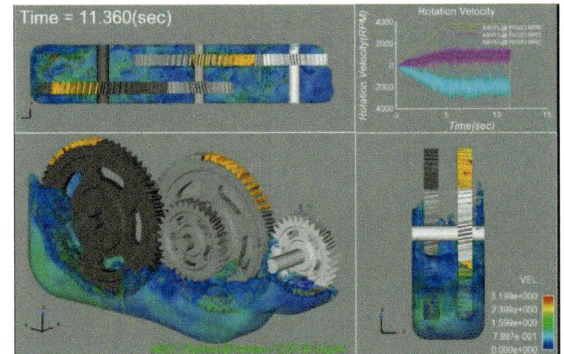

주요 기능

■ 아주 짧은 순간의 동적 문제를 시뮬레이션하고 분석하기 위한 향상된 외연적(Explicit) 비선형 솔버

■ 강력하고 효율적인 3차원 접촉/구조 해석을 위한 라그랑지안 유한요소법과 유체 및 다중 재료 흐름 분석에 사용되는 오일러 유한체적법을 사용한 커플링(Coupling) 알고리즘

■ 보, 쉘, 솔리드, 스프링 및 댐퍼를 포함하는 완벽한 유한요소 모델 라이브러리

■ 금속, 복합재, 흙, 다공성 고무, 액체, 기체 등에 대한 광범위한 비선형 재료 모델

■ 분산 메모리 병렬(DMP)은 오일러 솔버와 커플링 표면(Coupling Surface) 계산 지원

적용 효과

■ Dytran은 간소화된 모델링 흐름과 가장 진보된 유체-구조 연성(FSI) 시뮬레이션 기능을 통해 물리적 프로토타입 제작 및 시험 비용 최소화

■ 다른 시뮬레이션 프로그램으로 쉽게 해결할 수 없는 실제 문제의 비선형/동적 거동 문제에 대한 상세한 통찰력 습득

■ 단일 해석 환경에서 복잡한 시나리오를 모델링하고 설계 초기 단계에서 'what-if' 분석을 수행

■ Dytran의 해석 결과를 적용하여 제품의 품질을 개선하고, 제품의 문제 및 재설계를 최소화

동역학 해석

Easy5

개발　eXstream Engineering, www.e-xstream.com

자료 제공　한국엠에스씨소프트웨어, 031-719-4466, www.mscsoftware.com/kr

항공기, 자동차, 기계류 등 복합적인 시스템은 부품, 서브 시스템뿐만 아니라 전체 시스템 레벨에서도 시스템 엔지니어링적 접근을 통해 성능을 검증해야 한다. 엔지니어들은 보다 혁신적인 제품을 보다 적은 비용과 시간을 투자해 출시해야 한다는 요구와 직면해 있지만 시간과 비용이 많이 소요되는 전통적인 제작 및 시험 방법으로는 이를 만족시키기 어렵다.

Easy5는 동적 시스템에 대한 정확하고 신뢰성 있는 다중 도메인 모델링 및 해석 기능을 제공한다. 세계적인 선도기업들은 Easy5를 이용해 시스템 레벨의 성능을 검증하고 시제품 제작의 축소, 비용 절감 및 제품 개발 프로세스의 가속화를 이루어 내고 있다.

시간에 따라 거동이 달라지는 동적 시스템은 일반적으로 1차 미분 방정식으로 정의된다. Easy5는 사전에 부품 단위로 정의된 광범위한 응용 대상별 라이브러리 기능을 제공하는 그래픽, 도식화된 애플리케이션 기능을 이용해 시스템의 구성을 간이화하고 해석할 수 있게 해 준다. 시스템 설계자는 도식화된 익숙한 그래픽 환경에서 부품 간의 연결을 추가하거나 정의할 수 있고, 또한 다층 구조의 시스템 모델링을 손쉽게 실행할 수 있다.

Easy5는 제어 시스템, 열을 고려한 유압, 공압, 가스 유동, 열, 전기, 기계, 냉동, 공조, 윤활, 연료 시스템 및 불연속 시간에 따른 거동 등 다양한 분야에 적용될 수 있다.

Easy5는 그림과 같이 다섯 가지 응용 라이브러리로 구성되어 있다.

주요 기능

■ 사전 준비되어 있는 수백 개의 시스템 부품을 이용해 시스템 모델을 쉽게 구성
■ 도식화 기능을 이용하여 1D 시스템 모델링 및 해석, 분석 용이
■ Easy5와 다른 MSC 제품과의 연동으로 완전한 가상 시제품 완성
■ Windows 및 Linux OS 환경에서 64비트 해석 지원
■ SimManager와의 연동으로 모델과 결과의 편리한 공유 사용
■ 부품 라이브러리의 커스터마이징 가능
■ Windows 스타일 기능들로 구성된 편리한 GUI 환경 제공
■ Adams, MSC Nastran, Simulink 등 다양한 CAE 솔버와 연동
■ FMI(Functional Mockup Interface) 지원으로 편리한 Co-Simulation 가능

Thermal Hydraulic Library

Gas Dynamics Library

Multi-Phase Fluid Library

Aerospace Vehicle Library

Electrical Systems Library

적용 효과

■ 복잡한 다층 시스템에 대한 빠르고 정확한 진단
■ 설계 프로세스 초기 단계에서 제품 개선
■ 문제점 파악 및 효과적인 설계 개선안 도출
■ 공유 가능한 라이브러리 사용으로 CAE 비용 감소
■ 다른 툴과의 통합으로 CAE 효과 향상

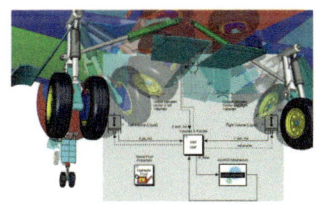

최적화

EasyDesign

개발 최적설계연구소, www.idopt.co.kr

자료 제공 최적설계 주식회사, 031-8083-3008,
https://doi3007.blogspot.com

최적설계연구소는 1988년부터 최적설계 프로그램(INOPL Series)을 개발하기 시작하였고 근사화기법, 실험계획법, 메타모델 기법, 수치최적화 등의 프로그램을 완성 통합하여 EasyDesign 소프트웨어를 출시하게 되었다.

EasyDesign Solver는 2008년 동역학 프로그램인 RecurDyn에 탑재되어 Re-curDyn/AutoDesign으로 출시되었고, 현재까지 전세계 시장에서 동력학 최적설계에 성공적으로 활용되고 있다.

최적설계 적용이 어려운 동력학 시장에서 검증을 마치고 기계, 전기, 전자, 화학, 경영 등의 어느 분야에서나 손쉽게 사용이 가능한 최적설계 프로그램인 EasyDesign을 개발하게 되었다.

주요 특징

- 1시간 교육만으로 현업 설계에 적용이 가능한 최적설계 소프트웨어
- Progressive Meta-Model 기법을 적용한 해석/실험 회수의 최소화
- 독자 개발한 Simultaneous Kriging 기법과 Adaptive RBF 기법을 적용한 메타-모델링
- 강건 최적설계와 6-시그마 제약조건을 모두 충족시키는 독자적 설계기법
- 자동화된 다중 목적함수 최적화 기법
- Multi-Scale 설계변수의 완벽한 처리 기능
- 최적화 도중에 Crash된 해석의 자동 보상 기능
- 독자 개발한 효율적인 실험계획법
- 최소의 컴퓨터 용량을 사용하는 효과적인 설계 최적화 소프트웨어
- 효과분석기법과 최적화 기법을 융합한 What-If Design 기능

주요 기능

최적화의 활성화를 위하여 전혀 새로운 각도에서, 색다른 방법으로, 향상된 Solver를 제공함으로서 누구나 사용이 가능한 최적화 프로그램 EasyDesign을 개발하였다.

■ 최적화 이론에 대한 지식 없이도 누구나 바로 쓸 수 있도록 쉽게 만들어졌다.
■ 다분야 통합 최적설계를 별다른 준비작업 없이 쉽게 적용이 가능하다.
■ 향상된 Solver를 제공하여 가장 최소의 반복횟수로 최적설계를 수행한다.
■ 비선형 시스템 및 노이즈가 있는 시스템에 대한 최적화도 가능하다.

제품 구성

EasyDesign은 Design Optimization, DFSS/Robust Design Optimization, Design Study로 구성되어 있다.

Design Optimization

Meta-Model 생성을 위한 DOE 방법으로 'Discrete Latin Hypercube Design', 'Incomplete Small Com-posite Design I, II' 을 제공함으로써 기존 실험계획법보다 적은 최소의 Sampling으로 Meta Model을 생성하고, Progressive Meta Model 기법을 사용하여 최소의 반복횟수로 최적설계를 가능하게 하였다. 또한, Meta Modeling Method와 Optimization Algorithm은 내부적으로 자동 선정되어 사용자의 편의성을 도모하였다.

DFSS/Robust Design Optimization

DFSS/Robust Design Optimization은 Design Optimization과 같이 Progressive Meta Model 기반의 설계 프로그램이다. 제품의 표준편차를 고려한 최적설계가 가능하며, 6 시그마 설계를 할 수 있다.

Design Study

Design Study 모듈은 효과분석 DOE 기법에 기반을 둔 설계도구이다. 2, 3수준 직교배열표, 혼합수준 직교배열표, 수준과 실험횟수를 정하여 생성하는 직교배열표 등이 가능하다. 효과분석, Screening 작업이 가능하고, What-If Study를 통

하여 최적조합 산출을 할 수 있다.

도입 효과

■ 모든 설계자가 설계업무에 설계 최적화를 적용할 수 있다.
■ 설계 프로세스 구축으로 안정적인 설계 결과를 산출
■ 최소의 샘플로 설계 결과가 산출됨으로써 시간과 비용을 절감

주요 고객 사이트

현대자동차, 현대모비스, 현대위아, 현대트랜시스, 현대케피코, 국방과학연구소, 쌍용자동차, 성우하이텍, 대원강업, 대동도어, 이래AMS, 세메스, LG전자, 국립농업과학연구원, 한국전자기술연구원, 한국생산기술연구원 등이 있다.

피로내구 해석

Endurica

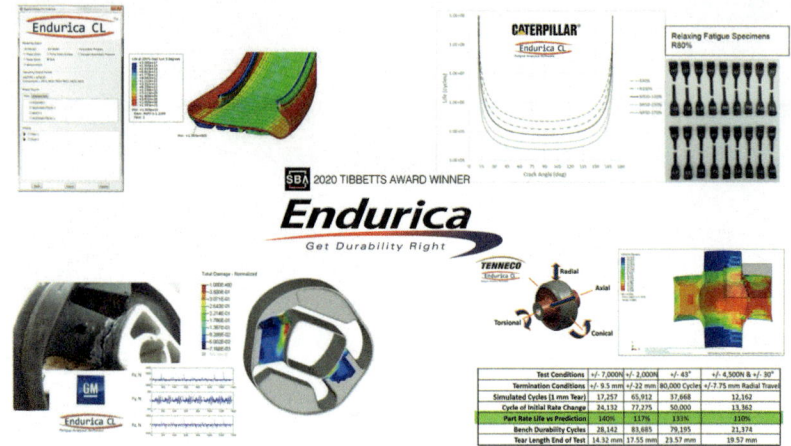

개발 Endurica LLC, endurica.com

자료 제공 브이이엔지, 070-7770-5590, www.veng.co.kr

Endurica는 Endurica LLC에서 개발한 고무 내구수명 해석 소프트웨어이다. Endurica LLC는 2008년도에 설립된 고무 내구에 대한 전문업체로, 고무 내구수명 해석에 대한 상용 솔루션인 Endurica CL을 개발하였다. Endurica에서 제공하는 해석 솔루션은, Endurica CL, Endurica DT, Endurica EIE 및 fe-safe/Rubber로 크게 4가지가 있다.

제품군

Endurica CL

Endurica CL은 고무 내구에 특화된 해석 솔루션으로 단일 내구 사이클에 대한 신뢰성 있는 내구수명을 예측한다. 구조 해석 결과로부터 손상 평면 방향에서 크랙 진전 속도를 통한 손상도를 계산하고, 각각의 구조 해석 솔버에 맞는 결과 파일을 제공한다.

Endurica DT

Endurica DT는 Endurica CL과 함께 사용되며, 여러 가지 중첩된 내구 시나리오에서 손상도가 누적되는 것을 고려할 수 있다. 또한 구조 해석과 크랙 진전 해석의 동시 해석(co-simulation)으로 손상 누적에 따른 점진적 강성 저하를 반영하여 내구수명을 예측한다.

Endurica EIE

시간 이력 하중(time history load)에 대한 효율적인 압축

엔진으로, 전체 시간에 대해 비선형 응력해석을 수행하는 대신 참고 하중에 대한 결과를 조합하여 전체 시간의 응력 이력을 예측한다. 실하중 이력(real load history)을 반영하여 좀 더 사실적인 해석을 하는 경우, 막대한 계산 비용이 소요되는 비선형 응력 해석 결과를 최소의 계산 비용으로 충분한 신뢰성을 갖고 예측할 수 있다.

fe-safe/Rubber

다쏘시스템 시뮬리아의 포트폴리오로써, 범용 내구 해석 툴인 fe-safe 환경에서의 고무 내구해석(Endurica CL)을 지원한다.

도입 효과

- ■ 피로 수명 및 파손 위치 계산
- ■ 내구성을 얻기 위한 재료, 형상 및 하중 문제를 진단하고 해결
- ■ 고정확도 시뮬레이션을 통한 조안 품질 확보
- ■ 디지털 트윈 애플리케이션을 위한 실시간 하중 처리 속도 달성 등

유동 해석

ESPER

개발 및 자료 제공　넥스트폼, 070-8796-3019,
www.nextfoam.co.kr

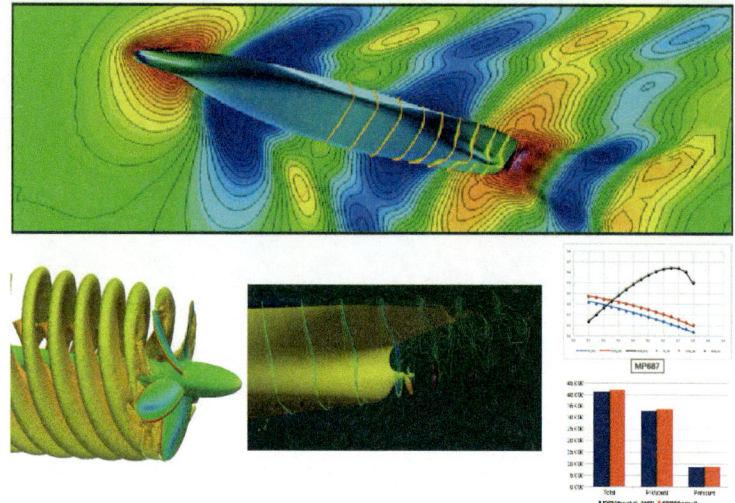

ESPER는 오픈소스 프로그램인 OpenFOAM 기반의 선박 전산유동 해석 전용 솔버이다. 선박을 이용한 대표적인 전산수치 해석 문제들인 프로펠러 단독성능(POW), 저항 해석(Resistance), 자항 해석(Self Propulsion)을 수행할 수 있다. 솔버의 수렴성과 안정성이 개선된 비압축성 단상유동 해석 솔버와 VoF 기법을 이용한 2상 유동 해석 솔버를 제공한다.

제품의 주요 특징

저항(Resistace) 해석

선박을 이용한 대표적인 외부유동 해석인 저항 해석 수행이 가능하다. 물의 잠긴 영역만을 모델링하는 이중선체(double body) 해석과 VoF 모델을 이용한 자유수면을 포함하는 유동 해석을 수행할 수 있다.

해석 안정성과 수렴성 향상을 위해 해석 도메인 외부영역 경계조건에 반사파 감쇠 기능을 추가하였고 선박 운항 속도는 ramp 속도 조건을 적용하고 있다.

6DoF 모듈을 이용한 선체의 자세 변환을 해석하며 해석 후 trim과 sinkage 데이터 출력이 가능하다. 항주자세도 ramp time을 지정하여 초기 가속도를 감쇠하여 계산 수렴을 향상시켰다.

Design speed 전후로 저항 속도 시리즈 계산을 위한 batch run 작업을 기본적으로 제공한다.

해석 결과로 선체 저항 값을 출력한다. 이밖에 선체 wave profile, hull 압력분포, wave elevation, wake contour 를 제공한다.

POW(Propeller Open Water Test) 해석

프로펠러 단독 성능 해석이 가능하다. MRF(Multiple Reference Frame) 회전 모델을 이용하여 프로펠러의 단독 성능을 계산하고 계산 결과로 추력, 토크 데이터를 출력할 수 있다.

프로펠러의 전진비 계산을 위해서 Batch run 기능을 제공한다.

자항(Self Propulsion) 해석

ESPER는 선박의 자항점 계산을 위한 자항 해석이 가능하다. 자항 해석에서 추진력은 두 가지 방법으로 적용이 가능하다.

먼저 프로펠러 효과를 위해서 유체장에 체적력(body force)으로 추가하는 해석이 가능하다. 이는 Goldstein의 가정에 따라 개발된 Actuation Disk 모델을 이용하여 프로펠러 효과를 적용한 해석을 수행한다.

프로펠러를 직접 회전시켜 프로펠러 효과를 적용할 수 있다. 수렴속도 향상을 위해 초기 MRF 기법을 이용한 추진력을 적용하고 sliding mesh 기법을 이용하여 유동 해석을 수행한다.

최적화

ExplainableD3

개발 및 자료 제공　피도텍, 02-2295-3984,
www.pidotech.com

PIAnO 모델 / 최적화 보고서 (엑셀)

디지털 트윈과 같이 고도로 발달된 시뮬레이션 환경과 빅데이터 시대의 기류에 부합하는 Data-Driven Design을 효과적으로 수행하려면, 전문 지식이 없이도 전문가 수준의 최적설계를 수행하고, 분석할 수 있는 툴이 필요하다.

ExplainableD3는 피도텍만의 축적된 노하우를 바탕으로 최적설계 프로세스를 전문가 수준으로 고도화한 토털 최적설계 솔루션이다. ExplainableD3는 최적화 수행은 물론, 기여도 분석, 상충성 분석, 민감도 분석에 필요한 모든 데이터를 스스로 생성하고 분석하여, 초보 사용자도 이해할 수 있는 종합 최적화 보고서를 생성해 준다.

주요 특징

자동 머신러닝 기반 예측 모델링

피도텍의 머신러닝 기술을 토대로 예측 모델이 목표 정확도 수준에 도달할 때까지 데이터를 생성하고, 정교한 예측 모델을 구성하는 과정을 자동으로 진행하는 기능을 제공한다.

통합 최적화

최적화 문제의 솔루션 탐색은 물론 설계 변경의 원인 파악에 유용한 각종 정보(성능 개선에 기여도가 높은 설계변수, 상충 관계를 발생시키는 설계변수, 성능에 민감한 설계변수 등의 정보)를 자체적으로 파악하는 통합 최적화 기능을 제공한다.

종합 보고서 생성

최적화 수행 결과로 도출된 다양한 정보를 Data Analytics 기술과 Visualization 기술을 이용하여 Data Storytelling 이 가능한 사용자 친화적인 레포트로 자동 생성하는 기능을 제공한다.

ML Model Export Manager

생성된 예측 모델의 확장성을 높이기 위해, 별도의 라이선스 없이 다양한 형태(엑셀, PIAnO 모델, 실행파일 등)로 배포할 수 있는 기능을 제공한다.

도입 효과

접근성 확대

최적설계 수행, 데이터 분석을 위한 배경 지식을 전문적으로 배울 필요가 없어 손쉽게 접근할 수 있다.

M/H 절감

최적설계 수행, 데이터 분석, 보고서 생성 과정이 원 클릭으로 진행되므로 공수가 절감된다.

설계 가이드로 노하우 축적

최적화 결과 분석에 필요한 설계 가이드를 제공하기 때문에 기존에 경험에 의존했던 정보들이 정량화된 지식으로 축적될 수 있다.

엔지니어링 관점 데이터 활용

피도텍의 머신러닝 기술로 해석이나 시험을 통해 축적된 데이터를 활용하여 성능예측 프로세스 구축이 가능하다.

멀티피직스 해석, 유동 해석

FAMUS

개발 및 자료 제공   넥스트폼, 070-8796-3019,
www.nextfoam.co.kr

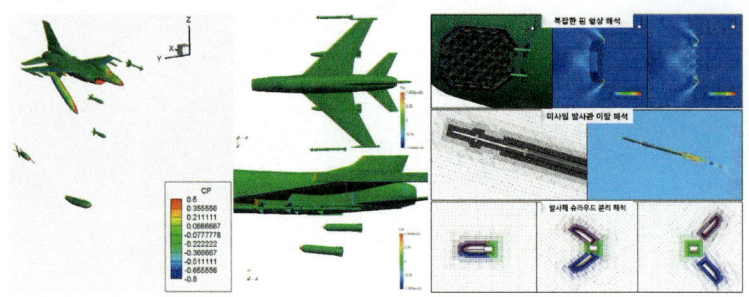

최근 해석 기술 및 컴퓨팅 리소스의 발달로 복잡한 3차원 물체 주위의 유동 해석에 대한 요구가 급격하게 증가하고 있다. 격자 기반의 해석 기법들은 이러한 복잡한 물체 주위에 격자를 생성하기 위한 많은 시간과 노력, 노하우가 필요하다. 즉, 기존의 격자 기반 방식은 유동 해석을 위해 숙련된 사용자는 물론, 많은 시간과 노력이 필요하기 때문에 유동 해석에 대한 접근성과 활용성을 제한하는 요인이 된다.

FAMUS(Fully Automated Multi-physics Simulator)는 국방과학연구소가 보유한 무격자 기법의 유체 해석 코드를 넥스트폼과 서울대가 공동으로 연구 개발해 상용화한 제품이다. 이 기법은 격자의 개념을 사용하지 않고 해석점(point)만을 이용하여 수치 해석을 하는 방법으로, 볼륨 격자 개념이 필요없기 때문에 기존 격자에 비해 Computational Domain 생성이 유연하여 사용자 편의성과 작업 효율성 향상에 유리하다. 점의 연결 정보만 이용하므로 물체가 겹치거나 위치가 바뀌어도 유동 계산 영역을 다시 생성할 필요가 없고 해석점의 on/off로 처리가 가능하다. 따라서, 일반적인 유동 해석 뿐만 아니라, 복잡한 형상의 3차원 물체의 전처리에 소요되는 시간을 획기적으로 줄여 해석이 가능하고, 형상의 변형/이동/충돌 등의 문제에 보다 효율적으로 대응할 수 있다.

또한 기존의 무격자 기법의 약점으로 거론되었던 보존성 문제를 해결한 Least Square Method를 채용하여 격자 기반의 해석에 준하는 해석 정확성을 확보하였다. 추가로 2000종 이상의 기체에 대한 평형 상태 물성치 테이블을 구현하여 평형/비평형 플라즈마 해석이 가능하다.

주요 특징

■ 볼륨 격자 생성이 필요없는 무격자 기법을 사용한 전산유체역학 소프트웨어이다.
■ 형상 CAD를 입력, 파라미터 기반의 자동 healing과 자동 유동 해석 점(point)을 생성한다.
■ 일반적인 정상/비정상 유동 해석 및 변형/이동물체/충돌 해석 기능을 제공한다.
■ 해석 단계에서 사용자의 개입을 최소화할 수 있기 때문에 자동화에 유리하다.

주요 기능

■ CAD를 입력 받아 공간상에 유동 해석에 필요한 해석 점을 생성한다.
■ 복잡한 형상의 변형/이동/충돌 물체 해석에 특화되어 있다.
■ 평형/비평형 플라즈마 해석이 가능하다.

도입 효과

■ CFD 초급자도 해석이 용이한 무격자 기법 및 사용자 인터페이스를 통해 유동 해석의 진입 장벽을 낮추었다.
■ 복잡한 운동, 다물체간 상대운동, 물체 변형 해석이 가능하며, 이를 위한 전처리 작업 시간을 획기적으로 줄였다.
■ 신규 기능, 신규 해석 솔버 탑재 등 고객의 요구에 따른 기능 개발이 가능하다.

피로 내구 해석

fe-safe

개발 Dassault Systèmes, www.3ds.com

자료 제공 다쏘시스템코리아, 02-3270-7800,
www.3ds.com/ko

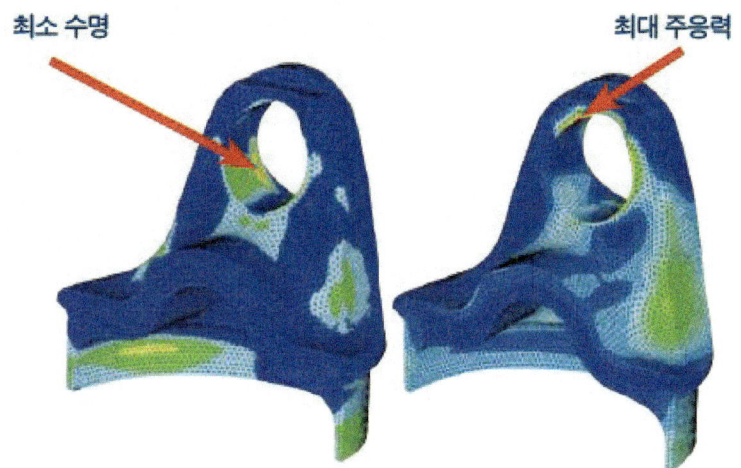

최소 수명 최대 주응력

설계에서 형상, 중량 및 기능의 최적화가 구현되었다고 하더라도 '이 제품을 사용할 수 있을까?'라는 의문은 여전히 존재한다. 제품을 구매하는 고객은 제품이 구매 당시의 품질을 사용하지 않을 때까지 유지하기를 원하고 보증 받기를 원한다.

fe-safe는 Abaqus와 함께 사용하거나 Tosca 및 기타 우수한 모든 FEA 제품과 함께 사용하여 피로 균열의 발생 시작 위치나 사용 응력에 따른 안전계수, 각기 다른 품질 보증기간 동안 내성(하지 보증곡선), 그리고 균열 확산 여부를 예측할 수 있다.

일반적으로 fe-safe는 기계 가공, 단조 및 주조 방식으로 제조된 강철, 알루미늄, 주철 소재 부품, 고온 부품, 구조물 용법, 이음새용접, 점용접 등 용접 방식으로 제조된 부품, 프레스 성형 부품에 대한 내구 수명 예측 해석 용도로 사용된다. 이러한 fe-safe는 정확성과 속도, 사용의 용이성으로 전 세계의 자동차 및 운송, 항공우주 및 방위, 일반 제조, 발전, 조선 해양 산업에 종사하는 일류 기업들이 피로 내구 수명을 파악하고 설계를 최적화하는데 사용하고 있다.

또한, fe-safe는 피로 내구 해석 소프트웨어의 기준이라는 명성을 유지하기 위해 1990년 초부터 업계 협력 하에 지속적으로 개발되어 왔다. 현대적인 다축 변형 기반의 피로 방법에 초점을 맞춘 최초의 상용 소프트웨어이자 최초로 비금속 재료에 대한 기능을 포함한 제품이기도 하다.

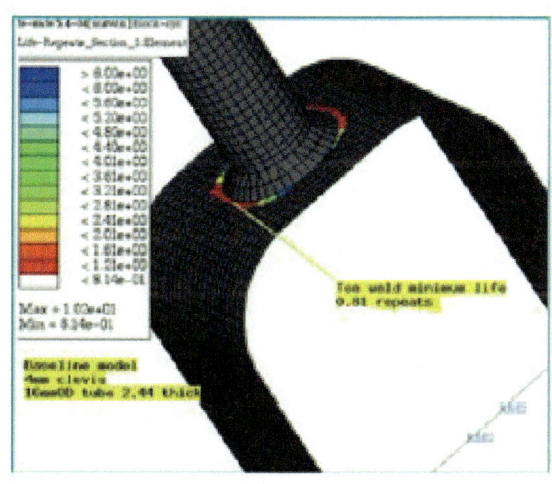

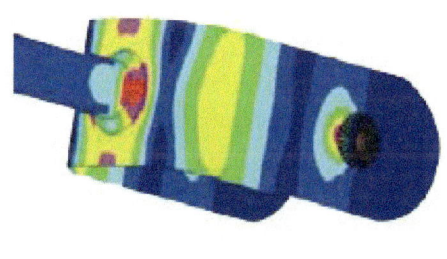

조립성 검증

FJVPS

개발   일본후지쯔, www.fujitsu.com

자료 제공   델타아이티, 02-866-2141, www.deltait.co.kr

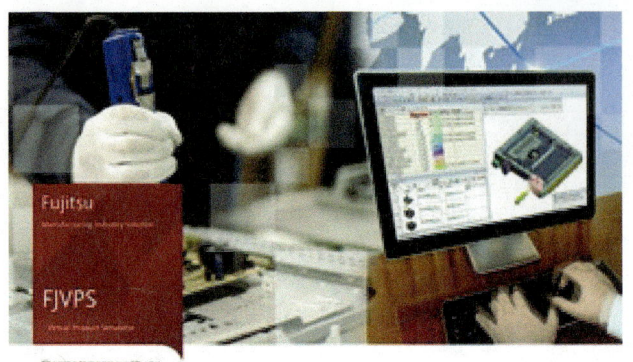

가상 시작품은 후지쯔가 풍부한 현장 경험을 통해 매우 많은 고객들이 실제로 시제품을 만들지 않고도 가상 시제품을 검증함으로써 다양한 과제를 해결하고 나아가 프로세스 개혁 및 디지털 매뉴팩처링 구현을 도와주는 경쟁력 있는 제품이다.

제조업 생산부문의 공통과제

많은 제조업체들의 생산부문에서의 고민은 3D CAD를 그저 뷰어 정도로만 사용한다는 것이다. 3D CAD 자체가 배우기도 어렵지만 그렇다고 생산부문에서 뷰어 이외에는 딱히 활용할 방안도 없다는 것이 모든 생산부문에 근무하는 엔지니어들의 공통된 의견이다.

3D 데이터를 이용하여 M-Bom 재구성

매번 생산부문에서의 M-BOM 구성은 엑셀(Excel)로 대체해 왔다. 엑셀에 부품명과 부품번호만으로 구성된 M-BOM의 경우 기존 프로젝트의 carry over되는 부품은 경험이 많은 생산부문 엔지니어들에게는 문제가 되지 않지만, 추가되는 신규부품이나 삭제되는 부품의 경우에는 파악하기가 힘들며, 특히 신입사원의 경우엔 M-BOM 자체를 이해하기도 어렵다.

그러나 FJVPS의 주요 기능 중 하나인 M-BOM 재구성 시스템은 설계부문에서 만들어진 3D 데이터를 이용하여, FJVPS 내에서 3D 데이터를 클릭만 하면 조립과 분해순서가 자동으로 만들어져 신규부품이나 삭제부품들을 별도로 파악할 필요가 없다.

또 이렇게 만들어진 정보는 FJVPS뿐만 아니라 엑셀에서 사용할 수 있는 데이터로 출력이 가능하다.

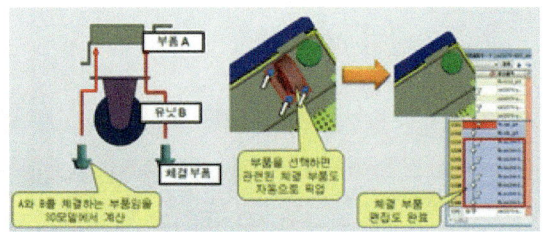

▲ 3D 화면에서 부품만 클릭하면 M-BOM이 재구성되는 FJVPS

또한 제품의 조립구성블록 기능을 제공하여, 어셈블리 구성을 시각적으로 표현함과 동시에 Drag & Drop만으로도 어셈블리의 구성을 재편집할 수 있다.

▲ FJVPS의 조립구성블록 기능

'작업지시서' 문서의 대체는 '조립 애니메이션'

기존에 만들어지는 많은 생산관련 문서들 중 특히 작업자의 교육을 위해 작성하는 작업지시서는 문서를 만드는데 많은 시간을 할애해야 했으며, 특히 작업지시서 작성을 완료한 후에 설계 변경이 있을 경우 작업지시서를 다시 만드는 작업을 반복해야 했다. 이는 업무과다로 이어지고, 생산부문의 다른 업무에 영향을 미치며, 엔지니어들로 하여금 많은 고민을 불러오곤 했다.

특히 작업지시서로 작업자들을 교육할 때 문서만으로는 작업지시를 제대로 표현하지 못하는 점과 해외현지공장의 작업자 교육시에는 현지공장의 많은 문맹률에 때문에 문서가 의미 없어지는 점이 대두되어, 많은 제조업체들이 문서를 대체할 방법으로 조립 애니메이션을 선택하였으나, 조립 애니메이션을 만드는 것은 생산부문 엔지니어들에게는 너무나 어려웠고, 그로 인하여 애니메이션 제작사들에게 외주를 주게 되었다.

문제는 여기에 그치지 않았다. 조립 애니메이션을 만들기 위해서는 외주제작사와의 커뮤니케이션을 통해 생산 엔지니어들이 표현하고자 하는 부분을 수정해가며 조립 애니메이션을 만들었는데, 앞서처럼 설계부문에서 특정 부품의 설계 변경이 있을 경우, 조립 애니메이션을 다시 만들어야 되는 번거로움과 비용의 상승문제로 다시 문서로 대체하는 일이 반복되었다.

FJVPS는 이런 점을 착안해 누구라도 손쉽게 조립 애니메이션을 만들고 수정하며, 특히 설계변경이 있을 경우 이미 만들어진 조립 애니메이션도 자동으로 업데이트되는 기능으로 제조업체에 많은 도움을 제공하고 있으며, 생산노하우를 가지고 있는 작업자가 직접 조립 애니메이션을 만들 수 있다는 점이 메리트로 다가오고 있다.

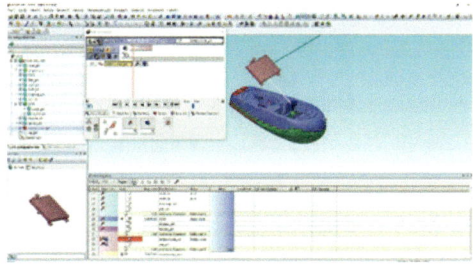

▲ FJVPS의 조립 애니메이션 작성 화면

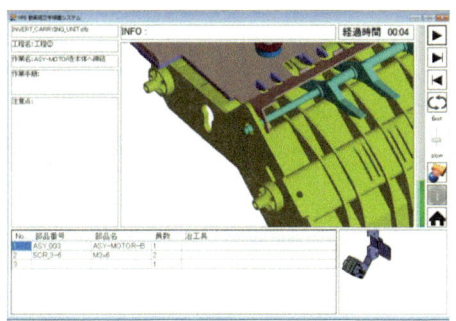

▲ 조립 애니메이션이 포함된 신개념의 작업지도서

3D 데이터를 이용한 가상 시작 검증 시뮬레이션

대부분 제조업체에서는 설계도면을 Release한 후 시작품을 제작하여 제품의 조립성 시작검증을 한다. 그러나 시작검증에서 나오는 많은 문제점들은 설계에 피드백되어 설계변경 후 다시 변경된 부품의 시작금형을 수정하고 다시 시작검증을 실행하게 되는데, 이런 경우 발생되는 금형수정비 및 그에 따른 제품개발기간의 연장 등 여러 문제점이 발생하며, 이는 제품의 생산에 많은 영향을 미치게 된다.

FJVPS는 이런 문제점들을 해소하기 위해 3D 데이터를 이용하여 실제 시작검증을 하는 것처럼 가상으로 시작검증을 실행해 많은 문제점들을 파악하고, 최종적으로 설계부문에 피드백하여 금형수정의 최소화에 따른 비용절감 및 개발기간의 단축까지 도모할 수 있다.

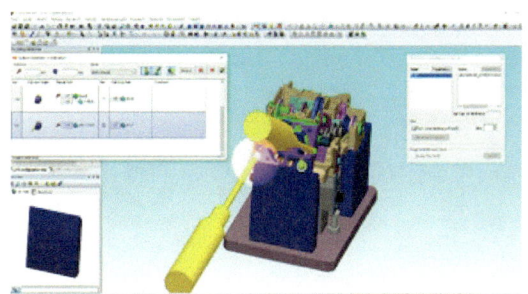

▲ FJVPS를 이용하여 가상으로 제품의 시작검증

그럼에도 불구하고 문서작성이 필요하다면 문서자체를 자동으로 만든다. 매번 번거롭게 3D CAD에서 스냅샷을 찍어 엑셀에 붙여 놓고 말풍선을 달아 작업했던 대부분의 작업지시서는 부품이 설계변경 되면 다시 3D CAD에서 찍어 엑셀에 붙여 놓고 문서를 만드는 작업을 반복해야 한다.

FJVPS를 이용하면 FJVPS 내에서 바로 바로 이미지 문서를 만들 수 있고, 이를 출력하여 연계된 엑셀 매크로를 이용하면 문서는 자동으로 작성된 문서작업에 할애했던 많은 시간들을 다른 업무에 활용하도록 도와준다.

또 설계변경이 발생해도 언제든지 변경된 데이터만 업데이트를 하면, 이미 작업했던 이미지도 자동으로 업데이트되어 문서를 재작업하는 업무부담을 경감시켜준다.

FJVPS 생산에 관련된 모든 문서를 엑셀과 연계하여 자동으로 만들고 자동으로 업데이트 되는 기능으로 많은 제조업체의 디지털 매뉴팩처링 구현에 도움을 주고 있다.

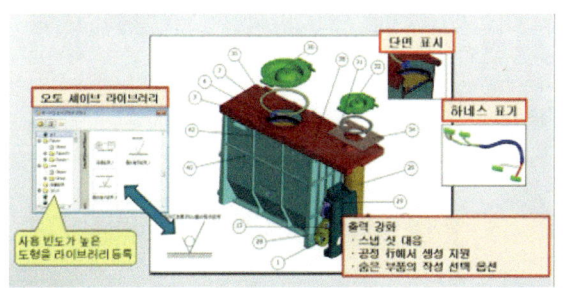

▲ FJVPS 내에서 자동으로 만들어지는 말풍선

유동 해석

FlowVision

개발   CAPVIDIA, www.flowvisioncfd.com

자료 제공   솔루션랩, 042-628-0789, www.solution-lab.co.kr / 씨투이에스코리아, 02-2063-0113, www.c2eskorea.com

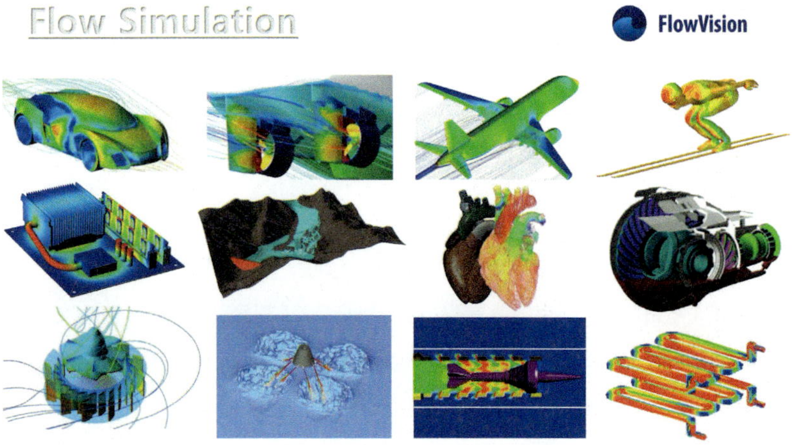

FlowVision은 유동해석 분야에서 널리 사용되는 Navier-Stokes 방정식에 기반한 FVM 전산유체역학 소프트웨어이다.

러시아의 학술기관인 Academy of Science에서 개발된 후, CAD 전문 기업인 CapVidia와의 합동 개발로 복잡한 형상을 정확히 처리하는 강점을 보유하고 있다. 독자적인 격자 기법으로 자동 생성되는 격자는 적은 시간 투자, 적은 가정으로도 더 정확한 솔루션을 사용자에게 제공한다.

액체와 기체의 다상유동, 움직이는 물체, 미세한 틈이 있는 터보기계, 고체와 유체 간의 열전달 등의 복잡한 계산이 가능하나. 특히, Abaqus 구조해석 소프트웨어와 연계한 FSI는 정확한 FSI 솔루션으로 인정되어 항공 우주, 의료 산업, 자동차 산업 등에 활용되고 있다.

■ 격자 변형 제한이 없는 물체의 6자유도 움직임 모사
■ Abaqus 구조해석과 연계되는 정확하고 가장 유연한 FSI 솔루션

주요 기능

■ 자동 격자 생성
■ 움직이는 물체 계산
■ 난류 모델
■ 열전달 모델
■ 자유표면을 위한 VOF 모델
■ 미세한 틈을 고려하는 Gap 모델

주요 특징

■ 원본 CAD 형상을 최상의 품질로 유지하는 독자적인 자동생성 격자 기법
■ 하위 격자 수준에서도 엄격한 질량 보존이 가능한 자유표면 계산

도입 효과

■ 강력한 기술지원으로 비전공자의 유동 해석 시뮬레이션 활용가능
■ 해석 업무에 투입되는 인력 및 장비 자원 절감

성형 해석

FTI-FormingSuite

개발 Forming Technologies, www.forming.com

자료 제공 한국엠에스씨소프트웨어, 031-719-4466,
www.mscsoftware.com/kr

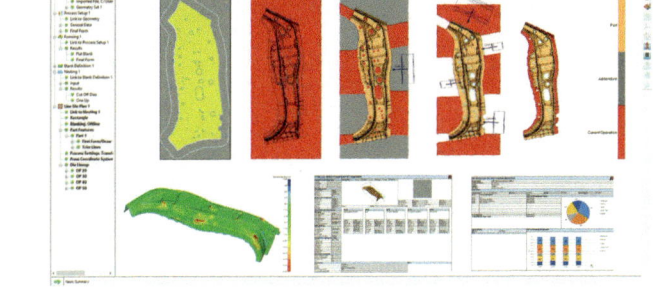

FTI-FormingSuite : 판금 산업 분야를 위한 스마트 원가 계산 및 초기 타당성 솔루션 제공

FTI는 비용 엔지니어링, 재료 활용성, 공정 계획, 제조 가능성 설계(BIW 및 클래스 A 패널 성형 성 및 품질 평가) 및 판금 구성 요소에 대한 스탬핑 시뮬레이션을 위한 산업 표준 기술이다. 강력한 Form-ingSuite 환경 내에서 FTI는 다음 소프트웨어 솔루션을 제공한다.

- **COSTOPTIMIZER Professional** : 비용 엔지니어링 도구
- **COSTOPTIMIZER Advanced** : 초기 타당성 결정 도구
- **FormingSuite Professional** : 판금 제품에 대한 강건한 스탬핑 시뮬레이션(가상 제조 공정)

FTI는 또한 비용 엔지니어링 및 초기 실행 가능성을 위한 CAD 통합 솔루션을 제공한다.

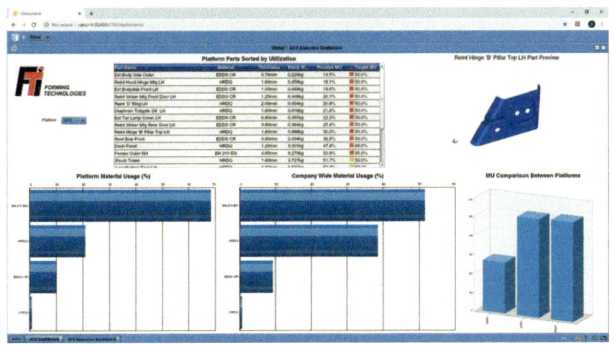

주요 기능

- 관리자 및 엔지니어가 팀으로 작업하여 재료 활용도를 높이고 재료 소비를 줄일 수 있도록 재료 비용 개선 문제들을 지능적이고 자동적으로 검토한다.
- 최적의 재료 사용을 통해 품질 및 재료 활용도를 향상시키고 무게와 비용을 줄이는 제품 설계 변경을 제안한다.

- 과학적이고 물리적인 접근 방식은 ECO를 줄이는 제품 설계 단계에서 성형성 문제를 검토한다.
- 두께 변형률, 주/부 변형률 이외에 FLD(성형 한계 다이어그램), 안전도 그래프를 사용하여 파손 및 주름을 정확하게 식별한다.
- 스프링 백을 계산하여 툴링 문제를 예측하고, 공차 협의에 대한 정보와 보상 데이터를 제공한다.
- 견적에 대한 세부 프로세스 계획을 사용하여 가격 및 툴링에 대한 목표 원가를 설정한다
- 톤수, 베드 크기, 차단 높이, 에너지와 같은 프레스 요구 사항을 계산하고 적절한 프레스를 선택한다.
- 증분 및 연성 하이브리드 인버스 스탬핑 시뮬레이션을 모두 사용하여 블랭크 개발, 프로세스 설계 검증 및 가상 검증을 할 수 있는 강력한 스탬핑 분석 도구를 제공한다.

효과

- 전체 차량 수준에서 판금 원가 계산을 위해 개선 사항 및 최적화 전략을 지능적으로 파악할 수 있도록 전반적인 엔터프라이즈 솔루션을 제공한다.
- 설계 단계 초기에 제조 문제를 해결하여 다운스트림의 성형성 문제로 인한 엔지니어링 변경을 줄이고 전체 시장 출시 시간을 앞당길 수 있다.
- 비용 엔지니어가 연간 2000개가 넘는 견적 작업을 수행할 수 있도록 하는 FTI Technologies을 사용하여 약 절반이 안되는 시간 내에 정확한 견적 작업을 수행한다.
- 고객 기술 검토 보고서는 견적과 동시에 생성되어 툴 가격 분석을 위한 블랭크 레이아웃, 타당성 시뮬레이션, 그림 레이아웃 및 비용 분석, 툴 프로세스 설명 등을 포함할 수 있다.
- 프레스 톤수 및 베드 크기를 포함한 장비 요구 사항에 대한 즉각적인 피드백을 제공하므로 현재 및 새로운 요구 사항을 최대한 빨리 반영하기 위해 초기 용량 계획을 수행할 수 있다.
- 모든 시스템에 연결된 상세 보고서로 툴링 비용을 추정하기 위한 일관되고 반복 가능한 방법을 제공한다.
- 완벽하게 통합된 도구는 간단하고 직관적인 사용자 인터페이스를 통해 견적 및 툴링 설계에서부터 가상 설계에 이르기까지 전체 프로세스를 시뮬레이션하고 검증한다.

유동 해석, 구조·충돌 해석, 단조·압출 해석

HyperWorks

개발 Altair Co., www.altair.co.kr

자료 제공 씨투이에스코리아, 02-2063-0113, www.c2eskorea.com

미국 Altair 제품인 HyperWorks는 CAE 분야의 전세계 표준 툴로 인정받고 있다. 전/후처리기로 HyperMesh와 HyperView가 있으며 구조, 기계, 열, 전자기 및 유체의 다물리학 시뮬레이션의 고급기능이 적용된 시뮬레이션 툴로 이루어져 있어 통합솔루션을 제공하는 장점을 가지고 있다.

제품의 주요 특징

HyperWorks는 모든 제품 개발 단계에서의 적용 가능한 솔루션이다. 제품개발에 필요한 다양한 물리적 해석 및 최적화 제품을 제공하며, 유닛 시스템으로 전체 제품군 및 Altair Partner Alliance 솔루션을 사용할 수 있어 시스템의 통합운용을 제공한다.

주요 기능

■ 구조 해석, 충돌/충격 해석, 유동 해석, 다물체동역학 솔버, 다중스케일 재료 모델 개발 및 시뮬레이션 도구, 복합재료의 분석 및 설계툴, 박판 성형 시뮬레이션, 저주파 전자기 및 열 해석 솔루션, 통합 파라미터 스터디 툴, 해석 결과 분석을 위한 후처리 툴

도입 효과

HyperWorks는 Unit System 모듈 방식으로 제품 설계, 모델링, 시각화부터 다양한 분야의 해석에 필요한 시뮬레이션 툴 사용이 가능하여 해석 소프트웨어 초기 도입 비용을 획기적으로 줄일 수 있다. HyperWorks 솔루션을 기반으로 해석 자동화(Automation)와 최적화(Optimization)를 구현하며 제품 개발을 가속화할 수 있다.

주요 고객 사이트

■ 한국화학연구원, 한국탄소산업진흥원, 도레이첨단소재, 한국카본, 유일고무, 대솔오시스, 데크항공, 대유에이텍, 대유에이피, 본시스템즈, 경북테크노파크 등

가상 시뮬레이션

IC.IDO

개발 ESI, www.esi-group.com

자료 제공 한국이에스아이, 02-3660-4500, www.esi-group.com

가상현실(Virtual Reality)은 엔지니어링 설계, 생산 및 제조 분야에서 가장 유망한 기술로서 물리적 프로토타입의 제작 없이도 생산 공정 전 분야에 대한 시뮬레이션이 가능하다. 이를 통해 제품 출시 기간까지 소요되는 시간 및 개발 비용 절감에 획기적으로 기여할 수 있으며, 실감나는 3D 데이터의 시각화를 통해 제품의 이해도를 한층 더 높일 수 있다.

ESI의 IC.IDO는 고급 시각화 기술과 실시간 시뮬레이션 기술을 결합한 강력한 산업형 가상현실 솔루션으로서, 기구학적 시뮬레이션과 3D 가시화 기술의 결합으로 현실과 흡사한 가상 환경에서 제품을 평가한다.

IC.IDO는 엔지니어와 고객이 제시한 의견을 기반으로 만들어진 솔루션이며, 3D 데이터를 활용한 가시화를 통해 다양한 산업 분야에 종사하는 의사결정자들로 하여금 여러 분야, 계층, 지역에 대한 종합적인 검토를 가능하게 한다.

주요 기능 및 특징

■ **상용 CAD 기반 데이터와의 자유로운 호환성** : CATIA, Solidworks, PTC Creo 등 CAD 기반 프로그램들의 포맷을 지원한다.

■ **실시간 물리 시뮬레이션** : 강체 및 1D 유연체의 실시간 시뮬레이션 및 중력 효과 구현이 가능하고, 이를 통해 실시간 간섭 체크 및 접근성을 검토할 수 있다.

■ **자체 렌더링 모듈** : 색상, 재질, 그림자, 조명 등의 사실적 모델링을 위해 렌더링 모듈을 지원한다.

■ **RAMSIS 더미** : RAMSIS 더미를 활용하여 가상 공간에서 인간 공학적 평가(작업자세, 공구 접근성 등)를 할 수 있다.

■ **VR 환경 구성을 위한 자유로운 하드웨어 호환성** : 다양한 트래킹 장비(VRPN 통신장비)와 HMD 하드웨어를 지원한다.

■ **Finger Tracking/Body Tracking** : VR 글러브와 트래커를 사용하여, 손가락 동작과 함께 양손 작업 및 인체 움직임 추적이 가능하다.

주요 적용 분야

■ **Virtual Build** : 가상 3D 목업을 통하여 가상 분해/조립을 미리 수행해 봄으로써, 좀 더 직관적인 평가가 가능하고 이를 통해 설계 및 개발 정밀도를 향상시킬 수 있다.

■ **Virtual Engineering** : 설계 및 생산에서 발생하는 문제에 대한 실질적인 검토를 할 수 있다.

■ **Virtual Service** : 가상환경을 통한 교육 및 제품의 유지보수 환경을 검토할 수 있다.

■ **Virtual Presentation** : 실제 제품이 없어도 가상 목업을 통해 상호간 협의가 용이하고, 크고 복잡한 제품의 경우라도 가상 전시가 가능하다.

구조해석

IDEA StatiCa

개발 IDEA StatiCa s.r.o., www.ideastatica.com

자료 제공 씨앤지소프텍, 02-529-0841,
www.cngst.com

강구조물의 접합부 또는 콘크리트 구조물의 단면 성능 및 최적화 설계는 가장 많은 시간과 노력이 들어가는 구조물 설계에 있어서 가장 핵심적인 요소라 할 수 있다.

IDEA StatiCa는 접합부 또는 최적화 설계를 CBFEM(Component Based Finite Element Method)이라는 독특한 방법으로 이러한 문제를 쉽고 간편하게 해결해 줄 수 있는 유용한 프로그램이다.

국내에서는 구조물 접합부 또는 단면 설계 시 엑셀이나 단순 접합부 설계 프로그램을 사용하여 시간이 많이 걸리고, 수계산에 따른 오류가 발생할 가능성이 있는 단점이 있다.

IDEA StatiCa는 설계 프로그램과의 자동화된 링크를 통하여 한번의 클릭으로 쉽고 간편하고, 정확하게 접합부 또는 최적화를 할 수 있는 최적의 솔루션이다.

주요 특징

IDEA StatiCa는 엔지니어가 더 빠르고 간편하게 비선형 및 내진을 고려한 모든 유형의 철골 구조물 연결부위 자동 설계 및 콘크리트 구조물의 단면 최적화와 상세 설계를 표준화된 설계코드에 따라 부재의 건전성을 평가, 분석하고 재료의 사용을 최적화할 수 있다.

제품 구성

■ Steel Connection
■ Reinforcement Concrete Detail
■ Concrete Prestressing
■ BIM links

주요 기능

Steel Connection

IDEA StatiCa Connection은 모든 유형의 용접 또는 볼트 연결, Base Plate, 기초 및 앵커등을 자동으로 설계할 수 있고, 연결 부위의 정확한 검사, 강도, 강성 및 좌굴 해석 결과를 표준화된 EN / AISC / CISC / AU / SP 16등의 설계 코드에 따라 부재의 건전성을 검사하고 판단할 수 있다.

자주 사용되는 강재 연결을 위한 다양한 연결 템플릿 제공은 물론, 다양한 종류의 형강 및 시트 용접 부재를 사용할 수 있다.

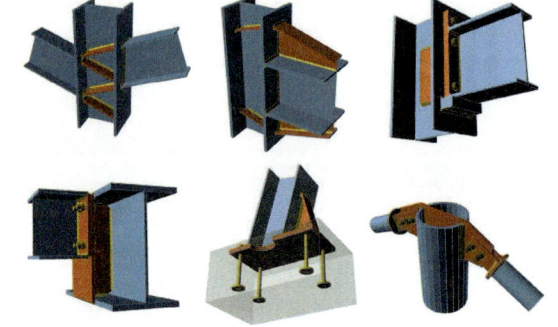

Concrete Reinforcing & Detail

IDEA StatiCa Detail은 벽체, 개구부, Bracket, Corbel, 지지대 부분과 같은 불연속 영역(D영역) 철근 콘크리트 구조물의 모든 부분에 대한 고급 상세 설계, 최적화 및 코드 검사를 할 수 있다.

IDEA StatiCa Detail은 비선형 FE 분석을 기반으로 하며 콘크리트 및 보강재의 응력과 변형, 결합 응력 등을 포괄하는 종합적인 결과를 제공한다. 이러한 분석 결과는 구조의 동작을 더 잘 이해할 수 있도록 다양한 정보를 간편한 방식으로 시각적으로 명확하게 제시한다.

Concrete Prestressing

IDEA StatiCa Concrete & Prestressing은 모든 철근 콘크리트, Pre/Post Tensioned Tendons, Precast와 Prestressed 및 합성 부재의 단면 및 상세 설계와 Strut-Tie 모델을 적용한 콘크리트 구조 부재 또는 D영역의 설계를 매우 효과적이고 간편하게 할 수 있게 한다.

구조 검토는 콘크리트 내화 및 균열을 고려한 변형 검토를 포함하여 극한한계상태(ULS) 및 사용성 한계상태(SLS) 요구 사항을 모두 준수한다. Precast 부재 및 교량 해석의 경우, 시공 단계를 고려하여 구조 해석을 할 수 있다.

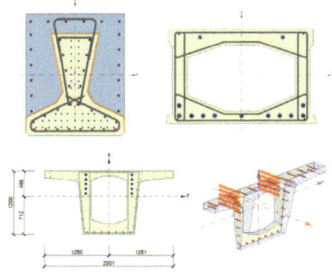

BIM Links with FEA & CAD

각 엔지니어링 사무실에는 엔지니어링 실무의 다양한 작업을 처리하는 여러 프로그램이 있다.

IDEA StatiCa는 자동으로 다양한 FEA와 CAD소프트웨어와 연결되어 쉽고 효과적인 방법으로 데이터를 내보내고 동기화 할 수 있다. 이렇게 하면 데이터 변환에 따른 오류와 반복적인 작업이 최소화 되므로 적절한 철골 접합부 설계 또는 단면, 부재 및 세부 사항의 완전한 분석 및 설계와 같은 보다 중요한 작업에 집중할 수 있다.

또한 각각의 독립적이고 고유한 BIM 정보를 IDEA StatiCa로 즉시 전송하여 한번의 클릭으로 필요한 부재의 접합부와 상세 설계를 할 수 있다.

일부 IDEA BIM 링크는 결과를 IDEA StatiCa에서 FEA 프로그램으로 다시 전송할 수 있다.

또한, IDEA Open Model(IOM) API를 사용하여 다른 프로그램 파일과 직접 데이터를 상호 연동할 수 있다.

• CAD Links: Tekla, Revit, Advance Steel 등등
• FEA Links: Strand7, RFEM, Midas-GEN/CIVIL, SAP2000, ETABS, STAAD-Pro, SPACE GASS, SCIA 등등

도입 효과

IDEA StatiCa는 모든 강구조의 연결부와 접합부 및 콘크리트 단면 성능의 최적화를 설계하고 확인하는 새로운 방법을 소개한다.

이를 통해 엔지니어는 자동화된 시스템으로 전체 분석-설계-확인 프로세스를 몇 분 안에 수행할 수 있어 설계 시간의 단축 및 비용을 대폭 절감할 수 있다.

IDEA StatiCa를 사용하면 엔지니어가 더 빠르게 전세계 구조물 설계 규정 및 내진 규정에 따라, 구조물 연결 부위 및 단면 상세 설계와 최적화에 따른 최적의 재료를 사용할 수 있으며, 구조 엔지니어와 제작자가 설계 및 제작, 시공 작업의 생산성을 높일 수 있다.

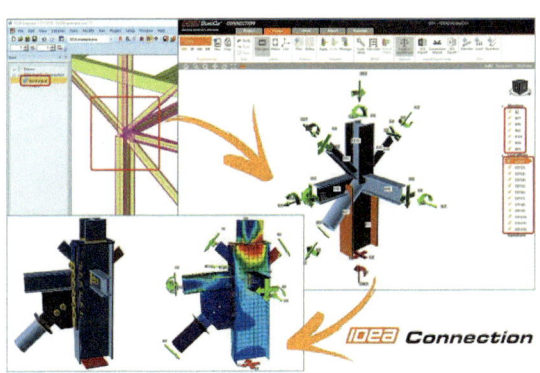

적용 분야

IDEA StatiCa는 강구조, 콘크리트 및 Prestressed 콘크리트 설계, 제작, 시공 분야에 광범위하게 적용할 수 있다.

■ 철골 및 파이프 구조물
■ 철근 콘크리트 구조물
■ PCS 및 Pre/Post Tensioned 콘크리트 교량
■ 조립식 콘크리트 구조물
■ 현장 타설 콘크리트 구조물

최적화

Isight

개발 Dassault Systèmes, www.3ds.com

자료 제공 다쏘시스템코리아, 02-3270-7800,
www.3ds.com/ko

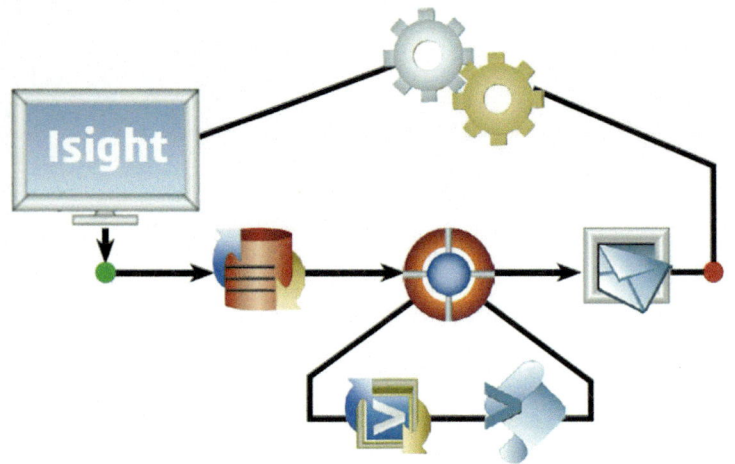

오늘날과 같이 복잡한 제품 개발 및 제조 환경에서 해석 솔루션에서 다른 해석 솔루션으로 데이터를 입력해야 하는 순차적인 해석 워크플로를 갖는 경우, 제품 개발 프로젝트의 성패는 고성능 컴퓨터를 사용하여 방대한 데이터를 처리, 분석해야 하고, 다양한 영역에 걸쳐 데이터에 대한 효율적인 파라미터 분석이 요구된다.

SIMULIA의 프로세스 자동화 및 최적 설계 탐색 솔루션인 Isight를 이용하면 폭발적으로 승가하는 데이터를 분석하여 효과적인 최적 해결 방안을 도출할 수 있다.

Isight는 우리에게 직관적이고 간편한 해석 프로세스 자동화 구성을 가능하게 하고, 실험계획법이나 식스시그마 수준의 설계방법론과 같은 고급 기법을 활용하여, 비용, 중량, 물성 등을 고려한 최적설계를 수행할 수 있다. 또한 Isight는 Data Matching 기능을 제공하여, 사용자는 해석을 통한 최적 설계 도출분만 아니라, 재료 물성을 보정하거나, 실험 결과에 맞는 메타 함수를 도출하는 것도 가능하다.

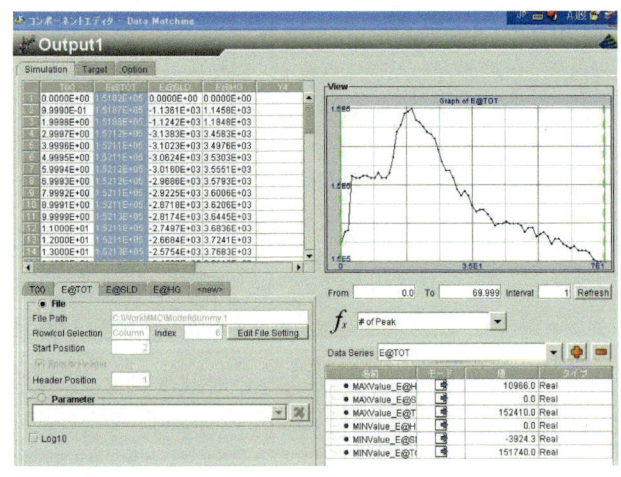

Isight를 SIMULIA Execution Engine(SEE)와 연계하여 사용하면 사용자는 해석 프로세스 작업을 배분하고 컴퓨팅 자원을 전사적으로 최대한 활용하여, 결과에 따른 설계 공간을 탐색하고 필요한 제약조건을 따르는 최적 파라미터를 도출할 수 있다. 사용 환경은 데스크톱 환경분만 아니라 웹 기반의 프레임워크를 구성하여 이용할 수 있다.

물성계산

JMatPro

개발 Sente Software, www.jmatpro.co.uk

자료 제공 솔루션랩, 042-628-0789,
www.solution-lab.co.kr

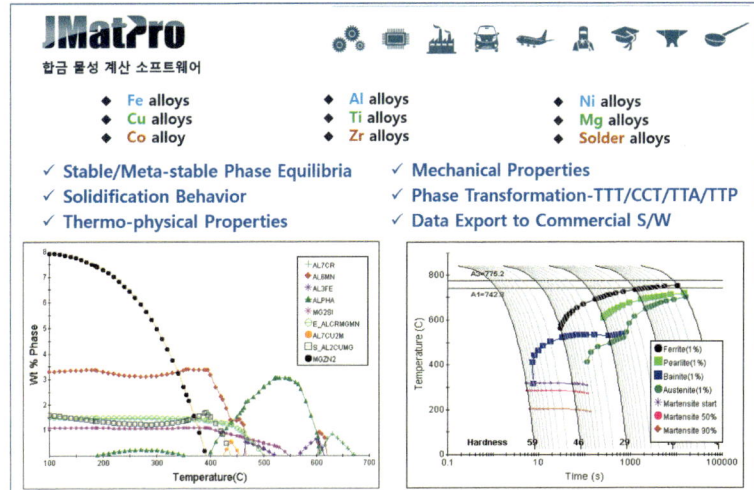

JMatPro는 산업계에서 실용적으로 사용되는 다원계 합금을 대상으로 하여, 물성을 예측하기 위해 영국 Sente Software에서 개발된 소프트웨어이다. JMatPro는 다양한 출처로부터 확보된 시험 결과에 대한 단순 데이터 모음을 제공하는 것이 아니라, 광범위하게 검증된 물리적 모델에 기반하여 원하는 합금 조성에 대한 물성을 계산해준다. 핸드북이나 논문, 인터넷 검색으로 긴 시간동안 고통스럽게 불완전한 데이터를 찾아 헤맬 필요가 없다. JMatPro는 신뢰성과 일관성을 지닌 물성 모델링을 통해 다양한 조건에서의 광범위한 물성에 대한 정보를 제공하며, 전세계 1000여 곳에서 많은 연구자와 엔지니어들이 일상적으로 물성 예측에 사용하고 있다.

■ 열물리적 물성 계산
■ 상변태 물성 계산
■ 기계적 물성 계산
■ 상용 소프트웨어를 위한 해석용 물성 출력 기능
■ 수십 만개의 합금에 대한 물성 최적화를 위한 API 환경 지원

도입 효과

■ 빠른 시간안에 주조/열처리/용접/성형 등 공정 시뮬레이션에 필요한 물성 확보 가능
■ 합금설계에 필요한 다양한 정보 제공
■ 사전 계산결과를 활용하여 최적의 물성 실험 범위 산정으로 시간적/경제적 비용감소

제품의 주요 특징

■ 신뢰할 만한 결과를 제공하는 유일한 물성계산 소프트웨어로 평가됨
■ 평형계산, 비평형계산, 속도론 기반 물성계산 기능 보유
■ 임의 조성에 대한 물성 계산이 가능한 엄밀한 물성 모델링식 기반
■ 직관적이고 편리한 GUI 환경

주요 고객 사이트

■ 포스코, 현대제철, 현대자동차, 자동차 부품연구원, 현대중공업, 두산중공업, 국방과학연구소, 한국재료연구원, 한국생산기술연구원 등

주요 기능

■ 안정상/준안정상 계산, 상태도(isopleth) 계산
■ 응고 구간 물성 계산

재료 물성 분석

J-OCTA

개발　JSOL Corporation, www.jsol-cae.com

자료 제공　한국시뮬레이션기술, 031-903-2061, kostech.co.kr

주요 특징

J-OCTA는 원자 스케일에서 마이크로미터 스케일까지 다양한 재료 특성을 컴퓨터 상에서 예측하는 재료 물성 해석 소프트웨어이다.

실험 결과만으로 이해하기 힘든 복잡한 현상 및 물성을 이해하는 지식 발견 도구로 활용 가능하며, 각각의 스케일에 대응한 시뮬레이터를 하나의 플랫폼 상에서 연계 동작시킴으로써 최첨단 재료 설계 및 소재 개발을 지원한다.

주요 기능

분자 동역학 시뮬레이션

재료의 정적/동적 특성을 원자/분자 수준에서 평가 및 예측할 수 있다.

Full-Atomistic 모델링

■ 화면 상에 분자 구조식 그려 넣기로 쉽게 3차원 구조 작성 가능
■ Force Field DB(GAFF, DREIDING, OPLS, PCFF 등) 지원

Coarse-Grained 모델링

■ Full-Atomistic 모델을 기초한 Coarse-Grained 포텐셜 추산 기능을 지원

시스템 모델링

■ Full-Atomistic 혹은 Coarse-Grained 모델로 작성된 분자를 계산 영역 내에 배치하여 시스템을 구축 가능
■ 유기-무기 계면 구조, 필러 작성, 폴리머 내 필러 삽입 등이 가능

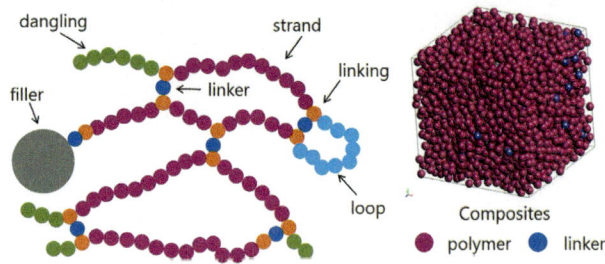

병렬화 분자 동역학 엔진 VSOP

■ VSOP을 이용하여 큰 시공간 스케일의 현상을 빠른 속도로 시뮬레이션 수행

스케일간 연계 기능

■ Zooming 및 Reverse mapping 기능을 이용한 스케일 간 연계 가능

계면, 상분리 시뮬레이션

평균장법, DPD를 이용하여 다양한 분자 구조나 블록공중합체 등을 포함한 재료에 대하여 상분리 구조 및 계면 형상 등을 예측할 수 있다.

상호작용 파라미터 추산

■ 원자단기여법, 분자동역학법, Fragment 분자 궤도 계산을 이용하여 X 파라미터 추산 가능

상분리 구조의 Mesh 변환

■ 상분리 구조를 유한요소법 Mesh로 변환 가능

레올로지 시뮬레이션

Slip-link 모델 및 Primitive Chain Network 모델을 이용하여 용융 고분자, 고분자 용액의 레올로지 특성을 분자량 분포나 분기 구조 등의 영향을 고려하여 예측할 수 있다.

얽힘 고분자 모델링

■ 얽힘점간 분자량을 주된 파라미터로 하여 고분자의 분기 구조나 가교, 분자량 분포 등을 고려한 모델링이 가능

DPD에 의한 얽힘 고분자 계산 기능

■ Slip-spring을 이용한 고분자 쇄의 얽힘 효과를 고려하여 시뮬레이션 수행

다상 구조, RVE 시뮬레이션

입자나 섬유, 원반 형상의 필러를 직사각형 영역에 고충진

(50 vol%이상)한 구조(대표체적요소)를 작성 가능하며, 복합 재료의 유한 요소법 계산에 이용할 수 있다.

데이터 사이언스를 이용한 물성 추산

분자 구조 정보로부터 물성치를 쉽게 추산할 수 있다.

정량적 구조-물성 상관 관계(QSPR) 기능

■ 모노머 분자 구조를 통해 폴리머의 다양한 물성치를 단시간 만에 추산 가능

기계 학습에 의한 정량적 구조-물성 상관 관계(ML-QSPR) 기능

■ Graph Convolution Network(GCN) 기술을 이용한 심층 학습을 통해 SMILES 형식으로 기술된 분자 구조와 물성치간 관계를 학습하고, 임의의 분자 구조의 물성치를 예측 가

도입 효과

■ 분자 스케일에서 마이크로미터 스케일까지의 넓은 시공간 스케일에 걸친 재료 설계가 가능
■ 시뮬레이터와 데이터 과학 기술의 활용에 의한 재료 개발 기간의 단축 기대
■ 가상 공간에서의 효율적인 시뮬레이션을 통해 비약적으로 실험 횟수를 줄일 수 있어 재료 설계 개발 비용의 절감

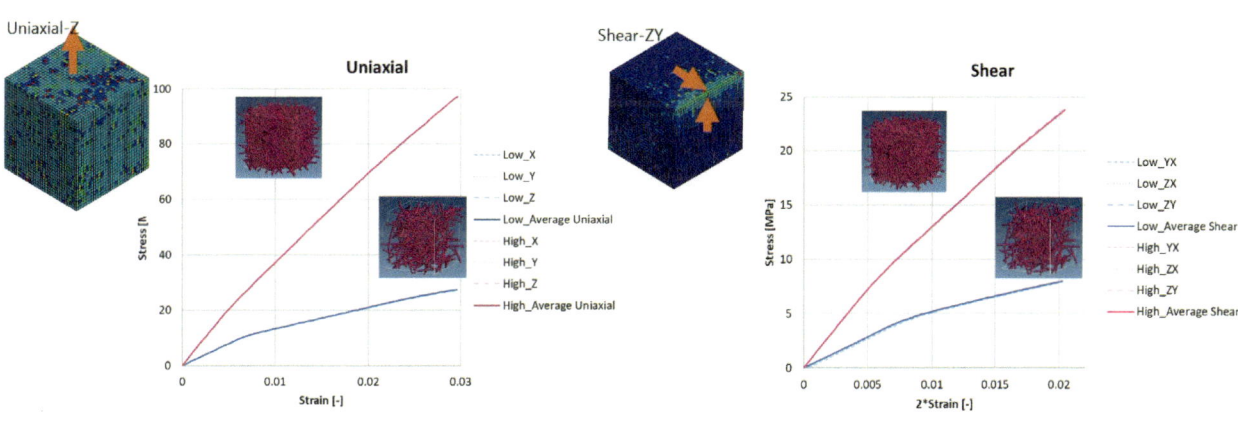

플라스마 해석

K-SPEED

개발 전북대, 부산대, 한국핵융합에너지연구원,
한국표준과학연구원, 경원테크

자료 제공 경원테크, 031-706-2886, www.kw-tech.com

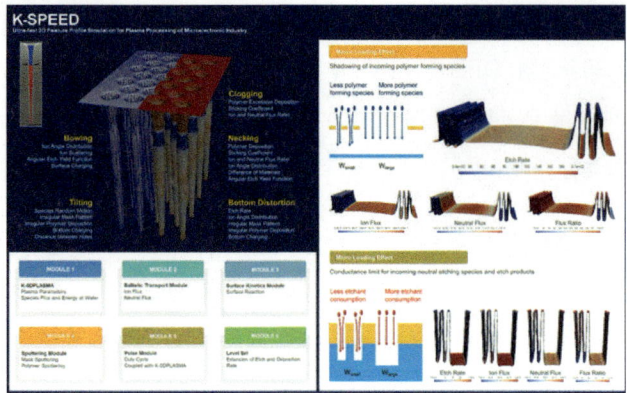

K-SPEED는 반도체/디스플레이 플라스마 식각 공정에 영향을 미치는 다양한 물리적 화학적 영향을 고려하여 효과적인 계산을 통해 식각 형상과 Bowing, Necking, Etchstop, Polymer Passivation 등과 같이 수반되는 현상을 예측하기 위한 플라스마 식각 형상 시뮬레이션 소프트웨어이다.

제품의 주요 특징

- **자체 개발 GUI** : 사용자의 피드백을 반영하여 지속적으로 업데이트 진행하고 있음
- **실증적 플라스마 화학반응 데이터** : Fluorocarbon gas chemistry DB(C4F6/C4F8/CH2F2/Ar/O2)
- **빠른 계산 속도** : 모듈에 따라 CPU/GPU 구분 및 병렬 계산 알고리즘 도입

주요 기능

- Bulk plasma simulation(K-0DPLASMA)
- Plasma etch profile simulation
- · Ballistic transport module
- · Surface reaction module
- · Sputtering module
- · Profile evolution module
- Modification, Branch : 계산 도중 파라미터를 변경하거나 여러 단계를 동시에 시뮬레이션하는 기능
- 사용자 편의성을 갖춘 pre-/post-processor

도입 효과

- 유입 가스종에 따른 벌크 플라스마 물성 예측
- 플라스마와 웨이퍼 계면에서 발생하는 표면반응 예측
- 나노급 3차원 반도체 구조물들에서 이온 및 중성종들의 이동현상
- 플라스마 공정에서 반도체 제작 시 발생하는 3차원 자유계면 변화(bowing, necking, etchstop, polymer passivation 등) 예측

주요 고객 사이트

- SK Hynix, TEL Miyagi, KIOXIA

복합소재 드레이핑 해석

Laminate tools, PlyMatch

개발 Anaglyph, www.anaglyph.co.uk

자료 제공 씨투이에스코리아, 02-2063-0113, www.c2eskorea.com

Laminate Tools(라미네이트 툴즈)는 복합소재 구조의 설계, 분석, 제조를 통합하는 혁신적인 소프트웨어 제품이다. 플라이(ply) 정의를 위한 높은 수준의 드레이핑(Draping) 시뮬레이션 기능을 기반으로 FE 분석 및 제조 데이터 생산을 위한 전/후처리기(Pre & Post Processor)이다.

영국의 Anaglyph(애너글리프)는 Laminate Tools 외에도 PlyMatch, LAP, CoDA 등의 장비 및 프로그램을 개발하고 있다. 1991년 이래로 전 세계 수백 명의 복합소재 전문가가 입증한 핵심 기술을 포함하고 있다. 초기 복합재료 소재의 초기 형상에서부터 제조 시 결함이 예측되는 부분(주름, 찢어짐)을 미리 확인함으로써 빠른 제품 설계 시간의 단축 및 시행착오를 절감할 수 있다. 항공, 모터 스포츠, 해양 및 복합재 수리 관련 분야에서 유용하게 사용되고 있다.

제품의 주요 특징

Laminate Tools는 솔리드웍스, 나스트란, 앤시스, MSC 파트란, 피맵, 아바쿠스, 하이퍼웍스, 파이버심(FiberSIM) 등 업계 표준 인터페이스와 호환이 가능하다. 플라이 기반의 물리적 특성을 반영하는 라미네이트의 신속하고 정확한 특성 파악이 가능하다. 정확한 매뉴팩처링 데이터를 생성한다.(플라이 플랫 패턴) 강력한 복합 소재 시각화 기능을 제공하며 단순히 설계를 검토하고 복합재 속성을 검토해야 하는 번거로운 부분을 쉽고 정확하게 해결할 수 있다.

주요 기능

선택한 유한요소해석(FEA) 전처리기 응용 프로그램을 사용하여 FE 메시를 만든 다음, Laminate Tools를 사용하여 복합 직물로 메시를 드레이핑하고 전체 구조에 대한 레이업을 작성할 수 있다. 또는 임의의 CAD 시스템을 사용하여 서피스와 커브를 정의한 다음 Laminate Tools를 사용하여 재료 드레이핑 시뮬레이션을 수행할 수 있다. 특히 솔리드웍스, 라이노, 피맵(Femap) 또는 하이퍼메시와 제공되는 임베디드 인터페이스를 사용하여 플라이를 정의한 다음 단일 작업으로 Laminate Tools로 전송할 수 있다. Laminate Tools로 레이업(Layup)을 작성한 후 이를 사용하여 플라이 정보를 FE 분석에 적합한 계층화된 재료 특성으로 변환하고, 선택한 FEA 응용 프로그램에서 정보를 사용할 수 있다. FE 분석의 결과를 복합 재료에 특유의 방식으로 후처리한다. 예를 들어, 전체 글로벌 플라이를 개별적으로 조사할 수 있다. 제조 시 플라이 정보를 사용할 수 있다. 플라이 매치 또는 레이저 장비를 사용, 중첩 및 절단을 위한 플랫 플라이 패턴을 내보내거나, 제조 중에 금형 표면의 플라이 아웃 라인을 투영한다. 설계 중에 구조적 특성을 보고 검토, 승인하고 부서 또는 파트너/업체 간에 정보를 디지털 방식으로 전달할 수 있다. 구조에서 최대한 벗어나 오류를 최소화하고 구성 요소 성능에 대한 확신을 극대화한다.

도입 효과

Laminate Tools는 복합재 설계 전문가를 대상으로 하는 강력한 프로그램이다. 설계-해석-체크-생산으로 이어지는 구조 설계의 전반적인 프로세스를 다루지만 특히 복합 재료 기능에 중점을 두고 있다. 사용자는 거의 모든 CAD 시스템에서 표면 모델을 가져와서 복합재료, 플라이 및 레이업을 정의할 수 있다. 입증된 드레이핑 시뮬레이션 알고리즘을 사용하여 잠재적인 제조상의 어려움을 확인함으로써 플라이 생산성을 즉시 평가할 수 있다.

구조 해석

LS-DYNA

개발 Livermore Software Technology, www.lstc.com

자료 제공 한국시뮬레이션기술, 031-903-2061, kostech.co.kr

LS-DYNA는 대변형(Large deformation)이 발생하고 복잡한 비선형 소재특성(Non-linear Material)과 복잡한 접촉(Complex Contact) 조건의 구조 역학 문제에 대한 동적 거동 물리현상을 해석하는데 적합한 프로그램이다.

이러한 복잡한 문제를 매우 짧은 시간에 해결할 수 있도록 데스크톱 컴퓨터 및 클러스터의 리눅스, 윈도우 및 유닉스 환경에서 실행되는 SMP(Symmetric Multi Processing) 및 MPP(Massively Parallel Processing) Solver를 제공하고 있다.

주요 특징

LS-DYNA의 'One model' 및 'One Code' 개념과 기능을 통해 사용자는 하나의 시뮬레이션 모델을 구조, 유체, 충돌 및 고유값 시뮬레이션을 비롯한 여러 유형의 시뮬레이션에 적용할 수 있다. 뿐만 아니라 'Multi-Physics', 'Multi-Processing', 'Multiple Stages', 'Multi-Scale'이 필요한 문제를 하나의 코드로 결합하여 원활하게 해결할 수 있는 기능을 제공하고 있다.

LS-DYNA는 explicit와 explicit의 시간 증분 방식 간의 상호 호환이 가능하며 열연성해석(coupled thermal analysis), CFD(Computational Fluid Dynamics), FSI(fluid-structure interaction) SPH(Smooth Particle Hydrodynamics), EFG(Element Free Galerkin), CPM(Corpuscular Method), BEM(Boundary Element Method)과 같은 이질적인 분야를 결합할 수 있다.

주요 활용 분야

LS-DYNA에서 제공하는 이러한 다양한 솔루션 및 기능은 여러 분야에서 활용되고 있으며, 대표적인 해석 분야는 다음과 같다.

■ Crashworthiness/ Driver Impact / Drop test simulation
■ Mesh Free Method : ALE, EFG, SPH, Airbag particle
■ Heat Transfer Analysis
■ Metal Forming Analysis
■ Earthquake Engineering
■ Acoustic / Vibration / Fatigue
■ Discrete element method
■ CFD(incompressible, compressible)
■ EM(Electromagnetism)

제품 구성

LS-DYNA Solver

LS-DYNA는 사용자의 다양한 사용환경에 맞추어 LS-DYNA Solver를 사용할 수 있도록 여러 플랫폼의 Solver를 제공하고 있다. 윈도우의 경우 기존의 LS-DYNA Manager뿐만 아니라 MPP 환경도 제공하는 Winsuit을 제공하고 있으며, 리눅스와 유닉스의 경우 OS와 MPI 플랫폼 환경에 따라 각각 별도의 Solver를 제공하고 있다.

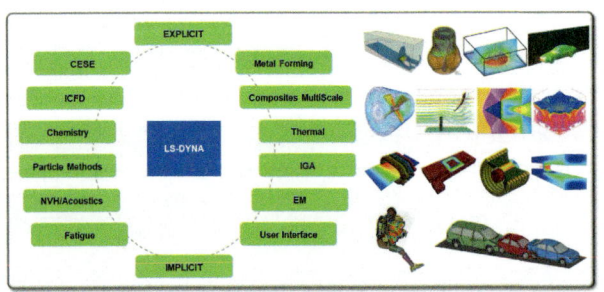

LS-PrePost

LS-PrePost는 키워드 입력 파일을 기반으로 LS-DYNA 모델을 가져오고 편집하고 내보내는 등의 기능을 통하여 LS-DYNA의 입력 파일을 편집하는 Preprocess 전문 툴이다. 동시에 LS-DYNA의 해석 결과를 불러들여 3차원 애니메이션, 응력과 변형류의 시간 이력, XY Plot 등등 LS-DYNA의 해석 결과를 다양한 방법으로 확인할 수 있는 GUI를 제공하고 있다.

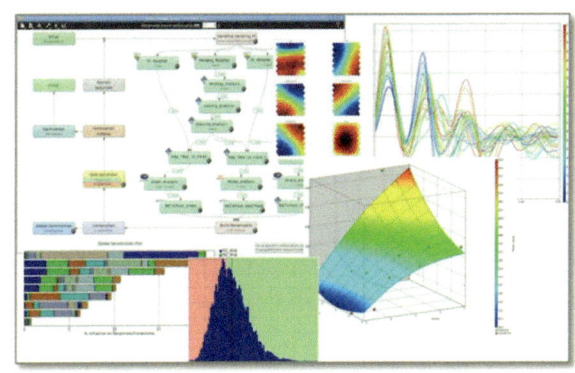

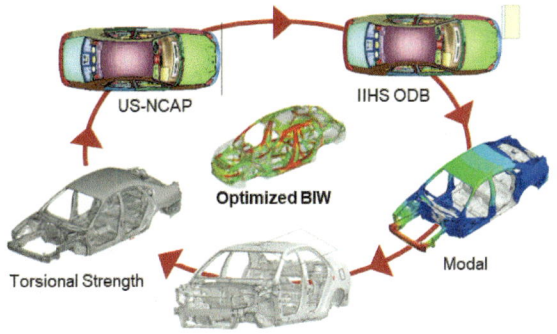

▲ LS-OPT GUI 및 BIW 최적화 프로세스

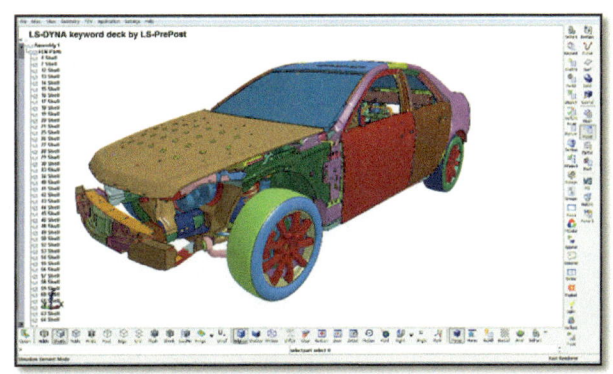

LS-OPT

LS-OPT는 LS-DYNA의 최적화 도구로서 디자인 스페이스를 쉽게 조사하고 최적 디자인을 찾는 환경을 제공한다. 또한, 문제 정의 시스템을 위한 솔루션도 함께 제공한다. LS-OPT는 SRSM(Successive Response Surface Method)과 통계학적인 접근(Robustness analysis)에 기반하고 있다.

동적 하중 및 접촉 조건이 관련되어 있는 비선형 문제들의 토폴로지 최적화를 가능하게 한다.

LSTC Dummy / Barrier Model

LS-DYNA 개발사에서는 LS-DYNA 사용자의 비용 절감을 위해서 다양한 종류의 Dummy Model과 Barrier Model을 제공하고 있다. 이들 모델은 주기적으로 업데이트되어 기존 모델의 변경 사항을 반영하고 새로운 모델을 출시하고 있다.

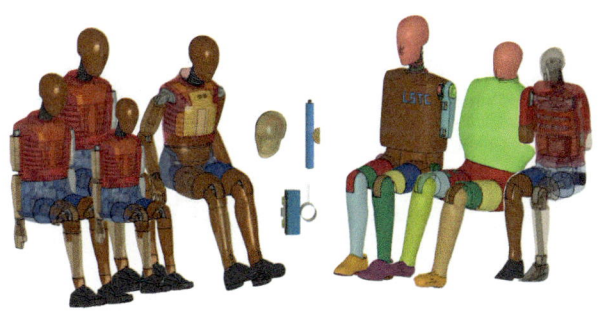

LS-TaSC

LS-TaSC는 토폴로지 및 형상 계산 툴이다. LS-TaSC는

사출성형 해석

MAPS-3D

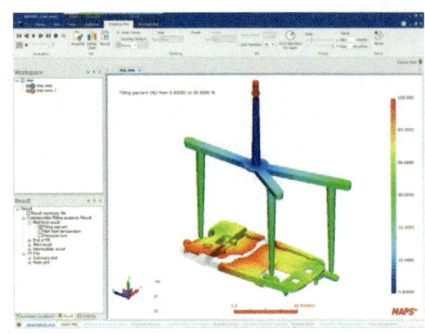

개발 브이엠테크, www.vmtech.co.kr

자료 제공 브이엠테크, 031-206-6500, www.vmtech.co.kr

MAPS-3D(Mold Analysis and Plastics Solutions – 3Dimension)는 3차원 CAD 데이터를 이용하여 실제 금형 내에서 이뤄지는 충전, 보압, 냉각 공정에 대한 현상을 분석하여 제품의 취출에 따른 변형을 예측하는 사출성형 전문 CAE 소프트웨어이다.

설계 및 성형 과정에서 발생하는 문제점을 사전에 예측하여 현업에서 발생할 수 있는 시행 착오를 최소화시켜 납기를 획기적으로 단축시킨다. 또한, 게이트의 위치와 냉각 채널의 설계 방안을 제시함으로써 제품의 휨, 수축 또는 비틀림 등의 치수 문제, 플로우 마크, 웰드라인, 미성형 같은 외관 품질을 개선하여 제품의 품질 향상 및 사이클 타임 단축에 따른 생산성을 극대화시킬 수 있다.

주요 특징

플라스틱 제품의 경량화, 고강성 요구에 따른 금형 및 성형 기술의 고도화가 요구됨에 따라 20년 이상의 오랜 경험을 바탕으로 축적된 노하우를 교육, 고객 맞춤 프로젝트, 온/오프라인 기술지원 등의 다양한 형태로 지원한다.

MAPS-3D는 국내 기술로 개발되어 국내 업체 및 사용자 환경에 가장 적합한 사출성형 CAE 소프트웨어이다.

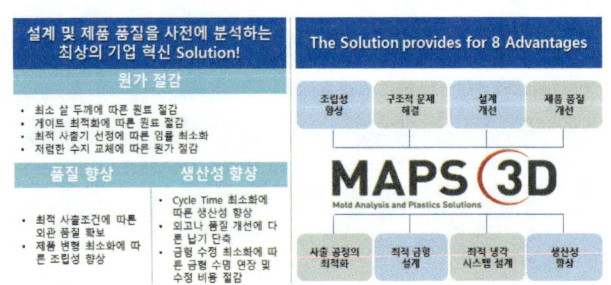

활용 분야

제품설계	금형설계	사출성형	주변기기
• 설계 사양 검토 • 구조적 문제 • 치수 및 공차 관리 • 외관 품질 관리 • 설계 표준화	• Gate 위치 및 사양 결정 • Runner/Cooling channel의 layout과 사양 결정 • Air vent/Eject pin의 위치 결정 • 금형 재질 선정 • P/L 설정 및 금형 전반	• 최적 사출 조건 설정 • 사출기 선정 및 대체 • 다단 사출 방안 결정 • Cycle time 단축 • 성형 불량에 따른 대응 방안 수립	• 사출 자동화 관련 표준안 결정 • 금형 온도 조절기의 최적 사양 결정 • 냉개 선정 • 센서의 위치 및 자동 제어 방안 결정 • 정밀 사출 및 특수 공정 방안 결정

MAPS-3D Module

Pre/Post Processor	
Modeler	CAD Interface / Mesh Generation & Editor / Geometry Creation & Editor
Studio	Boundary Condition / Result Display / Job manager / Multi-Analysis
Solver	
Thermoplastic Injection Molding	Cool / Flow / Pack / Warp / Fiber / Insert / Overmolding / Parallel Processing
Add-on Solution	Gate Optimization / Hot runner Heat Balancing / Nozzle Pressure / LIM-MCM / RIM(Reactive Injection Molding)
Database	

Thermoplastics / Thermoset / Mold / Coolant / Injection Machine / Insert / Gas

VMTech Material 테스트 서비스

사출 성형 해석의 정확도는 해석에 적용되는 수지의 물성이 얼마나 정밀하고 정확하게 측정되었는가에 따라서 결정된다. 브이엠테크에서는 기존에 제공되는 수천 가지의 해석용 데이터 베이스와 더불어 고객의 요청에 따른 수지의 해석용 물성 측정 서비스를 지원한다.

구조 해석

Marc

개발   MSC Software, www.mscsoftware.com/kr

자료 제공   한국엠에스씨소프트웨어, 031-719-4466, www.mscsoftware.com/kr

Marc는 광범위한 설계와 제조 과정에 걸쳐 정적, 동적, 물리적 하중 조건들에 대한 반응을 정확하게 분석할 수 있는 강력한 범용 비선형 유한 요소 해석(FEA) 소프트웨어이다. Marc는 비선형 재료 거동 및 시간 경과를 고려한 환경 특성을 모델링할 수 있어, 사용자의 복잡한 설계 문제 등을 해결하는데 최적의 해결책을 제시해 준다.

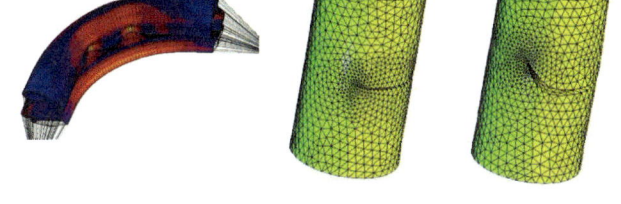

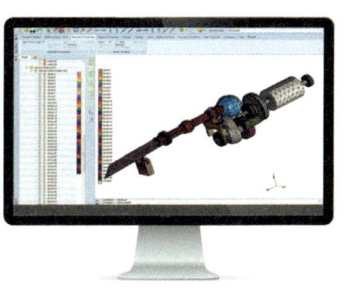

주요 특징

■ **비선형 및 다분야 통합 솔루션 부문** : 제조 공정 시뮬레이션, 설계 성능 평가, 생산 부하 능력 및 파괴 예측 등을 포함하는 강력한 비선형 알고리즘 및 열-구조 연성 해석, 전자기, 압전 분석, 전기-열-구조 해석, 정전기 (electrostatics) 및 정자기(magnetostatics)를 포함한 구조 연성 해석을 통해 전체 제품 수명에 걸친 문제를 해결한다.

■ **비선형 물성** : 다분야 해석 및 유체 해석, 구조, 열 해석 등을 위한 200개 이상의 요소 라이브러리를 기반으로 금속 및 비금속 물성 모델을 다양하게 제공한다.

■ **파손 및 파단 해석** : 연성, 취성, 복합재, 탄성체 및 콘크리트 등을 포함하는 다양한 물성 등급에 적합한 모델을 사용함으로써 파손 및 파단 해석을 수행할 수 있다.

■ **접촉 해석** : 접촉 모델을 간단히 정의하여 구성 요소 사이의 상호 변화 등을 해석하고 시각적으로 표현할 수 있다. 연성해석에서는 마찰 및 소성으로 인해 발생하는 열을 해석할 수도 있다.

■ **자동 리메싱** : 높은 응력 변화가 발생하거나 요소의 변형이 큰 경우 나타날 수 있는 문제들을 해결하기 위해, 국부적 또는 전반적인 영역에 대한 리메싱 기능을 제공하고 있다.

■ **병렬 처리** : 해석 시간의 효율성을 높이기 위해 병렬 처리 기능을 제공한다. 멀티 코어 프로세서와 그래픽 카드를 활용해 최고의 성능을 구현할 수 있다.

■ **통합 환경의 전/후 처리기** : 비선형 해석을 위한 복잡한 모델을 빠르게 생성하고 해석할 수 있도록 통합 사용자 인터페이스를 제공한다. 또한 파이썬 스크립트 언어를 통해 해석이 적용되는 분야의 모델링 등을 사용자화 할 수 있어, 전체 해석 과정에서 반복되는 업무를 자동화할 수 있다.

주요 기능

■ 고급 재료 비선형 해석

■ 제품 성능, 제조 기술을 정확하게 시뮬레이션 해주는 접촉 처리 기능

■ 비선형 구조, 열, 전자기 연성 해석

■ 향상된 비선형 열전달 해석

■ 형상기억합금 및 납땜 등 특수 재료 모델

■ 자주 사용되는 연결 부위에 대한 상세한 접합 부위 모델

■ 공유 및 분산 병렬 CPU 지원 및 최고 수준의 반복 해석 솔버

■ 해석의 강건성과 정확도를 높여주는 자동 리메시 및 능동 메시 기능

■ 강재와 복합재에 대한 향상된 파손 및 피로 해석

■ 실제 하중 조건하에서의 균열 발생 및 균열 진전 예측

적용 효과

■ 많은 산업 분야에서 발생하는 비선형 솔루션의 가치를 크게 향상시키는 강건한 솔버 기술

■ 통합 시뮬레이션을 통한 설계 및 제품 성능 개선, 그리고 설계 최적화 프로세스 단축

■ 제품 설계, 개발, 제조 및 보증 비용을 줄이는 신뢰할 수 있는 해석 성능

구조 해석, 충돌 해석, 진동소음 해석, 내구 해석

MeshWorks

개발　DEP, www.depusa.com

자료 제공　DEP코리아, 02-3446-9290

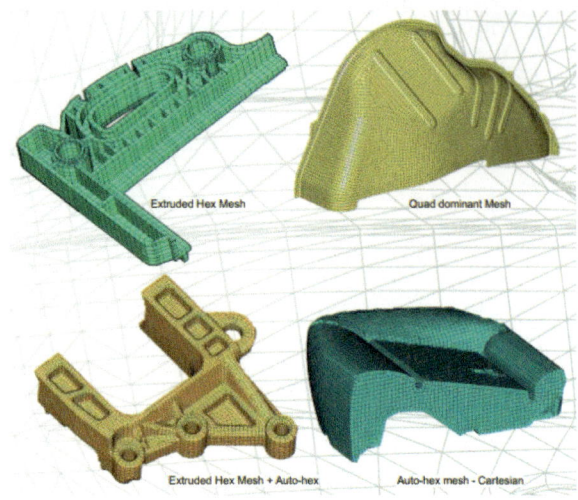

Extruded Hex Mesh　　Quad dominant Mesh

Extruded Hex Mesh + Auto-hex　　Auto-hex mesh - Cartesian

DEP의 MeshWorks(메시웍스) 소프트웨어는 국내 뿐 아니라 지엠, 포드, 크라이슬러와 캐터필러, 유럽의 마세라티, 메르세데스, 르노, 푸조, 일본 토요타, 혼다, 이스즈, 아이신, 인도의 타타, 마힌드라, 중국의 베이징자동차, 창안포드등 글로벌 OEM에서 사용되고 있다.

다중 최적화를 통한 기존 차량의 중량 절감 뿐 아니라 신규 차종의 개발 단계를 혁신적으로 단축함으로써 비용과 시간에서 많은 효과를 입증하고 있다.

MeshWorks에는 4개의 코어 모델러, 즉 Parametric, Integrated, Automated 및 Associative modeler가 있으며, 그 특징은 다음과 같다.

■ **Integrated modeler** : 하나의 캐드 모델로 충돌, 내구, NVH 등 성능별 해석 모델을 동시에 생성 가능하며, 모든 해석 속성은 동시에 자동 업데이트되어 통합 모델 이용 시 해석공수 절감 및 다중 최적화에 응용에 용이하다.

■ **Automated modeler** : 비전문 프로그래머도 반복적인 CAE 프로세스를 손쉽게 자동화할 수 있는 툴로서, 모델과 독립적으로 GUI를 이용하여 전체 워크플로에 통합시킬 수 있다.

■ **Associative modeler** : CAD와 CAE 데이터간의 긴밀한 결합성을 양방향으로 보장한다. 도면 업데이트 시 접촉, 하중, 경계조건 등 해석조건이 업데이트되고, 마찬가지로 메시가 모핑되면 CAD도 따라서 업데이트된다.

이러한 코어 모델러를 기반으로, MeshWorks는 그림과 같이 다양한 기능으로 구성되어 있으며, 이는 제품개발 주기 단축 및 표준 템플릿 활용으로 균일한 해석결과를 도출할 수 있게 한다.

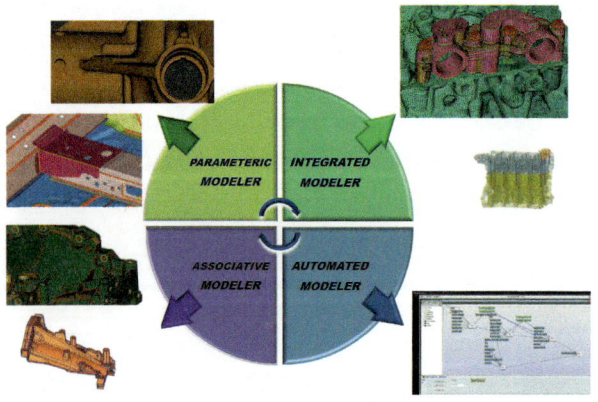

PARAMETERIC MODELER　INTEGRATED MODELER

ASSOCIATIVE MODELER　AUTOMATED MODELER

CAD Morphing　ConceptWorks　Morphing & Parameterization　Model Assembly　Tetra Meshing　Plastics Modelling　Hex Meshing　Design Advisors & Model Reuse Tools

DEP MeshWorks 2021

■ **Parametric modeler** : 메시웍스에서 생성된 CAE 모델에서 파라미터 모델을 별도의 공정 없이 DEP의 특허 기술인 feature 인식 기술과 사용자 템플릿을 조합하여 파라미터 자동 생성이 가능하다. 이를 통해 추가적 모델링 부분에 대한 공수 절감이 가능하다.

모핑 & 파라메터라이제이션

MeshWorks의 모핑 & 파라메터라이제이션 기능은 기존 FE/CFD 모델을 신규 형상에 맞게 신속하게 변형할 수 있는 Crtl Block 모핑, Freefrom 모핑, Curve based 모핑 등 여러 모핑 기법을 지원한다. 또한 파라미터 기능 및 auto DOE 기능을 활용하여 다중 최적화를 효과적으로 수행할 수 있다.

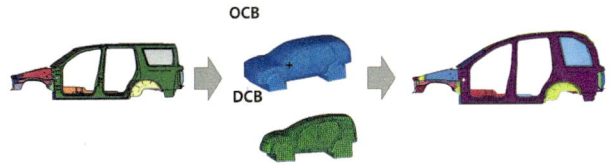

ConceptWorks

ConceptWorks는 도면부재 시 개념설계 초기 단계에 신속한 신규 멤버 생성 및 기존 멤버 변경을 위한 기능을 추가하여, 세단에서 SUV 개조 혹은 엔진 차량을 친환경차로 개조하는 데에 유용하게 쓰인다.

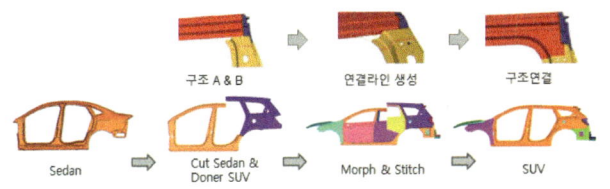

모델 어셈블리

모델 어셈블리 기능은 오토 점용접, SEAM 용접, 접착제 접착과 볼트 생성을 지원하며 특정 부품의 교체도 간편하게 수행할수 있다. 이 경우, 접촉과 리지드 정보는 자동적으로 업데이트될 뿐 아니라 솔버 데크도 변환된다.

Tetra/Hex 메시

또다른 메시웍스의 특장점은 고도로 자동화된 Tetra/Hex 메시 기능이다. 테트라 메시는 자동화된 템플릿 기반으로 고품질의 메시를 생성할 수 있으며 필렛, 튜브등 여러 요소들을 인식할 수 있고, 요소 제거 기능도 있다. Auto-Hexa 메시를 사용하면 한번의 버튼 조작으로 복잡한 형상의 고품질 Hexa 메시가 가능하며 시트폼, 범퍼폼, 캘리퍼 등에 쓰인다. Extrude Hexa는 주로 로터, 하우징 등에 사용된다.

CAD Morphing

DEP의 특허 기술로 개발된 CAD 모핑은 캐드 데이터 모핑을 수행하는 기능이다. 완성차와 서브시스템에 적용할 경우 모핑된 캐드 모델은 높은 정밀도를 유지하며, 신속한 도면변경이 가능하다.

CAD 모핑 활용이 유용한 주요 3가지 경우는 아래와 같다.

- 개념설계에 신규 스타일링 데이터를 타깃으로 도면 모핑 가능
- 기존 도면에 신규 단면 정보를 반영하여 신규 도면 자동 업데이트 가능
- 기존 도면에 최적화 해석 결과를 반영한 도면 업데이트 가능

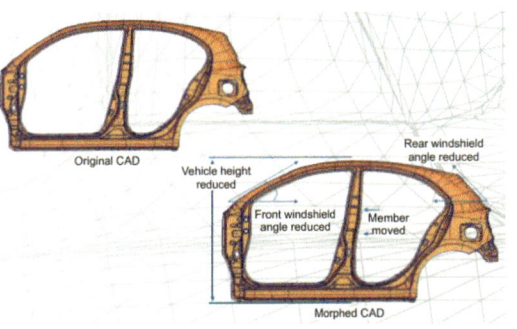

디자인 어드바이저

디자인 어드바이저는 머신러닝과 AI 기술이 접목된 새로운 기능으로, 사용자가 형상 변경과 파라미터라이제이션을 진행하면서 해석 특성과 성능을 직관적으로 확인할 수 있도록 즉각적으로 변형값을 계산해서 화면에 표시한다.

BIW의 개념설계 단계에서 효용성이 매우 크며, 3D 캐드와 mid-mesh를 포함, 캐드-메시 비교를 통해서 기존 메시를 최대한 재사용할 수 있다.

메시웍스는 다양한 캐드, 해석 및 최적화 소프트웨어와 연계되어 글로벌 자동차 OEM과 중장비 업체에서 제품 품질 개선, 중량 절감, 신제품 개발 등 다양한 목적으로 사용되고 있다.

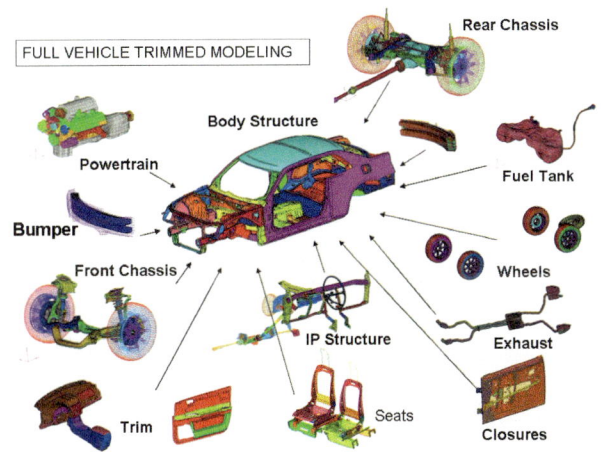

구조 해석

midas MeshFree

개발 및 자료 제공 마이다스아이티, 1577-6648, www.midasit.com

수년에 걸쳐 CAD(Computer-Aided Design) 시스템은 와이어 프레임 또는 면 기반의 모델에서 솔리드 모델과 파라메트릭 기반 모델까지 개발되었으며, 생산성 및 기하 형상의 완성도가 비약적으로 발전해 왔다.

midas MeshFree는 설계 엔지니어에 의해서 완성된 CAD 모델 원형을 그대로 활용하여, 사용자가 요소망 생성 없이 시뮬레이션을 할 수 있는 기법으로 개발된 구조해석용 소프트웨어이다. midas MeshFree는 간략화 작업과 노동 집약적인 요소망 생성 작업 없이 빠르고 직관적으로 해석을 수행할 수 있다. 요소망을 생성하지 않는 작지만 새로운 변화는 시뮬레이션의 환경을 크게 변화시키고 있다. 개념 및 초기 설계 단계에서 설계 엔지니어를 중심으로 설계한 원본 CAD 형상을 그대로 활용하여 빠르고 효율적으로 분석할 수 있으며, 성능 검토후 빠른 의사 결정으로 통해 설계에 보다 개선된 사항을 반영할 수 있다.

설계 단계 CAE와 MeshFree

CAE의 목표는 제품의 제반 성능을 정략적으로 예측하고, 설계에 적용하여 최적설계를 달성하는 것이다. 설계 단계 CAE는 설계 조기 단계인 기획 및 기본 설계 난계에서 성능을 분석하여, 양산 후 발생 가능한 문제점을 사전에 찾아내고, 이를 개선하는 것을 목적으로 한다.

midas MeshFree는 기존 FEM 기반의 해석 프로세서에서 가장 많은 노동력과 경험이 필요했던 부분인 간략화 과정 및 요소망 생성 작업을 제거함으로써 설계 엔지니어가 직관적으로 사용할 수 있도록 개발되었다. midas MeshFree의 개발 개념은 설계단계 CAE를 적극적으로 지원하고, 설계 엔지니어가 빠르게 제품을 학습하여 설계 과정 중에서 자신이 설계한 제품

을 성능을 빠르게 파악하는 것으로 다음과 같은 원칙을 기반으로 개발하였다.

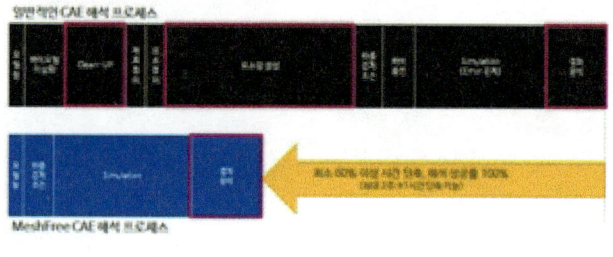

- No geometry cleanup and simplifications
- No mesh generation by user
- No failed analysis
- Performance and accuracy comparable to finite element method

▲ 해석 프로세스 혁신

midas MeshFree는 CAD 모델을 직접 이용하며 해석을 수행하기 위해서는 3D CAD 불러오기, 하중/경계조건 정의, 마지막으로 해석 실행 및 결과 분석인 3단계의 프로세스만으로 해석 결과를 도출할 수 있는 사용 편의성을 제공한다.

STEP1	3D CAD 불러오기 (재료 정의)
	Direct CAD Intrerface
	• 모든 상용 CAD 프로그램 지원 (Solidworks, Inventro, Catia, NX, Solid Edge, Creo 등)
	• CAD에서 정의된 재질 정보 자동 입력
	• Assembly 모델의 파트간 자동 접촉 정의

STEP2	하중 / 경계 조건 정의
	해석 종류에 따른 구속/하중 조건 가이드
	• 해석종류에 따른 구속·하중 조건 가이드
	• CAD 모델에 구속과 하중 조건 지정
	• 다양한 정적, 동적하중 및 열하중 제공

STEP3	해석 / 결과 분석
	최신 기술을 활용한 해석 및 결과 분석
	• 최신해석기술로 CAD 모델을 이용한 직접 해석
	• FEM 방식 대비 전체 해석 시간축과높은 해석 성공률
	• 사용자의 편의성을 고려한 다양한 후처리 기능 탑재

▲ Step Process

또한, 상용 CAD와의 연계성을 강화하여 CAD에서 정의한 재료 정보를 자동으로 불러올 수 있으며, 설계 변경된 모델도 최소한의 작업으로 해석을 수행하여 결과를 확인할 수 있는 Auto-Update 기능을 제공하고 있다. 단순히 설계 엔지니어가 간단하게 시뮬레이션을 수행하는 것을 목적으로 하는 것이 아니라, 결과를 분석하고 이를 빠르게 설계에 반영하여 변경된 성능을 빠르게 분석할 수 있도록 개발하였으며, 기업 내에서 최소의 노력으로 설계 단계 CAE 프로세스를 구축할 수 있도록 개발하였다.

MeshFree 주요 해석 기능

midas MeshFree 솔버는 강성 및 강도를 검토할 수 있는 선형 및 비선형 정적 해석, 진동 특성을 분석할 수 있는 모드 및 동해석(과도, 주파수, 랜덤진동, 응답 스펙트럼), 온도 하중에 대한 영향을 파악할 수 있는 정상/비정상 상태 열전달 해석을 제공하고 있으며, 설계 제품의 수명을 검토할 수 있는 피로 해석과 최적 설계 안을 도출할 수 있는 위상 최적 설계 기능까지 제공하고 있으며, 주요 해석 기능은 그림과 같다.

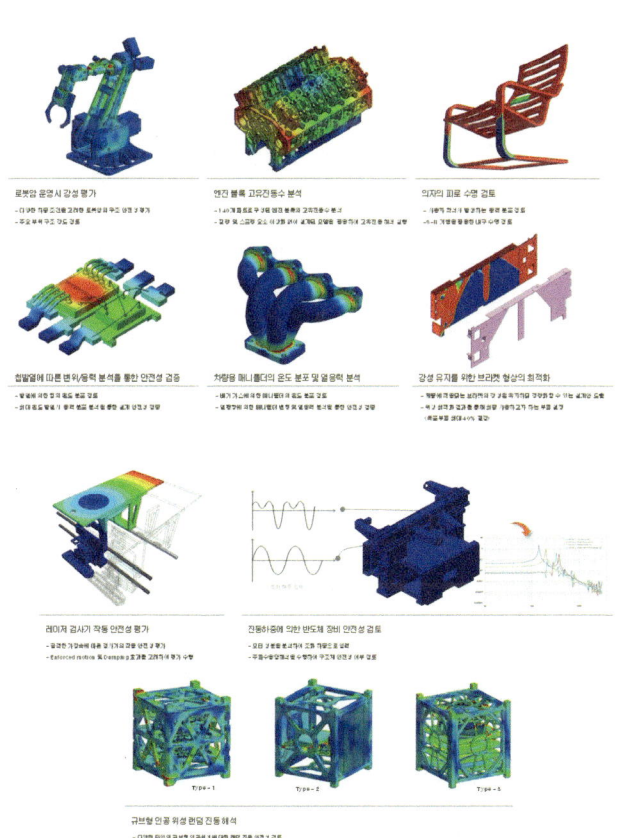

▲ MeshFree 주요 해석 기능

현재 상용적으로 사용하는 무요소 방법들은 공통적으로 경계 조건을 만족시키는 어려움과 비선형성에 의해 강성을 갱신하여 해석에 반복적으로 반영해야 하는 방식에 어려움을 겪고 있다. MeshFree는 체적 적분 기법을 통해 해석 대상의 강성을 계산하며, Update Lagrangian 기법을 이용하여 다양한 비선형성에 의해 갱신되는 강성을 반영할 수 있도록 개발하였다.

midas MeshFree에서 제공하는 비선형성은 대변형, 대회전이 유발되는 기하학적 비선형 문제, 탄소성 모델의 항복 이후 성능과 고무와 같은 초탄성 재료의 성능을 검토할 수 있는 재료 비선형, 그리고 공간상의 두 물체가 서로 맞닿을 수는 있으나, 관통할 수 없다는 조건을 기본 가정으로 하는 접촉 비선형 문제를 검토할 수 있다.

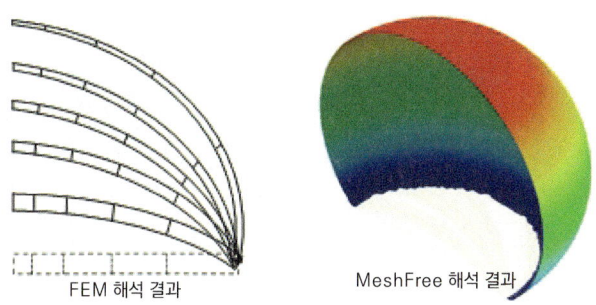

FEM 해석 결과   MeshFree 해석 결과

▲ 초탄성 재료를 이용한 기하비선형 해석

▲ 접촉비선형 해석

midas MeshFree의 정렬격자 기반의 최신 해석 기술은 모델 간략화 및 이상화 없이 3D CAD 원형을 그대로 해석할 수 있는 기술이며, 강성, 강도, 진동, 열전달 및 열응력, 내구수명 그리고 최적화 기술까지 제공하고 있어 초기 설계단계에서 다양한 설계 안에 대한 제품의 성능을 설계 엔지니어를 중심을 검토할 수 있는 혁신적인 해석 기술이다. midas MeshFree는 설계 초기 단계에서 제품의 제반 성능을 정략적으로 예측하고 최적 설계를 달성할 수 있도록 지원하여 설계 시간 및 비용을 절감하고 혁신적인 설계안을 도출할 수 있도록 개발된 제품이다.

구조 해석, 유동 해석

midas NFX

개발 및 자료 제공 마이다스아이티, 1577-6648, www.midasit.com

midas NFX는 일반 설계자들이 제품설계에서 요구되는 각종 구조·열·유동 해석과 궁극의 목표인 최적설계를 효과적으로 수행하여 유용한 결과를 얻을 수 있도록 설계자 친화적인 작업 환경과 신뢰도 높은 결과를 제공하는 토탈 해석 솔루션이다.

기본적인 구조 해석부터 시작하여 열 해석, 낙하 해석, 피로 해석, 유동 해석, 비선형 해석 등의 복잡한 해석까지 다양한 해석을 하나의 프로그램으로 수행할 수 있는 환경을 제공하고 고성능 병렬 솔버를 이용하여 대규모 모델에 대한 해석도 원활하게 지원한다.

midas NFX는 CAD 업무를 주로 하는 일반설계자를 비롯하여 구조해석 CAE 전문가까지 폭넓은 사용층을 만족시킬 수 있는 범용 구조 해석 프로그램이다.

▲ midas NFX GUI

설계 최적화를 위한 CAE 활용 방안

산업 현장에서 개발 기간을 단축시키고, 설계 프로세스 비용을 절감시키기 위해 CAE가 활용되고 정착되고 있다. 하지만 향후 한층 가속화될 개발 기간의 단축이나 초기 설계 단계에서의 품질 확보 경쟁에 필요한 CAE 전문가는 부족이 예상된다. 이로 인해 설계자가 직접 해석 업무를 수행할 필요성이 대두되고 있으며, 최근 CAE 전문가가 아닌 설계자가 해석하는 체제

의 확립을 과제로 하는 기업이 증가하고 있는 실정이다. 이러한 상황에서 설계자들의 CAE 이해도를 증진시키고 해석 방법의 표준화와 업체별 해석 프로세스를 전용화시키는 것이 경쟁력 상승에 효과적이다.

CAD 모델링부터 시작하는 기존 프로세스에서 더 나아가 업계에 더욱 생산성을 향상시키기 위한 일환으로써 대두되는 선행(Up-Front) CAE 엔지니어링과 함께, 최적설계에 대한 개념과 실무 활용 방법을 소개한다.

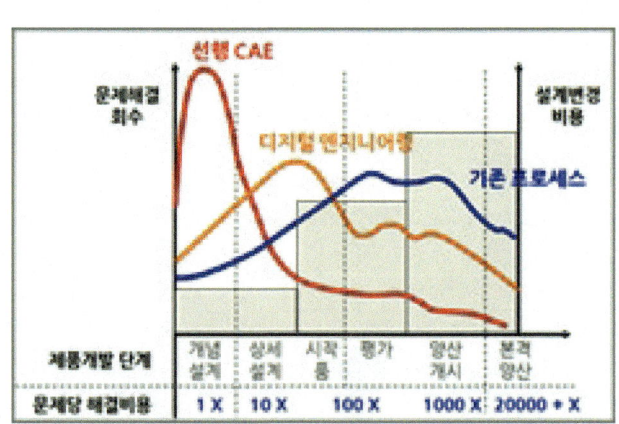

▲ CAE Up-front loading

다분야 통합해석 소개

제작 전의 많은 시험을 감소시킴으로써 비용을 절감하고, 실험으로 대체할 수 없는 부분에 적용하여 품질 향상을 기할 수 있는 CAE 분야는 기술의 발전을 거듭하면서 수많은 분야로 나뉘어져 개발되고 각기 다른 프로그램으로 성장해왔다.

여러 CAE 툴로 세분화되는 현상은 각 툴을 활용할 수 있는 전문가 양성에 어려움을 야기하면서 현업에서는 전문가 부재가 큰 이슈로 부각되는 현실을 맞이하게 되었다. 또한, 단편적인 해석을 넘어 복합적인 문제가 실무에서 많이 발생함에 따라 CAE의 중요성은 더욱 높아지는 현실이다. 이러한 문제점들을

해결하기 위한 다분야 통합 해석은 신뢰도를 바탕으로 한 고성능의 알고리즘이 필수적으로 뒷받침되어야 한다.

midas NFX는 기본적인 구조 해석부터 시작하여 열 해석, 피로 해석, 유동 해석, 비선형 해석 다양한 해석을 하나의 프로그램으로 수행할 수 있을 뿐만 아니라, CAD 설계자들도 쉽게 배울 수 있는 환경을 제공하여 현업의 문제를 해결하는 데에 가장 적합한 One-Stop 솔루션이 될 것이다.

CAE 분야의 수많은 장점에도 불구하고, 아직 현업에서 설계자들이 쉽게 사용하기 힘든 가장 큰 이유는 어떻게 실무에서 성과를 낼 수 있고, 적절하게 활용하는지에 대한 방법을 잘 알지 못하기 때문이다.

마이다스아이티는 해석을 처음 시작하는 설계자들도 바쁜 실무 일정 중에 효율적으로 해석을 진행하고, 실수를 최소화할 수 있도록 온라인/오프라인 정기교육, 해석자료와 사용자 문의를 위한 기술지원 사이트, Project Adviser 서비스 등 다양한 기술지원 서비스를 제공하고 있다.

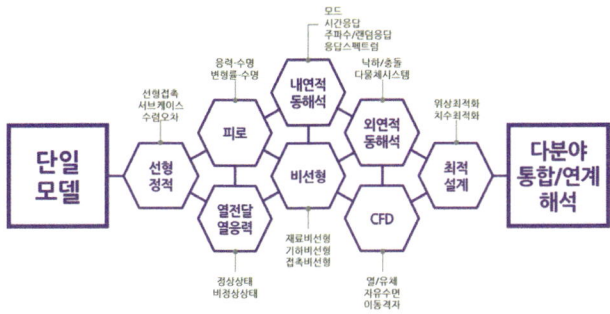

▲ One-stop solution

▲ midas NFX 주요 기술지원 서비스

midas NFX의 다분야 통합 해석 기술은 하나의 프로그램, 단일 모델로 다양한 분야의 해석을 통합/연계 진행할 수 있기 때문에 해석이 낯선 설계자분만 아니라 복잡한 해석을 필요로 하는 전문 해석 엔지니어 역시 만족시킬 수 있다.

midas NFX는 다양한 상황에 대하여 제품의 제반 성능을 정략적으로 예측하고 최적 설계를 달성할 수 있도록 지원하여 설계 시간 및 비용을 절감하고 혁신적인 설계안을 도출할 수 있도록 개발된 제품이다.

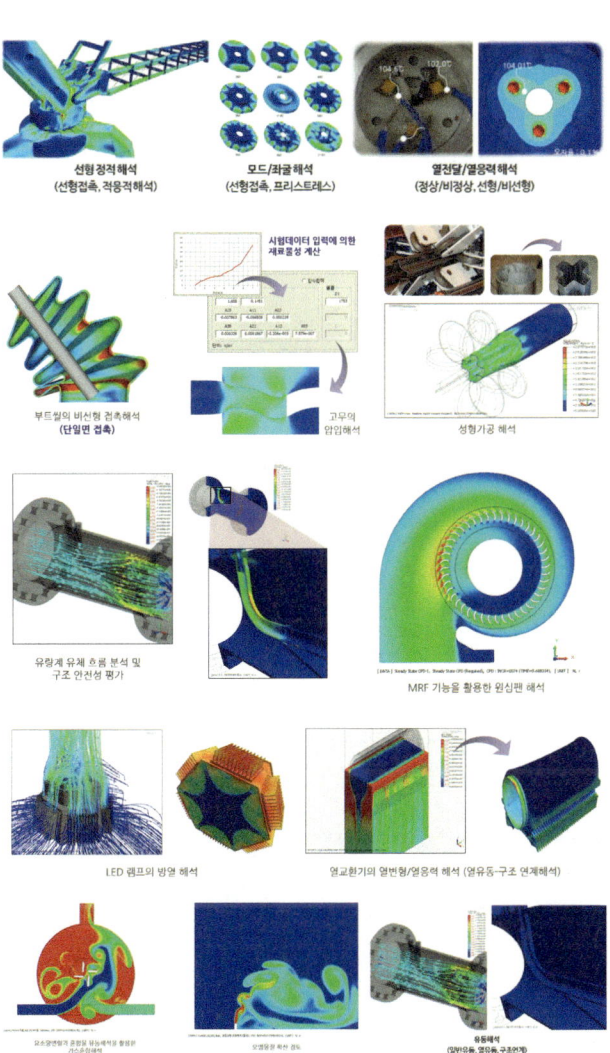

▲ midas NFX 주요 해석 기능

통합 시뮬레이션 플랫폼

Model.CONNECT

개발 AVL, www.avl.com

자료 제공 한국AVL, 02-580-5800,
www.avl.com

Model.CONNECT는 Model Integration 및 Co-simulation이 가능한 오픈 통합 시뮬레이션 플랫폼이다.

주요 특징

Model.CONNECT는 모델 통합 및 이종 툴 간의 연동 해석을 지원한다.

주요 기능

- ADAS 기능에 대한 시나리오 기반 최적화
- RDE와 주행성능에 대한 ECU 캘리브레이션
- 전기차와 하이브리드 차의 열관리 검증

도입 효과

- 다분야 및 다른 환경(가상-실제)의 툴 들의 통합 해석
- 모델 기반 개발 접근법을 통해 전체 개발 프로세스 상의 비용 절감과 개발 효율 증대
- 광범위한 파워트레인/차량 애플리케이션에 적용 가능

주요 고객 사이트

현대자동차 등에서 Model.CONNECT를 사용하고 있다.

수치 해석

MATLAB

개발 및 자료 제공 매스웍스코리아,
02-6006-5100, https://kr.mathworks.com

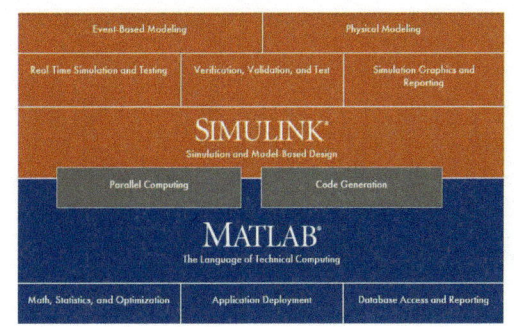
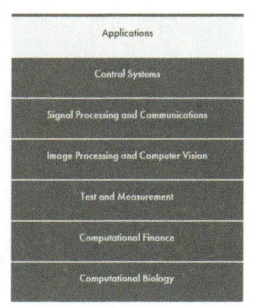

1984년 설립된 매스웍스(MathWorks)는 테크니컬 컴퓨팅 소프트웨어 분야의 글로벌 선도 기업이다. 통신, 반도체, 자동차, 국방, 항공, 금융 등 각종 산업분야에 걸쳐 175여개국 400만여명의 엔지니어와 과학자들, 국내 38여개 대학을 포함 전세계 2300여개 대학에서 매스웍스 솔루션을 사용하고 있다.

제품의 주요 특징

매트랩(MATLAB)은 컴퓨터화, 시각화, 탄력적인 프로그래밍, 개방형 환경을 통합한 고급 프로그래밍 언어다. 특히 알고리즘 설계 및 시뮬레이션, 데이터 분석, 수치해석 그리고 시각화(visualization, graphics) 등의 작업을 모두 지원한다. 이러한 기능들은 과학기술 응용 산업의 전반적인 분야에서 제품 연구개발 시기에 필수적으로 요구되고 있다.

매트랩은 600개 이상의 수학, 통계 및 엔지니어링 함수를 통해 탁월한 산술 연산 능력을 보유하고 있다. 이를 통해 데이터 수집 및 분석에서부터 응용프로그램 개발에 이르는 연산 작업을 효율적으로 수행하고 있으며, 행렬과 벡터 연산에 최적화된 성능을 통해 간결한 프로그래밍을 지원한다. 또한, 수학연산과 연산결과의 시각화 및 모델링까지 지원하여 각종 공학분야에서 폭넓게 사용되고 있다.

실제로, 매트랩은 신호 및 이미지 처리, 제어 시스템 설계, 지구 및 생명 과학, 금융 및 경제 등 다양한 응용분야에서 사용되고 있다. 개방형 아키텍처를 통해 매트랩과 관련된 제품군을 쉽게 사용할 수 있어 보다 원활한 데이터 처리를 지원한다. 특히 복잡하지 않은 직관적인 형태의 인터페이스와 언어, 내장된 수학 및 그래픽 함수가 조합돼 테크니컬 컴퓨팅에 가장 알맞은 플랫폼으로 인정받고 있다.

주요 기능

매트랩은 엔지니어링, 컴퓨팅, 금융 및 계산생물학의 응용 수치 분석에 널리 사용된다. 자세한 수치 분석 기능은 다음과 같다.

- 보간법(Interpolation), 외삽법(extrapolation), 회귀(regression)
- 미분(Differentiation), 통합(integration)
- 일차행렬방정식
- 고유값 및 특이값   ■ 상(常)미분 방정식
- 상미분 방정식(ODE)   ■ 편미분 방정식(PDE)

또한 매트랩 제품군을 사용하여 빠른 푸리에 변환(Fourier transforms), 구적법, 최적화 및 선형 프로그래밍을 수행할 수 있다. 또한 매트랩 언어의 기본적인 벡터 및 행렬 연산 지원을 통해 고유한 수치 방법을 만들고 구현할 수 있다.

도입 효과

최근의 현대자동차의 매트랩을 통한 1D 해석 모델(MIMO) 구축 사례에 따르면, 구체적으로 매트랩은 다음과 같은 효과를 제공한다. 현대자동차는 1D 해석 모델 개발 시, 캘리브레이션 작업 효율성을 향상시키기 위해 매스웍스 솔루션을 도입하여 MIMO(multiple-input and multiple-output) 모델을 학습시켰다.

첫째, 매트랩은 손쉬운 GUI를 통해 데이터 분석 처리, 모델의 생성 및 학습, 민감도 분석 및 문서 자동화 등의 다양한 기능을 쉽게 이용할 수 있다.

둘째, 기존 엔지니어가 설계 완성을 위해 반복적으로 수행하던 데이터 분석, 모델 훈련 및 최적화 과정을 AI 기술을 접목시켜 자동화시킬 수 있다. 이를 통해 현업 프로세스를 개선시킨다.

셋째, 매스웍스 전문 인력의 긴밀한 기술 지원 및 협업을 통해 데이터 사이언스 분야에 지식이 없는 현업이더라도 손쉽게 사용 방법을 학습, 최신 AI 기술 역량을 높일 수 있다.

사출성형 해석

Moldex3D

개발 Coretech System, www.moldex3d.com

자료 제공 캣솔루션, 02-1688-4374,www.catsolutions.co.kr
씨투이에스코리아, 02-2063-0113, www.c2eskorea.com

Moldex3D는 플라스틱 성형 산업의 전문 해석 소프트웨어이다. Moldex3D는 선도적인 플라스틱 사출 성형 산업 내 컴퓨터 보조 엔지니어링 제품으로, 높은 분석 기술과 함께 고객의 폭넓은 사출 성형 응용 범위를 지원한다. 이를 통해 제품 설계 및 제조 가능성을 개선하며 출시 시간 단축 및 최대 제품 투자 회수율을 달성할 수 있게 돕는다.

주요 기능

특성

- ■ CAD 인서트식 사전처리
- ■ 고급 자동 3D 메시 엔진
- ■ 고해상도 3D 메시 기술
- ■ 고효율 평행 연산

Moldex3D 메시

Moldex3D 메시는 2D 삼각형 및 사각형 메시, 3D 사면체, 프리즘, 육면체, voxel(brick)과 피라미드 형태 메시, Moldex3D 메시 등 각종 다양한 메시 유형을 지원한다.

Moldex3D 메시는 여러 종류의 주류 메시 방식 즉 정삼각형 표면, 사면체 위수의 표면 메시, 성사각형 메시, 경계층 메시, 순 voxel 메시, 혼합식 리얼 메시, 그리고 중간면 간소화 메시와 같은 메시 방식을 제공한다. 고객은 선택에 부합되는 자신의 특수 시뮬레이션 요건에 따라 메시 모형을 만들 수 있다.

- ■ 설계검증(eDesign) : 자동화 메시 생성 → 간단하고 신속한 메시
- ■ 금형 공정 혁신(BLM) : 자동화 메시 생성 → 정교하고 정확한 효율적 메시
- ■ 금형 공정 혁신 + (Solid) : 수동 제어 메시(Hexa, Prism, Pyramid, Hybrid) → 맞춤형, 정확성

충진 해석

- ■ 사출성형 충진 공정 해석
- ■ 웰드라인, 에어트랩, 탄화마크, 미성형 문제등이 최소화되는 게이트, 런너 설계안 분석에 활용
- ■ 사출시간, 온도 등의 충진공정에 영향이 가는 공정조건 분석에 활용
- ■ 충진/보압/냉각/변형 의 해석 간의 데이터 연동
- ■ 유체-구조 연동 검증이 가능한 Core shift 해석 지원
- ■ 워시아웃 문제를 정밀 예측을 위해 필름 경계조건을 사용한 IMD 해석 지원

보압 해석

- ■ 사출성형 보압 공정 해석
- ■ 게이트 응고시간, 효과적인 보압조건 검증
- ■ 싱크마크, 플래시 불량 등의 예측과 해소
- ■ 부피수축율 예측, 형체력과 변형 개선방향을 검증

냉각 해석

- ■ 금형과 냉각설계의 적정성 검토를 다양한 냉각 해석으로 지원
  - 과도냉각 해석 Transient cool
  - 가열변화 해석(가열-냉각) Variotherm
  - 형상냉각 Conformal cooling
  - 3D 냉각 유체 해석 – CFD
- ■ 냉각효율 최적화와 변형 최소화를 위해 금형온도 분포를 분석, 제어

변형 해석

- ■ 수축에 의한 제품변형 검증. 변형의 원인 추적
- ■ 섬유배향도, 잔류응력, 수지의 점탄성 효과들에 의한 제품변형 영향 분석
- ■ 제품 편평도 결과 지원
- ■ 금형 과도기간 영향에 따른 변형 예측 지원

■ 정확한 변형 예측 위해 필름 영향력 분석. 최종 양산품 형상 예측

다재 사출

■ 정밀한 Multi-component 금형 해석
■ 인서트 성형, 오버몰딩, 멀티샷 성형 해석 지원
■ 다양한 재료의 상호작용을 분석하고 변형과 박리현상을 추적하여 최소화에 기여
■ 불균형 유동에 의한 인서트 휨 현상 분석
■ 재료가 다시 액화되는(녹는) 현상을 감지

Fiber 섬유 강화

■ 제품 강성의 방향을 결정하는 섬유 배양도
■ 짧거나 긴 섬유 강화 플라스틱의 섬유 방향, 길이, 파손정도 및 농도에 대한 완벽한 예측 지원
■ 플레이크 방향 해석 지원
■ 부품 및 웰드라인 부분 강도 평가
■ 스크류 영향 섬유 분석에 대한 깊이 있는 분석
■ 제품 치수 안정성 및 변형에 대한 저항성 검증
■ 미국 특허 및 저널로 간행된 점도 특성에서의 항복 응력을 고려한 장 섬유 예측과 검증

FEA Interface

■ 여러 구조 해석 소프트웨어와 상호 작용
■ 대중적인 소프트웨어에 각각 맞는 포맷으로 결과 연동
• ANSYS / ABAQUS / LS-DYNA / MSC-Nastran / Marc / OptiStruct
■ ANSYS Workbench와 ABAQUS에 효과적인 결과 정보 전달
■ 효율적인 구조 성능 검증을 위해 직접 데이터 출력 및 3D 결과 매핑 지원

VE - 유동 결합 해석

■ 유동과 점탄성 계산 커플링
■ 점탄성 유동을 결합 해석하여 보다 정확한 유동 패턴 및 잔류 응력을 예측
■ 고분자 점탄성으로 인한 추가 문제를 예측할 수 있다.
• 다이스웰 Die Swell, 제팅 Jetting, 버킹 Bucking, 귀모양 흐름 Ear flow, 호피무늬 Tiger stripe

Machine Response

■ 배럴 내부 압축 영향 해석
■ 기계의 전자적 응답성과 배럴 내부 압축 영향을 고려
■ 기계적 응답 딜레이를 적용하여 보다 정밀한 해석 가능

IC 패키지

■ IC 패키지 산업에 맞춘 전용 해석 솔루션
■ Transfer Molding / Molded underfill
■ Capillary Underfill
■ Wire sweep
■ Paddle shift
■ Compression molding
■ Post mold cure warpage
■ Filler concentration
■ Potting / Dotting dispensing process

특수 성형 공정

■ 압축 성형(Compression Molding)
■ 발포 성형(Foam Injection Molding)
■ 분말 주입 사출 성형(Powder Injection Molding)
■ 사출 압축 성형(Injection Compression Molding)
■ 가스 사출 성형(Gas Assisted Injection Molding)
■ 물 사출 성형(Water Assisted Injection Molding)
■ 이송 성형(Resin Transfer Molding)
■ 2재 사출 성형(Bi-Injection Molding)
■ 코인젝션(Co-Injection Molding)

도입 효과

Moldex3D는 CAD 설계의 입증부터 디자인 아이디어 탐색, 개념을 입증하고, CAE 시뮬레이션으로 제조에 이르는 모든 단계를 개선시킨다. 이를 통해 금형 개발의 협업을 강화하고, 비즈니스 혁신을 통해 시장을 선도하도록 유도한다.

주요 고객 사이트

현대자동차, 삼성전자, 엘지, GM, Nissan, Volvo, Honda, Volkswagen, Ford, Toyota, TYC, Mazda, Delphi, P&G, 유도, HUSKY, MoldMasters, BASF 등 자동차, 전자, 핫런너를 비롯한 다양한 산업에서 Moldex3D를 사용하고 있다.

구조 해석

MOSES

개발 벤틀리시스템즈, www.bentley.com

자료 제공 벤틀리시스템즈코리아, 02-557-0555,
www.bentley.com/ko

MOSES는 통합 해양 시뮬레이션 소프트웨어로, 검증된 유체 정역학, 유체 동역학 및 계류 기능으로 해양 프로젝트 내의 모든 주요 활동 영역에서 사용이 가능하다. 수송, 진수, 리프팅, 전체적 성능을 포함한 시뮬레이션을 생성하는 자동화된 워크플로우를 통해 해석을 간소화한다.

주요 특징

MOSES를 사용하여 복잡한 해양 엔지니어링 문제를 해결하고 향후 재사용이 가능한 정확한 고품질 모델 및 플랫폼 설계를 생성할 수 있다. 프로젝트 요구에 맞는 버전을 선택해 적용할 수 있다.

■ **MOSES** - 주파수 영역에서의 안정성 평가 및 운동 해석 기능을 통해 일반적인 수송 요구 사항을 충족한다.

■ **MOSES Advanced** - MOSES에 리프팅, 부유, 전체적 성능을 해석하는 기능을 추가하여 해상 운영 위험을 완화한다. 스트립 이론 또는 방사-회절판 방법을 적용하여 주파수 영역에서의 응답을 계산하고 시간 영역에서 비선형 선박 운동을 예측한다.

■ **MOSES Enterprise** - 통합 해양 전용 시스템에서 설치 및 전체적 성능 요구 사항을 평가하여 시간을 절약한다. 선체 모델링과 안정성 계산부터 운동 예측, 계류 및 라이저 해석, 배관, 재킷 진수에 이르기까지 완비된 기능으로 MOSES Advanced를 확장한다.

주요 기능

■ **플로팅 시스템 해석:** 시뮬레이션 언어를 사용하여 환경 조건을 정의하고 계류 구성을 지정하며 통합 환경에서 통합 솔루션을 실행하여 전체적 성능 해석을 자동화한다. 운영 조건 범위에서 시스템 응답이 정의된 한계를 벗어나지 않도록 보장한다.

■ **해양 선박 및 플랫폼 모델링:** 신규 또는 기존 선체의 모델을 간편하게 생성하고 이를 프로젝트 요구 사항에 맞게 변환시킨다. 상호작용적인 해양 전용 그래픽 도구를 사용하여 선박 또는 부유 시스템의 모델을 생성한다. 수정 중에 탱크 및 객실 모델을 시각화하여 정확한 하중 정의를 보장한다.

■ **해양 운영 시뮬레이션:** 종합적이고 맞춤 설정이 가능한 스크립트 도구를 사용하여 복잡한 설치 순서를 관리하고 설계 대안을 체계적으로 탐색한다. 과거 프로젝트를 기반으로 사전 정의된 매크로를 사용하여 계획된 활동을 시뮬레이션, 시각화 및 평가함으로써 해양 엔지니어링 과제를 해결할 수 있다.

도입 효과

MOSES 통합 시뮬레이션 소프트웨어를 사용하여 설계를 최적화함으로써 해양 프로젝트 위험을 최소화한다. 설치 및 설계 순서에 관한 업계 모범 사례를 적용하며, 효율적이고 유연한 통합 모델링 환경에서 설계 대안들을 탐색한다. 유체 정역학, 유체 동역학, 계류, 구조 거동에 대한 고급 통합 솔루션을 사용하여 완전한 시스템 응답을 시뮬레이션한다. SACS와 통합을 통해 구조 팀과 협업함으로써 재작업과 프로젝트 지연을 줄인다.

주요 고객 사이트

KRISO, 대우조선해양, 현대건설, KOMERI, 현대중공업, 삼성중공업, 젠텍엔지니어링 외 다수

연동 해석

MSC CoSim

개발 MSC Software, www.mscsoftware.com/kr

자료 제공 한국엠에스씨소프트웨어, 031-719-4466, www.mscsoftware.com/kr

Co-Simulation은 여러 시뮬레이션 영역을 결합함으로써 엔지니어에게 보다 완벽하면서도 전반적인 성능에 대한 통찰력을 제공한다. 소음해석에서부터 다물체 동역학(MBD), CFD, 구조 해석 및 Explicit 충돌 해석에 이르기까지 모든 것을 MSC에서 함께 연결할 수 있다.

해석 유형에 따라 엔지니어는 Co-Simulation(모델에 여러 물리적 특성을 동시에 적용) 또는 Chained Simulation(한 해석에서 다음 해석으로 해석 케이스 결과를 전달) 두 가지 방법에 대한 MSC 솔루션을 사용할 수 있다.

MSC CoSim 엔진

MSC CoSim 엔진은 다양한 솔버 및 해석 영역을 다중 물리 프레임워크와 직접 결합하기 위한 Co-Simulation 인터페이스를 제공하기 위해 개발되었다. 현재 바로 사용 가능한 이 첫 번째 버전을 통해 엔지니어는 Adams, Marc 및 scFLOW 간의 Co-Simulation 모델을 생성할 수 있다.

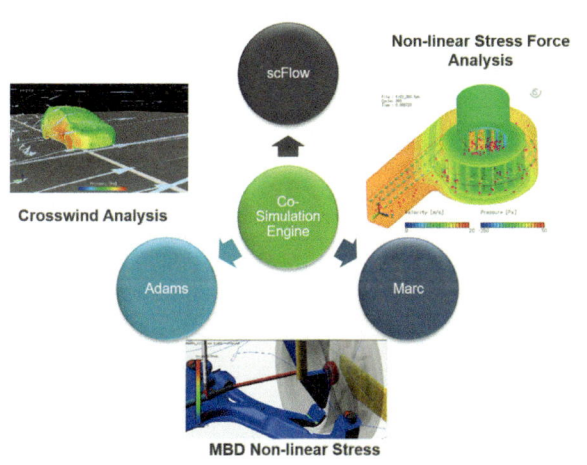

기타 오픈 Co-Simulation 솔루션

CoSim 엔진 외에도 MSC는 FMI(Functional Mock-up Interface), ACSI(Adams Marc Co-Simulation Interface) 등 다른 Co-Simulation 방법론도 지원한다.

Chained Simulation

Chained Simulation을 사용하면 여러 부서의 CAE 엔지니어가 여러 분야를 순차적으로 통합하여 전체 시뮬레이션 정확도를 향상시킬 수 있다. 예를 들어, Adams Full Vehicle 모델을 통해 생성된 도로의 하중이 MSC Nastran 모델로 전달됨으로써 응력 및 내구 해석을 수행할 수 있게 된다.

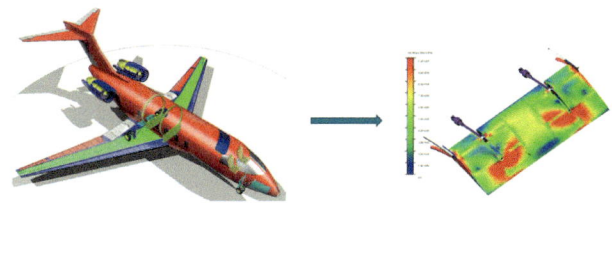

최적화 모델링

MSC Apex

개발   MSC Software, www.mscsoftware.com/kr

자료 제공   한국엠에스씨소프트웨어, 031-719-4466, www.mscsoftware.com/kr

MSC Apex Generative Design - 자동화된 경량 설계 최적화

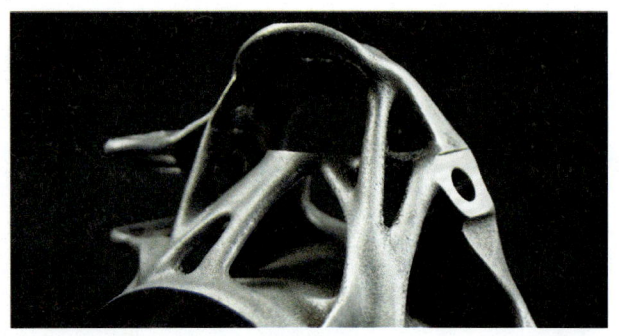

MSC Apex Generative Design은 직관적인 CAE 환경, MSC Apex를 기반으로 제작된 완전 자동화된 제너레이티브 설계 솔루션이다. 이 제품은 기본적으로 혁신적인 제너레이티브 설계 엔진을 사용하고 있으며, 또한 MSC Apex의 사용하기 쉽고 배우기 쉬운 기능을 활용한다. 따라서 설계 최적화 워크플로에 필요한 노력과 비용을 크게 줄일 수 있다.

MSC Apex Generative Design은 적층 공정으로만 제조할 수 있는 세밀하고 매우 복잡한 구조를 생성하도록 특별히 개발되었다. 혁신적인 응력 기반 알고리즘은 무게를 최소화하고 기존의 사고방식으로는 상상할 수 없는 독특한 형상을 안정적으로 이끌어낼 수 있다.

■ **편리하고 쉬운 사용법** : 사용자 중심 소프트웨어 디자인을 통해 별도의 전문 지식 없이도 최적화를 쉽게 수행할 수 있다.

■ **자동화된 디자인** : 무게는 최소화하면서 디자인 기준을 모두 만족하는 여러 개의 디자인 후보를 자동으로 생성할 수 있다

■ **가져오기 및 검증** : 단일 CAE 환경에서 기존 형상 또는 메시를 가져와서 최적화된 디자인 후보를 찾고, 디자인 검증을 수행할 수 있다.

■ **직접 출력** : 수동 재작업 없이 직접 제조하여 즉시 사용할 수 있는 형상을 내보낼 수 있다.

■ **단일 프로세스** : Simufact Additive 또는 Digimat AM으로 결과 형상을 가져와서 모든 부품에 대해 비용 효율적이며 최초의 적정한 결과를 얻을 수 있다.

주요 기능

■ CAD 파일 불러오기

■ 다양한 설계 형상 제공

■ 선형 해석의 하중 케이스를 이용한 자동화된 최적화 프로세스

■ 정확하고 부드러운 표면으로의 효율적 전환 & 스트럿 및 쉘 구조 요소 사이에 완벽한 전환

■ 응력 기반 알고리즘을 통한 많은 무게 감소

■ 짧은 시간 안에 다양한 설계 형상을 제공하는 제너레이티브 디자인 연구

■ CPU, Nvidia GPU를 이용한 해석 기능과 Windows & Linux 환경에서의 원격 작업

■ 로컬 좌표계, 압력, 중력 고려

적용 효과

■ 수동 작업이 필요하지 않은 새롭고 혁신적인 설계 구조

■ 별도의 사용법을 배우지 않아도 사용하기 쉬운 소프트웨어

■ 효율적이고 혁신적인 제품 설계를 통한 비용 절감

■ 최적화 설정을 토대로 여러 개의 설계 후보 생성

■ 실현 가능한 부품 설계 생성

■ 적층 제조 생산에 적합
■ 기계적 무결성 및 제조 능력 검증을 위한 상호 호환성
■ 유기 형태의 설계를 통한 경량화 및 생산 및 운영 비용 절감

MSC Apex | Modeler - 직접 모델링, CAD&메시 솔루션

MSC Apex Modeler는 CAD 형상 정리, 메시 생성, 물성 및 하중 부여 작업의 워크플로를 간소화고 CAE에 특화된 직접 모델링이 가능한 CAD와 메시가 상호 작용하는 솔루션이다

■ **스마트 도구** : MSC Apex는 매우 빠르고 효율적인 방식으로 CAD 형상 정리를 수행할 수 있는 직접 모델링 도구를 제공한다. 형상 수정이 필요한 대상을 선택하고 마우스를 이용해서 밀거나 당기거나 드래그하여 수정할 수 있다. 이러한 도구를 통해 사용자는 CAD를 정리할 수 있으며, 작업량을 10분의 1까지 줄일 수 있다.

■ **제품 워크플로** : MSC Apex는 스마트한 FEA/CAE 워크플로를 목표로 설계되었다. 대표적인 예로 3D 모델을 2D 모델로 빠르게 만들어주는 미드 서피스 추출 기능이 있다. 사용자는 MSC Apex에서 제공하는 워크플로를 통해 일반적인 CAD에서 해석이 가능한 FEA 모델까지 10배 이상의 생산성을 높일 수 있다.

■ **기반 기술** : MSC Apex는 제너레이티브 프레임워크를 통해서 CAD와 해석 데이터 간의 완전한 연관성을 가능하게 한다. 어셈블리 모델의 경우 일부 파트 변경이나, CAE 모델을 수정할 경우에 유용하다. 상위 모델이 수정되면 메시, 물성, 하중 등을 포함하여 수정된 사항이 하위 모델에 자동으로 동기화된다. 이러한 직접 모델링은 사용자에게 많은 이점을 제공한다.

■ **사용하기 쉽고 배우기 쉬움** : MSC Apex는 다양한 목적의 도구를 쉽게 사용할 수 있도록 설계되었다. 설치 시 내장된 튜토리얼, 비디오 기반 문서, 마우스 커서에 자동으로 나타나는 사용 방법과 같은 다양한 학습 도구를 제공한다

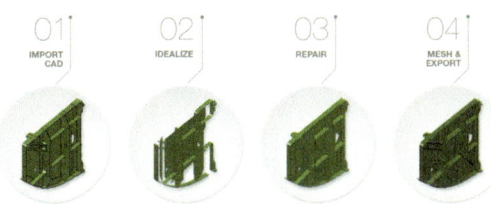

	Today's Workflow	MSC Apex Workflow
Expertise Required	High	Low
Analysis geometry creation	35h	3h
Mesh creation	3h	2h
Property Assignments	12h	.5h
Complete entire scenario	**50h**	**5.5h**

주요 기능

스케치

■ 선, 사각형, 원, 타원, Fillet, Chamfer 그리고 복잡한 형상을 스케치 평면 위에 직접 스케치
■ 기존 스케치의 형상을 Project, split, 수정 가능

CAD 수정

■ 점이나 선을 마우스 드래그를 이용해서 서피스 수정(Vertex/Edge drag)
■ 서피스를 마우스 드래그를 이용해서 솔리드 형상의 수정(Push/Pull)
■ 서피스의 자르기(Split), 채우기(Fill)
■ 메시에 영향을 주는 점을 추가/삭제, 선(curve)을 억제/억제 해제
■ 어셈블리에서 특정 파트만 교체 가능(Part Replace)

미드 서피스 생성 및 수정

■ 오프셋 옵션(자동, 일정한 두께, 사용자 입력 등)에 따라 미드 서피스 추출
■ 평면 또는 곡면 솔리드의 균일 또는 불균일한 두께의 중간면을 점진적으로 생성(Incremental mid-surface)
■ FEA 모델로부터 CAD 생성
■ FEA 모델로부터 Facet 형상과 Nurbs 형상 생성, 수정, remesh
■ 일부 FEA만 Facet 형상 생성 후에 메시 수정하면 기존 FEA의 물성, 두께, connector 등도 자동 업데이트
■ 2D, 3D FEA 모델로부터 2D, 3D CAD 생성
■ 생성된 CAD 내보내기 가능

메시 및 메시 수정

■ curve, surface, solid에 메시
■ Beam, Quad, Tria, Tet, Hex 메시
■ CAD가 수정될 때 자동으로 메시 재 생성
■ Feature Base Meshing, mesh Seeding, mesh control curve를 통한 메시 개선
■ 부품 연결을 용이하게 하는 Hard Point
■ 다양한 map mesh 옵션
■ 시각적인 element quality 확인 및 편리한 수정

모델 특성

■ 물성 생성 및 할당
■ 자동 두께 할당(균일하지 않은 단면 및 오프셋 특성 고려 가능)

■ **부품 연결 :** 접촉(Mesh Independent Die), RBE2/RBE3 요소 (Discrete Tie)

■ 중력, 하중, 강제 변위, 구속, 압력 하중

MSC Nastran과 상호 운용성

■ MSC Nastran 데이터(bdf,op2,h5) 지원, 가져오기 및 내보내기

■ Adams/Car 모델 및 결과 데이터 확인 가능

■ 단일 환경에서 Adams/Car 결과 데이터를 구조 FEA 모델에 연결 및 하중 매핑 가능

후처리

■ 이미지 캡처/동영상 녹화 기능 포함

■ 멀티뷰를 통한 결과 탐색 환경 지원

Python 기반의 API를 통한 자동화

■ 반복적인 작업을 자동화하고 사내 워크플로를 개발할 수 있는 사용자 정의 도구

■ 완벽한 통합 개발 환경(IDE) 지원

■ 코딩 없이 Micro Record/Play로 간편한 사용

MSC Apex | Structures - Computational parts 기반의 구조 해석

MSC Apex Structures는 유한 요소 해석 솔버가 통합된 모듈로 사용자에게 선형(비선형 기능 지원 예정) 구조 해석에 대한 접근을 제공한다. 현재 MSC Apex는 선형 정적, 선형 좌굴, 노말 모드 및 주파수 응답 해석을 포함한 4가지 유형의 선형 해석을 지원한다.

MSC Apex Structures는 시나리오 정의, 해석 준비 상태 확인 및 통합 솔버를 위한 직관적인 사용자 인터페이스가 포함된 패키지이다. 사용자 인터페이스와 솔버의 통합은 사용자에게 FEA 모델을 대화식으로 그리고 점진적으로 검증하고 해결할 수 있는 고유한 기능을 제공한다. 이 점진적인 검증 및 해석은 전처리/후처리 프로세스와 솔버가 분리되어 매우 시간이 많이 소요되는 기존 FEA 워크플로에 대한 창의적이고 지능적인 방식의 변화이다.

MSC Apex - MSC Nastran - MSC Apex의 워크플로를 지속적으로 확장하여 사용자는 다양한 설계 단계 및 작업에 따라 최상의 시나리오를 선택할 수 있다.

■ **시나리오 1 – MSC Nastran 솔버 사용 :** 기존의 MSC Nastran 솔버 사용자는 MSC Nastran 솔버를 사용한다.

■ **시나리오 2 – MSC Nastran 솔버를 지원하는 내장된 MSC Apex Structures :** 통합된 솔버는 해석 사전 검증 기능을 이용해서 FEA 모델을 생성한다. 생성된 FEA 모델을 MSC Nastran으로 외부에서 해석할 수 있으며 MSC Apex를 통해서 후처리 작업이 가능하다.

■ **시나리오 3 – 내장된 MSC Apex Structures 솔버 사용 :** 내장된 MSC Apex 솔버의 모든 기능을 할 수 있다.

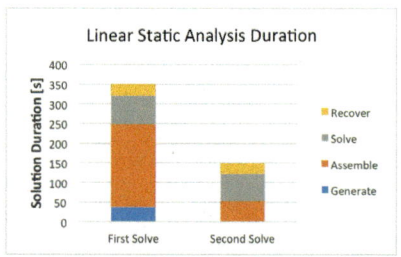

주요 기능

선형 구조 해석

4가지 선형 해석을 제공한다.

■ 선형 정적 해석   ■ 노말 모드 해석

■ 선형 좌굴 해석   ■ 주파수 응답 해석

점진적인 검증 및 해석

■ **사전 해석 검증 기능 :** CAD 무결성, 메시 품질, 물성 정보, 하중 및 구속 조건, 파트 간의 연결 요소 및 시뮬레이션 설정을 해석 전에 검증

■ **여러 개의 시나리오 관리 :** 모델, 해석 결과 출력, 해석 종류 등에 따라 가능

■ **사용자 선택 해석 :** 단품, 서브 어셈블리, 전체 어셈블리

제너레이티브 프레임워크

상위 객체가 수정되면 시뮬레이션 결과를 빠르게 업데이트한다.

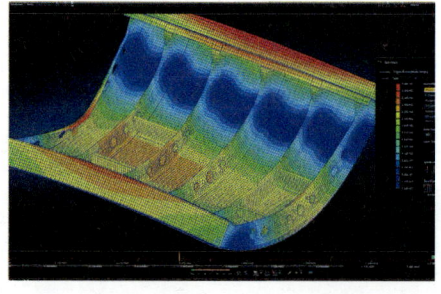

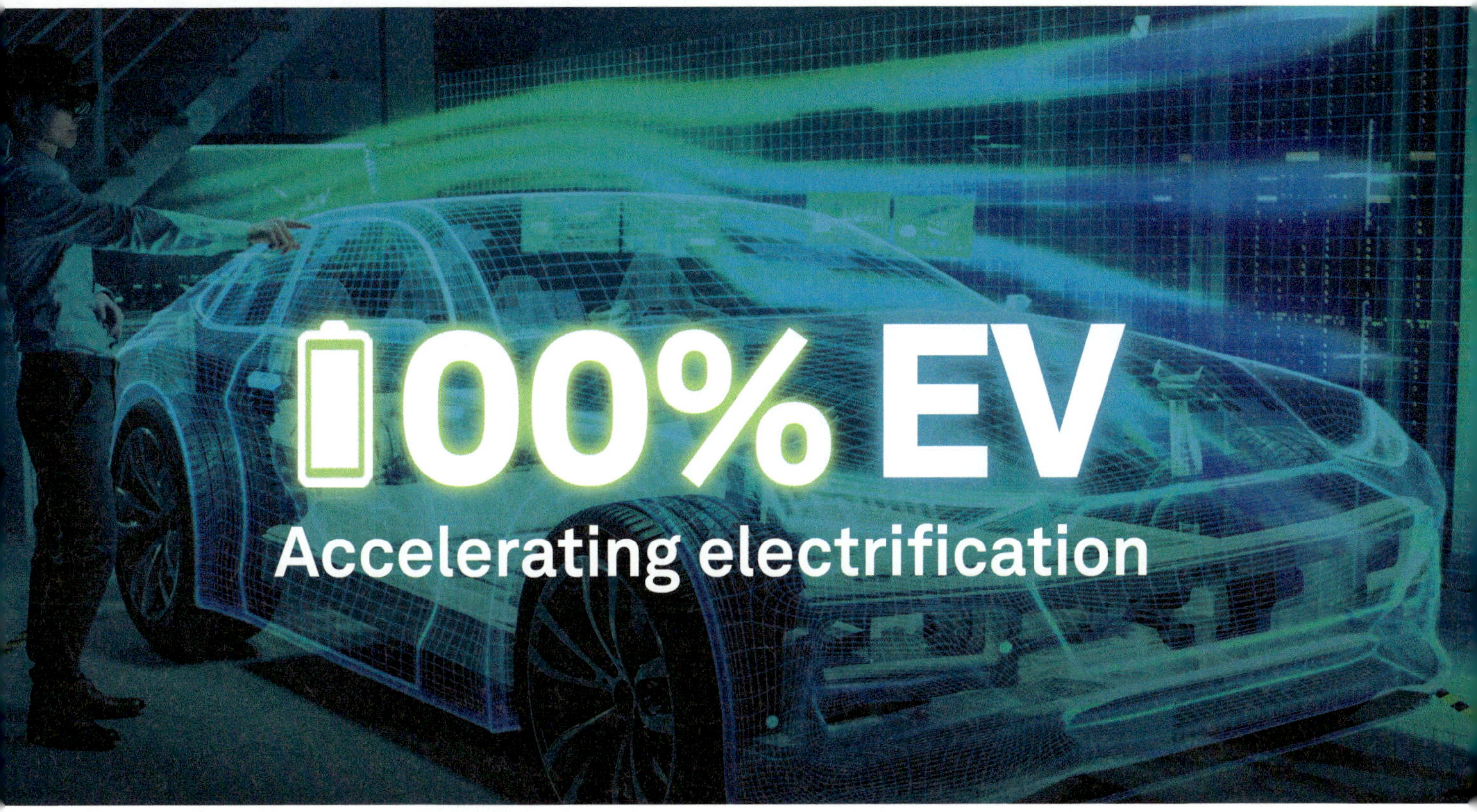

구조 해석

MSC Nastran

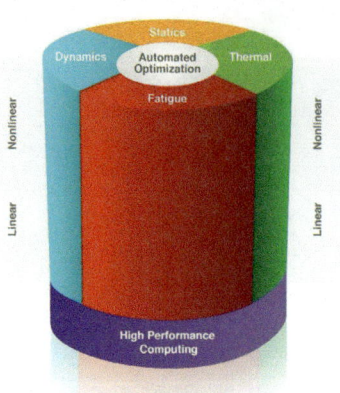

개발 MSC Software, www.mscsoftware.com/kr

자료 제공 한국엠에스씨소프트웨어, 031-719-4466, www.mscsoftware.com/kr

MSC Nastran은 세계 최초의 FEA 구조 해석 코드로 오늘날에도 다양한 산업 및 응용분야에서 자리잡고 있다. 다분야 구조 해석 솔루션으로서 자동화된 구조 최적화와 함께 선형 및 비선형 영역의 정적, 동적, 열 해석과 내장된 피로 해석 기술을 고성능 컴퓨팅을 통해 구현한다. MSC Nastran 은 업계에서 신뢰받고 있는 솔루션으로 일관되고 정확한 결과를 제공한다. 엔지니어들은 MSC Nastran을 사용하여 '항상 올바른 결과'를 얻을 수 있다.

제조업체는 제품 개발 프로세스의 다양한 시점에서 구조 해석에 대한 MSC Nastran의 고유한 다분야 접근 방식을 활용한다. MSC Nastran은 다음과 같이 사용된다.

■ 설계 프로세스 초기에 기존 물리적 프로토타입 대신 가상 프로토타입의 사용으로 비용 절감
■ 제품 서비스 중 발생할 수 있는 구조적 문제 해결, 서비스 중단 시간 및 비용 절감
■ 기존 설계의 성능을 최적화하거나 제품의 차별화 요소를 개발하여 경쟁업체 대비 업계 우위 확보

MSC Nastran은 정교한 수치 기법 기반의 뛰어난 유한요소 해석 솔루션이다. 비선형 유한요소 문제들은 내장된 implicit 또는 explicit 수치 기법을 통해 해결할 수 있다.

MSC Nastran의 장점

■ **다분야 구조 해석** : 종합적인 수준의 엔지니어링 해석 기능을 구축하기 위해서는 여러 소프트웨어 솔루션을 도입해야 하며 사용자는 각각의 새로운 도구에 대한 교육을 받아야 한다. MSC Nastran은 여러 분야에 대한 해석 기능을 갖추고 있어 하나의 구조 해석 솔루션으로 다양한 엔지니어링 문제를 해결할 수 있다.

■ **구조 어셈블리 모델링** : 하나의 구조 부재만으로 해석되는 경우는 거의 없다. 구조 시스템은 수많은 요소로 구성되며 전체 모델로 해석되어야 한다. MSC Nastran은 시스템 수준의 구조 해석을 위해 여러 구성 요소를 결합하는 다양한 방법을 제공한다.

■ **자동화된 구조 최적화** : 설계 최적화는 제품 개발 과정에서 중요한 요소지만 반복적인 많은 수작업을 요구한다. MSC Nastran은 허용된 설계 영역에서 최적의 구성을 자동으로 찾는 최적화 알고리즘을 제공한다.

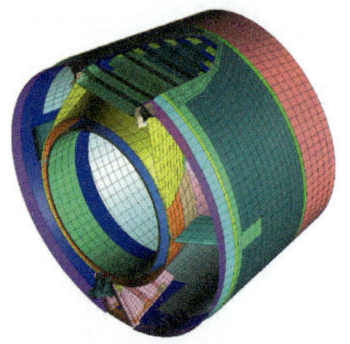

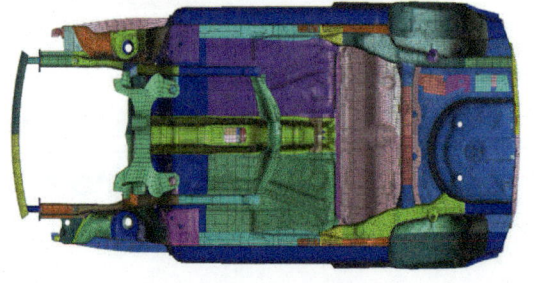

적용 효과

다분야 구조 해석

다양한 업체의 여러 구조 해석 소프트웨어를 사용할 필요 없이 단일 플랫폼에서 정적 및 동적(NVH와 소음 포함), 열, 좌굴 분야에 대한 선형 또는 비선형 해석을 수행할 수 있다. 내장된 피로해석 기술을 통해 피로 해석을 수행하여 피로 수명을 결정하기 위한 시간을 대폭 절감할 수 있다. Digimat과 Mean-field Homogenization 커플링을 위한 사용자 정의 서비스와 내장된 점진적 파손 해석을 통해 최신 복합재와 섬유 강화 플라스틱의 거동을 평가한다.

구조 어셈블리 모델링

메시를 연결하는데 많은 시간이 소요되었던 기존 방식에서 불일치하는 메시를 Permanent Glue를 통해 신속하게 연결할 수 있다. 특수 커넥터 요소를 통해 용접 또는 패스너로 구성된 어셈블리를 빠른 시간 내에 구성할 수 있다. Superelement를 사용하여 대형 어셈블리의 재해석을 빠르게 수행하고 선택적으로 설계 정보의 보안을 유지하면서 Superelement들을 다른 제조업체와 공유한다. 여러 파트로 구성된 어셈블리 설계에서 contact 해석을 수행하고 contact 응력과 영역을 결정할 수 있다.

자동화된 구조 최적화

재료 물성, 형상 치수, 하중 등과 같은 다양한 설계 변수들로 응력, 질량, 내구 수명 등에 대해 최적화를 지원한다. 형상 최적화를 통해 구조 멤버의 단면 형태나 형상을 개선한다. Topometry 최적화를 통해 복합재 적층 판의 최적 두께를 찾는다. Topography 최적화를 통해 판금 부품에 대한 최적의 비드 또는 스탬프 패턴을 결정한다. 위상 최적화를 통해 과다 또는 불필요한 볼륨을 제거하여 최적 형상을 결정한다. 다중 모델(Multi Model) 최적화를 통해 여러 수준 또는 여러 분야의 모델들에 대한 최적화를 한 번에 수행한다.

소성/용접/성형 해석

Simufact

개발 Simufact Engineering, www.simufact.com

자료 제공 한국엠에스씨소프트웨어, 031-719-4466, www.mscsoftware.com/kr

Simufact : 금속 가공 산업을 위한 가상 제조

Simufact는 금속 성형(Forming), 용접(Welding), 열처리(Heat treatment), 적층(AM, Additive Manufac-turing) 공정에 대한 해석을 수행할 수 있는 시뮬레이션 솔루션이다. Simufact 솔루션을 통해 블랭킹, 와이어/빌렛 전단 가공, 다단계 성형, 펀칭, 트리밍, 열처리, 기계적 접합, 용접 및 적층 공정 등을 시뮬레이션할 수 있어, 제조 공정 최적화 및 비용 절감이 가능하다.

Simufact Forming : 완벽한 3D 기능을 통해 금속 성형 제조 프로세스에 대한 정확한 시뮬레이션 수행

- 단조(Forging), 성형(Forming) 해석
- 박판 성형(Sheet metal forming) 해석
- 압연(Rolling, Ring rolling) 해석
- 자유단조(Open die forging) 해석
- 열처리(Heat treatment) 해석
- 기계적 접합(Mechanical joining) 해석

Simufact Welding : 복잡한 용접 공정 중 발생하는 용접 변형 및 잔류 응력 예측

- 아크 용접(Arc welding) 해석
- 레이저 빔 용접(Laser beam welding) 해석
- 전자 빔 용접(Electron beam welding) 해석
- 브레이징(Brazing) 해석
- 저항 점 용접(Resistance spot welding) 해석
- DED(Direct Energy Deposition) 해석
- 열처리(Heat treatment) 해석
- 냉각(Cooling) 공정 해석

Simufact Additive : 변형, 잔류 응력 등 금속 3D 프린팅 출력물의 결과 예측

- 적층(Additive Manufacturing, Build-up) 공정 해석
- 서포트(Support) 절단(Cutting) 및 제거(Removal) 공정 해석
- 열처리(Heat treatment) 해석
- 힙(HIP, Hot Isostatic Press) 공정 해석
- Metal Binder Jetting – Sintering 공정 해석

주요 기능

- 병렬처리(Parallel Processing)를 통한 해석 속도 증대
- 직관적이고 사용자 편의성을 고려한 사용자 인터페이스
- Simufact Forming
- 복잡한 기계장치의 기구학적 특성 고려
- 소재의 비선형 재료 특성(소성, 변형률, 온도 효과) 고려
- 성형 공정 해석 결함 예측
- 열역학적 특성 고려 : 초기 가열 조건, 성형 및 마찰로 인한 온도 상승, 소재/환경 간 열전달

- 미세 조직(Micro-structure) 거동 예측
- 재료 물성 데이터베이스 제공
- Simufact Welding
- 복잡하고 다양한 용접 공정(순서, 속도, 열량 등) 시뮬레이션
- 용접 공정 및 용접 후 변형, 잔류 응력 예측 및 용접 결함 파악
- 다양한 용접 열원 및 구속조건 모델
- 상 변화(Phase transformation)를 고려한 용접해석
- 열영향부(Heat affected zone) 예측 및 용접 후 강도 평가
- Simufact Additive
- 적층 공정의 각 단계별 응력, 변형 및 크랙(Crack) 예측
- 매크로(Macro) 해석 기능: 보정(Calibration) 기능
- 메조(Mezo) 해석 기능: 열 및 열–구조 연성해석
- 적층 해석 결과와 실제 출력물 또는 초기 설계 데이터와 비교 분석 기능

적용 효과

- 성형, 용접 및 적층 공정 시뮬레이션을 통해 공정
- 설계 최적화 및 생산 비용 절감
- 성형 해석과 용접 해석의 연계해석을 통해 실제 제조 공정 설계 및 제품의 품질 향상

CAE 라이선스 관리

MSCOne

개발 MSC Software, www.mscsoftware.com/kr

자료 제공 한국엠에스씨소프트웨어, 031-719-4466, www.mscsoftware.com/kr

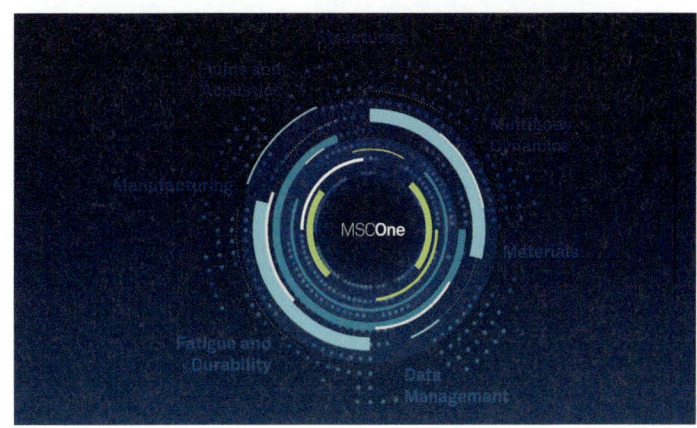

MSCOne은 유연한 토큰 기반 라이선스 시스템으로 운영되며, 토큰을 이용해 MSC Software의 모든 시뮬레이션 포트폴리오를 활용할 수 있다.

연간 구독방식(서브스크립션) 서비스로 제공되는 MSCOne은 다양한 분야의 엔지니어링 소프트웨어를 사용할 수 있어, 사용자는 제품 개발을 위해 비용 효율적인 환경을 운영할 수 있다.

MSCOne의 주요 효과는 다음과 같다.

■ 소프트웨어 사용 규모 및 프로젝트의 운영 계획에 맞게 사용량을 유연하게 조정할 수 있다.
■ 다양한 분야의 해석 소프트웨어를 활용한 Co-Simulation 혹은 다중 해석을 통해 파트 혹은 시스템 거동을 보다 정확하게 예측할 수 있다.
■ MSC Apex, MSC Nastran, Patran, Adams, Marc, SimManager, MaterialCenter 등을 포함한 MSC의 시뮬레이션 포트폴리오를 폭넓게 활용할 수 있다.
■ 별도의 추가 비용 없이도 업데이트되는 최신 버전을 사용할 수 있으며, 구독 중 추가되는 제품에 대해 선택적으로 확장 사용이 가능하다.
■ 구독 기반 토큰 시스템을 사용하면 토큰 풀(Pool)을 받게 된다. 소프트웨어 사용 시 토큰은 토큰 풀에서 차감되고, 소프트웨어 사용이 종료되면 토큰이 다시 풀에 반환되는 형식으로 운영된다. 각 소프트웨어를 실행할 때 필요한 토큰의 개수는 모두 다르게 책정되어 있다.

다양한 기업에서 MSCOne 제품을 사용해 이점을 얻을 수 있다.

■ 제품 개발 단계에서 다양한 분야의 시뮬레이션을 수행하는 대규모 글로벌 기업
■ 비용 효율적인 방법으로 엔지니어링 요구사항을 충족하고자 하는 중소 규모의 기업
■ 프로젝트별 소프트웨어 사용량이 달라 특정한 제품에 대한 투자가 어려운 컨설팅 기업

MSCOne^{Starter Edition}

처음 사용자를 위해 제공되는 MSCOne^{SE}은 다양한 분야의 엔지니어링 소프트웨어를 저렴한 비용에 위험 부담을 낮춘 솔루션으로 제공한다.

MSCOne^{Extended Edition}

MSCOne^{XT}는 MSCOne의 확장 버전으로 끊임없이 진화하는 MSC Software 툴 세트에 대한 액세스를 제공한다.

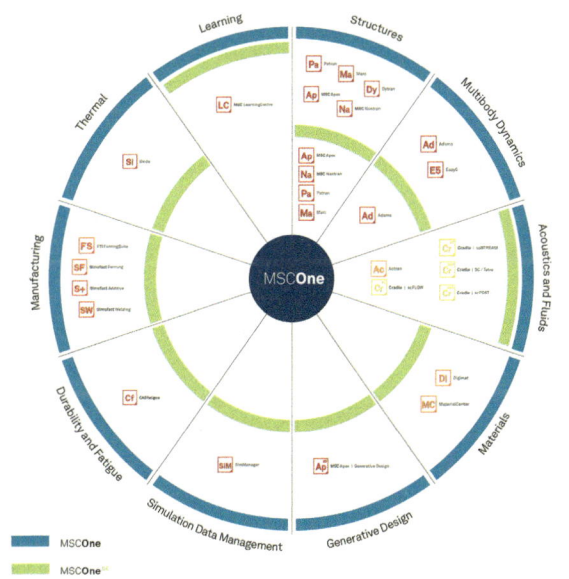

복합재 해석

Multiscale Designer

개발 및 자료 제공 한국알테어, 070-4050-9200, www.altair.co.kr

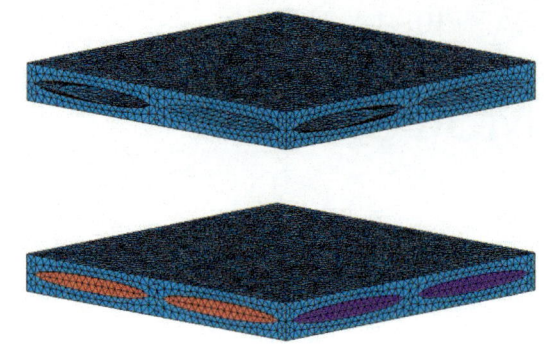

MultiScale Designer는 미시적 관점에서 표현되는 이종재료들을 이용하여 복합재료 물성치 개발 및 평가하는 솔루션으로, 개발된 복합재료 물성치를 해석 모델에 적용하여 시뮬레이션을 할 수 있다.

애플리케이션에는 설계를 위한 다중 스케일 재료 모델링, 파단 평가, 크리프, 피로, 파괴 및 충격 시뮬레이션 등을 포함하고 있다.

주요 특징

■ **복합 설계 프로세스 개선** : 직관적인 3단계 프로세스를 통해 예측성과 계산 효율성이 높은 단일/다중 스케일 재료 모델을 개발하고, 짧은 시간에 더 나은 설계를 할 수 있다.

■ **알테어의 웹 기반 재료 물성 DB인 Altair Material Data Center와 연결** : 금속(철 및 비철), 폴리머(열가소성 및 열경화성 수지), 섬유(아라미드, 탄소, 유리) 등 검증된 테스트 결과를 기반으로 구축된 다양한 재료 물성들을 활용할 수 있다.

■ **여러 FEA 솔버에서 활용 가능** : 단일/다중 스케일 재료 모델을 외부에서 생성된 모든 모델에서 사용할 수 있도록 하는 구조 시뮬레이션 솔버를 위한 플러그인을 제공한다. OptiStruct 및 Radioss와 타사의 솔버에서도 사용할 수 있다.

주요 기능

■ **가상 테스트 랩** : 정의된 테스트의 전체 시뮬레이션을 수행하기 위해 구조 모델의 매개변수 라이브러리에서 국제 ASTM/ISO 테스트 시편에 다중 또는 단일 스케일 재료 모델을 적용한다. 결정론적(평균값 응답) 및 확률론적(확률 분포 함수 응답, 평균값 및 표준 편차) 재료 모델을 사용하여 실제 변동을 제대로 설명할 수 있다.

■ **사출 성형 재료 모델** : 이방성 강화 사출 및 압축 성형 재료의 구조 시뮬레이션을 위한 예측 가능성이 높고 효율적인 재료 모델을 개발하기 위한 방법론을 제공한다.

구조 해석, 최적화

nTopology

개발   nTopology, www.ntopology.com

자료 제공   하비스탕스, 02-3144-0119, www.harvestance.com

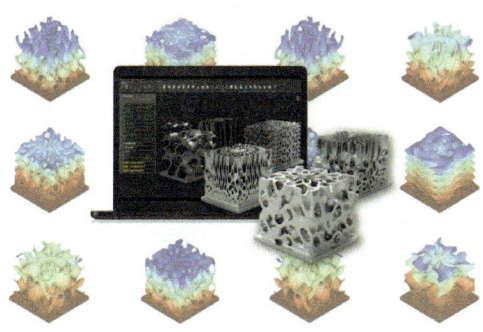

미국 nTopology사에서 개발한 nTopology 소프트웨어는 차세대 제조를 위한 디자인 및 엔지니어링 소프트웨어이다. 음함수 모델링(Implicit Modeling) 기반의 설계를 통하여 실패 없이 자유로운 디자인을 생성할 수 있다.

자동차, 항공우주, 의료 및 디자인 산업 등에 적용할 수 있는 초경량, 고성능 맞춤화 제품 디자인을 위한 다양한 래티스(Lattice) 구조부터 위상 최적화(Topology Optimization), 컨포멀 텍스처링/리빙 기능을 제공하고 있다.

또한, Static Analysis를 통한 시뮬레이션 결과 등 다양한 데이터를 디자인에 반영할 수 있어, 디자인과 엔지니어링을 함께 진행하여 효율적이고 경쟁력 있게 제품을 개발할 수 있다.

주요 특징

nTopology는 엔지니어들이 고성능 파트를 빠르게 생성할 수 있는 Computational Modeling 플랫폼이다. 음함수 모델링(Implicit Modeling) 기반의 nTopology는 형상의 복잡도, 사이즈에 상관없이 신속하게 오류 없이 고성능 제품 디자인을 완성한다. 래티스 설계, 위상 최적화, 구조 해석 기능과 해석 결과를 반영할 수 있는 Field/Data-Driven Design 기능을 통해 차세대 엔지니어링 설계를 진행할 수 있다. 조직 내에서 효율적인 작업을 수행할 수 있도록 nTopology는 커스텀 워크플로를 생성할 수 있으며, 이 모든 워크플로는 조직 내에서 다른 사용자와 공유할 수 있다.

주요 기능

■ **Implicit Modeling** : 음함수 기반의 모델링을 통해 기하학적인 디자인 생성과 불리언(Boolean), 스무딩(Smoothing) 등 디자인

편집을 빠르고 깨짐 없이 진행할 수 있으며, 맞춤형 디자인이나 지그, 픽스처 설계를 신속하고 정확하게 진행 가능

■ **Lattice Design** : 경량화/ 맞춤 디자인을 위한 다양한 격자 구조 및 표면적을 극대화해 열 교환 성능을 향상할 수는 TPMS 구조 등을 통하여 고성능 파트 설계 가능

■ **Field/Data Driven Design** : 시뮬레이션 결과 및 객체 데이터 등 다양한 데이터를 래티스(Lattice)나 리브 등에 적용하여 디자인을 최적화/ 다양화할 수 있음

■ **Conformal Ribbing & Texturing** : 제품의 심미성을 향상시키거나 구조적으로 보강할 수 있도록 텍스처링이나 리빙 기능을 지원하며, 표면을 따라 부드럽고 컨포멀하게 디자인이 가능

■ **Topology Optimization** : Stress, Displacement와 같은 구조적 반응과 형상에 대한 목표와 제약 조건 설정

■ **Simulation** : 제품의 구조적 성능 분석을 위하여 Static Analysis부터 Modal, Thermal, Buckling Analysis 기능을 제공. 더불어 복잡한 격자구조의 신속한 해석을 위하여 Beam Element, Homogenization 해석 기능을 제공

■ **Custom Workflow 생성** : 반복되는 워크플로나 맞춤형 프로세스를 단일 워크플로(Block)로 생성할 수 있으며, 이 모든 커스텀 block은 조직 내에서 다른 사용자와 공유하여 사용 가능

도입 효과

nTopology의 음함수 모델링, 다양한 패턴(Lattice, Texturing, Rib), 위상최적화 기능과 해석 기능을 통해 기존 제품의 성능이나 디자인을 향상하는 것부터 새로운 제품을 신속하고 경쟁력 있게 디자인할 수 있다. 최적화 설계나 Data-Driven Design을 통해 파트의 중량을 감소하거나 일체화를 통한 조립이나 볼팅 공정 등을 단축할 수 있으며, 3차원의 곡면 구조를 적용한 고성능 열교환부 등 설계를 진행할 수 있다. 또한 Computational Modeling 기능을 통해 사용자는 정확한 수치와 완전한 제어를 통해 설계와 엔지니어링을 진행할 수 있고, 이 모든 워크플로를 사용자가 맞춤화하여 협업할 수 있다.

인공지능

ODYSSEE

개발 CADLM, www.mscsoftware.com/kr

자료 제공 한국엠에스씨소프트웨어, 031-719-4466,
www.mscsoftware.com/kr
한국시뮬레이션기술, 031-903-2061, www.kostech.co.kr

CADLM : ODDYSEE를 이용한 설계공간 최적화

CAE 시뮬레이션 통찰력을 인공지능, 머신러닝 및 차수축소 모델(ROM)을 통해 극적으로 확장할 수 있다. CADLM의 ODDYSEE는 MSC의 모든 시뮬레이션 소프트웨어에 포인트 솔루션 또는 멀티피직스 툴 체인으로 연결되는 독창적이고 매우 강력한 소프트웨어 플랫폼이다.

ODDYSEE는 최적화, 머신러닝 및 AI 도구를 사용하여 실시간 파라메트릭 시뮬레이션을 통해 제품 설계와 개발을 가속화한다. 데이터 내에 포함된 정보의 가장 중요한 부분을 보존하면서 데이터의 볼륨을 줄이기 위해 대수적 또는 머신러닝 솔루션을 사용한다. 이는 일반적으로 디컴포지션 또는 머신러닝 또는 다른 효율적인 데이터 융합 기술을 통해 이루어진다. 이러한 기술을 통해 기존의 실험 또는 시뮬레이션 결과를 기반으로 온보드 및 실시간 애플리케이션을 만들 수 있다. 대표적인 애플리케이션으로는 최적화, 파라메터 민감도 분석 및 강건성이 있다.

ODDYSEE는 CADLM의 강력한 모듈(Lunar, Quasar 및 Nova)의 포트폴리오이다. 독특하고 강력한 CAE 중심의 혁신 플랫폼으로, 사용자가 머신러닝, 인공지능, 차수축소모델(Reduced Order Modeling) 및 디자인 최적화를 워크플로에 적용할 수 있다.

ODDYSEE는 모든 산업에서의 설계 문제에 적용 가능하다. CADLM을 사용하고 있는 주요 고객은 자동차, 항공우주, 에너지, 생체역학, 방위, 모터스포츠, 소프트웨어와 Physics에 관계없이 사용 가능하며, 구조, 열, CFD, 음향(MSC Nastran, Marc, Adams, Cradle CFD, Actran) 분야와 함께 사용할 수 있다.

ODYSSEE.Lunar : 실시간 파라메트릭 디자인 및 최적화

Lunar를 사용하면 매우 적은 시뮬레이션에 기반한 파라메트릭 설계 및 최적화를 통해 프로젝트의 주요 단계를 실시간으로 관리할 수 있다.

- **개념 설계** : 파라메터 연구, 시행착오
- **상세 모델링** : 최적화, 모델 피팅
- **유효성 검사** : 신뢰성 연구, 강건성

ODYSSEE는 다음을 포함하고 있다.

- 머신러닝 & AI
- 통계, 데이터 마이닝, 데이터 융합
- 최적화 및 강건성
- 프로세스 디스커버리
- 이미지 인식 및 압축

구조 해석

OpenBridge

개발 벤틀리시스템즈, www.bentley.com

자료 제공 벤틀리시스템즈코리아, 02-557-0555, www.bentley.com/ko

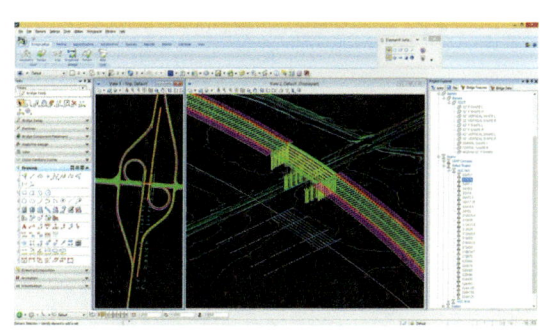

OpenBridge는 교량 설계, 모델링 및 해석 소프트웨어로, 강철 및 콘크리트 교량의 수명 주기 전체에서 사용할 수 있는 상호 운용 가능한 물리적 모델 및 해석 모델을 생성한다.

주요 특징

모델링, 해석 및 설계를 하나의 종합 교량 솔루션으로 해결할 수 있다. 콘크리트 및 강철 교량 모두를 위한 설계 및 시공 필요 사항을 충족한다.

주요 기능

■ **교통량 하중 해석 및 평가:** 도구 세트를 사용하여 기존 및 신설 교량에 대한 교량 모델링, 해석, 하중 평가를 간소화한다. 검증을 위해 다양한 국제 설계 코드 사양과 평가 방법을 활용한다.

■ **도로 형상 및 지형 포착:** GEOPAK, Bentley InRoads 또는 MXROAD와 같은 Bentley 도로 관련 제품에서 직접 얻은 토목 데이터를 재사용하고, LandXML 파일에서 도로 정보 및 지상 데이터를 가져온다.

■ **다분야 교량 팀과의 업무 조정:** 교량 형상, 재료, 하중, 프리스트레싱 강연선 패턴 및 전단 철근을 포함한 프로젝트 정보를 교환하여 의사 결정을 개선한다. 실시간 협업으로 엔지니어링 컨텐츠 관리를 간소화하고 교량 라이프사이클 동안 데이터를 공유 및 재사용하고 용도를 재설정하여 설계 오류 및 시공 사안의 위험성을 최소화한다.

■ **콘크리트 교량 설계 및 해석:** 프리캐스트, 현장 콘크리트, 철근 콘크리트, 포스트텐션을 포함한 모든 유형의 콘크리트 교량을 설계하고 해석한다. 데이터를 스마트하게 관리하고 파라메트릭 방식으로 모델링하며 도면 생성을 자동화하여 교량 납품 프로세스에 혁신적인 변화를 일으킨다.

■ **강교 설계 및 해석:** 여러 국제 설계 표준(RM Bridge)과 AASHTO LRFD 표준 사양(LEAP Bridge Steel)을 따라 강교를 모델링, 설계, 해석 및 평가한다.

■ **교량 프로젝트 성과품 생성:** 세부 보고서를 생성한다. 단면도, 입면도, 평면도를 위한 3D 모델과 2D 도면을 생성한다.

■ **상세화 소프트웨어와의 상호 운용성:** ProStructures에 연결하여 바마크, 일정, 수량, 도면을 포함한 세부 보강근 설계를 개발한다.

■ **교량 프로젝트 변경 사항 관리:** 지능형 교량 모델을 수월하게 업데이트하고 기본 제공되는 교량 구성 요소 간의 파라메트릭 관계를 활용하여 프로젝트 변경 사항에 대응한다.

■ **교량 충돌 탐지 수행:** 기존 인프라와 교량 구조물의 충돌 해석을 수행하여 위험을 완화하고 시간을 절약하며 빌딩 오류를 제거하고 프로젝트 비용을 절감시킨다. 3D 또는 표 형식으로 충돌을 확인할 수 있다. 콘크리트 철근 및 다른 매립물과의 충돌을 탐지하고 인접 구조물과 도로 간의 필수 최소 간격을 확인할 수 있다.

■ **i-model 사용:** i-model을 사용하여 프로젝트 모델과 정보를 교환할 수 있다. i-model을 사용하면 정보 공유, 배포 및 설계 검토를 위한 특별하고 강력한 워크플로우가 구현 가능하다. 이 워크플로우는 ProjectWise 및 i-model의 강력한 기능을 활용하는 다른 제품과 서비스를 사용하여 더욱 기능을 강화할 수 있다.

■ **시공 순서 및 단계 조정:** 단계별 시공에서 각 단계를 조사한다. 즉 결과를 비교하고 관련 단계를 탐지하며 증명 확인을 위한 결과 포락선을 생성한다. 시공을 시작하기 전에 크리프, 수축 및 이완을 검토하고 문제를 해결할 수 있다.

■ **교량 설계 시각화 작업:** 교량 상부구조와 하부구조의 즉각적인 3D 시각화를 경험할 수 있다. 설계를 시각화하고 작업하는 모델링 입력을 신속하게 검증한다. 불투명 및 투명 보기 옵션을 사용하여 종단면, 입면, 횡단면을 확인함으로써 복잡한 형상 영역을 탐색할 수 있다.

도입 효과

모든 브리지 설계 프로젝트의 시작부터 끝까지 하나의 종합 패키지로 사용할 수 있다. 하나의 솔루션을 사용하여 교량 수명 주기 내내 사용할 수 있는 강철 및 콘크리트 교량 모두에 대해 상호 운용 가능한 물리적 모델 및 해석 모델을 만들 수 있다.

주요 고객 사이트

GS건설, 삼성물산, 현대건설, 경동엔지니어링, 제일 엔지니어링 외 다수

유동 해석

OpenFOAM

개발   The OpenFOAM Foundation, www.openfoam.org
OpenCFD Ltd, www.openfoam.com

자료 제공   넥스트폼, 070-8796-3019, www.nextfoam.co.kr

Open Source Field Operation and Manipulation (OpenFOAM) C++ Library
- Pre-processing: Utilities, Meshing Tools
- Solving: User Applications, Standard Applications
- Post-processing: ParaView, Others e.g.EnSight

오픈폼(OpenFOAM : Open Field Operation and Manipulation)은 GNU GPLv3를 라이선스를 사용하는 오픈소스 전산유체역학 프로그램이다. 누구나 자유롭게 다운로드받아 사용할 수 있으며 수정 및 재배포가 가능하다. 그래서 전 세계의 수많은 연구자들에 의해 계속 개발되고 있으며, 개발자가 한정되어 있는 일반 상용 프로그램에 비해 매우 빠른 속도로 새로운 기능들이 개발되고 있다.

오픈폼은 'CFD Tool box'라는 구조에서 다른 프로그램들과 구분된다. 일반적인 프로그램은 유체 해석을 위한 완결된 애플리케이션(솔버)을 제공하는 것이 목적이지만, 오픈폼은 자신에게 맞는 애플리케이션을 만들기 위해 필요한 각종 기반 코드들을 제공한다. 전산유체역학의 적용 분야와 물리 현상들이 매우 다양하기 때문에 이와 같은 구조는 특정 문제에 효과적인 솔버 개발에 유리하다. 이렇게 개발된 다양한 물리현상에 대한 솔버들도 정식으로 배포된 오픈폼에 포함되어 있으며(Standard application), 개인들이 공개한 솔버들도 많이 있어 모두 사용이 가능하다.(User application)

- The OpenFOAM Foundation(www.openfoam.org)
- OpenCFD Ltd(www.openfoam.com)
- FOAM-Extend Project(sourceforge.net/projects/openfoam-extend)

장점

- CFD 해석을 위한 다양한 기반 코드들이 제공되기 때문에 자신만의 솔버를 쉽게 만들 수 있다.
- 비압축성, 압축성, 열전달, 다상유동, 반응유동, 입자유동, 전자기장, 희박기체, 구조역학 등의 다양한 물리현상에 대한 해석 모델과 솔버를 제공한다.
- 코드가 공개되어 있어 기능 추가, 다물리 연성해석, 해석 프로세스 자동화 및 다른 응용 프로그램과의 연동이 가능하며, 기계학습, 인공지능, 디지털 트윈 등의 4차 산업 기술과의 융합이 용이하다.
- 대규모, 대용량 해석에서 HPC 사용을 위한 라이선스 비용 부담이 없다.
- 상용 전처리, 후처리 프로그램과의 호환성이 뛰어나다.
- 대규모, 대용량 계산에 필요한 라이선스 비용이 없으며 이를 대규모 전산장비 구축에 사용하면 해석 업무의 효율성을 획기적으로 높일 수 있다.

제품의 주요 특징

배포

1989년 영국 Imperial College에서 FOAM이라는 이름으로 개발이 시작된 OpenFOAM은 2004년 오픈 소스로 처음 배포되었다. 현재(2021)는 세 개의 기관에서 버전을 관리하는 동시에 개발 및 배포를 진행하고 있다. 보통 6~12개월 주기로 업데이트된 버전이 배포된다.

주요 기능

- 옥트리 기반의 3차원 비정렬격자 생성(snappyHexMesh, cfMesh 등)
- 타 프로그램의 격자 변환 기능
- 비압축성, 압축성, 열전달, 다상유동, 반응유동, 입자유동 등에 대한 다양한 표준 솔버 제공
- Paraview, Tecplot, Fieldview 등을 이용한 후처리 가능

복합재 해석

PAM-COMPOSITES

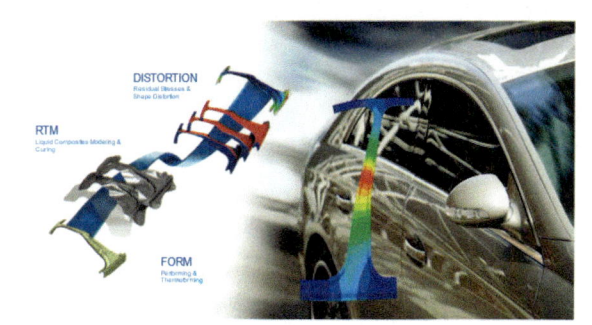

개발 ESI, www.esi-group.com

자료 제공 한국이에스아이, 02-3660-4500, www.esi-group.com

ESI의 PAM-COMPOSITES는 복합재료의 제조 공정을 단계별로 연속적으로 분석할 수 있으며, 이를 통하여 제조 결함을 최소화하고 최종 제품 품질을 높이기 위해 공정 변수를 정의 및 최적화할 수 있도록 한다.

PAM-COMPOSITES는 연속 섬유(탄소, 유리 또는 천연 섬유)로 만들어진 복합 부품 제조 전용의 유한 요소 해석 솔루션이다. 단방향, 직조 또는 복합방향성 직물 및 열경화성 또는 열가소성 매트릭스에 대한 검토를 지원하고 있다.

제품의 주요 기능 및 특징

PAM-FORM : 드레이핑 및 열간 성형

PAM-FORM은 건식 직물의 프리폼 성형 또는 열경화성 수지 또는 열가소성 수지로 만들어진 사전 함침된 재료(프리프레그)의 열 성형의 수행 공정을 시뮬레이션할 수 있다.

주요 적용 가능 공정

- 프리폼 성형
- 열가소성 수지 프리프레그의 열간 성형
- 열경화성 수지 프리프레그의 드레이핑

주요 공정 최적화 항목

- 금형의 구성
- 클램핑 조건
- 소재 및 금형의 온도
- 초기 소재 형상, 적층 및 방향

검토 가능 결과

주름, 두께, 브리징, 스트레인(전단 및 섬유 방향), 스트레스(전단 및 섬유 방향), 섬유 방향 및 부피 내용, 압축비

PAM-RTM : 액상수지 몰딩(Liquid Composite Molding : LCM)

PAM-RTM은 프리폼 또는 삽입물(Insert)을 포함하고 있는 프리폼에 수지를 주입하는 공정에 대한 시뮬레이션을 할 수 있다.

주요 적용 가능 공정

- 몰드 및 프리폼의 예열
- 압축 RTM(C-RTM)
- 수지 주입 몰딩(RTM)
- 고압 RTM(HP-RTM)
- 진공 보조 수지 주입(VARI)

주요 공정 최적화 항목

- 수지 게이트 및 배출구 위치와 모양
- 금형 가열
- 유동 매체의 위치와 유형
- 주입 압력 또는 유속

검토 가능 결과

함침 불가 영역(Dry Spot), 미소 기공 발생 정도, 공정 시간, 금형 및 프리폼의 온도, 금형 내의 압력

PAM-DISTORTION : 경화 및 뒤틀림 분석

PAM-DISTORTION은 열경화성 부품의 제조 공정에 의해 유발되는 잔류 응력 및 스프링인(Spring-in) 및 뒤틀림과 같은 기하학적 변형을 계산하기 위해 사용된다.

주요 적용 가능 공정

- 경화과정 중 재료 이력(온도 및 경화 정도)
- 금형과의 열적 및 기계적 상호 작용

검토 가능 결과

경화 시간, 경화 진행의 정도, 경화 중 내부 응력, 탈형 후 잔류 응력, 경화 중 변형, 탈형 후 변형

사출성형 해석

PAM-STAMP

개발 ESI, www.esi-group.com

자료 제공 한국이에스아이, 02-3660-4500,
www.esi-group.com

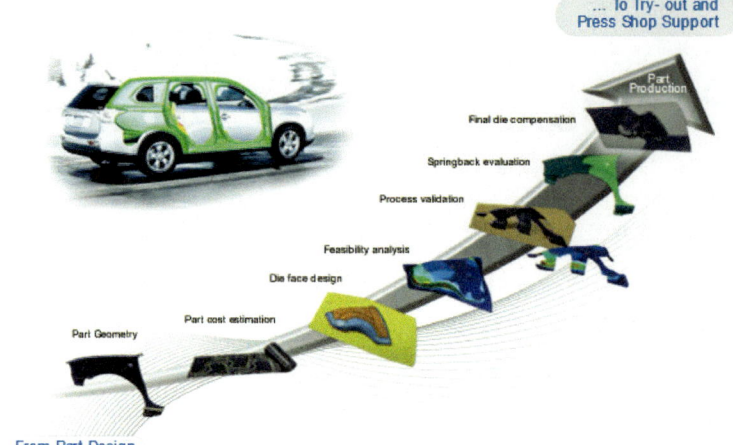

... To Try- out and Press Shop Support

From Part Design

ESI의 PAM-STAMP는 금형 공법 설계와 프레스를 사용한 모든 성형 해석이 가능한 소프트웨어로, 엔지니어는 PAM-STAMP를 활용하여 금형 공법 설계 및 프레스 성형 공정 최적화를 쉽고 빠르게 진행할 수 있다.

PAM-STAMP는 냉간 성형, 고온 성형, 관재를 이용한 굽힘 성형, TWB, Patched blanks 등 다양한 제조 공정이 가능하다. 이는 자동차, 전자, 항공, 조선 등 다양한 분야에서 사용하고 있다.

제품의 주요 기능 및 특징

■ 제품 역전개 해석(Inverse) : 제품 형상, 물성치, 두께 정보만 입력하여 초기 블랭킹 라인 및 제품 성형 가능성의 검토를 예측할 수 있다.

■ 공법 설계(Die Maker for CATIA v5) : 제품 데이터를 이용하여 설계자의 설계 의도대로 쉽고 빠르게 공법 설계를 수행할 수 있다. 일반 CAD System을 사용하는 것보다 상당히 빠르고 쉽게 공법 설계를 수행할 수 있으며, 해석과 연계 시 빠르게 공법 정의가 가능하다.

■ 고장력 강판 스프링백 해석(Springback) : 고장력 강판의 경우 일반 Mild Steel에 비해 스프링백이 매우 크게 나타나기 때문에 예측의 어려움이 많다. 하지만 Yoshida-Uemori 방정식을 이용하면 정확도가 향상된 결과를 확인할 수 있으며, 이를 실제에 적용하여 사용할 수 있다.

■ 스프링백 자동 보정 해석(Die Compensation) : 높은 스프링백 정확도를 바탕으로 자동 금형 보정을 수행한다. 또한 수정된 금형을 바탕으로 검증해석을 진행하며, 사용자가 원하는 치수 오차 범위까지 자동으로 금형 보정을 진행한다. 보정된 금형은 CAD 파일로 생성이 가능하며 기존 파일과 동일한 Quality를 가지기 때문에 NC 데이터로 활용하는 것 또한 문제가 없다.

■ 프레스/롤 헤밍 공정(Press Hemming/Roll Hemming) : 두 판넬에 대한 프레스 헤밍 및 롤 헤밍 해석이 가능하다. 이를 통해 제품 단차 및 Break Line 위치를 사전에 예측할 수 있다.

■ TWB 해석(Tailor-Welded Blank) : 이종 소재 및 두께가 다른 두 소재를 용접하여 사용하는 TWB 공법에 대한 해석이 가능하다. PAM STAMP 해석을 통하여 최적 용접라인 위치 및 용접라인의 이동량을 체크하는 것이 가능하다.

■ 핫프레스 포밍(Hot Press Forming) : 블랭크를 고온으로 가열 시 발생하는 팽창 및 공기에 의한 냉각 및 열 수축, 금형과의 열전달이 고려된 성형해석이 가능하다. 또한 금형 냉각채널 위치에 따른 냉각 성능해석이 가능하여 최적의 냉각채널 설계에 도움을 준다.

■ 금형 구조 해석(Deformable Tool) : 일반적인 성형해석은 해석 시간 때문에 금형의 변형을 고려하지 않는다. 하지만 고장력강에 의해 금형이 변형하는 사례가 빈번히 발생하며, 이를 해석적으로 사전에 예측할 수 있다.

■ 미세 굴곡 해석(Surface Defects) : 성형 후 발생하는 미세 굴곡을 예측할 수 있다. 다양한 표면굴곡을 예측할 수 있으며, 이를 시각화하여 보다 사용자가 쉽게 판단할 수 있도록 도와준다.

모델링

Patran

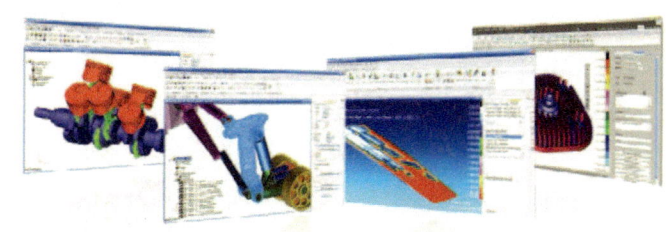

개발 MSC Software, www.mscsoftware.com/kr

자료 제공 한국엠에스씨소프트웨어, 031-719-4466,
www.mscsoftware.com/kr

Patran : 완벽한 유한요소 해석 모델링 솔루션

Patran은 유한요소 해석(FEA)을 위해 세계에서 가장 널리 사용되는 전/후 처리 소프트웨어로 MSC Nastran, Marc, Abaqus, LS-DYNA, ANSYS, Pam-Crash 등 다양한 분야의 해석 솔버를 지원하고 이에 필요한 요소 모델링, 메시, 해석 설정 및 결과를 검토할 수 있는 후처리과정 기능을 제공한다. 유한요소 해석을 위한 포괄적인 전/후 처리 기능을 통해 엔지니어가 제품 설계를 더욱 좋은 품질로 개발 및 테스트하는데 도움을 준다. Patran은 설계, 해석 및 결과 평가를 연결해주므로 세계 최고의 제조사에서 시뮬레이션 모델의 생성 및 해석을 위한 표준도구로 사용하고 있다.

Patran은 선형, 비선형, explicit dynamics, 열 해석 및 여러 분야의 유한요소 해석용 모델 생성과정을 간소화할 수 있는 폭넓은 도구를 지원한다. 설계된 CAD 모델을 불러왔을 때 존재하는 간격(gap)과 조각(sliver)을 쉽게 정리할 수 있는 geometry clean-up 도구부터, 형상을 처음부터 쉽게 생성할 수 있는 솔리드 모델링 도구까지 Patran을 사용하면 보다 쉽게 해석 모델을 만들 수 있다. 자동 메시 방법과 수동 메시 방법을 이용하거나 두 방법을 조합하면 1D, 2D, 3D CAD 모델을 편하게 메시할 수 있으므로 사용자가 유연하게 쓸 수 있다. 또한, 다양한 분야에서 사용되는 해석 솔버에 대한 하중, 경계 조건 및 해석 설정을 지원하므로 입력파일을 편집해야 하는 수고를 최소화한다.

업계 테스트를 수년간 거친 Patran의 포괄적인 기능을 통해 가상의 개발 초기 구조물의 평가를 신속히 할 수 있고, 제품 성능에 필요한 요구사항을 검토하여 설계를 최적화하는데 도움이 된다.

주요 기능

■ 자동/대화형 Feature 인식과 함께 CAD geometry에 직접 접근할 수 있는 직관적인 그래픽 인터페이스
■ 여러 MSC Software 솔버 및 타사 솔버를 지원
■ 향상된 mesh-on-mesh 기능으로 강력한 자동 surface 및 solid 메시 생성
■ Pre-load가 있는 연결요소 및 볼트 모델링
■ 비선형 해석을 위한 전체 3D 컨택 시나리오를 쉽게 정의
■ MSC Nastran 최적화 해석용 작업
■ 대형 요소 모델을 해석하기 위한 슈퍼엘리먼트 정의
■ Marc를 위한 연성 해석 사례 생성
■ 다양한 후처리 도구를 사용하여 결과를 검토
■ Result template를 통한 결과 표준화 구현
■ Patran Command Language(PCL)로 사용자 맞춤형 인터페이스 생성

적용 효과

■ 설계 및 제품 개발 프로세스의 생산성 증대
■ 해석으로 제품 테스트 시간 및 비용 절감
■ 다분야 해석 및 최적화로 생산성과 정확성 향상

유동 해석
Particleworks

개발 Prometech Software, Inc., www.prometech.co.jp

자료 제공 펑션베이, 031-622-3700, www.functionbay.com

Particleworks는 일본의 Prometech Software(프로메텍 소프트웨어)가 개발한 입자법(MPS법)을 이용한 유체해석 소프트웨어이다. Mesh(격자) 생성이 필요 없는 Meshless 해석 방법인 입자법을 이용하여 대변형을 수반하는 자유표면과 비압축성 유체의 분석을 전문으로 하고 파워트레인의 오일 거동, 약품이나 수지의 교반, 반죽, 엔진오일의 냉각 등을 시뮬레이션할 수 있다. 직관적인 인터페이스를 지원하며, 대규모 계산 및 계산 결과의 후처리 작업을 고속으로 처리함으로써, 제품 설계 및 최적화와 같은 다양한 용도로 활용할 수 있다.

Particleworks는 2009년 버전 1.0이 출시된 이래로 최신 연구 성과를 수집하고 반영하여, 다양한 산업 분야에서 다양한 문제 해결에 기여하고 있다.

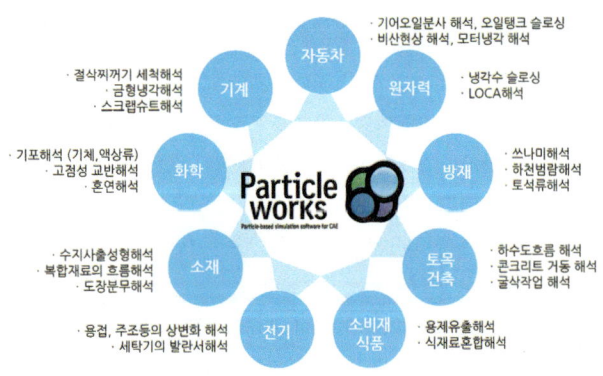

주요 특징 및 기능
입자법 CFD를 이용하여 기존에 어렵게 여겨졌던 문제들을 쉽게 해결

기계 시스템에 고려되는 유체는 대부분 비산/자유표면/이동 경계 문제를 수반하게 되는데, Particleworks를 통해 입자법을 이용하면 유체 입자 생성만으로 쉽게 해결할 수 있다.

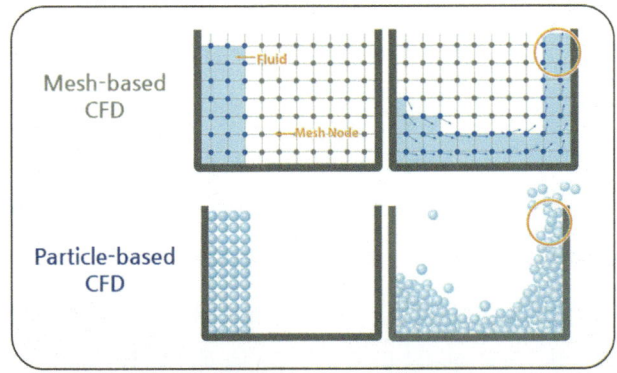

Meshless와 GPU를 이용한 효율적인 해석

Meshless 방식을 통해 전처리 시간을 대폭 단축할 수 있나. 또한, GPU 병렬 계산 기술을 활용한 최신 계산 고속화 기술로 해석 시간을 크게 단축할 수 있다.

입자법 CFD와 기계 시스템의 연성 해석을 위한 전용 인터페이스

기계 시스템의 거동뿐만 아니라 보다 현실적인 유체 거동을 통해 시스템과 유체의 상호 작용을 손쉽게 처리할 수 있다. 기어오일의 비산과 같은 부하저항, 수차나 스크류 같은 구동력, 선박의 부력과 같은 보존력 등 유체에 의한 하중을 시스템의 강체나 유연체의 표면에 유체로 직접 적용하여 시스템의 하중을

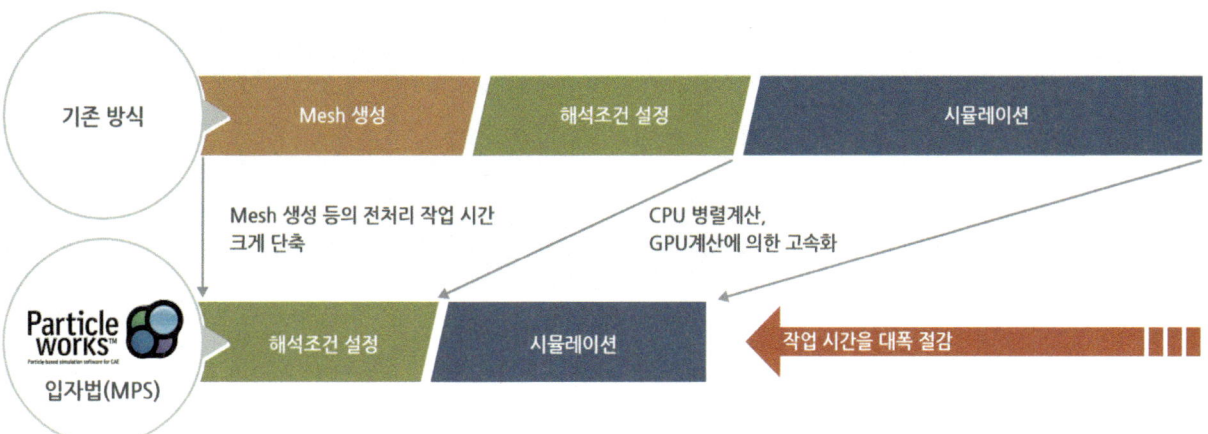

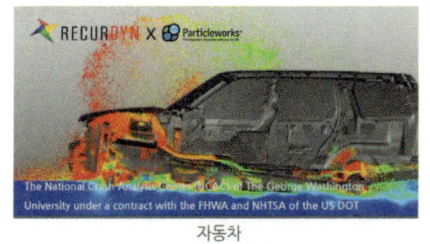
자동차

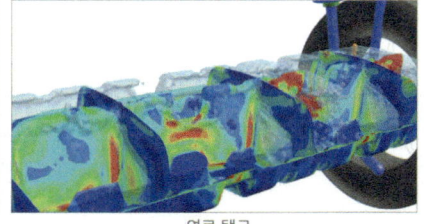
연료 탱크

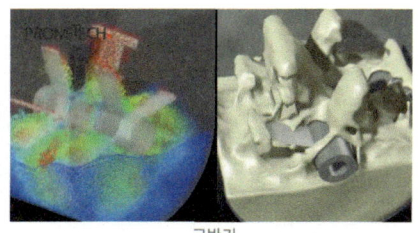
교반기

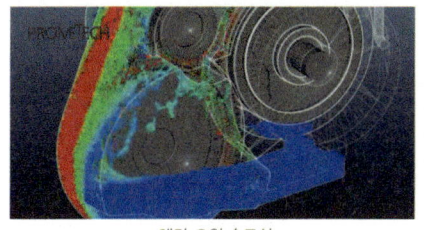
엔진-오일 슬로싱

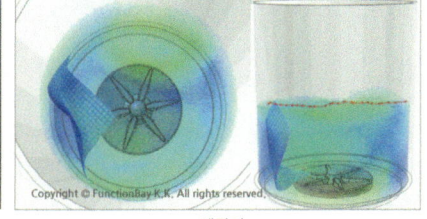
세탁기

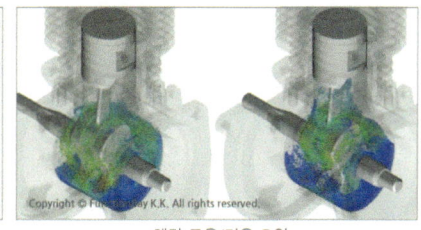
엔진-고온/저온 오일

계산할 수 있다.

또한, 연성 해석을 통한 기계 시스템과 유체의 해석 결과를 RecurDyn 내에서 애니메이션, Contour, Trace 등 다양한 형태로 분석할 수 있다.

다중 물리 솔루션

Particleworks는 복합 열전달 해석을 지원하여 유체의 발열 및 온도 분포를 예측할 수 있다. 그리고 펑션베이가 개발한 다물체 동역학 소프트웨어 RecurDyn과의 연성 해석을 지원하며, Prometech의 분체 해석 소프트웨어 Granuleworks를 통해 분말-액체 유동 해석을 지원한다.

또한, 유체 해석, 전기장 해석 등을 위한 CAE 소프트웨어와 결합하여 다양한 연성 해석을 수행할 수 있으며, 다양한 CFD 소프트웨어에서 계산한 기류 해석 결과 등을 CSV 포맷으로 출력하여 Particleworks의 유체 해석에 적용할 수 있다.

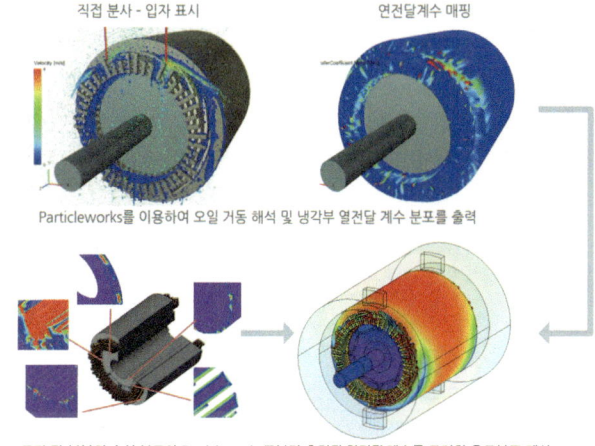

Particleworks를 이용하여 오일 거동 해석 및 냉각부 열전달 계수 분포를 출력

모터 각 부분의 손실 분포와 Particleworks로부터 출력된 열전달 계수를 고려한 온도분포 계산

주요 고객 사이트

현재 Particleworks은 현대자동차, LG전자, 포스코, 토요타 자동차, 파나소닉, 폭스바겐, 보그워너(BorgWarner MS), 마루티-스즈키(Maruti Suzuki) 등에서 제품 개발에 활용하고 있다.

구조 해석

PCB Module

개발 Simutech, https://en.simutech.com.tw

자료 제공 브이이엔지, 070-7770-5590,
www.veng.co.kr

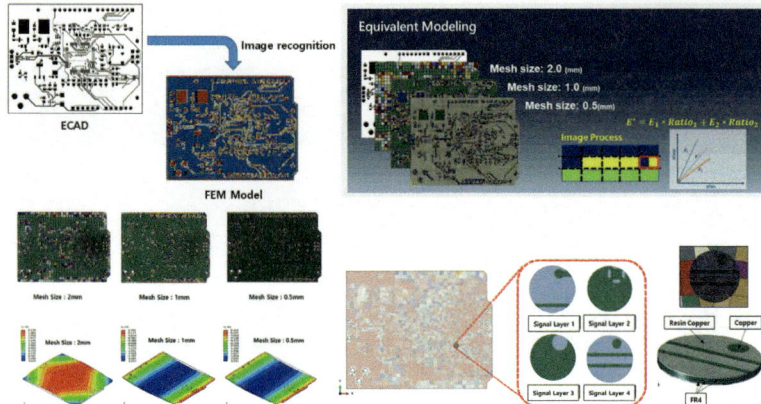

PCB Module은 EDA에서 FEM으로 빠르고 정확한 변환을 위한 툴이다. PCB 설계의 복잡성이 점점 더 빨라짐에 따라 개발 주기와 프로토타입 비용이 매우 중요하다. CAE 사용자는 종종 모델을 구축하고 메시를 생성하는데 많은 시간을 할애한다. PCB Module은 사용자가 간단한 단계로 복잡하거나 방대한 모델의 설정 분석을 신속하게 완료할 수 있도록 도와준다.

주요 특징

- ■ 구조 및 열전달 해석을 위한 PCB 모델의 빠르고 간편한 생성
- ■ ODB++, GDSII, DXF 등 PCB 레이아웃 파일 및 PNG, BMP 등 이미지 파일 지원
- ■ 이미지 인식기술을 통한 PCB 레이아웃의 3차원 유한요소모델로의 변환
- ■ 선형/비선형 재질 특성에 대한 요소 하나하나의 등가물성 자동 계산
- ■ 이미지 인식기술을 통해 ECAD 레이아웃 내 체적분율 계산 가능
- ■ 레이아웃을 분할하여 단위 조각 내 체적분율 계산 후 Abaqus 해석용 유한요소모델로 재구성함(Trace Mapping 기법 이용)
- ■ ECAD 레이아웃 파일(GDS/DXF/ODB++)의 Import
- ■ Layer Preview: Signal layer들에 대해 각 layer의 레이아웃 확인 가능
- ■ Material Manager
- • PCB를 구성하는 재질 및 특성 정의
- • 기본 재질 라이브러리 제공 및 사용자 재질 정의 가능
- ■ Stack Information
- • 각 Layer별 적층 순서 및 재질 구성, 두께 정보 등에 대한 지정
- • 기본 재질 라이브러리 제공 및 사용자 재질 정의 가능
- ■ Mesh Setting
- • 유한요소모델 확인 및 해석 조건 지정 등

최적화

PIAnO

개발 및 자료 제공   피도텍, 02-2295-3984, www.pidotech.com

PIAnO(Process Integration, Automation and Optimization)는 시뮬레이션을 통해 실시간으로 획득할 수 있는 엔지니어링 데이터 또는 이미 존재하는 데이터를 기반으로 해당 제품의 최적화된 설계안을 도출한다. 이를 통해 제품개발 과정에서 설계비용 절감, 제품의 성능 및 품질 향상을 실현하여 제품의 최대 가치를 이끌어낼 수 있다. 최근에는 자사의 인공지능 플랫폼 Bruce를 기반으로 개발된 다양한 의사결정 도구들을 지속적으로 탑재하는 중이다.

PIAnO는 데이터가 제공될 수 있는 모든 엔지니어링 분야에서 활용될 수 있으며, 제품 및 공정설계뿐 아니라 최적의 파라미터 선정에 대한 의사결정이 필요한 그 어떤 곳에서도 혁신적 가치를 제공할 수 있다.

주요 특징

필요한 작업별 최적의 접근성과 사용성 그리고 시너지 효과

PIAnO는 4개의 독립 애플리케이션(Composer, Reviewer, Sampler, Metamodeler)들로 구성되어 있어 사용자가 원하는 작업에 최적화된 접근성 및 사용성을 제공하며, 필요에 따라 유기적으로 연동될 수 있어 높은 시너지를 발휘할 수 있다.

효율성을 강조한 실용적인 최적화 기법

고비용 시뮬레이션 데이터를 이용하는 최적화 과정을 위해서, 비용을 최소화하면서 최적 설계안을 탐색할 수 있는 효율적인 기법들을 제공한다.

불확실성 평가와 확률 민감도 해석

불확실성을 고려한 설계 최적화를 수행하기 위해서 필요한 효율적인 불확실성 평가 기법(eDR) 및 확률 민감도 해석(PSA) 기법을 제공한다.

실험계획을 위한 도구 Sampler

Sampler는 실험계획을 위한 독립 애플리케이션이다. 전통적인 기법뿐 아니라 공간 충진을 위한 특별한 기법들도 제공하며, 문제에 맞는 기법을 자동 선택해 주는 도구도 포함되어 있다.

인공지능 기반 고급 메타모델링을 위한 Metamodeler

Metamodeler는 메타모델링을 위한 독립 애플리케이션이다. 전통적으로 사용되어 왔던 다양한 종류의 메타모델 이외에도 최신의 머신러닝 기법들이 포함되어 있다. 또한 자사의 인공지능 플랫폼 Bruce를 기반으로 개발된 메타모델 자동선정 도구인 BruceMentor가 데이터에 맞는 최적의 메타모델을 추천할 수 있다.

데이터 기반 설계공간 탐색 및 분석을 위한 Reviewer

Reviewer는 Composer를 통해 구성된 다양한 스터디들의 실행 결과 데이터들을 목적에 맞게 특화된 기능들을 이용하여 분석하는 독립 애플리케이션이다. 또한 Reviewer는 주어진 데이터들을 이용하여 설계 최적화를 위한 공간 탐색 및 시각화를 수행할 수 있으며, 전역 주요변수 탐색을 위한 인공지능 기반 스마트 스크리닝 도구도 제공한다.

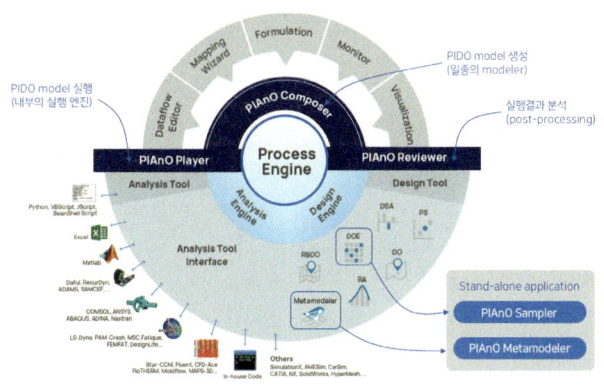

구조 해석

PLAXIS

개발 벤틀리시스템즈, www.bentley.com

자료 제공 벤틀리시스템즈코리아, 02-557-0555,
www.bentley.com/ko

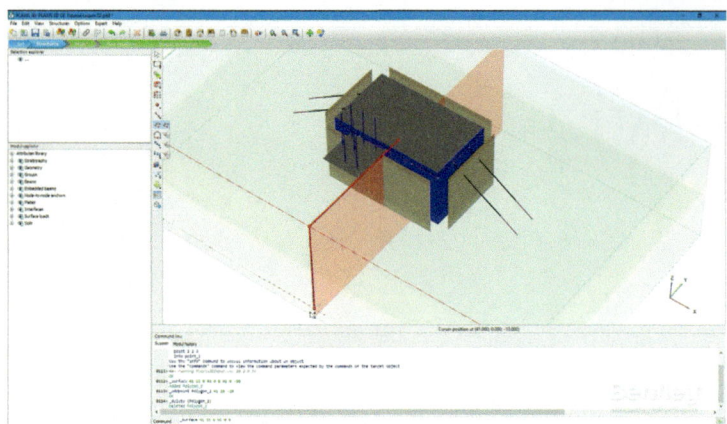

PLAXIS는 지질 공학 엔지니어링 및 암석 역학의 변형 및
안정성에 대한 2차원 및 3차원 해석을 수행하는 소프트웨어이
다. 토목 및 지질 공학 엔지니어링 산업 분야 및 굴착, 제방, 터
널용 토대, 오일 및 가스, 광업, 저수지 지력학 등의 다양한 분
야에 적용할 수 있다.

주요 특징

토양, 암석 및 관련 구조를 위한 주요 유한 요소를 해석할 수
있다. 암반의 반응, 표면 및 건물 침하, 굴착 피트의 안정성 및
배수량, 배수 관련 문제의 통합 또는 구조물의 지지 용량 문제
해결 여부에 관계없이 직관적인 디지털 워크플로우와 철저한
계산이 가능하다.

PLAXIS는 전 세계적으로 터널링, 채광 또는 저수지 고갈의
지표 침하에 사용된다. 또한 굴착 피트에 인접한 건물 침하의
차이를 예측하고, 안정성 및 굴착 피트로의 삼투 또는 다이어프
램 벽의 측면 변위를 계획한다.

배수되지 않는 부하 문제에서 기공 압력 소실에 필요한 통합
시간을 계산하고 고층 빌딩, LNG 탱크 및 기타 구조물에 대한
지지력 및 기초 침하 해석을 추정한다.

주요 기능

– 지질 모델을 정확하게 보정한다.

– 벤틀리 생태계와의 상호 운용성이 향상되었다.

– Python 스크립트를 사용하여 효율성을 향상시키기 위한
작업을 자동화한다.

– 유선형 모델링을 위해 CAD 파일을 가져와 시간을 절약한다.

– 탁월한 구성 모델 라이브러리로 신뢰성을 강화한다.

– 민감도 해석 및 매개변수 변형을 사용하여 더 많은 기능에
액세스한다.

도입 효과

직관적인 디지털 워크플로우를 통해 정확하게 건설 과정을
모델링할 수 있다. 크리프, 통합을 통한 유동 변형 커플링 및 안
정 상태의 지하수 또는 열 흐름을 고려한다.

또한 지진과 이동 교통량과 같은 토양에서의 진동의 영향을
해석하고, 응답 해석과 액화 해석을 수행할 수 있다. 열 모델링
기능 향상은 토양, 암석 및 구조물의 유압 및 기계적 거동에 대
한 일시적인 열 흐름의 효과를 이해하는데 도움이 된다.

주요 고객 사이트

대우조선해양, 대우건설, 현대건설, 현대중공업, 한국지역난
방기술, 삼성물산, 삼성 엔지니어링 외 다수

유동 해석

PowerFLOW

개발 Dassault Systèmes, www.3ds.com

자료 제공 다쏘시스템코리아, 02-3270-7800, www.3ds.com/ko

LBM(Lattice Boltzmann Method)을 기반으로 하는 PowerFLOW는 유동의 변화를 정확하게 예측할 수 있는 시뮬레이션을 수행할 수 있다.

자동으로 공간 격자를 생성하기 때문에 복잡한 형상에 대한 시뮬레이션도 사용자가 쉽고 편리하게 진행할 수 있으며, 신뢰성 있는 결과 데이터를 얻을 수 있도록 Best Practice를 제공한다.

엔지니어는 PowerFLOW 제품군을 사용하여 프로토 타입을 제작하기 전에 시뮬레이션을 통하여 프로세스 초기 제품 성능을 평가할 수 있다. 이를 통해 테스트를 대체함으로써 예산을 줄이고 제품에서 발생하는 문제를 사전에 해결할 수 있다.

PowerFLOW는 빠른 시뮬레이션을 위하여 고성능 컴퓨팅(High Performance Computing) 환경에서 작동하도록 설계되었고, 최대 수백 개의 프로세서 코어까지 선형에 가까운 확장성을 제공하며, Cloud 환경에서도 사용이 가능하다.

또한, 차량의 공력 성능 및 주행 안정성, 회전체 및 공력에 의한 소음 예측을 수행할 수 있으며, 추가로 복사 및 전도에 의한 표면 온도와 열 유속을 예측할 수 있다.

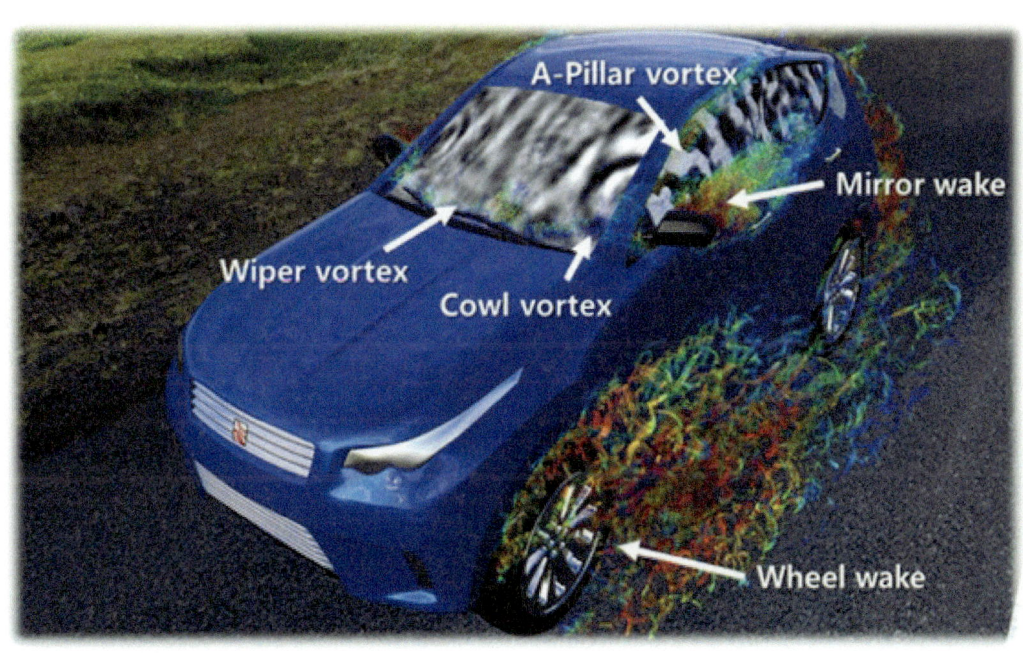

유동 해석

PreonLab

개발 FIFTY2, www.fifty2.eu

자료 제공 한국AVL, 02-580-5800, www.avl.com

PreonLab은 입자법(SPH)기반 유동해석 솔버로 오일, 물 등 액체의 거동을 시뮬레이션하는 소프트웨어로, 차량 물관리, 기어 윤활 해석 등에 적용할 수 있다.

주요 특징

- ■ 입자법(SPH) 기반 유동 해석
- ■ 쉬운 사용법과 직관적인 GUI
- ■ 다양한 가상 환경 제공(Rain lab, Water channel 등)
- ■ 결과에 대한 강력한 시각화 및 후처리
- ■ 방법 개발에 따라 자격을 갖춘 작업 중심의 지원

주요 기능

PreonLab은 모델 통합 및 연동 해석을 지원한다.

도입 효과

입자 기반의 유농 해석 솔버로 메시를 생성할 필요가 없다.

이를 통해 전통적인 방식의 CFD 솔버(FVM) 대비 해석의 공수 절감 및 해석 비용 감소와 빠른 결과를 얻을 수 있다.

주요 고객 사이트

JATCO 등에서 PreonLab을 사용하고 있다.

주조 해석

ProCAST

개발 ESI, www.esi-group.com

자료 제공 한국이에스아이, 02-3660-4500,
www.esi-group.com

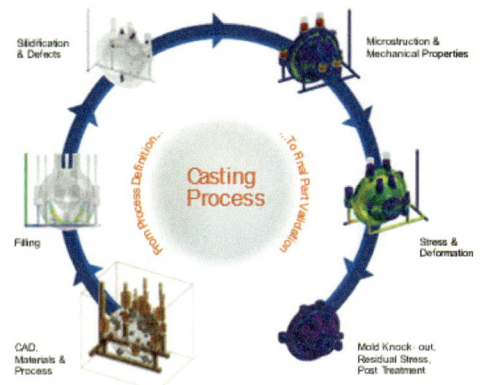

ESI의 주조 시뮬레이션 제품인 ProCAST는 까다로운 산업 요구 사항을 충족할 수 있는 광범위한 모듈 및 다양한 주조 기능을 제공한다.

형상을 가장 잘 구현할 수 있는 유한 요소 기법을 기반으로 하여 모든 주조 공정에 대하여 모델링뿐만 아니라 충진, 응고, 결함, 기계적 특성 및 복잡한 부품 변형을 포함하여 전체 주조 공정에 대한 예측 평가가 가능하다. 이를 통해 제품 공정 초기단계부터 올바른 의사 결정을 할 수 있는 기반을 제공한다.

뿐만 아니라 충진, 응고, 수축공 결함과 같은 기본적인 사항들에 대하여 빠른 해석 결과를 얻을 수 있도록 초점이 맞춰진 ESI의 QuikCAST 또한 ProCAST 환경에서 사용이 가능하다.

제품의 주요 기능 및 특징

DB 계산이 가능한 모듈인 Computherm 탑재

금속 물성 및 주로 쓰이는 금형이나 코어와 같은 데이터베이스를 150가지 이상 보유하고 있으며, Computherm이라는 보조 모듈을 이용하여 조성만으로도 열적, 기계적, 야금학적 인자들을 계산하여 해석에 활용이 가능하다.

주조 조건 최적화 기능 탑재

Optimization 기능을 활용하여 해석에 사용된 조건들을 다른 변수로 입력하였을 때의 결과와 비교하여 가장 최적의 조건을 유출할 수 있다.

미세조직 해석

초기 발생하는 핵의 성장 여부와 더불어 Grain의 형태와 성장 방향 등을 해석할 수 있는 CAFE(Cellular Automata Finite Element) 모듈을 탑재하고 있다.

Advanced 복사열 해석을 통한 정확한 정밀주조 해석

Enclosure를 통해 Viewfactor를 고려한 복사열전달 현상을 표현할 수 있어, 정밀주조 공정에서 보다 정확한 열해석가능

주요 적용 분야

■ **정밀주조:** ProCAST는 타 프로그램과 달리 Viewfactor를 고려한 복사열 해석이 가능하여 EQX/DS/SX 공정을 지원하며, FEM 기반의 정확한 형상 표현이 가능하기 때문에 고온에서 복잡한 형상으로 이루어지는 정밀주조 해석이 가능하다.

■ **사형주조:** 상용 샌드, 발열슬리브에 대한 데이터베이스 제공, Microstructure 모듈과의 연계 해석을 통해 주철에서의 접종 효과 및 합금 조성에 따른 상의 분포 및 기계적 성질 예측 가능

■ **저압/고압 다이캐스팅:** Moving Mesh의 Penetration 기법을 활용하여 고압주조 공정에서 움직이는 피스톤에 의한 주입 조건 표현이 용이하며, Cycling 해석을 통하여 반복작업을 하였을 때의 금형의 온도 분포 등을 해석할 수 있다.

■ **경동주조:** 실제 Ladle이나 Basin에서 용탕이 Tilting되는 것을 구현, 단순 Inlet으로 입력하는 결과보다 더 정확한 해석 가능

■ **원심주조:** 수평축 및 수직축을 이용한 다양한 형태의 원심주조가 가능하며, 일반 대기와 진공 환경 등의 다양한 주조 환경을 고려한 해석이 가능하다.

■ **열처리 및 일반 유체해석:** ProCAST는 주조해석 뿐만 아니라 열처리 해석이나 물과 같은 일반적인 유체 해석이 가능하여 범용적으로 사용이 가능하다.

절삭 해석

Production Module

개발 Third Wave Systems Inc., www.thirdwavesys.com

자료 제공 오비피이엔지, 031-287-4078, www.obp.co.kr

TWS(Third Wave Systems) Production Module은 가공 툴패스의 절삭력 분석과 최적화를 제공한다.

Production Module은 전체 가공 툴패스와 공구 정보 그리고 피삭재 모델을 통해 절삭 공정을 실제와 같이 시뮬레이션하고 절삭력, 온도, 가공동력, 토크 등의 다양한 물리량을 분석한다. 이를 바탕으로 사용자는 가공 툴패스를 물리량 관점에서 분석하고, Production Module에서 제공하는 다양한 최적화 기법을 통해 더 진보되고 개선된 가공 툴패스를 획득할 수 있다.

2003년 출시된 이래로 Production Module은 가공 툴패스의 절삭력 분석과 최적화의 가장 선두의 기술을 보이고 있다. 현재 8.4 버전인 Production Module은 3축, 5축 가공의 밀링, 드릴링뿐만 아니라 선반 작업에 이르기까지 다양한 가공공정의 절삭력 분석 및 최적화를 지원하고 있다.

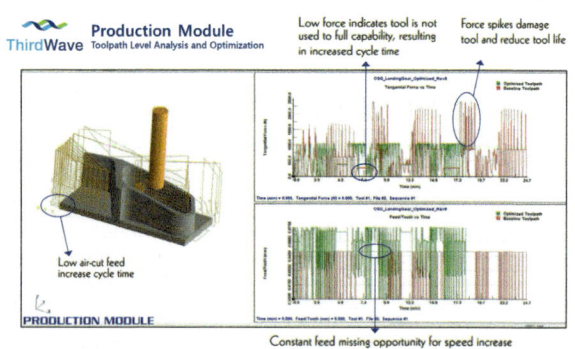

주요 특징

파라미터를 이용한 표준 공구 및 피삭재 모델 적용

Production Module은 공구의 형상정보를 파라미터로 손쉽게 입력할 수 있으며 DWG, STEP, STL 등의 외부 CAD 데이터도 입력 가능하다. 사용자는 툴패스의 검증 절차에서 기존에 작성해 둔 VERICUT 셋업의 공구 정보를 바로 Production Module 내로 불러들일 수 있다.

140여 종 이상의 피삭재 라이브러리

절삭력을 결정하는 가장 중요한 요소는 바로 피삭재의 물성이다. Production Module은 기존에 개발된 140여 종 이상의 피삭재 라이브러리를 구축하고 있다. 재료는 탄소강, Al 합금, Ni 합금, Ti 합금 뿐만 아니라 주철계의 물성도 포함하고 있다. 또한 사용자는 실험을 통해 커스텀 물성을 입력할 수 있다.

툴패스 포맷 G-code vs. CL-data

Production Module은 크게 두 가지 형식의 가공 툴패스 분석과 최적화를 지원한다. 하나는 ISO 규격의 G-code 포맷이며, 다른 하나는 CATIA CAM, NX CAM, MasterCAM 등에서 사용되는 CL-data 포맷이다.

두 포맷은 각각 장단점이 있는데, G-code 계열은 많은 사용자가 사용해 온 만큼 읽기 쉬우며(가독성 우수) 때로는 매뉴얼 수정도 가능하다. 반면 5축 툴패스일 경우 올바른 작업좌표계 인식을 위해 공작기계의 정보를 더 요구하기도 한다.

CL-data의 경우는 공구의 중심 정보로부터 공구의 위치 및 위상이 결정된 raw 데이터라고 볼 수 있다. 때문에 CAM 화면에서 보는 가장 순수한 형태의 툴패스 포맷이다. 또한 공구의 방향벡터를 포함하고 있어서, 별도의 셋업 없이 바로 5축 코드를 인식할 수 있다.

기타 기능

Production Module 2D는 선반 작업 시 제품에 생성되는 표면 거칠기를 예측할 수 있는 모델을 제공하며, 최신의 Production Module 8.4는 밀링 작업시 Radial Force에 발생하는 Tool Deflection의 값을 예측할 수 있다. 또한 가공 후의 피삭재 형상을 voxel mesh 포맷으로 출력하여 외부의 구조 해석 소프트웨어에서 다양한 FEA를 수행할 수 있다.

도입 효과

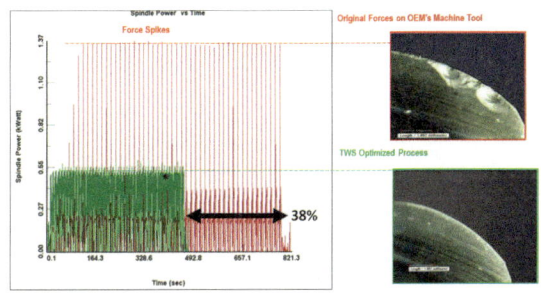

절삭력 밸런싱 및 가공시간 단축

Production Module의 절삭력 분석 및 최적화의 기본 목표는 바로 절삭력 및 동력 그리고 주축 토크 등으로 대표되는 가공부하의 밸런싱이다. 유저가 선정한 절삭변수에 결정된 가공 툴패스는 최종 형상의 복잡성, 툴패스의 방법론 등에 따라 절삭력의 변화가 극심하다.

Production Module은 사용자가 처음 작성한 베이스라인(Baseline) 툴패스의 변화무쌍한 절삭력을 분석하고 최적화하여, 높은 절삭력 수준은 이송속도를 낮추어 공구의 안정성을 확보한다. 동시에 낮은 절삭력 수준은 충분히 이송속도를 높여 가공시간을 확보한다.

공구 수명 증대

Production Module의 주요 특징으로 Force Spikes라고 칭하는 극히 짧은 시간 절삭력이 크게 증감되는 현상을 방지하는 데에 있다. 유저가 의도치 않은 가공속도와 절입량으로 인해 발생하는 Force Spikes는 공구의 이상 마모(Abnormal wear)나 치핑(Chipping)의 주요한 원인인데, 바로 절삭력의 분석을 통해 이 Force Spikes를 확인할 수 있다. 유저는 추후

CAM 툴패스의 재수정이나 Production Module의 최적화 기능을 통해 이 Force Spikes를 제거할 수 있으며, 공구 수명을 크게 증대시킬 수 있다.

가공 툴패스 개발 노력 단축

가공 툴패스를 개발하는 기간은 제품에 따라 짧게는 수 일에서 길게는 몇 달이 소요되기도 한다. 특히 항공업계에서는 개발기간이 그 복잡성에 따라 개발 기간이 크게 소요되는데, 동시에 제품의 시제 가공(Pilot Test)을 통해 가공 툴패스의 완성도를 높이고자 노력한다.

Production Module은 가공 툴패스의 개발과 시제 가공 등의 일련의 과정속에서 절삭력 분석을 통해 미리 위험한 절삭력 영역을 포착하여 툴패스를 CAM에서 수정토록 유도하거나, 그 자체의 최적화 기능을 이용하여 위험영역을 안정토록 만들 수 있다.

또 다른 획기적인 방법으로서 이전의 개발되어 성공적인 양산이 진행된 또는 이미 완료된 프로젝트의 툴패스를 Production Module을 통해 분석함으로써, 기존 프로젝트의 담보된 데이트를 훌륭히 벤치마크(Benchmark)할 수 있다.

R&D 역량 확보

최근 Production Module은 전통적인 가공부하 및 가공시간 단축의 목표를 넘어서 다양한 연구개발 영역에서 활용되고 있다. 가장 크게 활용되는 영역은 공구 안정성을 위한 구조해석 분야와 Fixture 설계 영역이다.

기존의 가공분야에서 절삭력은 항상 공구동력계나 로드셀 등의 센서를 이용한 실험을 통해서만 획득할 수 있었으나, Production Module은 가공 툴패스의 시뮬레이션을 통해 전체 툴패스의 절삭력을 상당 수준의 정확도로 획득할 수 있게 한다. 이는 실험적인 방법보다 훨씬 값싸며 짧은 시간을 소요하는 장점이 있다.

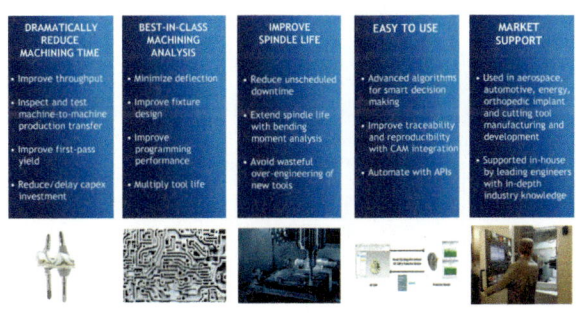

압력용기 해석

PV Elite

개발 HexagonPPM, http://hexagonppm.com

자료 제공 이노액티브, 02-6249-4307,
www.innoepc.com

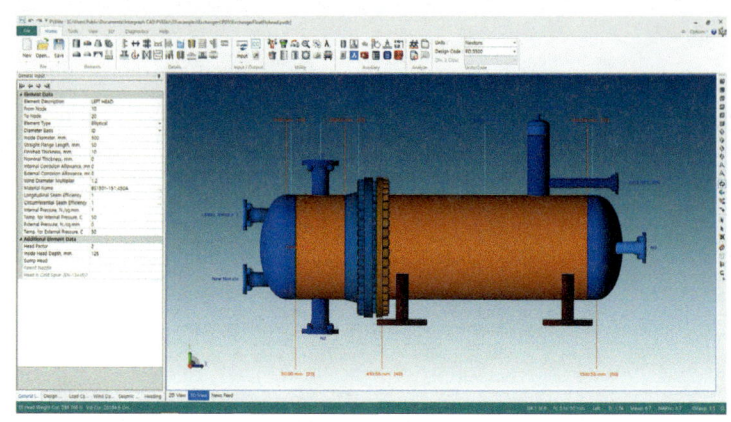

Equipment를 설계할 때 매우 극단적인 조건에서 기기의 안정성을 확인해야 하는 경우, PV Elite는 Vessel 및 Heat Exchanger의 설계, 해석 및 평가를 위해 정확하고 빠르게 강도계산을 제공하는 솔루션이다.

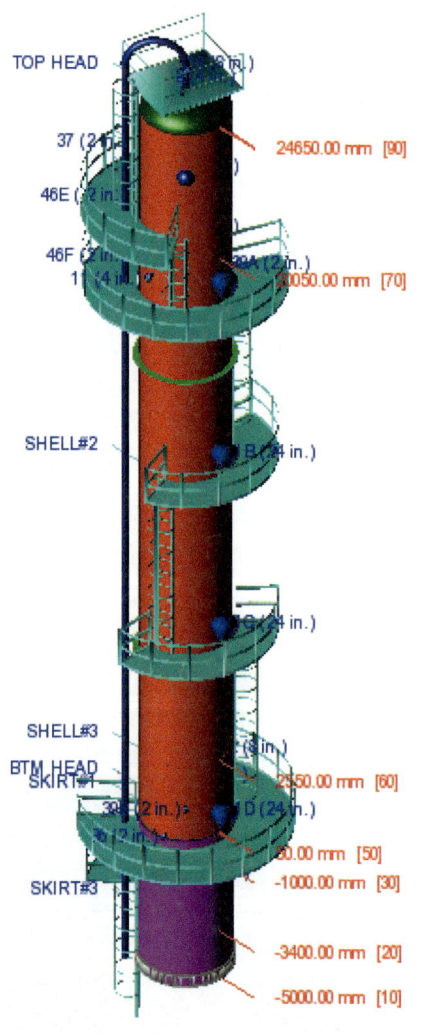

주요 특징

압력용기의 설계 및 제작은 미국기계학회 규정인 ASME Code(American Society of Mechanical Engineers Code)에 준하여 엄격하게 관리되고 있으며, 압력용기가 아닌 압축기(Compressor)에 대해서는 이와 유사한 미국석유협회 규정인 API Code(American Petroleum Institute Code)에 명시된 규정을 따르는 것이 일반적이다.

이러한 압력용기의 강도계산과 설계에 있어서 해당 규정(Code)을 직접 찾아가며 적용하는 것은 매우 까다로운 작업이 될 것이다. 이러한 Code의 적용에 있어 HexagonPPM의 PV Elite는 ASME Section VIII Divisions 1 & 2뿐만 아니라 PD 5500과 EN 13445 Code를 적용할 수 있으며, 세계적으로 많은 사용자 층을 가지고 있는 강도계산 솔루션이다.

주요 기능
압력(내압/외압)이 작용하는 동체 및 경판 강도 설계

■ Vessel의 설계 및 해석
■ Heat Exchanger의 설계 및 해석
■ 사각 탱크 및 비 원통형 탱크의 해석

Nozzle Analysis 및 Nozzle Load 계산

■ WRC 107 / 537 / 297
■ PD 5500 Annex G

Jacket type, Saddle, Leg, Skirt 설계

수직 Vessel의 수평운송 해석

다양한 국제 Code 지원

■ 강도계산 Codes
• ASME Section VIII Divisions 1 & 2
• PD 5500
• EN 13445
■ Wind & Seismic Codes
• ASCE / IBC / UBC / KHK / Mexico / Brazil NBR 6123 / China GB 50009 / KBC

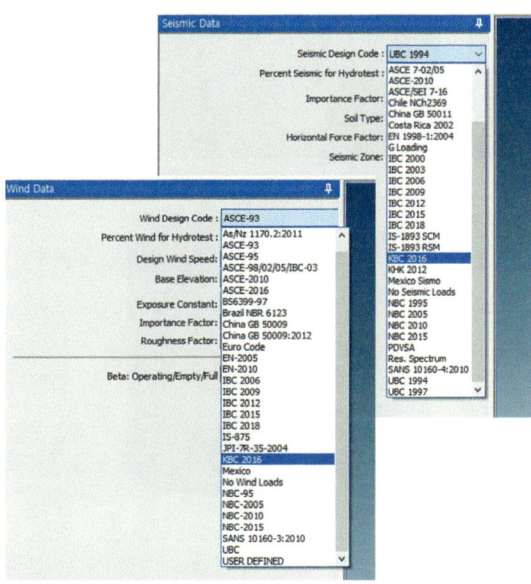

■ Material Databases, Unit
• 광범위한 배관 재질을 지원하고 있으며, 데이터베이스에 없는 재질의 경우 사용자가 직접 물성치를 입력하여 새로운 재질을 쉽게 생성, 관리할 수 있다.

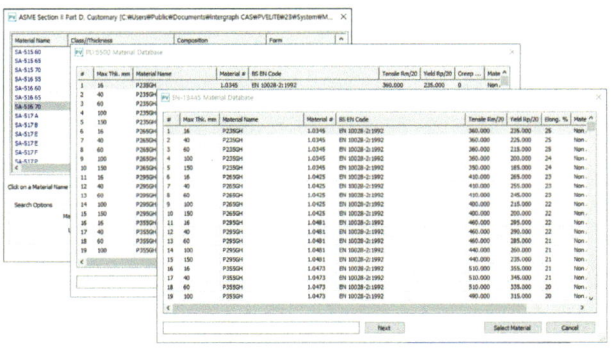

최신의 그래픽 기술로 쉽고 빠른 모델 생성

다양한 디자인 도구를 통하여 하나의 기기를 여러 번 나누어 설계하는 번거로움을 덜면서 쉽고 빠른 모델링이 가능하며, 기기에 대한 이해도를 높여준다.

데이터 오류검사와 사용자 정의 리포트 생성

Code 룰에 부합하지 않는 부분은 목차 및 리포트 내에 적색 글자로 선명히 표시해 주어, 설계 오류를 최소화할 수 있도록 지원한다. Output을 워드, PDF로 지원하여 편집이 용이하다.

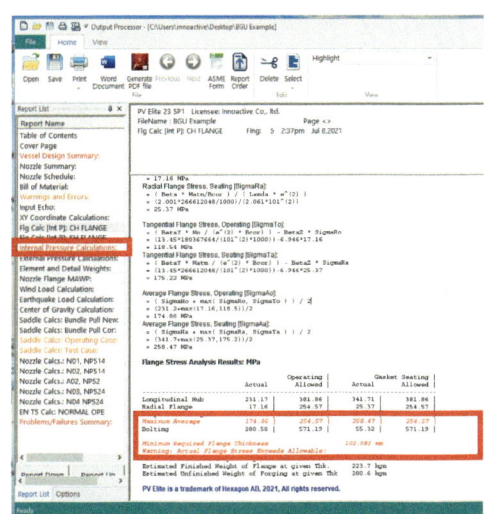

도입 효과

대형사고 예방

고온/고압의 상황에서 운용되는 압력용기는 엄격한 규정(Code)을 따라야만 큰 사고를 미연에 방지할 수 있을 것이다. PV Elite는 이러한 규정에 맞추어 각각의 용기를 평가할 수 있기 때문에 전통적인 방식인 수계산에 비해 정확한 설계가 가능하게 한다.

신뢰성 상승

압력용기를 공급하기 위하여 규정(Code)에 따라 작업자의 경험이 아닌 조건 변수에 따라 자동으로 최적을 결과를 결정하도록 하는 방법을 사용하여 더 신뢰성 있는 결과를 제공한다.

경제성 확보

실제 실험의 경우 많은 시간과 비용을 소요하게 되므로 PV Elite를 이용하여 신속하고 효율적인 설계, 해석이 가능해진다.

용접 해석

QustomWeld

개발 QustomApps, www.qustomapps.com

자료 제공 브이이엔지, 070-7770-5590, www.veng.co.kr

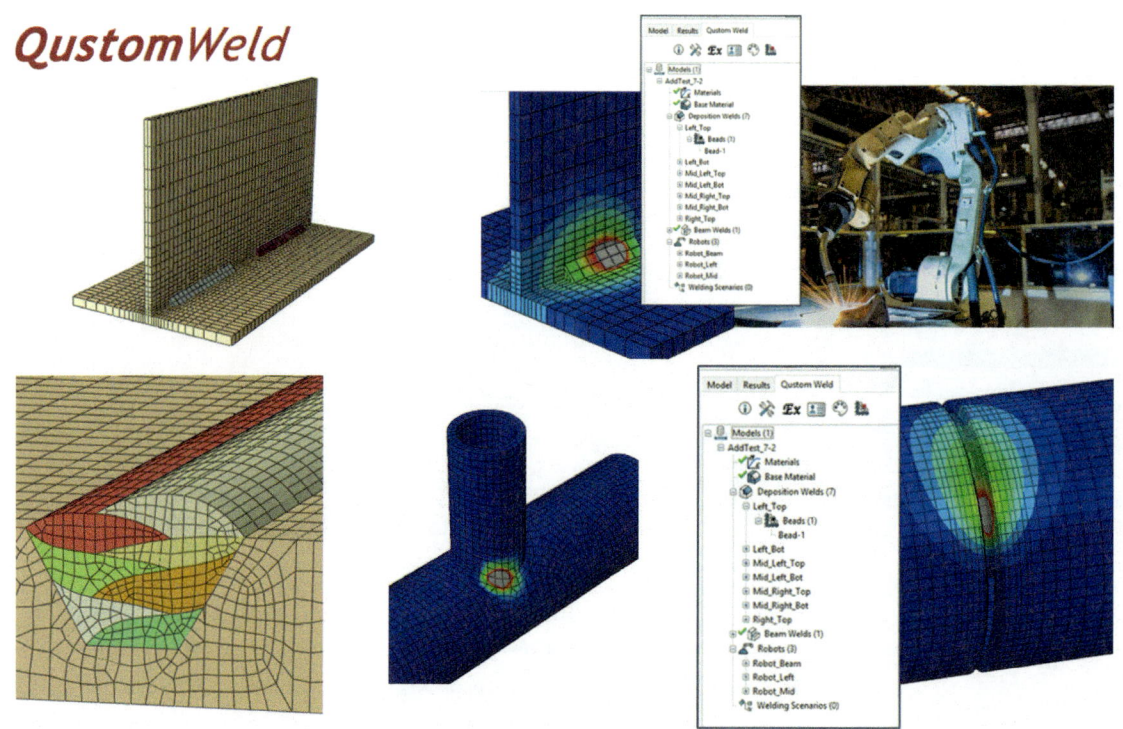

QustomWeld는 2D 및 3D 용접 해석을 Abaqus 환경에서 할 수 있도록 해준다. QustomWeld는 용접 비드의 선택, 용접 토치 경로에 대한 법선 벡터 계산, 용접 시나리오에 따른 유한 요소 삽입 및 용접 이력에 따른 해석 결과를 포함하는 용접 해석 전 과정을 자동화할 수 있다. QustomWeld 인터페이스는 다수의 용접 로봇이 비드를 생성하는 증착 용접을 하는 경우나 비드 생성이 없는 레이저 용접을 동시에 고려할 수 있다. 복잡한 용접 시퀀스도 해석할 수가 있는데, 여러 경로의 용접 토치의 이동에 따라서 용접 비드가 동시에 생성되거나 순차적으로 생성, 혹은 이 두가지를 모두 고려할 수도 있다. 이런 과정은 단 하나의 로봇 혹은 다수의 로봇이 작업할 경우에도 적용이 가능하다. QustomWeld는 단순한 용접에도 적용이 가능하고 앞서 언급한 복잡한 모든 용접과정의 해석에도 문제없이 적용할 수 있다.

주요 특징

QustomWeld 인터페이스는 Abaqus/CAE 환경에서 개발되었다. Abaqus/CAE에서 제공하는 요소 생성, 하중 및 경계조건 적용, 대류 열전달 적용 기능과 더불어 Abaqus/CAE에서 제공하는 모든 기능을 QustomWeld에서 사용할 수 있다. 만약 Abaqus/CAE가 지원하지 않고 있는 Abaqus Keyword는 텍스트 에디터를 통하여 지원할 수 있다. User subroutine은 요소의 활성화와 이동하는 열원을 해석하기 위하여 최적화되어 있다. user subroutine은 라이브러리 형태로 제공되어 Fortran 컴파일러가 필요하지 않다. 비드를 표현하는 유한 요소의 활성화 및 토치를 묘사하는 열원를 위한 user subroutine은 Abaqus 2019부터 제공하는 Additive Manufacturing(3D Printing) 테크놀러지를 이용하여 개발되었다.

주요 기능

용접 모재 선택

■ CAD 지오메트리 혹은 메시 선택
■ 외부 CAD 툴로부터 가지고 오거나 Abaqus/CAE에서 직접 생성

증착 용접(Deposition Weld)

■ CAD 지오메트리 혹은 메시 선택
■ 토치 방향은 비드 중심, 인접요소의 법선 방향, 사용하는 좌표계, 혹은 사용자 지정 테이블로부터 계산됨
■ 비드 및 토치 경로 선택 시 선택 영역을 하이라이트하거나 컬러를 지정할 수 있음
■ 에너지를 고려한 토치 콘트롤
■ 토치의 열유속(Heat Flux)은 골닥(Goldak)의 이중타원형 혹은 원뿔 형태의 형상으로 지정
■ 2D and 3D에서 온도 기반의 청킹(chunking) 고려 가능

빔/레이져 용접(Beam (Autogenous) Welds)

■ 용접 비드가 생성되지 않는 빔 혹은 레이저 용접
■ 토치의 열유속(Heat Flux)은 골닥(Goldak)의 이중타원형 혹은 원뿔 형태의 형상으로 지정

Robots

■ 비드 혹은 빔 용접 로봇은 각각 용접 특성에 따른 기본 값 적용
■ 용접 특성은 각각의 로봇에 다르게 적용 가능

Welding Scenarios

■ 용접 시나리오는 자동적으로 용접 로봇의 제어방법에 따라서 생성될 수도 있고 다음 로봇 조건에 따라서 변경 가능
• 용접 및 비드 시퀀스
• 비드 사이의 냉각 시간

• 비드 방향(전방 혹은 후방)
• 비드 활성화
■ 로봇에 따른 순차적 혹은 동시적 비드 생성 제어

해석 컨트롤

■ 비드 생성과 빔 용접은 순차적으로 진행하거나 용접 비드를 여러 번의 청크로 활성화 가능
■ 전체 해석 모델, 용접 순서, 비드 생성 순서에 따른 해석 결과에 대한 컨트롤
■ 냉각 온도에 따른 비드 생성 중지

동역학 해석

RecurDyn

개발 및 자료 제공 펑션베이, 031-622-3700,
www.functionbay.com

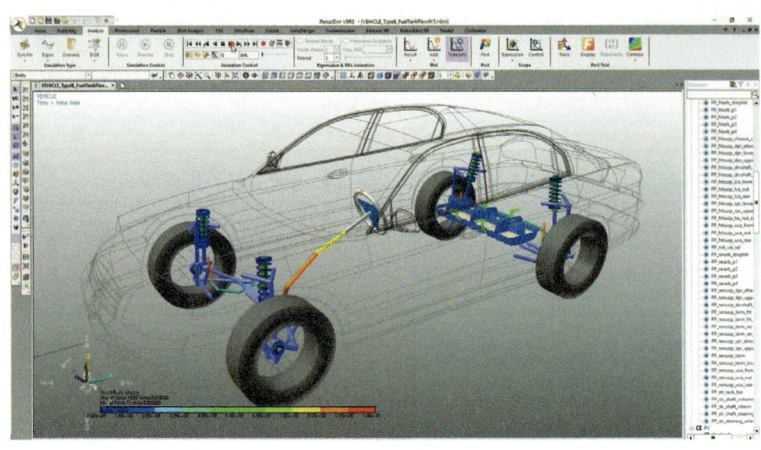

RecurDyn(리커다인)은 공학 솔루션 및 CAE 전문 기업인 펑션베이에서 개발한 시스템 엔지니어링을 위한 다물체 동역학 해석 소프트웨어이다. RecuDyn은 빠르고 효율적인 솔버와 직관적인 인터페이스, 그리고 다양한 라이브러리 및 다분야 통합 해석을 통해 향상된 CAE 경험을 제공한다.

다양한 적용 분야

■ **자동차** : 다양한 주행조건이나 동작 조건에 따라 자동차 서스펜션, 엔진, 클러치 등에 대한 동역학 해석을 통해 동적 거동 파악 및 주요 부품에 대한 하중 계산

■ **전기 전자** : 카메라의 줌을 사용할 때, 카메라 기어 트레인의 구동에 따른 경통의 거동 확인

■ **로봇** : 로봇이 구동되는 동안 다양한 동작에 따라 각 연결 부위에 가해지는 동하중을 동역학 해석을 통해 계산

■ **항공 우주** : 항공기 이착륙 시 랜딩기어에 가해지는 진동이나 하중, 미끄러짐 및 랜딩기어의 수납 메커니즘을 해석

■ **프린터, 유연 매체** : Sheet(유연 매체) 모델링 및 다양한 센서와 공기저항력, 흡인력, 정전기 등의 모사를 통해 이송 시스템 설계

■ 이 밖에도 건설기계, 장비/정밀기계, 방위산업, 농기계, 바이오 등 다양한 분야에서 널리 활용 중

주요 특징 및 기능

MBD 해석에 특화된 Pre/Solve/Post 환경

RecurDyn은 다물체 동역학 분야의 전문가들과 실제 엔지니어들의 피드백을 토대로, 다물체 동역학에 가장 적합한 UI를 통해 빠르고 효율적인 모델링 환경을 제공한다. 편리한 Geometry 기반 강체 모델링, 고성능 그래픽 엔진 탑재, Recursive Formula와 G-Alpha Implicit 적분기를 사용한

빠르고 정확한 솔버 그리고 빠르고 편리한 Post-Processor를 제공한다.

신속·정확한 다양한 Contact 라이브러리

높은 수준의 접촉 알고리즘을 통해 복잡한 모델의 접촉 현상도 빠르고 정확하게 해석할 수 있다. 또한, 구, 실린더, 박스와 같은 특정 형상에 최적화된 접촉 라이브러리를 제공하여 보다 효율적인 시뮬레이션을 할 수 있다.

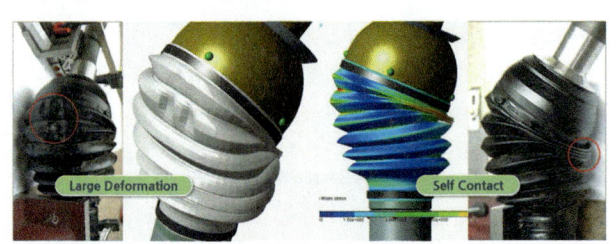

▲ 유연체의 대변형 및 Self Contact 해석

강체와 유연체를 함께 해석 가능한 MFBD 기술 지원

MFBD(Multi Flexible Body Dynamics) 기술은 강체뿐만 아니라 유연체가 함께 포함된 시스템을 정확하게 시뮬레이션할 수 있다. 선형 탄성 현상뿐만 아니라 접촉을 포함한 비선형 탄성 현상 및 대변형도 시뮬레이션이 가능하며, Mesh 생성 및 내

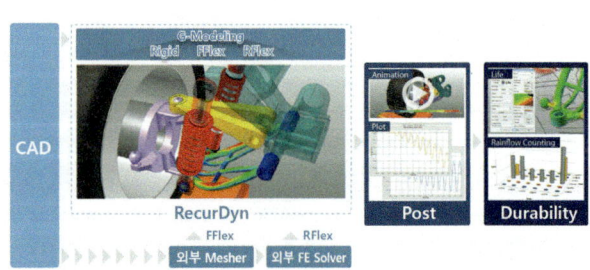

▲ MFBD의 모델링 및 해석 프로세스

구 해석까지 모든 과정을 RecurDyn 내에서 수행 가능하다.

또한, G-Modeling 기법을 통해 유연체의 생성, 변환, 기존 시스템과의 연결 등을 고민할 필요 없이 해석 목적에 따라 강체를 유연체로, 유연체를 강체로 자유롭게 변환할 수 있다.

다양한 애플리케이션 Toolkit 지원

복사기나 프린터와 같은 이송 시스템, 전차나 건설기계에 많이 사용되는 트랙 시스템을 비롯, 기어, 체인, 벨트 등 다양한 툴킷을 통해 특정 산업분야에서 많이 사용되는 시스템의 모델링 시간을 단축시켜 주고, 전용 해석 솔버를 통해 보다 빠른 해석을 지원한다.

다분야 통합 해석을 위한 확장성

RecurDyn은 CFD 소프트웨어와의 연성 해석을 통한 기계 시스템과 유체 간의 상호 작용에 대한 시뮬레이션은 물론 Simulink, AMESIM, SimulationX 등과의 연성을 통한 제어 시스템 시뮬레이션, 최적화 알고리즘을 이용한 기계 시스템의 최적 설계까지 다분야 통합 해석을 위한 확장성을 제공한다.

주요 고객 사이트

현재 RecurDyn은 30개 이상의 국가에서 삼성, LG, 현대는 물론 혼다, 토요타, 히타치, 지멘스, 다나(Dana), 캄파뇰로(Campagnolo)와 같은 세계적인 기업을 비롯해 전 세계 550개 이상 기업들의 제품 개발에 활용되고 있다.

세계가 선택한 동역학 해석 솔루션
리커다인

자동차, 전기전자, 건설, 인쇄, 방위산업, 항공우주, 공장자동화, ...
30개국 550여社의 선택!!
support.functionbay.com

설계-해석 통합 플랫폼

RNTier CAP

개발 및 자료 제공 클루닉스, 02-3486-5896, www.clunix.com

RNTier CAP(Centralized Analysis Platform)는 여러 대의 서버를 고성능 병렬 컴퓨터로 구성하고, 그 위에 다양한 상용 애플리케이션 및 In-house 코드를 설치하여 웹 브라우저로 용이하게 접근, 사용할 수 있게 하는 RNTier의 해석 모듈이다.

RNTier CAP는 엔지니어링 연구 분야의 다양한 시뮬레이션 소프트웨어를 SaaS 클라우드 방식으로 제공하며, 이를 통하여 다양한 시뮬레이션 작업을 고속으로 수행할 수 있다.

주요 기능

- 고속 병렬 처리 기능
- 제출 작업 상세 정보 확인 및 해석 로그 모니터링
- 다중 해석 작업 제출 기능, 의존 해석 작업 제출 기능
- Interactive X- GUI 소프트웨어 작업 제출 기능
- 해석 작업 실행 시 가용 라이선스 수량 확인 기능
- 해석 작업 진행 현황 및 기존 작업 이력 검색 기능
- 해석 작업의 후처리 연동 기능
- CAE 상용 해석 소프트웨어 작업 제출 기능 등

구축사례 : 삼성전자

삼성전자는 해석 업무 향상을 위해 RNTier를 도입했다.

도입 배경

- 외부 슈퍼컴퓨터 활용에 따른 불편 사항 발생
- 자원 할당의 대기시간이 발생하여 대규모 해석 작업을 위한 자원 부족
- 빠른 해석 작업을 위한 부서 전용 해석 시스템 필요
- 고성능 슈퍼컴퓨터 기술을 이용한 해석 및 설계 성능 향상 필요

도입 효과

- 기존의 시스템 성능 부족으로 하지 못했던 대규모 해석 작업 가능
- 동시에 대량으로 작업 처리 가능
- 해석 업무 절차를 자동화하여 업무 속도 향상
- 고속 병렬 클러스터 컴퓨팅 시스템의 활용으로 해석 작업 시간 대폭 감소
- 제출된 해석 작업의 실시간 작업 모니터링 가능
- 중앙에 전체 서버 자원을 집중시키고, 전체/개인/부서/프로젝트 단위 또는 용도별로 그룹화하여 자원을 분할, 할당 및 재구성

삼성전자 : 해석 업무 향상을 위한 RNTier 도입

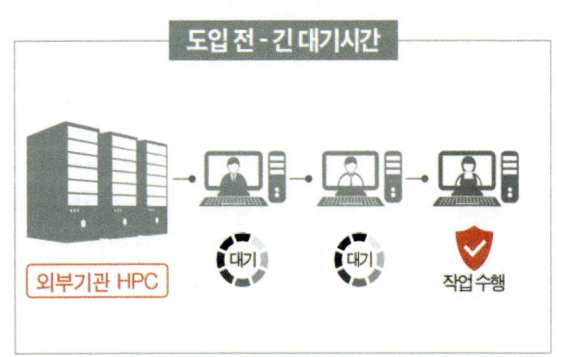

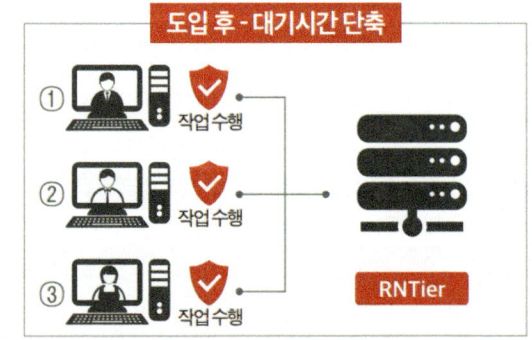

설계-해석 통합 플랫폼

RNTier CDP

개발 및 자료 제공 클루닉스, 02-3486-5896, www.clunix.com

RNTier CDP는 vGPU와 가상화 기술을 활용하여 공용으로 사용 가능한 3D 전용 VM(Virtual Machine)을 생성하고, 이 VM을 통해 원격으로 고성능의 그래픽 작업을 수행할 수 있는 RNTier의 설계 모듈이다. RNTier CDP를 통하여 Engineering Cloud의 CAD·설계 서비스를 사용할 수 있다.

시뮬레이션 작업 전·후에 3D 그래픽 처리가 요구되는 다양한 설계 모델링 소프트웨어를 SaaS 클라우드 방식으로 제공한다.

주요 기능

- 고속 원격 그래픽 기능
- 라이선스 모니터링 기능
- 데이터 통합 관리 기능
- 설계 소프트웨어 작업 환경 관리 기능
- 3D 설계 서비스 자동 관리 기능
- 유휴 자원 회사 기능 등

구축 사례

LG디스플레이

LG디스플레이는 설계 업무 향상을 위해 RNTier를 도입했다.

도입 배경

- 보안 강화, R&D 소프트웨어 비용 절감, 업무 환경 개선을 목적으로 전사 워크스테이션 환경을 클라우드 업무 환경으로 전환 계획
- 연구 결과물의 보안 취약, 연구 개발 성과의 체계적 축적 및 재사용 어려움 해결 필요
- 연구원/부서별 워크스테이션 운영으로 만성적 자원 부족, 중복 투자 발생 문제
- 비효율적 자원 이용 및 라이선스 점유 문제의 해결 필요
- 2013년 업무용 Desktop 클라우드(VDI) Pilot 구축 운영 : R&D 워크스테이션의 경우 3D 그래픽 성능과 시뮬레이션 계산 성능 요구로 일반 VDI 적용 불가
- R&D 응용 환경에 특화된 고성능 가상화 클라우드 솔루션 도입 필요

도입 효과

- VDI를 통한 고속 원격 작업 가능, 데이터 중앙 저장 & 데이터베이스화
- 하드웨어, 소프트웨어, 라이선스 관리 및 유지보수 등의 관리체계 통합으로 연구원들의 연구 생산성 향상
- 지원 부서에서는 연구원들이 사용하고자 하는 소프트웨어에 최적화된 가상 시스템 제공
- 모든 연구 데이터를 스토리지에 저장하여 데이터 유출 방지를 위한 기초적인 시스템 구축

LG디스플레이 : 설계 업무 향상을 위한 RNTier 도입

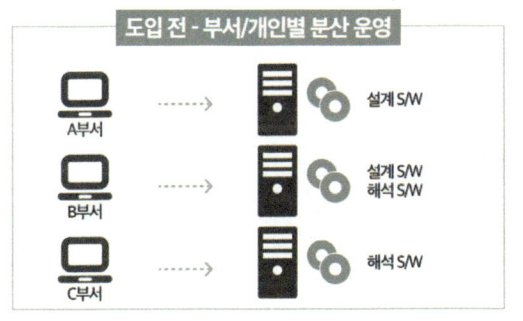
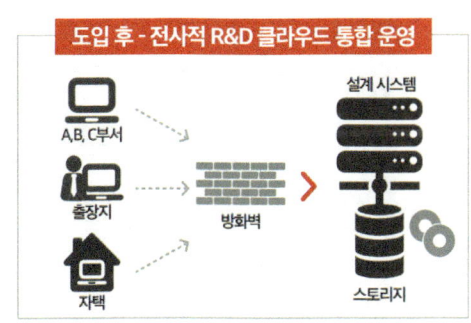

설계-해석 통합 플랫폼

RNTier DLP

개발 및 자료 제공 클루닉스, 02-3486-5896, www.clunix.com

RNTier DLP(Deep Learning Platform)는 딥러닝 연구 개발에 필수적으로 사용되는 Multi GPU 환경을 다수의 연구원들에게 효율적으로 공급하고 사용할 수 있게 하며, 이를 관리자가 손쉽게 관리할 수 있도록 해주는 RNTier의 딥러닝 모듈이다.

주요 특징

딥러닝 모델이나 인하우스 코드 개발과 같이 직접 코딩하고 검증할 때 필요한 다양한 개발 플랫폼 환경을 연구원에게 PaaS 클라우드 방식으로 개별 제공한다.

주요 기능

■ 웹 기반 통합 관리
■ Multi GPU 스케줄링 기능
■ 다중 Virtualenv 관리
■ Docker Container 관리
■ Multi GPU 통합 모니터링 등

도입 효과

■ 고성능 VDI 인프라를 웹 기반으로 언제, 어디서든 손쉽게 사용 가능
■ Python, Virtualenv 관리 기능, Container 연동을 통해 사용자별 독립적인 개발 환경 제공
■ 유휴 GPU 시스템의 공용 활용 및 복잡한 데이터 분석 작업에 추가 투입 가능
■ 전체적인 GPU 사용량에 대해 모니터링하고 통계화함으로써 계획적인 IT 투자 및 유지보수 가능

주요 고객

LG디스플레이, 삼성전기, 서울대학교, 성균관대학교, 한양대학교 등에서 RNTier DLP를 사용하고 있다.

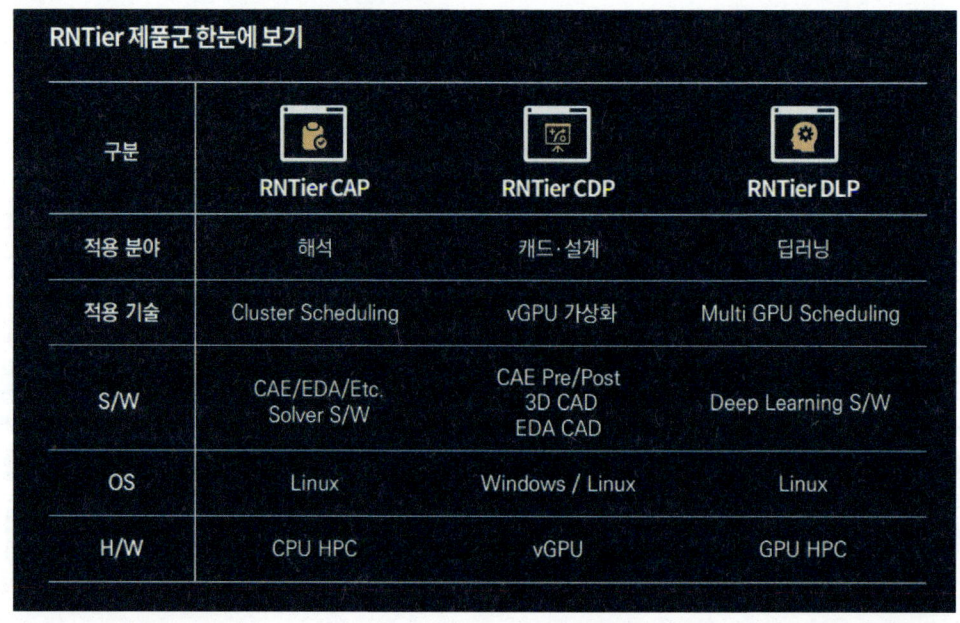

RNTier 제품군 한눈에 보기

구분	RNTier CAP	RNTier CDP	RNTier DLP
적용 분야	해석	캐드·설계	딥러닝
적용 기술	Cluster Scheduling	vGPU 가상화	Multi GPU Scheduling
S/W	CAE/EDA/Etc. Solver S/W	CAE Pre/Post 3D CAD EDA CAD	Deep Learning S/W
OS	Linux	Windows / Linux	Linux
H/W	CPU HPC	vGPU	GPU HPC

RNTier Cloud™

R&D 연구원들을 위한 전문 클라우드, 아렌티어 클라우드

> HPC, 클라우드, 스케줄러? 아렌티어 클라우드 하나면 간단해집니다.

> 드디어 R&D 클라우드도 쉽고 편리한 웹서비스가 나오는군요.

> 당장 시뮬레이션 서버가 부족했는데, 5분이면 필요한 HPC가 구축되니 정말 편리하네요.

> 팀원들과 연구데이터를 실시간으로 공유할 수 있으니 업무가 효율적이에요.

> 대기업 연구소에서 쓰던 아렌티어 솔루션을 쉽고 빠르게 이용할 수 있으니 감격입니다!

> AWS에서 제공하는 다양한 서버 사양을 마음대로 골라 이용할 수 있으니 정말 좋아요.

언제 어디서나 쉽고 빠르다

- 웹 기반으로 쉽고 편한 R&D 클라우드 생성과 사용
- 신속한 R&D HPC 시스템 구축

R&D 워크로드에 최적화되어 있다

- 다양한 연구 환경 및 편리한 HPC 사용 도구 제공
- R&D 데이터 백업 및 전송 기능 제공

독립적이고 지속적인 나만의 R&D 공간 완성

- 사용자별 독립적 자원과 저장소 제공 (Multi Tenancy 구조)
- 개인·조직별 최적화된 R&D 클라우드 구성과 유지

편리하고 효율적인 R&D 클라우드 세상

- 직관적 UI로 유연한 클라우드 재구성과 관리
- 클라우드 비용 절감 기능 제공 (예약 종료, 클라우드 중지)

RNTier Cloud™에 대한 자세한 정보는 **www.clunix.com**에서 확인하세요.
RNTier Cloud™ 문의 및 상담 02-3486-5896 / cloudsup@clunix.com

Clunix
바로가기

기어박스/eDrive/베어링 설계 해석

Romax

개발 Romax Technology, https://romaxtech.com

자료 제공 한국엠에스씨소프트웨어, 031-719-4466, www.mscsoftware.com/kr

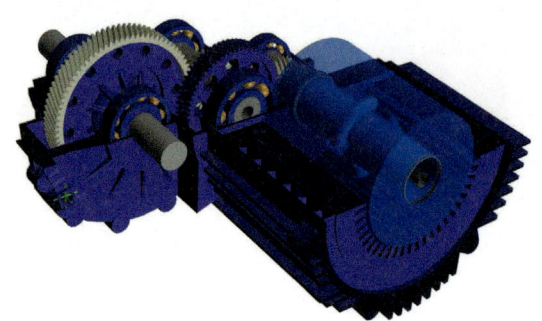

Romax DT

Romax DT는 기어박스뿐 아니라 전기-기계 시뮬레이션 분야의 시뮬레이션 플랫폼이다. 빠른 모델링과 디자인 콘셉트 해석으로부터 상세한 시뮬레이션 및 가상 제품 완성에 이르기까지 Romax DT 애플리케이션은 고객의 구동계와 변속기 개발 사이클과 연결되어 있다. Romax DT는 애플리케이션 구성을 위해 CAE 영역을 지능적으로 통합하였고, 이를 통해 개발 초기 단계부터 올바른 설계를 가능하게 한다.

■ **Romax Concept** : 구동계 아키텍처에 대한 신속한 모델 생성과 레이아웃 및 사이징을 통하여 설계 방향을 설정하고 개발 위험을 감소시킨다.
■ **Romax Enduro** : 강건하고 내구성 있는 전기-기계 구동 시스템을 개발하기 위한 신뢰할 수 있는 구조 시뮬레이션 및 최적화 기능을 제공한다.
■ **Romax Spectrum** : 기어 및 모터의 가진 특성을 포함한 전체 전동화 기어박스의 NVH 시뮬레이션을 수행할 수 있다.
■ **Romax Energy** : 구동계와 변속기에 대한 전반적인 효율 예측 도구를 제공한다.
■ **Romax Spin** : 구름 베어링에 대한 최신의 고급 시뮬레이션 환경을 제공하여 베어링 설계자와 응용 엔지니어 모두가 활용할 수 있다.
■ **Romax Evolve** : 모터 설계자를 위한 전기-기계 시뮬레이션 환경을 제공한다.

모든 Romax DT 제품은 각 구성 요소의 엔지니어링 기반 파라메트릭 정의를 사용하여 전체 시스템에 통합된 접근 방식을 제공한다. 또한 주요 CAD 및 FEA 소프트웨어에 대한 인터페이스와 빠르고 사용하기 쉬운 모델링 프로세스를 제공하여, 개발 사이클 초기 단계에서도 CAE를 활용할 수 있으므로 원활한 설계 프로세스 진행이 가능하다.

Romax DT의 장점은 다음과 같다

■ 빠른 계산 속도
■ 다양한 산업에서의 반복된 검증
■ 단일 모델로부터 경험적 분석 및 유한요소 해석과의 통합 해석에 이르기까지 다양한 모델 수준의 신뢰성 검증에 적합
■ 기어와 베어링에 대한 정교한 접촉 모델 제공

Romax Concept

주요 기능

■ **빠르고 직관적인 모델링** : CAD 시스템과의 연결과 사용하기 쉬운 드래그 앤 드롭 인터페이스를 통해 다양한 레이아웃의 전체 시스템 구동계 시뮬레이션 모델을 몇 분 안에 신속하게 생성한다.
■ **초기 단계 분석** : 개발 검토 중인 다양한 디자인 콘셉트의 성능을 분석하여 차량 성능, 내구성, 효율, NVH, 패키징, 무게, 비용 등과 같은 여러 개발 목표 간의 Trade-off를 관리한다.
■ **전체 시스템 내에서 구성 요소 설계** : 카탈로그 구성 요소를 선택하거나 기어비 및 매크로 지오메트리를 정의할 때 개발 초기부터 시스템 상호 작용을 고려할 수 있다.

적용 효과

■ 속도와 정확도가 적절하게 조화된 다양하고 혁신적인 레이아웃 탐색을 통해 개발 사이클 초기에 최적의 디자인을 선정할 수 있으며 결과적으로 개발 비용과 위험을 줄일 수 있다.
■ CAD와 MBD, CAE와 통합되는 유연한 도구로 개발 오류를 줄이고 프로세스를 간소화시킬 수 있으며 개발 제품을 시장에 조기 출시할 수 있다.
■ 제품 개발 초기 단계에서 엔지니어의 의사결정을 가능하게 하는 유용하고 전문적인 정보를 제공한다.

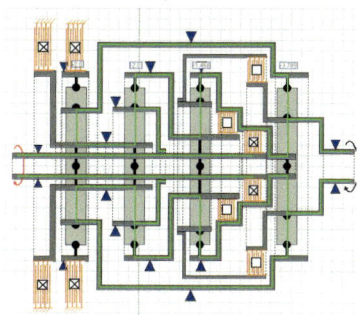

Romax Enduro

주요 기능

■ 최신의 구성요소 분석 및 평가를 포함한 전기-기계 구동 시스템에 대한 빠르고 자동화된 구조 해석 시뮬레이션을 제공한다.

■ 기어 접촉과 굽힘, 베어링 수명, 샤프트 피로 및 스플라인 등급에 대한 DIN, ISO, AGMA 등과 같은 표준 데이터베이스를 포함하여 종합적인 부하운전 사이클에 대한 내구 해석을 수행한다.

■ 시스템 분석에 기반한 기어 및 스플라인의 매크로 및 마이크로 지오메트리 설계 도구와 기어 메시 접촉 및 이뿌리 응력 해석을 수행한다.

■ Full factorial, Monte Carlo, 민감도 분석, 최적화를 위한 유전 알고리즘, 외부 도구와 연결하기 위한 batch 작업 등을 이용하여 파라메트릭 분석을 수행한다.

■ 제품 개발의 모든 단계에 적합하도록 초기 개념으로부터 상세한 표현에 이르기까지 다양하고 신뢰할 수 있는 구성 요소 모델을 제공한다.

적용 효과

■ **높은 정확도** : 검증되고 신뢰할 수 있는 전체 시스템 구조 해석, 최신 베어링 강성 모델, 시스템의 모든 기어 메시를 고려한 전체 커플 시스템의 6자유도 기어 접촉 해석 기능을 제공한다.

■ **CAE에 기반한 설계** : 유연한 형상 정의, CAD와의 통합, 빠른 시뮬레이션 및 결과 후처리를 통해 개념에서 상세 설계에 이르는 엔지니어링 인사이트를 제공한다.

■ **프로세스 자동화, 최적화 및 통합** : 반복적이고 자동화된 프로세스를 통한 시스템의 다중 속성 최적화를 제공하기 위하여 다른 Romax DT 제품 및 파트너 소프트웨어와 원활하게 연동된다.

Romax Spectrum

주요 기능

■ 진동 및 방사 소음에 대한 완전 통합형 파워트레인 모델링, 시뮬레이션, 분석 및 최적화 기능을 제공한다.

■ 동적 기어 가진 특성을 예측하기 위한 검증된 해석 기법과 고유한 유성 기어 시뮬레이션, 모터 가진을 계산하기 위한 전자기장 해석 소프트웨어와의 연결을 제공한다.

■ 시스템 진동 응답의 주파수 영역 시뮬레이션을 수행한다.

■ 내장된 소음 해석 솔버는 설계 목표를 검증하기 위한 자동화된 계산을 통해 비전문가도 복잡한 방사 소음 시뮬레이션을 수행할 수 있게 지원한다.

적용 효과

■ 민감한 NVH 시뮬레이션에 필요한 정확도와 인사이트를 제공하므로 엔지니어링 인사이트를 확보하고 설계를 개선할 수 있다.

■ 신속하고 검증된 직관적인 시뮬레이션 기법과 분석으로 개발 프로세스 초기부터 NVH를 고려한 CAE 기반 설계를 지원하므로, 엔지니어링 결정을 도우며 NVH 테스트 및 시제품 제작을 최소화할 수 있다.

■ 차량 NVH 시뮬레이션과 다물체 동역학 시뮬레이션, 전동기의 가진을 위한 표준 해석 도구들과 연결한다.

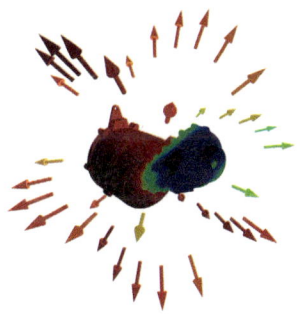

Romax Energy

주요 기능

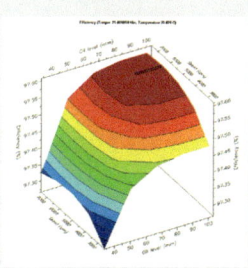

■ 업계에서 널리 사용되는 방식 뿐 아니라 독자적 드래그 모델을 사용하여 종합적인 변속기 동력 손실 예측 계산을 지원한다.

■ 윤활유가 시스템 효율에 미치는 영향을 정확하게 예측할 수 있으며, 효율 최적화를 위하여 최적의 오일을 선택하고 시스템을 설계할 수 있다.

■ 매개변수(예 : 토크, 속도, 온도, 윤활유)가 시스템 효율에 미치는 영향을 조사하기 위한 파라메트릭 분석을 수행한다.

■ 연료 소모량 및 CO_2 배출량을 계산한다.

적용 효과

■ 동력 손실을 예측할 수 있는 Romax Energy의 종합적인 효율 모델을 사용하여 설계를 안정적으로 개선함으로써 목표 효율을 달성할 수 있다.

■ 다양한 지오메트리 및 운전 매개변수가 전체 시스템 성능에 미치는 영향을 조사하고 이해함으로써, 고효율 설계를 위한 구성 요소를 설계하고 최적화한다.

■ FVA345 방법론을 기반으로 한 고급 윤활 모델 및 독자적 방법을 사용하여, 오일 첨가제와 마찰 저감제가 시스템 효율에 미치는 영향과 손실을 정확하게 예측한다.

Romax Spin

주요 기능

■ 6만 개 이상의 SKF, Schaeffler, Timken, JTEKT, Nachi 베어링 데이터뿐 아니라 모든 내외부 치수 및 마이크로 지오메트리를 포함한 전체 볼 및 롤러 유형의 완전 맞춤형 베어링을 모델링 할 수 있다.

■ 링 유연성, 틈새 및 압입, 예압, 내부 틈새, 마운팅 변형, 온도, 기타 조립 및 작동 속성을 정의한다.

■ 전체 시스템 변형, 하중 분석 및 베어링 오정렬을 고려하여 요소 및 궤도 응력, 리브 접촉, 모서리 응력, 접촉 절단을 정확하게 예측한다.

■ ISO/TS 16281과 같은 최신 수명 예측 기법을 적용한 고급 롤러 접촉 해석을 수행한다.

■ 동적 특성을 분석하고 스키딩과 같은 비정상적인 파손 모드를 방지하기 위하여 시간 영역 시뮬레이션을 수행한다.

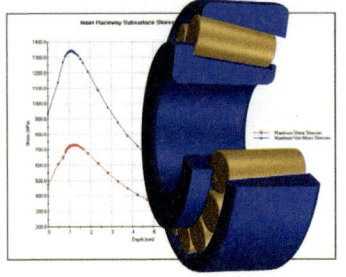

적용 효과

■ **협업 작업** : Romax Spin은 베어링 개발 업체와 해당 고객사에서 널리 사용되는 소프트웨어로 양사간의 협업을 촉진하며 민감한 지적재산권을 보호할 수 있다.

■ **고급 분석 알고리즘** : 설계 프로세스의 모든 단계에 사용할 수 있을 만큼 빠른 해석이 가능하며 접촉 응력 동작 특성 및 베어링 성능의 세부 사항, 수명에 미치는 영향을 상세히 포착할 수 있을 만큼 정확하다.

■ **엔지니어링 인사이트** : 특정 응용분야에 적합한 최적의 베어링을 설계하거나 선정하고 베어링 파손현상을 이해하며 적절한 대응책을 파악한다.

Romax Evolve

주요 기능

■ 광범위한 베어링 카탈로그, FE 구성 요소, 모터의 형상정보 및 가진 값을 가져오기 위한 전자기장 FE 소프트웨어와 CAD 패키지와의 연결 등 간편한 파라메트릭 구조 모델링을 지원한다.

■ 모터 하우징 및 샤프트 변형에 대한 정적 해석을 신속하게 수행한다.

■ 내구성 및 동력 손실의 관점에서 베어링을 평가하고 분석한다.

■ 로터 샤프트 시스템의 로터 다이나믹스 특성을 계산하고 불균형 자기력(UMP)이 정적 및 동적 동작에 미치는 영향을 파악한다.

■ 모터의 전기-기계적 가진 및 로터의 기계적 불균형 등을 고려한 모터의 NVH 해석을 수행한다.

■ 내장된 소음해석 솔버를 통해 비전문가도 복잡한 방사 소음 시뮬레이션을 수행할 수 있다.

적용 효과

■ 사용하기 쉽고 애플리케이션에 특화된 도구이며, 신뢰할 수 있는 전문 지식과 검증된 전기-기계 시스템 해석 기능을 바탕으로 모터 개발에 필수적인 구조 및 NVH 해석을 제공한다.

■ 주요 전자기장 해석 소프트웨어에 대한 인터페이스 및 워크플로를 통해 기존 툴체인을 보완하고 개선한다.

■ 모터 개발을 위한 CAE 기반 설계 프로세스 : 문제가 발생하기 전 예방할 수 있도록 개발 초기 단계부터 구조 및 NVH 성능을 고려한다.

구조 해석

SACS

개발 벤틀리시스템즈, www.bentley.com

자료 제공 벤틀리시스템즈코리아, 02-557-0555, www.bentley.com/ko

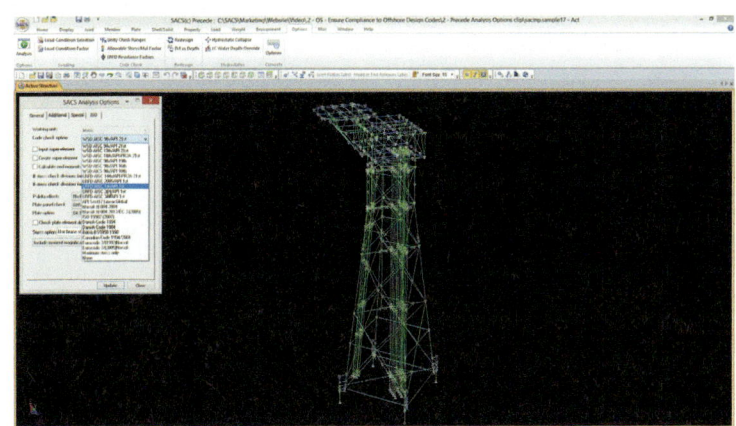

SACS는 해양 구조 해석 및 설계 소프트웨어로 석유 및 가스 플랫폼, 풍력 발전 단지, FPSO와 부유 플랫폼의 상부구조물을 포함한 해양 구조물 전용 구조 해석 및 설계 기능을 제공한다.

주요 특징

선박 영향 및 낙하 물체 해석을 통해 운영 안전을 위한 설계를 개선하고, 해양 전용 하중 생성을 통해 위험을 최소화한다. 또한 해석 및 피로의 상호작용 적인 그래픽 검토를 통해 복잡한 구조 응답을 시각화한다. 종합적인 해양 설계 코드 범위를 통해 규정 준수를 보장하며, 조선공학 팀과 협업함으로써 재작업과 프로젝트 지연을 방지한다.

주요 기능

■ **해양 구조물 해석:** 완전 비선형, 동적, 충격 효과를 포함한 종합적인 해석을 통해 플랫폼 또는 상부구조물의 이동을 예측한다. 통합 모듈을 사용하여 파일-지반 상호 작용을 모델링하고 바람, 파도, 지진, 선박 영향, 낙하 물체, 발파 하중을 적용한다.

■ **해양 구조물 워크플로우 자동화:** 공통 구조 모델에서 맞춤 설정이 가능한 템플릿을 통해 다중 해석을 관리한다. 하나의 완성된 모델 파일로, 여러 해석을 진행하실 수 있다. 이때 해석 템플릿은 유저에 맞게 변경이 가능하다. 각각의 해석의 스텝이 있는 경우, 하나의 해석의 결과를 다음 스텝으로 전송해 주며, 이를 통해 콤플렉스 모델 및 complex analysis work step을 간편하게 관리할 수 있게 해준다. 또한 자동화된 워크플로우를 통해 설계 탐색을 위한 크고 복잡한 모델의 관리를 간소화한다.

■ **해양 설계 코드 준수 보장:** 기본 제공 확인 기능을 사용하여 구조 규정 준수를 보장한다. 중요 조건에 대해 결과를 필터링한다. API, AISC, EC, ISO, DNV, Norsok 등을 포함한 수많은 현재 및 과거의 국제 코드를 준수하도록 설계와 구성을 최적화하고 규정 준수 문서를 제공한다.

도입 효과

SACS 통합, 해양 전용 기능을 사용하여 모든 유형의 해양 구조물에 대한 해석 및 설계 프로세스를 개선할 수 있다. 초기 설계부터 최종 설계까지 설계 프로세스의 각 단계와 라이프사이클 연장을 위한 재설계에서 마법사 도구를 사용하여 시간을 절약할 수 있고, 자동화된 구조 워크플로우를 통해 복잡한 모델의 관리 및 해석을 간소화할 수 있다.

주요 고객 사이트

삼성중공업, 현대중공업, 두산중공업, GS건설, 유신, 포스코건설, KOMERI 외 다수

멀티피직스 해석

samadii/dem

개발　메타리버테크놀러지, www.metariver.kr

자료 제공　메타리버테크놀러지, 070-7523-1685, www.metariver.kr

메타리버테크놀러지에서는 Discrete Element Method 를 사용한 고체입자해석 제품인 samadii/dem, 고진공유동 및 증착해석 제품인 samadii/sciv를 2011년 출시한 이후 기계, 전자, 화공, 디스플레이, 반도체, 건설 등 다양한 산업 분야에 입자 기반의 멀티피직스 솔루션을 제공해 오고 있다.

적용 분야

■ 건설, 농업,광업분야의 토양해석 등 고체입자의 거동해석

■ 철광 제철프로세스 해석

■ 집진설비, 필터링 등 유동장과 입자의 복합거동해석

■ 화공, 제약공정에서의 혼합,분리, 반응해석

주요 특징

■ 대량(수십만 ~ 수백만 개 이상)의 고체입자를 수반하는 시스템의 거동해석

■ 고체입자간 다양한 접촉모델을 기반으로 각 입자의 6자유도 거동을 고려한 상호작용을 계산

■ 운동학(Kinematics)을 기반으로 운동하는 기구 구조물 파트의 운동을 계산, 처리

■ Conveying body를 사용하여 벨트나 반복적으로 부탁된 버킷 등 입자이송 메커니즘을 간편히 구현 가능

■ 기구 구조물의 동력학적 특성을 계산하기 위해서 범용 다물체동력학 해석솔루션과의 연계해석 인터페이스 지원

■ 자성입자, 입자간의 습윤 및 점성효과를 비롯한 입자간의 반응관계 적용 가능

■ 외부 범용 프로그램에서 계산한 유동장 또는 전자기장 해석 결과를 임포트하여 연계해석 가능

■ 거동중 기구 구조물과 입자들에 작용하는 접촉력 및 누적충격량, 개별 입자들의 시간에 따른 경로, 입자의 벡터필드 등 다양한 후처리 기능 제공

주요 기능

■ **Pre/Post Processor :** 전후처리기

■ **DEM Kernel :** 입자의 6자유도를 고려한 거동해석 핵심 솔버

■ **MBM (Multi-body motion) Kernel :** 기구구조물의 운동을 표현하기 위한 Kinematic kernel

■ **Conveying body toolkit :** 벨트 또는 체인 등에 반복 장착된 버킷등을 구현하기 위한 툴킷

■ **Multi-physics particle toolkit :** 전자기입자 적용, 외부 프로그램에서 계산된 유동장 또는 전자기장 결과를 import 하여 연계해석하기 위한 툴킷

■ **VPS(Virtual Particle system) toolkit :** 가상입자시스템, 매우 작은 입자와 매우 큰 입자의 혼합 거동시 발생하는 초거대문제를 해석하기 위한 가상입자 처리 모듈

■ Matlab/Simulink co-simulation interface (SAMADII/cube)

전자기장 해석

samadii/em

개발 메타리버테크놀러지, www.metariver.kr

자료 제공   메타리버테크놀러지, 070-7523-1685,
www.metariver.kr

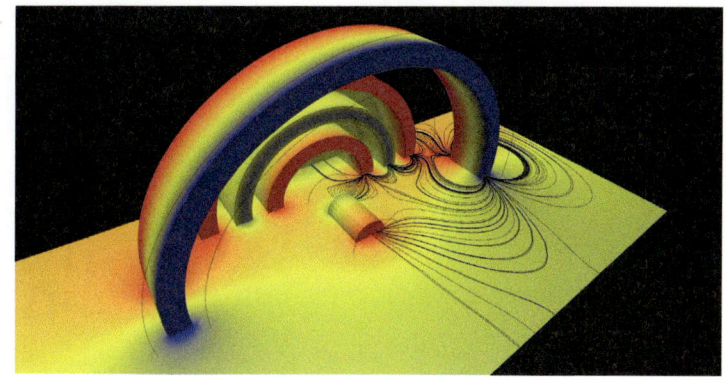

메타리버테크놀러지에서는 전자기장 해석 프로그램인 samadii/em 및 전자기장 내 플라즈마 입자 거동을 연동 해석할 수 있는 samadii/plasma를 2016년 출시하였고 적층제조기술의 열전달 및 변형해석을 위한 vampire를 2021년 출시하였다.
samadii/em은 반도체 및 디스플레이 공정에 활용되는 3차원 전자기장 해석 소프트웨어이다.

주요 특징

- 유한요소(Finite Element Method)를 이용한 3차원 전자기장 해석
- CUDA 기술을 활용한 고성능 Matrix Solver 보유
- 정적 상태 및 주파수 도메인에서의 Maxwell 방정식 해석
- 영구자석 해석 모듈을 이용한 스퍼터링 장치 자석 배열 설계 및 부식(erosion) 예측
- 대면적 CCP(Capacitively Coupled Plasma) 챔버에서 발생하는 스텐딩 웨이브 현상 예측
- 유도 전자기 현상 및 와전류(eddy current) 현상 해석
- 표피효과(skin effect) 현상 해석

주요 기능

- **Pre/Post Processor :** 전후처리기
- **EM Kernel :** 유한 요소를 이용한 7개의 모듈(Electrostatics , Magnetostatics, Electric current, Magnetostatics + current, Electric wave, Electrodynamics)
- 2차원, 2차원 축 대칭 및 3차원 해석
- 1st order 및 2nd FEM 해석
- 선형 물성 및 B-H 곡선을 이용한 비선형 물성 해석
- Direct Solver, GMRES, FGMRES, Conjugate Gradient, BiCGstab 등의 알고리즘이 포함된 CUDA Solver
- Incomplete LU, Incomplete Cholesky, Sparse Approximate Inverse, Jacobi, Complex 등
  다양한 CUDA Preconditioner를 이용한 해석 가속화
- Post Processor의 Export Field, Body view, Plane view, Line Graph, Stream line 기능
- Sputtering 해석 툴킷
- Magnetic Force 해석 툴킷

멀티피직스 해석

samadii/plasma

개발 메타리버테크놀러지, www.metariver.kr

자료 제공 메타리버테크놀러지, 070-7523-1685,
www.metariver.kr

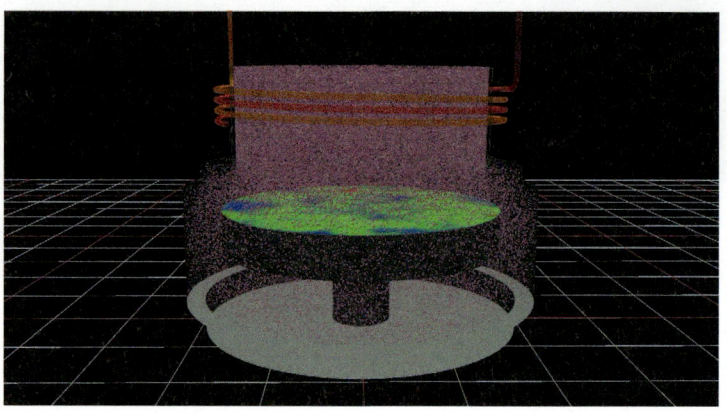

메타리버테크놀로지에서는 전자기장 해석 프로그램인 samadii/em 및 전자기장 내 플라즈마 입자 거동을 연동 해석할 수 있는 samadii/plasma를 2016년 출시하였고, 적층제조기술의 열전달 및 변형해석을 위한 vampire를 2021년 출시하였다.

samadii/plasma는 반도체 및 디스플레이 제조 공정 중 에칭, 에싱, PVD, CVD, 스퍼터링 등의 플라즈마를 이용한 공정과 전자기장 내에서의 이온 및 전자 거동을 이용하는 애플리케이션이다.

주요 특징

■ DSMC 방법을 사용한 이온, 전자, 및 반응 가스들의 충돌 및 반응 해석

■ 전자기장 해석 결과를 임포트하여 이온 전자 거동을 해석

■ Particle In Cell(PIC) 기법을 사용하여 이온 전자 밀도에 따른 전기장-가스 입자 유동 연동 해석

■ 플라즈마 공정에서 나타나는 쉬스 현상 해석 및 입사된 이온 에너지분포 각도 분포 해석

■ 벽면 충돌에 의한 식각과 벽면의 입자가 튀어나오는 스퍼터링공정 해석

■ 에너지 분포 및 각도 분포를 고려한 Ion Inlet 조건

주요 기능

■ **Pre/Post Processor :** 전후처리기

■ **DSMC Kernel :** Monte Carlo 방법을 사용한 통계적 입자충돌모델을 적용하여 계산하는 DSMC 핵심솔버 모듈

■ PIC 솔버 모듈을 이용하여 공간상의 전하 밀도에 의해 전기장 계산

■ **Electromagnetic field interface :** 전자기장 해석결과를 import한 연계해석 툴킷

■ **sputtering body :** 이온의 충돌에 의해 벽면의 입자가 튀어 나가는 공정을 해석하는 모듈(이온 충돌에 의한 에너지와 충돌 입사각 고려)

멀티피직스 해석

samadii/sciv

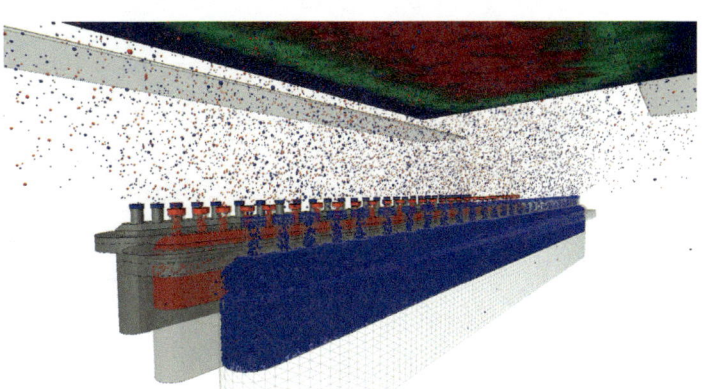

개발 메타리버테크놀러지, www.metariver.kr

자료 제공 메타리버테크놀러지, 070-7523-1685,
www.metariver.kr

메타리버테크놀러지에서는 Discrete Element Method를 사용한 고체입자해석 제품인 samadii/dem, 고진공유동 및 증착해석 제품인 samadii/sciv를 2011년 출시한 이후 기계, 전자, 화공, 디스플레이, 반도체, 건설 등 다양한 산업 분야에 입자 기반의 멀티피직스 솔루션을 제공해 오고 있다.

samadii/sciv는 반도체, 디스플레이, 항공우주 등 고진공 장비의 설계, 증착 및 유동패턴 예측, 압력장비의 설계 등에 적용하는 소프트웨어이다.

주요 특징

■ Monte Carlo 방법에 기반한 DSMC방법 사용한 고진공 유동장 해석(저진공, 상압 확장 가능)

■ 노즐의 형상 및 구조에 따른 분사특성 해석

■ OLED디스플레이 증착장비 등 진공챔버 내에서 분사되거나 유동하는 유체의 벽면증착 해석(두께, 분포 및 화학반응 등)

■ 전자기장 및 온도 장에 의해 영향을 받는 고진공 유동특성 해석

■ Collision theory를 바탕으로 한 가스 분자들의 화학 반응 해석

■ OLED등 디스플레이 패널의 FMM마스크에 의한 쉐이딩 예측

주요 기능

■ **Pre/Post Processor :** 전후처리기

■ **DSMC Kernel :** Monte Carlo 방법을 사용한 통계적 입자충돌모델을 적용하여 유동공간의 격자생성이 필요없이 고진공, 저진동 및 상온유동을 계산하는 DSMC 핵심 솔버 모듈

■ **Moving wall decomposition :** 고진공 또는 상압환경에서 거동하는 분자 및 액적입자의 구조물 표면증착해석 모듈(이동 및 정지벽면 고려)

■ **Flow field interface :** 외부 유동장 및 전자기장 온도장 등 해석결과를 import한 연계해석 툴킷

■ **Thermal boundary interface :** 벽면 구조물의 열적거동을 반영하기 위한 툴킷. 외부 범용 프로그램에 의한 열해석 결과를 import하여 적용

■ **Chemical reaction Kernel :** 화학물질 입자간 충돌에 의한 화학반응을 반영하기 위한 솔버

클라우드 플랫폼

ScaleX

개발 및 자료 제공   Rescale, 070-4735-8118,
www.rescale.com/kr

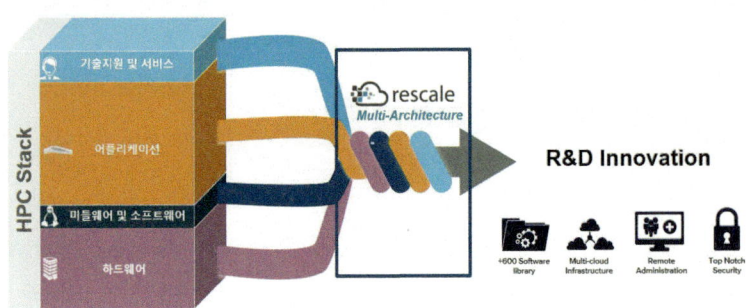

Rescale 플랫폼

Rescale의 ScaleX 플랫폼은 Public 클라우드를 기반으로 CAE를 위하여 필요한 다양한 소프트웨어 및 하드웨어, 관리 시스템을 포함하는 플랫폼이다. 사용자들은 Rescale 플랫폼에서 AWS, Azure, GCP 등 다양한 클라우드 업체의 연산 자원들을 활용하여 각 워크로드별로 최적의 하드웨어 유형을 선택할 수 있어 시뮬레이션 소요 시간을 단축하고, 기존 On-premise에서 연산 자원의 한계로 수행하기 어려웠던 대규모 시뮬레이션을 진행할 수 있다.

아울러 Rescale ScaleX 플랫폼은 HPC 운용에 필요한 모든 항목들을 단일 플랫폼에서 제공하므로 이를 통하여 IT 자원 관리의 효율성을 향상할 수 있으며, HPC 클라우드 환경을 제공하는 것뿐만 아니라 On-premise와의 하이브리드 구성 등 기업이 보유하고 있는 기존 자원을 최대로 활용하면서 HPC 클라우드의 장점을 최대로 누릴 수 있도록 지원하고 있다.

Rescale 플랫폼의 특징을 요약하면 다음과 같다.

600개 이상의 애플리케이션(소프트웨어)

분류	주요 소프트웨어
Commercial	Fluent, CFX, STAR-CCM+, ABAQUS, LS-DYNA, HyperWorks, MATLAB, Nastran, HFSS, CST, PowerFlow, MoldFlow, etc.
Open-Source	OpenFOAM, SU2, GROMACS, LAMMPS, CalculiX, Code_Aster, etc.
Container	Singularity
Bring Your Own	In-House code using MPICH, Intel MPI, Open MPI, Platform MPI
Others	FireFox, VS Code, PyCharm, Anaconda, BeeGFS, Intel Parallel Studio

100개 이상의 코어타입(하드웨어 유형)

분류	설명 및 주요 용도
General Purpose	일반적인 사양의 유형으로 다양한 작업에 대응 가능
High Interconnect	노드간 데이터 전송속도가 빠른 유형(500코어 이상 필요한 작업)
High Memory	대용량 메모리로 구성된 유형(코어당 16GB, 노드당 256GB 이상)
High Clock-speed	CPU 주파수가 높은 유형(적은 수라도 빠른 CPU가 필요한 작업)
High Disk	대용량 스토리지로 구성된 유형(결과의 크기가 수 TB 이상인 작업)
GPU	GPU로 구성된 유형(머신러닝/딥러닝, GPGPU 활용 작업)

관리자 포털

■ 효율적인 플랫폼 사용을 위한 성능, 비용, 보안 대시보드 제공
■ 팀, 프로젝트별 예산, 사용 가능 애플리케이션 및 코어타입 설정 등 개별적으로 플랫폼 최적화를 위한 설정 기능 제공

Rescale 플랫폼에서의 시뮬레이션

앞서 소개한 내용과 같이 Rescale 플랫폼은 HPC에서 필요한 모든 항목들이 단일 플랫폼에 구축되어 있으며 사용자의 업무 환경, 특성에 맞추어 최적화할 수 있도록 다양한 작업 유형 및 관련 기능들을 제공하며 이를 요약하면 다음과 같다.

Interface	Jobs mode	Interactive	Virtual desktop
Rescale WebUI	Basic	In-Browser SSH	GUI based processing
API	DOE	Livetail for logs	CPU / GPU
CLI	Optimization	API SSH	Windows
	End-to-End Desktop	End-to-End Desktop	Linux

사용자가 작업을 실행할 수 있는 방법은 총 3가지이며 각각의 특징은 다음과 같다.

■ **Rescale WebUI** : 가장 일반적으로 사용하는 방법으로 웹 페이지에 접속하여 입력 파일을 업로드하고, 사용할 소프트웨어 및 하드웨어 설정을 완료한 후 작업 실행
■ **Rescale CLI** : 작업 실행에 필요한 항목들을 Rescale에서 프로그램으로 제작한 것으로 사용자는 이를 활용하여 WebUI에 접속하지 않고 간단한 명령어를 통하여 작업 실행
■ **Rescale API** : CLI에서 수행하기 어려운 복잡한 절차의 시뮬레이션의 경우 사용자가 Python 혹은 CURL을 활용하여 스크립트로 구성하여 WebUI에 접속하지 않고 작업 실행

Rescale 플랫폼에서 제공하는 작업 유형은 총 4가지이며 각각의 특징은 다음과 같다.

■ **Basic** : Rescale 플랫폼에서 가장 많이 사용되는 유형으로 일반적으로 말하는 Batch 작업과 동일하게 하나의 작업을 생성해서 한 개의 시뮬레이션만 수행하거나, 순차적으로 여러 개의 시뮬레이션을 수행 가능
■ **End-To-End Desktop** : 리눅스 기반의 GUI 환경을 제공하는 유형으로 시뮬레이션 진행 도중 수렴 데이터를 확인하며 필요시 진행 중인 작업을 중지하고 해석 파라미터를 변경하여 재시작하는 등 Interactive하게 시뮬레이션을 수행 가능
■ **Optimization** : 파라미터 최적화 시 사용되는 유형으로 Isight, LS-OPT, 그리고 자체 개발한 Python 최적화 코드를 활용할 수 있으며, Basic 유형에서 사용 가능한 모든 시뮬레이션 소프트웨어를 Optimization 유형에서도 사용 가능
■ **DOE** : 시뮬레이션을 활용한 실험계획법 수행 시 사용되는 유형으로 변수를 생성하는 방법과 그에 따른 변화를 반영하는 결과 값을 지정하고 각 케이스를 동시에 여러 개의 클러스터로 계산하여 각 인자의 영향도를 분석 가능
■ **Optimization vs DOE**
• Optimization은 목적 함수를 만족할 때까지 지정한 파라미터를 조정하면서 반복적으로 하나의 클러스터를 활용하여 계산을 수행
• DOE는 지정한 총 케이스들을 계산을 완료할 때까지 각 변수의 조합들을 여러 개의 클러스터를 활용하여 동시에 계산을 수행
• 예를 들어, Optimization에서 Emerald 코어 타입을 3 노드로 지정하여 클러스터를 생성하면 1개의 시뮬레이션 케이스가 108개의 코어로 계산되며, DOE에서 Emerald 코어 타입을 3 슬롯, 1 노드로 지정하여 클러스터를 생성하면 동시에 3개의 시뮬레이션 케이스가 각각 36코어로 계산됨

Rescale 플랫폼에서는 계산을 위한 작업 유형 외에도 시뮬레이션 모델의 전처리 및 후처리를 수행할 수 있는 Virtual Desktop 또한 제공하며 그 특징은 다음과 같다.

■ OS 유형은 윈도우 및 리눅스 모두를 지원하며, GPU 및 대용량 메모리로 구성된 코어 타입들을 기반으로 활용 가능
■ 기존에 완료된 시뮬레이션 결과를 가져오거나, 가상 데스크탑 내에서 작업한 내용을 이후 계산 작업에서 사용할 수 있도록 내보내기 가능
■ 특히, 연구소 내 인터넷 회선의 속도가 느리거나 계산된 시뮬레이션 결과 파일의 크기가 매우 클 경우(1TB 이상) Virtual Desktop 활용을 추천
■ **Virtual Desktop vs End-To-End Desktop**
• Virtual Desktop의 경우 시뮬레이션 데이터의 전처리 및 후처리가 주요 목적이므로 정해진 설정 값 외에 코어 수를 변경하거나 여러 개의 노드를 사용하는 것은 불가능
• End-To-End Desktop의 경우 계산이 주요 목적이며 필요 시 사용자가 interactive하게 작업을 할 수 있도록 GUI를 추가로 제공해주는 것이므로 사용자가 자유롭게 코어 수 혹은 노드 수를 조정하는 것이 가능
• 다만 시뮬레이션 모델의 검증 및 계산 부하가 적은 시뮬레이션의 경우 Virtual Desktop에서 모델 구성 후 이어서 시뮬레이션까지 진행하는 것이 효율적임

맺음말

Rescale에서는 사용자들이 On-premise 환경에서 HPC 클라우드 환경으로 변화 시 Soft landing을 위하여 성능 평가 결과에 기반한 코어타입 추천, 시뮬레이션 워크플로우 효율성 향상을 위한 API 자동화, 기존 On-premise와의 하이브리드 구축 등 다양한 방법에 대한 가이드를 드리고 있으므로 도움이 필요하면 info.korea@rescale.com으로 문의하기 바란다.

멀티피직스 해석, 안전 시뮬레이션

Simcenter 3D

개발   지멘스 디지털 인더스트리 소프트웨어, www.plm.automation.siemens.com/global/ko

자료 제공   지멘스 디지털 인더스트리 소프트웨어, 02-3016-2000, www.plm.automation.siemens.com/global/ko /
델타이에스, 070-8255-6001, www.deltaes.co.kr / 스페이스솔루션, 02-2027-5930, www.spacesolution.kr

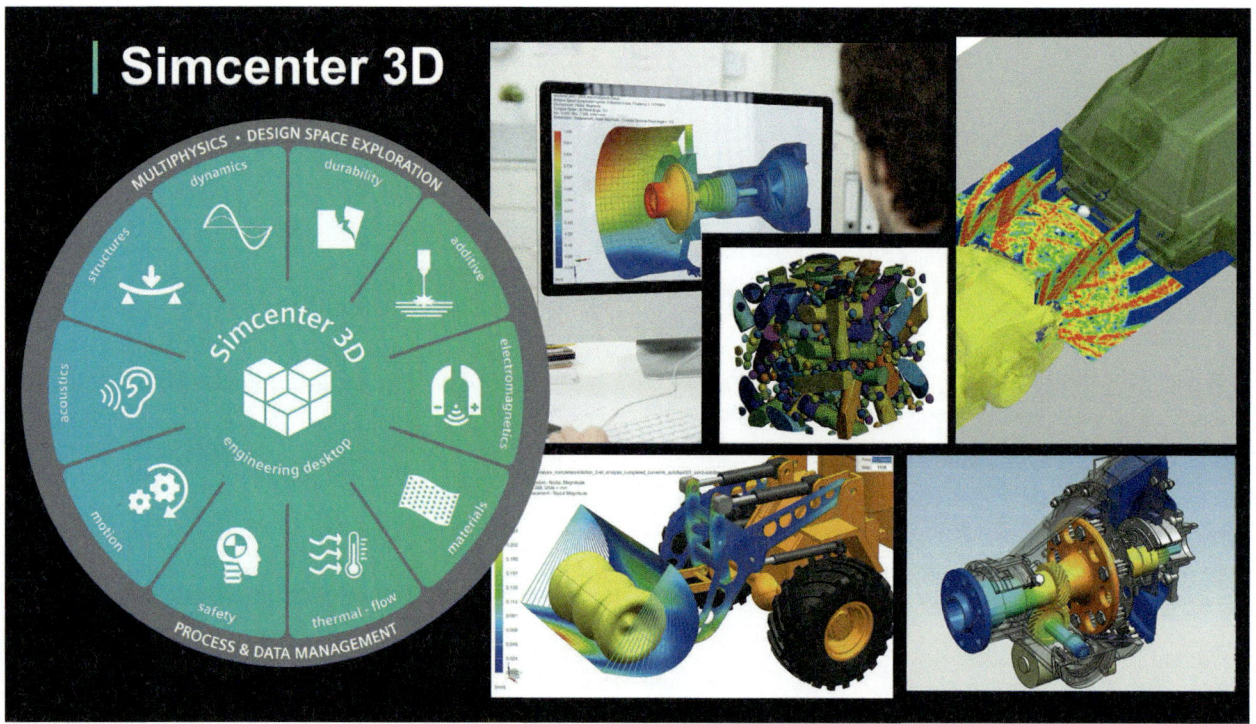

Simcenter 3D는 구조, 음향, 유동, 열, 모션, 전자기장, 재료 및 복합소재 해석을 지원하고, 최적화 및 다중 물리 시뮬레이션을 포함하는 시뮬레이션 솔루션이다.

솔버 및 전/후처리 기능은 시뮬레이션 기반의 통찰력을 시간 내에 얻기 위해 필요한 모든 도구를 제공한다. 또한, 1D/3D를 연동한 시뮬레이션 및 시험/시뮬레이션을 연계한 Hybrid 모델링 기능 덕분에 Simcenter 3D는 이전보다 현실적인 시뮬레이션 성능을 제공할 뿐만 아니라, 데이터 관리 기능을 갖춘 확장 가능한 개방형 CAE 통합 환경이다.

Simcenter 3D는 고성능의 지오메트리 편집, 연상 시뮬레이션 모델링 및 다분야 솔루션을 업계 전문 기술과 통합하여 시뮬레이션 프로세스 속도를 단축한다. Simcenter 3D는 모든 CAD 데이터와 함께 사용할 수 있는 독립형 시뮬레이션 환경을 제공하며, NX와 통합되어 원활한 CAD/CAE 경험을 제공한다.

주요 기능

CAE 전처리(Pre-Processing) 기능

CAD/CAE 단일 사용자 환경에서 설계자부터 전문 해석자까지 사용 가능한 CAE 전/후처리 도구를 제공하고, 높은 수준의 CAD 수정/편집 기능을 이용하여 더욱 효율적이고 빠르게 3D 시뮬레이션 모델을 생성할 수 있다.

- 설계 검증을 위한 CAE/CAE 통합 사용자 환경지원
- 다분야, 다물리 해석을 위한 플랫폼 제공
- 동기화 기술로 직관적이고 빠른 CAD 수정
- CAD 형상 연계 유한요소 생성
- 복잡한 모델을 위한 유한요소 Assembly 구조 지원
- Simcenter Nastran 외 3rd Party Solver 지원
- 설계 검증 프로세스 구축 및 자동화 가능

구조 해석

Nastran Solver를 이용하여 정적, 모드, 좌굴 해석 등의 선형 구조 해석을 지원하고, 미소변형 및 거동하는 대형 제품의 구조 해석을 빠르게 수행하는 SMP, DMP 방식의 병렬계산을 지원한다. 기하 비선형, 접촉, 소성, 크립, 초탄성 거동 등 모든 비선형 모델을 지원할 뿐만 아니라, 대부분의 선형 비선형 문제를 순차적으로 수행할 수 있는 Multistep 솔루션을 제공한다.

특히 가스터빈, 펌프 등의 회전 시스템이 작동할 때 회전 RPM/Unbalance/Gyroscope 효과에 의해 공진주파수가 변화하여 진동을 유발하는 형상에 대해 예측하고 개선하는 Rotor Dynamics 솔루션과 3D Printing 형상의 제작 과정에서 열변형 등의 문제를 사전에 예측하여 변형된 보상 형상을 CAM에 내보냄으로써 실제로 출력하고자 하는 형상을 trial-and-error를 최소화하는 Additive Manufacturing 솔루션을 제공한다.

음향 분석

음향 해석은 보다 조용한 제품, 소음 규제 준수, 음장 예측 작업 등 당면 과제를 해결하는 데에 도움이 될 수 있다. Simcenter 3D는 통합 솔루션 내에서 내부 및 외부 음향 해석을 제공하여 초기 설계 단계에서 정보에 기반한 의사 결정을 지원하여, 제품의 음향 성능을 최적화하도록 한다. 확장 가능한 통합 모델링 환경에는 효율적인 솔버와 해석이 용이한 시각화 기능이 통합되어 있어서 제품의 음향 성능을 신속하게 파악할 수 있다.

- 경계요소법(BEM), 유한요소법(FEM), 기하 음향학(RAY) 기반의 음향해석 지원
- AML(Automatically Matched Layer)을 이용한 무한 방사조건 지원

- FEM AO(Adaptive Order)를 이용한 계산속도 향상
- 다양한 시뮬레이션을 이용한 소음해석 프로세스 → MBD/EM/CFD to NVH

NVH & FE-TEST Correlation

시스템 수준의 FE 및 테스트 결합 Hybrid 모델을 만들고 실질적 하중 조건 규명(TPA)과 소음 및 진동 반응을 시뮬레이션하는데 필요한 도구가 결합되어 있다. 소음 및 진동 성능을 탐색하고 가장 중요한 원인을 정확히 파악하기 위한 여러 가지 시각화 및 해석 도구가 여기에 포함된다. 사용자에게 익숙한 도구를 통해 엔지니어는 설계를 신속하게 수정하고 소음 및 진동 성능의 영향을 몇 분 안에 평가할 수 있다.

Simcenter 3D는 시뮬레이션 모델의 신뢰성을 향상시킬 목적으로 측정된 동특성과 예측 모델 사이의 상관관계를 규명하고, Nastran SOL200 기반의 민감도 해석을 통해 시뮬레이션 모델의 신뢰성 향상 및 모델링 표준화를 지원하는 FE-TEST Correlation을 지원한다.

모션 해석

복사기, 슬라이딩 선루프 또는 윙플랩 같은 복잡한 기계 시스템의 작동 환경을 이해하는 것은 어려울 수 있다. 모션 시뮬레이션은 기계 시스템의 반력, 토크, 속도, 가속도 등을 계산한다. CAD 형상 및 어셈블리 구속조건을 정확한 모션 모델로 즉시 변환하거나 처음부터 직접 모션 모델을 만들 수 있으며, 내장된 모션 솔버와 후처리 기능을 통해 제품의 다양한 거동을 연구할 수 있다.

내구 해석

내구성 엔지니어에게 가장 어려운 작업은 가장 효율적인 방식으로 오류 방지 구성요소와 시스템을 설계하는 작업이라는 데에는 이견이 없다. 피로 강도가 충분하지 않은 시스템 부품은 영구적인 구조적 손상과 생명에 위협이 될 수 있는 상황을 초래할 수 있다. 실수는 제품 리콜을 초래해 제품뿐만 아니라 전체 브랜드 이미지에 부정적인 영향을 미칠 수 있다.

개발 사이클이 짧아지고 품질 요구사항이 계속 증가하면서 테스트 기반 내구성 방식은 그 한계를 드러내고 있다. 시뮬레이션 방법으로 내구성 성능을 평가하고 향상시키는 것이 유일하

게 유효한 대안이다. Simcenter는 실제 하중 조건을 빠르고 정확하게 고려해 피로 수명 예측 해석을 수행할 수 있는 최첨단 해석 방법에 대한 액세스를 제공한다.

열 해석

Simcenter 3D Thermal은 열 전달 솔루션을 제공하고 복잡한 제품 및 대형 어셈블리에 대한 전도, 대류 및 복사 현상을 시뮬레이션할 수 있는 기본 기능 뿐만 아니라 정교한 복사 분석, 고급 광학 특성, 복사 및 전기가열 모델, 1차원 유압 네트워크 모델링 및 위상 변화, 탄화(Charring) 및 삭마(Ablation)와 같은 고급 재료모델을 위한 광범위한 방법을 제공한다.

사용자는 Simcenter 3D 통합 환경을 활용하여 신속한 설계변경 및 열 성능에 대한 신속한 피드백을 얻을 수 있고, 설계 및 엔지니어링 프로세스와 쉽게 통합되는 Simcenter 3D 열 해석 솔루션은 설계자와 해석자의 공동작업을 용이하게 하여 제품 개발의 생산성 향상을 지원한다.

■ 분리, 불일치 요소면, 형상의 자동 연결
■ 모델링 자동화를 위한 유저 서브루틴, 유저 플러그인, 수식 및 API를 지원
■ 통합된 환경에서 복합 열전달, 열-유동, 열-구조 등 연성해석 수행 가능
■ ECAD와 연계로 반복작업과 모델링 에러 개선

유동 해석

Simcenter 3D Flow는 복잡한 부품 및 어셈블리의 유체 유동을 모델링하고 시뮬레이션하기 위한 정교한 도구를 제공하는 CFD 솔루션이다. 잘 확립된 Control-Volume 공식의 성능과 정확성을 Cell-Vertex 공식과 결합하여 Navier-Stokes 방정식으로 설명된 유체 운동을 이산화하고 효율적으로 해결한다. 압축성(Compressible) 유체 및 고속(High Speed) 유동, non-Newtonian 유체, 무거운 입자추적(tracking of heavy Particles) 및 다중회전 기준 프레임(multiple rotating frames of reference)을 포함하는 내부 또는 외부 유체의 유동 시뮬레이션을 지원한다.

■ 단일 환경에서 Multi-Physics 시뮬레이션 기능 지원, 열-구조-유동 연성해석

■ ECAD와 연동하여 전자장치의 냉각을 위한 최적화된 열-유동 해석 도구를 제공

Material Engineering

오늘날 다양한 분야에서 첨단 소재를 사용함으로써 제품을 혁신하고 있으며, 이러한 이유로 새로운 소재들이 시장에 빠른 속도로 도입되고 있다. 첨단 소재를 제품에 적용할 때 균열은 매우 중요한 고려 사항이지만, 첨단 소재의 마이크로(micro) 및 메조(meso) 균열은 기존의 유한 요소법으로 모델링 및 해석하기가 어렵다.

하지만 Simcenter 3D는 완전한 대표 체적요소(RVE : Representative Volume Element) 분리, 소재 내부의 균열 또는 응집 영역(cohesive zones) 등 마이크로 레벨의 재료 특성을 고려할 수 있으며, 이를 통해 매크로(macro) 구조 모델과 마이크로 구조 모델이 전체 격자가 분리된 상태에서 균열이 소재를 통해 전파되는 현상을 해석할 수 있다.

저주파 전자기장 해석

Simcenter 3D LFEM은 모터, 변압기, 스피커 등의 전기기기에 대한 성능, 열에 의한 에너지 손실과 같은 전자기적 특성을 예측하는 솔루션을 제공한다. 3D CAD 모델로부터 전자기장 해석 모델을 구축하여 정교한 자성 재료 정의하고 속성, 경계 조건 및 통합 1D 회로 모델링 도구를 사용하는 부하를 정의할 수 있으며, 결과의 정교한 후처리를 수행하는 전자기장 해석 전과정을 지원한다.

■ 전자기장 해석에 필요한 고급 재료물성 지원
■ 6자유도 운동을 고려한 전자기장 해석
■ 해석 시간을 절감하는 고급 격자생성 기능 및 경계조건 지원 (Smart Meshing & BC)
■ 전자기-열 연성해석
■ 전자기장 해석결과로부터 열/유동/소음진동 해석을 진행하는 프로세스 제공

고주파 전자기장 해석

Simcenter 3D HFEM은 항공우주 산업의 전자기 호환성(EMC) 관련 인증의 핵심 주제인 번개(IEL) 및 고강도 복사장(HIRF)의 간접 효과를 검증하는 시뮬레이션을 지원한다. 또한

자동차 산업에서 ADAS(Advanced Driver Assistance System) 및 센서뿐만 아니라 EV 파워 트레인의 EMC 및 전자기 간섭(EMI) 성능을 검증하고 개선하는 고주파 시뮬레이션을 지원한다.

Simcenter 3D에 탑재된 Simcenter 고주파수 EM 솔버는 Maxwell의 전자기 방정식을 풀기 위한 적분방(MoM 및 MLFMA)을 기반으로 하는 전파 솔버를 지원한다. 또한 UTD 및 IPO를 기반으로 점근법(asymptotic methods)을 사용할 수 있고, 2.5D 및 전체 3D 필드 문제를 효율적으로 해결하기 위해 다양한 솔버가 통합되었다. 솔버 가속 옵션(MLFMA, DDM, 다중 경계 조건 MoM기반 알고리즘)이 내장되어 대규모 시스템의 계산 시간을 단축한다.

안전 시뮬레이션

Simcenter 3D Safety(Madymo)는 자동차 안전 시뮬레이션에 광범위하게 사용되고 있으며, 엔지니어가 고급 통합 안전 시스템을 생성하는 데에 필요한 기능을 제공한다. Simcenter 3D Safety는 탑승자 및 보행자 안전 개발을 위한 전용 사용자 환경을 제공하며, 빠르고 정확한 솔버는 광범위한 DOE 및 최적화 연구를 가능하게 한다.

Simcenter 3D Safety는 다물체 동역학(MBD), 유한요소(FE) 및 전산유체역학(CFD) 기술을 단일 솔버에 통합하여, 엔지니어에게 정확성과 속도 간의 적절한 균형을 유지하면서 안전 시스템을 모델링할 수 있는 유연성을 제공한다. 또한 활성 인체 모델은 모든 뼈, 근육 및 연부조직 재료로 인체를 모델링할 수 있어, 충돌 안전 시뮬레이션 시 차량 탑승자 및 보행자의 골격, 근육, 관절 등의 상세 상해정도 분석 및 평가를 지원한다.

타이어 시뮬레이션

Simcenter 3D Tire는 차량의 동적 시뮬레이션을 위해 타이어의 거동을 모델링하는 플랫폼과 서비스를 제공한다. Simcenter 3D Tire를 통해 차량 제조 업체와 공급 업체는 실질적인 타이어 특성을 고려할 수 있고, 모든 동역학 시뮬레이션 툴 및 연산 시스템과 연동될 수 있는 타이어 모델을 변수화 및 표준화하기 위해 필요한 타이어 테스트를 최소화할 수 있다.

MF-Tyre는 모든 주요 차량 동적 시뮬레이션 툴에서 사용할 수 있는 Pacejka Magic Formula 기반 타이어 모델이다. MF-Swift는 승차감, 도로 하중 및 진동 분석을 위한 MF-Tyre의 확장 모듈이다. MF-Swift는 MF-Tyre 기능에 일반적인 3D 장애물 포위(obstacle enveloping) 및 타이어 벨트 동역학을 추가 지원한다. 이러한 접근 방식을 통해 모든 관련 차량 동적 시뮬레이션을 수행할 수 있는 올인원(all-in-one) 타이어 모델의 생성을 지원한다.

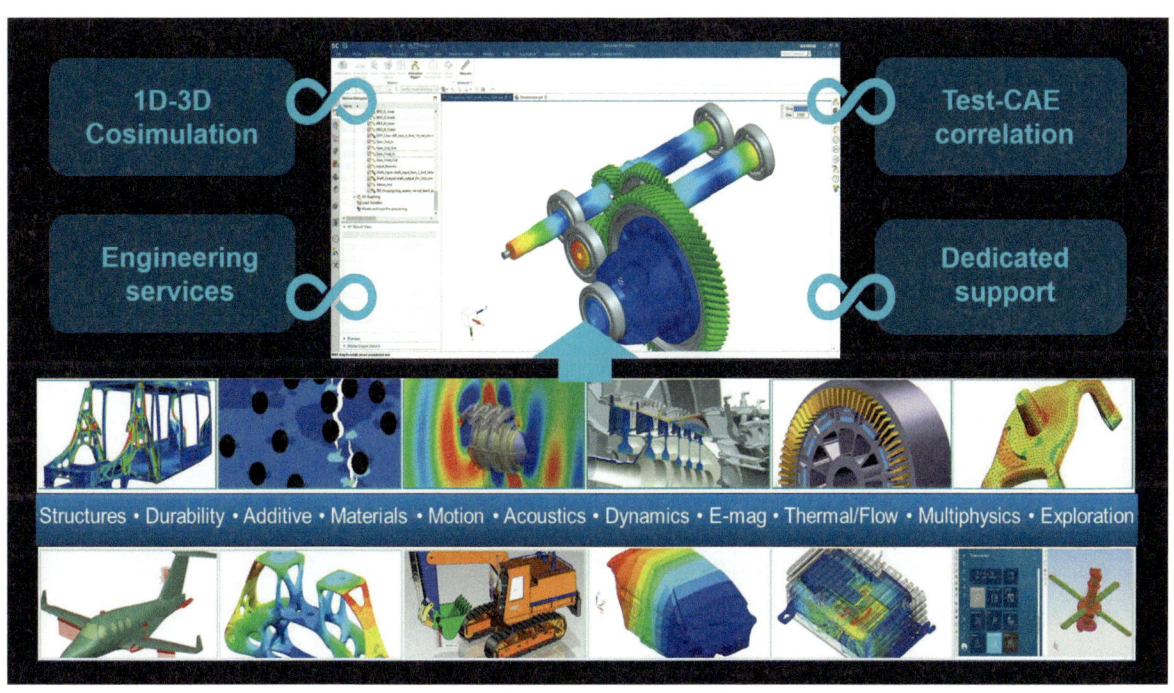

멀티피직스 해석, 시스템 시뮬레이션

Simcenter Amesim

개발   지멘스 디지털 인더스트리 소프트웨어, www.plm.automation.siemens.com/global/ko

자료 제공   지멘스 디지털 인더스트리 소프트웨어, 02-3016-2000, www.plm.automation.siemens.com/global/ko
델타이에스, 070-8255-6001, www.deltaes.co.kr / 플로우마스터코리아, 02-2093-2689, www.flowsystem.co.kr

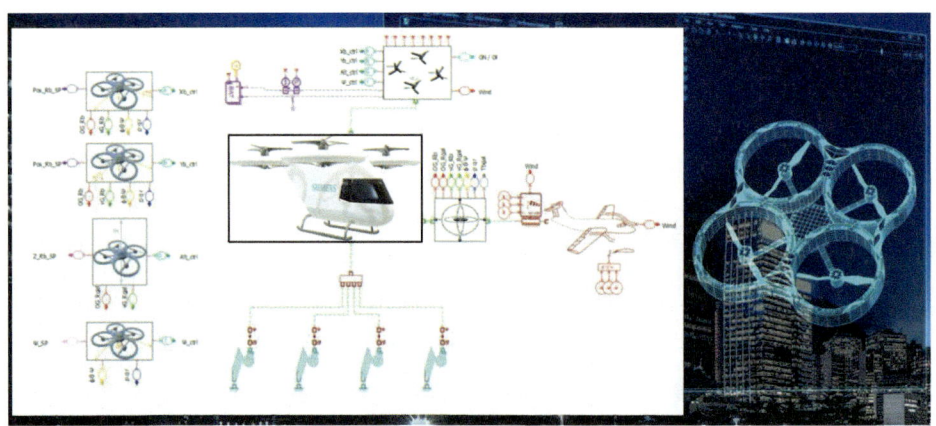

Simcenter Amesim은 시스템 시뮬레이션 엔지니어가 시스템의 성능을 가상으로 평가하고 최적화할 수 있도록 지원하는 통합 메카트로닉스 시스템 시뮬레이션 플랫폼이다. Simcenter Amesim을 통해 초기 개발 단계에서 최종 성능 검증 및 제어 Calibration 단계에 이르기까지, 전체 시스템 엔지니어링의 생산성을 크게 향상시킬 수 있다. 또한 확장 가능한 통합 시스템 시뮬레이션 플랫폼을 사용하여, 시장 출시 지연 및 품질 저하 없이 제품의 혁신을 창출할 수 있다.

Simcenter Amesim은 강력한 플랫폼 기능으로 지원되는 애플리케이션 및 산업별 특화 솔루션과 결합된 즉시 사용 가능한 다중 물리 라이브러리를 포함하며, 이를 통해 모델을 신속하게 만들고 해석을 정확하게 수행할 수 있도록 한다. 또한 엔터프라이즈 프로세스에 통합할 수 있는 개방형 환경을 제공하며, 소프트웨어를 CAE(Computer-Aided Engineering), CAD(Computer-Aided Design), 제어 소프트웨어 패키지와 손쉽게 통합하고, FMI(Functional Mock-up Interface), Modelica와 상호 호환되고, 이를 다른

Simcenter 솔루션, Teamcenter, Excel 등과 연결할 수 있다.

주요 기능

시스템 시뮬레이션 플랫폼

개방적이며 강력한, 사용자 친화적인 다중 물리 시스템 시뮬레이션 플랫폼의 이점을 활용해 복잡한 시스템과 구성 요소를 모델링, 실행 및 해석할 수 있다. 1D 다중 물리학 시스템 시뮬레이션과 강력한 설계를 구현하는 데 쉽게 사용할 수 있는 고급 환경을 제공해, 다양한 스크립팅 및 커스터마이제이션을 가능하게 하여, 기존 설계 프로세스 내에서 Simcenter를 매끄럽게 통합할 수 있도록 한다.

1D 및 3D CAE 소프트웨어 솔루션과 효율적으로 상호작용하며, 지속적이며 일관된 MiL(model-in-the-loop), SiL(software-in-the-loop), HiL(hardware-in-the-loop) 가능 프레임워크를 제공해 표준 실시간 대상에 대한 모델을 신속하게 도출하여 사용할 수 있다.

시스템 통합

개발 장벽을 없애고 증가하는 시스템 복잡성을 효과적으로 처리한다. 모델 기반 설계(MBD)를 성공적으로 도입하려면 초기 아키텍처 설계에서 Calibration 단계에 이르기까지 일관성 있는 모델링 방식을 적용해야 하는데, 이러한 엔지니어링 혁신을 지원하기 위해 사용자 경험을 간소화해 효율성을 높인다. 또한 물리적 모델링과 관련된 유용한 기능과 다분야의 고유 기능이 통합돼 자동차, 비행기, 굴착기, 선박 및 그 외 산업 응용 분야에 가장 효과적인 엔지니어링 설계 프로세스를 설정할 수 있다.

메카니컬 시스템 시뮬레이션

증가하는 기계 시스템 엔지니어링 복잡성에 대응하여, 다차원(1D, 2D 및 3D) 동적 시뮬레이션을 지원하는 최첨단 모델링 기술로 저주파/고주파 현상을 해석해 강체 또는 유연체, 복잡한 비선형 마찰에 대해 알아볼 수 있다. 복잡한 지오메트리 간 접촉을 고려해 메카니즘의 신뢰성과 견고성을 향상시킨다. 또한 아키텍처 및 설계 결정을 프론트로딩할 수 있다. 플랜트 모델과 제어 모델, 코드를 연결해 강력한 메카트로닉 시스템 개발을 지원한다.

열 관리 시스템 시뮬레이션

열 통합 문제를 해결할 수 있도록 사전 설계 단계에서 최종 검증에 이른 전체 설계 사이클을 망라하는 포괄적 솔루션 세트를 제공해, 열 관리를 최적화하고 효율적이며 안정적인 시스템을 설계한다. 이러한 기능을 통해 자동차, 비행기 또는 실내 쾌적성과 같은 열 성능을 극대화하는 동시에 에너지 효율성을 최적화할 수 있으며, 주변 환경과의 상호 작용을 비롯한 시스템의 실제 운영 환경을 나타낼 수 있다. 또한 에너지 회수 시스템 통합과 이것이 성능과 에너지 소비에 미치는 영향을 연구할 수 있으며, 고급의 포스트 프로세싱 기능을 활용해 시스템의 에너지 흐름을 그래픽으로 시각화할 수 있다.

유체 시스템 시뮬레이션

기능 모델에서 상세 모델에 이르는 유체 시스템을 모델링할 때 전문/비전문 사용자 모두를 지원하는 포괄적인 구성요소 라이브러리를 제공해, 물리적 프로토타입 사용을 엄격히 제한하면서 유압 및 공압 구성요소의 동적 거동을 최적화한다. 다양한 구성요소, 기능 및 애플리케이션 중심 툴을 갖춘 Simcenter를 사용하면 모바일 유압 작동 시스템, 파워트레인 시스템, 항공기 연료 및 환경 제어 시스템과 같은 다양한 애플리케이션을 위한 유체 시스템을 모델링할 수 있다.

전기 시스템 시뮬레이션

전장화의 핵심 시스템인 연료전지, 배터리, 모터, 인버터, 제어기 등의 시스템에 대한 기본 모델부터 상세 모델들을 제공한다. 콘셉트 설계부터 제어 검증까지 전기 및 전자 기계 시스템을 시뮬레이션할 수 있다. 메카트로닉스 시스템의 동적 성능을 최적화하고 전력 소비를 분석하며, 자동차, 항공 우주, 산업 기계 및 중장비 산업을 위해 전기 장치 제어 법칙을 설계하고 검증할 수 있는 기능을 제공한다.

연료전지 시스템 시뮬레이션

연료전지 스택(PEMFC)의 맵 기반 모델, 시험 데이터 기반의 모델부터 전기화학적 모델 라이브러리 및 데모를 지원한다. 다양한 운전환경(온도, 습도, 압력 등)에 따른 스택의 전압을 예측할 수 있으며 고압탱크, 수소공급계통, 공기공급계통의 요소의 모델링을 통해 전체 연료전지 시스템의 성능과 효율을 검증할 수 있다. 나아가 연료전지 자동차의 통합 시스템 모델을 구축함으로써 콘셉트 검증 및 연비 예측, 스택의 출력 및 효율 예측, 열관리 성능을 평가할 수 있으며 제어 전략을 수립할 수 있다.

추진 시스템 시뮬레이션

차세대 추진 시스템을 개발할 수 있다. 다중 물리 시스템 시뮬레이션 방식을 사용하면 다양한 아키텍처와 기술을 처리할 수 있다. 예시로는 자동차 파워트레인 전기화, UAM을 위한 전기/하이브리드 파워트레인, 우주 산업을 위한 재사용 가능한 발사 시스템, 선박을 위한 대체 연료(LNG) 사용 등을 들 수 있다. 단일 플랫폼에서 교차 시스템 영향에 대한 완전한 해석을 수행해 온보드 발전 또는 차량 오염 물질 배출과 같은 다양한 메트릭에 대한 추진 시스템의 영향을 설계하고 평가할 수 있다.

배터리 설계

Simcenter Battery Design Studio

개발 및 자료 제공　지멘스 디지털 인더스트리 소프트웨어,
www.plm.automation.siemens.com/global/ko

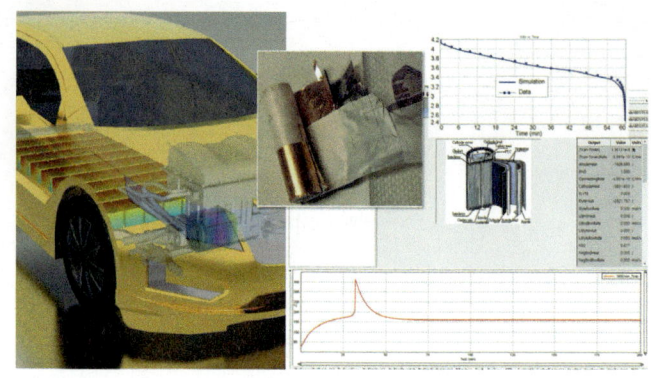

Simcenter Battery Design Studio(BDS)는 세부 기하학적 요소가 반영된 셀 사양과 셀 성능 시뮬레이션을 통해 리튬이온(Li-ion) 셀 설계를 하고 이를 디지털로 검증할 수 있다. 일반적으로 사용되는 배터리 셀 타입을 모두 지원하며 이를 1D 혹은 3D(Pseudo 2D)로 구현하여 고유의 성능을 예측할 수 있다. 사용하는 열원 모델을 방정식 기반의 물리 모델을 지원하는 경우 필요한 재료의 속성을 데이터베이스를 통해 사용할 수 있다.

BDS에서는 셀의 전기 화학적 메커니즘에 대한 통찰력을 얻기 위해 방정식 기반의 물리 모델과 테스트 데이터를 기반으로 셀 거동을 모델링하기 위한 등가 회로 모델을 제공하기 때문에, 사용자가 원하는 수준의 모델 선택이 가능하다. 이를 통하여 Simcenter BDS를 통해 셀 설계 의사 결정과 시스템 성능에 대한 영향을 더욱 효과적으로 고려할 수 있으며, 설계탐색 솔루션과 연계하여 고객이 실현 가능한 설계안 내에서 최적화된 셀 설계를 할 수 있도록 지원한다.

주요 특징
모든 타입의 리튬이온 셀의 디지털 트윈 생성

현대에 들어서 리튬이온 셀의 사용처는 굉장히 다양하다. 손목에 차는 워치부터 항공기까지 다양한 크기의 애플리케이션에 리튬이온 셀이 사용되며, 각각의 특성에 맞춰 다양한 타입의 리튬이온 셀이 존재한다. BDS는 작은 코인형 셀부터 대형 배터리팩을 구성하는 실린더리컬 혹은 파우치 셀, 프리즈메틱 셀 등 다양한 리튬이온 셀의 디지털 트윈을 지원한다.

셀 설계자를 위한 사용자 친화적인 구성

다양한 템플릿 기반으로 셀을 구성하고 있는 형상적 특성을 직관적으로 입력할 수 있도록 인터페이스가 구성되어 있다. 그리고 셀 설계자들이 익숙한 용어로 구성하여 솔루션에 쉽고 빠르게 적응할 수 있다. 2차원 그래프, 3차원 그래프뿐 아니라 BOM, 젤리롤 뷰어 등을 통해 쉽게 셀의 구성요소뿐 아니라 성능을 파악하는데 도움을 준다.

빠르고 정확한 해석

BDS는 실험 데이터 기반의 등가회로 구성 및 셀 성능 데이터 피팅을 통한 성능 부여를 통해 빠르게 셀 성능을 디지털 트윈으로 반영할 수 있다. 뿐만 아니라 셀 구성 물질들에 대한 전기화학적 특성을 부여하여, 방정식 기반으로 접근하는 경우 셀 성능의 계산을 통해 정확하고 정밀한 결과를 얻어낼 수 있다.

STAR-CCM+ 및 Amesim과의 연동

BDS는 지멘스의 심센터 솔루션 포트폴리오 중 STAR-CCM+와 연동하여 3D 기반의 모듈 및 팩 레벨로 확장하였을 때 셀의 고유한 성능을 연결하고, CFD로 열 환경과 결합된 셀 성능 변화를 예측할 수 있는 긴밀한 컬래버레이션을 지원한다. 뿐만 아니라 Amesim과 연결하여 좀 더 디테일한 셀 성능을 컴포넌트에 반영, 지멘스 솔루션간 시너지를 최대화한다.

지능형 설계 탐색 지원

BDS는 HEEDS와 연결하여 셀을 구성하고 있는 형상적 정보뿐 아니라 방정식 기반의 물질 정의 및 coating에 해당하는 모든 파라미터화된 정보를 자동으로 수정, 설계자가 목표로 하는 목표치에 빠르게 도달할 수 있는 설계안 변경을 수행할 수 있다.

유동 해석

XFlow

개발 Dassault Systèmes, www.3ds.com

자료 제공 다쏘시스템코리아, 02-3270-7800, www.3ds.com/ko / 노드데이타, 02-595-4450, www.nodedata.com / 메이븐, 02-852-2555, www.swmaven.co.kr / 브이피케이, 02-6230-7200, plm.vpkcorp.com

제품 혁신을 위한 현대의 치열한 경쟁 속에서 산업계는 차량의 도하, 파워 트레인의 윤활 및 항공기 기동과 같은 극한 조건에서 제품의 실제 동작과 연관된 복잡한 시뮬레이션을 수행해야 한다.

SIMULIA의 Fluid Solution 중 하나인 XFlow는 신뢰성 있는 CFD(Computational Fluid Dynamics) 해석 수행을 위한 입자 기반 LBM(Lattice-Boltzmann Method) 기술을 제공한다.

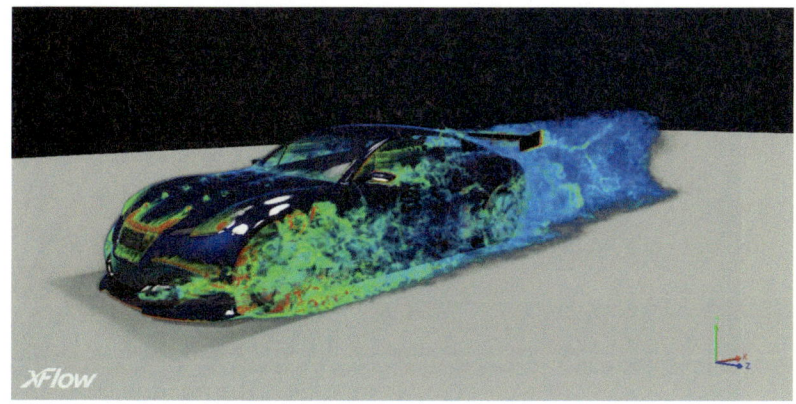

XFlow의 최신 기술을 통해 사용자는 실제 형상의 움직임, Free surface를 포함한 다양한 기체와 유체가 혼합된 다상(Multi-Phase) 유체와 구조물의 상호 작용에 따른 유동 현상 해석 및 급격한 시간 변화가 동반되는 고주파 특성을 갖는 유체 해석이 포함된 CFD 업무를 진행할 수 있다.

자동 공간 격자 생성 기능과 Adaptive refinement 기능은 사용자의 입력을 최소화할 수 있어 격자 생성 및 전처리 단계에서 시간과 노력을 줄일 수 있을 뿐만 아니라, 해석의 정확도를 높일 수 있다.

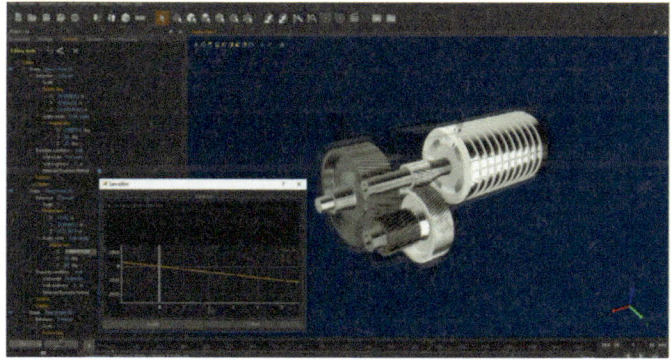
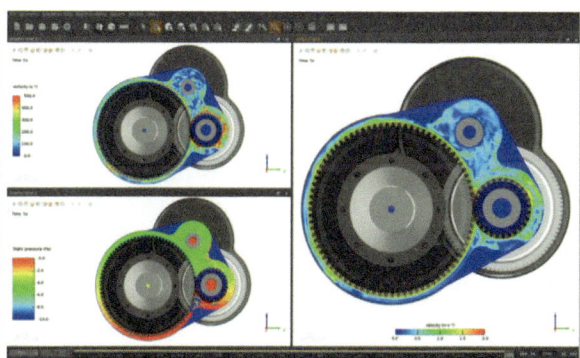

유동 해석

Simcenter FLOEFD

개발   지멘스 디지털 인더스트리 소프트웨어, https://sw.siemens.com

자료 제공   델타이에스, 070-8255-6001, www.deltaes.co.kr
플로우마스터코리아, 02-2093-2689, www.flowsystem.co.kr

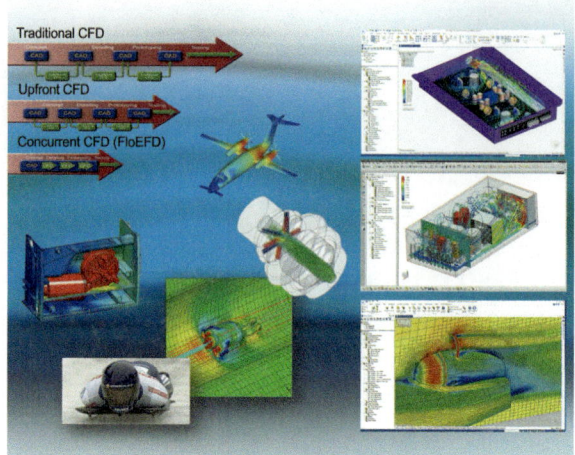

지멘스 디지털 인더스트리 소프트웨어의 Simcenter FLOEFD는 Siemens NX, Solid Edge, CATIA V5, Creo, Solidworks와 같은 다양한 MCAD 소프트웨어 내에서 쉽고 빠르며, 강력하고 정확한 유체 흐름 및 열 전달 해석을 수행하기 위한 CFD 시뮬레이션 소프트웨어이다.

Simcenter FLOEFD는 PLM 설계 환경에 내장되어 있으며, 고유한 자동화 기술을 통해 엔지니어가 전체 설계물의 결과를 CFD를 이용하여 Front Loading하고, 전체 프로세스에서 설계변수에 대한 연구를 수행할 수 있도록 지원한다.

'Front Loading'은 엔지니어가 추세를 조사하고 덜 긍정적인 요소를 제거하는데 도움이 될 뿐만 아니라 전체 시뮬레이션 시간을 최대 75%까지 줄일 수 있는 설계 프로세스 초기 단계에 CFD 해석 프로세스를 수행하는 것을 의미한다.

주요 특징

■ Simcenter FLOEFD는 사용이 간편하다. 사용하는 CAD 환경 내에 설계 및 분석을 위한 CFD 소프트웨어를 플러그 앤 플레이로 만드는 설계 중심 시뮬레이션 도구이다.
■ Simcenter FLOEFD는 빠르다. 지능형 기술 및 자동화를 통해 복잡한 형상에 대한 전체 시뮬레이션 시간을 최대 75%까지 줄여 해석 영역을 빠르게 탐지하고, Digital Twin의 검증을 가능하게 한다.
■ Simcenter FLOEFD는 정확하다. 수천 명의 엔지니어가 Simcenter FLOEFD를 사용하여 자동차, 항공우주, 제조 및 전자를 비롯한 다양한 산업 분야에서 실제 엔지니어링 문제를 해결하고 있다.
■ Simcenter FLOEFD는 CFD의 대중화에 앞장서 왔다. FLOEFD는 SolidWorks Flow Simulation의 핵심 기술이다.(Simcenter FLOEFD는 SolidWorks Flow Simulation과 비교하여 몇 가지 추가 기능을 제공한다.)

주요 기능

유동 해석

- 정상상태 및 과도상태 해석(Steady state and transient analysis)
- 압축성 / 비압축성 유동 해석(Compressible / incompressible fluid flow analysis)
- 해석 영역 내 일치하지 않은 유체해석 용 격자의 자동 연결
- HVAC 정확한 모델링을 위한 HVAC 전용 모듈

열 해석

- 정상상태 및 과도상태 해석(Steady state and transient analysis)
- 전도, 대류, 복사열전달 해석(Conduction, convection and radiation)
- 조립제품 및 단품 등에 대한 thermal coupling 해석, CFD 해석 결과와 구조해석 소프트웨어와의 data interface

전자기장 해석

- 저주파 전자기장 해석(Low frequency EM analysis)
- 고주파 전자기장 해석(High frequency EM analysis)

EDA 인터페이스 기능

- data importing with EDA(PADS, ORCAD, Altium, etc…)

구조해석

- 정적 선형 구조해석(Static Linear analysis)
- 정적 비선형 구조해석(Static non-linear analysis)
- 육면체 자동격자 제작

배터리 해석 전용 모듈

LED 해석 전용 모듈(Special purpose analysis module for LED lamp)

- LED 열 모델링
- Monte Carlo 복사모델을 사용하여 LED 광원을 정확하게 해석

도입 효과

Simcenter FLOEFD는 수치해석에 대한 전문적 지식을 요구하지 않아, CFD를 전문적으로 다루지 않는 조직에서도 충분히 수행할 수 있는 환경을 제공한다.

주요 고객

Simcenter FLOEFD의 주요 고객으로는 현대/기아자동차, 한국항공우주산업, 한화에어로스페이스, 포스코 건설 및 전 세계적으로 수백 곳의 고객이 있다.

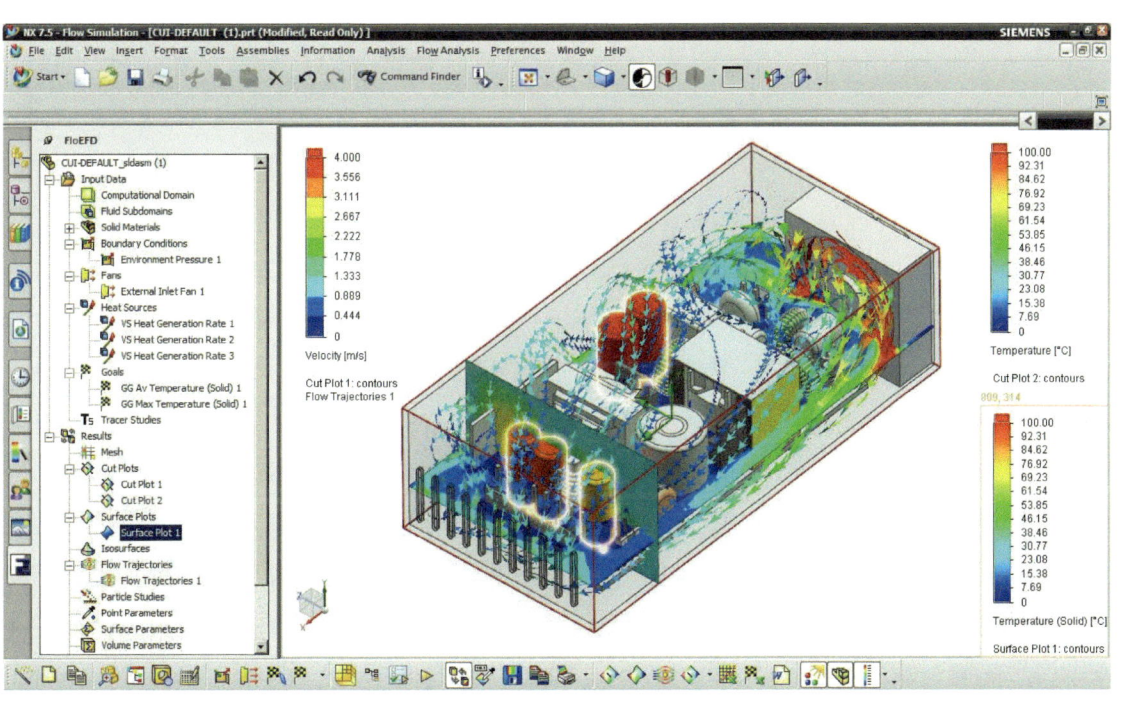

1D CFD 해석

Simcenter Flomaster

개발 지멘스 디지털 인더스트리 소프트웨어,
www.plm.automation.siemens.com/global/ko

자료 제공 플로우마스터코리아, 02-2093-2689, www.flowsystem.co.kr
델타이에스, 070-8255-6001, www.deltaes.co.kr

Simcenter Flomaster는 엔지니어가 유동 흐름을 가상 시뮬레이션하고 최적화해 기체, 액체, 2상 시스템의 효율적 성능을 보장할 수 있도록 지원한다. 개발 주기 초반에 실행되는 이 작업으로 가장 효과적인 시점에 변경을 실시해 문제를 해결함으로써 출시 시간을 단축하고 비용을 절감할 수 있다.

Simcenter Flomaster는 내부에 갖춰진 경험적 데이터와 대규모 컴포넌트 라이브러리, 샘플 시스템을 제공해 엔지니어링 생산성을 향상시킨다. 정상 상태 및 천이 솔버로 신속한 컴포넌트 크기 결정, 압력, 온도, 시스템 전체 유동 연구를 실시하고 압력 서지와 같이 실제 운영 여건 중 발생하는 시스템 성능 문제를 모니터링할 수 있다. 대규모 엔지니어링 프로세스의 일환인 Simcenter Flomaster는 특정 컴포넌트에 대한 세부 사항이 필요한 경우 Simcenter FLOEFD와, 전체 시스템의 시스템 분석이 필요한 경우 FMI(Functional Mock-up Interface)를 통해 타 시스템 수준 도구와 긴밀히 연동된다.

디지털화의 선두주자

디지털화는 크고 복잡한 배관 시스템과 협력하는 산업을 위한 기술 및 비즈니스 프로세스를 개선할 수 있는 중요한 기회를 제공한다. 새로운 기술이 빠른 속도로 도입되고 있지만, 기존의 안전 및 규정 준수 요구 사항은 크게 변하지 않는다. 새로운 기술에 의해 구동되는 혁신은 발전, 환경, 화공 등 다양한 각종 플랜트 및 공정 설비에서 이러한 비협상 요구 사항에 의해 제한된다.

Simcenter Flomaster 소프트웨어는 디지털화의 다음 단계를 구현하는데 앞장서고 있다. 초기 엔지니어링 단계에서 모델링 및 시뮬레이션의 사용이 증가하고 있으며, 일반적으로

3D 플랜트 레이아웃, 공정 흐름 다이어그램 및 공정 및 계측 다이어그램(P&I)을 포함하는 플랜트 설계 CAD 환경 내에서 열유체 분석을 통한 시스템 시뮬레이션 솔루션이다.

설계 및 분석 통합

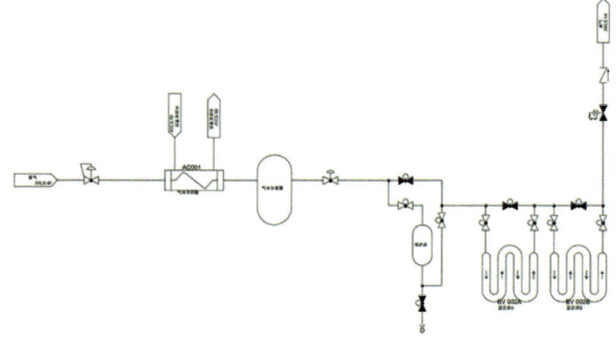

설계 단계에서 분석의 통합은 CAE 모델 생성에 소요되는 귀중한 엔지니어링 시간을 줄인다. 플랜트 설계 환경에서 배관 시스템을 만들기 위해 많은 시간과 비용이 투자되었지만, 기존의 설계/분석 워크플로는 시뮬레이션을 위한 CAE 모델을 만드는데, 리소스의 부적절한 활용을 지적한다. 이는 워크플로를 간소화하고 발전 및 각종 플랜트 및 공정 산업의 혁신의 토대를 형성하는 지속적으로 연결되는 디지털 스레드에 대한 업계 전반의 필요성을 강조한다.

Simcenter Flomaster 소프트웨어를 사용하면 발전 및 각종 플랜트 설비의 여러 공정 시스템을 설계하고 분석한다. 설계 워크플로는 적절한 장비를 선택하고 안전성과 효율성을 위해 설계를 최적화하기 위해 여러 파이프 및 장비 배열을 분석하는 것이 포함된다.

기존의 모델링 접근 방식은 네트워크 회로도를 만들기 위해

시스템 순서도 및 파이프라인 등 다양한 메트릭의 입력이 필요하다. 시스템 순서도 및 배관 아이소메트릭은 원하는 순서로 다양한 구성 요소를 조립하고 관련 기하학적 및 성능 데이터를 각각 추가하여 생성된다. 이 방법은 CAD 시스템과 독립적으로 작동하도록 설계된 CAE 툴의 전형적인 프로세스이다.

설계자는 기하학적 드로잉 또는 라우팅 레이아웃 모델링 외에도 성능 및 안전에 대한 선택 사항의 의미를 이해해야 한다. CAE의 목적은 성능과 기능에 따라 설계를 최적화하고 개선하는 것이다.

업계는 기존의 워크플로를 넘어 디지털 데이터와 모델을 활용하는 보다 통합된 접근 방식으로 이동하고 있다. 설계 프로세스에 대한 분석의 원활한 통합은 CAE의 잠재력을 최대한 실현하는데 핵심적인 것이다. Simcenter Flomaster는 엔지니어가 설계 환경 내에서 원활한 단일 인터페이스에 CAE를 통합하는데 사용한 애플리케이션 프로그래밍 인터페이스(API)를 통해 전체 제품 라인 개발을 지원한다.

3D 시스템 모델링

플랜트 설계 및 공정설계 기술자들은 각자 자사 전용 P&ID 시스템 설계 소프트웨어 및 3D 플랜트 공장 모델링 소프트웨어로 만든 P&ID 및 3D 배관 모델을 포함하는 회사의 공정 시스템 모델을 제작한다. 설계 환경에서 동일한 Simcenter Flomaster 모델 및 메타데이터(예 : 파이프 클래스)에 대한 매핑 개체에 대한 정보가 있는 모델 리포지토리가 만들어 인터페이스 도구를 개발하는데 필요한 모든 빌딩 블록을 제공한다.

분석 모델의 자동 생성

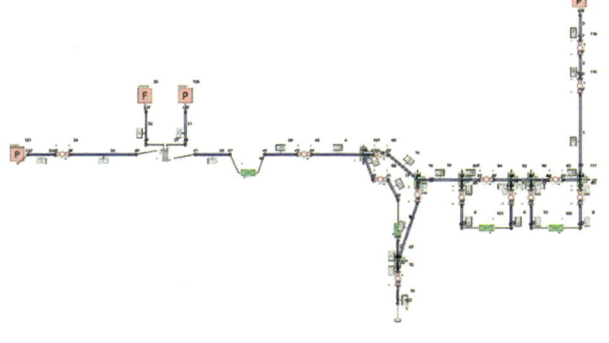

고객사 시뮬레이션 데이터는 중앙에서 관리되며 클라이언트는 중앙 서버에 연결하고, 관련 시뮬레이션 데이터는 동일한 리포지토리에 저장된다. 중앙 데이터 서버는 시뮬레이션에 필요한 구조화된 쿼리 언어(SQL) 데이터베이스를 호스팅하는 방법분만 아니라 관련 데이터의 일반 리포지토리와의 인터페이스의 역할을 상세히 제공할 수 있다.

P&ID에서 파생된 매핑 스키마 및 구성 요소 연결 시퀀스는 Simcenter Flomaster 명령줄 인터페이스에서 요구하는 플로마스터 동적 네트워크 어셈블리(FMDNA) 파일을 만드는데 사용된다. 커넥터 태그를 사용하면 사용자는 여러 페이지의 프로세스 흐름을 수집하고 적절한 프로세스 스트림을 식별할 수 있다. 그런 다음 사용자 지정 API 플러그인은 CAD 환경 내에서 호출되고 여러 프로세스 스트림 및 시스템 경계를 자동으로 선택한다. 단순화된 드롭다운을 통해 사용자는 경계를 압력 또는 흐름으로 지정하고 적절한 값을 설정할 수 있다.

유체 시스템 모델의 생성은 파이프 길이 및 직경과 같은 구성요소별 데이터에 대한 자리 표시자와 T-접합 각도 및 노즐 치수를 포함한 기하학적 정보의 직접 전송으로 완전히 자동화된다. 이렇게 하면 수동 개입이 최소화되고 엄격한 허용 오차 설정으로 검증된 모든 데이터를 사용하여 자동화된 설정이 준비되어 시스템의 성능 특성에 대한 귀중한 정보를 제공한다. 그런 다음 양방향으로 데이터를 교환하여 Simcenter Flomaster와 플랜트 설계 CAD 도구를 연결하는 강력한 디지털 스레드를 만들 수 있다.

통합 설계의 이점

CAD-Simcenter Flomaster 인터페이스를 구현하면 모든 구성 요소와 차원이 3D 모델과 동기화된다. 인터페이스는 학제 간 시스템 모델링 및 프로세스 및 파이프라인 모델링과 같은 다차원 모델링을 지원한다. 사용자는 연결, 구성 요소 감지 및 모델 검증을 위한 허용 오차 검사를 통해 중단점을 처리하는 방법을 사용하여 완벽한 모델 매핑 데이터베이스를 개발할 수 있다. 펌프 및 밸브와 같은 공정 장비에 대한 데이터베이스도 개발된 기능의 일부로 통합될 수 있다. 이를 통해 사용자는 설계 인터페이스 내에서 Simcenter Flomaster를 직접 호출할 수 있다.

개념 설계 단계에서는 프로세스 변경으로 인해 디자인 모델 변경이 자주 발생한다. 사용자 개발 API 도구는 시뮬레이션 모델을 신속하게 생성하고, Simcenter Flomaster 계산 결과를 기반으로 설계에 대한 참조를 제공하고, 솔루션을 보다 정확하게 평가할 수 있도록 한다. 통합 CAD 및 CAE 접근 방식을 통해 사용자들은 엔지니어링 비용을 약 50% 절감할 수 있다. 상세 설계 단계에서 사용자는 Simcenter Flomaster를 사용하여 배관 시스템의 저항을 확인하고 파이프라인, 티, 팔꿈치 및 기타 파이프 피팅의 압력 변화를 계산할 수 있다. P&I와 3D 모델을 결합하여 유체 네트워크 모델을 자동으로 생성하면 모델링 효율성이 향상된다. 이를 통해 자동화된 모델링은 며칠 또는 몇 달 간의 지루한 엔지니어링 노력과 비교하여 몇 시간 및 몇 분 만에 훨씬 짧은 시간 주기로 완료할 수 있다.

전자기장

Simcenter SPEEDS

개발 지멘스 디지털 인더스트리 소프트웨어,
www.plm.automation.siemens.com/global/ko

자료 제공 델타이에스, 070-8255-6001, www.deltaes.co.kr

Simcenter SPEEDS는 차량 주행을 위한 기계, 전기 분야의 여러가지 현상에 대해 이론적 및 물리적 모델에 대한 액세스를 제공한다.(예 : 영구 자석 및 전기 여기 동기, 유도, 스위치 자기 저항, 브러시 DC, 권선형 정류자 및 축 자속)

또한 Simcenter SPEEDS는 사전 정의 된 매개 변수 세트와 특정 맵을 Simcenter Amesim으로 부터 가져와 해당 환경에서 통합된 e-머신 시스템 수준 시뮬레이션을 지원한다.(예 : 플럭스 링키지, 손실/효율성 및 열 저항, 열 용량)

유동 해석

Simcenter Flotherm

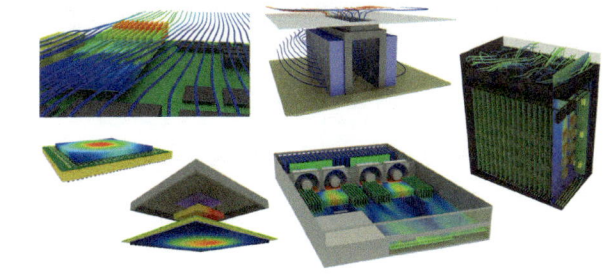

개발 지멘스 디지털 인더스트리 소프트웨어,
www.plm.automation.siemens.com/global/ko

자료 제공 지멘스 디지털 인더스트리 소프트웨어, 02-3016-2000, www.plm.automation.siemens.com/global/ko
델타이에스, 070-8255-6001, www.deltaes.co.kr

Simcenter Flotherm은 온도 및 공기 흐름을 시뮬레이션할 수 있는 전자 제품의 열 디지털 트윈을 생성한다. SmartParts(히트싱크, 팬, 인클로저, TEC, PCM 등)와 사용자 정의 가능한 부품 라이브러리 시스템을 사용해 전자 제품에 대한 열 디지털 트윈을 쉽게 만들 수 있다.

더불어 모든 MCAD 시스템에서 나온 지오메트리를 SmartParts로 가져와 효율적으로 변환할 수 있다. ODB++와 같은 표준 EDA 형식 지원 기능으로 열 디지털 트윈을 설계 과정에 존재하는 모든 PCB 레이아웃 도구와 동기화할 수 있다.

Simcenter Flotherm의 Instamesh 직교 기반 그리드 시스템은 어느 디지털 트윈에든 즉시 그리고 일관적으로 생성할 수 있으며, 수천 개 파트가 포함된 디지털 트윈도 문제 없다. Instamesh 시스템을 사용하면 열 엔지니어가 그리드 품질 문제 없이 Command Center(내장 파라메트릭 및 최적화 모듈)를 사용해 설계를 탐색할 수 있다.

Simcenter T3STER와도 측정을 사용한 자동 교정으로 대개 99% 이상 열 디지털 트윈의 정확도를 유지한다.

주요 기능

■ 강력한 ECAD 연결성

Simcenter Flotherm의 EDA Bridge 모듈을 이용하여 Mentor의 BoardStation 및 Xpedition 제품군, Cadence Allegro 및 Zuken CR5000에 대한 데이터를 활용할 수 있다. IDF 및 ODB++ 파일 가져오기를 지원하여 Mentor의 PADS 및 기타 EDA 소프트웨어를 지원한다. EDA Bridge 모듈을 사용하면 라이브러리에서 열 모델로 교체할 수 있으며 크기, 파워 그리고 파워 밀도를 바탕으로 필터

링할 수 있다. 또한 csv 파일 형태의 파워 리스트를 가져오거나 내보낼 수 있다. HyperLynx PI에서 계산한 파워맵 정보를 가져와서 해석하는데 활용할 수 있다.

■ 빠르고 강력한 메싱 및 솔루션

Simcenter Flotherm의 구조화되지 않은 Cartesian 기반 InstaMesh 기술은 전자제품에서 발견되는 복잡성 수준과 개별 개체 수를 처리할 수 있는 윈도우 및 리눅스의 멀티 코어 병렬 솔버를 통해 즉각적이고 강력한 메싱을 제공한다. 메시 설정은 객체가 모델 내에서 이동되거나 향후 사용 및 공유를 위해 라이브러리에 추가되는 경우 형상의 해상도를 유지한다.

■ 전자 어셈블리 모델링

Simcenter Flotherm은 광범위한 PCB 모델링 레벨을 제공하여 개발 워크플로에서 데이터를 사용할 수 있게 되면 솔루션 속도와 정확성을 극대화한다.

간단한 블록 모델은 보드 또는 레이아웃의 세부 사항이 명확해지기 전에 초기 설계에서 효과적인 PCB 열전도도를 계산하기 위해 분석 접근 방식을 사용한다. 후기 설계에서 Simcenter Flotherm의 금속 분포 이미지 기반 처리는 기판 전체에 걸쳐 구리 변동의 국부적 효과를 효율적으로 포착한다.

■ 디자인 공간 탐색 및 최적화

Simcenter Flotherm과 함께 제공되는 Command Center 모듈에는 DoE(Design-of-Experiment) 및 RSO(Response Surface Optimization)가 포함되어 있으며, 어떤 입력 매개변수 조합이 구성 요소 온도와 같은 선택된 출력 변수에 가장 큰 영향을 미치는지 식별하는 상관 매트릭스가 있다. Simcenter Flotherm은 HEEDS를 사용한 다분야 최적화를 위해 HEEDS 포털을 통해 액세스할 수 있다.

설계 탐색 및 최적화

Simcenter HEEDS

개발 지멘스 디지털 인더스트리 소프트웨어, www.plm.automation.siemens.com/global/ko

자료 제공 지멘스 디지털 인더스트리 소프트웨어, 02-3016-2000, www.plm.automation.siemens.com/global/ko
델타이에스, 070-8255-6001, www.deltaes.co.kr

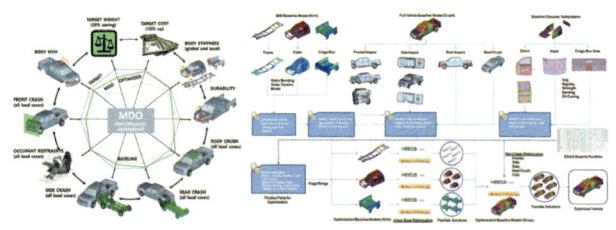

Simcenter HEEDS는 CAE 사용자 환경의 패러다임을 변경을 통하여 시뮬레이션을 통한 혁신을 수행할 수 있다. 더 이상 시뮬레이션이 하나의 성능만을 평가하기 위해 사용되는 것이 아닌, 원하는 성능들을 정의하고 이를 위한 시뮬레이션들을 HEEDS를 통해 연계하고 자동화하여 요구조건을 만족하는 개선된 설계를 찾을 수 있다. 간단한 컴포넌트의 성능을 개선하든 복잡한 다중 분야 간 시스템의 성능을 개선해야 하는 상황이든 상관없이, HEEDS는 요구 사항을 충족하는 설계를 빠르게 찾아준다.

주요 기능

프로세스 자동화

HEEDS는 제품 개발 프로세스를 쉽게 추진할 수 있도록 자동화된 워크플로(workflow)를 지원한다. 상용 CAD 및 CAE 툴에 대한 광범위한 인터페이스 기능을 통해 별도의 스크립팅(custom scripting) 없이도 많은 툴을 빠르고 쉽게 통합할 수 있으며, 서로 다른 모델링과 시뮬레이션 사이에 자동으로 공유되는 데이터를 통해 성능 균형 및 설계 강건성을 평가할 수 있다.

분산 실행

HEEDS는 사용 가능한 모든 하드웨어 리소스를 효율적으로

사용할 수 있도록 연동하는 기능을 제공한다. 혁신적인 제품 개발을 가속화하기 위해 Windows 및 Linux 기반 워크스테이션 또는 클러스터와 클라우드 컴퓨팅 리소스를 활용한다. 예를 들어 Windows 운영체제가 설치된 랩톱에서 형상을 수정하고, Linux 워크스테이션에서 구조해석 시뮬레이션을 수행하면서, 동시에 Linux 클러스터 또는 클라우드 컴퓨팅을 통해 여러 코어에서 CFD(Computational Fluid Dynamics) 시뮬레이션을 수행하는 작업이 하나의 프로세스 안에서 이뤄질 수 있다.

효율적인 탐색

고도의 기술적 전문지식과 모델 간소화가 필요한 대부분의 기존 최적화 도구와 달리, HEEDS는 모든 설계자와 엔지니어가 손쉽게 효율적인 탐색을 통해 혁신을 실현할 수 있도록 한다. HEEDS에는 성능 요구사항을 충족하는 설계를 효율적으로 찾기 위한 고유의 설계 공간 탐색 기능이 포함되어 있다. 이 탐색 기능은 설계 공간에 대해 능동적으로 학습하여 할당된 시간 내에 최상의 솔루션을 찾을 수 있도록 검색 전략을 자동으로 조정한다.

통찰력 및 발견

HEEDS는 다양한 설계에 대한 성능을 쉽게 비교할 수 있는 기능을 제공한다. 이 소프트웨어는 사용자가 다양한 플롯, 표, 그래프 및 이미지를 사용하여 다중의 목적함수 및 제약 조건 간의 설계 성능 균형을 시각화하여 통찰력을 얻고 혁신적인 솔루션을 발견할 수 있도록 돕는다. 이는 생산에 준비된 설계의 개발을 촉진하여 디지털 트윈을 가능하게 한다.

전자기장 해석

Simcenter MagNet

개발 및 자료 제공   지멘스 디지털 인더스트리 소프트웨어,
www.plm.automation.siemens.com/global/ko

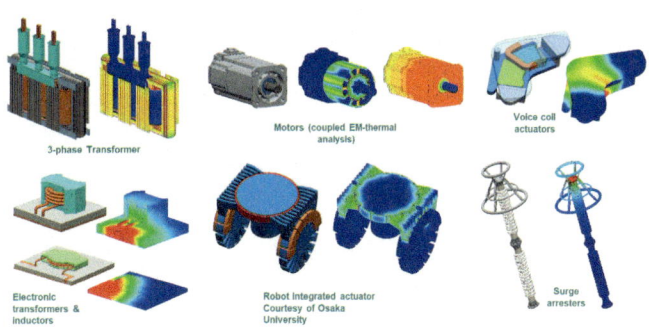

Simcenter MagNet은 2D/3D의 모터, 발전기, 센서, 변압기, 액추에이터, 솔레노이드, 영구 자석 또는 코일 장착 부품의 성능 예측을 위한 시뮬레이션 소프트웨어다. 효율적이고 정확한 소프트웨어를 사용하여, 단순하거나 복잡한 전자기 및 전기기계 장치를 최적화, 설계 및 분석할 수 있다.

또한 Simcenter MagNet 가상 프로토타이핑은 비용 및 시간 대비 효율적인 솔루션으로, 파라메트릭 및 최적화 연구를 통해서 여러 구성을 탐색하여 성능을 향상시킬 수 있다. 작동 조건과 극한 조건의 정확한 묘사는 손실과 온도 핫스팟, 영구 자석 소자, 불용 재료, 오류 조건을 통한 고장 분석 등에 대한 통찰력을 제공한다.

주요 기능

AC 전자기 시뮬레이션

AC 전자기 시뮬레이션은 단일 주파수를 기반으로 하므로 시뮬레이션 시간을 단축할 수 있다. 이 시뮬레이션에서는 전도성, 자기성, 전자기성을 가진 등방성 물질이 존재하는 상태에서의 전류 전달 도체 내부와 주변의 전자기장을 모의로 실험해 볼 수 있다. 이를 통해 핫스팟 분석에서 중요한 변위 전류, 소용돌이 전류 및 근접 효과를 설명할 수 있다.

첨단 전자파 재료 모델링

저주파 전자기 시뮬레이션의 정확도는 재료 데이터에 따라 크게 달라진다.

Simcenter 전자기 고급 재료 모델링을 사용하면 비선형성, 온도 의존성, 영구 자석의 자기 소거, 이력 손실 및 이방성 효과를 설명할 수 있다.

회로 및 시스템 모델링

시스템 수준 또는 모델 기반 분석에서는 전체 시스템 동작에 영향을 미치는 상호작용 및 로컬 과도현상을 설명하기 위해 정확한 하위 구성요소 모델이 필요하다. Simcenter 저주파 전자기학에는 기본 회로 시뮬레이션, Simcenter Flomaster, Simcenter Amesim 및 기타 플랫폼용 1D 시스템 모델의 공동 시뮬레이션 및 내보내기와 같은 기능이 포함된다.

전기장 시뮬레이션

전기장에 대한 유한요소 방법을 사용하여 정적 전기장, AC 전기장 및 과도 전기장을 시뮬레이션할 수 있다. 또한 전도 물질과 접촉하는 전극에서 DC 전압에 의해 생성되는 정전류 밀도를 시뮬레이션할 수 있다. 전기장 시뮬레이션은 절연 및 권선 기능 상실을 예측하는 고전압 애플리케이션, 번개 충격 시뮬레이션, 부분 방전 분석 및 임피던스 분석에 일반적으로 사용된다.

전자기-운동 시뮬레이션

6개의 자유도(X, Y, Z, Roll, Pitch 및 Yaw)로 회전, 선형 및 임의 운동을 시뮬레이션할 수 있다. 이때 이동 구성요소, 유도 전류 및 기계적 상호작용의 수에 제한 없이 사용할 수 있다.

과도 전자기 시뮬레이션

시간에 따라 변하는 임의 모양 전류 또는 전압 소스와 재료의 비선형성 및 주파수 의존적 효과의 출력을 수반하는 복잡한 문제를 시뮬레이션할 수 있다. 여기에는 전자기기의 진동, 영구 자석의 자기 소거, 스위칭 효과, 에디 유도 토크, 피부 및 근접 효과 등이 포함된다.

가상 주행

Simcenter Prescan

개발 및 자료 제공   지멘스 디지털 인더스트리 소프트웨어, www.plm.automation.siemens.com/global/ko

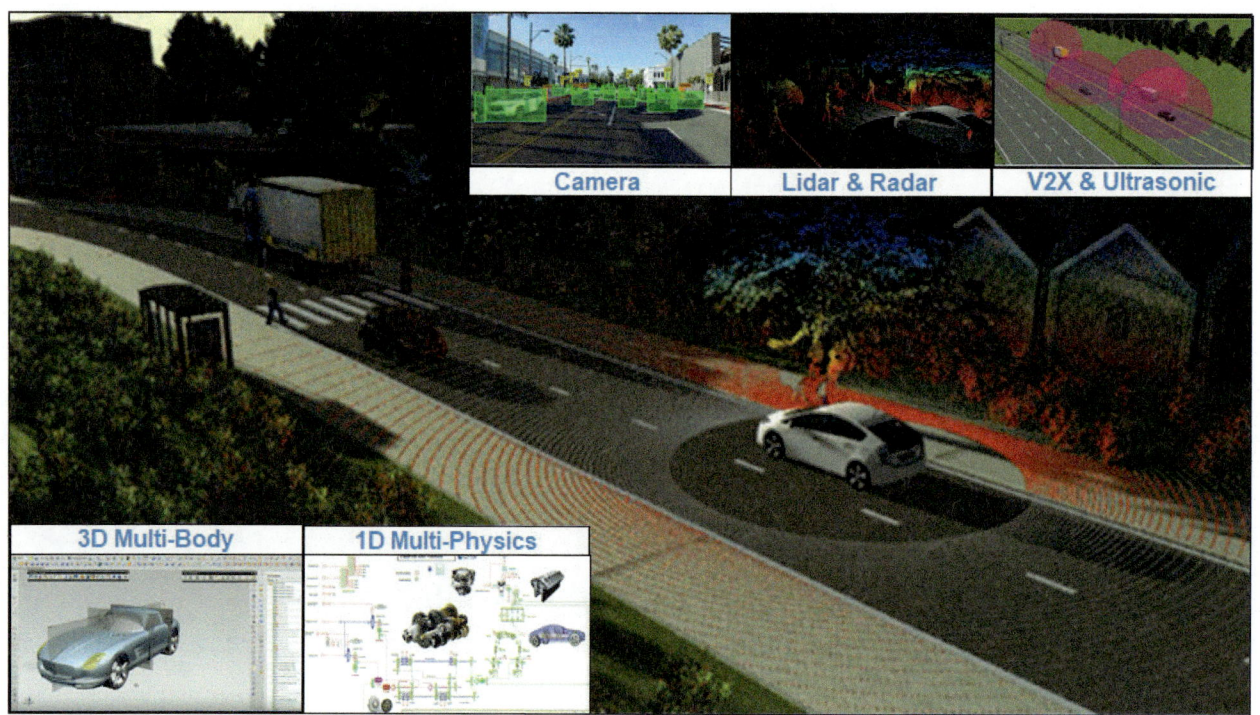

주요 특징

Simcenter Prescan은 미래 이동수단의 안전성과 신뢰성을 검증 및 확인하기 위해 다양한 주행 시나리오를 디지털 환경에서 분석할 수 있는 물리 기반 시뮬레이션 플랫폼을 제공한다.

도로 및 주변 인프라 요소(건물, 표지판), 교통 요소(차량, 보행자, 자전거), 기후 조건, 광원(햇빛, 가로등) 등 주행 환경 구축을 위해 필요한 요소들을 가상 환경에서 구현하고, 다양한 수준의 현실성과 복잡성을 갖춘 센서 모델을 이용한 주변 환경 인지부터, 계획/제어 로직, 차량 동역학까지 미래 이동수단 시스템 개발의 여러 단계를 가상 환경에서 검증 및 확인할 수 있는 다양한 기능을 지원한다.

또한, 3rd Party 시스템 시뮬레이션과의 연동을 통해 정밀한 차량 동역학 모델을 센서 모델 및 계획/제어 로직과 함께 가상 환경에서 구현할 수 있으며, 다량의 시나리오를 병렬로 해석할 수 있는 클라우드 또는 On-premise Cluster 환경을 제공한다.

주요 기능

가상 주행 시나리오

쉽고 빠르게 주행환경 요소들을 가상 환경에 생성할 수 있는 GUI 기반 플랫폼을 제공한다. 다양한 주행시나리오 설계 및 구축 기능을 지원하며, 실제 센서의 물리적 메커니즘을 기반으로 만들어진 다양한 센서 모델을 제공한다.

또한 Matlab/Simulink 또는 C++ code를 통해 계획/제어 시스템 구현 및 다양한 시스템 알고리즘 테스트 기능을 지원하며, 애니메이션 기반의 Viewer를 이용하여 주행 시나리오 시뮬레이션을 실시간으로 확인할 수 있도록 지원한다. 더 나아가, 간단한 파라미터 변경을 통해 다량의 주행 시나리오를 생성할 수 있다.

가상 주행 환경 구축

다양한 형태의 도로 네트워크 구현을 위한 12개 이상의 Road Segment 및 실제 도로환경에 사용되는 인프라 요소(표지판, 가로수, 가드레일, 벽)를 구현할 수 있다. OpenDrive format 도로를 바로 import시켜 도로 네트워크를 구현할 수도 있다. 40개 이상의 보행자, 25개 이상의 차량, 20개 이상의 가로수 오브젝트 데이터베이스를 제공하며, 지면 타입(아스팔트, 눈, 비, 진흙, 모래, 자갈, 오일), 기후 조건(눈, 비), 광원(햇빛, 가로등) 변경을 통해 다양한 환경 조건을 제공한다. 또한 Model Preparation Tool을 이용하여 사용자가 원하는 오브젝트를 가상환경에 직접 import 및 구현할 수 있다.

가상 주행 센서 모델링 및 제어 알고리즘

실제 센서의 물리적 메커니즘을 기반으로 다양한 수준의 현실성과 복잡성을 갖춘 센서 모델을 제공한다.

Ground-truth/Ideal 센서 모델은 물체 레벨의 Metadata 또는 시뮬레이션 상의 실측 데이터를 그대로 제공한다. 확률 센서 모델 및 상세 센서 모델은 좀 더 높은 정확도를 바탕으로 Radar, Lidar, Camera, Ultrasonar 다양한 종류의 센서를 구현하여 미가공 데이터와 오브젝트 데이터를 제공한다. 물리 기반 센서 모델은 실제 센서의 물리적 특성을 최대로 반영한 센서 모델로서 가장 높은 정확도를 바탕으로 Radar, Lidar, Camera 센서 모델을 제공한다.

센서 모델 뿐만 아니라, Matlab/Simulink 상에서 기본적인 계획/제어 시스템 구현을 위한 Path Following 알고리즘 및 simple 2D/3D dynamics 모델을 제공한다. 또한 ACC(Adaptive Cruise Control), AEBS(Advanced Emergency Braking System), PPS(Pedestrian Protection System), TSRS(Traffic Sign Recognition System), Parking Assist System 등 센서 모델을 활용한 다양한 ADAS(Advanced Driver Assist System)의 계획/제어 로직을 제공한다.

시스템 시뮬레이션과의 연동

시스템 시뮬레이션과의 연동을 통해 Chassis, Powertrain, Braking, Suspension과 Steering을 포함한 고자유도의 상세 차량 동력학 모델이 적용 가능하며, 센서 모델 및 계획/제어 시스템과 고자유도 상세 차량 동력학 모델이 결합된 주행 시뮬레이션을 통해 다양한 분석 및 검증을 할 수 있는 플랫폼을 제공한다.

멀티피직스 해석, 유동 해석

Simcenter STAR-CCM+

개발 지멘스 디지털 인더스트리 소프트웨어, www.plm.automation.siemens.com/global/ko

자료 제공 지멘스 디지털 인더스트리 소프트웨어, 02-3016-2000, www.plm.automation.siemens.com/global/ko
델타이에스, 070-8255-6001, www.deltaes.co.kr / 스페이스솔루션, 02-2027-5930, www.spacesolution.kr

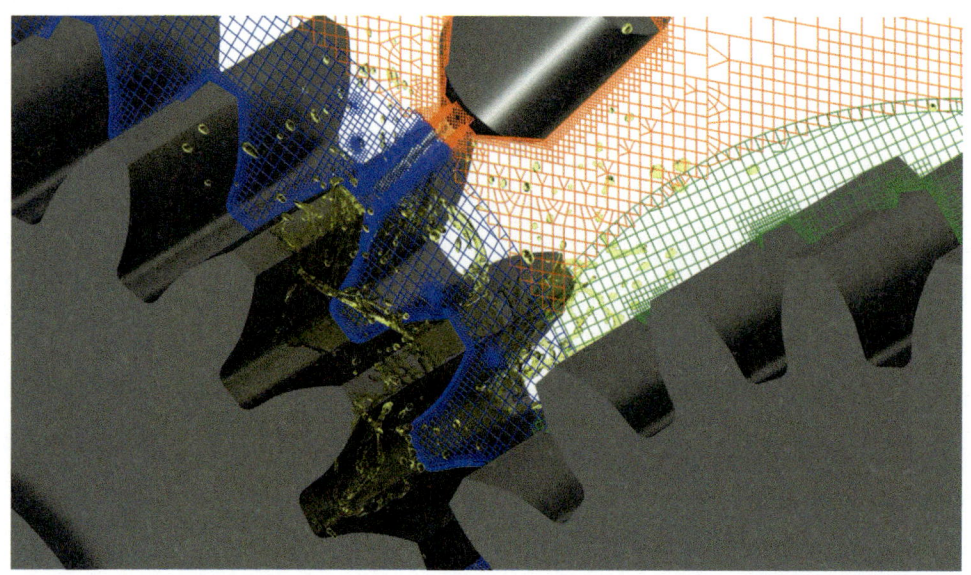

Simcenter STAR-CCM+는 실제 조건에서 작동되는 제품 및 설계의 시뮬레이션을 지원하는 전산유체역학(CFD) 기반의 다중 물리 현상 해석 솔루션이다.

Simcenter STAR-CCM+는 모든 엔지니어의 시뮬레이션 툴킷에 자동화된 설계 탐색 및 최적화를 제공하므로, 단일 포인트 설계 시나리오에 초점을 맞추는 대신 전체 설계 공간을 효율적으로 탐색할 수 있다. Simcenter STAR-CCM+를 사용하여 얻은 추가적인 통찰력은 설계 프로세스를 가이드하여, 궁극적으로 고객의 기대치를 뛰어넘는 더욱 혁신적인 제품으로 이어진다.

주요 기능
설계 탐색
혁신 경쟁에서 앞서나가려면 엔지니어는 제품의 실제 성능에 대한 설계 변경의 결과를 신속하게 예측할 수 있어야 한다. 엔지니어링 시뮬레이션은 예상되는 작동 조건에서 제품의 성능이 어느 정도인지 효율적으로 평가할 수 있는 뛰어난 방법을 설계자 및 엔지니어에게 제공한다. 설계 공간 탐색 소프트웨어는 뛰어난 성능을 제공하는 제품 설계를 산출하는 적절한 변수 값을 사용자가 결정할 수 있도록 지원하여 시뮬레이션의 수준을 높여준다.

유체 역학(CFD) 시뮬레이션
Simcenter STAR-CCM+는 유체, 구조 등 연관된 다양한 물리 현상을 포함하는 거의 대부분의 문제에 대해 빠르고 정확한 결과를 제공하는 유체 역학 소프트웨어이다.

제품의 실제 세계에서의 성능은 기체, 액체 혹은 이들이 혼합된 유체들이 어떻게 서로 상호작용하는가에 의해 결정된다. 설계자부터 연구자까지 Simcenter STAR-CCM+는 이런 복잡한 유체 역학적 현상들을 가상 환경에서 검증하고, 이를 통해 얻은 통찰력을 제품 혁신으로 이끄는 데 큰 역할을 하고 있다.

화학 반응 유동(Reacting Flow)

Simcenter STAR-CCM+는 폭 넓은 종류의 화학 반응 유동 및 배출 물질 예측 모델을 제공한다. 이 모델들을 통해 반응 유동 모델과 열 전달, 복사, 다상 반응 및 표면 화학 반응과 같은 복잡한 현상들에 대한 커플링이 가능하다. Simcenter STAR-CCM+의 반응 유동 모델은 화염의 형상과 위치를 이해하고 최적화하고, 제품에 가해지는 열적 부하를 최소화하고, 유해한 배출 물질의 양을 감소시키며, 성능 및 효율을 최대화할 수 있도록 지원한다. 또한 설계자 및 연구자들은 화염 모델링, 열 전달, 열에 의한 마모, 배출 물질, 수율, 반응 전환율, 선택도 및 피해야 할 운용 조건을 사전에 예측하고 파악해, 제품의 실제 물리적 특성을 정확하게 포착할 수 있다.

열 해석

열 관리는 산업용 기계, 자동차, 가전 제품 등을 비롯한 다양한 제품에서 가장 중요하게 고려해야 할 요소다. 모든 열 관리 솔루션의 목적은 제품의 온도를 최적 성능을 제공하는 범위 내로 유지하는 것이다. 이런 목표를 달성하기 위해 열을 수동 혹은 능동적으로 제거하거나 추가하도록 열관리 시스템을 구성해야 하는데, 구성된 열관리 시스템의 성능을 Simcenter STAR-CCM+를 사용하여 사전에 평가할 수 있다. Simcenter STAR-CCM+는 직관적이며 업계 최고 수준의 열 성능 시뮬레이션 소프트웨어로서, 설계한 제품의 열적 특성을 파악하여 궁극적으로는 최적의 성능을 낼 수 있는 열 관리 시스템을 설계할 수 있도록 통찰력을 제공한다.

입자 해석

입자 흐름을 사용하는 분야는 어디에든 존재한다. 유동층 반응기, 사이클론 분리 장치, 코팅 프로세스, 컨베이어를 통한 입자 이송, 로스터 등 등이 바로 그 예이다. 입자가 희박하게 존재하든 혹은 밀가루와 같이 매우 미세한 입자가 고밀도로 존재하든 어떤 타입에도 상관없이 Simcenter STAR-CCM+는 입자 모델 단일 방식 혹은 통합된 입자-유동 연성 해석 모델을 이용하여 높은 효율성, 최적의 입자 분포, 에너지 소모 저감, 입자에 의한 마멸 방지 등 입자를 사용하는 장비 시스템의 성능 향상에 기여한다.

또한 보다 실제 형상에 가까운 다양한 입자 형상을 지원하므로, 엔지니어는 입자의 실제 운동 특성 및 입자-입자/입자-벽 간의 접촉 현상을 입자 거동과 관련된 성능 목표치를 달성할 수 있다. Simcenter STAR-CCM+는 이 모든 기능을 단일 라이선스 모델로 제공하므로, 고객은 값비싼 입자 전용 소프트웨어 도입 비용을 줄이고, 가상 검증을 통해 실제 물리 테스트에 필요한 비용을 절감할 수 있다.

다상 유동 모델링

모든 실제 엔지니어링 문제들은 고체, 기체 및 액체를 포함한 다상 현상들이 포함되어 있다. 다양한 물질 상들이 상호 작용하면서 성층화, 매질 내에서의 분산, 입자화, 필름화된 흐름 등 매우 복잡한 거동을 보이게 된다.

기술의 한계로 인해 모든 물질 상 영역을 동시에 예측할 수 있는 통합화된 다상 모델은 아직 존재하지 않는다. 하지만 Simcenter STAR-CCM+는 이런 다양한 상이 상호 작용하면서 발생하는 현상들 간의 전환이라는 개념을 통해, 복잡한 다상 현상을 단일 해석 문제에서 다룰 수 있는 모델을 제한한다. 다중 상 영역-다중 크기 스케일을 포함하는 다상 유동 모델을 이용함으로써, 보다 더 실제에 가까운 현상 예측이 가능해진다.

모터 개념설계

Simcenter Motorsolve

개발 및 자료 제공   지멘스 디지털 인더스트리 소프트웨어,
www.plm.automation.siemens.com/global/ko

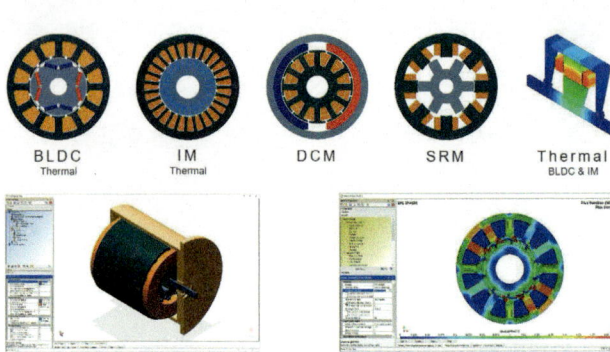

주요 특징

Simcenter Motorsolve는 영구 자석, 유도식, 동기식, 전자식 및 브러시 정류식 모터의 설계 및 성능을 파악할 수 있는 해석 소프트웨어이다. 등가 회로 기반의 빠른 특성화와 FEA의 정확성을 적절히 활용하고 비생산적인 작업을 자동화하여, 모터의 해석을 신속하고 정확하게 하는 시너지 효과를 제공한다.

템플릿 기반 인터페이스는 높은 사용성을 제공하여 거의 모든 모터 토폴로지를 처리할 수 있을 만큼 유연하며, 맞춤형 회전자와 고정자 형상을 제공한다. 메시 및 솔버의 미세 조정, 권선 설계, 모션, 포스트 프로세싱(1D 모델 내보내기 포함) 등의 일반적으로 수행할 수 있는 FEA 작업은 최소화하고, 클릭 한 번으로 성능 매개변수, 파형 및 필드 플롯을 사용할 수 있도록 가이드를 해준다.

주요 기능

모터 코일 권선 레이아웃

모터 코일 권선 레이아웃의 설계는 성능에서 중심적인 역할을 한다. 유저 친화적인 레이아웃을 통해 모터 구성 요소들의 목록을 결정짓는데 사용되는 기술은 모터 설계자들의 접근성을 쉽게 만든다. 그리고 이와 관련된 요소들은 자동으로 계산된다. 미리 결정된 레이아웃을 수정하거나 코일 권선을 수동으로 입력할 수도 있다. Phase Back-EMF, Görges diagram, Airgap MMF 등 광범위한 권선 차트 목록을 이용할 수도 있다.

전기 모터 유형

모터솔브는 영구 자석, 유도, 동기화, 전자 및 브러시 커뮤테이트(brush-commutated) 모터를 위한 설계 소프트웨어이다. 템플릿 기반 인터페이스는 사용하기 쉽고 모든 모터 토폴로지를 처리할 수 있을 만큼 유연하다. 또한 로터(rotor) 및 스테이터 프로필(stator profile)을 미리 정의된 형상으로 임포트할 수도 있다.

FEA 자동화

일반적인 FEA 프리 및 포스트 프로세싱 작업을 자동화하여 보다 효율적인 모터 설계 프로세스를 제공해 준다. 메시(mesh) 세분화, 솔루션 공간 정의, 포스트 프로세싱과 같은 일반적인 FEA 작업은 사용자의 세팅을 최소화하도록 구성되어 있다. 가상 실험 및 1D 모델 익스포트도 사용자를 위해 미리 설정되어 있다.

모터 열 분석

열 및 다양한 냉각 전략이 성능에 미치는 영향을 연구하기 위한 모터에 대한 전자기 및 열해석 간의 연성해석을 원활히 진행할 수 있다. 견고하고 높은 수준의 자동화된 3D FEA 엔진을 사용하면, 지속적이거나 일시적인 온도 해석 결과를 기반으로 모터 성능을 도출할 수 있다.

성능 분석

미리 설정된 가상 실험을 사용하면 출력 수율, 파형, 필드, 차트를 생성해 시뮬레이션된 모터의 성능을 평가할 수도 있다. 가상 실험은 전체 토크(torque)-속도 곡선, 발열 특성, 모터 특성화, 순간 파형 및 핫 스팟에 대한 해석을 포함한다.

유동 해석

SimericsMP

개발　Simerics, www.simerics.co.kr

자료 제공　경원테크, 031-706-2886,
www.kw-tech.com

SimericsMP는 범용 CFD 소프트웨어로 압축성/비압축성, 점성/비점성 유동에 대한 층류/난류, 열유동 해석, 복사(Radiation), Particle 거동, 다상유동해석(자유표면, VOF), 회전체 해석 등을 통해 자동차, 일반기계, 전기전자제품, 건축, HVAC 등의 다양한 산업 분야에 솔루션을 제공한다.

제품의 주요 특징

격자(Mesh) 생성

CAB(Conformal Adaptive Binary-tree) 격자를 사용하며, 셀을 ½로 나누어 조밀한 격자를 생성하고 경계면에 대해서는 Cut-Cell 처리에 의한 Polyhedral Cell을 생성하여 복잡한 형상도 편리하게 격자생성이 가능하다. 격자 생성시, 격자의 최대, 최소, Surface의 크기만 지정하면 자동으로 격자 생성이 가능하며, 추가로 별도의 영역을 지정하여 밀집하게 격자를 생성할 수도 있어, CFD 입문자 뿐만 아니라 전문 CFD 엔지니어에게도 편리한 격자 생성 기능을 제공한다.

Interface Matching 알고리즘

Rotating, Sliding하는 부분의 접합 부분을 MGI(Mismatched Grid Interface) 기능을 활용하여 다른 범용 CFD의 처리방식과 다르게 flux를 정확히 계산할 수 있기 때문에 계산정밀도가 향상되어 빠른 수렴성을 가진다. Rotating, Sliding하는 부분의 접합 부분을 내부 격자 면처럼 음해적(implicit)인 방법으로 계산하여, 인터페이스면을 중심으로 모든 영역에서 동일한 time step에서 flux를 계산하는 방법으로 유량과 운동량에 대한 오차를 줄여준다.

주요 활용 분야

일반 기계 열유동 해석 및 HVAC 열유동 해석

전도와 대류의 Conjugate heat transfer 해석뿐만 아니라, Surface to surface 방식의 복사(Radiation) 해석을 제공하여 다양한 산업 현장에서 요구하는 열전달 문제에 적용하여 그 솔루션을 얻을 수 있다. 또한 3D 형상의 복잡한 모델에 대해서도 편리한 격자 생성, 실험대비 정확한 해석 결과를 제공한다. 뿐만 아니라 대형 건축물과 빌딩 내의 온도분포, 기류 해석을 위해 3D CAD 모델에 대한 수정을 최소화하면서 자동화된 격자 생성 기능을 제공하여, 복잡한 HVAC 열유동 해석도 추가 작업 없이 수행할 수 있다.

터보 기계 유동해석

터보 기계 개념 설계 소프트웨어인 CFturbo와 완벽히 연결되어 유동해석이 가능하며, 이를 통해 터보 기계의 압력, 유량, 토크 등을 예측하여 터보 기계의 성능 곡선, 효율 곡선, NPSH 등을 예측할 수 있다.

주요 고객 사이트

■ 현대엔지니어링, 에이치앤이루자, 영진아이앤디, 삼성전자, SK하이닉스 등

유동 해석

SimericsMP for Marine

개발 Simerics, www.simerics.co.kr

자료 제공   경원테크, 031-706-2886, www.kw-tech.com

SimericsMP for Marine은 선박 유동 해석 전용 CFD 소프트웨어이다. Rhino CAD(라이노 캐드)에 Plug-in으로 탑재된 Orca3D와 연동하면 편리성을 극대화할 수 있다. 이론 및 경험식의 한계를 뛰어넘어, 최첨단 수치 해석 기법이 적용된 고성능 솔버를 경험할 수 있다.

제품의 주요 특징 및 활용 분야

Rhino plug-in Orca3D와 완전히 연동된 CFD 해석

SimericsMP for Marine은 Rhino plug-in Orca3D에서 모델링한 3D 형상의 선박에 대해서 자동으로 무게중심, 관성모멘트, 경계조건, 초기조건, 격자 생성 등의 조건이 SimericsMP for Marine으로 전달되어 선박 설계자가 보다 편리하게 선박에 대한 성능 해석을 진행할 수 있다.

선박의 성능 해석 및 예측

SimericsMP for Marine은 SimericsMP의 강력한 Multiphase 기능(VOF)과 병렬연산 기능을 활용하여 선박의 저항해석, 자항해석, 정지 성능 평가, 내항 성능 평가, 횡동요 테스트, 낙하 충격 테스트 등을 유동 해석을 통해 확인할 수 있다.

Advanced 선박 유동 해석

SimericsMP for Marine은 Premium 모듈을 통해서 Chine walking, 파도에 의한 선박 거동 해석, Roll damping, Fully Submerged bodies, 6DOF 해석이 가능하다.

주요 고객 사이트

■ 한국해양교통안전공단, 조선해양기자재연구원, 대해선박설계, 더원엔지니어링 등

유동 해석

SimericsMP for SOLIDWORKS

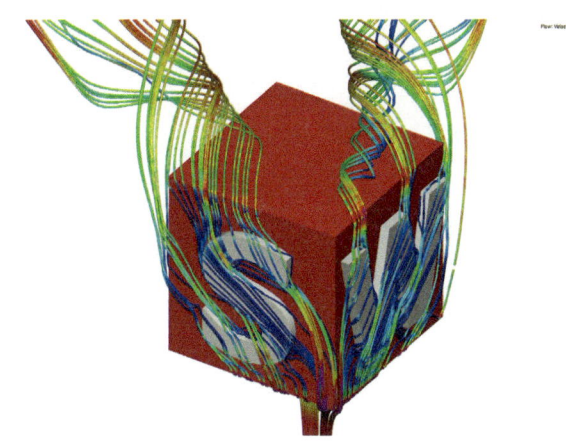

개발 Simerics, www.simerics.co.kr

자료 제공 경원테크, 031-706-2886,
www.kw-tech.com

SimericsMP for SOLIDWORKS는 범용 CFD 소프트웨어 SimericsMP가 SOLIDWOKRS 내에 애드인된 것으로 사용자는 3D 모델링과 CFD 해석을 동시에 수행할 수 있다. 또한 유동공간의 추출 및 복잡한 형상에 대한 격자 생성의 편리함, 빠르고 정확한 해석결과를 제공하여 CFD 해석이 필요한 제품 개발 엔지니어들에게는 필수적인 소프트웨어이다.

제품의 주요 특징

완전한 SOLIDWORKS 애드인 환경(Fully Embedded in SOLIDWOKRS)

SOLIDWORKS 내에 완전히 이식되어 3D 설계와 동시에 CFD 해석이 가능한 GUI 개발 환경을 제공한다. SOLIDWORKS의 다양한 기능과 SimericsMP for SOLIDWORKS의 강력한 CFD 기능을 하나의 GUI 환경에서 활용할 수 있다.

100% 자동 격자 생성(Automatic Mesh Generation Solid & Fluid)

격자(Mesh)의 최대, 최소, 표면에서의 크기만을 지정하면 고체 및 액체 공간에 대한 100% 자동화된 격자 생성이 가능하여 CFD 해석 입문자 뿐만 아니라 전문 CFD 해석 엔지니어에게도 편리한 기능을 제공한다.

실시간 해석 결과 표시(Create Real-Time result)

최신 프로그래밍 언어로 코딩된 SimericsMP for SOLIDWORKS는 수치 해석이 진행되는 중에도 수렴되어지는 계산 결과값을 확인할 수 있어 사용자에게 CFD 해석의 직관적인 환경을 제공한다.

주요 활용 분야

일반 기계 열유동 해석 및 HVAC 열유동 해석

전도와 대류의 Conjugate heat transfer 해석뿐만 아니라, Surface to surface 방식의 복사(Radiation) 해석을 제공하여 다양한 산업 현장에서 요구하는 열전달 문제에 적용하여 그 솔루션을 얻을 수 있다. 또한 3D 형상의 복잡한 모델에 대해서도 편리한 격자 생성, 실험대비 정확한 해석 결과를 제공한다. 또한 대형 건축물과 빌딩내의 온도분포, 기류 해석을 위해 3D CAD 모델에 대한 수정을 최소화하면서 자동화된 격자 생성 기능을 제공하여 복잡한 HVAC 열유동 해석도 추가 작업 없이 수행할 수 있다.

터보 기계 유동해석

터보 기계 개념 설계 소프트웨어인 CFturbo와 완벽히 연결되어 유동 해석이 가능하며, 이를 통해 터보 기계의 압력, 유량, 토크 등을 예측하여 터보 기계의 성능 곡선, 효율 곡선, NPSH 등을 예측할 수 있다.

주요 고객 사이트

■ 현대엔지니어링, 에이치앤이루자, 영진아이앤디, 삼성전자, SK하이닉스 등

유동 해석

SimericsPD

개발 Simerics, www.simerics.co.kr

자료 제공 경원테크, 031-706-2886, www.kw-tech.com

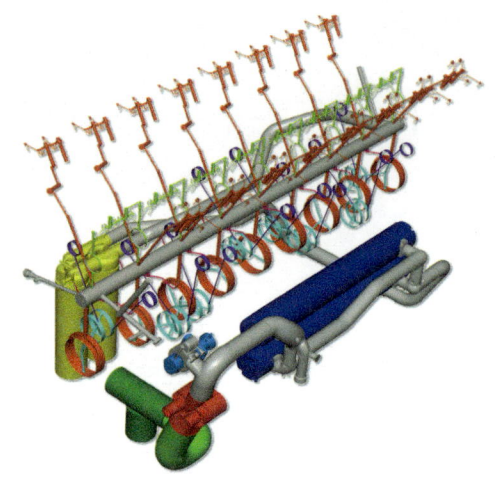

SimericsPD는 펌프 및 밸브 해석에 특화된 CFD (Computational Fluid Dynamics) 소프트웨어이다. 펌프의 로터 부분 및 밸브 부분의 격자를 템플릿을 이용하여 자동으로 생성하여 편리한 해석이 가능하다. 이론 및 경험식의 한계를 뛰어넘어, 최첨단 수치해석 기법을 적용하여 보다 정확한 결과값을 도출할 수 있다.

제품의 주요 특징

격자(Mesh) 템플릿(Template) 제공

SimericsPD는 해석하려는 펌프에 특화된 정렬 격자 템플릿을 제공하고 템플릿을 통해 복잡한 격자를 자동으로 생성하고 펌프 별 특화된 입력을 지원하여 범용 CFD 소프트웨어와 비교하여 획기적으로 빠른 CFD setup 및 격자 생성이 가능하다. 제공되는 주요 펌프 템플릿들은 Gerotor, Crescent, Piston, Rolling Piston, Vane/VDVP, External gear, Axial, Centrifugal, Scroll compressor, Valves 등이 있다.

Interface Matching 알고리즘

Rotating, Sliding하는 부분의 접합 부분을 MGI (Mismatched Grid Interface) 기능을 활용하여 다른 범용 CFD의 처리방식과 다르게 flux를 정확히 계산할 수 있기 때문에 계산정밀도가 향상되어 빠른 수렴성을 가진다. Rotating, Sliding하는 부분의 접합 부분을 내부 격자 면처럼 음해적(implicit)인 방법으로 계산하여, 인터페이스면을 중심으로 모든

영역에서 동일한 time step에서 flux를 계산하는 방법으로 유량과 운동량에 대한 오차를 줄여준다.

주요 활용 분야

용적식 펌프 유동해석을 통한 성능 예측

용적식 펌프의 유동해석을 통해 펌프의 압력, 유량, 온도, Cavitation, NPSH, 토크 등을 예측할 수 있으며 이러한 성능 예측을 통해 펌프의 성능 및 효율 그리고 Cavitation에 의한 문제점 등을 사전에 예측할 수 있다.

엔진 윤활 시스템 Total 열유동해석을 통한 성능 평가

엔진 내의 오일에 의한 전체 윤활 시스템과 같이 복잡한 3D 모델에 대한 해석을 하는 것은 격자 생성의 복잡성 및 해석 시간 등의 문제로 1D코드에 의존하고 있다. SimericsPD는 템플릿 제공 및 CAB(Conformal Adaptative Binary-tree) 격자, MGI 인터페이스 등을 통해 편리하게 격자 생성이 가능하며 안정화된 솔버의 알고리즘으로 비교적 빠른 해석 및 안정적인 수렴성을 통해 사용자가 복잡한 3D 모델에 대한 3D 열유동 해석을 할 수 있도록 도와주며 이를 통해 시스템 전체의 성능 및 문제점을 파악할 수 있도록 한다.

주요 고객 사이트

■ 현대자동차, LG이노텍, 한화에어로스페이스, 명화공업, S&T모티브, 한온시스템, 모트롤 등

전자기장 해석

SIMetrix/SIMPLIS

개발 SIMetrix Technologies, www.simetrix.co.uk / SIMPLIS Technologies, www.simplistechnologies.com

자료 제공 인터그래텍, 02-3472-5599, http://igtech.co.kr

전력전자회로 특화 시뮬레이션인 SIMetrix/SIMPLIS(시메트릭스심플리스)는 영국의 SIMetrix에서 개발한 SIMetrix와 미국의 SIMPLIS에서 개발한 SIMPLIS가 결합된 시뮬레이션 프로그램이다.

SIMetrix는 Analog/Digital 혼재회로 해석 시뮬레이션으로서, 향상된 성능의 SPICE 시뮬레이터와 회로도면 편집기, 그리고 파형 분석기를 합친 통합 패키지이다.

SIMPLIS는 스위칭 전력전자회로 설계에 최적화된 시뮬레이션으로서, SIMPLIS의 PWL(Piecewise Linear) 모델링 방식이 우수한 수렴 동작을 제공하여 높은 정확성으로 타 SPICE 시뮬레이션 대비 10~50배의 빠른 속도로 결과를 얻을 수 있다.

따라서 SIMetrix/SIMPLIS는 쉽고 강력한 해석 환경이 포함되어 광범위한 아날로그 및 혼합 회로분만 아니라 스위칭 전원 회로 해석에 대해서도 신속하고 빠른 수렴으로 신뢰도 높은 결과를 제공한다.

주요 특징

SIMetrix/SIMPLIS는 다음과 같은 특징을 가지고 있다.

■ IC용 통합 회로 해석 및 Test Case 기반 통합 검증 모듈 구축
■ Logic 내 부여된 Goal 기준으로 문제점 판별 지점 및 해결 방안 제시
■ 시간 영역 및 주파수 영역 등에 구애 받지 않고 모든 요소를 수행 가능한 검증 체계
■ Advanced Analysis engine 탑재로 범용 SPICE 대비 최대 10~50배 빠른 시뮬레이션 속도
■ 과도구간을 생략한 Steady states 해석 전용의 POP 분석을(Periodic Operating Point analysis) 탑재하여 범용 SPICE 대비 최대 20~115배 빠른 시뮬레이션 속도
■ 등가적인 값이 아닌, 시간영역으로부터 역산하여 결과를 얻어내는 실제적인 주파수 구간 해석
■ 범용 SPICE model을 변환 없이 직접 등재하여 바로 사용 가능

주요 기능

SIMetrix/SIMPLIS는 비선형 방정식으로 해결하는 대신 일련의 PWL 세그먼트를 적용하여 장치를 모델링함으로써 높은 정확도를 가지며, 타 SPICE보다 10배에서 50배 더 빠르게 수행할 수 있다. 특히 스위칭 전력 시스템의 경우 SIMPLIS에서 사용하는 PWL(piecewise linear) 모델링 및 시뮬레이션 기술은 SPICE에 비해 질적으로 우수한 수렴 동작을 제공한다. 또한 빠른 시간 영역 시뮬레이션과 더불어 AC 루프 분석을 제공하도록 특별히 설계되었다.

그림의 스텝 부하 과도 응답(왼쪽)과 AC 분석 보드 플롯(오른쪽)은 모두 MAX17244 동기식 벅 컨버터의 시뮬레이션 결과와 측정 결과가 잘 일치하는 것을 보여준다.

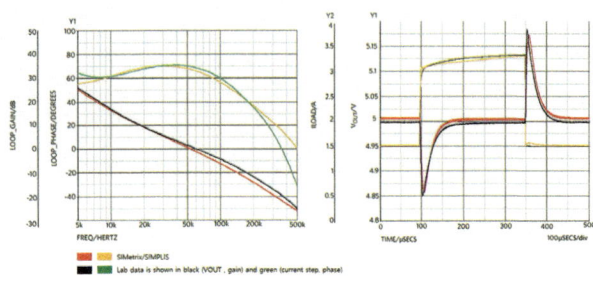

도입 효과

■ 정형화된 모델을 사용하지 않고 SIMetrix/SIMPLIS는 실제 소자의 성분들을 입력하여 소자의 특성을 시뮬레이션으로 정확하게 표현이 가능하다.

■ 전력 MOSFET, IGBT, 다이오드 및 제너다이오드 그리고 BJT와 같은 반도체 소자의 특성을 시뮬레이션 내에 입력하여 SPICE 모델을 자동으로 변환시키는 기능이 있다. 한 번 SPICE 모델을 변환시키면 별도의 입력 없이 바로 사용이 가능하다.

■ 반도체 소자를 SPICE 모델로 변환시킬 수 있어, 이상적인 소자를 이용하는 타 SPICE와 달리 실제 회로에서의 과도 상태, DC 스윕, AC 소신호, 소음, 전달 함수, 폴-제로에 대한 분석이 명확하다.

■ SIMetrix 스크립트 및 Verilog 코드를 위한 회로도 편집기, 심볼 편집기, 파형 뷰어 및 텍스트 편집기 등 친숙한 사용자 인터페이스를 내장하고 있어, 전력전자 엔지니어가 스위칭 전원 전자 시스템을 시뮬레이션하기 좋은 환경을 제공한다.

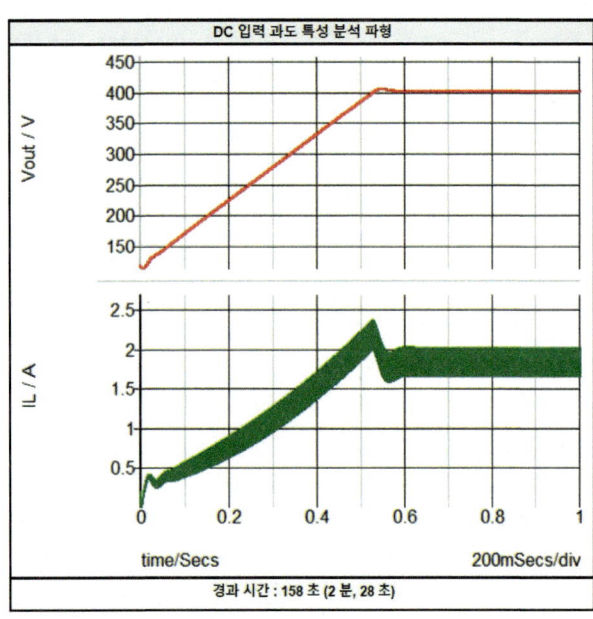

▲ 과도상태 파형

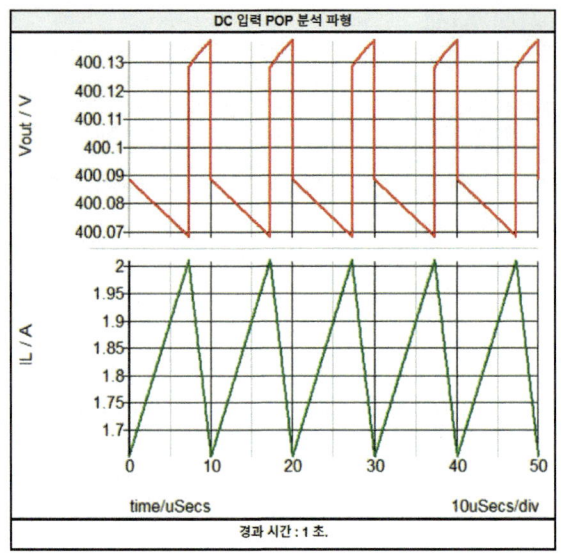

▲ POP 분석

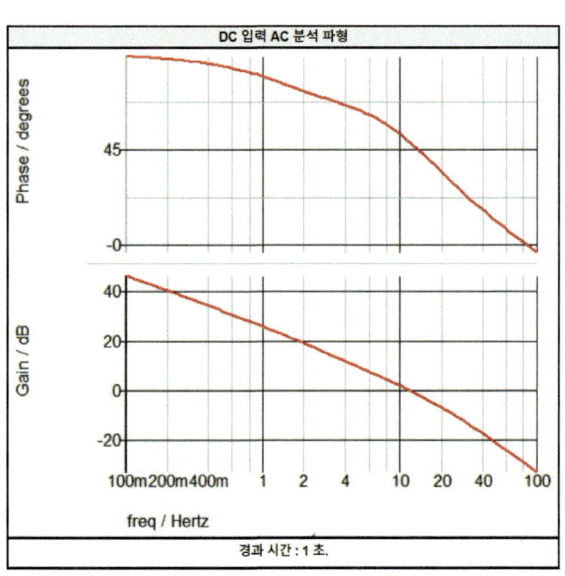

▲ AC 분석

주요 고객 사이트

해외의 경우, 대부분의 고객사에서 DSP에서 FPGA 기반으로 전력전자 시뮬레이션 해석을 진행한다. Texas Instruments,/ Atmel, National instruments, On Semiconductor, MKS, RICHTEK, Intersoft, XILINX, Daihen 등이 있다.

국내의 경우 삼성전자 무선사업부, LSI 사업부, 삼성전자(반도체), LG이노텍 등 대기업에서 먼저 도입이 이루어지고 있으며, 최근에는 중견기업 및 학교에서도 관심을 보이고 있다. FPGA 해석 방법이 안정성 및 빠른 해석 결과를 가져옴으로써 국내에도 고객사가 증가하고 있다.

데이터 관리

SimManager

개발 MSC Software, www.mscsoftware.com/kr

자료 제공 한국엠에스씨소프트웨어, 031-719-4466,
www.mscsoftware.com/kr

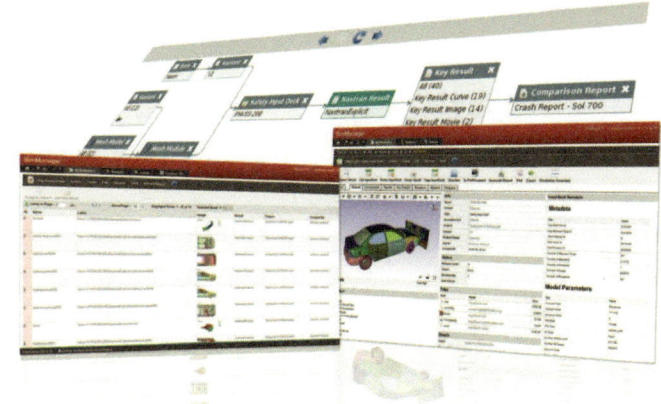

SimManager : 시뮬레이션 프로세스 및 데이터 관리

SimManager는 시뮬레이션 데이터 및 프로세스 관리 시스템으로, 시뮬레이션을 수행하는데 수반되는 모든 과정을 관리해준다. SimManager는 시뮬레이션에 필요한 정교한 데이터 관리 및 처리에 대한 요구사항을 충족하는데 중점을 두고 있다. 실제로 SimManager를 이용해 시스템을 구축한 고객들은 CAE 필요사항에 대한 MSC의 깊은 이해와 통찰력, 그리고 오랜 시간 축적해온 경험과 지식이 무엇보다 큰 도움이 되었다고 높이 평가했다.

MSC Software는 SimManager를 통해 사람, 프로세스, 그리고 기술을 통합해 시뮬레이션 과정이 하나의 유기적인 흐름이 되도록 지원한다. 이로써 시뮬레이션 관련 작업이 보다 더 생산적이고 효율적으로 수행될 수 있도록 도움을 주어, 제품 개발 비용 절감은 물론 더 나은 품질의 제품을 출시하는데 소요되는 시간을 단축할 수 있도록 협력하고 있다. 시뮬레이션 데이터 및 공정 관리 기술을 통해 모든 자원을 최대한 활용하여 시뮬레이션 업무를 효율적이고 효과적으로 수행할 수 있다. 웹 기반의 시뮬레이션 데이터 및 공정 관리 시스템인 SimManager로 프로젝트의 시작부터 최종 보고서 작성 단계까지 모든 시뮬레이션 데이터와 공정을 관리한다.

SimManager는 소규모 작업 그룹부터 전사적인 규모까지 모두 적용 가능하다. 이 시스템 도입 시 얻을 수 있는 적용 효과는 다음과 같다.

- 생산성 증대
- 품질 향상

- 모범 사례 표준화 및 구축
- 통합된 팀워크를 통한 효과적인 협업
- 제품 개발 시간 단축
- 프로세스 및 제품 혁신 가속화
- 데이터 추적성

프로세스 관리 및 자동화

- 자동화를 통한 수동 반복 작업/공정 감소
- 작업 요청 및 진행 상황 자동 통보로 프로젝트에 대한 지속적 관리 가능
- 대시보드 기능을 통해 관련된 설계 목표들에 대한 빠른 평가 및 점검
- 내장된 해석 실행 기능을 통해 시뮬레이션 공정과 서버 컴퓨터의 연동 최적화
- 자료 추적 기능(Audit Trail)을 통해 시뮬레이션 프로세스, 입력 및 출력 문서화
- MSC 제품은 물론, 타사 및 기업 내 자체 개발 애플리케이션을 모두 지원하는 개방형 시스템
- 기존 사용 중인 하드웨어 및 소프트웨어 인프라의 효용성 극대화
- 웹 기반 구성으로 신속한 구축 가능

전사적 통합

- MSC 애플리케이션에서 SimManager로의 통합 액세스
- 타사 시뮬레이션 제품 및 기타 널리 사용되는 엔지니어링 툴의 웹을 통한 액세스
- PROSTEP OpenPDM 기술을 이용한 PDM 통합
- 기타 필요한 관리 시스템과의 통합
- MSC Analysis Manager, LSF, Sun Grid Engine, PBS Pro 등 해석 관리 툴과 완벽한 호환성
- 테스트 데이터 통합 및 비교

동역학 해석

Simpack

개발 Dassault Systèmes, www.3ds.com

자료 제공 다쏘시스템코리아, 02-3270-7800, www.3ds.com/ko / 브이이엔지, 070-7770-5590, www.veng.co.kr
브이피케이, 02-6230-7200, http://plm.vpkcorp.com

다물체 동역학 해석 (MBS : Multi-Body Simulation)이란 자동차, 철도, 풍력 터빈 등 기계 시스템의 거동 및 하중을 구현, 예측 및 최적화

하는데 사용하는 해석을 말한다. 기계 시스템을 이루는 부품은 단품일 때와 다른 거동과 하중을 유발하기 때문에, 시스템의 전체를 이해하기 위해 시스템 전체를 해석해야 할 필요가 있다.

Simpack은 상대좌표계 적용 및 멀티코어 병렬 연산 수행으로 빠르고 정확하고 강인한 솔버를 실현하였다. 상대좌표계를 채용하여 바로 인접한 보디(Body)와의 연결 관계에 대해 필요한 자유도만을 부여하는 방식으로, 전체 운동방정식 수가 현저히 줄어드는 장점을 갖고 있다. 이와 함께 연산속도 및 효율 극대화, 그리고 안정성을 실현하였다.

또한 실시간(Real-time) 시뮬레이션 능력을 갖추고 있어, Simpack의 빠르고 강인한 솔버를 이용하여 실시간 시뮬레이션이 가능하다. Simpack은 고충실도의 상세 모델을 그대로 사용하여 실시간 구현을 위한 별도 모델 단순화가 필요 없다. 따라서 유연체를 포함한 고주파 및 고자유도 모델도 사용 가능하며, 비선형 또는 주파수에 의존하는 부싱이나 마운트까지도 실시간 시뮬레이션에 그대로 사용할 수 있다.

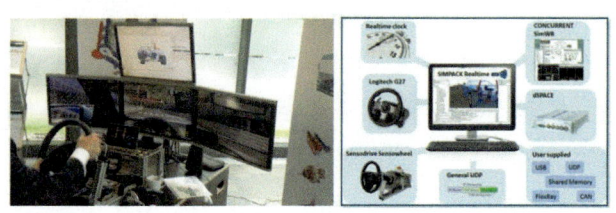

Simpack은 기본적으로 ASCII 기반으로서 현재 통용되고 있는 많은 상용 소프트웨어들과 호환이 가능하다. Abaqus, ANSYS, fe-safe 등과 같은 FEA·내구 관련 소프트웨어부터 CATIA, SOLIDWORKS, Creo 등과 같은 CAD 프로그램 및 Isight 등과 같은 최적화 관련 소프트웨어에 이르기까지 사용자들에게 다양하고 뛰어난 호환성을 제공하고 있다.

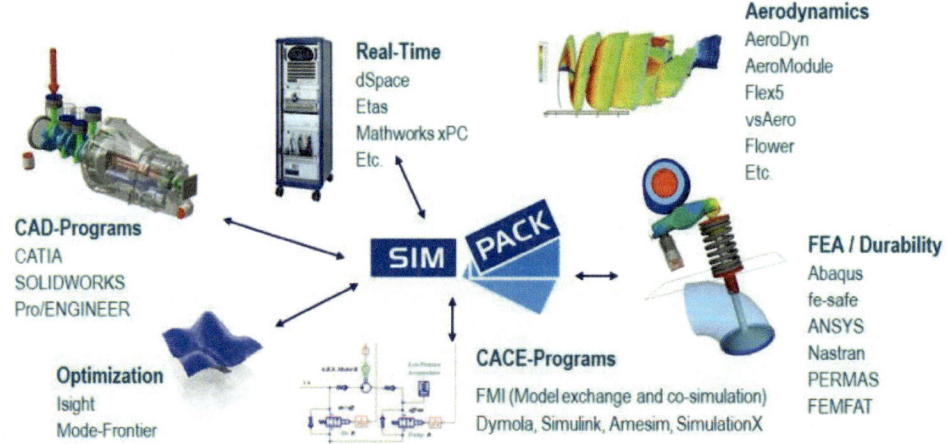

멀티피직스 해석

Simulation X

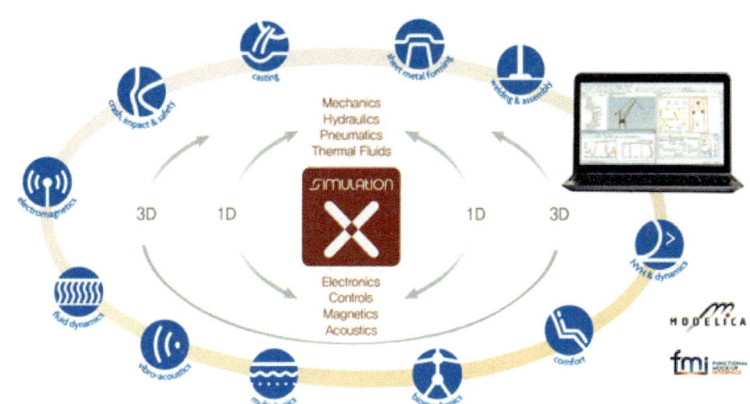

개발 ESI, www.esi-group.com

자료 제공 한국이에스아이, 02-3660-4500,
www.esi-group.com

ESI의 Simulation X는 복잡한 동적 시스템의 모델링, 시뮬레이션 및 분석을 위한 Multi physics 시뮬레이션 분야에서 잘 알려진 소프트웨어이며, Modelica 언어를 기반으로 한 상용 솔루션으로 다양한 분야에서 활용되고 있다.

개발자는 Modelica 라이브러리부터 상용 라이브러리까지 방대한 라이브러리를 사용하여 개발 모델을 쉽게 구성할 수 있다. 또한 막강한 사용자 에디터 툴(Type designer)을 제공하여 사용자가 기존의 라이브러리를 확장하거나 새로운 라이브러리를 쉽게 제작 및 배포할 수 있다.

FMU(Functional Mock-up Unit)/FMI(Functional Mock-up Interface)를 지원하고 다른 프로그램과 연동하여 계산을 수행할 수 있으며, Multiphysics에 최적화되어 있어 Multi-body system과 Fluid dynamics, Control logic 등 서로 다른 물리 모델을 하나의 모델로 구현할 수 있다.

실제 물리 기반의 통합 라이브러리는 점점 더 복잡해지고 있는 산업 분야에서 확실한 기준으로 Simulation X를 확립하는 데 도움이 되었다. 현재까지 약 27개국 700명 이상의 고객들이 다양한 산업 분야에서 Simulation X를 사용하고 있다.

제품의 주요 기능 및 특징

Easy modeling and Fast calculation

형상 모델링이 필요 없고, 물리 기반 모델링으로 모델 구성이 쉬우며, 시스템 기반의 수학 모델 사용으로 계산 시간이 빠르다.

Modular system setup

방대한 시스템 라이브러리를 제공하고, 사용자 라이브러리 툴(Type designer)을 지원한다.

Easy coupling

FEM, MATLAB, Simulink와 연계 시뮬레이션이 가능하며, FMU/FMI를 지원한다.

Model library

Modelica 기반의 다양한 라이브러리를 제공하여 모델을 쉽고 빠르게 구성할 수 있다.

Optimization

주요 인자의 기여도 분석을 통한 제품 성능 개선을 개발 초기 단계부터 빠르게 검토할 수 있다.

Real-time simulation

실시간 해석으로 MiL(Model-in-the-Loop)/SiL(Software-in-the-Loop)/HiL(Hardware-in-the-Loop) 구현이 가능하다.

유동 해석

SIMULIA Fluid Dynamics Engineer

개발 Dassault Systemes, www.3ds.com

자료 제공 노드데이타, 02-595-4450, www.nodedata.com

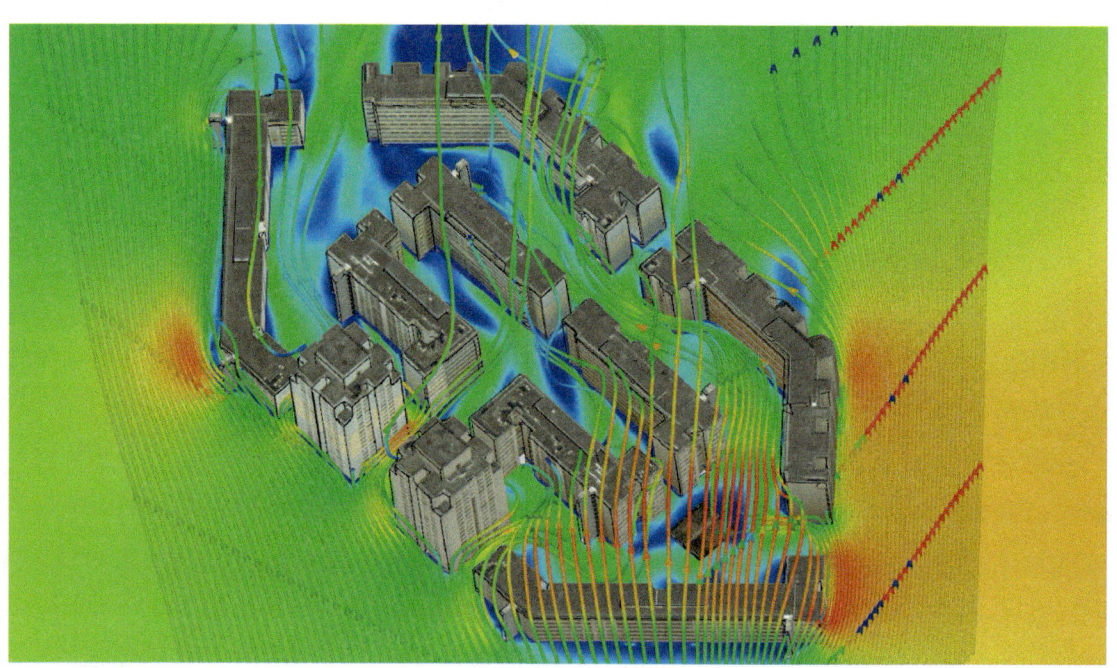

　　Fluid Dynamics Engineer는 클라우드 기반의 CFD 툴로 내부 및 외부 흐름에 대한 유체 성능을 검증하며, 최적의 흐름 분포, 최소 압력 손실 및 난류를 시뮬레이션하여 제품의 성능을 평가할 수 있으며 이를 이용해 설계를 개선하여 최적을 설계를 이룰 수 있다.

　　일반적인 CFD(Computational Fluid Dynamics) 툴에서 사용하는 기본 이론인 RNAS 방정식(Reynolds Avergaged Navier-Stokes 방정식)을 활용하여 정확도와 효율성을 동시에 가지는 유동 해석 애플리케이션으로 고급 레벨의 솔루션이다.

　　3DEXPERIENCE 시뮬레이션 포트폴리오의 일부인 Fluid Dynamics Engineer는 모든 일반적인 정상 상태, 비정상 상태 유동 해석부터 음속 유동 해석, 혈액과 같은 비뉴턴 액체에 대한 해석이 가능하고, 팬이나 필터, 배플 등을 표현하기 위한 모델링 기법도 활용 가능하다.

　　또한 모든 분야에서 일반적으로 사용되며 계산의 정확성이 높은 대표적인 난류 모델인 SST k-GG 난류 모델, Realizable k-ε 난류 모델, Spalart - Allmaras 난류 모델을 제공하여 상황에 맞는 난류 모델을 선택할 수 있어 더욱 정확한 시뮬레이션을 진행할 수 있다.

　　클라우드 기반의 애플리케이션으로 컴퓨터 CPU를 이용한 로컬 해석뿐 아닌 클라우드 리소스를 활용하는 클라우드 컴퓨팅으로 해석을 진행할 수 있어 상대적으로 빠른 시간에 해석 결과를 얻을 수 있으며, 사무실뿐 아닌 외부에서 하드웨어의 영향없이 해석의 세팅 및 진행과정 결과를 확인할 수 있다. 또한 실시간으로 협의 가능하여 작업 효율을 향상시킬 수 있다.

사출성형 해석

SIMULIA Plastic Injection Engineer

개발 Dassault System, www.3ds.com

자료 제공 노드데이타, 02-595-4450, www.nodedata.com

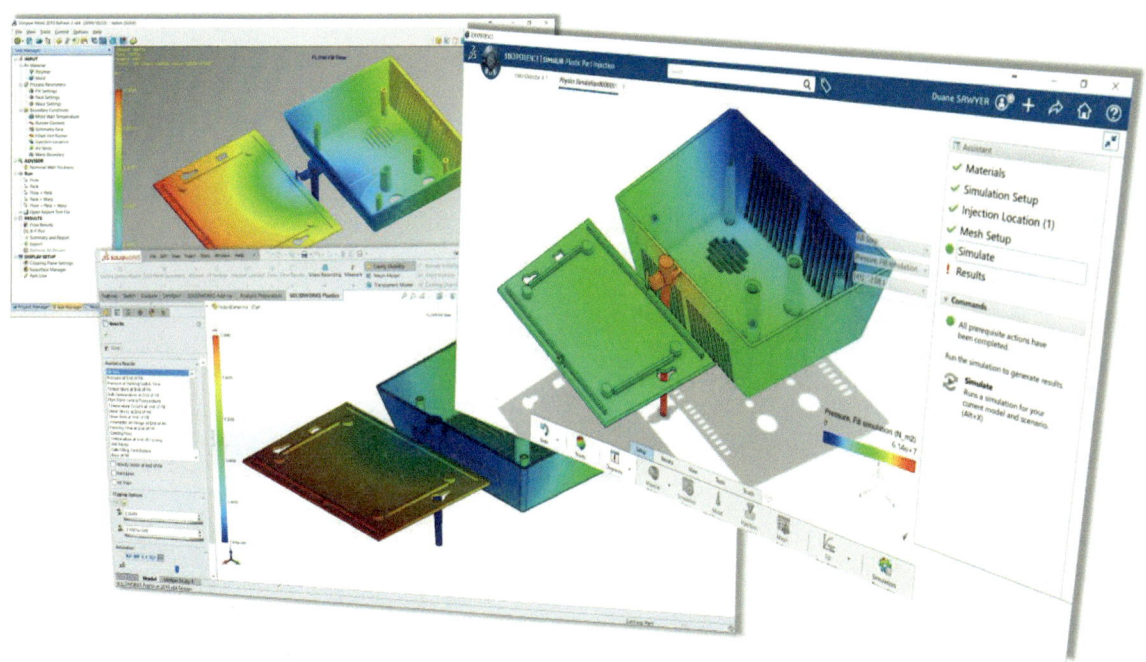

Plastic Injection Engineer는 충전 및 포장 공정과 금형의 냉각 시스템을 시뮬레이션하여 플라스틱 부품 및 금형 설계를 평가하고 개선할 수 있는 Cloud 기반의 사출 성형 해석 애플리케이션이다.

금형 냉각 시스템 설계의 효율성 평가 사출 위치, 냉각 시스템, 사출 시스템, 공동의 자동 감지를 위한 CATIA Mold&Tooling Design과 통합되어 있어 3D 모델링을 자동 인식하여 해석을 수월하게 한다. 직관성이 좋은 인터페이스와 시뮬레이션 Assistant Panel을 사용하여 웰드 라인, 싱크 마크, 에어 트랩 및 불완전 필링(short shots)을 포함한 일반적인 성형 결함 예측이 가능하다.

Plastic Injection Engineer에는 SOLIDWORKS Plastics의 모든 기능이 포함되어 있으며 설계자가 성형 표면의 온도에 대한 현실적인 예측을 달성하기 위해 냉각 채널이 있어야 하는 위치를 결정하는 냉각 분석이 가능하다.

Plastic Injection Engineer는 부품 충전 및 냉각에 대한 보다 정확한 분석을 제공해준다. 설계자는 금형에서 부품을 꺼낼 때 발생하는 잔류 응력과 부품을 금형에서 꺼내 실온으로 냉각한 후에도 남아 있는 응력을 직관적으로 확인할 수 있으며 이를 분석할 수 있다. 금형 냉각 시스템 설계의 효율성 평가가 가능하며, 비선형 다중 스케일 재료 모델링과 같은 3DEXPERIENCE 플랫폼에서 사용할 수 있는 고급 구조 기능을 모델에 직접 적용할 수 있다.

또한 3DEXPERIENCE 플랫폼에서 사용할 수 있는 프로세스 자동화, 실험 설계 및 고급 최적화 도구 활용이 가능하다.

수치 해석

Simulink

개발 및 자료 제공　매스웍스코리아,
02-6006-5100,
https://kr.mathworks.com

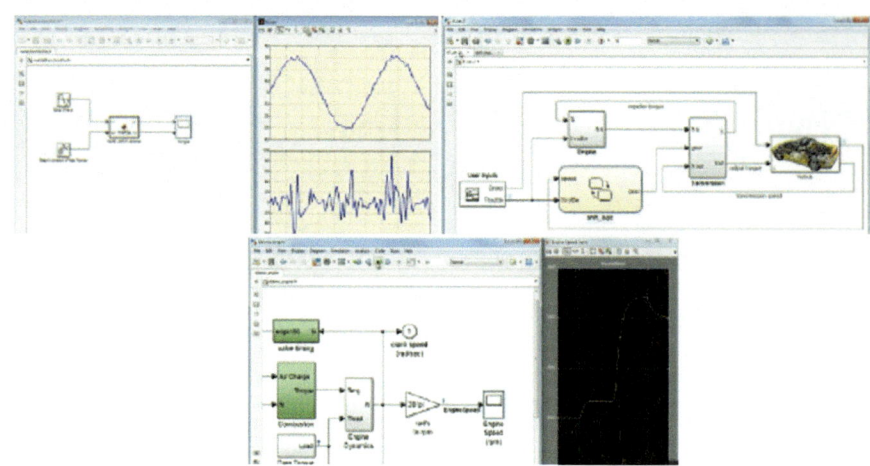

시뮬링크(Simulink)는 다이나믹한 시스템의 분석, 시뮬레이션, 모델기반설계(Model-Based Design)를 위한 상호작용 툴로 제어시스템 설계, DSP디자인, 통신 시스템 설계, 다른 시뮬레이션 응용 등의 분야에서 사용된다. 특히, 블록 다이어그램 방식의 수학적 모델링을 통해 마치 레고를 조립하듯 손쉽게 개발할 수 있도록 지원한다.

- 프로젝트 팀 간에 공통된 설계 환경 사용
- 설계를 요구 사항에 바로 연결
- 설계에 테스트를 통합하여 지속적으로 오류를 식별하고 수정
- 다중 영역 시뮬레이션을 통해 알고리즘 미세 조정
- 임베디드 소프트웨어 코드 및 문서 자동 생성
- 테스트 스위트 개발 및 재사용

주요 기능

모델 기반 설계

시뮬링크는 다양한 조건에서 모델을 시뮬레이션하여 작동 방식을 확인할 수 있다.

시뮬링크의 모델링 및 시뮬레이션은 하드웨어 프로토타입만으로는 재현하기 어려운 조건에서의 테스트에 유용하며, 특히, 하드웨어를 아직 사용할 수 없는 설계 프로세스의 초기 단계에서 유용하다. 모델링과 시뮬레이션을 반복하면 나중에 설계 프로세스에서 발견되는 오류의 수를 줄여 시스템 설계 품질을 조기에 개선할 수 있다.

모델에서 자동으로 코드를 생성하고, 소프트웨어 및 하드웨어 구현 요구 사항이 포함된 경우 시스템 검증을 위한 테스트 벤치를 생성할 수 있다.

모델 기반 설계를 통해 제어 시스템, 신호 처리 시스템 및 통신 시스템을 포함한 동적 시스템을 빠르고 비용 효율적으로 개발할 수 있다.

모델 기반 설계는 다음과 같은 기능들을 제공한다.

시뮬링크를 통한 모델 기반 설계 워크플로는 '모델링 목표 결정 → 컴포넌트 결정 → 시스템 레이아웃 모델링 → 컴포넌트 모델링 → 모델 분석 → 새로운 컴포넌트 설계 → 설계된 컴포넌트 테스트 → 시스템 컴포넌트 테스트 → 컴포넌트 통합 → 시스템 모델 테스트' 과정으로 진행된다.

시뮬레이션

시뮬링크는 모델에 대한 시뮬레이션, 결과 검토 및 시스템 동작 검증을 지원한다. 시뮬링크는 시스템 모델을 대화형 방식으로 시뮬레이션하고, 그 결과를 스코프 및 그래픽 표시 부분에서 확인할 수 있도록 한다. 연속 신호 시스템, 이산 신호 시스템 및 혼합 신호 시스템의 시뮬레이션 관련, 다양한 고정 스텝 솔버 및 가변 스텝 솔버에 대한 선택권을 제공한다. 솔버는 시간 경과에 따른 시스템의 동특성을 계산하는 적분 알고리즘이다.

시뮬링크와 매트랩의 통합을 통해 매트랩 명령을 사용하여 시뮬링크 모델에 대한 무인 배치 시뮬레이션을 실행할 수 있다.

특히, 대화형 방식 또는 배치 모드로 모델을 시뮬레이션할 수 있으며, 심스테이트(SimState)를 사용하여 반복 가능한 시뮬레이션을 생성하고, 몬테카를로(Monte Carlo) 시뮬레이션을 실행할 수 있다.

유동 해석

SOLIDWORKS Flow Simulation

개발 Dassault Systèmes, www.solidworks.com/domain/simulation

자료 제공 다쏘시스템코리아, 02-3270-7800, www.3ds.com/ko / 노드데이타, 02-595-4450, www.nodedata.com / 메이븐, 02-852-2555, www.swmaven.co.kr

SOLIDWORKS 사용자가 사용할 수 있는 SOLIDWORKS Flow Simulation은 설계 시 유체 유동 및 열전달 시뮬레이션 수행을 통해 제품의 성능을 향상하고 설계 통찰을 얻을 수 있는 포괄적인 유동 해석 기능을 제공한다.

CFD(Computational Fluid Dynamics)를 기반으로 해석을 수행하며 Add-in 형태로 제공되어, SOLIDWORKS CAD 모델을 SOLIDWORKS Flow Simulation 환경에서 그대로 활용할 수 있다. 따라서 CAD 모델 변경시 해석 모델이 자동으로 업데이트되는 장점을 지닌다. 제품 개발 시 설계와 해석을 동시에 진행하여야 하는 경우 합리적이고 효율적으로 업무를 진행할 수 있다.

SOLIDWORKS Flow Simulation은 단일 파트로 구성된 지오메트리에서 어셈블리까지 모두 활용할 수 있으며 외부 유동, 내부 유동, 복합 열전달, 비뉴턴 유체, 자유수면 고려, 다공성 매체, 입자 스터디 등 다양한 해석 기법을 제공하며 정상 상태에서 비정상 상태 해석까지 수행할 수 있다. 다양한 난류 모델 및 내장되어 있는 유체 모델을 손쉽게 선택할 수 있도록 구성되어 있으며 '마법사' 기능을 통해 까다로운 유동해석 조건을 손쉽게 부여할 수 있다.

Electronics Cooling 및 HVAC 모듈을 추가할 경우 확장된 해석 기능 활용을 통해 전자제품 냉각 해석 및 HVAC 관련 해석을 수행할 수 있다.

SOLIDWORKS Flow Simulation은 지오메트리 변경에 따른 최적화 해석을 자동으로 수행하는 기능을 제공하는 등 해석에 국한하지 않고 설계 전반에 필요한 통찰을 제공한다. 해석 시 사용자가 보유한 모든 computing resource(Number of CPU Cores) 사용에 제약이 없으며, SOLIDWORKS Simulation 구조 해석에 필요한 정적 하중을 생성할 수 있다. 해석에 필요한 모델 생성의 경우 지오메트리 기반으로 자동 생성되며, 손쉽게 수정 및 관리할 수 있다.

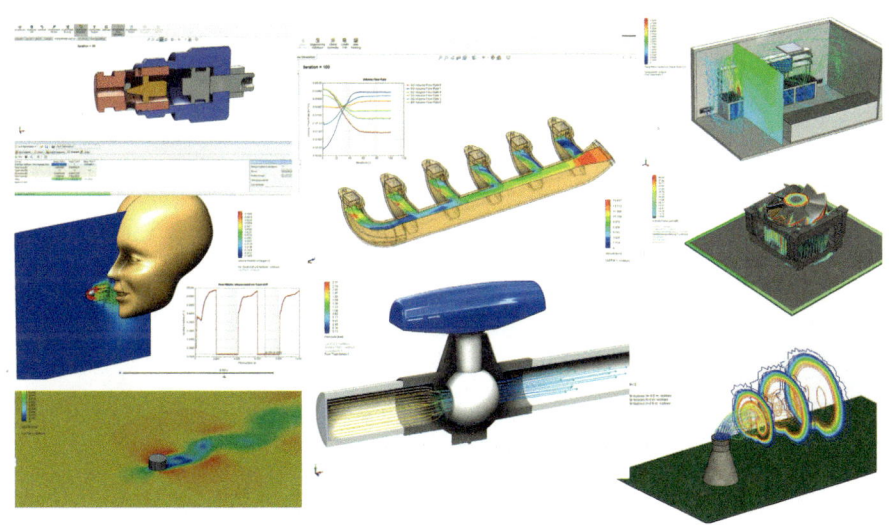

사출성형 해석

SOLIDWORKS Plastics

개발 Dassault Systèmes, www.solidworks.com/domain/simulation

자료 제공 다쏘시스템코리아, 02-3270-7800, www.3ds.com/ko / 노드데이타, 02-595-4450, www.nodedata.com / 메이븐, 02-852-2555, www.swmaven.co.kr

SOLIDWORKS 사용자가 사용할 수 있는 SOLIDWORKS Plastics는 플라스틱 제품 설계 시 제품 제조 과정에서 발생할 수 있는 문제점을 미리 확인하고 개선할 수 있는 포괄적인 사출성형 해석 솔루션을 제공한다.

SOLIDWORKS Plastics는 Add-in 형태로 제공되어 SOLIDWORKS CAD 모델을 SOLIDWORKS Plastics 환경에서 그대로 활용할 수 있다. 따라서 CAD 모델 변경시 해석 모델이 자동으로 업데이트되는 장점을 지닌다. 제품 개발시 설계와 해석을 동시에 진행하여야 하는 경우 합리적이고 효율적으로 업무를 진행할 수 있다.

충진-보압-냉각-변형 등의 일반적인 과정을 거치는 플라스틱 제품의 제조 단계에서 발생할 수 있는 충진 부족, 웰드라인, 공기 갇힘, 싱크마크, 수축 및 뒤틀림 등의 문제를 시뮬레이션을 통해 사전에 점검할 수 있다.

다양한 사출 성형 기법(밸브 게이트, Fiber 포함 사출, 오버몰딩, Co-injection, 냉각 채널 고려, 사이클 타임, 러너 밸런싱)을 고려한 사출 성형 해석을 수행할 수 있다. Result Advisor 기능은 해석 후 결과 리뷰 시 고려해야 할 사항에 대해 조언을 해 주는 기능으로서, 까다로운 사출성형 해석을 처음 다루는 사용자에게 유용하다.

또한, 꾸준히 업데이트되고 추가되는 수천 개의 플라스틱 재료 모델이 라이브러리 형태로 제공된다. SOLIDWORKS Plastics가 제공하는 솔버는 해석 시 사용자가 보유한 모든 computing resource(Number of CPU Cores) 사용에 제약을 두지 않으며, 해석에 필요한 모델 생성의 경우 지오메트리 기반으로 자동 생성되며 손쉽게 수정 및 관리할 수 있다.

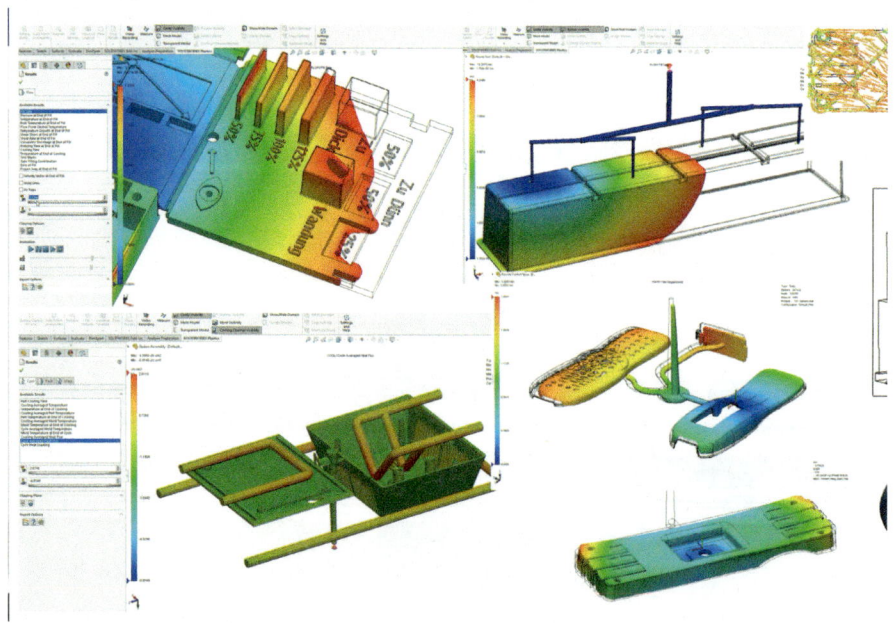

구조 해석

SOLIDWORKS Simulation

개발 Dassault Systèmes, www.solidworks.com/domain/simulation

자료 제공 다쏘시스템코리아, 02-3270-7800, www.3ds.com/ko / 노드데이타, 02-595-4450, www.nodedata.com
메이븐, 02-852-2555, www.swmaven.co.kr

SOLIDWORKS 사용자가 사용할 수 있는 SOLIDWORKS Simulation은 설계 시 제품의 적합한 강도, 내구성 확보 및 제품 성능과 품질을 개선하는 포괄적인 구조 해석 기능을 제공한다. FEA(Finite Element Analysis)를 기반으로 해석을 수행하며, Add-in 형태로 제공되어 SOLIDWORKS CAD 모델을 SOLIDWORKS Simulation 환경에서 그대로 활용할 수 있다. 따라서 CAD 모델 변경시 해석 모델이 자동으로 업데이트되는 장점을 지닌다. 제품 개발시 설계와 해석을 동시에 진행하여야 하는 경우 합리적이고 효율적으로 업무를 진행할 수 있다.

SOLIDWORKS Simulation은 단일 파트로 구성된 선형 해석에서 접촉 및 비선형성이 있는 전체 어셈블리의 시뮬레이션에 이르기까지 다양한 구조해석 기능을 제공한다. Standard, Professional, Premium으로 구성되어 있는 세부 제품을 통해 피로 해석, 고유진동 해석, 선형 동적 해석, 비선형 해석, 설계 최적화 및 형상 최적화 등의 다양한 해석 기법을 사용자 목적에 따라 유연하게 선택하여 활용할 수 있다.

다물체 동역학(Multi-body dynamics) 해석 기능을 제공하는 SOLIDWORKS Motion은 SOLIDWORKS Simulation과 함께 제공되며, 사용자는 어셈블리 단위에서의 다양한 동역학 해석을 수행할 수 있다.

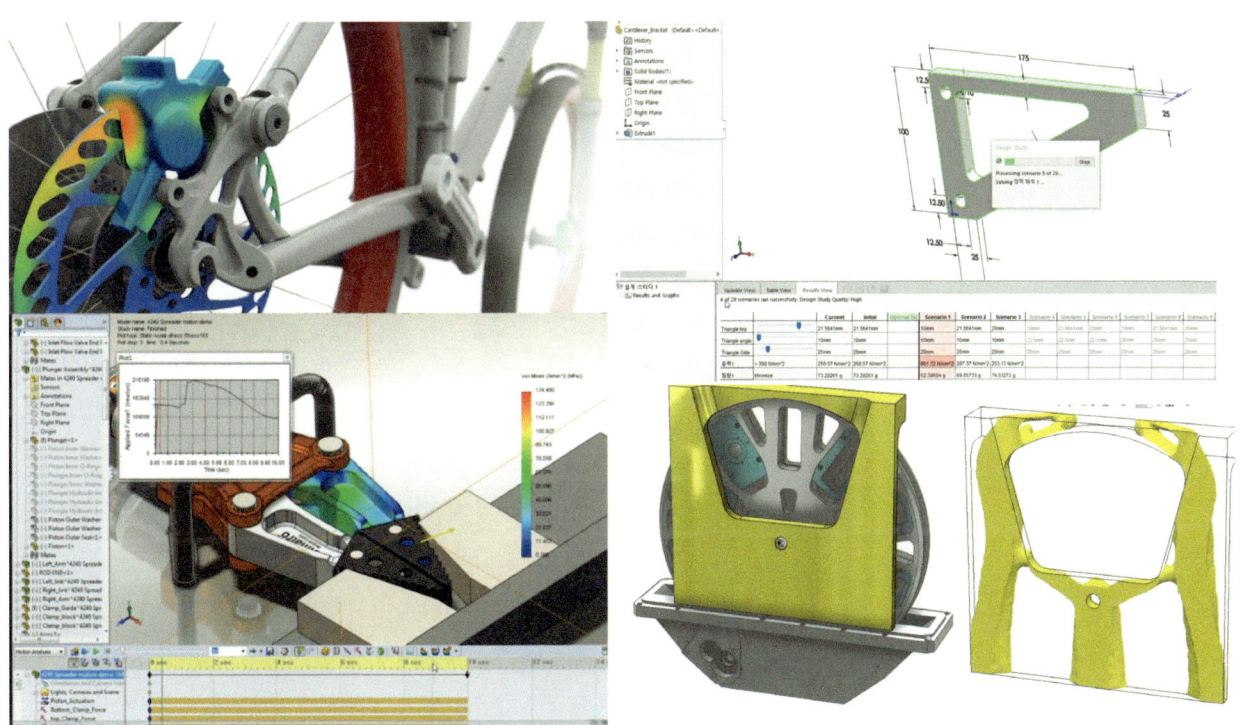

구조 해석

STAAD

개발 벤틀리시스템즈, www.bentley.com

자료 제공 벤틀리시스템즈코리아, 02-557-0555,
www.bentley.com/ko

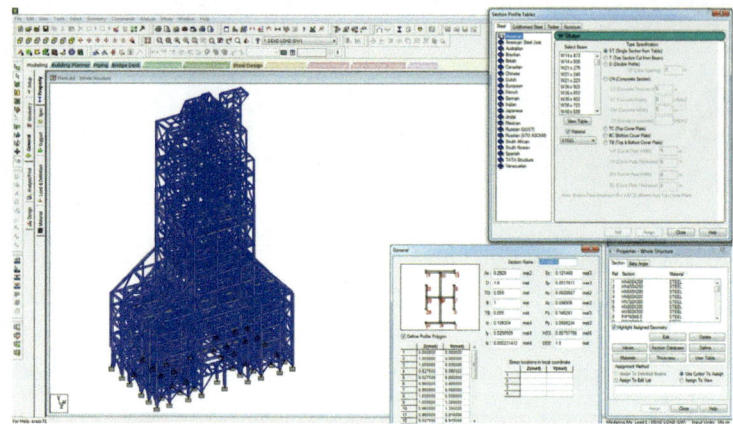

STAAD는 3D 구조 해석 및 설계 소프트웨어로, 모든 크기 또는 유형의 구조에 대해 종합적인 해석 및 설계를 수행할 수 있다. 90여 개의 국제 설계 코드를 사용해 세계 어디서나 강철, 콘크리트, 목재, 알루미늄 및 냉간 성형 강 구조물을 설계할 수 있다.

주요 특징

■ 실제 모델을 해석 모델로 자동 변환해 워크 플로우를 간소화한다.

■ Bentley 데스크탑 및 클라우드 & 모바일 애플리케이션과의 광범위한 상호 운용을 통해 여러 분야의 팀 협력을 향상시킨다.

■ 물리적 멤버와 곡면을 완벽하게 통합해 콘크리트 및 강철 BIM 워크 플로우를 최적화한다.

■ STAAD 클라우드 서비스와 함께 다양한 대안을 실행하고 명확한 결과를 그래픽으로 비교한다.

■ 유한 요소 해석을 사용해 지진 발생 예측 지역 또는 일반 조건에 맞는 설계가 가능하다.

■ 모바일 장치에서 모든 크기의 모델을 확인하고 편집할 수 있다.

주요 기능

중력 및 횡하중 해석

사하중, 활하중과 같이 중력에 의해 유도되는 조건, 스킵 조건, 바람과 지진을 포함한 횡하중과 결합되는 조건 등 광범위한 하중 조건을 고려해 단순 또는 복합 구조물을 설계하고 해석한다.

내진 요구 사항 준수

지진력 저항 시스템을 설계 및 상세화하고 관련 건물 코드에 따른 지진 하중을 생성한다. 요소의 설계 및 해당되는 경우 프레임과 대규모 구조 시스템의 설계에서 이러한 힘을 고려한다. 요소 조합 및 상세화에서 선택한 설계 코드의 연성 요구 사항을 시행한다.

구조 모델 설계 및 해석

데크, 슬래브, 슬래브 모서리 및 구멍, 보, 기둥, 벽, 브레이스, 확장 및 연속 기초, 파일 캡을 포함하는 전체 구조를 신속하게 모델링한다. 시간이 소비되는 많은 설계 및 해석 작업을 효율성 있게 자동화하고 문서가 준비된 실용적인 시스템 및 구성 요소 설계를 생성한다.

유한 요소를 사용한 설계 및 해석

첨단 유한 요소 해석을 사용해 전체 구조를 위한 빌딩 해석, 설계, 제도를 정확하고 효율적으로 완료한다. 신속한 솔루션을 사용해 결과를 기다리는 데 소요되는 시간을 줄이거나 제거한다.

보, 기둥 및 벽 설계

중력과 횡하중에 대해 보, 기둥 및 벽을 최적화하거나 해석하여 신속하게 안전하고 경제적인 설계를 창출한다. 미국의 요구 사항과 많은 국제 설계 사양 및 건물 코드를 확실하게 준수하는 설계를 생성한다.

냉간성형 강 부재 설계

종합적인 냉간성형 강 라이브러리를 사용해 특수 애플리케이션을 사용할 필요 없이 경량형강 부재를 설계한다.

횡저항 프레임 설계

횡방향 지지 골조와 모멘트 골조에 미치는 지진 및 풍력에 대해 광범위한 건물 코드 확인을 수행한다. 모든 구조 프로젝트에서 안전하고 신뢰성 있는 설계를 신속하게 만든다.

국제 설계 표준을 준수하는 설계

Bentley 설계 솔루션에 포함된 광범위한 국제 표준 및 사양을 통해 비즈니스 수행 범위를 확장시키고 글로벌 설계 기회를 활용한다. 국제 표준을 광범위하게 지원하기 때문에 정확하게 설계를 완성한다.

설계 하중 및 하중 조합 생성

기본 제공 하중 생성기를 사용해 규정된 코드의 바람 및 지진 하중을 구조물에 적용한다. 별도의 수동 계산이 필요 없이 구조 형상, 질량, 선택한 건물 코드 규정을 기반으로 관련 하중 파라미터를 자동으로 계산한다. 하중 조합 생성기를 사용해 이 횡하중 사례를 중력 및 다른 유형의 하중과 조합한다.

DXF에서 생성된 단면 형상 가져오기

DXF 도면에서 상세화 된 미터법 또는 영국식 단위의 맞춤 정의된 단면 프로필을 신속하게 가져온다. 또는 간단하게 치수를 입력하거나 광범위한 표준 라이브러리에서 선택하여 정규 형상을 정의한다.

슬래브 및 기초 설계 통합

마스터 해석 모델 내에 통합된 전용 애플리케이션을 사용해 슬래브 및 기초를 설계하고 설계 계산 및 보강 도면을 생성한다. ISM을 사용해 BIM 모델의 설계 정보를 추가한다.

철골 접합부 설계 통합

단일 통합 환경에서 구조 철골 접합부를 설계한다. 3D 해석에서 얻은 접합부 형상, 부재 사이즈, 접합부 힘 데이터를 철골 접합부 설계 애플리케이션으로 직접 전송한다. 이를 통해 정보를 효율적으로 재사용하고 구조가 변경될 때 필요한 재작업량을 줄일 수 있다.

섹션별 속성 보고서 생성

섹션별 속성을 신속하게 계산하고 맞춤 섹션 프로필에 대한 세부 보고서를 간편하게 생성한다.

구조 설계 문서 생성

설계 의도를 전달하는데 필요한 평면도와 입면도를 포함하는 구조 설계 문서를 자동으로 생성한다. 문서는 3D 모델 변경에 따라 자동으로 업데이트 된다.

구조 모델 공유

하나의 애플리케이션에서 다른 애플리케이션으로 구조 모델 형상과 설계 결과를 전달하고 시간 경과에 따른 변경 사항을 동기화한다. 구조 모델, 도면 및 정보를 검토를 위해 전체 팀과 신속하게 공유한다.

국제 단면 프로필 활용

추가 요금 없이 포함된 광범위한 국제 단면 프로필 데이터베이스를 사용해 구조 모델을 완성한다. 전세계 글로벌 설계 기회를 활용한다.

도입 효과

90개가 넘는 국제 설계 코드를 사용해 세계 어디서나 강철, 콘크리트, 목재, 알루미늄 및 냉간 성형 강 구조물을 설계할 수 있다. 간소화된 워크플로우로 중복되는 수고를 덜고 오류를 제거하여 설계 생산성을 향상시킬 수 있고, 클라우드 & 모바일 애플리케이션과의 광범위한 상호 운용을 통해 여러 분야의 팀 협력을 향상시킨다.

주요 고객 사이트

현대엔지니어링, 현대건설, GS건설, SK 건설, 삼성엔지니어링, 대림산업, 현대중공업, 삼성중공업 외 다수

멀티피직스 해석

Strand7

개발　Strand7 Pty Ltd, www.strand7.com

자료 제공　씨앤지소프텍, 02-529-0841, www.cngst.com

Strand7은 복잡한 모델을 정확하게 분석하기 위한 고도의 자동화된 모델링 기능을 이용하여 구조, 열, 전자기 및 유체, 동역학 등을 포함하는 멀티피직스 문제를 간편하게 분석할 수 있는 유한요소 모델링 기능과 강력한 해석 솔버를 제공하고 있는 범용 유한요소 해석 소프트웨어이다.

주요 특징

파라메트릭 및 기하 모델링

직관적이고 쉬운 그래픽 사용자 인터페이스는 전체 모델링 프로세스를 처음부터 끝까지 작업이 가능하다. 번거로운 Geometry 수정 작업을 거치지 않고 바로 모델링 작업을 수행할 수 있으며, 국부적인 영역에 대한 메시 사양을 정의와 CAD와의 커플링을 통해 CAD에서 정의한 영역 및 파라미터 정보를 가져올 수 있다.

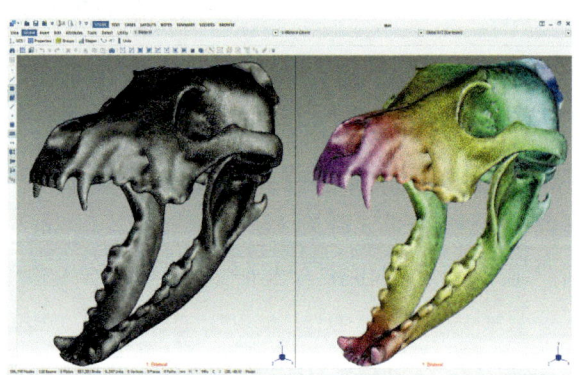

General Equation Input

수학 방정식을 사용하여 다양한 수식 데이터를 입력할 수 있다.

모델 호환

DXF, IGES, STEP, Stereo-Lithography file Import / Export

MSC/NASTRAN, ANSYS, STAAD-Pro, SAP2000 file Import / Export.

요소 및 재료

Strand7은 1D Beam, 2D Plate & Shell, 3D Brick, Contact, Cable, Damper 등의 다양한 요소 및 전 세계 다양한 규격의 Beam Library를 제공한다. Strand7은 Isotropic, Orthotropic, Anisotropic, Lami-nate, Rubber, Carbon Fiber, Glass, Timber, Fluid, Soil 및 사용자정의 재료 물성을 지원한다.

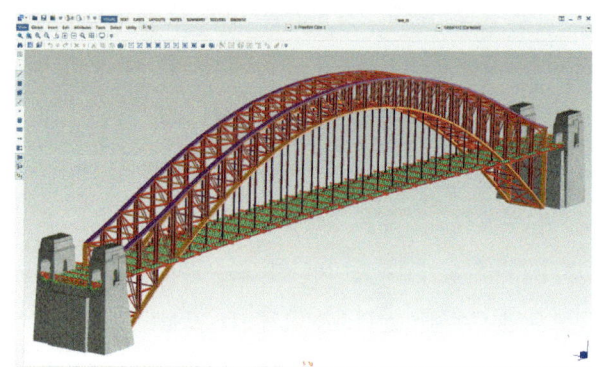

Automatic Mesh Generation

Strand7에는 매우 직관적이고 간편한 강력한 자동 Mesh Generation 기능이 포함되어 있다. 이 기능은 자동 Mesh Generation 기능을 이용하여, 2D Plate/Shell 모델링이나 3D Brick 모델링을 매우 빠르고 간편하게 생성할 수 있다.

Verification Tools

복잡한 매시와 수치 입력 데이터의 검증을 그래픽을 통하여 체크할 수 있는 툴로, 구조물에 입력 오류나 입력 위치 등을 그래픽 Contour를 사용하여 사용자가 쉽게 검증하고 찾을 수 있도록 제공한다.

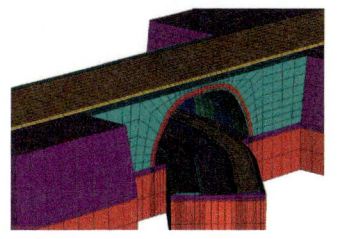

API 함수 기능

Strand7 API (응용 프로그래밍 인터페이스)를 사용하면 외부 컴퓨터 프로그램을 통해 Strand7과 상호 작용할 수 있다. Strand7 API에서 지원되는 언어는 C, C ++, C #, Pascal, Delphi, Visual Basic, FORTRAN, Matlab, Python 등 Win-dows DLL 파일을 동적으로 구성할 수 있는 모든 프로그램 언어이다.

해석 기능

Strand7은 정적해석, 동적해석, 재료비선형해석, 열전달과 열응력해석까지 매우 다양한 해석을 수행할 수 있다. Strand7의 Solver 기능은 다음과 같다.

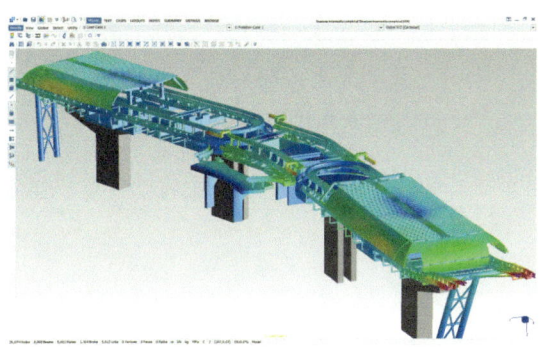

- Linear & Nonlinear Static
- Natural Frequency
- Response Spectra and Harmonic Dynamic
- Linear and Nonlinear Transient Dynamic
- Linear and Nonlinear Buckling
- Heat Transfer & 콘크리트 수화열
- Collapse, 피로도 & Creep
- 대변형 해석 (현수교, 사장교, Cable Structure)
- Laminated 복합소재 해석
- 막구조(Membrane) 해석
- 이동하중 해석 (영향선 및 영향면)
- 시공단계별 해석
- 지반 해석

Post Processing

Strand7은 해석된 결과를 응력도, 변위, Cutting Plane, 그래프, 레포트 등의 다양한 플롯 기능과 3차원 애니메이션 기능을 통해 명확하고 정확한 분석이 가능하다.

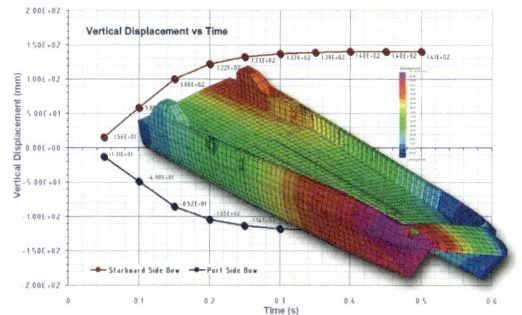

적용 분야

Strand7은 건축/토목 강구조, 콘크리트 구조, 지반구조물 등에 활용 가능하고, 중공업 분야와 기계 분야, 항공기/선박디자인, 의용공학, 전자기, 복합소재 등 다양하고 광범위한 분야의 설계 분야에서 활용이 가능하다.

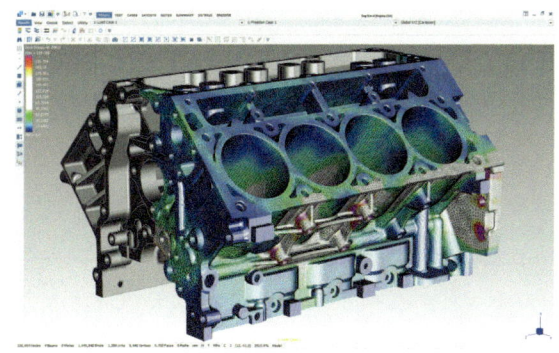

지원 전략

Strand7 지속적인 연구, 개발과 벤치마크 테스트를 통한 검증결과를 및 검증 문서와 예제 파일 사용자에게 제공하고 어떠한 에러 발생시, 사용자에게 문제 해결을 위한 즉각적인 기술 지원을 한다. Strand7은 프로그램에서 사용된 각종 유한요소이론에 대한 설명과 정보들을 자세하게 기술한 Theoretical 매뉴얼을 제공하여 사용자로 하여금 해석 결과에 대한 신뢰도를 더욱 높일 수 있게 한다.

소성가공 성형 해석

Stampack Advanced / Xpress

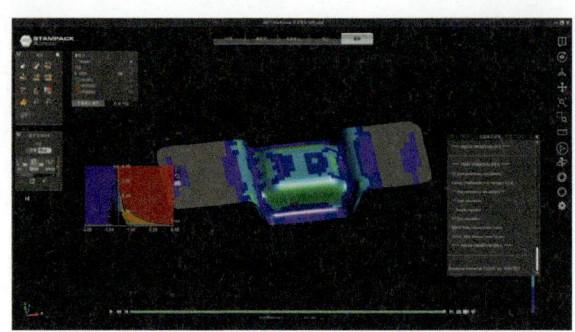

개발 Stampack GmbH, www.stampack.com

자료 제공   CAE테크놀러지, 02-2658-5695,
www.caetech.co.kr

Stampack은 판재 성형 시뮬레이션을 위한 소프트웨어로서 주요 적용 분야는 프레스 성형해석이다.

주요 특징

Stampack은 하나의 소프트웨어 환경에서 쉘과 솔리드 시뮬레이션을 수행한다. CAD/CAM 솔루션 VISI에 대한 직접적인 인터페이스가 있다. 간단하고 명확한 사용자 가이드를 제공한다.

Stampack Xpress 사용자는 유한요소 해석법과 재료역학에 대한 깊은 지식이 필요 없으며, 모든 설계 부서와 생산 부서에 필요할 수 있다. Stampack Xpress는 디자이너와 설계자가 프로토 타입과 점진 이송 다이, 트랜스퍼 다이 도구를 위해 성형 공정을 시뮬레이션 할 수 있도록 한다.

주요 기능

Stampack은 물성 파단 예측, 엣지 균열, 굽힘 파단, 전단 파단, 주름 예측, 표면 결함, 공정 개선, 치수 정확도 등 시간을 절약하여 업무를 효율적으로 할 수 있도록 도와 준다.

도입 효과

Stampack을 이용하면 시간, 비용이 줄어들고 동시에 수정할 수 있다. 시간을 단축하고 품질 및 비용 최적화된 생산을 달성할 수 있다. 공차 준수와 관련하여 공정이 중요할수록 솔리드 시뮬레이션의 최대 정확도는 정확한 공정을 조기에 보호하는데 도움이 된다.

주요 고객 사이트

삼성전자, LG전자, 일진글로벌, 영진정밀, BMW, 폭스바겐, 벤츠 등

인공위성 해석

SYSTEMA

개발   AIRBUS D&S, www.systema.airbusdefenceandspace.com

자료 제공   에이블맥스, 02-539-5212, www.ablemax.co.kr

  SYSTEMA는 인공위성의 궤도 열해석, 플룸가스의 위성본체 영향성 해석, Outgassing의 위성본체 영향성 해석, 방사능 차폐 해석, 위성 파워시스템 해석, 소운석 충돌 해석 등을 위한 소프트웨어이다.

구조 해석, 유동 해석, 내항성 해석

Tdyn

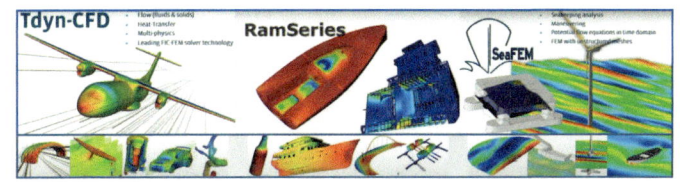

개발   COMPASS, www.compassis.com

자료 제공   에이블맥스, 02-539-5212, www.ablemax.co.kr

  Tdyn은 유동, 구조, 내항성 해석이 가능한 통합 해석 프로그램이다.

  유동, 열, 자유표면, 물질전달, 구조, 복합재, 진동, 좌굴, 충돌, 피로, 부유체에 대한 파랑해석 등이 가능하며, 유동-구조 연성해석, 내항성-구조 연성해석도 가능하다.

  해석 모델의 크기 제한이 없는 것이 특징이고, 많은 수의 해석조건을 설정하고 해석할 수 있다.

  또한, TCL script 환경을 이용해 손쉬운 제어가 가능하다.

열 유동 & 전달 해석

THERMAL DESKTOP

개발   C&R, www.crtech.com

자료 제공   에이블맥스, 02-539-5212, www.ablemax.co.kr

  THERMAL DESKTOP은 전도/대류/복사 열전달 및 열유동 해석을 위한 소프트웨어이다.

  NASA 코드를 기반으로 한 1D 유체 해석 및 3D 열 해석을 지원하며 인공위성 궤도 열해석, 상변화를 고려한 극저온 유체해석 등이 가능하다.

  NIST REFPROP을 소스로 하는 유체 데이터베이스를 지원하며, 단열재의 single/multi-layer 모델링을 지원한다. 또한 Heater 제어도 가능하다.

용접 해석

SYSWELD

개발 ESI, www.esi-group.com

자료 제공 한국이에스아이, 02-3660-4500, www.esi-group.com

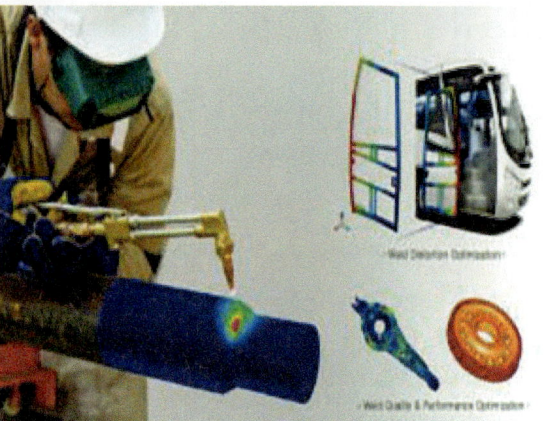

ESI의 용접 시뮬레이션 제품인 SYSWELD는 항공, 우주, 자동차, 선박, 전자 등 다양한 분야의 기업 및 연구소와 25년 이상의 협력을 통해 검증되었으며, 다양한 Heat Source 데이터베이스와 User Function을 이용한 Heat Source 제작 기능을 통해 용접 산업의 다양하고 까다로운 작업을 표현하기 용이하다.

ESI의 용접 해석 솔루션은 Shrinkage Method를 활용하여 용접 공정에 따라 변형 및 응력 분포를 해석하여 초기 용접 공정 설계에 빠르게 대응할 수 있는 Visual Assembly와 SYSWELD Solver를 활용하여, 상변태를 고려한 열해석과 기계적 해석을 Full coupling으로 해석한다.

그리고 변형과 응력 뿐만 아니라 온도 분포, 상분포, 경도 및 강도와 같은 기계적 물성, 수소확산, 침탄 효과, 가공 경화 등 다양한 인자를 보다 정밀하게 해석할 수 있는 Visual WELD가 있어 사용자가 업무 요구 사항에 맞게 선택하여 사용할 수 있다.

또한, 용접 해석이 아닌 열처리나 외력에 의한 변형, 유도 전류, Pre-Positioning, 조립 공정 등 다양한 분야의 적용이 가능하기 때문에 범용적으로 이용이 가능하다.

제품의 주요 기능 및 특징

상용 CAD 프로그램과의 우수한 호환성

CATIA, UG, CREO(구 PRO-E) 등의 CAD 프로그램의 파일 확장형식을 지원하여 호환성이 우수하다.

다양한 DB 및 유저가 원하는 DB 제작

모재, 용가재로 주로 쓰이는 다양한 물성들을 보유하고 있으며, Tool box를 통해 유저가 사용하는 합금의 데이터베이스 제작이 가능하다.

다양한 Heat source function과 Heat source fitting 기능 제공

아크, 레이저, 하이브리드, 플라즈마 등 다양한 Heat source DB를 보유하고 있으며, User Defined 기능을 이용하여 원하는 Heat source 제작이 가능하다.

Welding Wizard를 이용한 직관적인 용접 조건 입력

Welding Wizard를 이용하여 시뮬레이션 조건을 순차적으로 입력하면 해석이 진행될 수 있도록 인터페이스가 갖춰져 있으며, 색 표시를 통해 잘못 입력된 조건을 직관적으로 나타내어 준다.

Distortion Engineering을 이용한 빠른 용접 해석

정밀한 해석분만 아니라 온도 편차를 이용한 Distortion Engineering을 통해 용접 설계의 초기 대응을 위한 변형 및 응력 분포 해석 결과를 빠르게 얻을 수 있다.

성형, 충돌, 내구평가와의 연계 해석

용접 해석 결과를 성형, 충돌, 내구 평가 등의 해석 프로그램에 Mapping하여 연계 해석이 가능하기 때문에 복합적인 공정 고려가 가능하다.

아크 용접 및 레이저 용접

Double ellipsoidal 형태와 Conical 형태의 Heat source를 통해 아크와 레이저 용접을 표현할 수 있다.

점 용접

Sequence에 따른 용접해석이 분만 아니라, 전극과 Sheet를 표현하여 통전효과 및 자기장을 고려한 용접해석도 가능하다.

마찰 교반 용접

팁의 모양이나 회전속도 등을 고려한 정확한 열 분포 및 응력 해석이 가능하다.

다층 용접 해석

일반 열해석을 통한 순차적인 Pass 형성 분만 아니라, Thermal Cycling을 이용한 다층 해석으로 보다 빠른 해석이 가능하다.

Steady state 해석

Moving Reference Frame 기능을 통해 Transient 해석 구간을 최소화하여 용접 해석시간을 절감할 수 있다.

구조 해석 및 열응력 해석

SYSWELD는 용접 해석 분만 아니라 힘이 가해지는 구조 해석이나 열응력 해석이 가능하기 때문에 범용적으로 사용이 가능하다.

열처리 해석(침탄/유도가열)

Electro Magnetic을 고려한 Induction Heating을 구현할 수 있으며, 침탄에 의한 효과를 해석할 수 있는 모듈을 갖추고 있다.

해석 데이터 관리

Teamcenter for Simulation(TCSim)

개발 및 자료 제공 지멘스 디지털 인더스트리 소프트웨어, www.plm.automation.siemens.com/global/ko

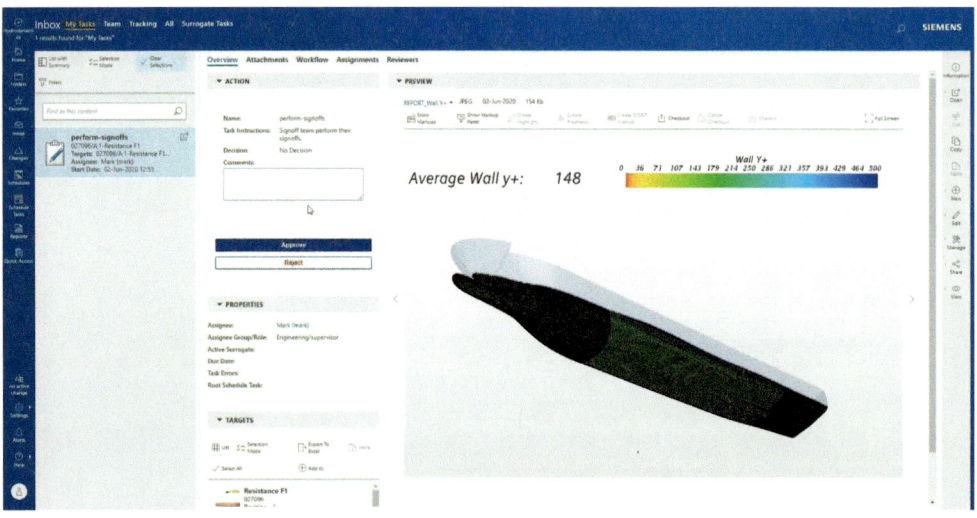

주요 특징

Teamcenter 시뮬레이션 관리 솔루션은 전체적인 PLM(제품 라이프사이클 관리) 시스템의 맥락에서 시뮬레이션 데이터 및 프로세스 관리에 도움이 되도록 특별히 설계되었다. Teamcenter 를 사용하면 오래된 데이터에 대해 수행 중인 해석, 시뮬레이션 결과에 대한 낮은 가시성, 너무 늦은 결과 등과 같이 설계 방향에 영향을 주는 일반적인 문제를 피할 수 있다. 비즈니스 전반의 모든 제품 관련 의사결정권자가 사용할 수 있도록 복잡한 시뮬레이션을 효율적으로 관리하고 공유할 수 있다.

주요 기능

해석 데이터 및 프로세스 관리

팀센터 시뮬레이션 프로세스 관리(Teamcenter for Simulation)는 Teamcenter를 기반으로 하여, 제품 기획 단계 및 요구 사항으로부터 제품의 성능 예측을 위한 해석 그리고 그에 기반한 사람 및 자원의 관리를 포함한 전반적인 제품 개발 프로세스 관리를 시뮬레이션과 이와 관련된 업무 프로세스까지 확장하여 지원하도록 개발된 제품이다.

해석 데이터 및 프로세스를 관리함으로써 복잡한 수십~수백가지의 해석 제품군을 중앙에서 관리하고, 해석 모범 사례 및 방법론을 전사에 손쉽고 빠르게 전파함으로써 설계자 및 해석자가 제품을 가상 검증하기 위한 해석 업무 프로세스를 개선한다.

또한 다양한 제품군의 해석 데이터를 관리함으로써 해석 데이터의 재활용성, 추적성을 향상시킨다.

해석 데이터 추적성 관리

단일 시스템 상에서 모든 프로세스 및 데이터가 관리되므로 요구 사항, 3D CAD, 해석 데이터 등 모든 업무 프로세스 상에서 생성된 데이터의 연관성과 변경 사항 히스토리를 추적할 수 있다.

해석 데이터 관리

오늘날 많은 고객사들이 더 나은 성능의 제품을 개발하기 위해 수십, 수백개 단위의 해석/분석 도구를 사용한다. 이 과정에서 생성된 데이터들이 관리되지 않고 곳곳에 분산되어 있으면,

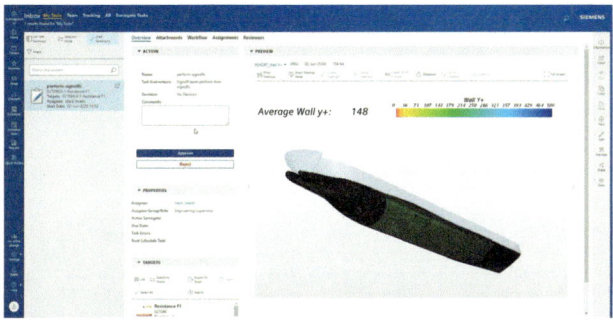

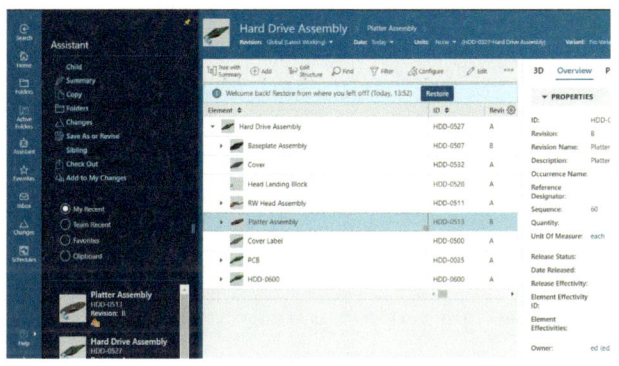

실제로 필요한 해석 데이터를 찾고 의사 결정 과정에 어떻게 반영되었는지 파악하기 어렵게 된다. 해석 데이터 관리는 이런 문제를 해결하기 위해 다양한 해석/분석 도구를 관리하고, 생성된 데이터와 자동으로 연관된 데이터의 추적성을 유지할 수 있도록 시스템에 등록한다.

해석 가시화 데이터 관리

제품 성능 향상을 위해서는 해석된 데이터를 가시화하고 이를 분석해야 한다. Teamcenter for Simulation은 해석 결과를 가시화할 수 있는 이미지, 그래프 및 CAE JT를 통한 3차원 해석 데이터 가시화를 지원한다. 거의 대부분의 해석 도구에 대한 가시화를 웹에서 보고 측정하며 협업하도록 지원하기 때문에, 설계자 혹은 의사 결정자는 무거운 해석 소프트웨어를 구동하지 않고도 PC, 모바일 등 모든 기기에서 해석 가시화 결과를 보고 의사 결정을 내릴 수 있다.

가시화에 사용되는 JT 포맷은 ISO 표준으로서 높은 이식성을 제공하고, 보다 복잡한 해석 결과 데이터를 경량화하는 데에 높은 성능을 제공한다.

해석 도구 연결 및 HPC 자원 활용

엔지니어는 해석 도구를 열어 파일을 찾고 로드하는 과정을 매일 반복한다. 해석 도구에 따라 이 과정은 복잡하고, 필요한 데이터를 한 곳에 모아 정리하는 것이 어렵다. 또한 대규모 연산을 위한 HPC 자원 활용은 전문가도 사용하기 불편하며, 설계자는 접근이 어려운 경우가 많다.

Teamcenter for Simulation은 해석 도구의 구동 방식과 관련된 설정을 데이터베이스화하여 원클릭으로 활용할 수 있도록 제공함으로써, 해석 도구 구동 방식에 대한 이해가 없는 사람이라도 손쉽게 해석 도구를 구동할 수 있도록 도와준다. 또한 해석/분석에 필요한 다양한 데이터들의 추적성이 제공되므로 필요한 데이터도 일괄적으로 수집/제공하도록 돕는다.

Teamcenter for Simulation의 Tool Launch Framework는 대규모 해석을 위한 HPC 자원과의 연결성 또한 제공하므로, 사용자는 HPC 활용을 위한 복잡한 명령줄 인터페이스, 자원 사용량 체크, 데이터 업/다운로드 같은 복잡한 백엔드 작업에서 벗어나도록 도와준다.

구조해석, 열, 피로 해석

T-FLEX Analysis

개발 Top Systems, www.tflex.com

자료 제공 설아테크, 02-1661-3215, www.t-flex.co.kr

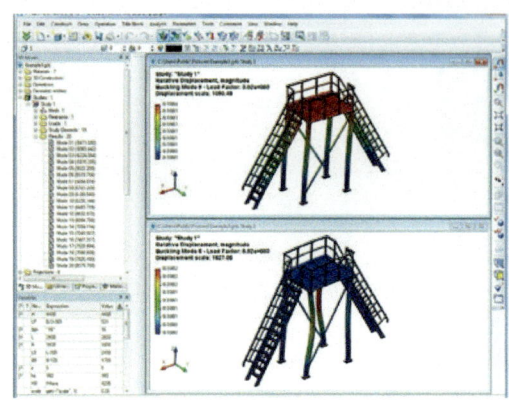

T-FLEX Analysis는 엔지니어가 복잡한 부품 및 어셈블리를 가상으로 테스트하고 해석할 수 있도록 광범위한 전문 해석 도구를 제공한다. 정적, 주파수, 좌굴, 열, 최적화, 피로 및 기타를 수행하기 위해 유한 요소 방법을 사용한다. T-FLEX 해석은 모델이 구축되기 전에 실제 조건에서 어떻게 작동하는지 보여준다.

연계 모델

CAE 모델은 기본 T-FLEX CAD 지오메트리를 사용하기 때문에 설계 모델과 완전히 연관된다. T-FLEX 해석은 시간이 많이 걸리는 지오메트리 변환이나 데이터 재생성 없이도 시뮬레이션에 최신 설계 정보를 사용할 수 있도록 한다. 모델의 설계 변경 사항은 해석 계산을 위해 자동으로 업데이트 되며 메시는 가장 복잡한 모델 지오메트리에도 자동으로 적용된다.

사용자 인터페이스

T-FLEX CAD와의 완벽한 통합은 T-FLEX Analysis 사용자가 설계 해석을 수행할 수 있음을 의미한다.

CAD 사용자 인터페이스

T-FLEX 해석은 T-FLEX CAD 모델 트리, 속성 대화상자 명령 및 메뉴 구조, 많은 동일한 마우스 및 키보드 명령을 활용하므로 T-FLEX CAD에서 부품을 설계할 수 있는 사람은 누구나 부품을 해석할 필요없이 해석할 수 있다.

애플리케이션 영역

빠르고 저렴한 해석은 종종 직관적이지 않은 솔루션을 드러내고 제품 특성에 대한 더 나은 이해를 제공함으로써 엔지니어에게 도움이 된다. 기계, 전자 기계, 항공 우주, 운송, 전력, 의료 또는 건설 산업에서 사용되든 T-FLEX 해석은 개발 시간 단축, 테스트 비용 절감, 제품 품질 향상, 수익성 향상, 출시 시간 단축에 도움이 될 수 있다.

구조 정적 분석

구조 해석 기능을 통해 엔지니어는 다양한 하중 조건에서 부품 및 어셈블리의 정적 응력 해석을 수행할 수 있다. 정적 스터디는 변위, 반력, 변형, 응력 및 안전 분포 계수를 계산한다. 정적 분석은 높은 스트레스로 인한 고장을 방지하는데 도움이 된다. 힘, 압력, 중력, 회전 하중, 베어링 힘, 토크, 규정된 변위, 온도 등 다양한 구조적 하중과 구속을 지정할 수 있다.

주파수 해석

주파수 해석은 부품의 고유 주파수 및 관련 모드 모양을 결정한다. 부품이 모터와 같은 연결된 동력 구동 장치의 주파수에서 공진하는지 확인할 수 있다. 구조의 공명은 일반적으로 피하거나 감쇄해야 하지만 엔지니어는 다른 응용 분야에서 공명을 활용할 수 있다. 일반적인 응용 분야에는 음향 스피커 설계, 항공 우주 구조 설계, 교량 및 육교 건축, 건설 장비 설계, 악기 연구, 로봇 시스템 분석, 회전 기계 및 터빈 설계, 진동 컨베이어 최적화 등이 있다.

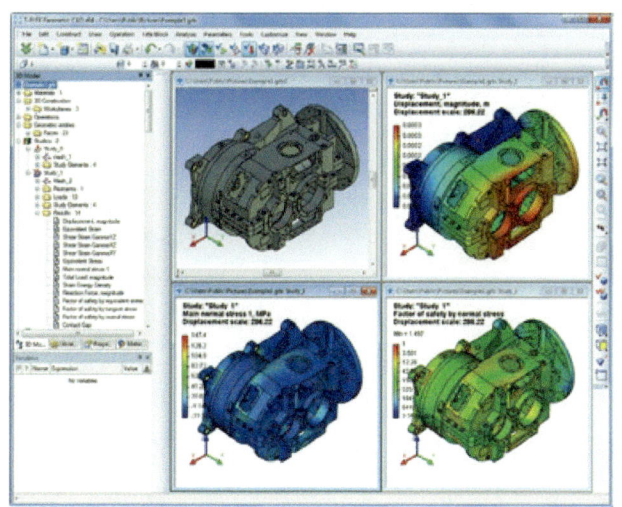

좌굴 해석

임계 좌굴 하중 해석은 주로 축 방향 하중 하에서 모델의 기하학적 안정성을 조사한다. 이는 갑작스런 큰 변위를 의미하는 좌굴로 인한 고장을 방지하는데 도움이 되며 대부분의 제품을 정상적으로 사용할 때 발생하면 치명적일 수 있다. 좌굴 해석은 가장 낮은 좌굴 하중을 제공한다. 일반적으로 자동차 프레임 설계, 기둥 설계, 인프라 설계, 안전 계수 결정, 송전탑 설계, 차량 스킨 설계 등과 같은 응용 분야에 사용된다.

열 해석

열 효과를 시뮬레이션하는 기능에는 정상 상태 및 과도 열 전달 해석이 포함된다. 열 연구는 열 생성, 전도, 대류 및 복사 조건을 기반으로 온도, 온도 구배 및 열 흐름을 계산한다. 열 해석은 과열 및 용융과 같은 바람직하지 않은 열 조건을 방지하는데 도움이 된다.

최적화

성능 기준을 충족하는 혁신적인 제품을 설계하고 생산하는 것은 모든 제조업체의 목표이다. 최적화 기술을 사용하여 엔지니어는 제안된 설계를 개선하여 최소 비용으로 최상의 제품을 만들 수 있다. 설계에 복잡한 상호 관계가 있는 수백 개의 변수 파라미터가 있을 수 있으므로 수동 반복을 통해 최적의 설계를 찾는 것은 히트 또는 미스이다. T-FLEX 해석은 사양과 성능을 비교하는 반복 프로세스를 자동화하여 제품 설계 개선의 부담을 덜어준다.

주파수 응답 해석

주파수 응답 해석은 지속적인 고조파 부하를 받는 기계, 차량 또는 공정 장비 설계의 정상 상태 작동을 결정한다. 선형 과도 응력 해석과 비교하여 주파수 응답 해석은 입력이 일정한 주파수와 진폭으로 쉽고 빠른 방법을 제공한다. 예를 들어, 이 해석 유형은 하중이 불균형인 세탁기 또는 차량의 휠이 구부러진 상태에서 진동 효과를 결정하는데 사용할 수 있다.

피로 해석

반복적인 로딩 및 언로딩은 유도 응력이 허용 응력 한계보다 상당히 적더라도 시간이 지남에 따라 물체를 약화시킨다. 피로 해석은 강철 레일, 빔 및 대들보와 같은 제품에 매우 중요하다. 이러한 제품은 반복적이거나 다양한 하중에서 기계적 고장을 경험할 수 있으며 단일 응용 분야에서 고장을 일으킬 수 있는 수준에 도달하지 않는다. T-FLEX 해석은 피로 기반 고장을 시뮬레이션하고 사용자가 제품의 내구성 한계를 결정하고 안전성을 보장하기 위해 제품에 스트레스를 주기적으로 적용하여 내구성을 설계할 수 있도록 한다.

해석 결과(후처리)

T-FLEX Analysis는 스터디 및 결과 유형에 따라 애니메이션, 다양한 플롯, 목록 및 그래프와 함께 포괄적인 후 처리 작업을 제공한다. 특수보고 명령은 인터넷 지원 보고서를 생성하여 연구를 빠르고 체계적으로 문서화하는데 도움이 된다. 보고서는 연구의 모든 측면을 설명하도록 구성되어 있다.

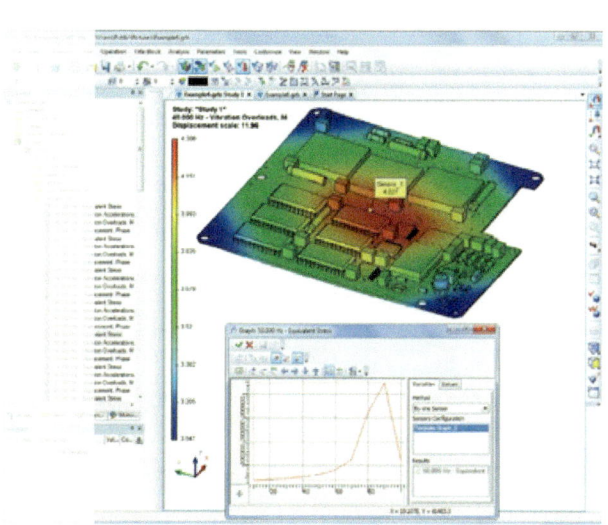

동역학 해석

T-FLEX Dynamics

개발 Top Systems, www.tflex.com

자료 제공 설아테크, 02-1661-3215, www.t-flex.co.kr

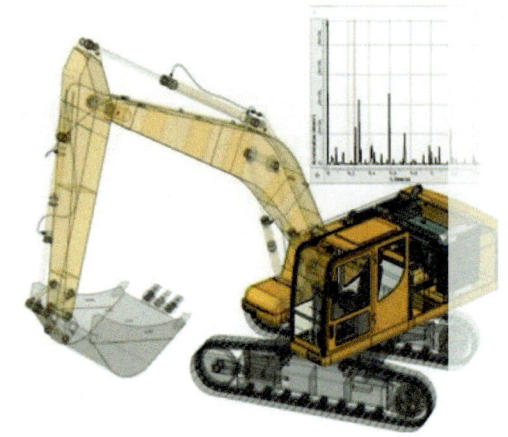

T-FLEX Dynamics는 T-FLEX CAD 환경을 벗어나지 않고 CAD 설계의 물리 기반 모션 동작을 연구하기 위한 범용 모션 시뮬레이션 애드온 애플리케이션이다. T-FLEX Dynamics는 어셈블리의 성능을 이해하는데 관심이 있는 엔지니어와 설계자를 위한 가상 프로토타이핑 소프트웨어이다. 설계를 구축하기 전에 설계가 제대로 작동하는지 확인할 수 있다.

기계 어셈블리의 동작

자동차 서스펜션 또는 항공기 랜딩 기어와 같은 기계 시스템을 설계할 때 다양한 구성 요소를 이해해야 한다.(공압, 유압, 전자 등) 작동 중에 이러한 구성 요소가 생성하는 힘과 상호 작용한다. T-FLEX Dynamics는 기계 어셈블리의 복잡한 동작을 해석하기 위한 모션 시뮬레이션 솔루션이다. T-FLEX Dynamics를 사용하면 움직이는 어셈블리를 설계 및 시뮬레이션하여 수많은 물리적 프로토타입을 제작 및 테스트할 필요 없이 설계 실수를 찾아 수정하고, 가상 프로토타입을 테스트하고, 성능, 안전 및 편의를 위해 설계를 최적화할 수 있다. 물리적 프로토타입이 적어지면 비용이 절감될 뿐만 아니라 출시 시간이 단축되어 처음에 올바르게 제작된 더 나은 품질의 제품을 얻을 수 있다.

공학 조건과 관련된 물리학 기반 모델

T-FLEX Dynamics는 실제 작동 조건을 나타내는 여러 유형의 관절 및 힘 옵션을 제공한다. T-FLEX CAD 어셈블리 모델을 구축할 때 T-FLEX Dynamics는 어셈블리 구속 조건과 모델 지오메트리에서 생성하는 메커니즘의 부품, 조인트 및 접점을 자동으로 생성할 수 있다. 프로그램이 Parasolid 지오메트리를 기반으로 접촉 몸체의 정확한 해석을 제공하므로 접촉 유형에 제한이 없으므로 수동 접촉 구속을 정의할 필요가 없다. 각 접점 쌍은 특정 충격 및 마찰 파라미터로 설명할 수 있다. T-FLEX Dynamics를 사용하면 설계가 중력 및 마찰과 같은 동적 힘에 어떻게 반응할지 결정할 수 있다. 마찰, 힘을 사용하여 스프링 및 댐핑 엘레먼트, 작동 및 제어 힘, 기타 여러 부품 상호 작용을 모델링할 수 있다. 계산 중에 부품을 드래그하여 대화식으로도 힘을 적용할 수 있다.

산업 응용

물리 기반 모션을 T-FLEX CAD의 어셈블리 정보와 결합함으로써 T-FLEX Dynamics는 다음과 같은 광범위한 산업 응용 분야에서 사용할 수 있다. 유압, 전자, 공압과 같은 제어 시스템 해석, 작동 중 로봇 성능 이해, 회전 시스템에서 힘 불균형을 최적화하거나 최소화한다. 기어 드라이브 이해, 현실적인 모션과 서스펜션 시스템의 부하를 시뮬레이션 한다. 발사대 및 위성과 같은 우주 어셈블리의 동적 거동 평가 소비자 및 비즈니스 전자 제품 최적화, 피로, 소음 또는 진동에 대한 구성 요소 및 시스템 부하를 예측한다.

결과 검토

어셈블리를 시뮬레이션 한 후 XY 그래프 또는 변위, 속도, 가속도, 관절 위치의 힘 벡터, 트레이스 표시의 수치 데이터 형태의 다양한 결과 시각화 도구를 사용할 수 있다. 전체 시뮬레이션 중 신체의 어느 지점에서든 특수한 몸체 쌍 센서는 접촉 지점에서 반력과 마찰을 측정한다. 시뮬레이션 도중 또는 시뮬레이션 직후에 메커니즘을 애니메이션할 수 있다. T-FLEX 소프트웨어 내의 애니메이션 및 XY 그래프를 사용하여 모터/액추에이터의 크기를 결정하고, 전력 소비량, 연결 레이아웃을 결정하고, 캠을 개발하고, 스프링/댐퍼의 크기를 결정하고, 접촉 부품의 작동 방식을 결정할 수 있다. 동기화된 그래프 및 애니메이션은 힘 및 가속도 값을 메커니즘 위치와 직접 연관시킨다. T-FLEX Dynamics는 또한 구조 해석을 위한 하중 케이스를 정의하는 데 사용할 수 있는 하중을 계산한다.

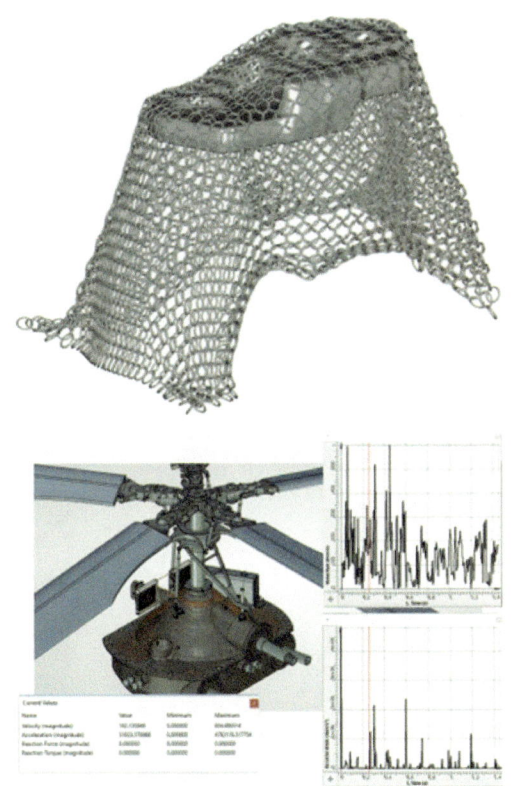

사용자 인터페이스

T-FLEX Dynamics의 사용자 인터페이스는 T-FLEX CAD의 원활한 확장이다. T-FLEX CAD 소프트웨어 및 교육에 대한 투자는 보존되고 강화되며 제품 설계의 형태와 적합성 및 기능을 평가할 수 있는 강력한 새로운 도구를 갖게 된다. CAD와 기하학적 데이터를 교환하는 별도의 응용 프로그램인 다른 제품과 달리 T-FLEX Dynamics는 설계를 설명하는 동일한 지오메트리에서 직접 작동한다.

대형 모델의 빠르고 정확한 처리

오늘날 산업 개발 프로세스에서 대형 프로토 타입 모델의 사용은 이러한 대형 모델을 처리하는 방식의 효율성과 속도에 따라 달라진다. 효과적인 해결 기술과 고급 데이터 조작을 통해 T-FLEX Dynamics는 대형 모델 가공에 활용된다. 솔버에 구현된 알고리즘은 올바른 정확도를 제공하고 결과를 빠르게 제공하도록 최적화되어 있다.

T-FLEX CAD의 익스프레스 다이나믹

T-FLEX Dynamics의 제한된 버전인 익스프레스 Dynamics를 사용하면 링크, 모터, 액추에이터, 캠, 기어, 스프링 등과 같은 구성 요소를 포함하는 설계의 기능적 성능을 작동하는 동안 설계 애니메이션을 만들고 확인하여 평가할 수 있다. 작동할 때 설계의 모든 구성 요소 사이의 간섭을 방지한다. 무엇보다도 이미 가지고 있다. 익스프레스 Dynamics는 모든 T-FLEX CAD 사본과 함께 제공된다.

T-FLEX Dynamics 이점

가상 테스트에서 얻은 시간 절약을 사용하여 더 많은 디자인 아이디어를 평가함으로써 보다 혁신적인 제품을 만든다.

설계의 실제 성능에 가장 큰 영향을 미치는 파라메터를 식별하고 최적화한다.

원하는 메커니즘 동작을 생성하는데 필요한 힘과 토크를 계산하여 모터 및 액추에이터의 치수를 지정한다.

기기 고장으로 인해 중요한 데이터가 손실되거나 악천후, 실제 테스트에 수반되는 공통 요소로 인해 일정이 뒤처지는 것에 대한 두려움 없이 안전한 가상 환경에서 작업할 수 있다.

개발 프로세스의 모든 단계에서 더 나은 설계 정보를 확보하여 위험을 줄인다.

물리적 프로토타입 테스트에 필요한 것보다 훨씬 빠르고 저렴한 비용으로 설계 변경 사항을 분석한다.

전체 시스템 성능을 최적화하기 위해 다양한 설계 변형을 탐색하여 제품 품질을 개선한다

물리적 계측, 테스트 픽스처 및 테스트 절차를 수정하지 않고도 수행되는 해석의 종류를 다양화할 수 있다.

최적화

Tosca

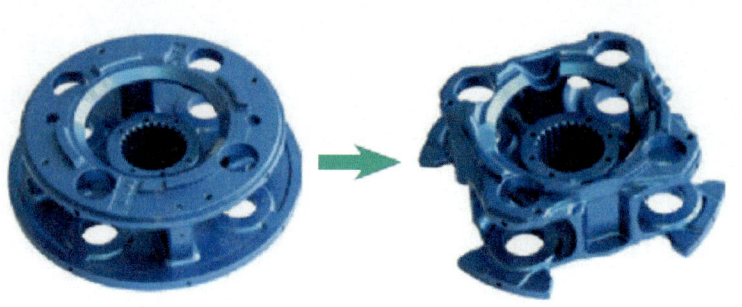

개발 Dassault Systèmes, www.3ds.com

자료 제공 다쏘시스템코리아, 02-3270-7800,
www.3ds.com/ko

제품 경량화는 제품의 성능 개선이나 비용의 문제가 아닌 환경을 고려하여야 할 문제이고 그를 위해 많은 제조업체에서 추구하고 있다. Tosca Structure는 구조 최적화 기능을 이용하여, 제품의 경량화를 이룰 수 있다. 마찬가지로 유체 유동 최적 설계가 관심사인 경우 Tosca Fluid가 그 해결책을 제시할 수 있다.

Tosca Structure는 동종 최고의 설계 유연성을 보장하는 솔루션이다. Tosca를 이용하여 제품 개발 초기 단계에서 다양한 설계 개념을 확보할 수 있고, 이와 함께 강도와 내구성을 그대로 유지하거나 개선하면서도 제품 경량화를 이룰 수 있다. 만일 내구 수명 개선이 필요하다면, 설계 후반 단계일지라도 Tosca로 부분적인 형상 변경을 통해서 응력을 줄일 수 있는 대안을 도출해 낼 수 있다. 이러한 Tosca Structure는 위상 최적화뿐만 아니라, 형상과 비드 최적화 작업을 수행하는데, 설계 변수를 별도로 지정하지 않고 수행할 수 있다.

또한, Tosca Fluid는 유체 유동 시스템 및 부품에서 위상 최적 설계를 고려한 설계개념을 설정하는데 유용하다. Tosca Fluid의 기능을 활용하면 정의된 유체 유동 작동 구간과 사용 설계 공간에 관한 혁신적인 설계 아이디어가 자동으로 생성된다. Tosca Fluid의 특별한 기술은 최고의 유체 유동 성능, 품질 및 환경 효율성을 제공한다.

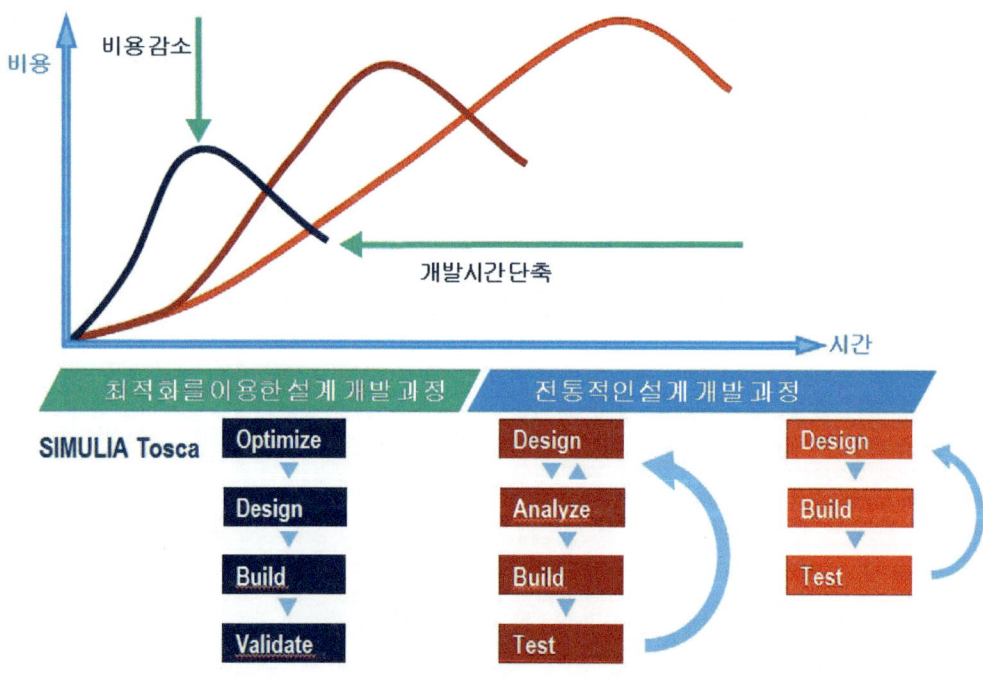

스트레인게이지 최적화

True-Load

개발 Wolf Star Technologies LLC,
www.wolfstartech.com

자료 제공 브이이엔지, 070-7770-5590,
www.veng.co.kr

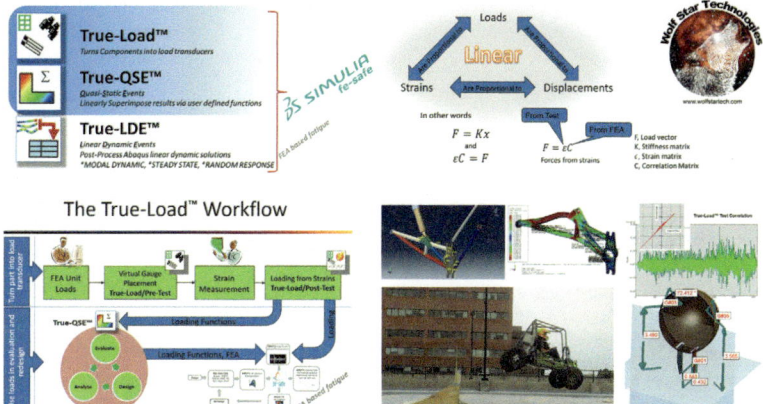

True-Load는 Wolf Star Technologies, LLC에서 개발한 소프트웨어로, FEA 모델을 기반으로 최적의 스트레인 게이지 부착 위치를 결정해주고, 그 위치에서 계산된 변형률과 측정된 변형률 사이의 상관관계 분석을 통해 실제 하중 이력을 도출해주는 프로그램이다.

제품의 주요 특징

FEA 모델을 기반으로 최적의 스트레인 게이지 위치를 결정할 수 있고, 최적의 위치에서 도출된 변형률은 측정된 변형률과의 correlation 과정을 통해 실제 하중 이력으로 변환된다. 그리고 Standalone 또는 Abaqus/CAE Plug-in 형태로 사용 가능하며, fe-safe 소프트웨어와 연계한 피로 해석도 가능하다.

주요 기능

제품군은 True-Load, Ture-QSE, True-LDE가 있다. True-Load는 최적의 스트레인 게이지의 배치, FEA 모델에서 correlation matrix 추출 그리고 부품 자체를 트렌스듀서로 가정하는 방식을 통해 실하중을 계산한다.

True-QSE는 True-Load와 함께 제공되며, Loading functions을 생성하고, 해당 모델의 모든 위치에서의 변형률, 응력, 변위 등을 쉽게 획득 가능하도록 해준다.

그리고 True-LDE는 Abaqus linear dynamic solutions을 위한 post processor로 Abaqus의

*MODAL DYNAMIC, *STEADY STATE DYNAMIC, *RANDOM RESPONSE solutions을 지원한다.

도입효과

구조 해석에서 가장 큰 미지수인 입력 하중을 찾기 위해 트랜스듀서를 이용하여 하중 이력을 확보하거나, 설계에 영향을 주는 주요지점 파악을 위해 스트레인 게이지를 이용하여 변형률을 측정해왔던 방식은 시간과 비용의 소모가 컸다.

True-Load를 도입한다면 결정된 스트레인 게이지의 부착 위치를 통해 설계에 영향을 주는 주요지점을 쉽게 파악할 수 있으며, 도출된 실제 하중 이력을 해석에 이용한다면 설계를 반복하는 시간과 비용을 절감시킬 수 있다.

주요 고객 사이트

Harley-Davison, Chrysler, Mercury, Honda, KYMCO, SPACEX, Milwaukee, Dozer, TREK, K-TEC, ARIENS, 대련교통대학 등 완성차 업계 및 학계에서 사용 중이다.

동역학 해석

UM

개발 UniversalMechanism, www.universalmechanism.com

자료 제공 에이블맥스, 02-539-5212, www.ablemax.co.kr

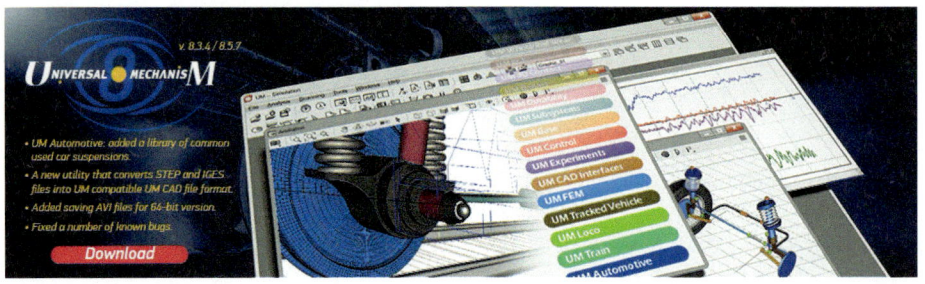

UM은 동역학 해석 프로그램으로 다양한 모듈을 통해 자동차, 모노레일, 컨트롤, 공압시스템, 로봇 등의 동역학 해석이 가능하다.
동역학 요소 외에 마모 및 내구성 분석을 지원하며, FEM tool과 연동해 flexible body를 이용한 해석을 지원한다.
자체 라이브러리 또는 simulink를 이용하여 시스템의 자동 제어 등을 구현하여 해석할 수 있다.

피로수명 해석

winLIFE

개발 STW, www.stz-verkehr.de

자료 제공 에이블맥스, 02-539-5212, www.ablemax.co.kr

TwinLIFE는 피로수명 전문 프로그램으로, 다수의 구조해석 프로그램과 호환된다.
주요 기능으로는 단축/다축 하중에 대한 피로수명 계산, 랜덤진동하중에 대한 피로수명 계산, 크랙 진전에 의한 피로수명 계산
등이 있다.
또한, 손상 데이터를 FEM 모델에 가시화할 수 있다.

진동·소음 해석

VA One

개발 ESI, www.esi-group.com

자료 제공 한국이에스아이, 02-3660-4500, www.esi-group.com

ESI의 구조음향 소프트웨어인 VA One은 규제, 제품 개선 요구 및 제한된 개발 일정으로부터 예상치 못한 소음·진동 문제에 대응하기 위해, 일정 지연이나 고비용의 시험기반 방법에 의존하지 않고 설계단계에서부터 소음·진동을 고려할 수 있다.

VA One은 개발 과정에 앞서 예상되는 소음·진동 문제를 진단할 수 있는 모든 기능을 가지고 있다. 더 상세한 모델링이나 시험 기반의 개발을 필요로 하는 영역에서 예상되는 문제를 규명하여 위험을 관리함으로써, 제품의 경쟁력을 향상시킬 수 있다.

제품의 주요 기능 및 특징

■ 전 주파수 대역의 소음해석 기법 탑재

저주파수 대역을 위한 FEM, BEM, 고주파수 대역을 위한 SEA, Ray Method 및 중주파수 대역을 위한 FEM-SEA 연성 등의 다양한 해석 기법이 탑재되어 있다.

■ 다양한 연성과 유연한 소음해석 기법

주파수 대역, 모델링 편의성, 해석 시간 등을 고려하면서 FEM-BEM, FEM-SEA, BEM-SEA 등의 다양한 연성 기법 적용을 통한 유연한 모델링이 가능하다.

■ 흡차음재 모델링

소음 개선을 위해 사용되는 다층 흡차음재의 FEM, TMM 기법의 Biot 모델링을 통해 해석 모델에 용이하게 부여(기공성 흡음재의 물성치를 규명하기 위한 별도의 소프트웨어인 Foam-X와 연계 가능)할 수 있다.

■ 소음-진동 전달흐름 분석

수음점으로부터 음원까지의 소음-진동 에너지 흐름(SEA 모델링)을 분석하여 관심 주파수에 따른 용이한 소음 개선 대책이 가능하다.

■ 공력 구조음향 연성 해석

난류 등 유동으로 인한 발생한 소음원을 CFD 해석 결과의 변동표면압력으로부터 규명하고, 구조물과의 연성 해석을 통해 전달 소음 예측이 가능하다.

■ 접촉소음(래틀) 해석

부품 간의 상대 진동에 의한 발생한 접촉소음을 공차 분석, 접촉 빈도, 접촉력 해석, 방사소음 및 라우드니스 해석 등의 체계적인 모델링 과정이 제공된다.

■ 맞춤식 기능 개발

내재된 Script 작성 언어인 QuickScript나 외부의 Matlab 또는 Python 프로그램으로 VA One의 모든 기능을 사용할 수 있고, 이로부터 사용자 환경에 맞는 맞춤식 기능 개발이 가능하다.

■ 실내소음 및 외부 방사소음 해석

자동차, 철도차량, 건설기계, 선박, 항공기, 발사체 등의 복잡하고 큰 대상체의 실내소음 및 외부 방사소음을 다양한 해석 기법을 적용하여 해석할 수 있다. 주파수 대역에 따라 FEM, BEM, SEA, FEM-BEM 연성, FEM-SEA 연성 등을 유연하게 적용하여 소음을 효과적으로 예측할 수 있다. 특히, 고주파수 대역에서의 SEA 해석은 산업계 표준으로 사용되고 있다.

■ 부품의 음향성능 해석

주파수 대역에 따른 다양한 모델링을 통하여 부품의 투과손실, 방사효율 등의 음향성능을 효과적으로 해석할 수 있어, 반복 시험으로 인한 비용과 시간을 최소화하여 부품 개선에 큰 도움을 준다.

■ 흡차음재 최적화

다층 흡차음재 모델링을 통해 흡차음재에 의한 소음 개선 효과를 해석할 수 있으며, 최적화 기법을 통해 흡차음재의 개선 및 선정에 효과적으로 사용될 수 있다.

■ 동적 응력 해석

랜덤 진동을 받고 있는 구조물의 동적 응력 해석을 통해 피로 예측을 위한 입력 데이터를 제공해 준다.

가공 시뮬레이션

VERICUT
시뮬레이션

개발 CGTech, www.cgtech.com

자료 제공 씨지텍, 031-389-6070,
www.cgtech.co.kr

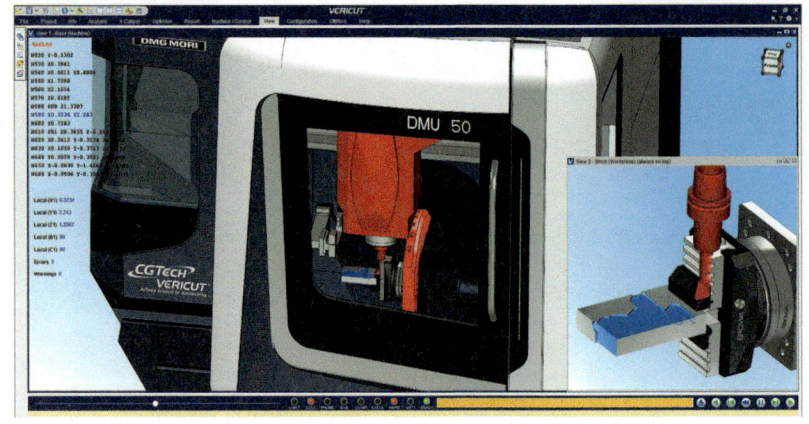

VERICUT은 CNC 시뮬레이션 소프트웨어이다. 디지털 트윈 기술로 실가공을 가상 환경에서 그대로 재현, G-코드 시뮬레이션으로 장비의 움직임 재현, 프로그램상의 에러와 충돌 위험 제거로 안전한 가공 환경, 다축 가공 및 정밀 가공에 필수 소프트웨어, 과/미삭 검증 및 방전 시뮬레이션, 다양한 분석 및 측정 기능, 인터페이스로 CAM 및 장비에 제한 없이 유연한 연동 가능, 모듈형으로 필요한 기능만 구매하여 사용 가능하다.

주요 기능 및 도입 효과

가공 형상 검증

NC 코드를 시뮬레이션하여 프로그램상의 에러와 충돌 위험을 제거하고 추가 가공이나 재가공을 줄여준다. 장비, 공구, 가공 형상 등 가공에 필요한 요소들을 3D 모델링하여 시뮬레이션에 적용하고 장비가 사용하는 포스트 프로세서 시뮬레이션)으로 장비의 움직임을 그대로 반영할 수 있다.

씨지텍이 자체 개발한 알고리즘으로 장비 가/감속까지 고려한 정확한 가공시간 예측(VERICUT 9.2버전)이 가능하여 생산 계획이 가능하다. 다양한 분석 및 측정 기능을 제공하고 고객 및 팀간 소통의 편의를 위한 보고서 기능, 시뮬레이션 다시 보기 기능 등을 제공한다. CAM이나 장비 제한 없이 기존의 설비와 유연하게 연동된다.

포스트 프로세서 시뮬레이션과 일반 CAM 시뮬레이션의 차이

대부분의 CAM 솔루션이 제공하는 시뮬레이션 기능은 CL 데이터 기반의 시뮬레이션 혹은 CL 데이터를 특정 장비에 맞는 G-코드로 포스트 프로세스(전환) 하면서 시뮬레이션을 동시에 진행한다. 그래서 CL 데이터 기반의 시뮬레이션은 장비의 움직임을 그대로 재현할 수 없고, G-코드를 검증하지 않기 때문에 실 가공에서 장비가 시뮬레이션과 다르게 움직일 가능성이 높다.

또 CAM 솔루션의 시뮬레이션 기능으로 장비의 파라미터 값(로터리의 움직임, 이송 거리 제한 등)을 정확하게 반영하기란 쉽지 않기 때문에 장비가 어떻게 움직일지 '예측하여' 시뮬레이션 하는 것과 같다. VERICUT은 장비나 CAM 솔루션에 제한 없이 C코드를 검증하여 장비를 실가공과 동일하게 재현하고 정확한 시뮬레이션이 가능하다.

다축가공

점차 수요가 증가하는 정밀 가공 및 다축 밀링, 선반, 밀/턴, 다중 헤드 장비를 이용한 가공을 검증하고 시뮬레이션한다. NC 프로그램의 정확도를 높여주고 설비와 인력의 안전으로 확보할 수 있다.

장비 시뮬레이션

장비의 3D 모델을 이용하여 터릿, 헤드, 로터리, 스핀들, 공구 교환 등 장비 운용 중 발생할 수 있는 장비 충돌 위험을 제거할 수 있다.

장비에 새로운 프로그램을 적용할 때 발생하는 테스트 시간을 단축하거나 새로운 장비 도입 시 장비가 공장에 도착하기 전에 셋업을 진행할 수 있어 장비의 도입 시간을 단축할 수 있다.

3DLive 인터페이스 도입으로 장비 모델링 과정이 단순화되었고 장비의 정보를 포함한 GDML 형식의 데이터를 불러오기 할 수 있다.(3DLive은 MachineingCloud의 등록 상표임)

과/미삭 검증

CAD 디자인 모델과 '가공 후' 형상을 비교하여 과/미삭 부위 발생 여부를 검증하고 사용자가 손쉽게 잘못 가공된 부분을 식별할 수 있도록 지정된 컬러로 표기한다.

툴 패스 대로 가공했을 때 설계 의도대로 가공이 될지 판단할 수 있고 초기 제품 생산 시간을 단축할 수 있다. 검증 결과는 출력 및 저장이 가능한 보고서로도 생성할 수 있다.

방전 시뮬레이션

툴패스 또는 전극 누락을 찾아내고 갭과 방전 좌표 에러 등을 가공 전에 확인한다. 방전된 양과 면적으로 시간 예측도 가능하다.

측정 기능

VERICUT의 X-Caliper는 부품의 체적, 형상 간의 거리, 홀의 크기 등을 측정하는데 유용하다. 측정을 위해 가공 형상을 자유롭게 확대하거나 회전할 수 있고 각 측정값에 대한 주석이 나 메모를 첨부할 수 있다. 주석이 포함된 이미지를 캡처하여 셋업 도면이나 검사 계획서 작성에 활용할 수 있다.

인터페이스

VERICUT은 CAD/CAM 및 공구 관리 시스템과 인터페이스로 손쉽게 연동된다. 데이터 이동 시 사람의 실수로 인한 에러를 제거할 수 있고 NC 프로그램 검증 및 시뮬레이션의 효율을 높여준다.

주요 고객 사이트

VERICUT은 항공 우주, 금형, 자동차, 에너지, 중공업, 소비재, 교육 및 연구 기관 등 전 세계 다양한 산업 군과 규모의 기업이 사용한다.

주요 한국 고객으로는 삼성전자, LG전자(금형 기술 센터), 현대자동차, 대한항공, KAI, 한화에어로스페이스, 현대위아, 두산공작기계, 발터, 육군종합정비창 등이 있다.

적층 가공 시뮬레이션

VERICUT
Additive

개발 CGTech, www.cgtech.com

자료 제공 씨지텍, 031-389-6070,
www.cgtech.co.kr

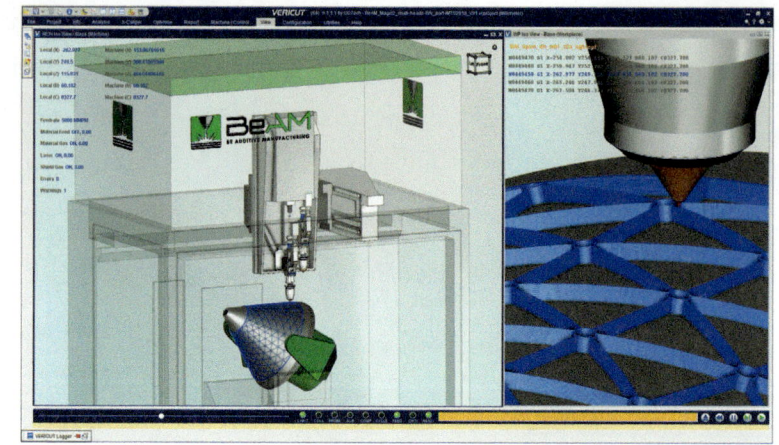

주요 특징

절삭 가공과 적층 가공이 모두 이루어지는 하이브리드 공정 시뮬레이션

주요 기능

■ **Laser activity, 전기, 소재 가공, 기체 흐름 등 검증:** Additive 모듈은 CNC 장비 시뮬레이션을 통해 레이저 클래딩과 소재 디포지션을 검증한다. VERICUT은 레이저의 파라미터를 읽고 각 작업/소재 종류에 맞는 레이저 전력량, 운반기체의 흐름, 금속 파우더 등을 제어한다.

■ **하이브리드 장비와 적층 가공 형상 간의 충돌 감지:** VERICUT은 기계와 적층 가공 형상 간의 충돌 가능성을 감지한다. 적층 가공물이 제조되는 과정을 따라 하이브리드 레이저 장비와의 충돌을 검증을 진행하여 문제가 발생하기 전에 방지할 수 있다.

■ **에러, 보이드, 소재의 부적절한 위치 등 확인:** VERICUT의 적층 모델은 단순한 '소재 디포지션'이 아니다. 'Droplet' 기술 덕분에 각 'drop'은 소재가 어떻게 쌓이는지에 대한 기록 정보를 담고 있다. 그래서 에러, 보이드, 소재의 부적절한 위치 등을 검증해 내는 시간을 클릭 한 번으로 단축할 수 있다.

■ **소재 디포지션과 장비 동작의 현실감 있는 시각화:** Additive 모듈은 소재 디포지션 시뮬레이션이 절삭 공정과 구분되어 볼 수 있도록 해준다. 소재가 어떻게 어디에 놓이는지 공정의 단계별로 확실하게 볼 수 있어 성공적 적층 가공이 진행되도록 돕는다.

■ **5축 밀링, 터닝, 적층 레이저 신터링 지원:** VERICUT의 검증 과정은 밀링, 터닝, 적층 레이저 신터링 등 모든 5축 장비의 복잡한 가공 과정을 확인한다.

■ **하이브리드 장비의 G-코드 시뮬레이션 :** 시뮬레이션은 CNC 장비의 가공 후, NC 코드를 사용하여 진행되기 때문에 사용자가 적층 기능이 허용 범위 내인지 확인할 수 있다. VERICUT은 적층 가공과 절삭 가공을 자유롭게 순서와 상관없이 간단하게 교차할 수 있도록 해준다.

기술 파트너

BeAM, HYBRID Manufacturing Technologies, MAZAK, OKUMA, Thermwood, 3D Hybrid Solutions 외 다수

최적화

VERICUT FORCE

개발 CGTech, www.cgtech.com

자료 제공 씨지텍, 031-389-6070,
www.cgtech.co.kr

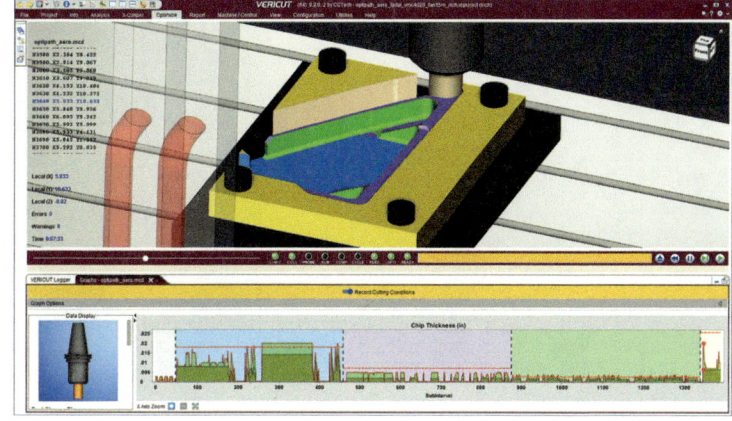

주요 특징

가공 조건 분석 및 최적화로 가공 시간 단축 및 비용 절감 효과, 기존 설비를 '더 잘 활용' 할 수 있어 추가 투자 없이도 생산성 향상 및 품질 향상, 다양한 분석 기능 제공

주요 기능

■ **최적화:** VERICUT FORCE는 NC 프로그램 전반에 걸쳐 절삭 조건을 분석하고 최적화하는 물리적 기반의 가공 속도 최적화 소프트웨어이다.

처음부터 끝까지 고정된 이송 속도로 가공하던 기존의 툴패스를 가공 조건 분석을 통해 산출한 최적 가변 이송 속도로 자동 변환하여 NC 프로그램을 업데이트해 준다.

FORCE의 가공 조건 분석은 소재, 절삭력, 파워, 공구의 휘어짐까지 반영하여 가공 처음부터 끝까지 일정한 최대 칩 두께2)를 유지하면서도 공구나 장비에 무리 없이 안전한 가공이 가능하다.

① 씨지텍은 다이노모미터(동력계)와 자체 개발 소프트웨어인 FORCE Calibration을 사용하여 FORCE 소재(재질) 파일을 생성한다. 씨지텍이 제공하는 FORCE 소재(재질) 카탈로그에는 100여 개 이상의 소재가 포함되어 있다.

② 일정한 최대 칩 두께를 유지하는 것이 효율적인 가공의 가장 중요한 파라미터이다. 얇은 칩 두께는 생산성 저하의 가장 흔한 원인이 되며 공구 수명과 칩 생성에도 좋지 않다. 반대로 너무 두꺼운 칩 두께는 공구 과부하의 원인으로 공구 파손의 원인이 된다.

■ **분석:** VERICUT FORCE는 다양한 분석 기능을 제공하며 분석 결과를 차트로 시각화하여 사용자가 손쉽게 정보를 분석하고 활용하게 돕는다. FORCE의 분석 기능 중 하나인 '분석 보기'를 이용하면 전체 툴패스에서 허공 가공 및 무부하 가공이 차지하는 비중과 과부하 구간의 비중을 %로 보여준다.

허공 가공 및 무부하 가공 부분의 이송 속도를 빠르게 해 주는 것만으로도 가공 시간을 단축할 수 있다. 또, 과부하 구간을 제어하여 안전한 이송 속도로 가공할 수 있도록 해주기 때문에 전체 툴패스의 효율이 향상되고 결과적으로 가공 시간 단축, 공구비 절감, 가공 품질 향상의 효과를 얻을 수 있다.

③ **FORCE 차트:** 모든 가공 구간의 절삭력, 칩 두께, 공구 휘어짐, 가공 속도 등 정보를 차트로 보여주는 기능으로 최적화 전/후의 NC 프로그램 변화를 한 눈에 시각화하여 보여준다.

주요 고객 사이트

VERICUT FORCE는 항공 우주, 금형, 자동차, 에너지, 중공업, 소비재, 교육 및 연구 기관 등 전 세계 다양한 산업 군과 규모의 기업이 사용한다. 주요 한국 고객으로는 삼성전자, LG전자(금형 기술 센터), 현대자동차, SL, 에드워드코리아, SL, 현대위아(의왕연구소) 등이 있다.

복합소재 적층 가공 시뮬레이션

VERICUT VCP/ VCS

개발   CGTech, www.cgtech.com

자료 제공   씨지텍, 031-389-6070,
www.cgtech.co.kr

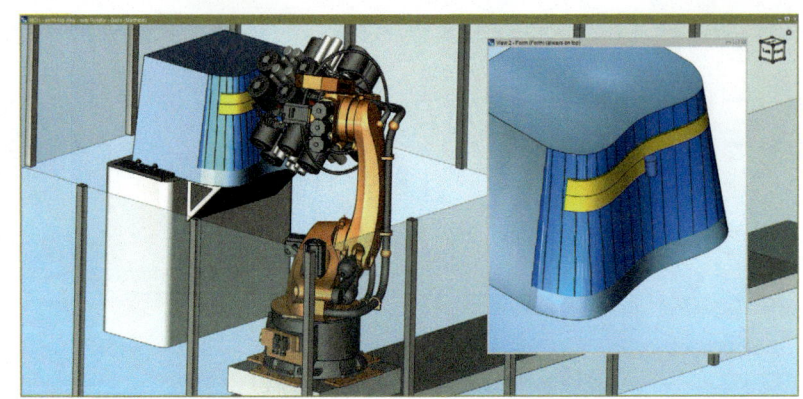

주요 특징

AFP/ATL 장비를 위한 프로그래밍 및 시뮬레이션 수행

주요 기능 및 도입 효과

VCP (VERICUT Composites Programing)

VCP는 복합소재 제품 설계자, 장비 엔지니어, 프로세스 엔지니어에게 유용한 복합소재 적층 가공 프로그래밍 소프트웨어로 디자인 모델부터 가공 현장까지 제어할 수 있다.

- 장비 제조사 상관없이 NC 코드 생성
- 다양한 AFP 패스 옵션 테스트
- 엔지니어링 사양을 기반으로 한 레이업 경로 생성

VCS (VERICUT Composites Simulation)

VCS는 가상 환경에서 복합소재 레이업 NC 프로그램을 시뮬레이션한다. 가공 형상의 측정과 검증을 통해 NC 프로그램의 정확성을 확인할 수 있다.

- 복합 소재 레이업 장비 시뮬레이션
- 에러 없는 복합 소재 NC 장비 가공
- 충돌 & 에러 검증

기술 파트너

Electroimpact, MTorres, Automated Dynamics, AFPT, Broetje Automation, CATIA, SOLIDWORKS, FIBERSIM 외 다수

산업용 컴퓨터 단층 촬영

VGSTUDIO MAX

개발 Volume Graphics, www.volumegraphics.com

자료 제공 한국엠에스씨소프트웨어, 031-719-4466, www.mscsoftware.com/kr

Volume Graphics : CAE 시뮬레이션의 기초가 되는 종합적인 실제 CT-스캔 데이터

Volume Graphics는 사용자가 설계에서부터 연속 생산에 이르기까지 제품에 대한 완전한 통찰력을 얻고 품질을 높게 유지할 수 있도록 지원한다. Volume Graphics는 1997년에 설립되어 독일에 본사를 두고 있고, 산업용 컴퓨터 단층 촬영(CT)을 기반으로 한 비파괴시험용 소프트웨어 개발에 대한 20년 이상의 경험을 보유하고 있으며, 2020년에 Hexagon(헥사곤)에 인수되었다.

종합적인 CT 해석 소프트웨어인 VGSTUDIO MAX와 같은 Volume Graphics 애플리케이션은 고객이 CT의 종합적인 기술을 사용하는지 또는 포인트 클라우드, 메시, CAD와 같은 다른 3D 데이터 포맷을 사용하는지에 관계없이 계측학, 결함 진단 및 평가, 재료 속성과 관련된 모든 요구사항을 다룬다. 모듈식 개념을 통해 VGSTUDIO MAX는 고객의 요구사항에 따라 진화한다. VGSTUDIO MAX의 고급 기능에 의존하는 바로 사용할 수 있는 프레임워크인 VGinLINE을 통해 고객은 품질 관리 프로세스를 반자동 또는 완전 자동화할 수 있다.

CT는 비파괴적 기법을 통해 물체의 모든 측면을 파악해 낼 수 있기 때문에 CT 데이터는 Volume Graphics 소프트웨어가 제공하는 통찰력있는 결과의 기초가 된다. CT 재구성은 수많은 2D X-ray 이미지에서 3D로 물체를 완전히 표현해내기 때문에 VGSTUDIO MAX와 같은 소프트웨어는 사용자가 물체의 외부 및 내부 구조와 그 재료 속성에 대한 결론을 도출할 수 있도록 지원한다. 따라서 사용자는 복잡한 문제에 대한 해답을 얻을 수 있다. 또한 CT 기술은 실제 데이터로 시뮬레이션에 박차를 가할 수 있도록 고유하게 포지셔닝되어 있다. 마침내 사용자는 Volume Graphics 소프트웨어로 분석한 CT 데이터를 사용하여 시뮬레이션을 개선하고 결과를 검증할 수 있다.

Digital Volume Correlation Module은 복셀 기반 전후 비교 후 재료의 손상을 발견하는 탁월한 기능을 제공하여 FEM 메시에 관한 변형 텐서를 쉽게 내보내 FEM 시뮬레이션을 검증할 수 있다.

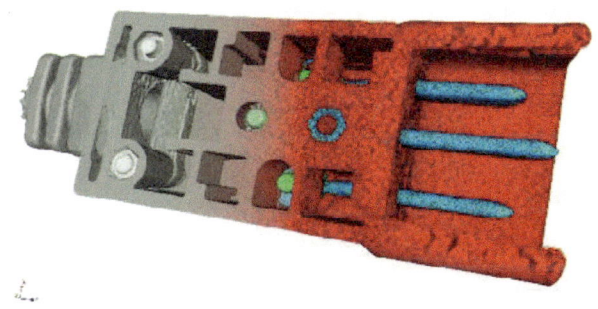

Volume Meshing Module을 사용하여 CT 스캔에서 정확한 고품질의 사면체 체적 메시를 생성한 다음 기계적, 유동적, 온도적, 전기적 및 기타 FEM 시뮬레이션을 위해 사용할 수 있다.

구조 해석, 충돌 해석

Virtual Performance Solution

개발 ESI, www.esi-group.com

자료 제공 한국이에스아이, 02-3660-4500, www.esi-group.com

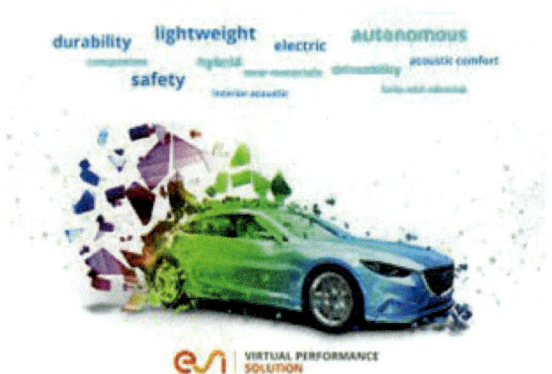

ESI의 주력 프로그램인 VPS(Virtual Performance Solution)는 최초의 충돌 시뮬레이션 소프트웨어인 PAM-CRASH로 시작하였으며, 주요 자동차 업체들과 긴밀한 협의를 통해 개발되어 왔다.

단일 부재부터 차량, 기차, 선박에 이르는 대형 구조물에 대한 해석까지 다양한 산업 분야에 솔루션을 제공하고 있으며, 지속적인 알고리즘 개발을 통해 사용자의 요구와 시장 변화에 대응하고 있는 복합 해석 솔루션이다.

VPS를 통하여 가상 프로토 타입을 신속하게 테스트할 수 있으며, 싱글 코어 모델을 이용하여 여러 도메인(충돌, 안전, NVH, 내구성 등)에서 제품의 성능을 평가할 수 있다.

제품의 주요 기능 및 특징

Single Core Model

단일 모델(Single core model)을 기반으로 하는 Multi-Domain Simulation이 가능하다.

High Performance Computing

VPS Solver의 안정성, 확장성 및 해석 시간 측면에서 높은 성능을 지원한다.

Modularity for Ease of Use

모듈 모델링으로 해석 반복 및 공동 작업 관리를 단순화하여 초기 모델 설정 속도를 높일 수 있다.

End-to-End Composite Performances

복합재 부품의 파단 거동을 예측하고, 충돌 시 에너지를 흡수할 수 있는 복합재 모델을 제공한다.

Water Flow/Foaming

FPM module을 사용하여 유체, 기체의 거동 및 누수 문제를 해결할 수 있으며, 화학식을 반영한 폼 발포 해석이 가능하다.

Gear-Rotary simulation

특화된 접촉(Smooth Contact) 방법으로 회전체 및 기어 해석을 원활하게 지원한다.

Explicit/Implicit solver

Explicit solver와 Implicit solver간 자유로운 연계 해석이 가능하다.

Template

자동차 법규 및 정형화된 해석 프로세스의 자동화 템플릿을 제공한다.

주요 적용 분야

■ Aerospace & Defense
■ Electronics & Consumer Goods
■ Energy & Power
■ Ground Transportation
■ Heavy Industry & Machinery
■ Marine

시트 해석

Virtual Seat Solution

개발 ESI, www.esi-group.com

자료 제공 한국이에스아이, 02-3660-4500,
www.esi-group.com

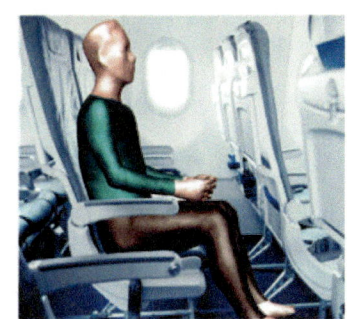
Aeronautic solution

Automotive solution

ESI의 VSS(Virtual Seat Solution)는 시트의 가상 프로토타이핑에 특화된 시트 전용 해석 솔루션이다.

시트 제조업체와 공급업체들은 VSS로 비용이 많이 드는 물리적 프로토타입 없이도, 가상으로 설계, 제조, 시험, 사전 검증을 포함하여 전반적인 문제점을 개선할 수 있다. 또한, VSS는 시트 제조 과정을 고려하기 때문에, 시트 성능을 보다 정밀하게 예측할 수 있다.

전용 더미와 인체 모델을 이용해서, 사용자는 정밀하고 정확하게 시트와 승객 사이의 상호작용을 반영하여 시트 성능을 평가할 수 있다.

제품의 주요 기능 및 특징

Single Core Model

단일 모델(Single core model)을 기반으로 물리적 프로토타입의 수를 줄여 시간과 비용을 절약할 수 있다.

Digital Mockup

사전 인증에 이르기까지의 모든 설계, 제조 및 시험을 가상 시트 프로토 타입으로 수행할 수 있다.

Whiplash

충돌 안전 설계 요구 사항을 초기에 관리함으로써 팀 내에서 시너지 효과를 향상시킬 수 있다.

주요 적용 분야

디지털 목업 제작

- 시트 제조 과정 검증
- 시트 커버 조립 해석 및 검증
- 완성 시트 검증(H-point, 정하중/점하중, 요추 돌출량)

시트 안락감 평가

- 체압 평가
- 냉/난방 성능 평가
- 인간 공학적 인체 포지션 평가

시트 안전성 평가

- 시트 구조 강성 평가
- 목 상해 평가

자율주행 시뮬레이션

Virtual Test Drive(VTD)

개발   Vires, http://vires.mscsoftware.com

자료 제공   한국엠에스씨소프트웨어, 031-719-4466, www.mscsoftware.com/kr

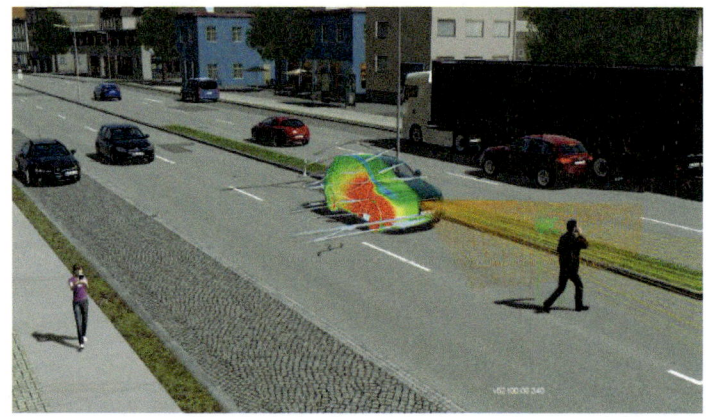

VTD : 가상환경 시뮬레이션을 위한 Complete Tool-chain

VTD(Virtual Test Drive)는 ADAS 및 자율 주행 차량의 개발 및 검증을 위한 가상 환경 시뮬레이션 플랫폼으로 도로 네트워크, 시나리오, 차량 동역학, 교통 및 음향 시뮬레이션, 센서 시뮬레이션 등을 위한 모듈화된 시스템으로 실제 환경과 동일한 가상환경을 생성한다. 이런 가상환경에서 생성된 자율주행차량의 데이터는 MiL, SiL, HiL, DiL, ViL 애플리케이션에서 사용할 수 있다. VTD는 20년 동안, 광업, 농업 및 운송 애플리케이션을 통해 전 세계 자동차, 항공우주 및 철도 산업의 수많은 설비에서 서비스되고 있다.

최근 VTD는 MS Azure, AWS와 같은 클라우드 시스템에서 수백만개의 시나리오를 생성하고 Edge Case 시나리오를 검증할 수 있는 서비스를 시작했다. 수백만 개의 시나리오를 분석하여 수십억 개의 가상 테스트가 실시간 시뮬레이션보다 훨씬 더 빠르게 수행되도록 병렬 프로세스를 지원하여 ADAS 및 AV 시스템에 대한 연산 속도를 높인다.

VTD는 OpenDRIVE, OpenCRG 및 OpenSCENARIO의 Global Standards를 준수한다.

OpenDRIVE는 도로네트워크, 도로시설물, 노면, 표지판등 가상환경 도로 구성을 위한 Global stand-ards이다. OpenCRG는 도로 표면의 굴곡, 거칠기등 상세한 표현을 위한 규격으로, 도로 표면의 생성, 관리, 평가를 위한 기준 및 툴이다. OpenSCENARIO는 시뮬레이션 도로 네트워크상에서 움직이는 모든 동적 요인을 정의하고 구성하기 위한 Global Standards이다.

VTD의 ROD(Road Designer)는 가상의 도로 네트워크를 생성하기 위한 3D 편집 도구로 OpenDRIVE, OpenCRG 등의 편집이 가능한 도구이다. 사용자의 편의성을 위해 다양한 국가의 3D Modeling 및 도로 형태의 데이터를 라이브러리로 구성, 데이터베이스화 하여 제공한다.

주요 기능

Sensors

■ Simplified perfect sensors는 감지된 오브젝트 정보 및 포인트 클라우드(Point Clouds) 같은 센서의 원시데이터를 고속(Real-time)으로 출력
■ 노면상 Road Mark를 검지할 수 있는 수준의 고해상도 감지 기능
■ Sensor Model 커스터마이징을 위한 SDK 제공

Traffic & Pedestrian

■ 사전 정의된 이벤트 혹은 시나리오 경로를 따라 자동차 및 보행자의 행동범위 정의
■ 다가오는 차량을 주시하는 등의 차량-보행자 상호작용 가능
■ 도로네트워크 상 수많은 자동차 및 보행자의 개별 움직임 기반 시나리오 구성
■ 중장비, 보행자, 자전거, 세그웨이, 동물 등 다양한 객체 생성 지원
■ SCP 명령을 통한 실시간 객체 위치, 행동, 제스처 변경

Scenarios

■ 시나리오 내 200대 이상의 차량, 보행자 생성 및 동시 주행 가능
■ 실제 차량 및 보행자 궤적을 적용한 시나리오 구성, 혹은 사용자 연구목적에 따른 이상적인 이동 궤적 생성 및 적용

Vehicle Model

■ 고정밀도 기반의 차량 모델 생성(스쿠터, 자전거, 세그웨이, 기차, UAM 등 적용)
■ 실사정보를 기반으로 측정 및 모델 메시 정보를 적용한 차량 모델 제작

Weather

■ 다양한 기상현상 표현 및 감지(time-of-day, clouds, visibility, Rain, Snow)

Massive Scaling

■ Edge Case Scenario를 효율적으로 추출하기 위한 수천개의 시나리오 병렬 Computing 기능 지원
■ PROSTEP OpenPDM 기술을 활용한 PDM 통합

■ 모든 트랜잭션 데이터 자동 저장 지원
■ 웹브라우저 기반의 빠른 개발 및 배포 기능 지원
■ 다중 접속 기술지원 및 실험 환경 구성 가능

적용 효과

■ Native support for OpenDRIVE, OpenCRG, OpenSCENARIO
■ 영상, 다이나믹, 센서 등 모듈화된 운영 방식(내부 네트워크망을 통한 통합)
■ MiL, SiL, DiL, ViL, HiL 등 다양한 실험구성과 연동 및 통합 가능
■ **고정밀 센서 모델 제공(object-list 기반 센서 및 physics-based 기반 센서) : 사용자화 가능한 SDK 제공**
■ 물질 및 물리현상이 적용된 고해상도 이미지 생성(PBR 기술적용) : 사용자화 가능한 SDK 제공
■ 다양한 3D Model 라이브러리 및 국가별 표지판, 신호등 데이터베이스 제공
■ 매우 복잡한 교통상환 시나리오 구성 가능(3rd party Traffic Simulation Tool 통합 가능 : Vissim, SUMO)
■ 손쉬운 데이터 모니터링 기능 지원, 실시간 SCP 명령을 통한 시뮬레이션 조건 변경 기능 지원
■ 단일 Workstation에서 풀 스케일 HPC 환경까지 운영 가능(사용자 목적에 따라 변경 가능)
■ 정확한 차량 동역학 기반의 센서모델링을 위해 Adams Real-Time과 같은 Hexagon AB solutions 내 솔루션 도구와 통합
■ Hexagon's LeicaGeosystems의 솔루션을 통한 정밀지리정보 취득 및 VTD 적용(OpenDRIVE format)

멀티피직스 해석, 전기전자 해석, 플라스마 해석

VizGlow

개발 Esgee Technologies, www.esgeetech.com

자료 제공 경원테크, 031-706-2886, www.kw-tech.com

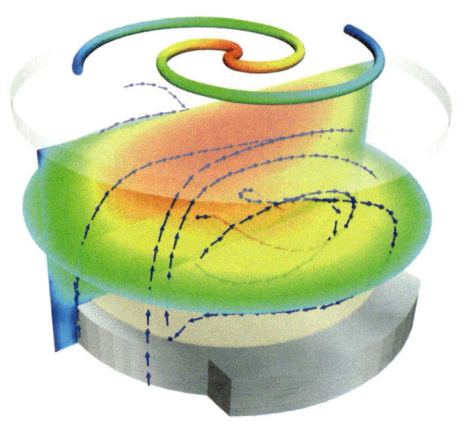

VizGlow는 비평형 플라스마 해석을 위한 소프트웨어이다. VizGlow는 전자기장, 유동, 파티클 등의 여러 해석 모듈을 사용하여 복잡한 다중물리(Multiphysics) 문제에 대해 다양한 방법의 해결방법을 제공한다. VizGlow는 수십 mTorr의 저압 영역에서부터 대기압 부근, 고압 스트리머까지 다양한 범위의 압력 영역에서의 플라스마 현상을 해석하는데 사용할 수 있다. VizGlow는 완전한 병렬 연산 모듈을 제공하여 복잡한 형상의 3D 모델 플라스마 해석에도 사용될 수 있다.

제품의 주요 특징

- 1-D/2-D/3-D 비평형 플라스마 해석 제공
- 완전한 병렬 연산(MPI Parallel) 모듈 제공
- 정렬/비정렬 혼합 격자(Mesh) 작성 모듈 제공
- 복잡한 격자(Mesh)에서의 가속화된 강력한 솔버 제공
- 통합 개발 환경 GUI 제공
- 다양한 조건에 따른 플라스마 계산 옵션 제공
- Self-consistent/quasi-neutral
- Multi-species, Multi-temperature formulation
- 공정용 화학반응 데이터 다수 구축
- 표면 화학반응인 식각(etching), 증착(Deposition) 제공
- 광범위한 압력 영역에서 플라스마 해석(수 mTorr~수 atm)
- 전자기장, 유동, 파티클 등의 모델이 결합된 다중물리(Multiphysics) 해석
- 표면에서의 이온 에너지 및 입사각 분포 확인 기능
- 외부 회로 모델(전원 및 전압 제어)

주요 활용 분야

■ 반도체 : 비평형 플라스마 해석 툴인 VizGlow를 사용하여 반도체 장비 및 집적회로(IC) 제조 산업의 장비를 분석하고 공정을 개선하며 새로운 장비를 개발하는 업무에 VizGlow를 활용할 수 있다. IC 제조업체는 VizGlow를 사용하여 제조 프로세스를 최적화하고, 프로세스 이상을 식별 및 수정하여 필요에 따라 새로운 장비를 설계할 수 있다.

■ 디스플레이/태양전지 : 디스플레이/태양전지 분야에서는 VizGlow, VizGrain 등을 사용하여 전자기학, 유체흐름, 입자모델링 등을 해석할 수 있다. 이 분야에서는 기존 장비 설계를 분석하고 공정의 균일성, 필름 품질 등을 개선하고 새로운 장비 개념을 개발하는데 VizGlow, VizGrain 등을 활용할 수 있다. 최근 대형화되는 디스플레이/태양전지 분야의 플라스마 해석에 대응하기 위해, VizGlow에서 제공하는 병렬 연산 모듈을 활용하는 것은 신제품 개발에 커다란 이점이 될 것이다.

■ 자동차 : 자동차 분야에서는 비평형 플라스마, 열 플라스마, 전자기학, 연소 및 열 반응 등에서 활용할 수 있다. VizGlow, VizSpark 등의 도구를 사용하여 현재 점화장치의 설계 점검 및 차세대 점화장치 설계 등에 활용할 수 있다.

■ 항공우주 : 항공우주 해석에는 다양한 물리 현상에 대한 해석이 필요하다. VizGlow 시뮬레이션은 이러한 다양한 물리 현상을 다각도로 해석할 수 있는 여러가지 도구를 제공하고 있다. VizFlow를 통해 외부 기류 해석, VizGrain을 통한 희박 기체 거동 해석 및 Charge-up 해석, VizGlow/VizSpark를 통한 추진기 해석 등 다양한 각도의 해석을 지원한다.

주요 고객 사이트

■ 삼성전자, SK hynix, 명지대학교, 충북대학교 등

진동-음향 해석

wave6

개발 Dassault Systèmes, www.3ds.com

자료 제공 다쏘시스템코리아, 02-3270-7800,
www.3ds.com/ko

그 동안 여러 산업군에서 소음진동 현상과 관련된 문제는 다루기 어려운 난제 중 하나였다. 그 중 진동의 경우 유한요소 해석 소프트웨어를 이용하여 많은 연구가 진행되었으나 소음 문제의 경우 높은 주파수 특성으로 인해 해석 비용의 증가 및 다양한 소음원(구조, 유동, 전자기력, 시스템 공진)들로 인해 예측하기 어려운 특징을 가지고 있다. 이러한 다양한 음향문제들을 해결하기 위한 음향 해석 전문 소프트웨어가 wave6이다.

wave6은 광범위한 주파수 범위에서 소음 및 진동(또는 유동 소음 및 진동)을 모델링하는 차세대 소프트웨어로서, 단일 통합 환경에서 유한 요소(FEM), 경계 요소(BEM) 및 통계 에너지 분석(SEA)의 방법들을 결합하여 사용이 가능하다.

wave6는 단일 유저 인터페이스 화면에서 여러 해석 방법들을 동시에 적용이 가능하며 해석 결과도 한꺼번에 분석이 가능한 장점을 가지고 있다.

또한, wave6는 다양한 종류의 입력 값들이 적용가능하고 다른 SIMULIA 제품과 결합하여 더욱 강력하고 다양한 솔루션으로의 접근이 가능하다. 즉, Abaqus의 구조해석 결과로부터 소음 해석을 할 뿐 아니라 Simpack을 이용하여 파워트레인 및 기어박스와 같은 MBD 모델에 대해 소음진동 해석이 가능하다. 또한 전자기 해석 소프트웨어인 CST를 이용하여 모터와 같은 전자기력에 의한 소음 특성, 또는 Xflow의 유동 해석 결과로부터 소음 해석을 수행할 수 있다. 또한 이러한 결과들은 저주파수뿐만 아니라 고주파로 나타나는데, 넓은 주파수 해석 영역을 가지는 wave6는 이러한 문제들을 해석하는데 최적의 성능을 나타낸다.

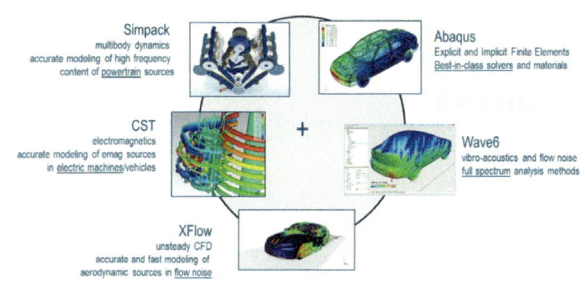

또 다른 wave6의 장점으로는 프로세스 자동화 기능이 있다. 높은 수준의 워크플로 자동화 기능을 이용하여 이전에 수행하였던 모델링 프로세스에 대해 자동화 프로세스를 구축할 수 있다. 따라서 엔지니어는 몇 번의 클릭만으로 다양한 모델 형상에 대해 동일한 해석 프로세스를 적용할 수 있다.

Wave6 : Applications

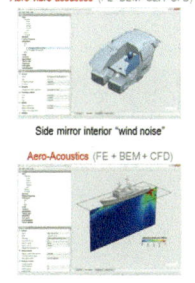

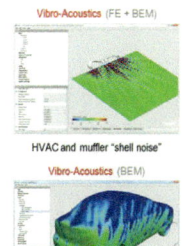

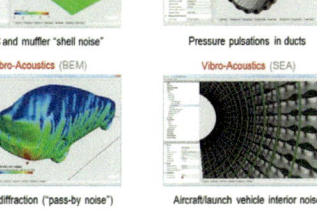

소성가공 성형해석

QForm

개발 QuantorForm, www.qform3d.com

자료 제공 CAE테크놀러지, 02-2658-5695, www.caetech.co.kr

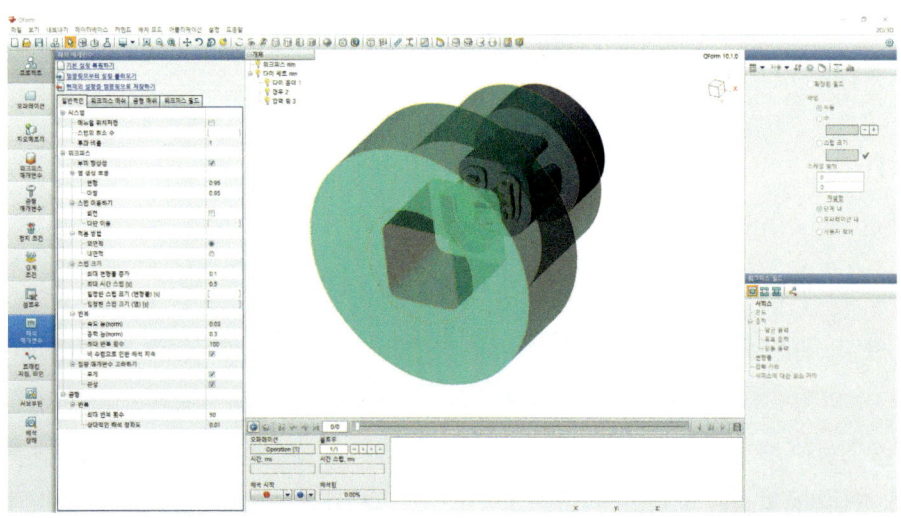

QForm은 러시아 QuantorForm에서 개발한 단조해석 소프트웨어로 자동차, 항공 분야에서 주로 사용되고 있다.

주요 특징

Qform은 냉간/열간 단조, 형/자유 단조, 링롤링, 압연, 압출 등 금속 성형 공정의 시뮬레이션, 미세구조예측, 열처리 및 서브 루틴의 다른 다양한 추가 특수 모듈이 프로그램에서 구현될 수 있다. 우수한 신뢰성을 제공하는 금속 성형 공정의 시뮬레이션, 분석 및 최적화에 사용되는 전문 엔지니어링 소프트웨어이다.

주요 기능

제품-금형 간에 열적-기계적 연동 문제, 복잡한 금형의 시뮬레이션, 하나의 시뮬레이션 모델에 포함된 여러 금형 및 제품, 다른 재료의 여러 제품 성형, 스프링 하중 금형 및 하중 홀더 시뮬레이션, 암시적이고 분명한 통합 방법, 사용자 정의 함수(UDF)

도입 효과

단조, 알루미늄 및 마그네슘 프로파일 압출 및 링롤링 시뮬레이션을 통하여 공정개발 및 성형 제품/금형 최적화에 상당한 기술을 축적하여 개발기간 단축 및 기회비용의 절감 등의 효과를 얻을 수 있다.

주요 고객 사이트

현대자동차, 기아자동차, 삼성전자, LG에너지솔루션, 일진글로벌, 대흥공업, 알맥, 나이스엘엠에스, 린노알미늄 등

복합재 해석

WoundSIM

개발 QustomApps, www.qustomapps.com

자료 제공 브이이엔지, 070-7770-5590, www.veng.co.kr

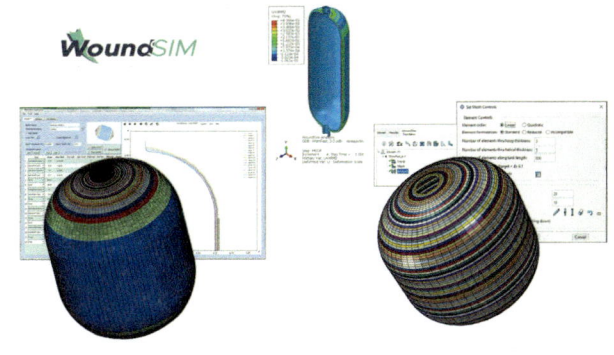

WoundSIM은 COPV(Composite Overwrapped Pressure Vessels)의 설계를 검토하고 최적화하기 위한 차세대 개발 툴이다. 제공되는 GUI를 통하여 즉각적으로 복합재 적층 상태를 복합재 층별 두께를 정의한 테이블 형태로 보여준다. 두께 방향의 적층 과정이 연속적으로 바뀌는 각도를 고려하여 자동적으로 계산된다. 그리고 COPV 각 부분에 적용될 물성이 자동적으로 계산된다. 통합된 해석 솔버 변환기를 통하여 COPV의 열적 거동 및 구조적인 안정성을 평가할 수 있도록 바로 해석을 실행할 수 있는 입력 자료를 생성할 수 있다.

주요 기능

- ■ 생산된 COPV 지오메트리에 일치시키기 위한 강화된 두께 방향의 적층
- ■ 다양한 설계 파라메터를 통한 각 레이어 형상 변화 반영
- ■ 종합적이고 단독 사용이 가능한 사용자 인터페이스를 통하여 누구나 쉽게 적용가능
- ■ 빠른 GUI 반응(30레이어를 1초 안에)
- ■ 스마트한 레이어별 렌더링을 통한 손쉬운 레이어의 선택과 표시
- ■ 빠르고 전자동화된 COPV FE 모델 생성과 후 처리
- ■ Abaqus와 완벽한 통합
- ■ Abaqus WCM 모델과 호환성 보장
- ■ 파라메트릭 최적설계를 위한 Isight 연계
- ■ 서드파티 winding 소프트웨어와의 연계를 위한 XML API 제공
- ■ COPV 중량 최적화를 위한 파라메트릭 최적설계 등

주요 특징

Composite Materials

마이크로-메케니컬 모듈이 WoundSIM에 포함되어 있어서 Fiber와 Matrix 물성으로부터 복합재 각 층별 물성을 생성할 수 있다. 파단 응력 및 파단 변형률 파라미터는 Tsai-Hill, Tsai-Wu 등 많이 사용되는 파단 이론을 적용하여 COPV 구성 재료들의 파단 상태를 예측하기 위하여 유한 요소 해석에 포함할 수 있다.

WoundSIM - Abaqus 인터페이스

WoundSIM-Abaqus 인터페이스는 빠르고 쉽게 COPV 거동 평가를 할 수 있도록 Contour 생성 및 패스 지정에 따른 결과값 추출을 할 수 있다. WoundSIM은 컴파일된 user subroutine 라이브러리를 포함하고 있으며 이를 통하여 모든 복합재와 관련된 결과값을 추출하여 해석 후에 분석할 수 있다. 결과 값으로는 winding 각도, Fiber 및 Matrix 응력과 변형률, 데미지 파라미터 등 다수가 있다. User subroutine은 Fortran 컴파일러가 별도로 필요 없이 실행된다.

고급 기능

- ■ 파라미터를 이용한 COPV 모델링
- ■ 실험계획법(DOE)
- ■ 모델링과 시험 결과의 비교 기능 등

도입 효과

- ■ COPV 레이어 형상과 강화된 유한 요소 생성
- ■ 물성 데이터의 변환
- ■ 다른 COPV 콤포넌트들과 자동 어셈블리
- ■ 하중 및 경계조건 적용
- ■ 2D, 3D, 쉘, 솔리드 요소 생성
- ■ Abaqus/CAE GUI를 통한 수정 작업 가능

WoundSIM to 유한 요소 해석

생성된 FE 모델은 COPV 설계를 위한 필요한 다양한 하중 조건을 적용한 해석이 가능하다.

구조 해석, 유동 해석, 전자기장 해석

ZWMeshWorks

개발 Zwsoft, www.zwsoft.com

자료 제공 인피니크, 02-565-4123, www.zw3d-cad.kr

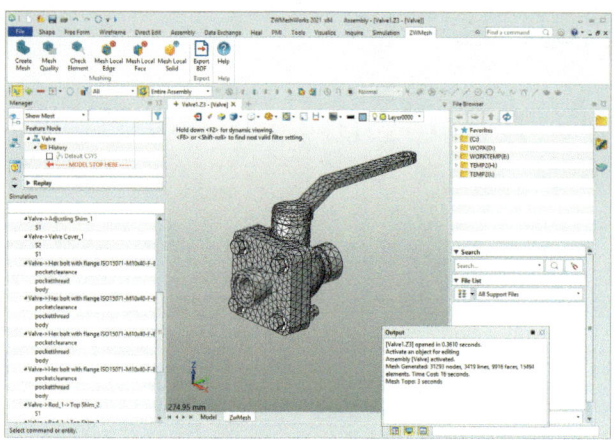

주요 특징

ZWMeshWorks는 개발자가 솔버를 통합할 수 있도록 미리 준비된 전처리 및 후처리 프로세서가 포함된 CAE 플랫폼이다. 자체 개발한 모델링 커널 및 메싱 기술을 기반으로 전처리, 해석, 후처리에 이르기까지 사용자의 요구를 충족하고 개발 효율성을 크게 향상시킨다.

주요 기능

고급 메싱 기법

Hybrid Advancing-Front & Delaunay Mesh Generation을 사용하면 고품질의 메시를 효율적이고 쉽게 생성할 수 있다. 병렬 메싱으로 효율성과 안정성이 더욱 향상되었다. 복잡한 지오메트리에 대한 메시를 생성할 수 있어 구조, 유체 및 전자기와 같은 다분야 시뮬레이션에 적용할 수 있다.

고품질 및 효율적인 메싱

고급 메싱 기술을 통해 ZWMeshWorks는 기하학적 특징을 정확하게 캡처하고 단시간에 고품질 요소를 생성할 수 있다. 여러 유형의 메시가 지원되며 육면체 하이브리드 메시를 자동으로 생성할 수 있다. 로컬 메시 및 등방성 메시 제어도 액세스할 수 있다.

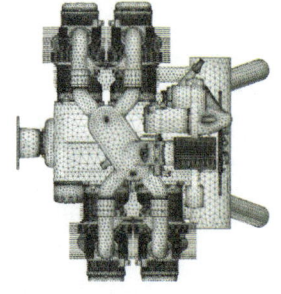

확장성과 호환성이 뛰어난 플랫폼

유연하고 확장 가능하며 호환성이 뛰어나 사용자 인터페이스를 사용자 정의하고, 다 분야 모델 데이터를 교환하고, 다양한 솔버를 원활하고 효율적으로 통합할 수 있다.

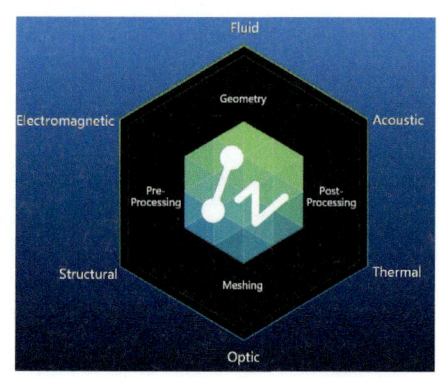

주요 특징

강력한 모델링 기능

자체 개발한 오버 드라이브 커널을 사용하여, 더 빠르고 더 나은 모델링을 위해 파라메트릭 모델링과 솔리드 및 서피스 하이브리드 모델링을 사용할 수 있다.

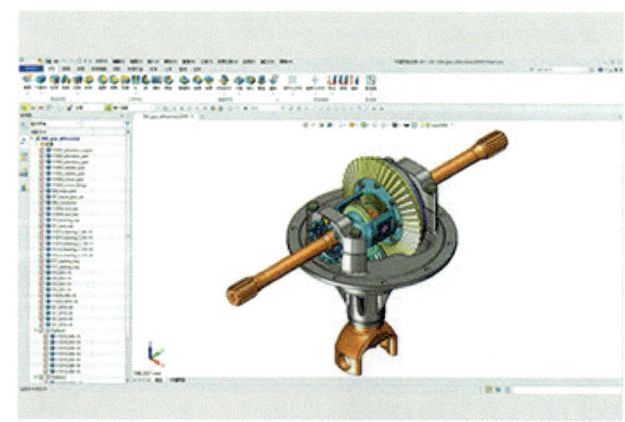

친절하고 사용하기 쉬움

명확한 워크플로와 친숙한 GUI로 바로 시작할 수 있다.

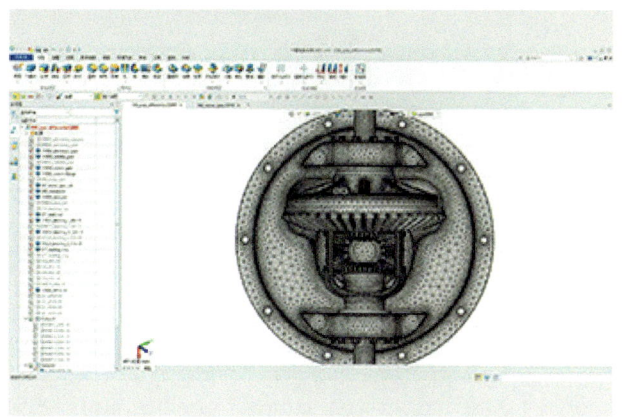

고성능 계산

멀티 코어 CPU와 단일 GPU의 병렬 계산이 지원되어, 하드웨어의 장점과 시뮬레이션 효율성을 극대화한다.

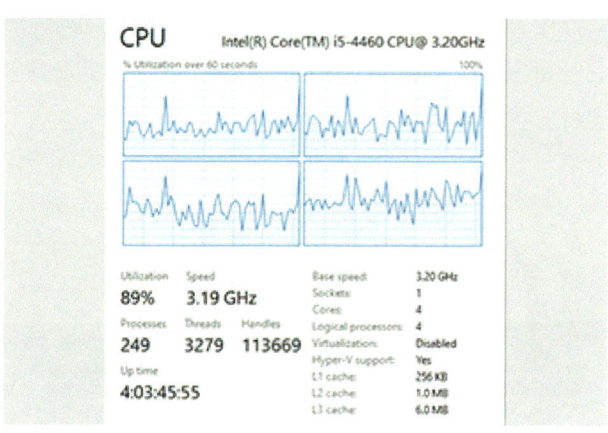

다양한 함수 표현

하중 경계 조건과 함수 표현식으로 변경된 재료를 적용할 수 있어, 전처리 설정을 보다 유연하게 하고 시뮬레이션을 보다 정확하게 할 수 있다.

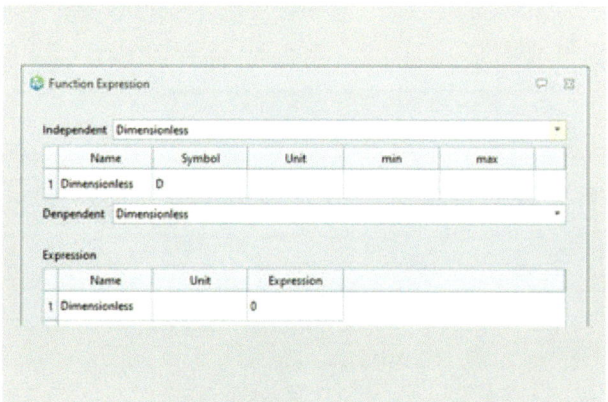

사용자 정의 및 재사용 가능한 재질

특정 요구에 따라 재료의 속성을 사용자 정의하고, 편리하게 재사용할 수 있도록 라이브러리에 추가할 수 있다.

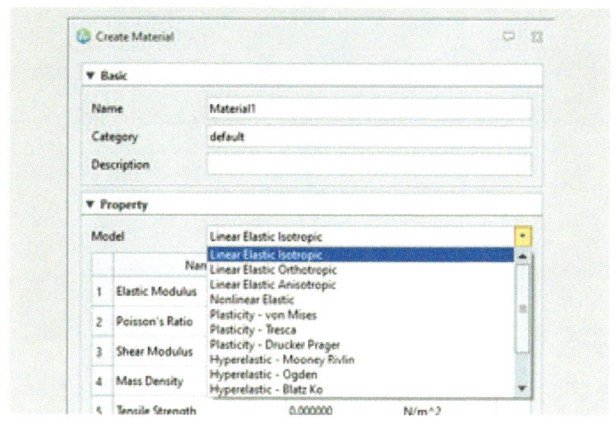

결과를 표시하는 다양한 방법

시뮬레이션 결과는 플롯, 테이블, 애니메이션 등으로 표시하거나 원하는 대로 사용자 지정할 수 있다. 결과를 조사하고 관련 보고서를 생성할 수도 있다.

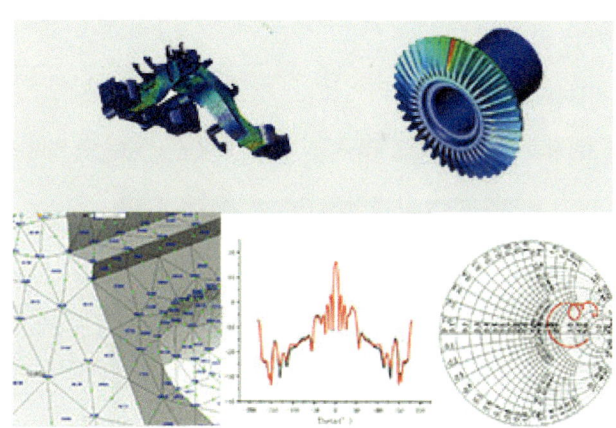

도입 효과

구조, 유동, 전지기, 유향, 열, 광학 등의 분야의 프리-포스트 프로세스에 사용할 수 있는 제품으로, 가격 대비 저렴하고 사용이 간편하여 다양한 분야의 프리-포스트 프로그램을 원하거나 쉬운 사용을 원하는 초보 사용자들에게 도움을 줄 수 있다.

구조 해석

ZWSim Structural

개발 ZWSOFT, www.zwsoft.com

자료 제공 인피니크, 02-565-4123, www.zw3d-cad.kr

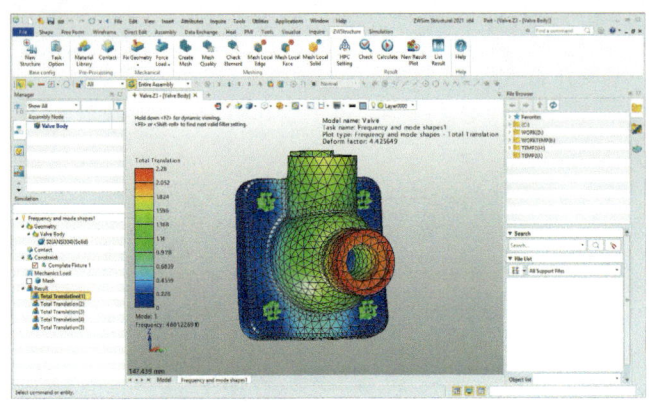

주요 특징

ZWSim Structural은 모델링과 시뮬레이션을 통합하는 구조 시뮬레이터이다. 유한 요소 방법(FEM)을 사용하여 구조물의 물리적 동작을 시뮬레이션한다. 구조 역학 문제를 해결하여 다양한 산업 분야의 엔지니어가 구조 설계의 합리성을 평가하고, 더 빠르고 더 나은 결정을 내려 R&D 시간과 비용을 줄이는 데 도움이 된다.

주요 기능

친절하고 사용하기 쉬움

명확한 워크플로와 친숙한 GUI를 통해 바로 사용할 수 있다.

원활한 데이터 교환을 위한 높은 호환성

20개 이상의 표준 및 상용 포맷이 지원되므로 파일을 쉽게 가져오고 내보낼 수 있다.

강력한 모델링 기능

자체 개발한 오버 드라이브 커널을 사용하면 더 빠르고 더 나은 모델링을 위해 파라메트릭 모델링과 솔리드 및 서피스 하이브리드 모델링을 사용할 수 있다.

고품질 및 효율적인 메싱

Hybrid Advancing-Front & Delaunay Mesh Generation은 고품질 1D/2D/3D 메시 생성과 수천만 메시 생성을 지원하기 위해 채택되었다.

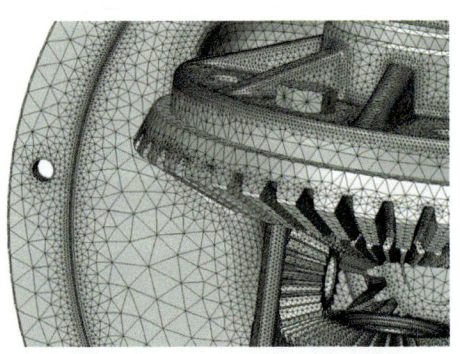

주요 특징

여러 유형의 구조 시뮬레이션

선형 정적, 좌굴, 주파수 및 모드 모양, 정상-상태 열 전달 및 과도-상태 열 전달 분석이 지원되어 다양한 애플리케이션 요구 사항을 충족한다.

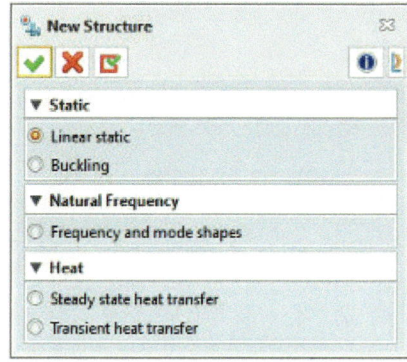

풍부한 유형의 메시

삼각형, 사변형, 사면체, 육면체(triangle, quadrilateral, tetrahedral, hexahedral) 및 기타 유형의 메시를 생성하여 다양한 유형의 솔버를 맞출 수 있다.

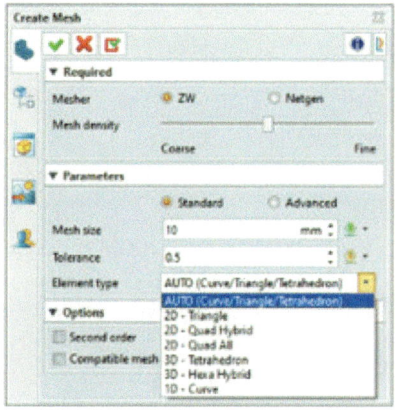

다양한 구속과 하중

지오메트리 고정, 롤러/슬라이더, 고정 힌지와 같은 제약 조건, 힘, 압력, 토크와 같은 구조 하중 및 온도, 열 전력, 열 흐름과 같은 열 하중에 액세스하여 실제 환경을 더 잘 시뮬레이션할 수 있다.

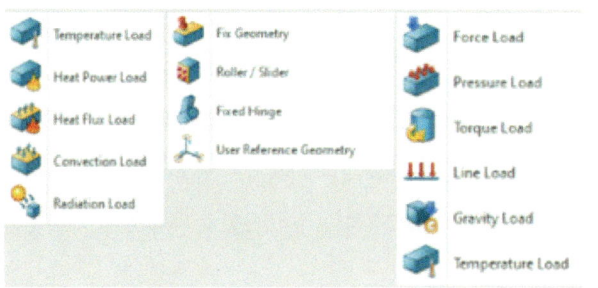

사용자 정의 및 재사용 가능한 재질

특정 요구에 따라 재료의 속성을 사용자 정의하고 편리하게 재사용 할 수 있도록 라이브러리에 추가할 수 있다.

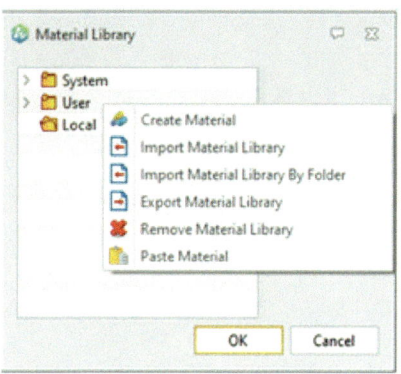

높은 정밀도를 위한 효과적인 검사

시뮬레이션을 실행하기 전에 형상, 재료, 구속 조건, 하중, 메시 등의 정확성을 확인할 수 있으므로 결과의 정확성이 향상된다.

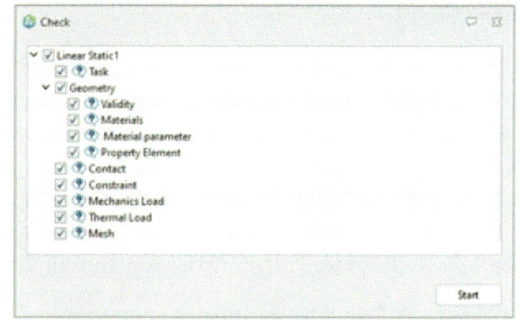

결과를 표시하는 다양한 방법

시뮬레이션 결과는 플롯, 테이블, 애니메이션 등으로 표시하거나 원하는 대로 사용자 지정할 수 있다. 결과를 조사하고 관련 보고서를 생성할 수도 있다.

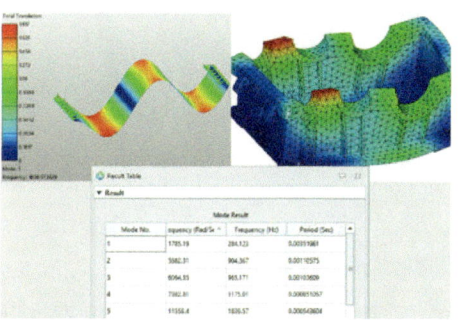

도입 효과

비용 효율적이고 사용하기 쉬우며 최신의 해석 기법을 사용하여 다양한 분야에 적용 가능하므로, 중소 규모의 업체 등에서 해석 분야에 다양하고 쉽게 접근이 가능할 것으로 보인다.

전자기장 해석

ZWSim-EM

개발 ZWSOFT, www.zwsoft.com

자료 제공 인피니크, 02-565-4123,
www.zw3d-cad.kr

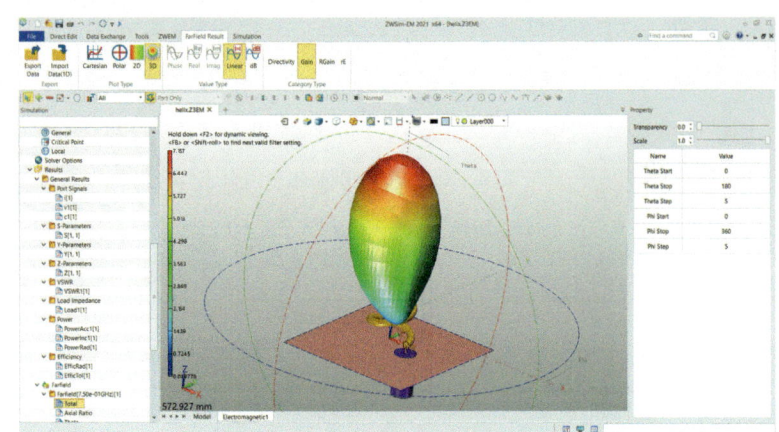

ZWSim-EM은 고정밀, 고효율,낮은 메모리 공간 및 강력한 모델링 기능을 갖춘 3D 전파 전자기 시뮬레이터이다. 사용자에게 산업별 RF 관련 올인원 시뮬레이션 솔루션을 제공하기 위해 최선을 다하고 있다.

주요 기능

EIT : 임베디드 통합 기술

ZWSim-EM의 주요 알고리즘인 EIT(Embedded Integral Technique)는 FDTD(Finite-Different Time-Domain)를 기반으로 자체 개발한 기술이다. Conformal Technology 및 Irregular Grid Processing Technology와 같은 일련의 기술과 함께 ZWSim-EM의 시뮬레이션 정확도와 효율성을 높인다.

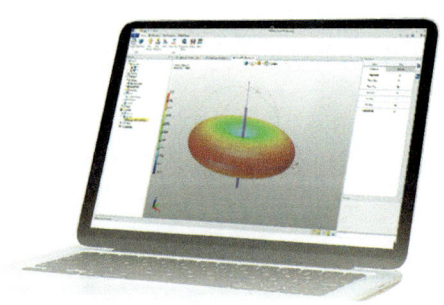

정확하고 효율적이며 적은 메모리 사용

EIT 알고리즘은 고정밀, 고효율 및 낮은 메모리 공간을 보장한다.

쉬운 사용성

ZWSim-EM은 친숙한 사용자 인터페이스와 명확한 작업 순서로 사용하기 쉽다. 사용자 인터페이스는 다른 영역을 드래그하여 사용자 정의할 수 있으며, 시뮬레이션 프로세스는 사용자 인터페이스 디자인과 일치한다. 전체 시뮬레이션 프로세스는 탐색 트리에서 위에서 아래로, 또는 리본 메뉴에서 왼쪽에서 오른쪽으로 설정할 수 있다.

뛰어난 호환성

20 개 이상의 주요 CAD 형식과 완벽하게 호환되며, 다양한 CAD 파일을 자유롭게 가져오고 내보낼 수 있다.

강력한 3D 모델링

ZWSim-EM은 파라메트릭 모델링과 같은 ZW3D의 강력한 모델링 기능을 사용하여, ZWSim-EM에서 직접 모델을 빌드 및 편집하여 모델링 효율성을 개선하고 향후 최적화를 용이하게 한다.

주요 특징

풍부한 재료 라이브러리

ZWSim-EM은 160 가지 이상의 재료가 포함된 풍부한 재료 라이브러리를 제공하여 할당할 다양한 전자기 재료를 제공한다.

형상 모델의 경우 수백 종류의 재료를 선택할 수 있다. Infinitely Thin Faces의 경우 PEC 재료가 제공된다. 또한 특정 요구 사항에 따라 재료를 사용자 정의하고 새로 만든 재료를 재료 라이브러리에 추가할 수 있으므로 액세스 및 재사용이 편리하다.

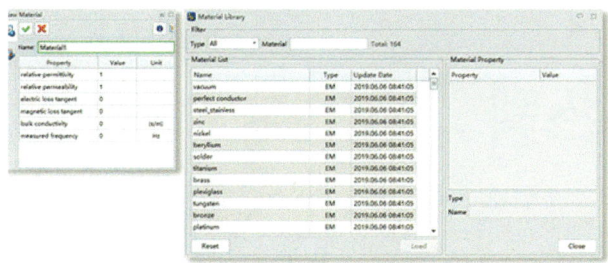

매개 변수 스윕

매개 변수 스윕은 특정 매개 변수 범위에서 결과가 어떻게 영향을 받는지 확인하고, 이에 따라 최적화하여 예상 결과를 얻도록 도와준다.

정산된 변수 매개 변수를 스캔 및 시뮬레이션하고, 특정 범위의 매개 변수가 결과에 미치는 영향을 분석하여 모델을 최적화하고, 설계 효율성을 개선하기 위한 참조를 제공할 수 있다. 여러 스위핑 작업을 설정하고 각 작업에 여러 스위핑 매개 변수를 추가할 수 있다.

다중 어레이 패턴

ZWSim-EM은 안테나를 위한 강력한 어레이 기능을 제공하여 어레이 안테나 시뮬레이션의 효율적인 전처리를 실현한다.

어레이 안테나를 형성하고 시뮬레이션 요구 사항을 충족하기 위해 어레이 안테나 장치를 지원한다. 선형 배열, 원형 배열, 다각형 배열, 점 대 점 배열, 곡선 또는 표면을 따른 배열과 같은 다양한 배열 패턴을 사용할 수 있다. 또한 모델, 재료 및 포트를 동시에 배열하여 배열 안테나를 효율적으로 시뮬레이션할 수 있다.

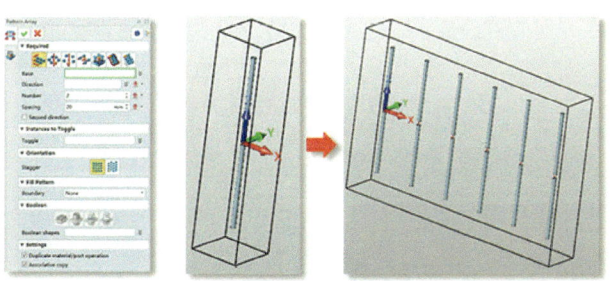

다중 배경 및 경계 옵션

다양한 종류의 배경과 경계가 있으며 안테나 및 도파 관과 같

은 다양한 전자기 개체를 시뮬레이션해야 하는 요구를 충족한다.

기본 배경 재질은 진공이거나 재질 라이브러리에서 다른 재질을 선택하거나 직접 정의할 수도 있다. 개방 경계(기본값), PEC, PMC 및 주기적과 같은 다양한 경계가 지원된다. 안테나 시뮬레이션의 경우 배경은 진공이고 경계는 개방이다. 전력 분배기, 필터 등과 같은 도파관 시뮬레이션의 경우 배경은 PEC과 같은 도체일 수 있으며 경계는 PEC여야 한다.

지능형 검사

시뮬레이션이 원활하게 실행될 수 있도록 사전 처리 설정의 유효성을 확인하기 위해, 그에 따라 분석 및 조정하여 프로젝트를 확인할 수 있다.

겹친 객체 검사, 배경 및 경계 검사, 여기 신호 검사, 여기 소스 검사, 프로브 검사, 메시 검사 및 솔버 검사를 포함한 여러 검사 옵션이 있다. 통과된 항목은 'V'로 표시되고, 실패한 항목은 메시지 보드에 오류 경고와 함께 '×'로 표시된다.

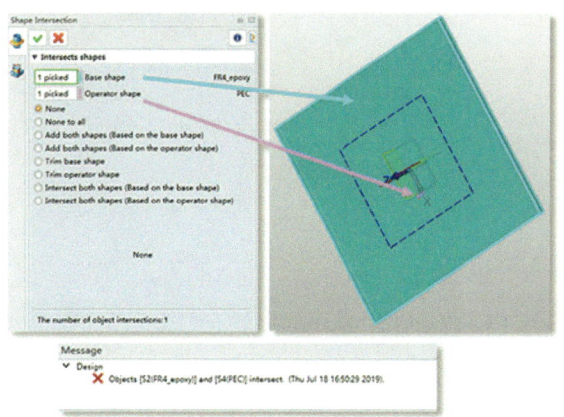

도입 효과

기존의 값비싼 제품들의 오래된 논리들을 떠나 새로운 논리를 사용하여 솔루션을 제공함으로써, 전자기해석을 도입하고자 하는 사용자가 손쉬운 결과를 얻을 수 있도록 한다.

통합 플랫폼

맞춤형 통합 CAE 해석 시스템

개발 쎄딕, www.cedic.biz

자료 제공 쎄딕, 02-2624-0079, www.cedic.biz

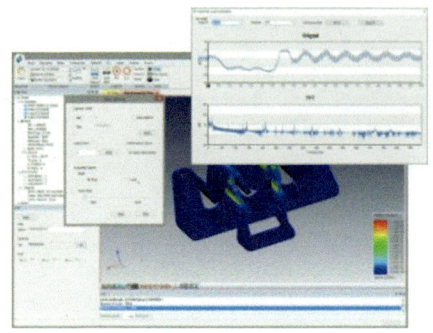

쎄딕에서는 해석 전문가에 의한 CAE 표준화 프로세스로 맞춤형 CAE 해석 시스템을 개발하였다. 주요 특징은 격자 생성, 경계조건 입력 등 복잡한 CAE 해석에 필요한 주요 기능들의 맞춤형 소프트웨어로서, 해석과정에서 생성된 산출물들을 효과적으로 관리하는 데이터베이스를 만들고 데이터를 분석하여 선행예측을 수행하는 기술을 확보하였다는 것이다.

주요 기능

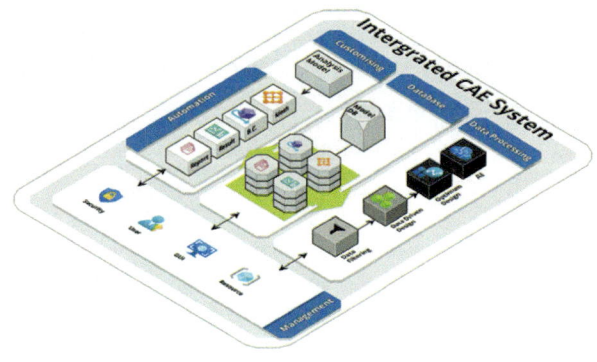

맞춤형 프로그램

- 상용 또는 인하우스 솔버의 전후처리기 개발을 위해 사용자 친화적 GUI 개발
- 3D 모델을 핸들링하고 격자, 해석조건 입력 및 결과 분석 리포트 생성 등 CAE 전반의 기능을 맞춤형으로 제작

자동화 프로그램

- 전문가에 의해 표준화된 CAE 프로세스를 자동화하여 비

전문가도 간단한 입력으로 손쉽게 사용 가능
- 반복적이고 시간 소요가 많은 작업을 자동화하여 작업 능률을 향상

데이터베이스

- 해석 과정에서 발생하는 모델, 격자, 해석조건, 해석 결과, 보고서 등 다양한 산출물 관리
- 데이터 표준화를 통해 산재한 데이터 통합 관리

데이터 처리

- 축적된 해석 데이터를 활용한 Data Driven Design
- 다중회귀분석, 유전자 알고리즘, 신경망 예측을 통한 선행 예측 및 최적 설계

시스템 관리

- 시스템 보안, 사용자 관리, 리소스 관리, 사용 환경 등 다양한 관리 기능 제공

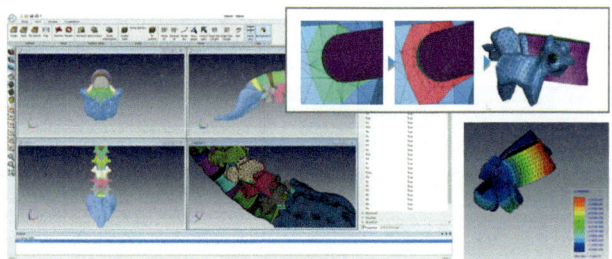

▲ 척추 임플란트 통합해석 시스템

배터리 해석

배터리 패키지 구조 / 냉각 해석 자동화 플랫폼

개발 쎄딕, www.cedic.biz

자료 제공 쎄딕, 02-2624-0079, www.cedic.biz

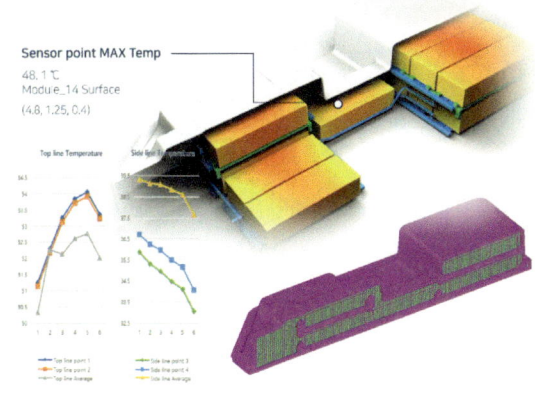

배터리 패키지 구조/냉각 해석 자동화 플랫폼은 전기차 배터리 시장 성장에 따른 맞춤형 시뮬레이션 소프트웨어로, 배터리 모듈/패키지 해석에 필요한 주요 인자들에 대한 최적화를 통해 효율적인 배터리 패키지 냉각/구조 성능을 설계 단계에서 검토함으로써 설계 기간과 비용을 절감할 수 있으며, 격자 및 해석 자동화에 대한 Best Practice 구축에 따라 최적화된 배터리 전용 플랫폼으로서의 독창성을 확보하였다.

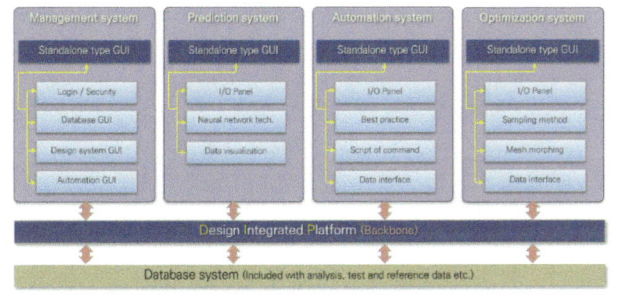

사용자 또는 고객의 요구 사항에 따라 통합플랫폼 개발

▲ 배터리 패키지 해석 자동화 통합 플랫폼

주요 기능

■ **격자 자동화** : 격자 생성이 어려운 배터리 구성 부품에 대한 선행 연구 및 최적화된 격자 자동 프로세스 적용

■ **해석 및 보고서 자동화** : 배터리 수치해석에 필요한 다양한 조건들을 바탕으로 Best Practice 수행 및 해석 자동화 프로세스 및 인터페이스 구성

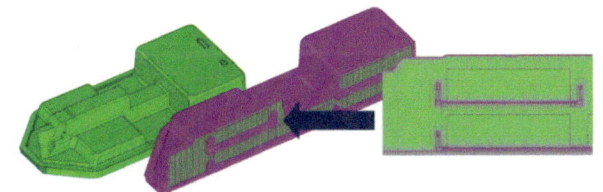

▲ 배터리 패키지 격자 자동화

■ **AI를 통한 선행 예측 시스템** : 설계 초기 단계에서 설계를 위한 가이드 제공, 시험 없이 성능 예측 가능

제품 특징

■ **배터리 전용 해석 플랫폼** : 배터리 모듈/패키지 해석에 필요한 주요 인자에 대한 상세 플랫폼 구성

■ **One click 해석 수행** : 설계자와 엔지니어가 제반 공학 지식 없이도 쉽게 사용할 수 있도록 구성

응용 설계 분야

■ **냉각 설계** : Cell 구조/배치/수량 최적화, 모듈 냉각 구조 최적화(Cell Tap 등), 냉각수 조건 최적화, Gap filler/방열 패드 두께 최적화, Venting 위치 최적 선정 등

■ **구조 설계** : 경량화 및 사(死)공간 최소화, Cell 변형 및 파손 방지 설계, 하우징 사출 두께 최적화, 강성, NVH, 내구 및 피로, 충돌 및 충격 설계, 하우징에 대한 모달 해석(Modal Analysis) 등

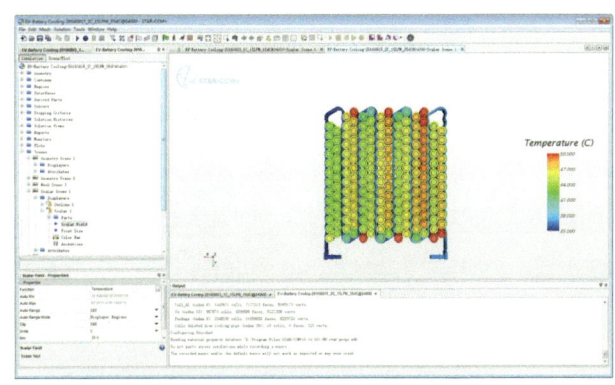

▲ 배터리 패키지 설계 사례

사출성형 해석

3D TIMON

개발 TORAY Engineering D Solutions,
www.3dtimon.com

자료 제공 씨에이프로, 02-2081-1870,
www.caepro.co.kr

TIMON(타이몬)은 'Toray Integrated Molding New System'이란 뜻으로, 일본의 TORAY사에서 개발한 사출성형 CAE 시스템이다.

3D TIMON은 Plastics 사출성형 전 과정을 완전 3차원 유한요소(Solid Element)를 이용하여 해석을 수행하는 세계 최초의 상용 시뮬레이션 소프트웨어로서, 정확한 해석결과를 제공한다. 아울러 성형불량의 예측, 대책의 검사, 신제품의 시작 횟수의 단축 등을 통한 비용절감을 가능케 하는 소프트웨어이다.

3D TIMON은 자동차, 전자, 전기 제품 등 거의 모든 분야에서 플라스틱 성형해석에 사용되고 있으며, 자동 메시(Mesh) 기능을 통해 생성된 솔리드 요소를 이용하여 유동, 보압, 냉각, 변형 및 섬유 배향 등을 해석할 수 있다. 특히 정밀하고 특수한 성형법(인서트 사출, 이색 사출, 다공정 복합 사출 등)에 대한 해석에 보다 큰 장점이 있다.

주요 특징

3D TIMON을 개발한 TORAY사는 일본의 종합화학 회사로서 엔지니어링 플라스틱 소재분만 아니라 복합재 분야에서 세계적으로 가장 높은 점유율을 가지고 있다. 그런 이유로, 3D TIMON은 복합재를 고려한 성형 해석에 높은 신뢰도를 확보하고 있으며 Short fiber, Long Fiber에 대한 일반사출 성형해석에서부터 Stampable sheet, SMC, BMC 등의 Compression Molding, 그리고 RTM Process에 이르기까지 복합재 성형 공정에 대한 토털 솔루션을 제공하고 있다.

주요 기능

간편한 자동 Mesh 기능 (Solid Element)

 - Mesh Parameter를 설정하는 것 만으로 자동적으로 Mesh를 생성

 - 다양한 요소를 자동으로 생성, 지원(Tetra, Hexa, Prism)

Light 3D Solver (US Patent : 6161057)

 - Single layer mesh의 두께 방향으로 가상의 20개 내부 연산점을 자동으로 생성

 - 유효한 해석 결과를 얻기 위한 Mesh 수를 극단적으로 줄일 수 있음(타사대비 1/20 요소 수)

 - 대형 제품 및 얇은 제품에 대한 쉬운 자동 Mesh와 높은 해석 정확도를 제공

빠른 해석 속도

 - CAD 품질에 관계없이 빠르고 강인한 Mesh 및 해석 속도(타사 대비 1/37시간)

 - 효율적인 유동해석 알고리즘(US Patent : 5835379)

 - 높은 사양의 Computing 환경을 요구하지 않음

해석 정확도

 - 일반 유동 및 변형 해석에 대해 높은 해석 정확도 제공

 - Mechanical Properties(Bending Modulus)

 - Fiber Orientation DFS(Direct Fiber Simulation)

- 복합재의 거동을 직접적으로 해석(여러 개의 Node를 가진 Beam으로 표현)
- 복합재의 Bending, Breaking 현상 및 밀도 등을 정밀하게 모사
- 사출 및 Composite Press 지원

다양한 요소 Type에 대한 해석 지원

- 솔리드 요소를 사용한 해석뿐만 아니라 Hybrid (Shell+Solid) 요소도 해석 가능
- 2.5차원 해석에서 유동 Conductance을 Solid 요소로 확장하여 단층 솔리드 요소의 해석도 가능

용이한 구조해석과의 인터페이스

- 구조해석 전용 소프트웨어와 손쉽게 연계하여 복잡한 현상을 보다 현실적이고 정확하게 해석 가능
- 섬유 배향, 재료 이방성, 잔류응력, 변형결과 등
- ANSYS, ABAQUS, NASTRAN

다양한 복합재 성형공정에 대한 정밀해석 가능

- Insert(인서트) : 인서트가 포함된 제품에 대한 사출성형 해석
- SMC 공법에서의 인서트 해석 지원
- Multi(이색 사출) : 복합성형(2색 성형) 해석
- Composite Press: 열가소성 소재를 사용한 스탬핑 성형
- RTM: RTM 함침 3D 해석
- 탄소섬유기재(섬유의 방향 Vf)에 따른 함침 특성 측정 서비스 제공

도입 효과

양질의 제품을 얻기 위해서는 최적의 제품구조와 Delivery System(게이트, 런너 디자인) 등이 필요하며, 특히 기능성 자동차 부품, 정밀 부품, 광학 부품 등의 설계에 '3차원 성형해석 기법'을 이용하여 단기간에 설계 최적화를 이룰 수 있다.

일반적인 해석 결과뿐만 아니라 제품의 내부에서 발생하는 현상과 이에 관련되는 물성 변화(예: 잔류응력 변화, 제품 내부의 온도/압력/수축 변화)까지도 파악할 수 있으므로, 문제 발생 시 원인을 손쉽고 정확하게 판단하여 단기간에 대책을 세울 수 있는 데이터를 제공한다.

마지막으로, 개발 경험이 없고 신기술이 적용되는 복합재 성형 공법(SMC, BMC, RTM)에 대해서도 이미 선진의 기술이 적용된 신뢰도 있는 결과를 통해 신제품, 신공정 개발 기간을 단축할 수 있다.

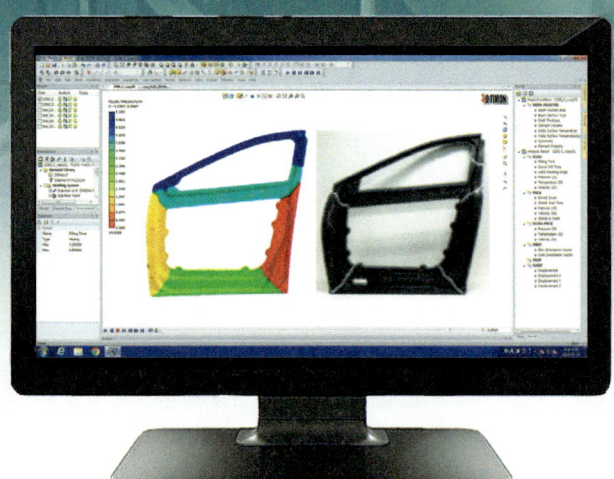
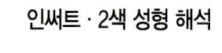
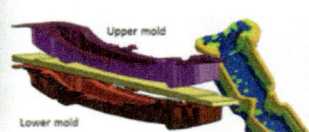
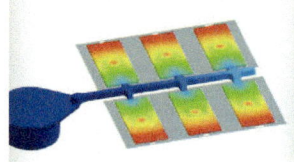

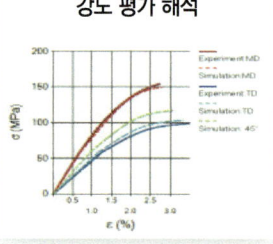

구조 / 유동 / 동역학 / 주조 / 사출성형 /
소성가공 등 해석 서비스

중소기업을 위한 웹 기반 CAE 서비스 시스템

개발 한국생산기술연구원, www.kitech.re.kr /
한국기계산업진흥회, http://jejoup.kr

자료 제공 한국생산기술연구원, 041-589-8114,
www.kitech.re.kr

Internet Simulation Center

한국생산기술연구원은 2009년부터 정부의 보조금 사업 수행을 통해 클러스터 컴퓨터로 구성된 서버에 뿌리분야의 생산방안 검증(주조, 사출, 소성가공), 제조기업의 성능 검증(구조, 유동, 동역학) 콘텐츠를 구축했다.

한국기계산업진흥회에서는 이 콘텐츠의 보급 확산을 위한 컨설팅과 교육을 담당하고 있다.

주요 특징

- 다수의 제조기업이 동시에 활용가능한 '웹 기반 시뮬레이션 서비스 시스템'을 구축하고 서비스함으로써 불량률 감소 등 제조업의 생산성 향상에 기여
- 사용자의 컴퓨터에 CAE 소프트웨어를 인스톨해서 쓰지 않고, 홈페이지를 통해 회원가입을 한 후 필요할 때마다 접속하여 프로그램을 실행
- 클러스터 컴퓨터에 의한 계산 지원으로 고성능의 하드웨어를 구축할 필요 없음
- 간편화된 UI의 채택으로 보다 쉽게 사용이 가능하도록 구성하였고, 무상으로 소프트웨어의 활용을 서비스
- 정부 보조금 사업이 지원되는 동안 지속적인 무상지원 예정

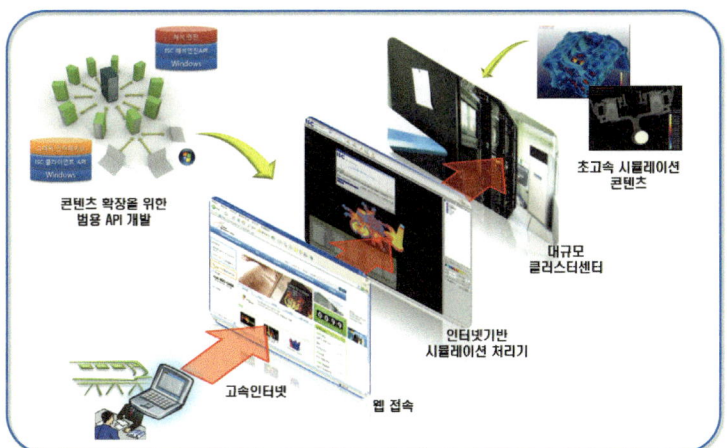

지원 효과(2014년부터 2020년까지)

- 소프트웨어 활용 교육생 5,631명(집체교육 1,513명, 온라인 4,247명)
- 전문가 해석 컨설팅 348개사 지원을 통한 1,375억 2400만원 경제성 효과 달성
- 해석 기술 전문인력 40명 배출

멀티피직스 해석

3DEXPERIENCE Works Simulation

개발 Dassault Systemes, www.3ds.com

자료 제공 메이븐, 02-852-2555, www.swmaven.co.kr / 노드데이타, 02-595-4450, www.nodedata.com / 브이피케이,
02-6230-7200, plm.vpkcorp.com / 케이앤솔루션, 031-216-7280, www.kns2.co.kr

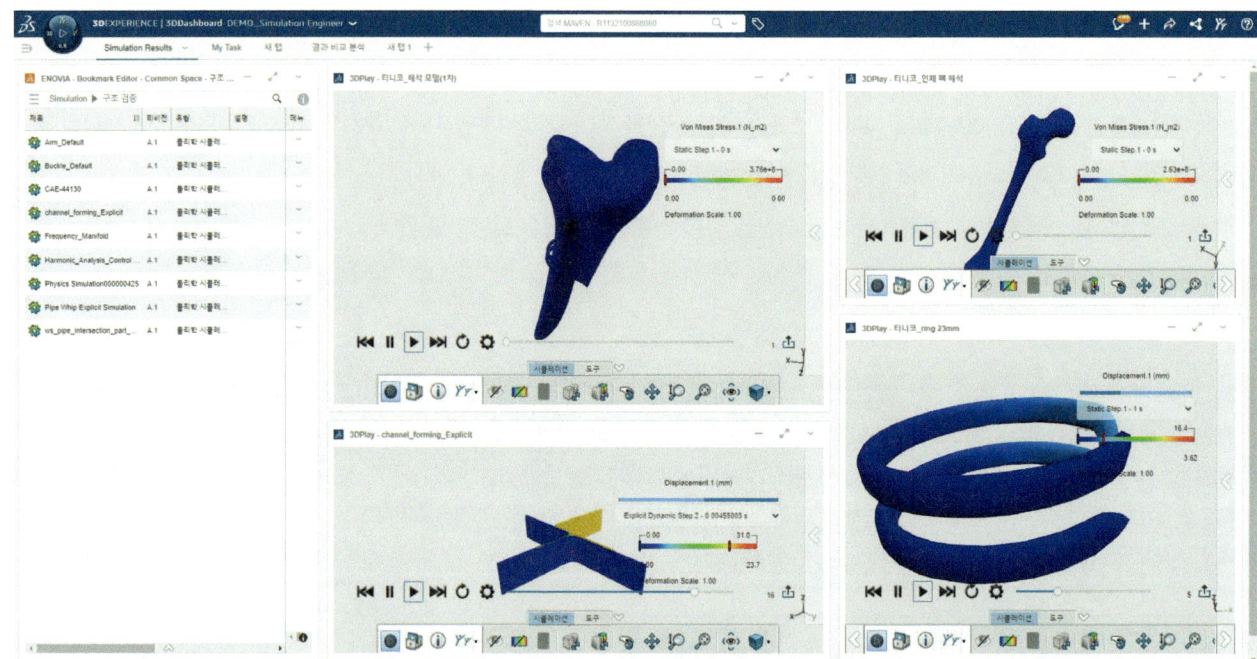

3DEXPERIENCE Works는 제품 설계에서 제조까지 전 과정을 하나의 플랫폼에서 처리 가능한 클라우드 솔루션이다. 3DEXPERIENCE Works의 포트폴리오 중 Simulation 제품은 Abaqus의 유한 요소 해석 솔버를 기반으로 한 클라우드 구조, 유동, 사출해석 솔루션이다.

주요 특징

3DEXPERIENCE Works Simulation은 클라우드 기반 3DEXPERIENCE 플랫폼에서 구동되며, 높은 성능과 연결성 그리고 협업 기능을 갖춘 시뮬레이션 솔루션이다.

Abaqus 솔버 기술이 내장되어 있어 간단한 선형 정적 해석에서 복잡한 비선형 낙하 테스트와 충격 해석에 이르기까지 모든 구조적 해석 작업을 수행할 수 있다.

3DEXPERIENCE 플랫폼으로 팀원들과 웹 브라우저를 통해 어디서든지 3D 시뮬레이션 결과를 공유하고 시각화하여 실시간으로 협업할 수 있다. 또한 작업을 쉽게 생성 및 할당하고 여러 프로젝트를 관리하여 프로젝트 속도를 높일 수 있다.

주요 기능

3DEXPERIENCE Works Simulation은 해석 종류별 Role을 구성하고 있다.

구조해석(FEA)

설계 결정을 안내하고 제품 성능과 품질을 향상하는 포괄적

인 구조 분석 솔루션 세트이다.

■ 시뮬레이션을 사용하여 광범위한 하중 조건에서 제품의 구조적 성능 평가
■ 직관적인 인터페이스 내에서 강력한 시뮬레이션 기술을 이용하여 3DEXPERIENCE에서 고유한 설계 워크플로 제공
■ 단일 부품에 대한 단순한 선형 분석에서 접촉/기타 비선형성을 가진 전체 어셈블리의 완전한 시뮬레이션에 이르기까지 다양한 기능 제공

CFD(전산유체역학)

유체 흐름 및 열전달 시뮬레이션을 수행하여 설계 품질을 향상하고 제조 문제를 방지한다.

■ 제품의 유체 흐름 및 열 성능을 탐구하여 제품 혁신을 가속화
■ 직관적인 인터페이스 내에서 3DEXPERIENCE에서 고유한 설계 워크플로 제공
■ 제품의 정상 상태와 긴 과도 흐름, 그리고 열 동작을 쉽게 예측할 수 있는 다양한 기능 제공
■ 완전히 통합된 협업 다분야 환경

플라스틱 사출

제품 개발 프로세스 초기에 사출 성형 파트 설계를 검증하고 최적화한다.

■ 사출 성형 파트 설계와 툴링의 제조 접합성과 품질을 가상으로 평가
■ 사용하기 쉬운 시뮬레이션을 활용하여 개발 시간과 비용을 절감
■ 여러 산업, 재료, 워크플로의 필요를 해결하는 하나의 애플리케이션
■ 적시에 적합한 기술 정보를 확보하기 위한 금형 냉각 시스템 설계의 효과 평가

시뮬레이션 검토

3DDashboard를 통해 조직 전반에서 협업을 통한 의사 결정을 촉진하여 설계 대안 간의 상쇄를 검토, 비교 및 수행한다.

■ 설계 대안의 성능 지표를 비교하고 여러 개의 기준이 있는 의사 결정 방법을 사용하여 요구 사항에 맞게 설계 순위를 정함으로써 최적의 설계를 빠르게 선택
■ 상충하는 목표와 제약 조건의 상쇄
■ 대화형 후처리를 위해 3DDashboard에서 시뮬레이션 데이터 시각화

고객 사례

티니코는 생체 의료용 초탄성 금속 소재 회사이다. 형상 소재 합금인 '니티놀' 소재를 국산화한 기업으로, 2011년 강앤박메티컬로 시작해 2020년 티니코로 상호를 변경했다. 2020년 6월부터 전력핵심소재 자립화 기술 개발에 나서기도 하는 등 산업용 및 의료용 제품을 제조하고 있다.

당면 과제

■ 의료기기 제품 개발 과정에 임상 시험에 드는 고가의 비용과 긴 시간 소요에 대한 부담
■ 제품 문제 발생 시 원인 분석 및 최적화 개발 어려움

도입 솔루션

■ 3DEXPERIENCE Works Simulation

도입 결과

■ 모델링에서 해석이 바로 가능한 워크플로 구축
■ 언제 어디서나 협업할 수 있는 체계 마련
■ 현업의 역량 강화를 위한 시간과 모티브 제공

유동 해석

6SigmaDCX

개발   Future Facilites, www.futurefacilities.com

자료 제공   신한무역, 031-714-6303, http://shtrd.co.kr

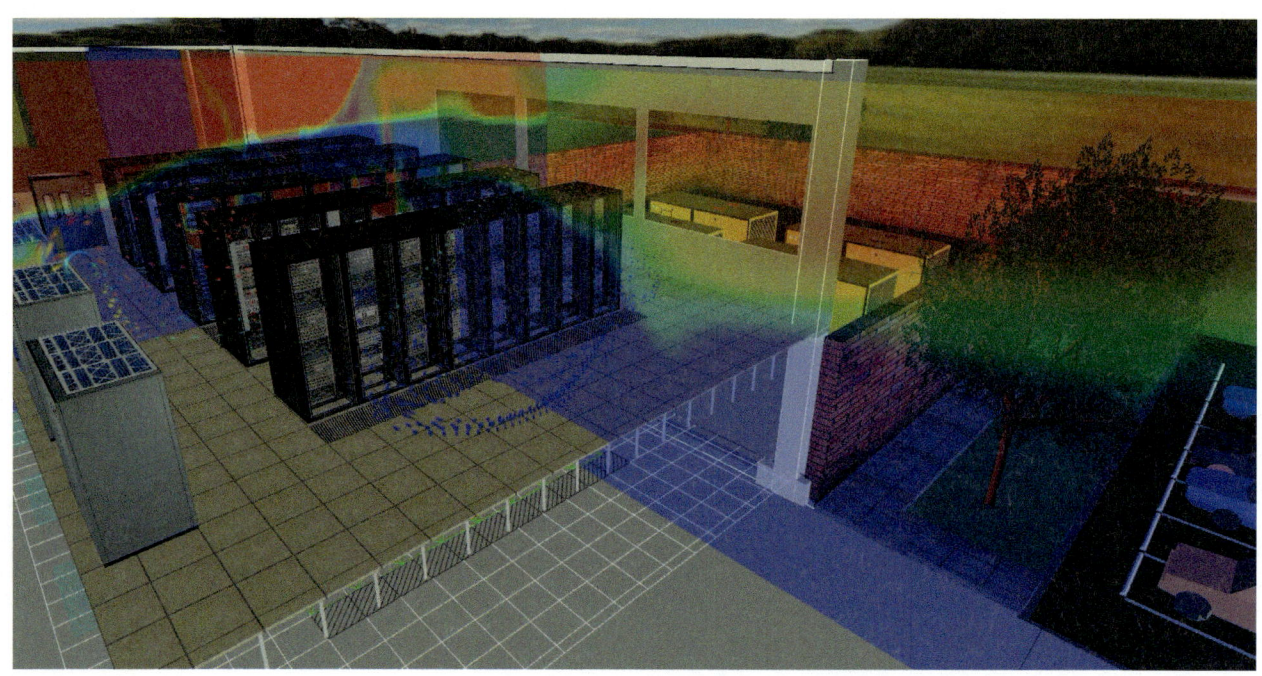

현대 산업 환경에서 데이터 센터는 가장 중요한 요소가 되었다. 이에 따라 데이터 센터의 가용성을 증대하는 것은 매우 중요한 과제이다. 또한 사업성에 따라 유연하게 변경 가능하고 성능을 높일 수 있도록 변화하려면 이에 따르는 위험을 반드시 확인해야 한다. IT 자산관리, 배치 계획, 전력, 환경 등 가용한 모든 정보를 반영하여 작은 변화에 대해서도 대비할 수 있다.

6SigmaDCX는 고객의 요구를 충족시키고 예측 가능한 운영을 위해 데이터 센터 산업을 위해 개발된 솔루션이다. 주요 특장점은 다음과 같다.

사용자 친화적인 데이터 센터를 위한 모델링

사용자가 쉽게 조작할 수 있도록 개발진의 경험과 노하우를 6SigmaDCX의 자동화에 집중했다. 사용자는 마법사의 안내에 따라 지능형 개체 모델을 손쉽게 생성하고 계산 버튼만 누르면 다양한 시뮬레이션 결과를 얻을 수 있다. 수십 혹은 수백개의 랙과 ACU에 대한 정확한 모델링을 적용하기는 쉽지 않다. 하지만 캐비닛, 서버, CRAC, PDU, 그릴 등 4500개 이상의 데이터 센터 라이브러리를 보유하여 보다 신속하고 정확히 모델링할 수 있다.

직/간접 외기 도입형 데이터 센터를 고려하여 외기 온도 및 습도에 따른 변화도 계산 가능하다. 또한 냉각탑, 태양열 부하, 계절풍 등의 외풍, 발전기 배기 가스 오염도 등 다양한 영향에 대비할 수 있다.

호환성

데이터 센터 설계를 위해서는 다양한 설계 도구와의 호환 그리고 다른 부서와의 협업이 필수적이다. 기존 2D 도면 및 3D 형상을 이용할 수 있으며, 완성된 모델링을 2D로 내보낼 수 있다. 그리고 15개 이상의 DCIM 툴과 동기화가 가능하여 모델을 항상 최신 상태로 유지할 수 있다. DCIM이 아니더라도 CSV 형태로 매핑 마법사를 통해 장비 정보를 불러올 수 있다. 또한 BIM(빌딩정보모델링)을 바로 불러와 신속히 모델링을 구현할 수 있다. 1D 시뮬레이션인 Flownex와 연동하여 해석 수행도 가능하다.

격자생성 및 솔버

격자 형태 중 수치적으로 가장 안정적이며 효율적인 Cartesian 격자를 사용한다. 그리고 이를 활용하여 복잡한 형상에 대한 격자를 효율적으로 생성하도록 자체 개발한 격자 시스템을 적용했다. 이를 통해 정확도와 속도를 최대화할 수 있다. 또한 사용자의 설정이 없어도 자체 내장된 격자 규칙이 개체 기반으로 동작하여 필요한 격자를 적재적소에 자동으로 생성한다. 따라서 한번의 클릭으로 누구나 최적화된 격자를 생성할 수 있다.

솔버는 지난 15년 이상 데이터 센터 해석을 위해 특화되어 개발되어 왔다. 고유의 격자 시스템과 병렬처리 기술을 접목하여 탁월한 속도로 해석하는 솔루션을 제공한다.

최대 128Core까지 병렬 처리를 지원하며, 다양한 플랫폼 (Local PC, HPC, Cloud 등)으로 해석을 진행할 수 있다.

냉각 솔루션을 위한 제어

데이터 센터 내 유속, 압력, 온도, 습도 제어를 통해 설비를 변경하지 않고 제어 전략을 수정하는 것 만으로도 Room 내의 냉각효율을 높이고 PUE를 감소시켜 에너지 비용을 절감할 수 있다. 데이터 센터 내 냉방기, 댐퍼, 팬 등의 개별 개체에 대한 제어가 가능하며, 여러 개체에 대한 그룹제어도 가능하다. 그리고 제어기를 여러 개 추가하여 고급제어도 가능하다. 이를 통해 최적의 제어 전략을 미리 검증할 수 있다. 머신러닝 및 AI 등 사용자 고유의 제어 알고리즘을 적용할 수 있다.

후처리 기능

데이터 센터 내 그림자 및 광 표현을 통해 모델을 보다 사실적으로 표현할 수 있을 뿐만 아니라 60fps를 지원하여 복잡한 모델을 보다 자연스럽게 컨트롤할 수 있다. 구성한 모델을 오큘러스 리프트 장치를 통해 VR로 체험할 수 있다.

미리 구성되어 있는 뷰를 통해 복잡한 데이터 센터 내 IT 장비 온도, 그릴 유량, 이중마루 압력 분포 등을 한번의 클릭으로 쉽게 생성할 수 있다. 또한 The Green Grid에서 제시한 데이터 센터의 냉각 성능을 보다 폭넓게 이해하기 위한 새로운 지표인 PI도 제공한다.

지금까지의 데이터 센터 설계는 축적된 경험에 의존할 수밖에 없었다. 데이터 센터 설계에 필요한 기술의 혁신이 가속화됨에 따라 더더욱 경험에만 설계를 의존할 수는 없다. 설계 단계에서 시뮬레이션을 적용한다면 데이터 센터 구축 후 시험 단계에서 발생할 수 있는 예상치 못한 문제들에 대한 사전 대책 수립이 가능하다. 신규 데이터 센터를 설계하는 것이든, 기존의 Room을 확장 및 개선하는 것이든 6SigmaDCX를 통해 제대로 설계안이 수립되었는지 미리 검증할 수 있다.

유동 해석

6SigmaET

개발 Future Facilities, www.6Sigma.info

자료 제공 신한무역, 031-714-6303, www.shtrd.co.kr

열을 관리한다는 것은 부품의 과열을 방지하는 것 이상을 의미한다. 효과적인 열설계는 제품의 신뢰성, 효율성, 무게 그리고 장치의 소음에 이르기까지 모든 부분에 영향을 끼친다. 결국 제품의 성능과 신뢰성을 극대화하기 위해서는 제품 설계 초반에 열 설계가 고려되어야 한다. 6SigmaET는 첨단 CFD 기법이 적용된 전기/전자 전용 열 해석 소프트웨어이다. 지능적인 모델링 기법, 제품에 맞는 최적화된 자동격자 생성, 복잡한 CAD 모델 활용, 빠른 계산 속도 등 사용자의 요구사항을 충족시켜 열 설계 문제를 해결할 수 있도록 도움을 줄 것이다. 6SigmaET의 주요 특장점은 다음과 같다.

사용자 친화적인 인터페이스

직관적인 유저 인터페이스와 전자장비에서 자주 사용되는 개체들에 대한 지능형 모델링 매크로를 통해 빠르고 쉽게 모델을 생성할 수 있고 개체 간 종속관계 기능을 통해 설계변경 시 원하는 모델링을 빠르게 적용할 수 있다. 그리고 리본 메뉴를 통해서 모델링, 해석, 분석도구에 쉽게 접근이 가능하다.

다양한 설계변수에 대한 해석 및 최적화를 마법사 형태로 진행할 수 있으며, 결과에 대한 다양한 분석차트를 제공한다. 또한 하나의 프로젝트에 다양한 설계 변경안을 체계적으로 정리할 수 있다.

MCAD, ECAD, 다른 CFD와의 호환성

기존의 디자인 도구들과 연동하여 사용할 수 있다. 다양한 3D CAD에서 추출한 중립 포맷의 형상정보를 사용할 수 있다. 또한 불러온 형상정보는 자동으로 6SigmaET 개체로 변환하여 모델 자유도를 높일 수 있다. IDF, IDX, XFL, ODB++, IPC-2581 등의 ECAD 파일 포맷을 활용할 수 있다. 지능적인 PCB 처리기법을 통하여 효율적인 모델링이 가능하고 정확한 해석 결과를 얻을 수 있다.

전자제품 열해석의 중립 포맷인 ECXML을 지원한다. 이를 통해서 Icepak, FloTherm과 모델을 서로 호환하여 사용할 수 있다.

격자생성 및 솔버

격자 형태 중 수치적으로 가장 안정적이며 효율적인 Cartesian 격자를 사용한다. 그리고 이를 활용하여 복잡한 형상에 대한 격자를 효율적으로 생성하기 위한 자체 개발한 격자 시스템을 적용하였다. 이를 통해 정확도와 속도를 최대화할 수 있다. 또한 사용자의 설정이 없어도 자체 내장된 격자 규칙이 개체 기반으로 동작하여 필요한 격자를 적재적소에 자동으로 생성한다. 따라서 한번의 클릭으로 누구나 최적화된 격자를 생성할 수 있다.

솔버는 지난 10년 이상 전자 제품만을 위해 특화되어 개발되어 왔다. 고유의 격자 시스템과 병렬처리 기술을 접목하여 탁월한 속도로 해석하는 솔루션을 제공한다. 최대 128Core까지 병렬 처리를 지원하며, 다양한 플랫폼(Local PC, HPC, Cloud 등)으로 해석을 진행할 수 있다.

Power 및 유량 제어

프로세서의 성능을 최대화하기 위해 Power 제어를 한다. 다양한 Power 곡선을 접목하여 온도에 따른 Power 제어를 고려할 수 있다. 또한 유저 스크립트를 통해 사용자만의 고유한 파워 제어 로직 설계를 반영할 수 있다.

온도, 압력센서를 이용한 Fan 유량, Vent 개구율 등의 피드백 제어 모델링이 가능하다. 각종 유량 제어 설계 전략을 간편하게 모델링하고 해석할 수 있다.

후처리 기능

6SigmaET의 그림자 및 광 표현을 통해 모델을 보다 사실적으로 표현할 수 있을 뿐만 아니라 60fps를 지원하여 복잡한 모델을 보다 자연스럽게 컨트롤 할 수 있다. 또한 VR 뷰를 제공하여 장비의 온도 및 공기 흐름을 보다 시각적으로 확인할 수 있다.

해석결과 레포트를 기존의 템플릿을 활용하여 작성할 수 있을 뿐만 아니라 유저가 직접 레이아웃을 구성하여 워드 프로세싱 툴로 보고서를 자동으로 생성할 수 있다.

전자제품은 날이 갈수록 경박단소해지고 발열량이 증가하는 추세에 있다. 제품 개발 최종 단계에서 Heatsink나 Fan과 같은 냉각솔루션을 추가하여 열 문제를 해결하려 한다. 하지만 초기 열설계가 올바로 진행되었다면 불필요한 솔루션일 수 있다.

전자제품은 적기에 시장에 출시하는 것이 무엇보다 중요하며, 이로 인해 개발 기간 단축과 개발 비용 절감을 위해 제품 초기 단계에서부터 CFD를 이용한 열설계가 필요하다. 전문가가 아닌 일반 설계자가 사용할 수 있는 쉽고 빠른 해석 툴이 필요하며 6SigmaET는 이러한 요구에 정확히 부합하는 전자장비 전용 열설계 소프트웨어이다.

입자 해석

Rocky DEM

개발 ESSS, https://rocky.esss.co

자료 제공 센투스, 02-783-2011,www.centus.co.kr

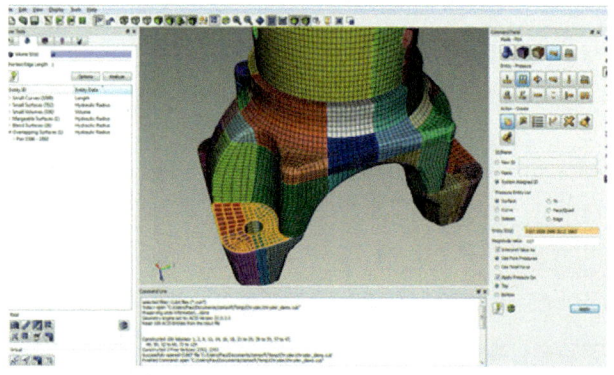

　Rocky DEM은 이산요소법으로 석탄,자갈,알약 등을 입자로 가정하고 입자의 거동을 계산하는 방법이다. 농업, 광업, 제약, 건설 분야 등 다양한 산업 현장에서 사용되고 있다.

주요 특징

■ **Particle Shape** : 구형, 비구형, Shell, Fiber 입자를 쉽게 구현이 가능하며, CAD 생성 입자 및 스캐너를 통해 입자 생성이 가능하다.
■ **Particle Breakage** : 입자 파손 후 질량 및 부피가 보존되며, 다양한 파손 모델을 지원한다.
■ **Multi Body Motion** : 기본적으로 지원하는 모션을 통해 단일 모션 및 다중 모션 구현이 가능하다.
■ **CPU, GPU, Multi-GPU** : 대량입자 해석을 위해 CPU뿐만 아니라 GPU, Multi-GPU 사용이 가능하여 시간 단축이 가능하다.

전처리

Coreform CUBIT

개발 Coreform, www.coreform.com

자료 제공 센투스, 02-783-2011,www.centus.co.kr

　CUBIT은 복잡한 FEA 및 CFD 해석을 위한 최고급 Pre-Processor로, 다양한 형상에 대한 고품질의 격자 생성을 지원하여 해석 시간 절감, 신뢰성 있는 해석 결과를 도출할 수 있다.

주요 특징

■ Semi-automated Hex meshing
■ Expert-level mesh control
■ Scripting & automation

주요 기능

■ CAD Import & Export / create & modify
■ Auto-heal dirty CAD
■ Imprint & merge / Smart defeaturing

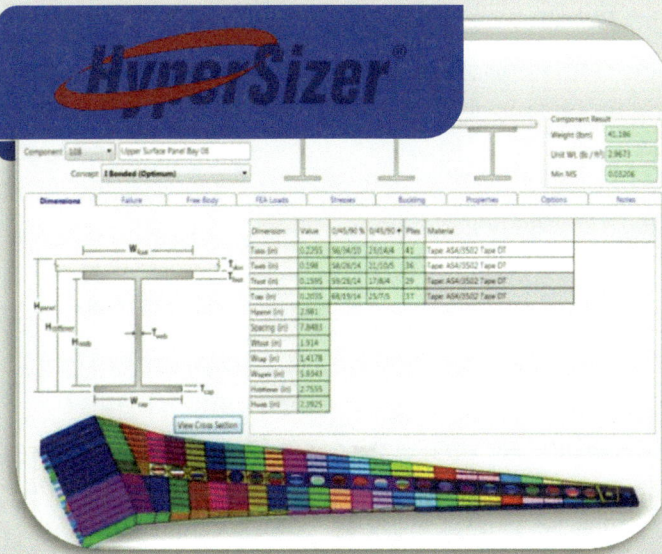

유동 해석

NFLOW

개발 및 자료 제공   이에이트, 02-6410-2800, www.e8ight.co.kr

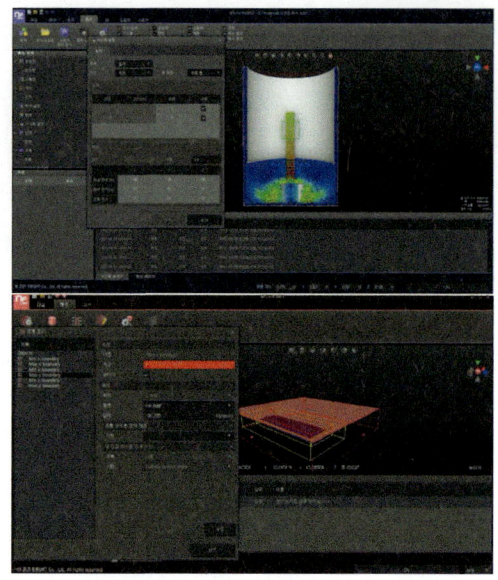

NFLOW는 이에이트가 순수 국내 기술로 개발한 SPH(Smoothed Particle Hydrodynamics) 및 LBM(Lattice Boltzmann Method) 이론을 기반으로 유체의 움직임을 계산, 분석, 예측하는 시뮬레이션 소프트웨어로, 4차 산업혁명 기술의 핵심인 데이터 기반의 디지털화를 통한 디지털 트윈(Digital Twin) 구현의 핵심 기술이다.

기존의 외산 솔루션과 차별화(Easy, Fast, Flexible, Efficiency)되는 기술을 가졌으며, 시뮬레이션 전 분야에서 사용 가능하고, 제품 설계부터 검증까지 모든 단계에서 고객이 원하는 서비스를 제공한다.

주요 특징

■ **다상(Multi-phase) 유동 해석** : 서로 다른 밀도를 지닌 유체 입자들의 상호작용 과정과 흐름을 해석 가능
■ **입자 방식의 처리 알고리즘** : 각 입자의 위치에 따라 변동성을 갖는 이웃 입자들을 방정식 기반으로 빠르게 탐색하여 주변 입자를 찾을 수 있는 고유 알고리즘을 가짐
■ **GPGPU 사용으로 빠른 해석 속도 제공** : Multi-GPU 기술은 다중 그래픽 처리장치를 사용하여 연산 속도를 크게 높이는 기술로, 기존 CPU 대비 약 8배 빠른 해석속도 보유
■ **Meshless 기반** : 직교격자 위 경계조건을 부여하여 구조물 형상을 반영하기 때문에 기존 CFD에 비해 전처리 과정이 간편하고 효율적임

주요 기능

■ 비압축성 유동
■ 비정상 상태 유동
■ 자유 표면 유동
■ 유체-구조 연성
■ 다중 GPU

■ 복합 열 전달
■ 난류 모델(LES, RANS)
■ 농도 확산 및 대류
■ 유체-분체 연동 해석
■ 다중 블록 구조 격자

도입 효과

■ 입자 수 제한 없이 대규모의 다양한 상황 해석 가능
■ 다상 유동 해석이 가능하여 복잡한 물리 현상 해석이 쉬움
■ 별도의 격자를 생성할 필요 없어 비전문가도 빠르게 유동 해석 가능
■ 3D modeling S/W와의 자유로운 호환
■ 고객 맞춤형 디지털 트윈 시뮬레이션 제품 공급

주요 고객 사이트

현대중공업, 한국수자원공사, 농어촌공사, 한국도로공사, 한국항공우주산업, 문화재청 국립부여문화재연구소, 다산컨설턴트 등

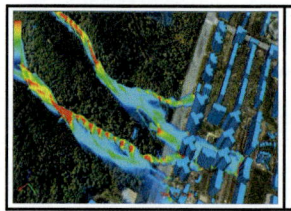

▲ SPH : 도심지 산사태   ▲ LBM : 푸드코트 내 HVAC 해석

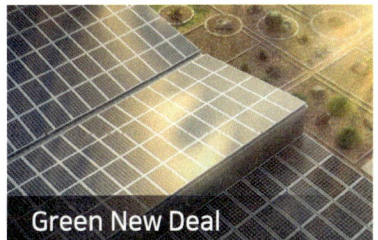

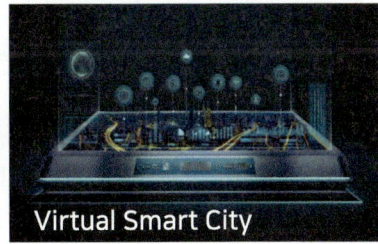

워크스테이션

HP Z4 G4 / HP Zbook studio G8

개발 HP, www.hp.com

자료 제공 HP코리아, 080-703-0706, www.hp.co.kr/workstations

HP는 전 세계 어디에서나 모든 사람들의 삶이 더 나아지도록 하는 기술을 만들고 있다. 이것이 곧 동기이자 영감이 되어 무에서 유를 창조하고 새로운 가치를 만들며 사람들이 놀랄 만한 경험과 제품, 서비스를 만들어내고 있다. HP는 오랫동안 국내 워크스테이션 시장 점유율 1위를 유지하고 있다. AI, 데이터 사이언스 시장과 함께 전문 설계, 디자인 크리에이터 시장을 중심으로 워크스테이션 시장을 선도하고 있다.

HP Z4 G4

방대한 데이터를 다양한 데이터 분석 도구와 개발자 유틸리티를 활용해서 추출부터 분석 및 시각화 등의 다양한 작업을 처리해야 하는 데이터 전문가에게는 강력하고 빠르면서 안정적인 시스템이 필수다. 물론 포토그래피, 그래픽 디자인, 동영상과 모션 그래픽, 3D & 비주얼 이펙트 분야에 종사하는 크리에이티브 전문가에 필요한 제품이다.

VR을 **활용한** 제품 개발, 렌더링, 표면작업과 시각화, **프로토**타입 시뮬레이션, 적층 가공, 3D 프린팅 등의 작업이 일상인 제품 개발자. 이런 전문가들의 작업에도 이런 조건은 공통으로 적용되며, Z4 G4는 그럴 때 최고의 선택이라 할 수 있다.

Z4 G4의 가장 큰 장점이자 특징은 최소 사양만 갖춰도 전문가 수준이면서, 필요에 따라 다양한 옵션을 통해 성능을 확장할 수 있다는 점이다. 작업 형태나 상황에 따라 적절한 시스템을 구성하고, 워크로드에 따라 맞춤형 솔루션을 구성할 수 있다.

따라서 비용을 효율적으로 사용하면서, 작업에 최적화된 시스템을 CPU, GPU, RAM, 스토리지 등의 교체 또는 업그레이드를 통해 유연하게 대처할 수 있다. 프로세서는 제온 W CPU(최대 18 Core), 메모리(RAM)은 192~256GB를 지원한다.

그래픽 프로세서는 엔비디아 쿼드로 RTX A6000(48GB) GPU를 2개까지 장착할 수 있다. 저장장치는 1TB 용량의 HP Z 터보 드라이브(Turbo Drive SSD)가 장착되며, 옵션으로 2TB 용량의 HP Z 터보 데이터 드라이브를 선택할 수 있다.

강력한 성능을 요구하는 워크스테이션인 만큼 안정적인 전원 공급을 위해 90%의 효율을 제공하는 1,000W의 전원 공급장치를 내장했다. 전용 듀얼 M.2 슬롯과 함께, 저장공간을 확장할 때 필요한 4개의 스토리지 베이를 사용할 수 있다. 메모리 슬롯은 8개, GPU 등을 장착하는데 필요한 PCIe 슬롯은 5개를 지원한다. 외부 입출력 단자는 모델에 따라 달라지는데, 프리미엄 버전의 경우 앞면에 2개의 USB-C와 2개의 USB 3.1 단자를 내장했다. 뒷면에 6개의 USB 3.1 단자, 2개의 유선 랜 포트, PS/2 마우스 및 키보드 단자. 오디오 입력 및 출력 단자 등이 탑재되어 있다. 출력 단자 등이 탑재되어 있다.

HP Zbook studio G8

ZBook Studio G8은 출장이나 외근 등의 이동 작업이 많은 크리에이티브 전문가, 제품 개발자, 건축가, 데이터 과학자나 분석가가 선택할 수 있는 최상의 모바일 워크스테이션이다. 사무실이 아닌 곳에 있다고 해서 성능과 안정성이 떨어지는 노트북 이나 모바일 워크스테이션을 사용할 필요는 없다. 강력한 성능, 편리한 휴대성, 세련된 디자인이라는 세 마리 토끼를 한 번에 잡은 Zbook Studio G8은 장소를 가리지 않는 유연하고 강력한 성능으로 밀리초(ms)당 8,500만 행의 데이터를 처리하는데 적합하다. 빠르고 효율적으로 데이터를 처리하려면 CPU와 GPU의 성능과 궁합이 무엇보다 중요하다.

ZBook Studio G8은 언제 어디서 어떤 데이터 작업을 하더라도, 빠르고 정확한 작업이 가능하도록 11세대 인텔 i7/i9 CPU를 지원한다. 그래픽 프로세서는 엔비디아 RTX A5000 (16GB), A4000(8GB), A3000(6GB), A2000(4GB) 와 엔

비디아 지포스 계열인 RTX3060(6GB), RTX3070(8GB), RTX 3080(16GB)을 탑재할 수 있기 때문에 강력한 GPU 파워가 필요한 모바일 워크스테이션으로서 활용 범위가 무궁무진하다. 사무실이나 연구실에서는 HP 드림컬러(DreamColor) 디스플레이 같은 전문가용 디스플레이를 연결하면, 데스크톱 워크스테이션 대용으로 활용하는데도 손색이 없다.

요즘처럼 재택 및 원격 근무가 일반화되고, 업무 특성상 현장 같은 엣지 환경에서 일할 일이 많다면, 일석이조의 효과를 얻을 수 있는 ZBook Studio G8이 최상의 선택이라 할 수 있다. 이를 통해 총소유 비용(TCO;Total Cost of Ownership)을 절감할 수 있다는 점도 장점으로 꼽을 수 있다. BIOS 수준에서 지원하는 전력 관리를 통해 전력 효율을 높이고, 액정 폴리머 팬과 3면 배기 시스템으로 구성된 고성능 냉각 솔루션, CPU와 GPU의 냉각 성능을 극대화한 베이퍼 챔버 적용으로, 어떤 작업에서도 발열을 억제해 최고의 성능을 낼 수 있는 것도 눈여겨 볼만하다.

가벼워진 1.81kg의 무게도 매력적이다. 아울러 타이핑 속도와 정확성을 높인 가위 구조의 키보드, 뱅 앤 올룹슨 (Bang & Olufsen)이 튜닝한 스피커, 빠르게 작업 상태로 들어갈 수 있는 대기 모드가 생산성을 높여 준다.

워크스테이션

델 프리시전 7920 타워 / 델 프리시전 7560

개발 Dell Technologies, www.delltechnologies.com

자료 제공 한국델테크놀로지스, www.delltechnologies.com/ko-kr/precision/index.htm

워크스테이션 업계를 선도하고 있는 '델 프리시전(Dell Precision)'은 데이터 집약적인 고난이도 그래픽 작업에 최적화된 워크스테이션 제품군으로, 응용 프로그램을 구동하는데 있어서 '성능'과 '안정성', 그리고 '사용자 경험'을 극대화하는데 초점을 두고 지속적으로 진화를 거듭하고 있다.

1997년 첫 모델이 출시된 이후, 20년 이상의 긴 역사 동안 혁신적인 디자인과 성능을 결합해 워크스테이션 시장을 이끌고 있는 델 테크놀로지스는 2017년 4분기부터 3년 이상 전세계 워크스테이션 점유율 1위(IDC 조사 기준)를 놓치지 않고 있다.

시장조사기관 IDC가 집계한 2020년 4분기 워크스테이션 시장조사(IDC Worldwide Quarterly Workstation Tracker)에 따르면, 델 테크놀로지스는 판매대수 기준으로 전년 동기 대비 38.8% 성장을 기록하며 점유율 48.37%로 국내 브랜드 워크스테이션 시장 1위를 차지한 바 있다.

델 테크놀로지스는 국내 워크스테이션의 전통적인 주력 시장인 디자인, 건축, 엔지니어링분 아니라, 디지털 컨텐츠 생산, 금융/헬스케어 시장에서의 애널리틱스, VR(가상현실)과 AR(혼합현실) 등 타겟 시장을 다변화하며, 워크스테이션 시장을 확대하기 위해 노력하고 있다.

델 프리시전 7920 타워

델 프리시전 7920 타워(Dell Precision 7920 Tower)는 고급 공학, 시뮬레이션 및 재무회계, 대규모 데이터 세트의 과학적 분석에서 최대의 성능을 발휘할 수 있는 대표적인 워크스테이션 제품이다. 다양한 CAE 애플리케이션에 맞게 확장 가능한 성능으로 부품 설계 향상 및 출시 시간을 단축할 수 있는 고성능 워크스테이션으로 디지털 트윈, 다중 물리, 최적화 및 생성 설계와 같은 CAE의 새로운 패러다임을 지원할 수 있는 최고의 성능을 제공한다.

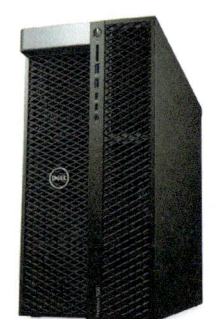

이 제품은 프로세서당 최대 28코어 듀얼 인텔 제온 프로세서(통합 최대 56코어), 최대 3TB 메모리를 지원하는 강력한 성능과 AI 기반 델 옵티마이저 포 프리시전 및 델 RMT 기술로 안정적인 작업 처리가 가능하다.

이 제품은 최신 10세대 인텔 제온 Cascade Lake-SP Refresh 프로세서를 탑재하여 인텔 아키텍처의 성능과 관리 용이성, 탁월한 보안 기능 및 안정성을 제공하고, 최대 3TB의 2666MHz RDIMM/LRDIMM 확장 가능한 메모리(듀얼 프로세서 필요)를 사용하여 워크플로우를 가속화할 수 있으며, 고급 냉각 기능과 낮은 소음을 위한 멀티채널 방열 설계를 적용해 높은 워크로드에도 전체 시스템 온도를 낮추고 조용한 작업이 가능하다. 아울러, 최대 10개의 2.5"/3.5" SATA/SAS 드라이브 또는 최대 4개의 M.2나 U.2 PCIe NVMe SSD 사용이 가능한 새로운 FlexBay 설계를 적용해 사용자가 보다 유연하게 작업할 수 있다.

델 프리시전 7920 타워는 차세대 AMD 라데온 프로(Radeon Pro)와 고성능 엔비디아 RTX(NVIDIA RTX) 그래픽이 탑재되어 가상현실 워크플로우를 비롯한 복잡한 프로젝트에 원활히 사용할 수 있다. 또한, 최대 900W의 그래픽 성능을 지원해 최대 3개의 두 배 너비 그래픽 카드에 각각 최대 300W의 전력을 공급할 수 있다.

특히, 이 제품에는 AI 기반의 내장형 소프트웨어인 '델 옵티마이저(Dell Optimizer)'가 탑재되어 있다. 이는 디바이스 스스로 사용자가 주로 사용하는 애플리케이션의 동작을 학습해

소프트웨어를 구동하는데 최적화된 상태로 시스템을 자동 세팅함으로써 사용자가 중요한 작업에 더욱 몰입할 수 있도록 지원한다. 이를 통해 최대 394% 더 높은 성능을 발휘할 수 있으며, 편리한 시스템 관리 및 워크로드 진단을 포함한 시스템 분석이 가능하다.

아울러, 애플리케이션 실행 시 메모리 오류로 인한 시스템 다운을 효과적으로 제어할 수 있는 델의 특허 기술인 RMT(Reliable Memory Technology)가 적용되어 메모리 수명을 연장함과 동시에 작업 데이터를 보호하고 더욱 안전하게 사용할 수 있다.

델 프리시전 7560

델 프리시전 7560(Dell Precision 7560)은 강력한 성능과 확장성을 지원하는 15인치형 모바일 워크스테이션이다. 더 작고 가벼우면서도 고급스러워진 이 제품은 강력한 타워형을 대체할 만한 뛰어난 성능과 이동성의 균형을 제공한다.

이 제품은 최대 11세대 인텔 코어 또는 제온 v프로 프로세서를 탑재하여 인텔 아키텍처의 성능, 관리 용이성, 탁월한 보안 기능 및 안정성을 제공하며, 최대 16GB GDDR6 메모리의 엔비디아 RTX A5000(NVIDIA RTX A5000) 그래픽을 지원하여 3D CAD, 과학 애플리케이션, VR 및 AI 작업을 원활히 처리할 수 있다.

또한, 3200MHz에서 최대 128GB에 달하는, ECC 메모리 옵션을 포함하는 고속 메모리를 통해 워크플로우를 가속화하고 응답 시간을 단축할 수 있다. 최대 12TB의 고속 PCIe 스토리지로 작업한 설계물을 로컬 스토리지에 보관할 수 있으며, 2개의 Thunderbolt 4 포트, 2개의 USB 3.2, HDMI 2.1 및 mDP 1.4를 지원한다.

최대 UHD 반사 방지 HDR600 및 어도비(Adobe) RGB 100% 지원 패널 또는 FHD 반사 방지 DCI-P3 100% 지원 패널을 통해 시각적 몰입감을 극대화하며 언제 어디서나 높은 생산성을 유지할 수 있다.

이 제품은 사용자들이 가장 많이 사용하는 전문 애플리케이션들이 제품에서 원활히 작동되는지 테스트하는 ISV(Independent Software Vendor) 인증을 획득했으며, 모든 델 워크스테이션 제품과 마찬가지로 머신 러닝 기술을 기반으로 워크스테이션 성능을 자동으로 최적화하는 업계 유일의 AI 기반 최적화 소프트웨어인 '델 옵티마이저'의 프리시전 버전(Dell Optimizer for Precision)이 탑재되어 있다.

'델 옵티마이저(Dell Optimizer)'의 '익스프레스-리스폰스(ExpressResponse)' 기능은 사용자의 사용 패턴에 따라 지능적으로 애플리케이션 성능을 최적화하여 실행 속도, 구동 성능, 전환 속도를 향상시킨다. 가장 많이 사용하는 애플리케이션들을 자동으로 감지하나, 사용자가 원하는 최대 5개의 애플리케이션을 직접 선택하여 최적화할 수도 있다. '인텔리전트-오디오(Intelligent Audio)' 기능은 '조용한 방', '시끄러운 사무실', '다자간 회의', '녹음 스튜디오' 등 다양한 환경에 맞춰 소리 크기, 소음 수준, 이퀄라이제이션 및 반향을 제거하여 오디오를 최적화한다.

'익스프레스-차지(ExpressCharge)' 기능은 사용자의 배터리 및 시스템 데이터 등의 사용 패턴을 학습하여 사용자의 행동에 따라 지능적으로 배터리 성능을 향상시키고 구동 시간을 동적으로 연장한다. 함께 내장된 '익스프레스차지 부스트(ExpressCharge Boost)' 기능을 이용하면 단 20분 만에 35%까지 충전이 가능하다.

이 외에도 더 안전하고 간편한 로그인을 위한 '익스프레스 사인-인(ExpressSign-in)' 기능을 제공한다. 인텔 콘텍스트 센싱 기술(Intel Context Sensing Technology) 기술이 적용된 PC 근접 센서와 IR 카메라, 윈도우 헬로(Windows Hello)를 기반으로 사용자의 접근을 자동으로 인식하고 절전 모드를 해제한다.

아울러, 이 제품은 업계 유일의 메모리 오류 다운타임 방지 특허기술인 '델 RMT 프로(Reliable Memory Technology Pro)'를 지원해 예기치 못한 메모리 하드 에러로 인한 작업 중단을 방지할 수 있다.

워크스테이션

레노버 씽크스테이션 P620 / 씽크패드 P1 4세대

개발 Lenovo, www.lenovo.com

자료 제공 한국레노버, 02-6331-9449, www.lenovo.com/kr/ko/thinkworkstations

레노버 워크스테이션의 특장점

뛰어난 성능과 안정성, 다양한 ISV 인증을 제공하는 레노버 워크스테이션은 ▲제품 디자인 및 엔지니어링 분야 ▲의료 및 과학 분야 ▲건축 설계 및 건설 분야 ▲미디어 및 엔터테인먼트 분야 ▲오일 가스 및 에너지 분야 ▲인공지능 분야 등 방대한 데이터 처리를 요구하는 전문 분야에서 사용되고 있다.

레노버 워크스테이션은 일반 PC 대비 30% 향상된 3D 그래픽 작업 속도와 50% 향상된 CAD 속도를 제공한다(2018년 캐달리스트 발표). PC 리소스를 모니터링하고 우선 순위를 지정하는 레노버 퍼포먼스 튜너(Lenovo Performance Tuner) 기능을 통해 다양한 소프트웨어를 원활하게 사용할 수 있다.

또한 처음 3년간 상위 경쟁 업체 중에서 워크스테이션 수리율이 가장 낮은 것으로 조사되었다(2019년 TBR 조사). 전문 애플리케이션의 원활한 구동을 위해 어도비, 오토데스크, 아비드(AVID), 아비바(AVEVA), 다쏘시스템, 지멘스, 벤틀리 등 다양한 솔루션 업체들의 ISV 인증을 획득했다.

코로나19로 인한 업무환경 변화에 맞춰 원격 워크스테이션 솔루션 'TGX'를 제공, 언제 어디서나 뛰어난 성능과 짧은 대기시간, 확장성이 뛰어난 원격 업무 환경을 구축할 수 있다. 또한 타워형 워크스테이션인 '씽크스테이션(ThinkStation)' 라인업은 사용자의 환경에 따라 전면부에 저장장치를 구성할 수 있는 '플렉스 베이(Flex Bay)' 시스템을 제공하며, 세계 특허 인증을 받은 트라이 채널 쿨링 시스템을 통해 발열을 최소화하며 안정적인 성능을 구현한다.

레노버 씽크스테이션 P620

레노버 씽크스테이션 P620(ThinkStation P620)은 세계

최초로 AMD 라이젠 스레드리퍼 프로를 장착해 멀티스레드 워크로드(multi-thread workload)에 최적화된 성능과 다양한 전문 작업을 지원하는 워크스테이션이다.

최대 64코어를 탑재해 3D 애니메이션 합성, 편집, 렌더링부터 8K 영상 실시간 스트리밍, 3D 시뮬레이션 작업까지 단일 프로세서로 지원한다. 클럭 속도는 4.0GHz에 달해 멀티태스킹 능력을 향상시켰다. AMD와의 협업을 통해 개발한 공냉식 맞춤 설계 발열판은 고사양 프로그램 사용에도 발열을 최소화하고 성능을 최대로 끌어올린다.

이전 세대 대비 최대 6배 빠른 속도의 하이엔드급 그래픽카드인 엔비디아 RTX 8000을 최대 2개 장착할 수 있다. 또한 최근 출시된 엔비디아 RTX A6000 그래픽 카드도 지원하며 AMD 라데온 프로 그래픽 카드도 지원한다. 8개 채널을 지원하는 메모리 설계 구조를 통해 메모리 용량은 최대 1TB, 저장장치는 최대 20TB까지 확장 가능하다. 업계 최초로 최대 128 PCI 익스프레스 4세대(PCIe 4.0) 레인을 지원해 빠른 전송 속도로 그래픽카드와 저장장치 성능을 극대화한다. 10GB 이더넷을 활용한 신속한 온보드 연결 또한 가능하다.

씽크스테이션 P620은 데이터 보안을 중시하는 IT 기업에서 사용할 수 있도록 씽크쉴드(ThinkShield)와 씽크스테이션 진단 2.0(ThinkStation Diagnostics 2.0) 솔루션을 통해 디바이스와 데이터를 안전하게 보호한다. AMD 보안 프로세서는 데이터 및 애플리케이션 실행 전에 코드를 검증하며, AMD 메모리

가드(Memory Guard)는 전체 메모리를 암호화해 PC 분실 및 도난 등 물리적 공격으로부터 민감 데이터를 안전하게 보호한다.

레노버 씽크패드 P1 4세대

얇고 가벼운 탄소 소재를 활용해 17.7mm의 슬림한 두께와 1.81kg의 가벼운 무게로 제작된 씽크패드 P1 4세대(ThinkPad P1 Gen 4)는 데스크탑을 대체할 수 있는 업계 유일의 16인치 모바일 워크스테이션이다.

최신 11세대 인텔 코어 또는 제온 프로세서와 최대 엔비디아 RTX A5000 그래픽 카드를 탑재해 영상 편집을 비롯한 미디어&엔터테인먼트, 디자인, 건축 등 다양한 전문 분야의 고사양 프로그램을 원활하게 구동할 수 있다. 64GB의 메모리는 고사양을 필요로 하는 프로그램의 실행을 빠르게 지원하며, 최대 4TB 저장장치는 고용량의 작업물을 저장하는데 최적이다. 5G 통신을 지원해 초고속 데이터 전송 또한 가능하다.

최대 UHD+ 터치 디스플레이는 슬림한 베젤과 16대10 화면 비율로 하나의 화면에 더 많은 정보를 담아 정밀하고 편리한 영상 및 디자인 작업을 지원한다. HDR 400, 돌비 비전 HDR, 어도비 sRGB 100% 등 다양한 색 보정 옵션을 제공해 생생하고 선명한 비주얼을 경험할 수 있다. 서라운드 사운드 기술인 돌비 애트모스(Dolby Atmos)는 풍부하고 입체감 넘치는 오디오를 제공한다.

씽크패드 P1 4세대는 지문 인식 리더기, 물리적 카메라 커버 씽크셔터(ThinkShutter), 원격 관리 기능, 외부 침입 감지 시 자체 복구하는 자가복구 BIOS 기능 등 스마트 기술을 활용한 다양한 보안 기능을 제공해 간편하고 강력하게 디바이스와 데이터를 보호한다.

도입 효과

제품 디자인 및 엔지니어링 분야

영국 슈퍼카 브랜드 애스턴 마틴(Aston Martin)의 공식 워크스테이션 파트너로 자리매김한 레노버는 스타일링과 디자인, CAD, 엔지니어링 등 애스턴 마틴의 주요 업무를 지원한다. 애스턴 마틴의 디자인팀은 엔비디아 쿼드로 계열 GPU가 탑재된 레노버 워크스테이션을 사용해 디자인, 모델링, 렌더링 등 디자인 과정에서 필요한 모든 작업을 수행한다.

뛰어난 성능을 제공하는 레노버 워크스테이션은 연결부와 마감, 표면 등을 실제 제품처럼 거의 완벽하게 렌더링할 수 있으며, 오토스튜디오(Auto Studio)에서 필요한 데이터 파일을 불러오고 이미지를 제작한 후 포토샵을 통해 고객에게 공유하는 과정을 끊김 없이 지원한다. 또한 뛰어난 색상 보정 능력을 통해 디자인 팀의 시행착오를 줄여준다.

코로나19 확산으로 재택 근무가 이어지고 있음에도 불구하고 애스턴 마틴 직원들은 레노버의 모바일 워크스테이션을 활용해 장소에 구애 받지 않고 마이애미와 뉴욕에서의 건축 프로젝트, 프랑스 남부의 바이크 공장 건설, 에어버스(Airbus) 옥스포드 공장에서의 헬리콥터 조립 및 맞춤 제작 등 세계 전역에서의 프로젝트를 수행하고 있다.

제품 개발 분야

맞춤형 자전거 제조 업체 프레데터 사이클링(Predator Cycling)은 레노버 씽크스테이션 P620을 통해 맞춤형 자전거 제작부터 생산까지의 과정을 최적화하고 있다. 프리데터 사이클링은 고객이 자신에게 알맞은 부품과 마감재를 선택할 수 있도록 물리적 프로토타입을 제작해왔으나, 고가의 소재와 복잡한 디자인으로 인해 프로토타입 제작에 수개월이 걸리자 CFD 분석에 씽크스테이션 P620을 도입했다.

엔비디아 RTX A6000 그래픽카드와 AMD 스레드리퍼 프로 프로세서를 탑재한 레노버 씽크스테이션 P620은 복잡한 설계를 필요로 하는 모델도 실시간으로 시뮬레이션, 렌더링할 수 있으며, 록시온 키샷(Luxion Keyshot), 앤시스 디스커버리(Ansys Discovery), 앤시스 플루언트(ANSYS Fluent), 오토데스크 퓨전 360(AUTODESK FUSION 360) 등 주요 애플리케이션에서 최대 6배 향상된 성능을 제공한다.

이를 통해 프리데터 사이클링은 실시간으로 제작된 맞춤형 자전거 렌더링으로 고객의 빠른 피드백을 받고 테스트를 진행, 제품 출시까지 소요되는 기간을 12~16주 단축하고 경쟁력 있는 가격의 제품을 선보이고 있다.

경원테크

대표전화 031-706-2886

홈페이지 www.kw-tech.co.kr

사업분야 CAE 분야의 최적의 솔루션을 제공하는 통합 엔지니어링 회사

CAE 관련 취급 품목   K-SPEED, Simerics제품군(SimericsPD, SimericsMP, SimericsMP for Marine, SimericsMP for SOLIDWORKS), BarracudaVR, VizGlow, CFturbo, CAESES

기업소개   경원테크는 산업현장에서 발생하는 문제들에 대한 최적의 솔루션을 제공하는 통합 엔지니어링 회사를 목표로 설립되었고, 지금끼지 반도체, 디스플레이, 기계, 항공, 자동차 등 다양한 산업분야에서 열유동, 플라즈마 수치해석을 통해 국내 산업 발전에 기여하여 왔다. 그동안 산업현장에서 요구되어 온 해석 기술을 바탕으로 실제 제품의 설계 및 생산에 바로 적용할 수 있는 제품 개발 네트워크를 제공하고자 기술연구소를 설립하여 기술 인프라 구축과 최첨단 기술의 상용화에 노력하고 있다.

노드데이타

대표전화 02-595-4450

홈페이지 www.nodedata.com

사업분야 CAE 소프트웨어 공급 및 기술지원, 컨설팅

CAE 관련 취급 품목 3DEXPERIENCE, SOLIDWORKS, SIMULIA, ENOVIA, DELMIA, ABAQUES, CST

기업소개   노드데이타는 2004년 창립이래 SOLIDWORKS 3D CAD, SIMULATION, PDM/PLM 제품을 기반으로 고객에게 통합 제품 개발 환경을 제공, 구축하는 국내 최고의 다쏘시스템 SOLIDWORKS 파트너이다.

고객의 성공이 회사의 미래라는 이념하에 고객과 함께 동반성장하며 가치를 제공하고 있다.

넥스트폼

대표전화 070-8796-3019

홈페이지 www.nextfoam.co.kr

사업분야 전산유체역학 해석 소프트웨어 개발, 해석 및 컨설팅

CAE 관련 취급 품목 OpenFOAM, Meshless CFD FAMUS

기업소개   넥스트폼은 전산유체역학 기반의 기술전문 기업이다. CFD코드를 이용한 맞춤형 CFD 프로그램 개발, 오픈소스 프로그램 컨설팅, 해석 과정의 자동화, 최적화 알고리즘 적용 등의 업무를 수행한다. 또한 CFD 해석 용역, 교육 및 기술지원 등 엔지니어링 서비스를 제공한다.

직접 개발한 질점 기반의 무격자해석 기법을 이용한 무격자 해석 프로그램(FAMUS)을 판매하고 있다.

또한, 영상측량 기술을 이용한 목표물의 3차원 위치, 자세를 측정하고 분석하는 기술서비스를 제공한다.

다쏘시스템코리아

대표전화　02-3270-7800

홈페이지　www.3ds.com

사업분야　3D 모델링 설계 및 해석, Virtual Twin Platform 사업 등

CAE 관련 취급 품목　Abaqus, Tosca, Isight, fe-safe, CST Studio Suite, Simpack, wave6, PowerFLOW, Xflow / SOLIDWORKS Simulation, SOLIDWORKS Flow Simulation, SOLIDWORKS Plastics

기업소개　3DEXPERIENCE 플랫폼에서 구동되는 시뮬리아(SIMULIA)는 사실적인 시뮬레이션 애플리케이션을 제공하여 실제 프로토타입 제작 전 소재와 제품의 성능, 신뢰성, 안전성을 평가하는 과정을 가속화한다. 유한요소 해석, 다중 물리, 해석 수명주기 솔루션 등을 제공하고 있다. 솔리드웍스(SOLIDWORKS)는 다쏘시스템의 핵심 브랜드 중 하나로 SOLIDWORKS의 시뮬레이션 제품들은 구조, 유동, 사출성형 해석 등 전문 솔루션을 제공하여 설계자나 엔지니어들이 설계 후 즉시 해석 모델을 구성하고 제품 성능을 평가할 수 있는 통합 사용자 환경을 제공한다.

델타아이티

대표전화　02-866-2141

홈페이지　www.deltait.co.kr

사업분야　CAD 및 CAE소프트웨어 공급 및 기술지원, 컨설팅

CAE 관련 취급 품목　NX CAD 솔루션, FJVPS 가상시작검증 솔루션

기업소개　델타아이티(Deltait)는 3D CAD 및 생산부문에서 사용하는 가상시작검증 소프트웨어 FJVPS의 공급업체로서, 고객의 다양한 니즈에 맞춰 소프트웨어 판매뿐만 아니라 생산부문의 문서자동화 서비스도 제공하고 있다.

델타이에스

대표전화　070-8255-6001

대표전화　www.deltaes.co.kr

사업분야　CAE 소프트웨어, HW 공급 및 기술지원, 컨설팅

CAE 관련 취급 품목　Siemens Simcenter 제품군

SW : FLOEFD, Flotherm, Flotherm XT, Flomaster, Flovent, STAR-CCM+, 3D,

HW : POWERTESTER(600A, 1500A, 1800A, 2400A) , T3STER, DynTIM, TERALED…etc.

기업소개　델타이에스는 제품 개발을 위한 리버스 엔지니어링, 설계, 해석, 제작, 테스팅에 이르기까지 공학기반의 엔지니어링 컨설팅 및 기술용역 사업을 수행하고 있으며, 특히 CAD / CAM / CAE / CFD 등 PLM 전 과정의 VPD(virtual product development)를 구현할 수 있는 솔루션을 제공하고 있는 전문 기업이다.

디엔디이

대표전화 051-920-2480

홈페이지 www.dnde.co.kr

사업분야 CAE소프트웨어 공급 및 기술지원, 컨설팅, 교육

CAE 관련 취급 품목 ANSYS 제품군

기업소개 '사람중심의 기술을 추구하는 감성엔지니어링의 리더'

디엔디이는 창사 이래로 변화와 혁신을 추구하며 급변하는 산업추세에 발맞추어, 기존 제품 설계 프로세스 상에 시뮬레이션을 통합하여 디지털 회를 통해 플랜트/에너지, 조선해양, 자동차, 항공우주 등 다양한 산업분야의 시뮬레이션 서비스를 제공하는 엔지니어링 전문기업이다.

디엔디이는 감성엔지니어링의 리더로서 고객과의 융합과 소통을 통하여 고객과 함께 성장한다는 계획이다.

DEP 코리아

대표전화 02-3446-9290

홈페이지 www.depusa.com

사업분야 CAE소프트웨어 공급 및 기술지원, 컨설팅

CAE 관련 취급 품목 Meshworks

기업소개 1998년 미국 미시간에서 설립된 디이피(DEP, Detroit Engineered Products)는 자동차, 항공, 기계산업 분야의 혁신적 제품개발을 가능케 하는 컨설팅과 소프트웨어를 공급하는 글로벌 업체로, 북미, 유럽, 인도, 한국, 일본, 중국 에 진출하여 자동차, 항공, 기계, 철도, 바이오 분야 제품개발 기간과 비용을 절감하기 위한 컨설팅과 소프트웨어를 공급하고 있다.

당사 제품인 메시웍스는 CAE 플랫폼을 기반으로 신속한 CAE & CAD 개념모델 생성, 파라미터 모델생성, 다중최적화 연계를 통해 국내외 자동차, 항공, 중장비 분야의 개발기간 단축, 비용 절감 효과를 입증하여 왔다.

라온엑스솔루션즈

대표전화 031-785-3000

홈페이지 www.raonx.com

사업분야 CAE소프트웨어 공급 및 기술지원, 컨설팅

CAE 관련 취급 품폭 MSC Software, Ceetron(Ceetron AS), FEGate for Ship(SVD), Total Materia(KTM), Jupiter(TechnoStar), SimData Manager(PDTec), pSeven(Datadvanced)

기업소개 라온엑스는 MSC Software 한국 지사의 기술용역 사업부와 부산 지사가 독립하여 설립한 회사로서 오랜 기간 동안 엔지니어링 용역과 관련된 기술 및 Know-How를 축적하였다. 이를 바탕으로 '고객 성공'을 최우선으로 추구한다. 라온엑스 솔루션즈는 현재 다양한 CAE Solution을 공급 및 교육하고 있으며, 다양한 경험을 바탕으로 많은 업체와 기술 용역을 수행하고 있다. 또한 기존 Product를 활용한 자체 애플리케이션 개발로 고객의 니즈를 만족시켜 나가는 Solution Business를 지향하고 있다.

리스케일(Rescale)

대표전화   070-4735-8118

홈페이지   www.rescale.com/kr

사업분야   클라우드 기반의 HPC, 디지털 R&D를 위한 인텔리전트 컴퓨팅

CAE 관련 취급 품목   650+ 이상의 소프트웨어, 10,000+ 버전 제공

기업소개   리스케일(Rescale)은 멀티 클라우드 기반 HPC를 제공하는 업체로, CPU / GPU / 고사양메모리 등 다양한 컴퓨팅과 650개 이상 소프트웨어를 함께 단일 플랫폼에서 지원하고 있다.

보잉 엔지니어들이 연구활동 수행 중 컴퓨팅 자원의 한계를 경험하여 이를 해결하고자 고민 끝에 만든 플랫폼이 Rescale이며, 유사한 불편을 겪고 있는 많은 연구개발 활동에 도움이 되고자 비즈니스를 시작하게 되었다.

Rescale을 통하여 자원 중심의 연구가 아닌 연구 중심의 자원으로 연구개발의 혁신을 경험해 보기 바란다.

마스터엔지니어

대표전화   070-4147-3212

사업분야   CAE 소프트웨어 이용 Simulation Service & 관련 기술컨설팅

CAE 관련 취급 품목   Moldflow(사출성형 CAE)

기업소개   마스터엔지니어는 전문적인 플라스틱 사출성형 공정의 Simulation Service와 관련 공정인 사출금형 최적화와 문제점 해소에 대한 기술지도 또는 지원을 수행하는 전문 기술업체이다.

2006년부터 현재까지 지속적으로 플라스틱 사출공정과 관련한 전분야, 제품설계부터 양산까지, 전문적이고 현장밀착형 내용로 Simulation을 통해 자동차 및 전자부품, 화장품 용기에 대한 기술컨설팅을 수행해온 기술지원 업체로 높은 신뢰도를 자랑한다.

마이다스아이티

대표전화   1577-6648

홈페이지   www.midasit.com

사업분야   구조설계시스템 소프트웨어 개발/판매, 기계/건축/건설/토목 분야 설계 CAE 엔지니어링, 자료처리, 전자상거래, 연구개발.학술연구용역 등 응용소프트웨어 개발 및 공급

CAE 관련 취급 품목   midas NFX(STR/CFD), midas Meshfree

기업소개   마이다스아이티는 구조 및 유동 해석 프로그램 개발 및 보급을 하는 기업으로, 2000년도 창업 이래 토목·건축 등 건설 분야 CAE(Computer Aided Engineering)에서 국내외 1위, 기계 분야 CAE 시장의 해외 수출과 함께 글로벌 100대 엔지니어링 기업의 절반이 고객일 정도로 탄탄한 내실을 갖추고 있는 기업이다.

마이다스아이티의 가장 큰 무기인 차별화된 프로그램으로 해외시장에서 큰 호응을 얻었다.

매스웍스코리아

대표전화 02-6006-5100

홈페이지 https://kr.mathworks.com

사업분야 테크니컬 컴퓨팅 소프트웨어 공급, 컨설팅 및 기술지원

CAE 관련 취급 품목 매트랩(MATLAB), 시뮬링크(Simulink)

기업소개 1984년 설립된 매스웍스(MathWorks)는 테크니컬 컴퓨팅 소프트웨어 분야의 리더이자 세계적인 표준으로 인식된다. 실제로 통신, 반도체, 자동차, 국방, 항공, 금융 등 수학지식을 기반으로 한 모든 분야에서 전세계 175여개국 4백만여명의 엔지니어와 과학자들의 혁신적인 연구개발을 지원하고 있다. 매스웍스 솔루션은 수학적 알고리즘 및 공식을 담은 툴박스 및 레고블록 형식의 산업별 솔루션을 통해 프로그래밍에 대한 지식이 없는 비전문가도 손쉽게 데이터 분석, AI 작업을 수행하고 핀테크, 로보틱스, 5G 등 산업의 혁신 시스템을 쉽게 개발할 수 있다는 것이 장점이다.

메이븐

대표전화 02-852-2555

홈페이지 www.swmaven.co.kr

사업분야 CAE소프트웨어 공급 및 기술지원, 컨설팅

CAE 관련 취급 품목 3DEXPERIENCE Works Simulation, SOLIDWORKS Simulation, SOLIDWORKS Flow Simulation, SOLIDWORKS Plastics, Abaqus, XFlow제품군

기업소개 메이븐은 3D 제품 설계 및 해석 솔루션인 '솔리드웍스'(SOLIDWORKS)의 전 제품(설계/검증/데이터관리)을 국내에 지속적으로 공급해 왔다. 최근 변화하는 기업의 업무 환경에 대비하여 클라우드 솔루션인 3DEXPERIENCE Works 제품군도 추가 공급하고 있다. 또한, 메이븐에서는 제품 설계 단계에서 초기 품질 확보, 개발 기간 단축 및 비용을 절감할 수 있는 혁신적인 해석 컨설팅 프로세스를 제공하고 있다.

메타리버테크놀러지

대표전화 070-7523-1685

홈페이지 www.metariver.kr

사업분야 CAE 소프트웨어 개발, 공급 및 기술서비스

CAE 관련 취급 품목 samadii/DEM, samadii/SCiV, samadii/EM, samadii/Plasma, vampire

기업소개 메타리버테크놀러지는 GPU 및 HPC 병렬컴퓨팅 기술을 이용한 입자기반 공학연산 S/W를 개발 공급 중인 한국기업으로서 2009년 7월에 설립되었다. 다중물리해석 모델링 및 병렬연산 분야의 독보적인 기계적 기술력을 바탕으로 현재 총 4종의 CAE제품을 개발하여 국내외 제조기업 및 연구소에 공급하고 있다. 이 제품들은 현재 국내외 유수의 반도체, 디스플레이, 전자, 전기, 건설기계, 제약, 화학, 일반기계 의료장비 등 제조기업의 다양한 분야에서 활용되고 있다. 또한 지난 7년간의 개발기간을 통하여, 3D프린팅의 적층과정의 열 및 변형을 해석하는 제품인 vampire를 2021년 출시하였다.

모아소프트

대표전화   02-420-3203

홈페이지   www.moasoftware.co.kr

사업분야   Ansys CAE 소프트웨어 공급 및 기술지원, 교육, 컨설팅

CAE 관련 취급 품목   Ansys 전자기, 구조, 유동, 시스템 제품군

기업소개   모아소프트는 시뮬레이션 중심 제품 개발을 지원하는 CAE 소프트웨어 선도 기업 Ansys의 국내 채널 파트너로서, 요구사항이 까다로운 국방, 우주항공, 철도, 원자력 분야에서 24여 년 넘게 신뢰를 받아 왔다. 다양한 산업군의 전자장비, 구조물, 설비 등에 대하여 전자장, 구조, 유동, 광학, 시스템 해석을 통한 최적 솔루션을 제공한다. 특히, 안테나 설계 및 분석, PCB와 전자 시스템의 전자파 간섭 및 전파 특성 해석, 무선 네트워크 설계 등의 분야에서 탁월한 종합솔루션을 제공한다. 고객의 사업 특성을 고려하여 영역별 최고의 전문 인력과 IT기술의 융합으로 고객 맞춤형 물리 기반 해석을 통한 디지털 트윈 시스템 구축 역량을 갖추고 있다.

벤틀리시스템즈코리아

대표전화   02-557-0555

홈페이지   www.bentley.com/ko

사업분야   CAE소프트웨어 공급 및 기술지원, 컨설팅

CAE 관련 취급 품목   HyperWorks(HyperMesh, HyperView, HyperMath, OptiStruct, RADIOSS), solidThinking, PBS 제품군

기업소개   벤틀리시스템즈는 인프라 엔지니어링 소프트웨어 업체로서, 전 세계의 경제와 환경을 유지하고 인프라를 발전시키기 위해 지난 37년 간 혁신적인 소프트웨어를 개발 및 공급해 왔다. 도로 및 교량, 상하수도, 공공 유틸리티, 빌딩, 플랜트, 산업시설 등의 설계, 시공 및 운영을 위한 소프트웨어 솔루션이 모든 규모의 전문가 및 조직에 의해 사용되고 있다. 광범위한 제품군과 국제적 입지를 갖춘 벤틀리는 단순한 소프트웨어 회사가 아니라 국제 사회에 역할을 다하는 구성원으로서 참여하고 있다.

브이엠테크

대표전화   031-206-6500

홈페이지   www.vmtech.co.kr

사업분야   CAE S/W 개발 및 판매, 어플리케이션 SW 개발, CAE 컨설팅 및 사출성형 CAE용 물성측정 및 DB 제공

CAE 관련 취급 품목   MAPS-3D(사출성형 해석 프로그램)

기업소개   브이엠테크는 사출성형 공정을 통해서 제작되는 플라스틱 제품의 문제점을 해결하기 위해 사출성형 전용 SW인 MAPS-3D(Mold Analysis and Plastics Solution - 3Dimension)를 개발하여 국내 사출성형 및 금형 시장에서 신뢰를 바탕으로 20년 이상 보급하고 있다. 국내 유일의 사출성형 CAE SW를 개발하고 판매하는 전문기업으로서 20년 이상의 실무 경험을 지닌 전문가들로 구성되어 시장에서 요구되는 기술을 SW로 신속하게 구현하고 있다. 또한, 다양한 프로젝트 경험을 토대로 CAE컨설팅, 해석용 수지의 물성 분석 및 DB 구축, 기구설계 지원등 다양한 분야에서 토털 솔루션을 제공한다.

브이이엔지

대표전화 031-718-8501, 070-7770-5590

홈페이지 www.veng.co.kr

사업분야 CAE 소프트웨어 공급 및 개발, 기술지원, 교육, 컨설팅

CAE 관련 취급 품목 Abaqus, Isight, fe-safe, TOSCA, Simpack, CST, XFlow, Wave6 등 다쏘시스템 SIMULIA 제품군 외 DANTE, True-Load, Endurica, WoundSIM, QustomWeld, PCB Module 등 특화 솔루션

기업소개 브이이엔지는 다쏘시스템의 SIMULIA 전문 파트너로서 자동차, 전기전자, 에너지, 항공우주, 조선 및 생명공학 등 산업 전반에서 30년 이상 축적된 노하우와 다양한 경력을 보유한 전문가들로 구성된 CAE 솔루션 및 엔지니어링 컨설팅 전문회사이다. 브이이엔지는 다쏘시스템의 검증된 솔루션 및 특화 솔루션을 이용한 구조, 재료, 열유체, 전자기, 열처리, 고무, 복합재, 용접 해석 등 다물리 분야 및 특화 분야의 기술경쟁력을 보유하여 기술의 변화와 혁신에 부응하고 있다.

브이피케이

대표전화 02-6230-7200

홈페이지 plm.vpkcorp.com

사업분야 다쏘시스템 솔루션 공급 및 기술지원, 컨설팅

CAE 관련 취급 품목 SIMULIA(Abaqus Unified FEA, Isight, Fe-safe, Tosca, Xflow, SImpack, Wave6, CST), 3DExperience Platform Cloud Simulation, DELMIA, CATIA 등

기업소개 브이피케이는 해석 시뮬레이션 컨설팅 사업을 기반으로 설립하여 다양한 산업군에 대한 해석 컨설팅 경험을 토대로 20년 이상의 경험을 가지고 있는 전문 업체이며, 다쏘시스템과의 파트너십을 통한 해석 전문 파트너사로서 CATIA, SIMULIA, DELMIA 등 다양한 제품에 대한 솔루션 공급 및 기술지원, 컨설팅 등의 업무를 수행하고 있다. SIMULIA 제품군의 확장에 따른 다양한 분야를 연구하는 엔지니어 인력을 다수 보유하고 있으며, 자동차 전기전자 등 모든 산업분야에 적용할 수 있는 최적의 제품 및 솔루션을 공급하고 있다.

선도솔루션

대표전화 02-2082-7870

홈페이지 www.sundosolution.co.kr

사업분야 3D CAD/CAE/PLM 소프트웨어 공급 및 기술지원, 컨설팅

CAE 관련 취급 품목 Creo Simulation Live(CSL)

기업소개 선도솔루션은 PTC 채널로서 Creo 솔루션 판매 및 API 개발 서비스 지원, PLM 솔루션 제공 비즈니스를 메인으로 하고 있으며, PTC와 Ansys의 협력에 따라 Creo Simulation Live를 중점으로 설계자용 해석 솔루션 보급 및 확대에 해석 영역의 비즈니스를 확대하고 있다. 특히 기존 Creo 사용자를 중심으로 CSL 소개 및 판매 지원을 위해 노력하고 있다.

설아테크

대표전화　02-1661-3215

홈페이지　www.tflex.com

사업분야　CAE 소프트웨어 공급 및 기술지원, 컨설팅

CAE 관련 취급 품목　T-Flex Analysis, T-Flex Dynamics

기업소개　설아테크는 CAD/CAM 개발 회사로서, 국산 CAM 프로그램 개발은 물론, 엔지니어와 산업 디자이너를 위한 러시아 최고의 CAD/CAM/CAE/PLM 통합 솔루션 개발 회사 Top Systems사의 T-Flex CAD, T-Flex CAM, T-Flex Analysis 및 T-Flex Dynamics 등 기계 제조 산업을 지원하는 T-Flex 제품군을 공급한다. 관련 제품군 공급 및 개발로 모든 산업 분야의 솔루션 제공은 물론 T-Flex DOCs 솔루션으로 전문적인 PLM 시스템의 제공으로 기업의 점점 더 복잡해지는 제품을 관리하고 운영을 간소화하며 생산성을 높일 수 있도록 지원하고 있다.

센투스

대표전화　02-783-2011

홈페이지　www.centus.co.kr

사업분야　CAE소프트웨어 공급 및 기술지원, 컨설팅

CAE 관련 취급 품목　ROCKY DEM / CUBIT / Rescale / Windows HPC server / Hypersizer

기업소개　센투스는 CAE해석 영역에서 10년 이상의 전문 엔지니어들로만 구성된 해석 전문 업체이다.
수많은 산업 분야의 고객들에게 다양하고, 전문적인 솔루션을 제공하며 특히 CFD 해석과 입자 해석 분야에서 두드러진 성과를 쌓으며 고객들의 신뢰를 얻고 있다. 또한 CAE solution 이외에도 CAE 사용에 적합한 Windows HPC Cluster 구축과 CAE 전용 Cloud인 Rescale의 Scale X를 통해 CAE infra에 대한 전반적인 컨설팅을 제공하여 CAE 사용자의 통합 환경에 대한 서비스를 제공하고 있다.

솔루션랩

대표전화　042-628-0789

홈페이지　www.solution-lab.co.kr

사업분야　CAE 소프트웨어 공급 및 기술지원, 컨설팅

CAE 관련 취급 품목　DEFORM, JMatPro, FlowVision

기업소개　솔루션랩은 해석 전문 엔지니어링 회사로서 해석 솔루션의 국내 공급과 관련 컨설팅을 담당하고 있다. 소성가공 해석 솔루션인 DEFORM을 시작으로 하여 재료물성 계산 솔루션인 JMatPro, 범용 유동해석 솔루션인 FlowVision 그리고 해석 모델이나 설계에 필요한 CAD 데이터 관련 툴을 공급한다. 솔루션랩은 전문화된 기술력을 바탕으로 한 차원 높은 기술지원과 컨설팅을 목표로 차별화된 서비스를 제공하고 있다.

솔리드아이티

solid**I**T

대표전화   031-548-1521

홈페이지   www.solidit.co.kr

사업분야   CAD/CAE 분야 기업 맞춤형 소프트웨어 개발

CAE 관련 취급 품목   SOLIDWORKS CAD 설계 및 Simulation 자동화, Auto-Mesh Generation, 해석 데이터를 위한 전처리기 개발

기업소개   솔리드아이티는 설계기간 단축 및 불량률 감소, 정확도 향상을 위하여 설계업무 프로세스 혁신을 필요로 하는 다양한 기업을 위해 설계 자동화 분야의 소프트웨어를 개발하고 컨설팅 서비스를 진행하고 있다.

수행했던 프로젝트들은 대부분 2차, 3차 과제를 이어갈 만큼 고객사들의 만족도가 높으며, 성공적인 설계 자동화 프로젝트로 성과를 이끌고 있다.

더 나아가 과학기술과 공학 분야의 소프트웨어 개발도 수행하고 있으며, 앞으로 Industrial AI 분야까지 확장을 예정하고 있다.

스페이스솔루션

SPACE solution
Manufacturing Innovator

대표전화   02-2027-5930

홈페이지   www.spacesolution.kr

사업분야   PLM(PDM /DM/CAD/CAM/CAE) Solution 공급 및 서비스, 기술지원, 컨설팅

CAE 관련 취급 품목   Simcenter 3D, STAR CCM+,

기업소개   스페이스솔루션은 SIEMENS Digital Industries Software의 Platinum Partner로서 PLM 전 부분의 전문가를 보유하고 있다. 전체 인원의 60%가 SIEMENS 솔루션 엔지니어로 구성되어 있다. 영업직원들 또한 엔지니어 이력을 보유하고 있기 때문에 모든 분야에서 높은 기술력을 인정받고 있으며 최고의 제품과 양질의 서비스를 제공하는 것을 목표로 삼고 있다. NX API 전문 엔지니어를 통해 고객의 다양한 요구에 능동적으로 대응할 수 있도록 설계/해석의 표준화 및 자동화 및 자체 상용 소프트웨어를 개발하여 고객의 요구사항과 문제점 해결에 적극적으로 대응할 보다 수준 높은 기술 지원을 수행하고 있다.

쎄딕

대표전화   02-2624-0079

홈페이지   www.cedic.biz

사업분야   CAE소프트웨어 공급, 개발 및 기술지원, 컨설팅

CAE 관련 취급 품목   쎄딕 제품군(FlowNoise, FDS, Integrated platform), Software CRADLE 제품군(scFlow, SC/Tetra, scSTREAM, CRADLE CFD), Msc software 제품군(Msc Apex, Msc One, ALSIM)

기업소개   쎄딕은 고객이 만족하는 최상의 엔지니어링 컨설팅 및 관련 제품들을 제공하는 국내 컨설팅 회사로서 지난 2005년 설립된 이래 끊임 없는 발전을 도모하고 있다. 당사는 고객에게 제품 개발을 위해 반드시 필요한 신뢰성 높은 결과물들을 제공하고자 국내 및 해외 석/박사급으로 구성된 우수한 임직원들을 보유하고 있으며, 공학 분야 해석 기술력을 바탕으로 CAD/CAE 통합 솔루션과 경험을 기반으로 최고의 기술 컨설팅 서비스를 제공하고 있다.

신한무역

대표전화　031-714-6303

홈페이지　www.shtrd.co.kr

사업분야　CAE소프트웨어 공급 및 기술지원, 컨설팅

CAE 관련 취급 품목　6SigmaDCX, 6SigmaET

기업소개　신한무역은 25년여간 국내 전자제품 열 해석 분야를 개척하고 함께 성장하기 위해 많은 노력을 기울여 왔다.

2016년 영국 Future Facilities사와 손잡고 국내 데이터센터 열 설계 분야와 전기전자 제품 열 해석 및 컨설팅 서비스를 통해 솔루션을 제공하고 있다. 또한 Siemens사의 MicReD 제품군으로 반도체 열 특성 평가 분야를 주도하고 있다.

씨앤지소프트텍

대표전화　02-529-0841

홈페이지　www.cngst.com

사업분야　CAE 소프트웨어 공급 및 기술지원, 컨설팅 서비스

CAE 관련 취급 품목　Strand7, ATENA, IDEA StatiCa, CESAR-LCPC, Dlubal RFEM, GTStrudl, CIvilFEM

기업소개　씨앤지소프텍은 건축, 토목, 기계 엔지니어링 전문 소프트웨어 공급, 개발, 기술자문 및 컨설팅 서비스 전문 회사이다.

- 토목/건축/기계분야 전문 소프트웨어 개발 및 판매
- 플랜트 통합설계 자동화 및 E-P&ID 개발 및 토탈 솔루션 판매
- 토목, 교량, 해양, 원자력 구조물 설계 및 내진해석 전문기술용역
- 해외 Consulting 회사와의 Project 공동수행　　　　● BIM 구축 및 솔루션 판매

씨에이이테크놀러지

대표전화　02-2658-5695

홈페이지　www.caetech.co.kr

사업분야　CAE 소프트웨어 개발, 교육, 기술지원 및 엔지니어링 컨설팅

CAE 관련 취급 품목　QForm, Stampack

기업소개　자동차/항공/전자 등 다양한 분야에서 수백여건 이상의 프로젝트를 수행하고 경험한 유수의 CAE 해석 엔지니어들이 최고의 전문적이고 신뢰성이 확보된 유한요소해석 서비스를 제공하는 목적으로 설립된 전문 엔지니어링 컨설팅 기업이다. 소성가공을 기반으로 한 생산기술 분야에서의 해석기술을 중점적으로 연구개발하고 있으며, 판재성형분야의 독일Stampack GmbH사의 Stampack과 소성가공해석분야의 러시아 QuantorForm LLC사의 QForm을 국내 독점 공급하고 있다.

씨에이프로

대표전화   02-2081-1870

홈페이지   www.caepro.co.kr

사업분야   사출성형 CAE 소프트웨어와 사출성형 모니터링 시스템의 공급 및 기술지원, 컨설팅, 사출성형교육

CAE 관련 취급 품목   3D TIMON, CUBIT, RJG eDART System

기업소개   씨에이프로는 플라스틱 사출성형기술 전문기업으로 측정, 성형해석, 최적화 관련 솔루션과 컨설팅 서비스 그리고 사출성형 교육을 제공하고 있다. 대표적인 화학 회사이면서 전세계 카본(Carbon) 시장 점유율 1위의 TORAY사에서 30년 이상 개발, 판매하고 있는 3차원 사출성형해석 및 복합재 성형해석 소프트웨어인 3D TIMON(타이몬)과 미국 RJG 사의 사출성형 모니터링 시스템과 교육 프로그램을 공급하고 있다.

씨지텍

대표전화   031-389-6070

홈페이지   www.cgtech.co.kr

사업분야   CNC 시뮬레이션 및 최적화 소프트웨어 개발 및 판매

CAE 관련 취급 품목   VERICUT(시뮬레이션), VERICUT FORCE(가공속도 최적화), VERICUT ADDITIVE (적층 가공 시뮬레이션), VCP/VCS(복합 소재 적층 가공 프로그래밍 및 시뮬레이션)

기업소개   씨지텍은 CNC 시뮬레이션 및 최적화 기술을 선도하는 기업이다. 1988년 설립되었으며 전 세계 가공 전문가들이 모여 핵심 소프트웨어를 자체 개발한다. 항공우주, 금형, 자동차, 에너지, 중공업, 소비재, 교육 및 연구 기관 등 다양한 규모와 업종의 고객이 씨지텍의 VERICUT 제품군을 사용한다. 씨지텍은 세계 유수의 장비/공구 제조사, CAD/CAM 개발사 및 가공 소프트웨어 기업들과 긴밀한 기술 파트너십을 유지하고 있다.

씨투이에스코리아(C2ES KOREA)

대표전화   02-2063-0113

홈페이지   www.c2eskorea.com

사업분야   복합소재해석분야 CAE 소프트웨어 공급 및 기술지원, 컨설팅, 자문

CAE 관련 취급 품목   AniForm, Digimat, Moldex3D, HyperWorks, Laminate Tools, CADFIL, AFDEX, CONVERGENT, FlowVision

기업소개   씨투이에스코리아는 고객의 입장에서 고객과 함께 고객의 가치를 최고의 우선순위로 인식하여 현재 고객이 당면하고 있는 치열한 기술 경쟁과 신제품 및 기술 개발 기간의 단축을 통한 비용 절감과 경쟁력에서 우위를 선점할 수 있도록 세계 최강의 공학 기술용 소프트웨어의 공급 및 엔지니어링 컨설팅, 교육 서비스를 제공하는 전문 해석 엔지니어링 동반자이다. 당사는 고객의 기술 및 제품 개발을 위한 최적의 솔루션과 신뢰성 높은 결과물, 시험 및 평가, 전산해석과 수준 높은 기술교육을 상시 제공하고자 노력하고 있다.

아비바코리아

대표전화   02-3284-5300

홈페이지   www.aveva.com/ko-kr

사업분야   엔지니어링 및 산업용 소프트웨어

CAE 관련 취급 품목   AVEVA E3D Design, AVEVA APM Assessment

기업소개   아비바(AVEVA)는 산업용 소프트웨어의 글로벌 리더로서 디지털 트랜스포메이션과 지속가능성의 혁신을 이루어가고 있다. 아비바의 포괄적인 포트폴리오를 통해 전세계 20,000 개 이상의 기업이 더 스마트하게 엔지니어링하고 더 나은 운영을 하며 지속 가능한 효율성을 추진하고 있다. 아비바의 고객은 5,500개 파트너와 5,700명의 공인 개발자를 포함하여 최대 규모의 산업용 소프트웨어 에코시스템을 통해 지원을 받을 수 있다. 아비바는 영국 케임브리지에 본사를 두고 있으며, 40개국의 90개 지역에 6,500명이 넘는 직원을 보유하고 있다.

아이누리텍

대표전화   031-472-8890

홈페이지   www.inuritech.com

사업분야   CAE소프트웨어 개발 및 공급

CAE 관련 취급 품목   TCAE

기업소개   아이누리텍은 CAE 소프트웨어 공급 및 개발 전문 업체로 2013년 설립되었다.

다양한 터보기계 시뮬레이션을 위한 유연하고 자동화된 솔루션 개발 및 공급과 향상된 서비스 제공을 위해 노력하고 있다.

CAE 소프트웨어의 공급 및 기술지원을 통해 고객의 입장에 서서 고객의 동반자가 되고자 노력하고 있다.

알트소프트

대표전화   02-547-2344

홈페이지   www.altsoft.co.kr

사업분야   다분야 연성해석 소프트웨어 공급, 산업자동화 소프트웨어 플랫폼 공급, 산업자동화 소프트웨어를 통한 응용라이브러리 개발, 마케팅 서비스 플랫폼 개발

CAE 관련 취급 품목   COMSOL Multiphysics, COMSOL Compiler, COMSOL Server

기업소개   COMSOL Multiphysics는 엔지니어링, 제조 및 과학 연구의 모든 분야에서 설계, 장치 및 프로세스를 모델링 하기 위한 범용 시뮬레이션 소프트웨어이다. 독자적 프로젝트에 다중 물리 모델링을 사용하는 것 외에도 다른 설계 팀, 제조 부서, 실험부서, 고객 등이 사용할 수 있도록 모델을 시뮬레이션 응용 프로그램 및 디지털 트윈으로 전환할 수 있다. 플랫폼 제품은 전자기, 구조 역학, 음향, 유체 흐름, 열 전달 및 화학 공학을 시뮬레이션하기 위해 추가 모듈을 조합해서 자체적으로 사용하거나 확장할 수 있다.

애니캐스팅소프트웨어

대표전화 02-3665-2493

홈페이지 www.anycastaing.com

사업분야 CAE 소프트웨어 개발, 공급 및 기술지원, 컨설팅

CAE 관련 취급 품목 AnyCasting, AnyTX, AnyDESIGN

기업소개 애니캐스팅소프트웨어는 주조전용 소프트웨어인 AnyCasting을 자체 개발하여 20여년간 전세계 자동차, 조선, 중공업 및 전기·전자 회사에 600 카피 이상 공급하였다. 또한 470건 이상의 기술 컨설팅 및 20여건 이상의 국가 연구 과제를 수행해 왔다. 주조품의 열변형 및 크랙을 예측할 수 있는 anyTX를 개발하여 제공하고 있으며, 2020년에 자동 주조 방안 설계 프로그램인 AnyDESIGN을 출시하여 주조 해석 전 쉽게 주조방안의 3D 모델링 및 최적화가 가능하도록 지원하고 있다.

앤시스코리아(Ansys Korea)

대표전화 02-6009-0500

홈페이지 https://www.ansys.com/ko-kr

사업분야 CAE 소프트웨어 공급 및 기술지원, 컨설팅

CAE 관련 취급 품목 Ansys HFSS, SIwave, Mechanical, CFX 등

기업소개 앤시스는 엔지니어링 시뮬레이션 분야의 글로벌 리더 기업으로 로켓, 비행기, 자동차, 건축, 컴퓨터 및 웨어러블 등 모바일 기기까지 다양한 기술과 제품 개발에 중요한 역할을 하고 있다. 유체, 구조, 전자기, 반도체, 임베디드 소프트웨어, 광학, 재료 정보 관리 및 플랫폼까지 모든 물리 분야를 커버하는 최고이자 가장 광범위한 솔루션 포트폴리오를 갖추었으며, '시뮬레이션 기술의 보편화(Pervasive Engineering Simulation Solution)'라는 비전 아래 기업 및 엔지니어들이 고성능 제품을 신속하고 효율적으로 개발하여 고객에게 제공할 수 있도록 혁신을 지속하고 있다.

앤플럭스

대표전화 02-2028-0300

홈페이지 www.anflux.com

사업분야 ANSYS 공식 파트너사, CAE소프트웨어 공급 및 개발, 프로그램 기술지원 및 교육, 컨설팅 등

CAE 관련 취급 품목 ANSYS 전 제품군(ANSYS Mechanical, Fluids, Electromagnetics, System etc.) 및 ANSYS Academic 제품군, VSim, USim, FOCUS6, Ricardo 제품군, TwinMesh, ExPRO, PumpON 등

기업소개 앤플럭스는 CAE 전문 기업이자 엔지니어링 전문 컨설팅 업체이다. 2001년 설립 이래 20여년간의 다양한 산업분야에 대한 오랜 경험과 750여건 이상의 컨설팅 수행실적을 바탕으로, CAE 소프트웨어 공급뿐만 아니라 프로그램 개발 및 기술서비스의 고급화를 통하여 산/학/연 여러분의 발전과 국가 산업발전에 이바지하고자 노력하고 있다. 항상 고객 여러분의 기술개발 동반자가 되고자 노력하며, 고객 여러분의 발전에 도움이 되는 전문 컨설턴트가 되고자 한다.

에스티아이씨앤디

대표전화　02-2026-0440

사업분야　CAE소프트웨어 공급 및 기술지원, 컨설팅

CAE 관련 취급 품목　FLOW-3D

기업소개　에스티아이씨앤디는 1997년부터 FLOW-3D라는 자유표면 수치해석 프로그램의 국내 총판 및 기술지원을 하고 있으며, 3D프린팅, 용접, 자동차, 조선, 철강, 우주항공, 바이오, MEMS, 코팅 등 첨단 제조분야에 대한 수치해석 컨설팅 및 연구용역을 진행중이다.

또한 수처리, 댐, 해양분야 수치해석 컨설팅 및 연구용역도 수행하며, 사이펀 여수로, 취수 사이펀 시공설치 역시 수행하고 있다.

에이블맥스

대표전화　02-539-5212

홈페이지　www.ablemax.co.kr

사업분야　CAE소프트웨어 개발 및 공급 및 기술지원, 컨설팅

CAE 관련 취급 품목　SINDA/FLUINT, ADINA, Tdyn, SYSTEMA, Dynaworks, UM, winLIFE, BoltApp

기업소개　에이블맥스는 18년 이상 된 CAE TOTAL SOLUTION 회사로 최근 ICT 사업부를 신설하여 자체 브랜드, 자체 개발을 시작하였다. 기계/전기전자/토목/자동차/항공우주/방산/철도/조선/자동차/빅데이터 분야 등 다양한 기술산업에 Tool 공급, 기술용역 수행, 교육 및 세미나 진행, 국책과제, 자체 개발을 전문적으로 수행하고 있다.

공학용 시뮬레이션 소프트웨어를 판매 및 기술서비스를 제공하며 4차산업 핵심 기술인 AI(머신 러닝/딥 러닝)를 활용하여 빅 데이터 분석 및 예측 모델을 생성하는 OptaQ는 자체 개발하였다.

엠에프알씨

대표전화　055-755-7529

홈페이지　www.afdex.com

사업분야　소성가공 CAE SW 개발 및 공급, 엔지니어링 컨설팅

CAE 관련 취급 품목　AFDEX

기업소개　엠에프알씨(MRFC)는 소성가공 CAE 소프트웨어 전문업체로서 국제화에 성공한 범용 소성가공 시뮬레이터 AFDEX를 개발했다. 현재 판재성형, 용접해석, 적층성형, 특수 소성가공 공정 등에 대한 기능 확보를 위하여 모듈 개발과 연구를 진행중이다. 또한 AFDEX를 기반으로 한 현장 애로기술 자문, 전문교육을 소성가공 관련 기업/기관을 대상으로 지원하고 있다. 그리고 PLM, CAE 분야의 스마트팩토리 공급기업으로 사업 영역을 확장하고 있다.

오비피이엔지

대표전화 031-287-4078

홈페이지 www.obp.co.kr

사업분야 CAE 소프트웨어 공급 및 기술지원, 컨설팅

CAE 관련 취급 품목 AdvantEdge, Production Module, 기술용역, 비선형동적 물성 모델링

기업소개 오비피는 해석 관련 자문, 컨설팅 및 SW 공급업체로서 고속, 대변형 해석 분야에 특화되어 있다. 고속, 대변형 문제는 주로 절삭, 방산, 우주, 건축(붕괴, 해체) 분야에서 발생하며, 단순히 SW 공급 외에도 해당 분야는 비선형 동적 물성 모델링과 해석 절차의 정립이 중요한 분야로서 이에 대해서도 다년간의 경험을 기반으로 고객에게 최적화된 솔루션과 서비스를 제공하고 있다.

오토데스크코리아

대표전화 02-3484-3400

홈페이지 www.autodesk.co.kr

사업분야 3D 설계, 엔지니어링, 엔터테인먼트 소프트웨어

CAE 관련 취급 품목 Fusion 360, Inventor Nastran, Moldflow, CFD 등

기업소개 오토데스크는 설계 및 제작 소프트웨어 글로벌 리더로서 제조, 건축·엔지니어링·건설(AEC, Architecture, Engineering and Construction), 미디어 및 엔터테인먼트 산업을 위한 소프트웨어를 만들고 있다. 오토데스크의 소프트웨어 및 서비스는 인공지능(AI) 기반 설계 기술인 '제너레이티브 디자인(generative design)'을 비롯, 디지털 트윈, 로보틱스 같은 최신 기술을 활용, 기업과 개인 사용자들이 프로젝트 전반에 걸쳐 더욱 빠르고 효율적이며 지속가능한 방식으로 작업할 수 있도록 지원하고 있다.

오토폼엔지니어링 코리아

대표전화 02-2113-0770

홈페이지 www.autoform.com/kr

사업분야 박판 성형 소프트웨어 공급 및 기술지원, 컨설팅

CAE 관련 취급 품목 AutoForm Forming, AutoForm Assembly, AutoForm TubeXpert, AutoForm-ProcessDesigner[forCATIA], TriboForm

기업소개 스위스에 본사를 둔 AutoForm은 차체(Body in White) 조립 공정 최적화 뿐만 아니라 금형 생산 가능성, 금형 및 재료 비용 견적, 다이페이스 설계, 가상으로 금형 제작 등을 제공하는 선도적인 소프트웨어로 인정받고 있다.

주요 자동차 OEM 업체와 대부분의 공급 업체가 AutoForm 소프트웨어를 선택하였으며, 전 세계 50개국 1,000여개 기업의 3,500명 이상의 사용자가 주요 엔지니어링 및 제조 공정을 위해 AutoForm을 신뢰한다.

온스트림

대표전화 02-6412-4006

홈페이지 www.onst.co.kr

사업분야 CAE소프트웨어 공급 및 기술지원, 교육, 컨설팅

CAE 관련 취급 품목 ANSYS CFD, Mechanical, Maxwell, HFSS, SIWAVE, TwinBuilder, OptisLang, SPEOS, VREXPERIENCE 등

기업소개 온스트림은 CAE 전문기업으로 ANSYS 공식 Channel Partner로서 ANSYS 제품의 공급 및 기술지원을 제공하고 있으며, 기술용역 서비스를 포함한 토털 솔루션을 제공하고 있다.

풍부한 실무 경험을 가진 CAE 전문 엔지니어들이 작동 원리 분석, 문제점 파악, CAE 해석, 결과분석, 개선 방안 도출 등 제품개발 전 단계에 걸쳐 체계적이고 전문적인 프로세스로 고객사에 맞춤 솔루션을 제공해 드린다.

옵티스엔지니어링

OPTIS
optimized structure

대표전화 053-851-2953

홈페이지 www.optis-eng.co.kr

사업분야 CAE소프트웨어 공급 및 기술지원, 컨설팅

CAE 관련 취급 품목 HyperWorks(HyperMesh, HyperView, HyperMath, OptiStruct, RADIOSS), solidThinking, PBS 제품군

기업소개 옵티스엔지니어링은 CAE 대표 소프트웨어중 하나인 Altair사 HyperWorks 제품의 국내 공식대리점으로 CAE 솔루션 판매와 지원, 충돌, 구조, 진동, 최적화 등의 해석 기술용역을 제공하는 벤처기업이다.

웍크온 시뮬레이션

대표전화 02-2038-7738

홈페이지 www.workonsim.com

사업분야 CAE소프트웨어 공급 및 기술지원, 컨설팅

CAE 관련 취급 품목 Amesim, STAR-CCM+, 3D, Nastran, Multimech, Prescan, Madymo, HEEDS, Simcenter제품군 Simcentr VAR

기업소개 웍크온 시뮬레이션은 Siemens Digital Industries Software사의 CAE(Computer-Aided Engineering) 제품군인 Simcenter(심센터)의 국내 총판 Platinum Partner사이다 Simcenter의 Direct Sales과 기술지원을 담당하며, Siemens Partner사에 대한 기술, 교육, 영업지원을 담당하고 있다. CAE 솔루션 기반의 수준 높은 교육 기술지원 및 엔지니어링 서비스로 고객의 성공적인 엔지니어링 파트너가 되기 위하여 노력하고 있다.

이노액티브

대표전화 02-6249-4307

홈페이지 www.innoepc.com

사업분야 소프트웨어 공급 및 기술지원, CAD설계 자동화 개발

CAE 관련 취급 품목 HexagonPPM CAS 제품군(CAESAR II, PV Elite, TANK, CADWorx), S3D, PDS

기업소개 이노액티브는 엔지니어링 소프트웨어 공급업체로서, 요구사항이 까다로운 시장에서 소프트웨어 공급분만 아니라 설계 자동화 개발을 진행하고 있다.

2017년도 Digital Twin Solution-InnoR3D를 개발을 시작으로 Design RPA(설계자동화 개발) – 소방제작도 자동화/ 내진설계 자동화/ 파티션 설계 자동화/ 배관 자동설계 등 개발을 이루어내었다. 또한 플랜트 산업 관련 모델링과 해석에 특화된 HexagonPPM 제품군의 S3D, PDS, CADWorx, CAESAR II, PV Elite와 같은 플랜트 산업군 최적 솔루션을 제공하고 있다.

이디앤씨

대표전화 02-2069-0099

홈페이지 www.ednc.com

사업분야 CAE, CAD, CAM 소프트웨어 공급 및 기술지원, 컨설팅

CAE 관련 취급 품목 Autodesk Moldflow Insight, Adviser, PDMC(Product Design & Manufacturing Collection), Inventor Nastran, Fusion360, Autodesk CFD

기업소개 이디앤씨는 1998년 12월, 종합 반도체 설계관련 솔루션 공급업체의 국내 독점대리점으로 출발, 현재 멘토 그래픽스 (Mentor Graphics), 레전드, 오로라 등 반도체 설계 자동화 솔루션을 공급하고 있다. 2009년부터 오토데스크(Autodesk)사와 파트너 계약을 맺고 오토캐드(AutoCAD) 관련 제품, 인벤터(Inventor), PDMC(Product Design & Manufacturing Collection), Fusion 360, 몰드플로우(Moldflow), Autodesk CFD 등을 공급, 기술지원, 교육 및 컨설팅 서비스 등 제조를 위한 전체 공정을 지원하고 있다.

이에이트

대표전화 02-6410-2800

홈페이지 www.e8ight.co.kr

사업분야 시뮬레이션 기반 디지털 트윈 소프트웨어 개발 및 공급

CAE 관련 취급 품목 NFLOW SPH, NFLOW LBM

기업소개 이에이트는 글로벌 대기업이 독점하고 있는 시뮬레이션 S/W 분야에서 순수 국내 기술로 상용화 솔루션 'NFLOW'를 개발한 IT기업이다. NFLOW는 SPH(Smoothed Particle Hydrodynamics) 및 LBM(Lattice Boltzmann Method) 이론을 기반으로 유체의 움직임을 계산, 분석, 예측하는 시뮬레이션 소프트웨어다. 시뮬레이션 개발 역량을 기반으로 스마트시티/ 스마트팩토리, 수자원관리, 바이오, 신재생에너지 및 항공우주 분야에 디지털 트윈 기술을 융합하여 지속가능한 혁신을 이루어 가고 있다.

인코스(INCOS INC)

대표전화   031-263-5770

홈페이지   www.3dx.co.kr

사업분야   CAE, CAD, CAM소프트웨어 공급 및 기술지원, 스마트 팩토리

CAE 관련 취급 품목   CADMOULD, ARMONICOS (spGate), TopSolid

기업소개   INCOS INC는 제품 및 금형의 전반적인 프로세스부터 시제품 완성 단계까지 최적화 솔루션 제공이 가능한 소프트웨어 공급업체로서, 급변하는 시대에 맞게 자동화, 최적화, 단기화에 특화되어 있다.

특히 CADMOULD 3D-F라는 Mesh 알고리즘을 활용하여 빠르고 정확한 결과를 얻을 수 있으며, VARIMOS 기능으로 자동화 해석, 인공 지능을 이용한 최적의 사출 조건을 제공받을 수 있다.

인터그래텍

대표전화   02-3472-5599

홈페이지   www.igtech.co.kr

사업분야   CAE소프트웨어 공급 및 기술지원, 컨설팅

CAE 관련 취급 품목   EDA 솔루션, 시뮬레이션, 컨설팅 용역 등

기업소개   EDA 중심 20년 이상 전력전자회로 시뮬레이션에 전념하고 있는 소프트웨어 공급업체로서, 다양한 기업들로부터 신뢰를 받아 왔다.

뿐만 아니라 컨설팅 용역 등 맡아오며 전국적인 영업망을 구축하고 있다. 설계 자동화 분야의 전문적인 엔지니어를 통한 다양한 분야의 업체들과 커뮤니케이션 중이다.

인피니크

대표전화   02-565-4123

홈페이지   www.zw3d-cad.kr

사업분야   CAD, CAE 소프트웨어 공급 및 기술지원, 컨설팅

CAE 관련 취급 품목   ZWSim(ZWSim-EM, ZWSim Structural, ZWMeshWorks)

기업소개   인피니크는 2001년 중소기업청지정 벤처기업으로 지정되었으며 토목, 기계분야에 대한 해석기술 및 설계. 시스템 제작기술 인터넷 디자인, 일반 프로그래밍, DB 응용기술, 네트워크 응용기술 등을 보유하고 있다.

이러한 기술을 바탕으로 일반적인 인터넷 기술만을 사용한 사이트 구축 기술뿐만 아니라, 각 고객에 맞는 컨설팅지원, 즉 건설이나, 기계분야 등 고객에 맞는 다양한 지원서비스와 ZWCAD, ZW3D등의 CAD 소프트웨어, 각종 해석 소프트웨어(ZWSim-EM, ZWSim Structural, ZWMeshWorks) 및 각 기업에 최적화된 프로그램과 솔루션을 함께 제공하고 있다.

지멘스 디지털 인더스트리 소프트웨어(Siemens Digital Industries Software)

대표전화 02-3016-2000

홈페이지 www.plm.automation.siemens.com/global/ko

사업분야 PLM, CAD/CAM/CAE 소프트웨어 공급 및 기술지원, 컨설팅

CAE 관련 취급 품목 Simcenter(Simcenter Amesim, Simcenter 3D, Simcenter STAR-CCM+, Simcenter FloTHERM, Simcenter Magnet, Simcenter Motorsolve, Simcenter BDS, Simcenter Prescan, Simcenter HEEDS, Teamcenter for Simulation)

기업소개 지멘스 디지털 인더스트리 소프트웨어는 엔지니어링, 제조 및 전자 제품 설계 등 미래의 기술이 적용된 디지털 엔터프라이즈 구현을 위해 디지털 전환을 추진하고 있다. Siemens Xcelerator 포트폴리오는 모든 기업들을 위해 디지털 트윈을 구성하고 활용하도록 돕는다. 이로써 기업들은 새로운 통찰력과 기회를 얻고 높은 수준의 자동화를 달성할 수 있어 혁신을 앞당길 수 있다.

최적설계

대표전화 031-8083-3008

홈페이지 https://doi3007.blogspot.com

사업분야 최적설계, 동역학 소프트웨어 공급 및 기술지원, 컨설팅

CAE 관련 취급 품목 EasyDesign, RecurDyn

기업소개 최적설계는 CAE분야에서 다양한 경험과 기술로 최적설계 및 동역학 관련 R&D 활동에 대한 솔루션을 제공하고 있는 전문업체이다. 메타모델 기반의 최적설계 SW인 EasyDesign을 활용하여 손쉽게 최소의 샘플로 최적화 솔루션을 제공하고 있고 많은 호응을 받고 있다.

또한, RecurDyn을 이용한 다양한 분야의 동역학 해석 컨설팅 및 기술지원을 진행하고 있다.

캣솔루션

대표전화 02-1688-4374

홈페이지 www.catsolutions.co.kr

사업분야 CAE 소프트웨어 공급 및 기술지원, 컨설팅

CAE 관련 취급 품목 Moldex3D, Cast-Designer, AI-Form, CDWeld, ThinkDesign, Simcenter (NXCAE) 등

기업소개 캣솔루션은 Moldex3D, Cast-Designer, ThinkDesign 의 국내 파트너사로서, CAE 부문의 다양한 소프트웨어를 공급하고 서비스한다.

고객사에게 알맞은 개발, 해석 소프트웨어를 구성하고, 사용자 관리, 교육 및 엔지니어링 서비스로 지원하고 있다.

케이앤솔루션

대표전화　031-216-7280

홈페이지　www.kns2.co.kr

사업분야　CAE 소프트웨어 공급 및 기술지원, 컨설팅

CAE 관련 취급 품목　SIMULIA

기업소개　케이앤솔루션은 고객의 비즈니스 혁신을 선도하고 지원하는 디지털 파트너로서, 다쏘시스템의 클라우드 기반 솔루션 3DEXPERIENCE works와 데스크탑 SOLIDWORKS를 제공한다.

유한요소해석(FEA), 전산유체역학(CFD) 각 전문가를 두고 솔루션 공급뿐만 아니라 산업별 고객사의 설계·해석 프로세스를 진단하여 고객 맞춤형 교육과 1:1 기술서비스, API를 활용한 맞춤 솔루션 등 기업과 제품개발 전반의 디지털 트랜스포메이션을 지원하고 있다.

클루닉스

대표전화　02-3486-5896

홈페이지　www.clunix.com

사업분야　R&D 클라우드 플랫폼 / HPC 플랫폼 / 빅데이터 플랫폼

CAE 관련 취급 품목　RNTier-CAP / RNTier-CDP / RNTier-DLP

기업소개　클루닉스는 지난 20년간 제조엔지니어링, 신소재 개발, 인공지능, 빅데이터 등 다양한 연구 분야에서 요구하는 고성능 컴퓨팅 플랫폼을 구축하고, 각 연구 분야의 응용 소프트웨어와 개발환경을 여러 플랫폼에 최적화 연동하여 단일화된 'R&D 클라우드 서비스' 환경으로 통합하는 사업을 추진해 왔다. 또한 2010년부터 수백여 종의 CAE 분야 시뮬레이션 소프트웨어와 엔지니어링 CAD, Mesh Modelling, Virtualization 소프트웨어를 웹 기반 R&D 클라우드 포털을 통해 서비스할 수 있는 'RNTier(아렌티어)' 제품을 출시, 세계 최초로 'R&D 클라우드 서비스 솔루션'을 보급하였고, RNTier Cloud, 'RNTier Hybrid Cloud' 등을 확대 공급할 계획이다.

태성에스엔이

대표전화　02-3431-2442

홈페이지　www.tsne.co.kr

사업분야　Ansys 등 CAE 소프트웨어 공급 및 기술지원, 컨설팅, 교육, 연구개발

CAE 관련 취급 품목　Ansys 구조해석, 유동해석, 전자기장해석 제품군 및 3D설계, 입자, 시스템/광학, 적층제조, 재료정보관리 등 CAE 특화 솔루션

기업소개　태성에스엔이는 1988년 설립 이후 국내 CAE 확산에 집중해 온 국내 최대 CAE 전문기업이다. 최고 수준의 CAE 기술력을 바탕으로 엔지니어링의 미래를 선도하는 토탈 엔지니어링 파트너로서 다양한 사업 분야에서 차별화된 One Stop Total Solution을 제공하고 있다. Ansys를 비롯한 특화 솔루션을 통해 구조해석, 유동해석, 전자기장해석 및 전문 해석 분야에 고객맞춤형 솔루션을 제공하고 있으며, 정규교육, 이러닝, 클라우드플랫폼, 버추얼클래스, 매거진 발간 등 다양한 서비스를 제공한다.

트리니티엔지니어링

대표전화 02-2168-2977

홈페이지 www.trinity-eng.co.kr

사업분야 CAE 소프트웨어 공급 및 기술지원, 컨설팅

CAE 관련 취급 품목 HyperWorks(HyperMesh, HyperView, OptiStruct, RADIOSS, MotionSolver 외), solidThinking, GEODICT, ELSYCA, COPRA

기업소개 트리니티엔지니어링은 미국 Altair사 제품인 HyperWorks의 국내 공식대리점이다. Altair의 합리적인 라이선스 시스템으로 전/후처리기 뿐만 아니라 구조, 충돌, 동역학, 열유동 솔버를 고객들이 실용적으로 쓸 수 있도록 기술지원 및 제품을 공급하고 있다. 제조공정 솔루션으로는 글로벌에서 사용하고 있는 롤포밍 솔루션 COPRA와 부식/도금 솔루션인 EYSYCA 솔루션도 공급하고 있으며, 고분자복합재료 관련 신소재의 재료모델링, 시각화 및 재료물성해석 솔루션 GeoDict를 기술서비스 하고 있다.

펑션베이

대표전화 031-622-3700

홈페이지 www.functionbay.com

사업분야 CAE 소프트웨어 개발 및 공급, 판매, 기술 지원, 컨설팅

CAE 관련 취급 품목 RecurDyn(리커다인), Particleworks(파티클웍스)

기업소개 펑션베이는 공학 시뮬레이션과 관련된 설루션을 개발, 판매, 마케팅하고, 기술을 자문해 주는 CAE(Computer Aided Engineering) 전문 기업이다. 최신 기술을 바탕으로 한 제품의 완성도와 세계 각지에 위치한 전문 기술팀의 빠르고 적극적인 기술 지원 서비스를 원동력으로 동역학 CAE 분야에서 높은 점유율을 유지하고 있다. 현재 600개 이상 고객사를 보유하고 있으며, 30개 이상의 국가에서 세계적인 기업들의 R&D에 펑션베이의 솔루션이 활용되고 있다.

프리즘

대표전화 1670-2236

홈페이지 www.prism21.co.kr

사업분야 CAD, CAE소프트웨어 공급 및 기술지원, 컨설팅

CAE 관련 취급 품목 다쏘시스템 제품군: SOLIDWORKS, DRAFTSIGHT, 3DEXPERIENCE

방산관련 제품군 : (HIGHEND_CAE)_PRODASV3, SPEED, PS3D

기타 CAE제품군 : Particleworks, EMWORKS 등등

기업소개 '지금은 4차산업혁명' 오늘날 우리는 모든 산업분야에서 기술경쟁이 심화되고 있다.

　모든 기업들이 제품 및 기술 개발기간의 단축과 경비절감을 통한 기술 경쟁력의 우위를 확보하기 위해 CAD & CAE 소프트웨어에 대한 필요성을 절실히 느끼고 있다. 이에 우리 프리즘은 국내 수많은 기업들과 세상을 바꾸기 위해 함께 존재한다.

플로우마스터코리아

대표전화   02-2093-2689

홈페이지   www.flowsystem.co.kr

사업분야   1D System / 3D CFD소프트웨어 공급 및 기술지원, 기술용역, 교육

CAE 관련 취급 품목   Simcenter Flomaster, Simcenter Amesim, Simcenter FLOEFD, Simcenter Flotherm, Simcenter Motorsolve, Simcenter MAGNET, MpCCI, Theseus-FE 등

기업소개   Flowmaster Korea는 열유체 유동분야에 대한 공학적 문제를 1D System을 통한 시스템적 접근 방법과 3D CFD를 통한 상세 접근 방법을 병행하여 총괄적이고 효과적인 해석 및 검증을 전문으로 한다. 또한 멀티피직스 관련 모델 구축 및 해석, 관련 SW들의 통합 해석을 전문으로 한다.

Flowmaster Korea는 관련 기술용역과 함께 시스템 해석 S/W의 판매 및 기술지원을 병행하고 있다.

피도텍

대표전화   02-2295-3984

홈페이지   www.pidotech.com

사업분야   CAE 소프트웨어 공급 및 기술지원, 맞춤 소프트웨어 개발, 컨설팅

CAE 관련 취급 품목   상업용 소프트웨어(PIAnO, BruceMentor, AMR, explainableD3)

AI R&D(Bruce, BruceSIM, BruceEYE, BruceTS)

기업소개   피도텍은 DX구현을 위한 통합최적설계 및 인공지능 서비스 기술을 개발하는 소프트웨어 하우스이다. 다분야통합최적설계 기술을 구성하는 다양한 하위 기술들을 직접 연구개발하고 소프트웨어화하여 국내외 기업, 대학 및 연구소에 공급하고 있으며, 다양한 분야의 제품개발 과정에 축적된 경험과 기술을 제공하고 있다. 또한 고객의 업무환경에 특화된 맞춤 소프트웨어 개발 및 최적설계 기술의 저변확대를 위한 다양한 교육 서비스도 제공하고 있다.

하비스탕스

대표전화   02-3144-0119

홈페이지   www.harvestance.com

사업분야   적층제조 전문설계 컨설팅, 적층제조 교육 서비스, 제품 개발

CAE 관련 취급 품목   nTopology, 엔지니어링 특화 3D프린팅 플랫폼 MANUFARM

기업소개   하비스탕스는 적층 제조 특화 엔지니어링 소프트웨어 nTopology와 엔지니어링 특화 3D프린팅 플랫폼 매뉴팜, 적층 제조 전문설계 컨설팅 서비스를 제공하고 있으며 제조 현장의 고객의 문제점에 대하여 적층 제조 기술을 기반으로 검증된 새로운 대안이나 인사이트를 제시하고 있다. 고객들은 하비스탕스의 서비스를 통해 새로운 기술을 도입하고 활용하는 데 드는 시간, 위험 부담을 줄이고, 제품의 가치와 경쟁력, 생산성을 동시에 높인다. 나아가 기업의 적층 제조 기술의 도입부터 성공적인 비즈니스 모델 수립까지 필요한 컨설팅 서비스를 제공한다.

한국에이브이엘(AVL)

대표전화   02-580-5800

홈페이지   www.avl.com

사업분야   CAE 소프트웨어 공급 및 기술지원, 컨설팅

CAE 관련 취급 품목   AVL EXCITE, AVL CRUISE(M), AVL FIRE(M), AVL VSM, Model.CONNECT, PreonLab, AVL eSUITE

기업소개   AVL은 1948년 창립 이래 70여년동안 모든 운송수단들의 파워트레인 시스템(엔진, 변속기, 모터, 배터리, 연료전지 및 제어기술)의 개발, 시뮬레이션 및 테스트 솔루션을 선도하여 온 세계 최대의 독립 기업이다. AVL은 오스트리아 Graz 본사를 중심으로 전세계 45개 지사 내 11,500명 이상의 임직원들이 뛰어난 엔지니어링 능력과 수십년 동안 쌓아 온 개발 및 시험 평가 경험을 바탕으로 고객의 니즈에 맞는 통합 개발 환경, 측정 및 테스트 시스템 및 최신 시뮬레이션 방법을 제공하고 있다.

한국시뮬레이션기술

대표전화   031-903-2061

홈페이지   www.kostech.co.kr

사업분야   CAE소프트웨어 공급 및 기술지원, 컨설팅

CAE 관련 취급 품목   LS-DYNA, Ansys, Dynaform, ODYSSEE, AxSTREAM, J-OCTA

기업소개   한국시뮬레이션기술은 1997년 설립된 이래 CAE 분야의 토털 솔루션 판매와 기술용역을 제공하는 전문 기업으로 성장해 왔으며, 20여년 넘게 고객으로부터 신뢰를 받고 있다.

고객의 다양한 요구사항에 맞는 최적화된 솔루션을 제공하고 CAE 및 CAD 토털 솔루션을 제공하는 기업으로 거듭나기 위해 끊임없이 노력하고 있다. 충돌해석, 구조해석, 선형, 비선형, 동해석, 열해석, 유동해석, 최적설계, 복합소재 등 다양한 분야에 관련된 소프트웨어 판매와 기술용역을 통해 자동차, 전자, 중공업, 방산, 화학 등 국내 CAE 산업 발전에 더욱더 기여할 것이다.

한국알테어

대표전화   070-4050-9200

홈페이지   www.altair.co.kr

사업분야   CAE 소프트웨어 공급 및 기술지원, 컨설팅

CAE 관련 취급 품목   HyperWorks, Inspire, PBS Professional, SimSolid 외

기업소개   알테어는 시뮬레이션 기반의 개념설계, 설계자를 위한 신속한 해석, 그리고 전문 해석자를 위한 다양한 피직스를 모두 지원하는 엔터프라이즈급 CAE 솔루션을 제공하고 있다. 2021년부터는 클라우드 통합 플랫폼인 알테어원을 출시해 CAE에 필요한 모든 기능을 SaaS 형태로도 제공하므로, 복잡하고 무거운 프로젝트를 보다 빠르고 효율적으로 협업할 수 있는 생산적인 환경을 제공하고 있다. CAE엔지니어의 컴퓨터에서 사용되는 데스크탑 솔루션부터 대규모 CAE 해석을 수행하기 위한 고성능컴퓨터의 관리와CAE 데이터의 생산적인 분석을 위한 머신러닝 솔루션까지, 알테어는 CAE에 필요한 모든 기술을 선도하는 표준 CAE 플랫폼 회사이다.

한국엠에스씨소프트웨어

대표전화 031-719-4466

홈페이지 www.mscsoftware.com/kr

사업분야 CAE 소프트웨어 공급 및 기술지원, 컨설팅

CAE 관련 취급 품목 MSC One, MSC Nastran, Adams, Romax, MSC Apex, Patran, Actran, Cradle CFD, Digimat, Simufact, Marc, VTD, ODYSEE, MaterialCenter, SimManager, VTStudio, Easy5, FormingSuite, Dytran, MSC CoSim

기업소개 MSC 소프트웨어는 엔지니어가 가상 프로토타입을 사용하여 제조된 제품 또는 프로세스 설계를 검증하고 최적화할 수 있도록 하는 예측 시뮬레이션 소프트웨어 기술을 제공하고 있다. 제조 분야의 거의 모든 고객들은 MSC의 소프트웨어를 사용하여 업무를 보완하고 있으며, 기존의 제품 설계에서 사용되던 물리적 프로토타입의 '구축 및 테스트' 프로세스를 대체하기도 한다. MSC는 고객과 협력하여 설계 및 테스트와 관련된 품질 개선, 시간 절약 및 비용 절감을 지원한다.

한국이에스아이

대표전화 02-3660-4500

홈페이지 www.esi-group.com

사업분야 CAE 소프트웨어 공급 및 기술지원, 컨설팅

CAE 관련 취급 품목 PAM-STAMP, PAM-Composites, SYSWELD, ProCAST, IC.IDO, Virtual Performance Solution, Virtual Seat Solution, Simulation X, CFD Ace+, VA One 등

기업소개 한국이에스아이는 1995년 설립 후 가상 제조, 가상 성능, 가상 환경, 가상 통합, 가상 현실 및 데이터 분석 등의 다양한 솔루션을 고객에게 제공하며 20여년 이상을 자동차, 플랜트, 전자, 항공, 조선 등 여러 산업 분야에서 기술 지원 및 기술 용역을 하고 있다.

한국이에스아이는 통합솔루션을 제공하여 CAE(Computer Aided Engineering) 분야의 선두 주자로서 시장을 이끌어 나가고 있다.

한얼솔루션

대표전화 070-8666-4295

홈페이지 www.ihaneol.kr

사업분야 CAE 소프트웨어 공급 및 개발, 기술지원, 컨설팅

CAE 관련 취급 품목 DAFUL, PIAnO, AFDEX, Ansys

기업소개 한얼솔루션은 국내 CAE 시장에서 절대적인 시장점유율을 차지하고 있는 외산 SW 사이에서, 경쟁력있는 국산 SW를 전문적으로 공급하는 회사이다. 그 중에서도 2009년 설립 이래 다물체동역학을 기반으로 하는 다분야 통합 CAE의 확산에 주력해 오고 있다. 특히 동적구조해석 및 과도해석분야에서의 국내 최고의 경험과 기술은, 최근에 친환경 자동차 및 전기자동차의 전동화 분야와 접목되어 큰 두각을 나타내고 있으며, 모터와 감속기의 전자기력과 연관된 동해석 및 진동소음해석에 있어서 최신 기술을 보유하고 있다. 또한 최적설계 분야에서는 국방와 플랜트 영역에서 축적된 오랜 노하우와 최고의 기술력을 보유하고 있다.

CAE 관련기기 공급업체

에이치피(HP)코리아

대표전화 02-3270-7800

홈페이지 www.hp.com

사업분야 인프라스트럭처 솔루션 / 클라이언트 솔루션

CAE 관련 취급 품목 워크스테이션 제품군

기업소개 HP는 전 세계 어디에서나 모든 사람들의 삶이 더 나아지도록 하는 기술을 만들고 있다. 이것이 곧 동기이자 영감이 되어 무에서 유를 창조하고 새로운 가치를 만들며 사람들이 놀랄 만한 경험과 제품, 서비스를 만들어내고 있다. HP는 오랫동안 국내 워크스테이션 시장 점유율 1위를 유지하고 있다. AI, 데이터 사이언스 시장과 함께 전문 설계, 디자인 크리에이터 시장을 중심으로 워크스테이션 시장을 선도하고 있다

한국델테크놀로지스

대표전화 기업 고객: 080-775-7000 개인 고객: 080-850-5050

홈페이지 www.delltechnologies.com/ko-kr

사업분야 인프라스트럭처 솔루션 / 클라이언트 솔루션

CAE 관련 취급 품목 워크스테이션 제품군

기업소개 2016년 델과 EMC의 인수합병 절차가 공식적으로 마무리되면서 '델 테크놀로지스'라는 통합법인이 출범했으며, 기업들이 디지털 미래를 설계하고 IT 혁신과 정보를 보호하기 위해 필요한 인프라를 제공하는 독보적인 비즈니스 그룹으로 자리매김하고 있다. 델 테크놀로지스의 사업 분야는 크게 두 가지로 스토리지, 서버, 네트워킹 및 클라우드 솔루션, 데이터 보호 등을 다루는 인프라스트럭처 솔루션 그룹(ISG)과 노트북, 데스크톱, 워크스테이션 등을 다루는 클라이언트 솔루션 그룹(CSG)으로 나뉜다. 특히, 델 테크놀로지스는 워크스테이션 부문에서 3년 이상 전세계 시장점유율 1위, 지난해 4분기 국내 점유율 1위를 달성하는 쾌거를 이뤘다.

한국레노버

Lenovo

대표전화 02-6331-9449

홈페이지 www.lenovo.com/kr

사업분야 PC 및 스마트 디바이스

주요 CAE 관련 취급 제품(SW외) 타워형 및 모바일 워크스테이션 (씽크스테이션 P 시리즈, 씽크패드 P시리즈)

기업소개 레노버는 600억 달러 매출 규모의 포춘지 선정 글로벌 500대 기업으로 전 세계 180개 지역에서 활동하고 있다. 레노버는 모두를 위한 더 스마트한 기술(Smarter technology for all)이라는 비전을 중심으로 인텔리전트 트랜스포메이션(Intelligent Transformation)을 선도하고 있다. 매일 수백만 명의 고객에게 PC, 태블릿, 스마트폰, AR/VR 기기 등 스마트 디바이스 및 인프라를 제공하고 있으며, 세계를 변화시키는 기술을 개발하고 다양한 솔루션과 서비스, 소프트웨어를 선보이고 있다. 레노버는 이를 통해 서로를 포용하고 신뢰할 수 있는 지속 가능한 디지털 사회를 만들어간다.

한국기계산업진흥회

대표전화   02-369-8600

홈페이지   www.koami.or.kr

사업분야   기계산업 기술개발 촉진 사업, 기계산업 정보화 및 지식기반화 사업 등

소개   한국기계산업진흥회는 우리나라 기계산업의 경쟁력 강화를 위해 전방위 지원활동을 펼치고 있다. R&D 활성화를 비롯해 서비스경쟁력 강화, 제조기반 설계기술 고도화, 통상정책 및 국내외 마케팅 지원, 보증사업, 맞춤형 기능인력 양성, 대중소기업 동반성장 등 기계산업 발전을 위해 다각도로 노력을 지속하고 있다.

또한 기계업계의 다양한 의견을 적시에 파악, 적극적으로 피력하여 정부 정책에 현장의 목소리가 반영되도록 최선을 다하고 있습니다. 기계업체정보, 기계류품목정보, 기계산업통계정보, 정책정보 등 다양한 정보도 홈페이지를 통해 실시간으로 제공하고 있다.

한국과학기술정보연구원 (KISTI)

대표전화   042-869-1004

홈페이지   www.kisti.re.kr

사업분야   국가 과학기술 정보 분야 전문연구기관

소개   KISTI는 과학 · 기술 및 관련 산업에 관한 정보를 종합적으로 수집 · 분석 · 관리하고 정보의 관리 및 유통에 관한 기술 · 정책 · 표준화 등을 전문적으로 조사 · 연구하는 정부출연연구기관으로, 슈퍼컴퓨터 5호기 누리온(NURION, 25.3PF)을 중심으로 국내 최고성능의 컴퓨팅 서비스를 제공하고 있다. 특히 국내 중소·중견기업의 연구인력 및 장비부족을 극복하고 슈퍼컴퓨터를 비롯한 첨단 연구장비 활용을 통해 강소기업을 육성하기 위하여, 2007년도부터 인력, 장비, 예산 등의 자체 자원과 정부 지원을 기반으로 중소기업 제품기술개발을 위한 슈퍼컴퓨팅 M&S(Modeling and Simulation) 기술지원사업을 수행하고 있다.

한국생산기술연구원

대표전화   041-589-8114   홈페이지   www.kitech.re.kr

사업분야   생산기술분야의 연구개발 및 실용화

소개   1989년 10월에 설립되어 생산기술분야의 연구개발 및 실용화와 중소 · 중견 기업의 기술지원 및 성과확산을 위해 노력하고 있다.

– 주물, 금형, 열처리, 표면처리 · 도금, 소성 · 성형, 용접 · 접합 등 생산기반 기술연구개발

– 생산시스템의 통합, 친환경화, 고효율화, 자동화 · 지능화 등 생산시스템 연구개발

– 신산업 창출을 지원하는 융 · 복합 생산기술 연구개발

– 정부, 민간, 법인, 단체 등과 연구개발 협력 및 기술용역 수탁 · 위탁

– 지역분산형 기술 지원 및 지식기반 기술 지원 체제를 통한 중소 · 중견기업 등 관련 산업계 협력 · 지원과 기술사업화

– 주요 임무 분야의 전문인력 양성 및 관련 기술정책 수립 지원

공급업체 (업체명/전화/홈페이지)	제품명	제품 설명	개발사/홈페이지	분야
경원테크, 031-706-2886, www.kw-tech.co.kr	K-SPEED	반도체 건조 식각 공정 해석용 소프트웨어	경원테크, www.kw-tech.co.kr	플라즈마해석
	SimericsPD	Pump 해석 전문 CFD 소프트웨어	Simerics, www.simerics.com	유동해석
	SimericsMP	범용 열유동 해석 CFD 소프트웨어		유동해석
	SimericsMP for Marine	선박유동해석 전문 CFD 소프트웨어		유동해석
	SimericsMP for Solidworks	솔리드웍스 애드인 범용 CFD 소프트웨어		유동해석
	BarracudaVR	유동층 해석 전문 소프트웨어	CPFD Software, www.cpfd-software.com	유동해석
	VizGlow	비평형 플라즈마 해석 소프트웨어	EsgeeTechnologies, www.esgeetech.com	플라즈마해석
	CFturbo	터보기계 개념 설계 소프트웨어	CFturbo, www.Cfturbo.com	터보기계 설계
	CAESES	매개변수 모델링 및 형상변형 전문 소프트웨어	Friendship systems, www.caeses.com	최적화
넥스트폼, 070-8796-3019, www.nextfoam.co.kr	OpenFOAM	오픈소스 CFD Tool box	The OpenFOAM Foundation / OpenCFD Ltd, www.openfoam.org / www.openfoam.com	유동해석
	FAMUS	무격자 CFD 프로그램	넥스트폼, www.nextfoam.co.kr	유동해석
	BARAM	OpenFOAM 기반 공개 CFD 프로그램	넥스트폼, www.nextfoam.co.kr	유동해석
	ESPER	OpenFOAM 기반 선박 유동해석 솔버	넥스트폼, www.nextfoam.co.kr	유동해석
노드데이타, 02-595-4450, www.nodedata.com	SOLIDWORKS Flow Simulation	열 전달 및 대류, 유동 해석 제품	Dassault Systèmes, www.3ds.com	유동해석
	SOLIDWORKS	구조 성능 및 구조 안정성 해석 제품		구조해석
	SOLIDWORKS	플라스틱 금형 사출 성형 해석 제품		사출성형
	Fluid Dynamics Engineer	내부, 외부 흐름에 대한 유동 성능 검증 제품		유동해석
	Structural Mechnics Engineer	클라우드 기반 Explicit 구조 해석 제품		구조해석

	Plastic Injection Engineer	플라스틱 금형 사출 성형 해석 제품		사출성형
노드데이타, 02-595-4450, www.nodedata.com	X-Flow	입자 거동을 기반으로 한 하이엔드 유동 해석 제품	Dassault Systèmes, www.3ds.com	유동해석
	Abaqus	다중 물리 해석이 가능한 하이엔드 구조해석 제품		구조해석
	CST	전자기장 현상을 해석하는 제품		전기전자
다쏘시스템코리아, 02-3270-7800, www.3ds.com/ko	SOLIDWORKS Simulation	선형 및 비선형 구조해석 제품	Dassault Systèmes, www.3ds.com/ko	구조해석
	SOLIDWORKS Flow Simulation	CFD 기반 유동해석 제품		유동해석
	SOLIDWORKS Plastics	플라스틱 사출성형해석 제품		사출성형
	Abaqus	비선형 구조해석 제품 (내연적/외연적 기법)		구조해석
	Tosca	비파라미터 구조/유동 최적화 제품		최적화
	Isight	프로세스 자동화 및 설계 탐색 제품		최적화
	fe-safe	내구수명 예측을 위한 피로내구해석 제품		피로내구
	CST Studio Suite	전자기장 해석 제품		전기전자
	Simpack	다물체 동역학 해석 제품		동역학
	wave6	진동-음향 해석 제품		진동음향
	PowerFLOW	유체유동/공력소음 해석 제품		유동해석
	Xflow	LBM 기반의 범용 유동 해석 제품		유동해석
델타아이티, 02-866-2141, www.deltait.co.kr	FJVPS	조립성 검증 소프트웨어	후지쯔, www.fujitsu.com	사출성형
델타이에스, 070-8255-6001, www.deltaes.co.kr	Simcenter FLOEFD	설계자, 비전문가들도 쉽게 사용할 수 있는 열유동해석 솔루션	Siemens DISW, www.deltaes.co.kr	열유동해석
	Simcenter Flotherm Flexx	전기/전자산업문야 기구& 회로 설계분야 열관리 최적화 툴		열유동해석
	Simcenter Flomaster	시스템 레벨의 접근방법으로 열-유체 시스템 시뮬레이션 및 설계 툴		열유동해석 (1D)
	Simcenter Flovent	냉/난방, 환기, 악취 등 공조 시스템 및 데이터센서 에너지부하 설계 최적화 SW		공조

델타이에스, 070-8255-6001, www.deltaes.co.kr	Simcenter STAR-CCM+	설계 최적화를 지원하는 완전한 다중 물리 솔루션	Siemens DISW, www.deltaes.co.kr	멀티피직스 (다분야)
	Simcenter 3D	설계, 1D 시뮬레이션, 테스트 및 데이터 관리 기능을 갖춘 확장 가능한 개방형 통합툴		구조해석
디엔디이, 051-920-2480, www.dnde.co.kr	ANSYS	다양하고 통합된 시뮬레이션 솔루션 세트	ANSYS, Inc., www.ansys.com	범용
DEP, 02-3446-9290, www.depusa.com	Meshworks 2021	빠른 형상변경, 모듈조립, 파라메트릭 모델 생성, 최적화 연계 통합 모델링 툴	DEP, www.depusa.com	구조/충돌/ 진동소음/ 내구(범용)
라온엑스 솔루션즈, 031-785-3000, www.raonx.com	MSC Product	선형, 비선형 유한요소해석, 다물체 동역학,	MSC Software, www.mscsoftware.co.kr	구조해석
	FEGate for Ship	조선특화 Pre/Post	SVD Inc, www.svd.co.kr	구조해석
	Total Materia	재료물성치 데이터베이스	Key To Metal, www.totalmateria.com	재료 데이터
	Jupiter	General Pre/Post	TechnoStar, www.e-technostar.com	구조해석
	SimData Manager	Simulation Process & Data Management	PDTec, www.pdtec.de	데이터 관리
	pSeven	기계학습 기반 최적화 및 예측 모델 생성, SW통합	Datadvance, www.datadvance.net	최적화
	Ceetron	Cloud 기반 결과 공유 및 다양한 형식을 지원하는 Post	Ceetron AS, www.ceetron.com	경량화 및 클라우드
로맥스테크놀로지코리아, 02-2184-0400, www.romaxtech.com/ software	Romax	기어박스, 구동계 그리고 베어링에 이르기까지 전기-기계 시뮬레이션을 가능하게 하는 완전한 시뮬레이션 플랫폼	Romax Technology, www.romaxtech.com/ software	다물체동역학, 구조해석, 유동해석, 소음해석
마이다스아이티, 1577-6648, www.midasit.com	midas NFX	다분야통합해석 솔루션으로 1GUI에 구조/유동 해석을 통한 설계 최적화 솔루션	마이다스아이티, www.nfx.co.kr	구조해석, 유동해석
	midas Meshfree	설계자를 위한 메시 없이 해석하는 구조해석 솔루션	마이다스아이티, www.meshfree.co.kr	구조해석
매스웍스코리아, 02-6006-5100, https://kr.mathworks.com	매트랩 (MATLAB)	테크니컬 컴퓨팅 분야의 제4세대 고급 언어	Mathworks, https:// kr.mathworks.com/ products/matlab.html?s_ tid=hp_products_matlab	수치해석 (테크니컬 컴퓨팅)
	시뮬링크 (Simulink)	멀티 도메인 동적 및 내장형 시스템의 시뮬레이션 및 모델 기반 설계를 위한 그래픽 환경	Mathworks, https:// kr.mathworks.com/ products/simulink.ht ml?s_tid=hp_products _simulink	수치해석 (시뮬레이션 및 모델링)

메이븐, 02-852-2555, www.swmaven.co.kr	3DEXPERIENCE Works Simulation	다양하고 통합된 클라우드 시뮬레이션 솔루션	Dassault Systems, www.3ds.com	멀티피직스
	SOLIDWORKS Simulation	구조해석 제품		구조해석
	SOLIDWORKS Flow Simulation	유동해석 제품		유동해석
	SOLIDWORKS Plastics	플라스틱 금형 사출 성형 해석 제품		사출성형해석
	Abaqus	구조해석 제품		구조해석
	XFlow	유동해석 제품		유동해석
메타리버테크놀러지, 070-7523-1685, www.metariver.kr	samadii/sciv	입자기반의 DSMC방법을 사용한 고진공 기체유동해석 솔루션, 고진공 장비, 증착 및 유동패턴 예측, 압력장비 설계 등에 적용	메타리버테크놀러지, www.metariver.kr	멀티피직스 (다분야)
	samadii/em	Maxwell 방정식의 연성해석을 통한 전자기장 해석 솔루션, 저주파 및 고주파 전 영역에 대한 전자장 해석가능		전자기장해석
	samadii/plasma	전자기장 내의 고진공 기체유동의 연성해석 기법에 의한 플라즈마 유동해석 솔루션, 반도체 디스플레이를 비롯한 다양한 플라즈마 응용장비에 적용가능		멀티피직스 (다분야)
	samadii/dem	DEM 방법을 이용한 고체 입자해석 솔루션, 나노입자부터 거대 고체입자에 이르기 까지 입자해석이 가능하며 유동해석 및 다물체동력학 해석등 솔버와 연성해석 가능		멀티피직스 (다분야)
	vampire	적층해석 솔루션, 3D 프린트 등 적층에 의한 제조에서 발생하는 열 전달 및 기계적 오차에 의한 제조오류의 해석 및 예측		멀티피직스 (다분야)
모아소프트, 02-420-3203, www.moasoftware.co.kr	ANSYS	전 물리 분야 엔지니어링 시뮬레이션 소프트웨어 솔루션	ANSYS, www.ansys.com	범용
	WIPL-D	대형구조 탑재 및 안테나, EM 해석	WIPL-D, www.wipl-d.com	전기전자
	Wireless Insite	도심 및 실내 전파 환경과 통신 채널 특성 해석	Remcom, www.remcom.com	전기전자
벤틀리시스템즈, 02-557-0555, www.bentley.com/ko	STAAD	강철, 콘크리트, 목재, 알루미늄, 냉간성형강 관련 프로젝트용 3D 구조 해석 및 설계 소프트웨어	Bentley Systems, www.bentley.com/ko	구조해석

벤틀리시스템즈, 02-557-0555, www.bentley.com/ko	AutoPIPE	배관의 선형, 비선형 및 정적 동적 고급 해석 소프트웨어	Bentley Systems, www.bentley.com/ko	배관 응력 해석
	SACS	국제 산업 표준에 맞춘 해양 구조 설계, 해석 및 시뮬레이션 소프트웨어		해양구조물 해석
	MOSES	해양 플랫폼 설계 및 시뮬레이션 소프트웨어		해양구조물 해석
	MAXSURF	선박 선체 설계를 위한 조선공학 소프트웨어		해양구조물 해석
	OpenWind Power	해상 풍력 구조 해석 및 설계 소프트웨어		해양구조물 해석
	OpenBridge 시리즈	(강철 및 콘크리트)교량3D 파라메트릭 모델링, 해석 및 하중 정격 소프트웨어		교량해석
	PLAXIS 2D & 3D	지질 공학 엔지니어링 및 암석 역학 해석 소프트웨어		지질해석
브이엠테크, 031-206-6500, www.vmtech.co.kr	MAPS-3D	플라스틱 금형 사출 성형 해석 제품	브이엠테크, www.vmtech.co.kr	사출성형해석
브이이엔지, 070-7770-5590, www.veng.co.kr	3DExperience	시뮬레이션 플랫폼	Dassault Systèmes, www.3ds.com	기타(플랫폼)
	Abaqus	사실적인 시뮬레이션을 위한 통합해석 솔루션		구조해석
	fe-safe	피로내구해석 제품		피로내구
	Tosca	구조 최적화 및 유동 최적화 솔루션		최적화
	Isight	프로세스 자동화 및 최적화 솔루션		최적화
	Simpack	다물체 동역학 시뮬레이션		다물체동역학
	Wave6	진동음향학 및 공력음향학 차세대 솔루션		진동소음
	XFlow	독창적인 최신 Lattice Boltzmann 기술을 사용하는 입자 기반 CFD 소프트웨어		유동해석
	PowerFlow	Lattice Boltzmann 기술을 사용하는 최고의 정확도를 갖춘 CFD 소프트웨어		유동해석
	Dymola	Modelica 기반의 시스템 시뮬레이션 솔루션		1D
	SLM	시뮬레이션 데이터 수명주기 관리		기타 (시뮬레이션 수명주기관리)
	CST Studio Suite	전자기장 및 다중 물리 시뮬레이션을 진행할 수 있는 동급 최강 소프트웨어 패키지		전자기장해석

Antenna Magus	안테나 설계 소프트웨어	Dassault Systèmes, www.3ds.com	전자기장해석
IdEM	선형 멀티 포트 구조의 매크로 모델을 생성하기 위한 소프트웨어		전자기장해석
Fest3D	마이크로웨이브 필터 설계 소프트웨어		전자기장해석
Spark3D	Multifactor 및 Corona 분석 소프트웨어		전자기장해석
DANTE	열처리 시뮬레이션 소프트웨어	DANTE Solutions, dante-solutions.com	열처리 해석
True-Load	스트레인게이지의 부착위치 결정 및 실제 입력하중이력 계산	Wolf Star Technologies LLC, www.wolfstartech.com	스트레인게이지 최적화
Endurica	고무 내구수명 해석 소프트웨어	Endurica LLC, endurica.com	피로내구 해석
WoundSIM	COPVs 모델링 소프트웨어	QustomApps, www.qustomapps.com	복합재 해석
QustomWeld	용접 시뮬레이션 소프트웨어	QustomApps, www.qustomapps.com	용접 해석
PCB Module	PCB 유한요소 모델링 소프트웨어	Simutech, en.simutech.com.tw	구조 해석
SIMULIA Abaqus	유한요소 해석 멀티스케일 시뮬레이션	Dassault Systemes, www.3ds.com	구조해석
SIMULIA Isight	프로세스 자동화 및 최적화		최적화
SIMULIA Fe-safe	내구 및 피로 평가		피로내구
SIMULIA Tosca	비 파라메터 형상 최적화 솔루션		최적화
SIMULIA Xflow	래티스 볼츠만법 유동해석 솔루션		유동해석
SIMULIA Wave6	진동-소음 해석 솔루션		진동소음
SIMULIA Simpack	다물체 동역학 해석 솔루션		동역학
SIMULIA CST STUDIO SUITE	전자기장 해석 솔루션		전자기장해석
3DExperience Platform Simulation	CLOUD 해석		멀티피직스

브이이엔지,
070-7770-5590,
www.veng.co.kr

브이피케이,
02-6230-7200,
plm.vpkcorp.com

선도솔루션, 02-2082-7875, www.sundosolution.co.kr	Creo Simulation Live	제품 설계자를 위한 해석 솔루션	PTC, www.ptc.com/ ko/products/creo/ simulation-live	구조/열해석
	Creo Ansys Simulation	전문 분석가를 위한 해석 솔루션	PTC, www.ptc.com/ ko/products/creo/ ansys-simulation	구조/열해석
설아테크, 02-1661-3215, www.t-flex.co.kr	T-Flex Analysis	다양하고 통합된 시뮬레이션 솔루션 세트	Top Systems, www.tflex.com	구조해석, 열처리, 피로내구
센투스, 02-783-2011, www.centus.co.kr	ROCKY DEM	다양한 분야에 사용되는 입자 거동 해석 제품	ESSS, https:// rocky.esss.co/	입자해석
	Coreform CUBIT	구조 및 유동 공용 전문가용 격자 생성 제품	Coreform, www.coreform.com	Pre-process
	ScaleX	클라우드 기반 HPC 제공	Rescale, www.rescale.com	클라우드 HPC
	Windows HPC server	Windows 기반의 cluster server 구축	Microsoft, www.centus.co.kr/ windows-hpc-pack	Windows Cluster
솔루션랩, 042-628-0789, www.solution-lab.co.kr	DEFORM	소성가공 및 열처리 해석	SFTC, www.deform.com	소성
	JMatPro	금속 재료 물성 계산	Sente Software Software, www.jmatpro.co.uk	금속물성
	FlowVision	범용 열유동 해석	Capvidia, www.flowvisioncfd.com	유동
스페이스 솔루션, 02-2027-5930, www.spacesolution.kr	Simcenter 3D	여러 분야의 시뮬레이션이 가능한 통합된 플랫폼 솔루션	Siemens Industry Software, www.plm.automation.siemens.com	멀티피직스 (구조/진동/ 내구/동역학/ 최적화/ 등)
	STAR CCM+	정확하고 효율적인 하이엔드 다물리 CFD 솔루션		유동해석
신한무역, 031-714-6303, www.shtrd.co.kr	6SigmaDCX	데이터센터 전용 열 설계 제품	Future Facilities, www.futurefacilities.com	유동해석
	6SigmaET	전기/전자 전용 열 설계 제품	Future Facilities, www.6sigmaet.info	유동해석
쎄딕, 02-2624-0079, www.cedic.biz	CRADLE CFD	scFlow, SC/Tetra, scSTREAM 등의 CFD 소프트웨어 통합 패키지	CRADLE, www.cradle.co.jp	유동해석
	scFLOW	다면체격자 기반 범용 CFD 소프트웨어		유동해석
	SC/Tetra	범용 CFD 소프트웨어		유동해석
	scSTREAM	대공간 해석용 범용 CFD 소프트웨어		유동해석
	Msc Apex	가상 제품 개발을 위한 통합된 CAE 환경	Msc software, www.mscsoftware.com	플랫폼
	Msc One	Msc 제품군을 모두 사용할 수 있는 통합 솔루션		기타
	ALSIM	전착도장 솔루션	ESS, www.essteyr.com	유동해석

쎄딕, 02-2624-0079, www.cedic.biz	FlowNoise	유동소음 해석 솔루션	CEDIC, www.cedic.biz	소음해석
	FDS	팬 설계 프로그램	CEDIC, www.cedic.biz	설계
	CDP	설계 최적화 및 자동화	CEDIC, www.cedic.biz	플랫폼
씨앤지소프텍, 02-529-0841, www.cngst.com	Strand7	다양하고 통합된 구조해석 솔루션	Strand7, www.strand7.com	멀티피직스 (다분야)
	ACS SASSI	Seismic SSI 해석 전문 솔루션	Strand7, www.ghiocel-tech.com	구조해석
	ATENA	콘크리트 균열 해석 전문 솔루션	Cervenka Consulting, www.cervenka.cz	피로내구
	IDEA StatiCa	철골 접합부 및 콘크리트 상세 설계 솔루션 세트	IDEA StatiCa, www.ideastatica.com	최적화
	CESAR-LCPC	터널, 지반구조물 및 콘크리트 수화열 해석 솔루션	iTech/LCPC, www.cesar-lcpc.com	구조해재
	Dlubal- RFEM	다양하고 통합된 구조해석 솔루션 세트	Dlubal, www.dlubal.com	구조해석
	GTStrudl	원자력 구조물 해석 및 내진해석 솔루션	Hexagon PPM, www.hexagonppm.com	구조해석
	CIvilFEM by Marc	다양하고 통합된 구조해석 솔루션 세트	INGECIBER, www.civilfem.com	구조해석
씨에이이테크놀러지 02-2658-5695 www.caetech.co.kr	QForm	소성가공 성형해석 소프트웨어로서 단조, 링롤링, 압출, 압연, 열처리, 미세구조분석 등 공정 시뮬레이션 수행	QuantorForm LLC, www.qform3d.com	소성/열처리/ 성형
	Stampack	판재 성형해석 소프트웨어로서 3D 솔리드 요소를 사용한 성형해석 특화	Stampack Gmbh, www.stampack.com	소성/성형
씨에이프로, 02-2081-1870, www.caepro.co.kr	3D TIMON	플라스틱 사출성형 해석, 복합재 성형해석	TORAY, www.3dtimon.com	사출성형해석
	CUBIT	고품질 유한요소(MESH) 생성기	Coreform, www.coreform.com	Mesher
씨지텍, 031-389-6070, www.cgtech.co.kr	VERICUT	NC코드 시뮬레이션으로 프로그램상 에러 및 충동 위험 제거	CGTech, www.cgtech.com	범용
	VERICUT FORCE	가공 조건을 분석하여 NC 코드 비효율 및 위험 요소 제거, 가공 시간 단축 및 공구/인건비 절감		최적화
	VERICUT Additive	하이브리드 CNC 장비의 절삭 가공과 적층 가공을 순서 상관없이 시뮬레이션		적층 가공
	VCP/VCS	AFP/ATL 장비를 위한 프로그래밍 및 시뮬레이션 소프트웨어		복합소재

	AniForm	복합소재 형상 최적화 해석	AniForm, www.aniform.com	성형해석
	Digimat	복합재료 물성 모델링, 공정 해석 구조해석 연계	MSC, www.mscsoftware.com/ product/digimat	구조해석
	Moldex3D	플라스틱 금형 사출 성형 해석 제품	Moldex3D, www.moldex3d.com	사출해석
	HyperWorks	구조, 충돌 해석	Altair, www.altair.com	구조, 충돌 해석
씨투이에스코리아, 02-2063-0113, www.c2eskorea.com	Laminate Tools	복합소재 드레이핑	Anaglyph, www.anaglyph.co.uk/ laminate_tools.htm	복합소재 드레이핑
	CADFIL	필라멘트 와인딩	Cadfil, www.cadfil.com	필라멘트 와인딩
	CONVERGENT	Autoclave, Prepreg 경화 및 후변형 예측 및 최적의 온도사이클 도출 해석	CONVERGENT, www.convergecfd.com	Autoclave 해석
	FlowVision	CFD(유체 역학) 시뮬레이션 소프트웨어	FlowVision, www.flowvisioncfd.com/en	유동해석
	KTEX Family	복합재를 원사 크기로 모델링하는 제품	Altair, www.altair.co.kr/ ktex-family/resources	복합재 모델링
	AFDEX	단조, 압엽, 압출, 열처리 같은 소성가공 공정해석	AFDEX, www.afdex.com	소성가공 공정해석
아비바, 02-3284-5300, www.aveva.com/ko-kr	AVEVA E3D Design	프로세스 플랜트, 해양 및 전력 산업 분야에서 기술적으로 진보되고 강력한 3D 설계 솔루션	AVEVA, www.aveva.com/ ko-kr/products/apm-assessment	구조해석
	AVEVA APM Assessment	인력, 프로세스 및 시스템(IT 및 OT)을 포함해 전략에 따라 실행할 수 있는 종합적인 실행 계획제공 통한 운영 최적화 지원	Autodesk, www.aveva.com/ko-kr/products/e3d-design	최적화
아이누리텍, 031-472-8890, www.inuritech.com	TCAE	다양한 유체기계 및 FSI 해석(터보기계 해석 특화)	CFD Support, www.cfdsupport.com	유동해석
알트소프트, 02-547-2344, www.altsoft.co.kr	COMSOL Multiphysics	수치시뮬레이션 통한 물리 기반 설계 및 프로세스 이해, 예측 및 최적화	Comsol, www.comsol.com	멀티피직스 (다분야)
	COMSOL Compiler	독립형 시뮬레이션 응용 프로그램(APP) 생성		멀티피직스 (다분야)
	COMSOL Server	응용프로그램(APP)을 실행할 수 있는 서버		멀티피직스 (다분야)
애니캐스팅소프트웨어, 02-3665-2493, www.anycastsoftware.com	AnyCasting	주조품 충전, 응고수축 결함 예측	애니캐스팅소프트웨어, www.anycastsoftware.com	주조해석
	AnyTX	주조품 열변형 및 응력예측 해석		주조해석
	AnyDESIGN	주조 방안 3D 모델링 및 최적화 설계 프로그램	애니캐스팅소프트웨어, www.anydesignm.com	최적화

	Ansys Workbench	ANSYS 솔버 기능과 상호 작용하기 위한 강력한 방법을 제공하는 ANSYS의 차세대 솔루션	Ansys, www.ansys.com	멀티피직스 (다분야)
	Ansys HFSS	안테나, 인쇄 회로 기판과 같은 고주파 전자 제품을 설계하고 시뮬레이션하기위한 3D 전자기(EM) 시뮬레이션 솔루션	Ansys, www.ansys.com/ ko-kr/products/ electronics/ansys-hfss	전자기장해석
	Ansys SIwave	고성능 전자 장비에서 일반적으로 사용되는 PCB/Package 고속 채널과 완전한 전력 공급 시스템 모델링, 시뮬레이션 및 검증	Ansys, www.ansys.com/ko-kr/products/electronics/ ansys-siwave	전자기장해석
	Ansys EMA3D Cable	항공기 및 자동차 플랫폼 케이블 EMI / EMC 문제 뿐만 아니라 대형 플랫폼 낙뢰 유도 전자기(EM) 효과 해석, EMC 인증 지원	Ansys, www.ansys.com/ko-kr/products/electronics/ ansys-ema3d-cable	전자기장해석
	Ansys Q3D Extractor	전자 제품에 대한 주파수 종속 저항, 인덕턴스, 커패시턴스 및 컨덕턴스 (RLCG)의 기생 매개 변수를 계산	Ansys, www.ansys.com/ko-kr/products/electronics/ ansys-q3d-extractor	전자기장해석
앤시스코리아, 02-6009-0500, www.ansys.com/ko-kr	Ansys Maxwell	전기 기계 구성 요소(모터)의 비선형, 과도 동작과 드라이브 회로 및 제어 시스템 설계에 미치는 영향을 계산	Ansys, www.ansys.com/ko-kr/products/electronics/ ansys-maxwell	전자기장해석
	Ansys Motor-CAD	전체 작동 범위에서 모터의 토폴로지 및 컨셉을 평가하여 성능, 효율성 및 크기에 최적화 된 설계를 생성할 수 있도록 지원	Ansys, www.ansys.com/ko-kr/products/electronics/ ansys-motor-cad	전자기장해석
	Ansys Icepak	집적 회로 (IC), 패키지, 인쇄 회로 기판 (PCB) 및 전자 어셈블리의 열 및 유체 해석 솔루션	Ansys, www.ansys.com/ ko-kr/products/ electronics/ansys-icepak	전자기장해석
	Ansys Discovery	설계 프로세스 초기에 실시간으로 여러 설계 개념을 해석, 탐색 가능한 솔루션	Ansys, www.ansys.com/ ko-kr/products/3d-design/ansys-discovery	구조해석
	Ansys SpaceClaim	해석을 위한 가벼운 3D 모델링을 신속하게 제공	Ansys, www.ansys.com/ ko-kr/products/3d-design/ansys-spaceclaim	모델러
	Ansys Mechanical	FEA (유한 요소 분석) 솔버를 사용하여 구조 역학 문제에 대한 솔루션을 사용자 정의 및 자동화하고 여러 설계 시나리오를 해석	Ansys, www.ansys.com/ko-kr/products/structures/ ansys-mechanical	구조해석
	Ansys Motion	컴포넌트 및 시스템 모델링 위한 완전히 통합된 시뮬레이션 환경을 제공. 단일 솔버에서 강체와 유 연체 모두에 대한 빠르고 정확한 해석 가능	Ansys, www.ansys.com/ ko-kr/products/ structures/ansys-motion	다물체동역학

앤시스코리아, 02-6009-0500, www.ansys.com/ko-kr	Ansys LS-Dyna	가장 많이 사용되는 explicit 시뮬레이션 솔루션으로, 짧은 시간에 주어지는 무거운 하중에 대한 영향을 시뮬레이션 가능	Ansys, www.ansys.com/ko-kr/products/structures/ansys-ls-dyna	구조해석
	Ansys Sherlock	초기 설계 단계의 컴포넌트, 보드 및 시스템 수준에서 전자 하드웨어의 수명을 빠르고 정확하게 예측	Ansys, www.ansys.com/ko-kr/products/structures/ansys-sherlock	구조해석
	Ansys nCode DesignLife	Ansys nCode DesignLife는 Ansys Mechanical과 함께 작동하여 피로 수명을 안정적으로 평가	Ansys, www.ansys.com/ko-kr/products/structures/ansys-ncode-designlife	구조해석
	Ansys Fluent	고급 물리 모델링 기능과 업계 최고의 정확성으로 유명한 업계 최고의 유체 시뮬레이션 솔루션	Ansys, www.ansys.com/ko-kr/products/fluids/ansys-fluent	유동해석
	Ansys CFX	터보 기계 애플리케이션을 위한 CFD 솔루션	Ansys, www.ansys.com/ko-kr/products/fluids/ansys-cfx	유동해석
	Ansys EnSight	시뮬레이션 데이터 분석, 시각화함으로써 시뮬레이션 통찰력과 이해를 돕는 후처리 솔루션	Ansys, www.ansys.com/ko-kr/products/fluids/ansys-ensight	유동해석
	Ansys FENSAP-ICE	항공기, UAV, 제트 엔진, 나셀, 프로브, 감지기 등 기내 아이싱의 모든 주요 측면에 대한 해석	Ansys, www.ansys.com/ko-kr/products/fluids/ansys-fensap-ice	유동해석
	Ansys BladeModeler	회전 기계 설계 지원. 완벽한 3D 지오메트리 모델링 제어 제공, 블레이드가 없는 장비를 다른 CAD SW에서 가져올 수도 있음	Ansys, www.ansys.com/ko-kr/products/fluids/ansys-blademodeler	유동해석
	Ansys Forte	내연 기관 및 용적 형 압축기 모델링 위한 전산 유체 역학 소프트웨어. 최첨단 화학 및 메싱으로 엔진 또는 압축기 정확하고 효율적으로 모델링 가능	Ansys, www.ansys.com/ko-kr/products/fluids/ansys-forte	유동해석
	Ansys Polyflow	폴리머, 유리, 금속 및 시멘트 처리 비용을 줄이는 데 사용되는 유한 요소 기반 CFD 솔루션	Ansys, www.ansys.com/ko-kr/products/fluids/ansys-polyflow	유동해석
	Ansys TurboGrid	고품질의 터보 기계 메싱 소프트웨어	Ansys, www.ansys.com/ko-kr/products/fluids/ansys-turbogrid	유동해석

	Ansys Vista TF	터보 기계 설계에 특화, 예비 설계를 위한 초고속 시뮬레이션을 수행 가능	Ansys, www.ansys.com/ko-kr/products/fluids/ansys-vista-tf	유동해석
	Ansys RedHawk-SC	업계 표준 전압 강하 및 일렉트로 마이그레이션 다중 물리 사인 오프 솔루션	Ansys, www.ansys.com/ko-kr/products/semiconductors/ansys-redhawk-sc	반도체해석
	Ansys Totem-SC	트랜지스터 및 혼합 신호 설계를 위한 표준 전압 강하 및 전자 이동 다중 물리 사인 오프 솔루션	Ansys, www.ansys.com/ko-kr/products/semiconductors/ansys-totem	반도체해석
	Ansys PowerArtist	설계 초기에 전력 효율적인 설계를 가능하게 하는 가장 포괄적인 기능을 갖춘 RTL 전력 분석 및 감소 소프트웨어	Ansys, www.ansys.com/ko-kr/products/semiconductors/ansys-powerartist	반도체해석
앤시스코리아, 02-6009-0500, www.ansys.com/ko-kr	Ansys RaptorH	전력망, 전체 맞춤형 블록, 나선형 인덕터 및 클록 트리를 모델링할 수 있는 기능을 갖춘 전자기 모델링 소프트웨어	Ansys, www.ansys.com/ko-kr/products/semiconductors/ansys-raptorh	반도체해석
	Ansys Pathfinder	정전기 방전 (ESD)에 대한 무결성 및 견고성을 위해 IP 및 풀칩 SoC 설계를 계획, 검증 및 승인을 지원하는 솔루션	Ansys, www.ansys.com/ko-kr/products/semiconductors/ansys-pathfinder-sc	반도체해석
	Ansys Minerva	온프레미스 및 클라우드 에코 시스템 모두에서 시뮬레이션 프로세스 및 의사 결정 지원을 제공하는 플랫폼	Ansys, www.ansys.com/ko-kr/products/platform/ansys-minerva	플랫폼
	Ansys optiSLang	스마트한 설계 최적화 및 파라메트릭 및 시뮬레이션 기반 가상 제품 개발 요구를 해결하는 데 이상적인 플랫폼	Ansys, www.ansys.com/ko-kr/products/platform/ansys-optislang	플랫폼
	Ansys Cloud	온디맨드 클라우드 기반 컴퓨팅 리소스에 대한 액세스를 제공, 더 빠르고 충실한 시뮬레이션 결과를 제공	Ansys, www.ansys.com/ko-kr/products/platform/ansys-cloud	플랫폼
	Ansys SCADE	안전-필수 임베디드 소프트웨어를 위한 모델 기반 개발 환경, 모델 기반 설계 및 검증, Qualified / Certified 코드 생성 기능 및 기타 개발/관리 도구, 플랫폼과의 상호 운용성 제공	Ansys, www.ansys.com/ko-kr/products/embedded-software/ansys-scade-suite	임베디드 소프트웨어

앤시스코리아, 02-6009-0500, www.ansys.com/ko-kr	Ansys Twin Builder	엔지니어가 실제 또는 가상 센서 입력으로 자산의 디지털 표현인 시뮬레이션 기반 디지털 트윈을 생성할 수 있는 개방형 솔루션	Ansys, www.ansys.com/ko-kr/products/digital-twin/ansys-twin-builder	기타
	Ansys VRXPERIENCE Sensors	자율주행 차량을 위한 물리기반의 센서 시뮬레이션	Ansys, www.ansys.com/ko-kr/products/av-simulation/ansys-vrxperience-sensors	자율주행/ 센서
	Ansys SPEOS	조명 및 광학 시스템의 성능 평가 및 최적화 설계로 제품 성능 향상과 개발 시간/비용 절감을 위한 기하광학 기반의 해석 소프트웨어	Ansys, www.ansys.com/ko-kr/products/optics-vr/ansys-speos	광학
	Ansys Lumerical	포토닉스 컴포넌트 분석 및 설계를 위한 시뮬레이션	Ansys, www.ansys.com/ko-kr/products/photonics	광자학
	Ansys Granta	Material Intelligence를 실현할 수 있도록 설계된 다양한 재료 정보 관리 솔루션	Ansys, www.ansys.com/ko-kr/products/materials	재료 정보 관리
	Ansys Additive	3D 프린팅 시뮬레이션 소프트웨어	Ansys, www.ansys.com/ko-kr/products/additive	적층 제조
앤플럭스, 02-2028-0300, www.anflux.com	ANSYS	다양하고 통합된 시뮬레이션 솔루션 세트	ANSYS, www.ansys.com	멀티피직스 (다분야)
	VSim, USim, RSim	전자기장 내 플라즈마 거동 해석용 소프트웨어	Tech-X Corp., www.txcorp.com	전기전자
	FOCUS6	풍력터빈 시스템 및 블레이드 설계 소프트웨어	LM Wind Power, www.lmwindpower.com	유동해석
	Ricardo Software	차량 개발 및 파워트레인 설계를 위한 최첨단 시뮬레이션 제품	Ricardo, software.ricardo.com	멀티피직스 (다분야)
	TwinMesh	회전형 용적식 기계의 회전 부위에 대한 고품질의 Hexahedral 격자를 자동으로 생성해 주는 프로그램	CFX Berlin, www.twinmesh.com	유동해석
	ExPRO	터보기계 수치해석 자동화 프로그램	앤플럭스, www.anflux.com	유동해석
	PumpON	고성능 원심 및 사류펌프 설계 프로그램	앤플럭스, www.anflux.com	기타 (펌프설계)
에스티아이씨앤디, 02-2026-0450, www.stikorea.co.kr	FLOW-3D	자유해석 분야에 강점을 가진 다분야 해석 프로그램	Flow Science, Inc., www.flow3d.co.kr	유동해석

에스티아이씨앤디, 02-2026-0450, www.stikorea.co.kr	FLOW-3D CAST	다양한 주조 공정의 충진 및 응고, 결함 분포 예측이 가능한 3차원 열유동해석 프로그램	Flow Science, Inc., www.flow3d.co.kr	주조해석
	FLOW-3D WELD	레이저 용접 프로세스 해석 프로그램		용접
	FLOW-3D AM	레이저 파우더 베드 융합, 바인더 제트 및 DED와 같은 적층 제조 공정 시뮬레이션 프로그램		적층 제조
	FLOW-3D POST	해석 후처리 프로그램		기타
에이블맥스, 02-539-5212, www.ablemax.co.kr	ADINA	다중 물리 현상 해석 특화 솔루션	ADINA, www.adina.com	유동, 구조, 열전달 해석
	SINDA/ FLUINT	유동&열전달 해석 특화 프로그램	C&R, www.crtech.com	액체수소 저장탱크, 인공위성 등
	Tdyn	내항성&구조&유동 해석	COMPASS, www.compassis.com	선박, 풍력발전소, 수상태양광 등
	SYSTEMA	우주항공 전문 해석 프로그램	SYSTEMA, www.systema.airbusd efenceandspace.com	인공위성
	UM	2차원 및 3차원상의 기계 시스템의 기구학 및 모션 시뮬레이션	UM, www.universal mechanism.com	다물체동역학
	winLIFE	피로해석 전문 프로그램	stw, www.stz-verkehr.de/ home.html	피로, 내구해석
	BoltApp	볼트,너트 해석 전문 프로그램	NEWTONWORKS, www.newtonworks.co.jp	볼트, 너트해석
엠에프알씨, 055-755-7529, www.afdex.com	AFDEX	소성가공 공정(성형)해석 소프트웨어	엠에프알씨, www.afdex.com	소성가공
오비피이엔지, 031-287-4078, www.obp.co.kr	AdvantEdge	절삭 전용 유한요소해석	TWS, www. thirdwavesys.com	절삭해석
	Production Module	툴패스 레벨의 가공 분석 및 최적화	TWS, www. thirdwavesys.com	절삭해석
오토데스크, 02-3484-3400, www.autodesk.co.kr	Autodesk Fusion 360	클라우드 기반 CAD, CAE 통합 소프트웨어	Autodesk , www.autodesk.com/ products/fusion- 360/overview	구조해석/ 최적화
	Autodesk Inventor Nastran	선형 및 비선형 응력, 역학 및 열 전달 등 시뮬레이션소프트웨어.	Autodesk , www.autodesk.com/ products/inventor- nastran/overview	구조해석

오토데스크, 02-3484-3400, www.autodesk.co.kr	Autodesk Moldflow	설계 및 제조를 위한 플라스틱 사출 및 압축 성형 시뮬레이션 소프트웨어	Autodesk , www.autodesk.co.kr/ products/moldflow/ overview	사출성형 해석
	Autodesk CFD	전산 유체 역학 시뮬레이션 소프트웨어	Autodesk , www.autodesk.co.kr/ products/cfd/ overview	유동해석
오토폼엔지니어링 코리아, 02-2113-0770, www.autoform.com/kr	AutoForm Forming	박판 성형 공정의 설계, 시뮬레이션, 평가 및 검증	AutoForm Engineering GmbH, www.autoform.com/ kr/products/ autoform-forming	충돌/ 성형해석
	AutoForm Assembly	공차 및 품질 관리, 공정 엔지니어링과 실제 양산의 트라이아웃 및 수정 루프를 포함하는 전체 차체(Body in White) 조립 공정 어셈블리 워크 플로우 지원	AutoForm Engineering GmbH, www.autoform.com/ kr/products/ autoform-assembly	충돌/ 성형해석
	AutoForm TubeXpert	튜브 밴딩, 성형 및 하이드로포밍 금형을 쉽고 빠르게 설계 및 공정을 시뮬레이션	AutoForm Engineering GmbH, www.autoform.com/ kr/products/ autoform-tubexpert	충돌/ 성형해석
	AutoForm-Process Designerfor CATIA	고품질 CAD 서피스 생성	AutoForm Engineering GmbH, www.autoform.com/ kr/products/cad- embedded-modules	CAD Modeling
	Triboform	복잡한 마찰 현상을 정확히 표현하여 효율적으로 마찰 및 윤활 조건을 시뮬레이션	TriboForm, www.autoform.com/ kr/products/ triboform/	충돌/ 성형해석
온스트림, 02-6412-4006, www.onst.co.kr	ANSYS	CAE 시뮬레이션 분야의 하이엔드 소프트웨어로써 다양하고 강력한 솔루션 제공	ANSYS, www.ansys.com	범용
웍크온 시뮬레이션, 02-2038-7738, www.workonsim.com	Simcenter Amesim	초기 개발에서 최종 성능 검증 및 제어 보정까지의 성능 평가	SIEMENS, www.siemens.co.kr	시스템해석
	Simcenter STAR-CCM+	CFD 엔지니어를 위한 통합 Multiphysics 솔루션		유동해석
	Simcenter 3D	설계, 1D 시뮬레이션, 테스트 및 데이터 관리 기능을 갖춘 확장 가능한 개방형 통합		멀티피직스
	Simcenter Nastran	계산 성능, 정확도, 신뢰성 및 확장성을 위한 최고의 유한요소 솔버		구조해석

업체	제품	설명	공급사	분야
웍크온 시뮬레이션, 02-2038-7738, www.workonsim.com	Simcenter Multimech	멀티 스케일 재료 모델링 및 시뮬레이션 플랫폼	SIEMENS, www.siemens.co.kr	재료
	Simcenter Prescan	ADAS 및 자율 주행 자동차 기능 평가, ADAS & AV 시스템 시뮬레이션		자율주행
	Simcenter Madymo	가상 통합 안전 시뮬레이션		자율주행
	Simcenter HEEDS	CAD 및 CAE와 연계되는 강력한 설계 공간 탐색 및 최적화 소프트웨어		최적화
이노액티브, 02-6249-4307, www.innoepc.com	CAESAR II	배관응력해석의 표준	HexagonPPM, www.hexagonppm.com/ko-kr/offerings/products/caesar-ii	배관응력해석
	PV Elite	압력용기 설계해석	HexagonPPM, www.hexagonppm.com/ko-kr/offerings/products/pv-elite	압력용기해석
	TANK	저장탱크 설계해석	HexagonPPM, www.hexagonppm.com/ko-kr/offerings/products/tank	저장탱크해석
	GT STRUDL	구조해석	HexagonPPM, www.hexagonppm.com/ko-kr/offerings/products/gt-strudl	구조해석
	FEATools	부분 유한요소해석, CAESAR II의 3rd Party 솔루션	Paulin Research Group, www.paulin.com	유한요소해석
	Nozzle PRO	부분 유한요소해석, 배관 및 압력 용기용 FEA솔루션	Paulin Research Group, www.paulin.com	유한요소해석
이디앤씨, 02-2069-0099, www.ednc.com	Autodesk Moldflow Insight	플라스틱 사출 및 압축 성형 해석 제품	Autodesk, www.autodesk.co.kr	사출성형, 압축성형
	Autodesk Moldflow Adviser	플라스틱 사출 성형 해석 제품		사출성형
	INVENTOR NASTRAN	Nastran Solver를 활용한 유한 요소 해석 제품		구조/진동/충돌/열해석
	FUSION360	클라우드 활용한 CAD&CAM&CAE 통합 제품		구조/진동/열해석
	AUTODESK CFD	유체 흐름 예측 전산 유체 역학 해석 제품		유동해석

이에이트, 02-6410-2800, www.e8ight.co.kr	NFLOW SPH	SPH 기반 디지털 트윈 시뮬레이션 유동 해석 제품	이에이트, www.e8ight.co.kr	유동해석
	NFLOW LBM	LBM 기반 디지털 트윈 시뮬레이션 유동 해석 제품		유동해석
INCOS INC, 031-263-5770, www.3dx.co.kr	SIMCON CADMOULD	플라스틱 금형 사출 성형 해석 Software	SIMCON, www.simcon.com	사출성형해석
인터그래텍, 02-3472-5599, www.igtech.co.kr	SIMetrix/ SIMPLIS	전력전자회로 설계에 최적화된 시뮬레이션 툴 및 고급 회로 엔지니어를 위해 설계된 Analog/ Digital 혼재 회로 시뮬레이션 패키지	SIMPLIS, www.simplis technologies.com	전자기장해석
	ANSYS DISCOVERY	설계 엔지니어를 위해 사용하기 간편한 UI로 설계부터 구조, 유동, 열, 고유 진동수, 위상 최적화 시뮬레이션 동시 가능한 프로그램	Ansys, www.ansys.com	구조해석
인피니크, 02-565-4123, www.zw3d-cad.kr	ZWSim-EM	고정밀, 고효율, 낮은 메모리 공간 및 강력한 모델링 기능을 갖춘 3D 전파 전자기 시뮬레이터	Zwsoft, www.zw3d-cad.kr/ product/cae/em	전자기장해석
	ZWSim Structural	모델링과 시뮬레이션을 통합하는 구조 시뮬레이터로 유한 요소 방법 (FEM)을 사용하여 구조물의 물리적 동작 시뮬레이션	Zwsoft, www.zw3d-cad.kr/ product/cae/structure	구조해석
	ZWMesh Works	개발자가 솔버를 통합 할 수 있도록 미리 준비된 전처리 및 후처리 프로세서가 포함된 CAE 플랫폼	Zwsoft, www.zw3d-cad.kr/product/cae/ zwmeshworks	구조해석, 유동해석, 전자기해석
	ZWSim-EM	고정밀, 고효율, 낮은 메모리 공간 및 강력한 모델링 기능을 갖춘 3D 전파 전자기 시뮬레이터	Zwsoft, www.zw3d-cad.kr/ product/cae/em	전자기장해석
	ZWSim Structural	모델링과 시뮬레이션을 통합하는 구조 시뮬레이터로 유한 요소 방법 (FEM)을 사용하여 구조물의 물리적 동작 시뮬레이션	Zwsoft, www.zw3d-cad.kr/ product/cae/structure	구조해석
	ZWMesh Works	개발자가 솔버를 통합 할 수 있도록 미리 준비된 전처리 및 후처리 프로세서가 포함된 CAE 플랫폼	Zwsoft, www.zw3d-cad.kr/product/cae/ zwmeshworks	구조해석, 유동해석, 전자기장해석
지멘스 디지털 인더스트리 소프트웨어, 02-3016-2000, www.plm.automation. siemens.com/global/ko	Simcenter Amesim	시스템 시뮬레이션 엔지니어가 시스템의 성능을 가상으로 평가하고 최적화할 수 있도록 지원하는 통합 메카트로닉스 시스템 시뮬레이션 플랫폼.	지멘스 디지털 인더스트리 소프트웨어, www.plm.automation. siemens.com/ global/ko/products/ simcenter/simcenter- amesim.html	시스템 시뮬레이션, 멀티피직스 (다분야)

지멘스 디지털 인더스트리 소프트웨어, 02-3016-2000, www.plm.automation. siemens.com/global/ko	Simcenter 3D	구조, 음향, 유동, 열, 모션, 전자기장, 재료 및 복합소재 해석을 지원하고, 최적화 및 다중 물리 시뮬레이션을 포함하는 강력한 시뮬레이션 솔루션.	지멘스 디지털 인더스트리 소프트웨어, www.plm.automation. siemens.com/ global/ko/products/ simcenter/simcenter-3d.html	구조해석, 음향해석, NVH해석, 다물체 동역학, 내구해석, 열/유동해석, 재료 해석, 전자기장해석, 열/유동해석, 재료 해석, 전자기장해석
	Simcenter STAR-CCM+	실제 조건에서 작동되는 제품 및 설계의 시뮬레이션을 지원하는 완전한 다중 물리 솔루션	지멘스 디지털 인더스트리 소프트웨어, www.plm.automation. siemens.com/ global/ko/products/ simcenter/STAR-CCM.html	열/유동해석
	Simcenter Flotherm	온도 및 공기 흐름을 시뮬레이션 할 수 있는 전자 제품의 열 디지털 트윈 생성.	지멘스 디지털 인더스트리 소프트웨어, www.plm.automation. siemens.com/ global/ko/products/ simcenter/ flotherm.html	열해석
	Simcenter MagNet	2D/3D의 모터, 발전기, 센서, 변압기, 액추에이터, 솔레노이드, 영구 자석 또는 코일 장착 부품의 성능 예측을 위한 강력한 시뮬레이션 소프트웨어.	지멘스 디지털 인더스트리 소프트웨어, www.plm.automation. siemens.com/ global/ko/products/ simcenter/ magnet.html	전자기장해석
	Simcenter Motorsolve	영구 자석, 유도식, 동기식, 전자식 및 브러시 정류식 기계를 위한 완전한 설계 및 해석 소프트웨어	지멘스 디지털 인더스트리 소프트웨어, www.plm.automation. siemens.com/ global/ko/products/ simcenter/ motorsolve.html	모터 개념 설계
	Simcenter Battery Design Studio (BDS)	세부 기하학적 셀 사양과 셀 성능 시뮬레이션 덕분에 리튬 이온(Li-ion) 셀 디자인을 디지털로 검증하는 엔지니어 지원	지멘스 디지털 인더스트리 소프트웨어, www.plm.automation. siemens.com/ global/ko/products/ simcenter/battery-design-studio.html	배터리 설계

지멘스 디지털 인더스트리 소프트웨어, 02-3016-2000, www.plm.automation. siemens.com/global/ko	Simcenter Prescan	미래 이동수단의 안전성과 신뢰성을 검증 및 확인하기 위해 다양한 주행 시나리오를 디지털 환경에서 분석할 수 있는 물리 기반 시뮬레이션 플랫폼 제공	지멘스 디지털 인더스트리 소프트웨어, www.plm.automation. siemens.com/ global/ko/products/ simcenter/ prescan.html	가상 주행
	Simcenter HEEDS	엔지니어링 설계 공간 탐색 프로세스를 자동화하고 가속화	지멘스 디지털 인더스트리 소프트웨어, www.plm.automation. siemens.com/ global/ko/products/ simcenter/simcenter-heeds.html	설계 탐색 및 최적화
	Teamcenter for Simulation (TCSim)	전체적인 PLM(제품 라이프사이클 관리) 시스템의 맥락에서 시뮬레이션 데이터 및 프로세스 관리에 도움이 되도록 설계	지멘스 디지털 인더스트리 소프트웨어, www.plm.automation. siemens.com/global/ko/ products/collaboration/ simulation-test-management.html	해석데이터 관리
최적설계, 031-8083-3008, http://doi3007. blogspot.com	EasyDesign	극히 최소의 샘플로 최적화 결과를 산출하는 손쉬운 사용 SW	최적설계연구소, www.idopt.co.kr	최적화
	RecurDyn	기구 동역학 해석 SW	펑션베이, www.functionbay.co.kr	다물체동역학
캣솔루션, 02-1688-4374, www.catsolutions.co.kr	Moldex3D	다양한 플라스틱 성형해석 제품	Coretech system, www.moldex3d.com	사출성형해석
	Cast-Designer	캐스팅, 주조 방안설계 및 해석 제품	C3P software, www.cast-designer.com	주조해석
	Al-Form	판재(프레스,포밍) 해석 제품	C3P software, www.cast-designer.com	프레스
	CD Weld	용접 해석 제품	C3P software, www.cast-designer.com	용접해석
케이앤솔루션, 031-216-7280, www.kns2.co.kr	Durability Structural Mechanics Engineer	Explicit 기반 비선형 Solver(SIMULIA FE-Safe 기술 기반의 피로해석이 포함된 광범위한 산업분야에서 통계, 암시적 및 명시적 역학, 음향을 다루는 종합적인 구조 시뮬레이션)	Dassault Systèmes, www.3ds.com	구조해석
	Durability Structural Performance Engineer	Implicit 기반 비선형 Solver(SIMULIA FE-Safe 기술 기반의 피로해석이 포함된 강력한 유한 요소 기반 시뮬레이션 기법으로 제품의 구조 무결성을 평가하여 설계 결정 지원)		구조해석

케이앤솔루션, 031-216-7280, www.kns2.co.kr	Fluid Dynamics Engineer	다양한 난류 모델, 해석 시나리오를 지원하며 설계 품질을 향상시키고 제조 문제를 방지하기 위한 유체 흐름 및 열 전달 시뮬레이션 솔루션	Dassault Systèmes, www.3ds.com	유동해석
클루닉스, 02-3486-5896, www.clunix.com	RNTier-CAP	웹 기반 CAE시뮬레이션 SW 통합 서비스 플랫폼	Cluinx,Inc., RNTier CAP (clunix.com)	CAE설계해석 통합플랫폼
	RNTier-CDP	고성능 원격 3D 그래픽 SW 통합 서비스 플랫폼	Cluinx,Inc., RNTier CDP (clunix.com)	CAE설계해석 통합플랫폼
	RNTier-DLP	CAE해석, 3D 설계, 딥러닝 SW 개발 검증 플랫폼 서비스	Cluinx,Inc., RNTier DLP (clunix.com)	CAE설계해석 통합플랫폼
태성에스엔이, 02-3431-2442, www.tsne.co.kr	Ansys Mechanical Pro	일반적인 응력, 열, 진동, 피로해석을 위한 정확한 솔루션	Ansys, www.ansys.com	구조해석
	Ansys Mechanical Premium	비선형 응력과 포괄적인 Linear Dynamics해석을 위한 프로그램		구조해석
	Ansys Mechanical Enterprise	구조, 열, 연성 해석 전문가를 위한 제품		구조해석
	Ansys LS-DYNA	과도한 재료의 비선형 거동 특성 해석을 위한 Explicit Dynamics 해석 프로그램		구조해석
	Ansys Motion	Multibody Dynamics Solver 기반의 시스템 해석 솔루션		다물체동역학
	Ansys Sherlock	고장물리(Physics of Failure, PoF) 기반의 신뢰성 예측 프로그램		구조해석
	Ansys CFD Premium	열유동해석 및 터보기계 해석 솔루션이 포함된 CFD 패키지		유동해석
	Ansys Fluent	열유동해석 전문가를 위한 최상위 솔루션		유동해석
	Ansys Electronics Premium HFSS	고주파 및 고속 전자 부품 설계를 위한 3D 전자기장 해석 솔루션		전자기장해석
	Ansys Electronics Premium Maxwell	모터, 변압기, 액추에이터 및 기타 전자기계 장치의 2D/3D 전자기장 해석 솔루션		전자기장해석
	Ansys Discovery	형상 모델링 기능이 통합되어 쉽고 빠른 사용이 가능한 실시간 해석 솔루션		멀티피직스 (다분야)

태성에스엔이, 02-3431-2442, www.tsne.co.kr	Ansys Additive Suite	금속 적층제조 및 DfAM을 위한 종합 시뮬레이션 솔루션	Ansys, www.ansys.com	적층제조
	Actuator Designer	Actuator 및 Solenoid 개발 소프트웨어	태성에스엔이, www.tsne.co.kr	전자기장해석
	CETOL 6σ	3차원 공차 분석 전문 프로그램	Sigmetrix, www.sigmetrix.com	공차분석
	KULI	자동차 산업분야에 특화된 1D Energy Management 소프트웨어	MAGNA, https://kuli.magna.com	유동해석
	Multiscale.Sim	복합재 및 재료물성 모델의 물성정보 계산 및 예측 프로그램	CYBERNET, www.cybernet.jp/english	재료물성
트리니티엔지니어링, www.trinity-eng.co.kr	ALTAIR 제품군	통합 CAE 솔루션	ATAIR, www.altair.com	멀티피직스
	GEODICT	재료물성해석 솔루션	Math2Market, www.math2market.com	재료
펑션베이, 031-622-3700, www.functionbay.com	RecurDyn	다분야 통합 CAE 동역학 해석	펑션베이, www.functionbay.com	다물체동역학
	Particleworks	입자법(MPS법) 유체유동해석	Prometech(프로메텍), www.prometech.co.jp	유동해석
프리즘, 1670-2236, www.prism21.co.kr	SOLIDWORKS_SIMULATION	설계를 실제 환경의 조건에 적용하여 제품 품질을 향상시키면서 동시에 프로토타입 제작 횟수와 실제 테스트 비용 절감	다쏘시스템, www.solidworks.com	구조해석
	SOLIDWORKS_FLOW SIMULATION	설계자와 엔지니어는 설계의 핵심 요소의 유체, 유동효과, 열전달, 유체력 등을 빠르고 쉽게 시뮬레이션 가능		유동해석
	SOLIDWORKS_PLASTICS	플라스틱 파트 및 사출 금형 설계에서 제조 결함을 예측하고 예방하여 많은 비용이 드는 재작업을 없애고 파트 품질을 향상시키고 출시 시간 단축.		사출해석
	SOLIDWORKS_SUSTAINBILITY	재질, 제조, 어셈블리, 운송, 제품 사용 및 폐기를 포함한 제품 수명 주기 전체에서 설계가 환경에 미치는 영향 측정		환경해석
	SIMULIA	3DEXPERIENCE 플랫폼에서 SOLIDWORKS Simulation의 범용 해석기술과 Structural Professional Engineer의 Abaqus Solver기반의 Advanced해석 통해 설계 완성도 높임		클라우드 구조해석

프리즘, 1670-2236, www.prism21.co.kr	PS3D	다양한 표적에 대한 비 부호화 발사체의 침투를 모의 실험하기 위해 설계	NUMERICS, www.numerics- gmbh.de	탄두파편해석
	PRODASV3	탄환, 로켓과 같은 발사체의 설계 해석에 사용되는 프로그램	arrowtechassociates, www.arrowtecha ssociates.com	발사체탄도 해석
	emworks	다중 물리학 기능을 갖춘 전기 및 전자 설계를 위한 동급 최고의 전자기 시뮬레이션 소프트웨어	electromagneticworks, www.emworks.com	전자기장해석
	SPEED	충격 및 물리이 비선형과도현상분석을 위한 명시적 해석기법을 사용하는 다중 재료오일러 / 라그랑 하이드로 코드	NUMERICS, www.numerics- gmbh.de	충돌폭발해석
플로우마스터코리아, 02-2093-2689, www.flowsystem.co.kr	Simcenter Flomaster	배관망 및 내부유로 1D CFD해석 전문 SW	Siemens, www.plm.automation. siemens.com/global/ko	유동해석 / 1D
	Simcenter FLOEFD	CAD에서 바로 사용하 는 설계자용 3D CFD SW		유동해석 / 3D
	Simcenter Amesim	CAD, CFD, HW등과 통합되는 멀티피직스 1D SW		멀티피직스 (다분야) / 1D
	Simcenter Flotherm	전자장비 내부 열유동해석 3D CFD SW		유동해석 / 3D
	Simcenter Motorsolve	Motor 설계 및 분석 S/W		모터해석
	Simcenter MAGNET	2D/3D 전자기장 설계 시뮬레이션 S/W		전자기장해석
	MpCCI	Co-Simulation 및 Mapping을 위한 인터페이스	Fraunhofer SCAI, www.mpcci.de	기타(FSI, 연성해석)
	Theseus-FE	열전달 전문 해석 툴	ARRK Engineering GmbH, www.theseus-fe.com	유동해석
피도텍, 02-2295-3984, www.pidotech.com	PIAnO	AI 기술로 향상된 통합최적설계 소프트웨어	PIDOTECH, www.pidotech.com	최적화
	explainableD3	AI 기반 자율 통합최적설계 보고서 생성 소프트웨어		최적화
	AMR	AI 기반 자율 메타모델 생성 소프트웨어		최적화
	BruceMentor	공학설계를 위한 AI 서비스		인공지능
	BruceSIM	시뮬레이션 예측을 위한 AI 서비스		인공지능
	BruceEYE	컴퓨터 비전을 위한 AI 서비스		인공지능
	BruceTS	시계열 예측을 위한 AI 서비스		인공지능

하비스탕스, 02-3144-0119, www.harvestance.com	nTopology	디자인, 시뮬레이션, 차세대 제조를 위한 Computational modeling 플랫폼. 음함수 모델링(Implicit Modeling) 기반 복잡한 형상, 사이즈에 상관없이 신속하고 오류없는 고성능 모델링 완성	nTopology , www.ntopology.com	적층제조, 구조해석, 최적화, 모델링
한국시뮬레이션기술, 031-903-2061, kostech.co.kr	ANSYS	다양하고 통합된 시뮬레이션 솔루션 플랫폼	ANSYS, www.ansys.com	범용
	LS-DYNA	3차원 구조물의 동적 거동 해석을 위한 비선형 유한요소 해석 솔루션	LST, www.lstc.com	구조해석
	Dynaform	프레스 성형 해석 솔루션	ETA, www.eta.com	사출성형해석
	ODYSSEE	딥러닝 기법을 활용한 최적화 소프트웨어	CADLM, www.cadlm.org	재료
	AxSTREAM	모든 종류의 터보 기계에 대한 성능 분석 및 설계 소프트웨어	SoftInWay, www.softinway.com	터보기계
	J-OCTA	멀티 스케일 시뮬레이션 기법을 이용한 고분자 소재의 물성 분석 소프트웨어	JSOL, www.j-octa.com	재료
한국알테어, 070-4050-9200, www.altair.co.kr	Accelerator	최고의 처리량과 고성능 스케줄링을 위한 이벤트 중심 아키텍처를 갖춘 빠른 엔터프라이즈 작업 스케줄러	Altair, www.altair.co.kr	기타
	Access	원격 클러스터, 클라우드 또는 기타 리소스에서 작업을 제출하고 모니터링하기 위한 간단하고 강력하며 일관된 인터페이스를 제공하는 엔지니어 및 연구원을 위한 포털		기타
	Allocator	공유를 통해 라이선스 사용을 극대화할 수 있는 다중 사이트 라이선스 할당 및 관리 도구		기타
	Altair Breeze	시스템 관리자 및 HPC 엔지니어를 위한 상세한 I/O 프로파일링 및 종속성 분석을 위한 툴		기디
	Altair Grid Engine	데이터 센터 워크로드를 최적화하고 성능을 개선하며 생산성과 효율성을 향상시키는 선도적인 분산 리소스 관리 시스템.		기타
	Altair Mistral	HPC를 위한 시스템 원격 측정 및 확장 가능한 I/O 프로파일링 툴인 Mistral은 온프레미스 슈퍼컴퓨터와 클라우드를 위한 지속적인 분석 플랫폼		기타

한국알테어, 070-4050-9200, www.altair.co.kr	Control	온프레미스 및 클라우드에서 HPC 리소스를 관리, 최적화 및 예측하기 위한 HPC 관리자의 제어 센터	Altair, www.altair.co.kr	기타
	Activate	하이브리드 시스템과 다분야 통합 시스템에 대한 시뮬레이션 및 최적화를 위한 블록 다이어그램 개발 환경 제공		기타
	AcuSolve	가장 까다로운 산업 및 과학 응용 분야를 해결할 수 있는 선도적인 범용 전산 유체 역학(CFD) 솔버		유동해석
	Compose	CAE 전처리 및 후처리와 관련된 데이터를 포함하여 다양한 유형의 데이터에 대한 맞춤형 수학 연산을 쉽게 개발하고 수행할 수 있는 범용 수치해석 컴퓨팅 환경 제공		기타
	EDEM	벌크 및 입상 재료 시뮬레이션을 위한 고성능 소프트웨어로, 입자로 존재하는 모든 재료의 거동을 빠르고 정확하게 해석		유동해석
	EDEM BulkSim	광업 현장에 특화된 전용 소프트웨어로서 이송 슈트 설계 및 최적화를 위한 벌크 재료의 흐름해석에 적합		유동해석
	Embed	동적 모델링, 시뮬레이션, 최적화, 마이크로컨트롤러에 대한 자동 코드 생성, 루프 내 프로토타이핑 및 IoT 통신을 위한 블록 다이어그램/상태 차트 환경 제공		기타
	ESAComp	복합 재료의 설계과 분석을 위한 솔루션으로, 복합재료의 개념 설계부터 세부 분석까지 다양하게 활용		재료
	Feko	안테나 시뮬레이션을 위한 포괄적인 전자기장 해석 소프트웨어로, 무선네트워크 커버리지 및 3D EM 필드 계산 해석		전자기장해석
	Flow Simulator	혼합 충실도 시뮬레이션을 통해 기계 및 시스템 설계를 최적화 할 수 있는 통합 흐름, 열 전달 및 연소 설계 소프트웨		유동해석
	FlowTracer	흐름을 개발하고 실행하기 위한 고급 미션 크리티컬 종속성 관리 플랫폼		기타

한국알테어, 070-4050-9200, www.altair.co.kr	Flux	전자계 해석 시뮬레이션 프로그램으로 전자계 분포, 전자력, 자기 커플링 및 여러 전자계 파라미터를 확인 할 수 있으며 모터, 변압기 등의 전기기기를 평가할 수 있음	전자기장해석
	FluxMotor	발전기, 모터 등 회전기의 전자계 뿐만 아니라 NVH, 온도 등 다물리적 성능을 빠르게 평가할 수 있는 소프트웨어.	전자기장해석
	Geomechanics Director	지하 지질 시뮬레이션에서 필요로 하는 유한 요소 모델을 빠르고 효과적으로 구축할 수 있는 소프트웨어	기타
	Hero	하드웨어 에뮬레이션 환경을 위해 특별히 설계된 종단 간 하드웨어 에뮬레이션 엔터프라이즈 작업 스케줄러	기타
	HyperCrash	충돌 분석 및 안전 평가를 위한 강건성을 가진 모델 생성을 정의하도록 특별히 설계된 강력한 pre-processor 도구	충돌/ 성형해석
	HyperGraph	많은 인기 있는 파일 형식에 대한 인터페이스가 있는 강력한 데이터 분석 및 2D/3D 플로팅 도구	구조해석, 진동소음, 최적화, 충돌, 피로내구
	HyperLife	주요 유한요소해석(FEA) 결과 파일과 직접 인터페이스할 수 있으며 내구성 분석에 필요한 포괄적인 도구 세트 제공	피로내구해석
	HyperMesh	다분야 유한요소 전처리기로써 복잡한 대형모델을 CAD Import부터 솔버 Export까지 통합 처리 가능	구조해석, 진동소음, 최적화, 충돌, 피로내구
	HyperStudy	최적의 디자인을 탐색할 수 있는 다분야 설계 연구 소프트웨어	멀티피직스 (다분야)
	HyperView	유한요소해석, 다물체 시스템 시뮬레이션, CFD 결과 및 디지털 비디오를 위한 후처리 및 시각화 환경을 제공	구조해석, 진동소음, 최적화, 충돌, 피로내구
	HyperView Player	Altair HyperView Player를 사용하면 조직에서 인터넷과 PowerPoint를 통해 3D CAE 모델과 결과 시각화 가능	구조해석, 진동소음, 최적화, 충돌, 피로내구

(Altair, www.altair.co.kr)

한국알테어, 070-4050-9200, www.altair.co.kr	HyperWorks	개념 설계에서 상세 제품 개발에 이르기까지 오늘날의 복잡 다양한 제품의 수명 주기에 대한 시뮬레이션으로 더 많은 설계 주도	Altair, www.altair.co.kr	구조해석, 진동소음, 최적화, 충돌, 피로내구
	Inspire	설계 엔지니어, 제품 설계자 및 개발자가 구조적으로 효율적인 컨셉을 빠르고 쉽게 생성 가능		구조해석, 진동소음, 최적화
	Inspire Cast	주조 결함을 방지할 수 있도록 하는 주조 시뮬레이션 소프트웨어		주조해석
	Inspire Extrude Metal	금속 소재 압출 중 재료 흐름과 금형 내의 온도 시각화, 균형적인 흐름이 유지될 수 있도록 필요한 요소 변경 제품 결함 확인		기타
	Inspire Extrude Polymer	고분자 소재 압출 중 재료 흐름과 금형 내의 온도 시각화 균형적인 흐름이 유지될 수 있도록 필요한 요소 변경 및 제품 결함 확인		기타
	Inspire Form	성형성, 공정조건, 재료 이용률 및 비용을 초기에 고려하여 생산기간 단축, 품질 향상을 위한 방법을 찾을 수 있는 소프트웨어		충돌/성형해석
	Inspire Mold	가소화 된 재료를 금형의 공동부에 가압 주입하여 금형내에서 고화시키는 공정에 대해 직관적인 UI로 해석 모델을 손쉽게 구성할 수 있음		사출성형해석
	Inspire Play	Inspire의 PolyNURBS 및 지오메트리 도구를 사용하여 재미있는 3D 모델 구축		기타
	Inspire PolyFoam	폴리우레탄 발포에 대한 공정 해석 프로그램		충돌/성형해석
	Inspire Print3D	Inspire 내의 Print3D기능을 적층할 재품을 배치, 서포트 생성 등의 과정을 제공하며, 적층 후 발생하는 변형을 파악할 수 있음		기타
	Inspire Render	사용자가 제품의 사실적인 렌더링 및 애니메이션을 신속하게 생성할 수 있도록 하는 강력한 소프트웨어		기타
	Inspire Studio	빠르게 디자인 아이디어를 생성, 평가 및 시각화할 수 있는 새로운 소프트웨어 솔루션		기타
	Material Data Center	독립 실행형 애플리케이션에서 또는 시뮬레이션 및 최적화 도구의 인터페이스를 통해 재료를 탐색, 검색 및 비교 가능		기타

한국알테어, 070-4050-9200, www.altair.co.kr	Monitor	실시간 소프트웨어 라이선스 모니터링 및 관리 도구	Altair, www.altair.co.kr	기타
	MotionSolve	다물체 동역학 시스템의 성능을 분석하고 최적화하기 위한 통합 솔루션		다물체동역학
	Multi-Disciplinary Optimization Director	MDO 문제에 대한 설정 복잡성과 설정 시간을 크게 줄이는 고도로 자동화된 모델 중심 사용자 인터페이스 제공		멀티피직스 (다분야)
	Multiscale Designer	미시적 관점에서 표현되는 이종재료들을 이용하여 복합재료 물성치 개발 및 평가하는 소프트웨어		재료
	nanoFluidX	복잡한 형상과 거동의 다상유동 해석에 특화된 SPH 기반 유체 역학 시뮬레이션 도구		유동해석
	NavOps – Scale Anywhere, On-demand!	NavOps 사용자 친화적인 인터페이스를 통해 IT 이해 관계자는 선호하는 클라우드 제공업체에서 확장 가능하고 특별히 제작된 턴키 컴퓨팅 어플라이언스를 프로비저닝하고 관리할 수 있음		기타
	NVH Director	NVH 분석과 관련된 작업을 자동화		진동소음
	OptiStruct	정적 및 동적 하중 하에서 선형 및 비선형, 진동소음, 피로 등 구조 문제에 대해 업계에서 입증된 최신 구조 해석 솔버		구조해석, 진동소음, 최적화, 충돌, 피로내구
	PBS Professional	고성능 컴퓨팅(HPC) 환경을 위한 알테어의 업계 최고의 워크로드 관리자 및 작업 스케줄러		기타
	PollEx	전기, 전자 및 제조 엔지니어를 위한 시장에서 가장 포괄적이고 통합된 PCB 설계 보기, 분석 및 검증 도구 세트		전자기장해석
	Radioss	자동차 충돌 및 안전, 충격 및 낙하, 탄도 충돌, 폭발 및 고속 충격에 대한 제품 성능을 평가하고 최적화 하는 해석 솔루션.		충돌/성형해석
	SAO	어디에서나 전사적 소프트웨어 라이선스의 활용을 시각화, 분석 및 최적화		기타
	SEAM	자동차, 항공우주, 해군 및 중장비 산업에 고주파 진동 음향 솔루션 제공		진동소음해석
	SimLab	열, 전자기, 유체 등 다양한 물리적 현상을 고려한 멀티피직스 시뮬레이션 구현		멀티피직스 (다분야)

한국알테어, 070-4050-9200, www.altair.co.kr	SimSolid	원본의 CAD 데이터를 그대로 사용하여, 몇 분 내에 형상이 복잡한 대형 어셈블리에 대한 구조해석의 결과 확인 가능	Altair, www.altair.co.kr	구조해석
	Squeak and Rattle Director	스퀵과 래틀 (S&R)이 발생하는 지역을 식별하고 분석하는 반자동 소프트웨어로 근본 원인 파악 및 최적화 방법론 제공		진동소음해석
	ultraFluidX	승용차 및 대형 차량, 건물 등의 공기역학적 특성을 초고속으로 예측할 뿐 아니라, 팬 회전 시 발생하는 유동 소음의 예측에도 이용할 수 있음		유동해석
	Virtual Wind Tunnel	단순하고 직관적으로 풍동 해석 셋팅을 도와줄 것이며, 이를 통해 자동차의 공기역학적 성능을 보다 정확하고 빠르게 예측할 수 있음		유동해석
	Weight Analytics	전체 중량 및 균형 프로세스를 관리하여 엔지니어링 및 관리 팀이 W&B 속성이 프로그램 요구 사항을 충족하도록 제어하고 보장할 수 있음		기타
	DesignAI (Beta)	클라우드 네이티브 혁신 AI 기반 및 시뮬레이션 기반 디자인 앱		멀티피직스 (다분야)
	Drive	Altair Drive를 사용하여 데이터를 안전하고 별도 다운로드 없이 업로드, 액세스, 저장 및 관리 가능		기타
	Knowledge Studio	정확하고 효율적이며 민첩하게 비즈니스 문제를 해결, 결과 예측		기타
	Monarch	데스크톱 기반의 셀프 서비스 데이터 준비로서 PDF 및 반구조화된 텍스트 파일을 포함한 모든 데이터에 액세스, 정리, 준비 및 혼합하는 가장 쉬운 방법 제공		기타
	Panopticon	코딩 없이 시간이 중요한 데이터를 빠르고 시각적으로 분석하고 모니터링할 수 있음		기타
	SmartWorks	확장 가능한 개방형 IoT 플랫폼으로 PaaS(Platform as a Service) 또는 온프레미스로 제공		기타
한국엠에스씨소프트웨어, 031-719-4466, www.mscsoftware.com/kr	MSC One	MSC Software의 모든 시뮬레이션 포트폴리오 활용가능한 토큰 기반 라이선스 시스템	MSC Software, www.mscsoftware.com /kr/product/mscone	기타(CAE전분야)
	MSC Nastran	세계에서 가장 신뢰받는다분야 구조해석 솔루션	MSC Software, www.mscsoftware.com /kr/product/msc-nastran	구조해석

Adams	세계에서 가장 광범위하게 사용되고 있는 다물체 동역학 시뮬레이션 솔루션	MSC Software, www.mscsoftware.com /kr/product/adams	다물체동역학
MSC Apex	Generative Design: 자동화된 경량 설계 최적화 솔루션 / Modeler: 직접 모델링, CAD & 메시 솔루션 / Structures: Computational parts 기반의 구조 분석 솔루션	MSC Software, www.mscsoftware.com /kr/product/msc-apex	기타(모델링) / 최적화
Actran	음향/소음 해석의 표준 모델	Free Field Technologies, www.mscsoftware.com /kr/product/actran	진동소음해석
Cradle CFD	멀티피직스 중심의 전산 유체 역학 소프트웨어	Software Cradle, www.mscsoftware.com /kr/product/cradle-cfd	유동해석
Digimat	비선형 멀티스케일 재료 및 구조 모델링 플랫폼	eXstream Engineering, www.mscsoftware.com /kr/product/digimat	재료
Easy5	고급 제어 및 시스템 시뮬레이션	MSC Software, www.mscsoftware.com /kr/product/easy5	다물체동역학
Marc	고급 비선형 시뮬레이션 솔루션	MSC Software, www.mscsoftware.com /kr/product/marc	구조해석
MSC CoSim	다양한 솔버 및 해석 영역을 결합한 멀티피직스의 현실화	MSC Software, www.mscsoftware.com /kr/product/co-simulation	멀티피직스 (다분야)
Patran	완벽한 유한요소해석 모델링 솔루션	MSC Software, www.mscsoftware.com /kr/product/patran	기타(모델링)
Simufact	금속 가공 산업의 제조 프로세스 시뮬레이션	Simufact Engineering, www.mscsoftware.com /kr/product/simufact	소성/용접/ 성형해석
Dytran	외연적 비선형 유한요소해석 및 유체-고체 연성 해석	MSC Software, www.mscsoftware.com /kr/product/dytran	충돌
CAEfatigue	유한요소 기반의 랜덤 응답 해석 및 내구 시뮬레이션	CAEfatigue Software, www.caefatigue.com/ software-suite/	피로내구해석
SimManager	시뮬레이션 프로세스 및 데이터 관리	MSC Software, www.mscsoftware.com /kr/product/simmanager	데이터관리

한국엠에스씨소프트웨어, 031-719-4466, www.mscsoftware.com/kr

한국엠에스씨소프트웨어, 031-719-4466, www.mscsoftware.com/kr	MaterialCenter	재료의 라이프사이클 관리	MSC Software, www.mscsoftware.com /kr/product/materialcenter	재료관리
	Virtual Test Drive(VTD)	가상환경 시뮬레이션을 위한 Complete tool-chain	Vires, www.mscsoftware.com /kr/product/virtual- test-drive	자율주행 시뮬레이션
	FTI – FormingSuite	판금 산업 분야를 위한 스마트 원가 계산 및 초기 타당성 솔루션 제공	Forming Technologies, www.forming.com/	성형해석
	ODYSSEE	인공지능, 머신러닝 및 차수축소모델(ROM)	CADLM, www.mscsoftware.com /kr/product/odyssee	인공지능
	VGSTUDIO MAX	통합적 컴퓨터 단층 촬영(CT) 분석 소프트웨어	Volume Graphics, www.mscsoftware.com /kr/product/ VGSTUDIO-MAX	산업용 컴퓨터 단층 촬영
한국이에스아이, 02-3660-4500, www.esi-group.com	PAM-STAMP	금형 공법 설계 및 프레스 성형 공정 최적화 솔루션	ESI, www.esi-group.com	사출성형해석
	PAM- Composites	복합 부품 제조 전용의 유한 요소 해석 솔루션		재료
	SYSWELD	상변태를 포함한 열해석과 응력해석의 Full coupling 해석을 지원하는 용접 솔루션		용접해석
	ProCAST	2Phase VOF 해석을 지원하는 유한요소법 기반의 주조 해석 솔루션		주조해석
	IC.IDO	산업형 가상현실 솔루션		가상현실
	Virtual Performance Solution	비선형 유한요소 해석 솔루션		충돌/ 구조해석
	Virtual Seat Solution	시트 성능 평가 솔루션		시트해석
	Simulation X	시스템 모델링 솔루션		멀티피직스 (다분야)
	CFD Ace+	제품 형상과 이를 둘러싸는 기체 및 액체의 상호 작용을 시뮬레이션 하는 솔루션		멀티피직스 (다분야)
	VA One	소음 – 진동 시뮬레이션 솔루션		진동소음해석

* 업체 가나다순
* 제품리스트는 내용을 제공해준 업체에 한하여 제공 내용을 토대로 정리한 것임.
* 주식회사 관련 표기는 일괄적으로 삭제함.
* 잘못된 내용이나 변경된 내용이 있을 경우 당사로 연락주시기 바랍니다. 문의 : 02-333-6900, cadgraphpr@gmail.com

CAE 가이드 V1

엮은이	캐드앤그래픽스
펴낸곳	이엔지미디어
전화	02-333-6900
팩스	02-774-6911
홈페이지	www.cadgraphics.co.kr
이메일	mail@cadgraphics.co.kr
주소	서울 종로구 세종대로 23길 47 미도파광화문빌딩 607호(우 03182)
등록	제2012-000047호
등록일	2004년 8월 23일
기획	최경화
디자인	김미희, 조예진
초판 1쇄	2021년 10월 18일
찍은곳	으뜸피앤디
ISBN	979-11-86450-28-4
정가	33,000원